Lehrbuch der Algebra

von

Dr. Alfred Loewy
Professor an der Universität Freiburg i. B.

Erster Teil

Grundlagen der Arithmetik

Leipzig
Verlag von Veit & Comp.
1915

Druck von Metzger & Wittig in Leipzig

Vorwort.

In dem vorliegenden Buch werden unter Beschränkung auf das reelle Gebiet die Gegenstände behandelt, die zu der Schulalgebra in mehr oder weniger enger Beziehung stehen: Zahlbegriff, Dezimalbruch, Kettenbruch, Wurzel, Potenz, Logarithmus, Grenze, Reihe, binomische Entwicklung, unendliches Produkt. Das Buch wendet sich an Studierende und Lehrer, doch hoffe ich auch dem Kenner verschiedenes zu bieten.

Um ein Bild von dem verarbeiteten Material zu geben, führe ich an: Als Ausgangspunkt für den Zahlbegriff wird die vollständige Zahlenreihe der ganzen positiven und negativen Zahlen einschließlich der Null gewählt. Für ihre Elemente, denen nur ordinaler Charakter, d. h. die Eigenschaft, aufeinanderzufolgen, zugeschrieben ist, werden Addition und Multiplikation definiert; aus diesen Definitionen werden die Gesetze der Addition und Multiplikation (Seite 12ff., Seite 388) durch Beweise hergeleitet. Alsdann werden ausgehend von der vollständigen Zahlenreihe die r a t i o n a l e n (Seite 44) und die i r r a t i o n a l e n (Seite 61) Zahlen und das Rechnen mit ihnen genetisch durch Definitionen eingeführt. Auf verschiedene Weise kann man bekanntlich zum Begriff der Irrationalzahl gelangen. Als Grunddefinition der Irrationalzahl habe ich die durch zwei zusammengehörige Definitionsfolgen rationaler Zahlen, von denen die eine auf-, die andere absteigt, gewählt (Seite 62); dabei lege ich im Gegensatz zu anderen Autoren Wert darauf, mit den derart eingeführten Gebilden auch wirklich zu arbeiten. In der angegebenen Form treten die Irrationalzahlen unmittelbar auf, wenn sie als Dezimal- oder Kettenbrüche (Seite 84 bzw. 110) gegeben werden. Befreit man nach Einführung der Irrationalzahlen die Definitionsfolgen von der Forderung, nur rationale Zahlen zu enthalten (Seite 150), so begegnet man Zahlen, die sich durch zwei zusammengehörige Definitionsfolgen einführen lassen, bei den verschiedensten Prozessen (vgl. z. B. Seite 241). Exponentialfunktion und natürlicher Logarithmus (Seite 229ff. sowie 294 und 295) sind auf solche Weise darstellbar, wobei man sich für didaktische Zwecke der Zinseszinsrechnung (Seite 391) als Einkleidung bedienen kann. Auch bei Beweisen wie z. B. für die Wertbestimmung der Exponentialreihe (Seite 336), der binomischen Reihe (Seite 342) und der logarithmischen Reihe (Seite 356) leisten zwei zusammengehörige Definitionsfolgen, von denen die eine auf-, die andere absteigt, gute Dienste. Jedoch beschränke ich mich nicht auf die angegebene Definition der Irrationalzahl, sondern es werden im Verlauf der Darstellung dem Leser noch vier weitere Systeme von Dingen (Seite 252, 258, 283, 285) vorgeführt, die gleichermaßen als Irrationalzahlen verwendbar sind.

Schon die vollständige Zahlenreihe der ganzen positiven und negativen Zahlen einschließlich der Null bietet bei additiver Verknüpfung das Beispiel einer G r u p p e, so daß sich dieser Begriff an die elementarsten Kenntnisse anknüpfen läßt. Die Gruppe (Seite 25) wird in abstrakter Weise als ein

System von Elementen behandelt, das in einer Weise verknüpfbar ist. Aus der Gruppe erwächst der Begriff des Körpers (Seite 33) als eines Systems, dessen Elemente durch zwei Kompositionsarten nach gewissen Postulaten verbunden werden sollen. Das Studium eines besonderen Körpers, dessen Elemente als durch eine Relation $<$ ordnungsfähig angenommen werden und hierbei sechs Ungleichheitspostulaten genügen, führt zu einer postulatorischen Festlegung der reellen Zahlen, insofern erstens irgend ein System von Elementen, das als System der reellen Zahlen erklärt wird, diese Postulate zu befriedigen hat, und zweitens die Elemente jedes Systems, das den Postulaten genügt, auf eine und nur eine Weise als gleichwertige Vertreter der als reelle Zahlen erklärten Dinge brauchbar sind (Seite 184, 187). Als System der fraglichen Art lassen sich im besonderen die Punkte einer Geraden nach Wahl eines Null- und Einheitspunktes auffassen (Seite 188).

Für die Grenzbetrachtungen habe ich die bei jeder unendlichen Menge reeller Zahlen vorhandenen Begriffe: Obere und untere Grenze (Seite 247), Häufungsstelle (Seite 260), Limes superior und Limes inferior (Seite 263) zum Ausgangspunkt genommen; hieraus wird der Grenzwert für konvergente Folgen (Seite 268) abgeleitet, um ihn vorzüglich auf unendliche Reihen (Seite 296ff.) und auf unendliche Produkte (Seite 368) anzuwenden. Sowohl bei der binomischen (Seite 348) als auch bei der logarithmischen Reihe (Seite 358) bin ich auf ihre Verwertung für numerische Rechnungen eingegangen; aber auch die älteren, elementaren und umständlicheren Berechnungsmethoden für Logarithmen (Seite 219) werden vorgeführt, da vielleicht der Lehrer an ihrer Hand dem mit der logarithmischen Reihe nicht vertrauten Schüler die Möglichkeit der Logarithmenberechnung zeigt.

Eine Vollständigkeit in allen Quellenangaben ist nicht beabsichtigt; außer klassischen Schriften wurden hauptsächlich solche zitiert, denen ich Förderung verdankte, oder die der Leser mit Nutzen studieren wird. Auf leichte Lesbarkeit habe ich Wert gelegt. Vorkenntnisse sind zur Lektüre nicht erforderlich, wovon ich mich überzeugen konnte, wenn ich die Druckbogen in Anfängerübungen lesen ließ. Da ich auch nichtabgeschlossene Fragen behandle, bitte ich um Nachsicht. Mein Wunsch geht dahin, daß der Leser in dem Buche Anregung zu weiterer Beschäftigung mit den Grundfragen der Arithmetik finden möge.

Herzlichsten Dank sage ich Herrn Professor Karl Boehm in Königsberg und Herrn Dr. Adolf Fraenkel in München für aufopfernde Unterstützung beim Lesen der Korrektur und für eine große Anzahl sehr wertvoller Ratschläge, zu denen beide durch eigene Untersuchungen[1] in Grundfragen der Arithmetik besonders befähigt waren. Weiter gilt mein Dank der Verlagshandlung Veit & Comp. für die Nachsicht, mit der sie die Verzögerung der 1911 begonnenen Drucklegung aufnahm.

Freiburg i. B., Juni 1914.

Alfred Loewy.

---

[1] Boehm, Axiome der Arithmetik, Sitzungsberichte der Heidelberger Akademie der Wissenschaften 1911. — Fraenkel, Axiomatische Begründung von Hensels p-adischen Zahlen, Journ. f. d. r. u. ang. Math. **141**, 43 (1912).

Inhaltsverzeichnis.

Erster Teil. Grundlagen der Arithmetik.

Erstes Kapitel. Die rationalen Zahlen.

Zweites Kapitel. Die Gesamtheit der reellen Zahlen.

Drittes Kapitel. Abstrakte Theorie der reellen Zahlen.

Viertes Kapitel. Potenz und Logarithmus.

Fünftes Kapitel. Grenze und unendliche Reihe.

Ergänzungen.

Erster Teil.

Grundlagen der Arithmetik.

Erstes Kapitel.

Die rationalen Zahlen.

§ 1.

Die ganzen positiven Zahlen und ihre Addition.

Die Grundlage der Arithmetik ist die natürliche Zahlenreihe:

$$1, 2, 3, 4, \ldots .$$

Ihre Elemente führen den Namen „ganze positive Zahlen". Auseinanderzusetzen, wie man zu der Skala der ganzen positiven Zahlen gelangt, überlassen wir der Philosophie.[1]

Nimmt man die natürliche Zahlenreihe als etwas Gegebenes an, so erkennt man gewisse ihr zukommende Eigenschaften. Ihre Beobachtung führt zu folgender abstrakter Gedankenbildung, die man dem italienischen Mathematiker Peano[2] verdankt:

Wir denken uns ein System $\mathfrak{N}$ von Dingen oder Elementen, das gewisse Eigenschaften haben soll. Diese formulieren wir in folgenden fünf Postulaten, d. h. in fünf von uns für das System $\mathfrak{N}$ vorausgesetzten Tatsachen:

P_1). Das System $\mathfrak{N}$ enthält ein besonderes Element, das wir mit 1 bezeichnen.

P_2). Jedes dem System $\mathfrak{N}$ angehörige Element x bestimmt in eindeutiger Weise ein weiteres, ebenfalls $\mathfrak{N}$ angehöriges Element, das wir das x unmittelbar folgende oder den Nachfolger von x nennen und mit x^+ bezeichnen.

---

[1] Von philosophischen Publikationen nennen wir nur: P. Natorp, Die logischen Grundlagen der exakten Wissenschaften (Wissenschaft und Hypothese, Bd. 12), Leipzig 1910, mit reichen Literaturangaben. B. Russell, The principles of mathematics, Cambridge 1903, I. L. Couturat, Les principes des mathématiques, Paris 1905.

[2] Genocchi-Peano, Differentialrechnung und Grundzüge der Integralrechnung (deutsch von Bohlmann u. Schepp), Leipzig 1899, S. 353. Peano, Formulario mathematico, editio V, Torino 1905, S. 27. E. V. Huntington im Bulletin of the American math. soc. **9**, 41 (1902). O. Stolz und J. A. Gmeiner, Theoretische Arithmetik, I. Abt., 3. umgearbeitete Auflage, Teubners Sammlung math. Lehrbücher, Leipzig 1911 (während der Drucklegung erschienen).

P_3). Zwei Elemente aus $\mathfrak{N}$, deren Nachfolger übereinstimmen, stimmen stets selbst überein. Sind also x und y Elemente aus $\mathfrak{N}$, so folgt aus der Übereinstimmung von x^+ mit y^+, daß x mit y übereinstimmt.

P_4). Das Element 1 ist nicht Nachfolger irgend eines Elementes aus $\mathfrak{N}$. Es gibt also in $\mathfrak{N}$ kein Element x, so daß x^+ mit 1 übereinstimmt.

P_5). Jedes Element von $\mathfrak{N}$ ist in dem System $1, 1^+, 1^{++}, 1^{+++}, \ldots$ enthalten.

Statt des Postulats P_5) kann man auch folgende Forderung zur Definition des Systems $\mathfrak{N}$ verwenden: Das System $\mathfrak{N}$ soll nur die etwa durch die zwei ersten Postulate P_1) und P_2) geforderten Elemente und sonst keine weiteren enthalten.

Wir wollen zunächst zeigen, daß die fünf Postulate P_1) bis P_5) voneinander unabhängig oder irreduzibel sind, d. h. daß keines von ihnen sich aus den übrigen als beweisbarer Lehrsatz ableiten läßt. Zu diesem Zweck betrachten wir fünf Systeme von Elementen:

1. Wir bilden ein System $\mathfrak{N}_5$ von Elementen, das wir als aus den in folgender, gewissermaßen zweifach unendlicher Reihenform angeordneten Zahlen:

$$1, 3, 5, \ldots \; 2, 4, 6, \ldots$$

bestehend definieren. Der Nachfolger von 1 ist hier 3, also $1^+ = 3$, $3^+ = 1^{++} = 5$, $5^+ = 1^{+++} = 7, \ldots$ Das System $\mathfrak{N}_5$ erfüllt demnach nicht das fünfte Postulat P_5); denn in dem System $1, 1^+ = 3, 1^{++} = 5, \ldots$ treten nicht die Zahlen 2, 4, 6, ... auf, die in dem System $\mathfrak{N}_5$ enthalten sind. Hingegen erfüllt $\mathfrak{N}_5$ alle anderen Postulate, z. B. ist P_2) erfüllt, da jedes Element aus $\mathfrak{N}_5$ in der um 2 größeren Zahl einen Nachfolger hat.

2. Wir bilden ein System $\mathfrak{N}_4$ von Elementen, das wir in folgender Weise als periodische Aufeinanderfolge definieren wollen:

$$1, 2, 3, \; 1, 2, 3, \; 1, 2, 3, \; 1, 2, 3, \; \ldots$$

Bei dem System $\mathfrak{N}_4$ ist $3^+ = 1$; es ist daher das Postulat P_4) durchbrochen. Alle anderen vier Postulate werden von $\mathfrak{N}_4$ erfüllt, z. B. genügt $\mathfrak{N}_4$ dem Postulat P_5), da das System $1, 1^+ = 2, 1^{++} = 3$ alle Elemente aus $\mathfrak{N}_4$ enthält.

3. Wir bilden ein System $\mathfrak{N}_3$ von Elementen, das wir als eine periodische Aufeinanderfolge mit voraufgehender aperiodischer in folgender Weise definieren:

$$1, 2, 3, 4, 5, \; 3, 4, 5, \; 3, 4, 5, \ldots$$

Bei dem System $\mathfrak{N}_3$ ist $2^+ = 3$, $5^+ = 3$; mithin genügt das System $\mathfrak{N}_3$ nicht dem Postulat P_3). Hingegen erfüllt $\mathfrak{N}_3$, wie man unmittelbar durch Durchgehen der Postulate sieht, alle übrigen.

4. Wir bilden ein System $\mathfrak{N}_2$ von Elementen, das aus der endlichen Aufeinanderfolge 1, 2, 3, 4, 5, 6, 7, 8, 9 bestehen möge. Bei $\mathfrak{N}_2$ hat die Zahl 9 keinen Nachfolger. Mithin erfüllt $\mathfrak{N}_2$ nicht Postulat P_2), hingegen genügt das System $\mathfrak{N}_2$ allen übrigen Postulaten.

5. Wir bilden ein System $\mathfrak{N}_1$ von Elementen, das aus der Reihe der natürlichen Zahlen mit Ausschluß der 1 bestehen möge, also

$$2, 3, 4, 5, \ldots$$

laute. Definieren wir noch $1^+ = 2$, so erfüllt das System $\mathfrak{N}_1$ alle Postulate mit Ausnahme von P_1). Auch von jedem leeren Systeme, d. h. jedem Systeme ohne irgend ein Element, könnte man sagen, daß es alle Postulate mit Ausnahme von P_1) erfüllt; denn bei einem derartigen leeren System kommen die anderen Postulate überhaupt nicht mehr in Frage.

Die fünf Systeme $\mathfrak{N}_1$ bis $\mathfrak{N}_5$ lehren, daß immer vier der fünf Postulate P_1) bis P_5) und die Negation der vom fünften verlangten Tatsache miteinander vereinbar sind. Mithin kann keines der fünf über das System $\mathfrak{N}$ aufgestellten Postulate aus den übrigen vier als beweisbarer Lehrsatz abgeleitet werden. Wir haben hier ein allgemeines Prinzip kennen gelernt: Um die Unabhängigkeit einer Anzahl von Postulaten zu beweisen, die irgend ein System erfüllen soll, d. h. um nachzuweisen, daß sich keines der Postulate als beweisbarer Lehrsatz, also als logische Folge aus den übrigen ergibt, ist so zu verfahren: man muß der Reihe nach jedes Postulat durch seine Negation ersetzen, während man jeweils alle anderen unverändert läßt, und für jedes so entstehende Postulatensystem eine Interpretation suchen, so daß bei jeder Interpretation immer die Negation eines Postulats neben dem Bestehen aller übrigen stattfindet.

Postulate dürfen sich auch nicht widersprechen. Fordere ich in der euklidischen Geometrie ein Dreieck, das erstens gleichseitig, zweitens rechtwinklig sein soll, so existiert ein solches nicht. Es fragt sich, ob die Postulate P_1) bis P_5) miteinander in Widerspruch sind, d. h. ob man aus den Postulaten P_1) bis P_5) durch logische Schlüsse für das System $\mathfrak{N}$ Eigenschaften herleiten kann, die sich widersprechen, also Bejahung und Verneinung derselben Tatsache aussagen. In diesem Fall kann ein System $\mathfrak{N}$, das die durch P_1) bis P_5) geforderten Eigenschaften besitzt, nicht existieren. Die Verträglichkeit einer Anzahl von Postulaten, d. h. die Unmöglichkeit, aus ihnen durch logische Schlüsse sich widersprechende Tatsachen abzuleiten, ist offenbar nachgewiesen, wenn man ein System von Dingen finden kann, das allen Postulaten gleichzeitig genügt und uns als widerspruchslos gilt.

Die Reihe der natürlichen Zahlen weist alle Eigenschaften auf, die wir für das System $\mathfrak{N}$ durch die Postulate P_1) bis P_5) gefordert haben. Nehmen wir die natürliche Zahlenreihe als logisch möglich an, so liegt hierin der Beweis für die Widerspruchslosigkeit der für das System $\mathfrak{N}$ aufgestellten Postulate P_1) bis P_5).[1] Jeder für das System $\mathfrak{N}$ erzielte Widerspruch würde sich auf das System 1, 2, 3, 4, ... der natürlichen Zahlen übertragen und das System der ganzen Zahlen als etwas logisch Unverträgliches dartun.[2]

---

[1] Eine allgemeine Methode aufzufinden, um die absolute Widerspruchslosigkeit eines Postulatensystems zu beweisen, dürfte den Bemühungen der Logiker und Mathematiker nicht gelingen.

[2] Weitergehende Analysen des Begriffs der ganzen Zahl bei D. Hilbert in Verhandlungen des dritten internationalen Mathematiker-Kongresses in Heidelberg (1904), Leipzig 1905, S. 174, wieder abgedruckt in Hilbert, Grundlagen der Geometrie, 3. Aufl., Leipzig 1909, VII. Anhang. J. Mollerup in Oversigt over det kongelige Danske Videnskabernes Selskabs Forhandlinger (1907), S. 127. G. Frege, Grundgesetze der Arithmetik, Jena 1893 und 1903. H. Weber in Weber u. Wellstein, Enzyklopädie der Elementar-Mathematik, Bd. I, 3. Aufl., Leipzig 1909, S. 1. M. Pasch, Grundlagen der Analysis, Leipzig 1909. R. Dedekind, Was sind und was sollen die Zahlen? 2. Aufl., Braunschweig 1893. E. Zermelo, Über die Grundlagen der Arithmetik, Atti del IV. congresso intern. dei matematici, Vol. II, S. 8, Rom 1909. G. Hessenberg, Grundbegriffe der Mengenlehre, Abh. d. Friesschen Schule, neue Folge, Bd. I, Heft 4, Göttingen 1906.

Setzen wir die Existenz eines Systems $\mathfrak{N}$, das den Postulaten P_1) bis P_5) genügt, als logisch möglich voraus, so können wir von $\mathfrak{N}$ aus zu dem System der ganzen positiven Zahlen gelangen. $\mathfrak{N}$ enthält nach Postulat P_1) das Element 1, nach P_2) enthält $\mathfrak{N}$ das Element 1^+. Das Element 1^+ bezeichnen wir mit 2, wir setzen also $1^+ = 2$, so daß 2 nur einen abkürzenden Namen für 1^+ vorstellt und 1^+ und 2 sich überall gegenseitig vertreten dürfen. Da $\mathfrak{N}$ das Element 2 enthält, so befindet sich in $\mathfrak{N}$ auch ein Element 2^+, das wir mit 3 bezeichnen, usw. Auf Grund der Postulate P_3) und P_4) hat man für die erzeugten Elemente von $\mathfrak{N}$ immer neue Namen zu verwenden, die wir der üblichen Zahlbezeichnung entnehmen. $\mathfrak{N}$ enthält also die Elemente:

$$1, \quad 1^+ = 2, \quad 2^+ = 1^{++} = 3, \quad 3^+ = 1^{+++} = 4, \quad \ldots .$$

Nach Postulat P_5) ist aber jedes Element von $\mathfrak{N}$ in dem System $1, 1^+, 1^{++}, 1^{+++}, \ldots$ enthalten. Mithin enthält $\mathfrak{N}$ keine anderen als die angegebenen Elemente und ist also bei geeigneter Bezeichnungsweise nichts anderes als die natürliche Zahlenreihe $1, 2, 3, 4, \ldots$. Bedient man sich anstatt des Postulats P_5) der oben ausgesprochenen Forderung, nach der das System $\mathfrak{N}$ nur die durch die zwei Postulate P_1) und P_2) geforderten Elemente und keine weiteren enthalten soll, so ergibt sich ebenfalls, daß das System $\mathfrak{N}$ bei geeigneter Bezeichnungsweise die natürliche Zahlenreihe ist.

Für das System $\mathfrak{N}$ gilt der Satz der vollständigen Induktion: Ist irgend ein Theorem für das Element 1 aus $\mathfrak{N}$ wahr und ist es, wenn es für irgend ein beliebiges Element x aus $\mathfrak{N}$ gilt, auch immer noch für das Element x^+ aus $\mathfrak{N}$ richtig, so trifft das Theorem für alle Elemente von $\mathfrak{N}$ zu.

Das Theorem gilt nach Voraussetzung für das Element 1. Da nach P_1) das Element 1 zu $\mathfrak{N}$ gehört, ist das Theorem auch für 1^+ richtig. Da 1^+ ein Element aus $\mathfrak{N}$ ist, so ist das Theorem auch für 1^{++} wahr. Da das Theorem jetzt für das Element 1^{++} aus $\mathfrak{N}$ gilt, so muß es auch für 1^{+++} zutreffen, usw. $\mathfrak{N}$ enthält nach P_5) keine anderen Elemente als $1, 1^+, 1^{++}, 1^{+++}, \ldots$. Mithin muß das Theorem für alle Elemente aus $\mathfrak{N}$ gelten.

Die Bedeutung des Satzes der vollständigen Induktion wird klarer, wenn man sich überlegt, daß er für das Seite 2 unter 1 betrachtete System $\mathfrak{N}_5$ nicht zutrifft. Ist ein Theorem für das Element 1 aus $\mathfrak{N}_5$ wahr und ist es, wenn es für irgend ein Element x aus $\mathfrak{N}_5$ gilt, auch immer noch für seinen Nachfolger x^+ aus $\mathfrak{N}_5$ richtig, so ist das Theorem nur für die Zahlen $1, 3, 5, \ldots$, nicht aber für die Zahlen $2, 4, 6, \ldots$ aus $\mathfrak{N}_5$ bewiesen.

Da die ganzen positiven Zahlen, in natürlicher Weise $1, 2, 3, 4, \ldots$ geordnet, ein System $\mathfrak{N}$ bilden, gilt für sie der Satz der vollständigen Induktion (auch als Schluß von n auf $n + 1$ bezeichnet): Ist ein Theorem für die Zahl 1 wahr und ist es, wenn es für irgend eine beliebige natürliche Zahl x gilt, auch immer noch für die ihr in der natürlichen Zahlenreihe unmittelbar folgende richtig, so gilt das Theorem für jede ganze Zahl.

Anknüpfend an den Begriff des Nachfolgers läßt sich für die ganzen positiven Zahlen eine Verknüpfungsregel, Addition genannt, definieren, die aus irgend zwei gleichen oder ungleichen ganzen positiven Zahlen a und b eindeutig eine dritte, ihre Summe $c = a + b$, nach bestimmter Vorschrift erzeugt, so daß c ebenfalls der natürlichen Zahlenreihe angehört.

Zuerst wird die Addition für den speziellen Fall $b = 1$ durch die Festsetzung:

(1) $$a + 1 = a^+$$

eingeführt, d. h. unter $a + 1$ soll der in der natürlichen Zahlenreihe eindeutig bestimmte Nachfolger a^+ der ganzen positiven Zahl a verstanden werden. Aus (1) ergibt sich: Es bedeutet

$$1 + 1 = 1^+, \quad 2 + 1 = 2^+, \quad 3 + 1 = 3^+, \ldots.$$

Auf Grund der oben eingeführten Bezeichnung ersetzen wir 1^+ durch seinen Namen 2, 2^+ durch 3, 3^+ durch 4, usw. Wir erhalten demnach:

(1') $$1 + 1 = 2, \quad 2 + 1 = 3, \quad 3 + 1 = 4, \ldots.$$

Die Addition irgend zweier ganzer positiver Zahlen wird durch die folgende definierende Gleichung:

(2) $$a + (b + 1) = (a + b) + 1$$

auf die Gleichung (1) zurückgeführt. Gleichung (2) besagt: Unter der Summe von a und dem Nachfolger von b in der natürlichen Zahlenreihe hat man den Nachfolger der Summe von $a + b$ zu verstehen.

Aus (1') ergibt sich: $a + 2 = a + (1 + 1)$ oder nach Formel (2) gleich $(a + 1) + 1$, d. h. wir haben auf Grund von Gleichung (1) unter $a + 2$ den Nachfolger von $a + 1$ zu verstehen. Ebenso erhält man nach (1') die Gleichung $a + 3 = a + (2 + 1)$ oder nach Formel (2) gleich $(a + 2) + 1$, d. h. wir haben auf Grund von Gleichung (1) unter $a + 3$ den Nachfolger von $a + 2$ zu verstehen. Die Definitionsgleichungen (1) und (2) liefern sukzessiv, ähnlich wie man die Stufen einer Treppe hinaufsteigt, das Resultat:

$$a, \quad a + 1, \quad a + 2, \quad a + 3, \ldots.$$

sind aufeinanderfolgende Zahlen. Man sieht: Die durch die Gleichungen (1) und (2) gegebenen Definitionen sind völlig ausreichend, um zwei beliebige ganze positive Zahlen zu addieren.

§ 2.

Die vollständige Zahlenreihe. Die Addition beliebiger ganzer Zahlen.

Da nach Postulat P_5) des § 1 jede ganze positive Zahl in der Reihe:

$$1, \quad 1^+, \quad 1^{++}, \quad 1^{+++}, \quad 1^{++++}, \ldots.$$

auftritt, die sich auch als

$$1, \quad 1^+, \quad 2^+, \quad 3^+, \quad 4^+, \ldots.$$

schreiben läßt, so ergibt sich: Jede vorgelegte, von 1 verschiedene ganze positive Zahl a läßt sich aus einer anderen ganzen positiven Zahl b gewinnen, so daß a der Nachfolger b^+ der Zahl b wird, $b^+ = a$. Nach Postulat P_3) gibt es nur eine solche ganze positive Zahl b, deren Nachfolger $b^+ = a$ ist. Eine Ausnahmestellung in der Reihe der ganzen positiven Zahlen nimmt die Zahl 1 ein; nach dem Postulat P_4) des vorigen Paragraphen ist sie niemals Nachfolger einer ganzen positiven Zahl.

Um die Ausnahmestellung zu beseitigen, welche die Zahl 1 in der natürlichen Zahlenreihe einnimmt, führen wir statt des Systemes $\mathfrak{N}$ von Dingen, mit dem wir uns in § 1 beschäftigt haben, ein neues System $\mathfrak{N}'$ von Dingen oder Elementen ein, dessen Eigenschaften wir in folgenden fünf Postulaten formulieren:[1]

P_1'). Das System $\mathfrak{N}'$ enthält wenigstens ein Element.

P_2'). Jedes dem System $\mathfrak{N}'$ angehörige Element x bestimmt in eindeutiger Weise ein weiteres, ebenfalls $\mathfrak{N}'$ angehöriges Element, das wir das x unmittelbar folgende oder den Nachfolger von x nennen und mit x^+ bezeichnen.

P_3'). Jedes dem System $\mathfrak{N}'$ angehörige Element ist Nachfolger eines und auch nur eines Elementes aus $\mathfrak{N}'$.

P_4'). Ist x ein beliebiges Element aus $\mathfrak{N}'$, so stimmt x mit keinem unter seinen sukzessiven Nachfolgern

$$x^+, \quad x^{++}, \quad x^{+++}, \quad \ldots .$$

überein.

Ehe wir das letzte unserer fünf Postulate aussprechen, führen wir durch Definition den Begriff des Vorgängers eines Elementes von $\mathfrak{N}'$ ein. Durch jedes Element x aus $\mathfrak{N}'$ wird nach Postulat P_3') eindeutig ein Element y aus $\mathfrak{N}'$ bestimmt, so daß $x = y^+$ der Nachfolger von y ist. Ist $x = y^+$, so kann y nicht in der Reihe der Nachfolger von x auftreten; denn wäre etwa $y = x^{++++}$, so würde aus $x = y^+$ im Widerspruch mit P_4') folgen, daß x mit einem seiner Nachfolger, nämlich x^{+++++} übereinstimmen müßte. Soll daher das durch $x = y^+$ festgelegte Verhältnis, das x als Nachfolger von y bezeichnet, bei Umkehrung der Glieder beschrieben werden, so wird ein neuer Name und ein neues Zeichen erforderlich, um darzulegen, wie sich x zu y verhält. Wir nennen das durch $x = y^+$ nach P_3') eindeutig bestimmte Element y aus $\mathfrak{N}'$ den Vorgänger von x und bezeichnen es mit x^-. Wir definieren also: Vorgänger eines Elementes x aus dem System $\mathfrak{N}'$, bezeichnet mit x^-, heißt dasjenige Element y aus $\mathfrak{N}'$, dessen Nachfolger x ist. $y = x^-$ ist nur eine andere Schreibweise für $x = y^+$.

P_5'). Ist x ein beliebiges Element aus $\mathfrak{N}'$, so ist jedes Element aus $\mathfrak{N}'$ in dem System

$$\ldots, \quad x^{--}, \quad x^-, \quad x, \quad x^+, \quad x^{++}, \quad \ldots .$$

enthalten.[2]

Für die Definition des Systems $\mathfrak{N}'$ läßt sich der Begriff des Vorgängers vermeiden, wenn man statt des angegebenen Postulates P_5') das folgende Postulat P_5'') verwendet:

P_5''). Das System $\mathfrak{N}'$ soll nur die etwa durch die drei ersten Postulate P_1') bis P_3') geforderten Elemente und sonst keine weiteren enthalten.

---

[1] Die Arithmetik läßt sich nach § 2 auf Grund des Systemes $\mathfrak{N}'$ aufbauen, ohne die Kenntnis des Systems $\mathfrak{N}$, das im § 1 behandelt wurde, vorauszusetzen. Eine andere axiomatische Theorie der vollständigen Zahlenreihe bei A. PADOA in Compte rendu du deuxième congrès international des mathématiques, Paris 1902, S. 249.

[2] Es würde auch genügen, statt des obigen Postulats P_5') das folgende weniger fordernde zu verwenden: In dem System $\mathfrak{N}'$ läßt sich wenigstens ein Element x finden, so daß jedes Element aus $\mathfrak{N}'$ in dem System

$$\ldots \quad x^{--}, \quad x^-, \quad x, \quad x^+, \quad x^{++}, \quad \ldots$$

enthalten ist. Aus diesem Postulat beweist man die Fassung P_5') des Textes mittels der Postulate P_2') und P_3').

Wir wollen zunächst zeigen, daß die *fünf Postulate* P_1') bis P_5') *voneinander unabhängig oder irreduzibel* sind. Zu diesem Zweck betrachten wir fünf Systeme von Elementen:

1. Wir denken uns als System $\mathfrak{N}_1'$ ein leeres System. Von jedem leeren System kann man sagen, daß es alle Postulate mit Ausnahme von P_1') erfüllt; für ein leeres System kommen nämlich die anderen Postulate überhaupt nicht mehr in Frage.

2. Wir bilden ein System $\mathfrak{N}_2'$ von Elementen, das aus einer rechter Hand abbrechenden Aufeinanderfolge („Regression“) bestehen möge, etwa

$$\ldots,\ \overleftarrow{3},\ \overleftarrow{2},\ \overleftarrow{1},\ 0,\ 1,\ 2,\ 3,\ 4,\ 5,\ 6,\ 7,\ 8,\ 9.$$

Bei dem System $\mathfrak{N}_2'$ hat die Zahl 9 keinen Nachfolger; mithin genügt $\mathfrak{N}_2'$ nicht dem Postulat P_2'), hingegen erfüllt $\mathfrak{N}_2'$ alle anderen Postulate, z. B. ist jedes Element von $\mathfrak{N}_2'$ Nachfolger eines anderen. Für $\mathfrak{N}_2'$ könnte man auch die Gesamtheit der ganzen negativen Zahlen wählen.

3. Wir bilden ein System $\mathfrak{N}_3'$ von Elementen, das aus einer linker Hand abbrechenden Aufeinanderfolge („Progression“) bestehen möge, etwa:

$$\overleftarrow{9},\ \overleftarrow{8},\ \overleftarrow{7},\ \overleftarrow{6},\ \overleftarrow{5},\ \overleftarrow{4},\ \overleftarrow{3},\ \overleftarrow{2},\ \overleftarrow{1},\ 0,\ 1,\ 2,\ \ldots$$

Bei dem System $\mathfrak{N}_3'$ ist die Zahl $\overleftarrow{9}$ nicht Nachfolger eines anderen Elementes; hingegen erfüllt $\mathfrak{N}_3'$ alle anderen Postulate. Für $\mathfrak{N}_3'$ könnte man auch die Gesamtheit der ganzen positiven Zahlen nehmen.

4. Wir bilden ein System $\mathfrak{N}_4'$ von Elementen, das aus irgend einer periodischen Aufeinanderfolge von Elementen, etwa

$$\ldots,\ 1,\ 2,\ 3,\ 1,\ 2,\ 3,\ 1,\ 2,\ 3,\ \ldots$$

bestehen möge. Bei dem System $\mathfrak{N}_4'$ ist $1^{+} = 2$, $2^{+} = 3$, $3^{+} = 1$, also $1^{+++} = 1$. Daher wird von $\mathfrak{N}_4'$ das Postulat P_4') durchbrochen, während alle anderen Postulate erfüllt sind.

5. Wir bilden ein System $\mathfrak{N}_5'$ von Elementen, das aus den in folgender Reihenform angeordneten Elementen

$$\ldots,\ \overleftarrow{5},\ \overleftarrow{3},\ \overleftarrow{1},\ 1,\ 3,\ 5,\ \ldots\ldots,\ \overleftarrow{4},\ \overleftarrow{2},\ 0,\ 2,\ 4,\ 6,\ \ldots$$

bestehen möge. Der Nachfolger von 1 ist hier 3, also $1^{+} = 3$, $3^{+} = 1^{++} = 5$, $5^{+} = 1^{+++} = 7$, ... Das Element 1 ist der Nachfolger von $\overleftarrow{1}$, also $1 = \overleftarrow{1}^{+}$ oder $\overleftarrow{1} = 1^{-}$, $\overleftarrow{1} = \overleftarrow{3}^{+}$ oder $\overleftarrow{3} = \overleftarrow{1}^{-} = 1^{--}$, $\overleftarrow{3} = \overleftarrow{5}^{+}$ oder $\overleftarrow{5} = \overleftarrow{3}^{-} = 1^{---}$. Das System $\mathfrak{N}_3'$ erfüllt demnach nicht das fünfte Postulat P_5'); denn in dem System ...., 1^{---}, 1^{--}, 1^{-}, 1, 1^{+}, 1^{++}, ... treten nicht die Zahlen ...., $\overleftarrow{4}$, $\overleftarrow{2}$, 0, 2, 4, 6, ... auf, die in dem System $\mathfrak{N}_5'$ enthalten sind. Hingegen erfüllt $\mathfrak{N}_5'$ alle anderen Postulate.

Setzen wir die Existenz eines Systems $\mathfrak{N}'$ von Elementen, das den voraufgehenden fünf Postulaten P_1') bis P_5') genügt, als logisch möglich voraus[1], so führt das System $\mathfrak{N}'$ zu der *vollständigen Zahlenreihe*. Das System $\mathfrak{N}'$ muß nach dem Postulat P_1') wenigstens ein Element enthalten, das wir mit 1 bezeichnen wollen. Nach dem Postulat P_2') enthält $\mathfrak{N}'$ das Element 1^{+}; dieses

[1] Auch hier gilt die in der ersten Anmerkung auf Seite 3 gemachte Bemerkung.

Element bezeichnen wir mit 2, so daß 2 nur einen abkürzenden Namen für 1^+ bezeichnet und 2 und 1^+ sich überall vertreten dürfen. Da $\mathfrak{N}'$ das Element 2 enthält, so befindet sich in $\mathfrak{N}'$ auch ein Element 2^+, das wir mit 3 bezeichnen, usw. Auf Grund des Postulats P_4') hat man für die eingeführten Elemente von $\mathfrak{N}'$ immer neue Namen zu verwenden; denn jedes weitere Element befindet sich unter den sukzessiven Nachfolgern der voraufgehenden. Auf diese Weise ist zunächst gezeigt, das $\mathfrak{N}'$ die Elemente

$$1, \quad 1^+ = 2, \quad 2^+ = 1^{++} = 3, \quad 3^+ = 2^{++} = 1^{+++} = 4, \quad \ldots .$$

enthält, für die wir die Namen der üblichen Zahlbezeichnung entnommen haben. Das Element 1 bestimmt ferner nach Postulat P_3') eindeutig ein Element, für das wir die übliche Bezeichnung 0 verwenden, so daß $0^+ = 1$ oder $0 = 1^-$ ist. Auf Grund der Relation $0^+ = 1$ lassen sich die in $\mathfrak{N}'$ bereits nachgewiesenen Elemente auch mit $0, 1 = 0^+, 2 = 0^{++}, 3 = 0^{+++}, \ldots .$ bezeichnen. Da sich die Elemente $1, 2, 3, \ldots .$ demnach unter den sukzessiven Nachfolgern von 0 befinden, so mußte, um dem Postulat P_4') Rechnung zu tragen, für das Element 0, dessen Nachfolger 1 ist, wie geschehen, eine von den schon verwendeten Bezeichnungen $1, 2, 3, \ldots .$ verschiedene eingeführt werden. Da $\mathfrak{N}'$ das Element 0 enthält, so befindet sich nach dem Postulat P_3') in $\mathfrak{N}'$ auch ein Element, das wir mit $\overleftarrow{1}$ bezeichnen, so daß $\overleftarrow{1}^{+} = 0$ oder, was gleichbedeutend ist, $\overleftarrow{1} = 0^-$. Die bereits eingeführten Elemente $\overleftarrow{1}, 0, 1, 2, \ldots .$ von $\mathfrak{N}'$ lassen sich infolge der Relation $0 = \overleftarrow{1}^{+}$ auch mit $\overleftarrow{1}, 0 = \overleftarrow{1}^{+}, 1 = \overleftarrow{1}^{++}, 2 = \overleftarrow{1}^{+++}, \ldots .$ bezeichnen; da sich die Elemente $0, 1, 2, \ldots .$ demnach unter den sukzessiven Nachfolgern von $\overleftarrow{1}$ befinden, so mußte, wie geschehen, für das Element $\overleftarrow{1}$ eine neue Bezeichnung eingeführt werden, weil sonst das Postulat P_4') durchbrochen wäre.

Auf diese Weise fortfahrend erhalten wir immer neue Zahlzeichen und gewinnen hierdurch die *vollständige Zahlenreihe* zunächst in folgender Bezeichnung:

$$\ldots ., \overleftarrow{5}, \overleftarrow{4}, \overleftarrow{3}, \overleftarrow{2}, \overleftarrow{1}, 0, 1, 2, 3, 4, 5, \ldots .$$

Diese Aufeinanderfolge heißt die *Reihe der ganzen Zahlen*. Die Zahlen $\overleftarrow{1}, \overleftarrow{2}, \overleftarrow{3}, \ldots .$, die wir später anders bezeichnen werden, heißen im Gegensatz zu den Zahlen $1, 2, 3, \ldots .$ die *ganzen negativen Zahlen*; 0 bezeichnet man mit Null. Da die eingeführte vollständige Zahlenreihe sich auch

$$\ldots ., 1^{---}, 1^{--}, 1^{-}, 1, 1^{+}, 1^{++}, \ldots .$$

schreiben läßt, so kann das System $\mathfrak{N}'$ nach Postulat P_5') auch keine anderen als die angegebenen Elemente enthalten und ist also bei geeigneter Bezeichnungsweise nichts anderes als die vollständige Zahlenreihe. Bedient man sich anstatt des Postulats P_5') der Forderung P_5''), nach der das System $\mathfrak{N}'$ nur die durch die drei ersten Postulate P_1') bis P_4') geforderten Elemente und keine weiteren enthalten soll, so ergibt sich ebenfalls, daß das System $\mathfrak{N}'$ bei geeigneter Bezeichnungsweise die vollständige Zahlenreihe ist.

Ist x irgend eine Zahl der vollständigen Zahlenreihe, so bestimmt x nach P_2') einen Nachfolger $a = x^+$. Nach der eingeführten Definition ist daher $x = a^-$. Setzt man den Wert von $a = x^+$ in $x = a^-$ ein, so hat man das für jedes Element x der vollständigen Zahlenreihe gültige Resultat $x = x^{+-}$. In Worten:

I. *Der Vorgänger des Nachfolgers einer Zahl der vollständigen Zahlenreihe ist die ursprüngliche Zahl.*

Ist x irgend eine Zahl der vollständigen Zahlenreihe, so gibt es nach P_3') eine Zahl y, so daß $y^+ = x$ oder $y = x^-$. Bildet man aus $x^- = y$ die Relation $x^{-+} = y^+$ und ersetzt y^+ durch seinen Wert x, so hat man $x^{-+} = x$. In Worten drückt sich diese Gleichung aus als:

II. *Der Nachfolger des Vorgängers einer Zahl der vollständigen Zahlenreihe ist die ursprüngliche Zahl.*

Wir *erweitern* nunmehr den *Begriff der Addition*, der in § 1 nur für ganze positive Zahlen erklärt war, *für beliebige Zahlen der vollständigen Zahlenreihe.* Wir verlangen: Sind a und b irgend zwei gleiche oder ungleiche Zahlen der vollständigen Zahlenreihe, so soll sich aus ihnen eindeutig eine dritte, ihre *Summe* $c = a + b$, nach bestimmter Vorschrift erzeugen lassen, so daß c ebenfalls eine Zahl der vollständigen Zahlenreihe ist. Diese Zahl c kann man finden, wenn man sich der folgenden zwei Definitionsgleichungen bedient:

$$a + 1 = a^+, \tag{1}$$

$$a + (b + 1) = (a + b) + 1; \tag{2}$$

hierbei bedeuten a und b beliebige ganze Zahlen der vollständigen Zahlenreihe. In diesem Paragraphen bedeute allgemein ein Buchstabe ohne Pfeil eine beliebige ganze Zahl, $\overleftarrow{a}$ eine ganze negative Zahl und $\overrightarrow{a}$ eine ganze positive Zahl.

Die in den voraufgehenden Gleichungen (1) und (2) niedergelegten Definitionen übertragen die Gleichungen (1) und (2) des § 1 auf S. 5 von natürlichen Zahlen auf beliebige ganze Zahlen, wobei der für die Erweiterung jeder Gesellschaft geltende Grundsatz befolgt wird: Die neuen Elemente sollen sich möglichst den alten Regeln fügen.

Bloß auf Grund der Formeln (1) und (2) und des Postulats, daß, wenn a und b ganze Zahlen sind, auch $a + b$ eine solche sein soll, wird es uns möglich sein, die Summe irgend zweier ganzer Zahlen zu bilden.[1]

Zunächst folgern wir aus (1) wörtlich wie auf S. 5, daß

$$1 + 1 = 2, \quad 2 + 1 = 3, \quad 3 + 1 = 4, \quad \ldots .$$

Ferner ergibt sich aus (1):

$$0 + 1 = 0^+, \quad \overleftarrow{1} + 1 = \overleftarrow{1}^{+}, \quad \overleftarrow{2} + 1 = \overleftarrow{2}^{+}, \quad \overleftarrow{3} + 1 = \overleftarrow{3}^{+}, \quad \ldots . \tag{1'}$$

[1] Dieses Postulat ist übrigens nur für die Fälle, daß b gleich 0 oder gleich einer ganzen negativen Zahl ist, erforderlich und wird im Text auch nur derart verwendet werden. Alsdann ist das angegebene Postulat aber auch unentbehrlich, wenn man zu unserer gewöhnlichen Addition für die ganzen Zahlen der vollständigen Zahlenreihe gelangen will. Ist nämlich a irgend eine ganze Zahl, $\overrightarrow{b}$ irgend eine ganze positive Zahl, $\overleftarrow{b}$ irgend eine ganze negative Zahl und definiert man $a + \overrightarrow{b}$ in üblicher Weise, hingegen $a + 0$ und $a + \overleftarrow{b}$ als keine ganzen Zahlen, so weichen diese Festsetzungen von der gewöhnlichen Definition der Addition ab. Trotzdem ist die Gleichung (1) $a + 1 = a^+$ stets erfüllt und auch die Gleichung (2) $a + (b + 1) = (a + b) + 1$ trifft in allen Fällen zu, in denen sie als Gleichung zwischen ganzen Zahlen überhaupt einen Sinn hat, d. h. wofern sowohl $a + (b + 1)$ als auch $(a + b) + 1$ bei unseren Festsetzungen ganze Zahlen darstellen.

Auf Grund der oben gegebenen Definition kann 0^{+} durch 1 ersetzt werden. Die Zahl $\overleftarrow{1}$ war durch die Relation $\overleftarrow{1}^{+} = 0$ aus 0 gewonnen. Ferner war die Zahl $\overleftarrow{2}$ durch die Gleichung $\overleftarrow{2}^{+} = \overleftarrow{1}$ definiert. Weiter war $\overleftarrow{3}$ eingeführt durch $\overleftarrow{3}^{+} = \overleftarrow{2}$, usw.

Mithin erhalten wir aus (1′) das Gleichungssytem

$$(1'') \qquad 0 + 1 = 1, \quad \overleftarrow{1} + 1 = 0, \quad \overleftarrow{2} + 1 = \overleftarrow{1}, \quad \overleftarrow{3} + 1 = \overleftarrow{2}, \quad \ldots .$$

Genau wie aus den Gleichungen (1) und (2) des § 1 auf S. 5, ergibt sich aus den obigen Gleichungen (1) und (2), daß a, $a + 1$, $a + 2$, $a + 3$, ... aufeinanderfolgende Zahlen sind. Wir können also zunächst durch fortlaufende Schritte die Summe $a + \overrightarrow{b}$ einer beliebigen ganzen Zahl a und jeder ganzen positiven Zahl $\overrightarrow{b}$ bestimmen.

Wir wählen in der Gleichung (2) für die Zahl b den Wert $b = 0$; dann wird:

$$a + (0 + 1) = (a + 0) + 1$$

oder nach (1″)

$$a + 1 = (a + 0) + 1.$$

Wir forderten, $a + b$ soll für jedes der vollständigen Zahlenreihe angehörige Zahlenpaar a, b sich in ihr befinden; also muß dies auch für $a + 0$ der Fall sein. Es sei $a + 0$ die uns zunächst unbekannte ganze Zahl z. Mithin wird $a + 1 = z + 1$ oder nach (1): $a^{+} = z^{+}$. Hieraus folgt $a^{+-} = z^{+-}$ oder auf Grund des Satzes I: $a = z$, d. h. die uns ursprünglich unbekannte Zahl z ist die Zahl a. Wir gewinnen also die Gleichung

$$(3) \qquad a + 0 = a.$$

Mithin haben wir bewiesen: Jede ganze Zahl bleibt, wenn man 0 zu ihr zuaddiert, unverändert.

Wir wählen in der Gleichung (2) $b = \overleftarrow{1}$ und erhalten:

$$a + \left(\overleftarrow{1} + 1\right) = \left(a + \overleftarrow{1}\right) + 1$$

oder nach (1″)

$$a + 0 = \left(a + \overleftarrow{1}\right) + 1$$

oder nach (3)

$$a = \left(a + \overleftarrow{1}\right) + 1 .$$

Da die Summe zweier ganzer Zahlen, wie wir verlangten, stets eine ganze Zahl sein soll, so muß $a + \overleftarrow{1}$ auch eine ganze Zahl sein. Die Zahl $a + \overleftarrow{1}$ sei die uns zunächst unbekannte Zahl t der vollständigen Zahlenreihe. Mithin wird $a = t + 1$ oder nach (1) $a = t^{+}$. Hieraus folgt $a^{-} = t^{+-}$ oder auf Grund des Satzes I: $a^{-} = t$. Die uns ursprünglich unbekannte Zahl t ist also der Vorgänger von a. Mithin gewinnen wir die Gleichung:

$$(4) \qquad a + \overleftarrow{1} = a^{-}.$$

Die Gleichung (4) besagt: Die Summe einer beliebigen ganzen Zahl a und $\overleftarrow{1}$ ergibt den Vorgänger von a in der vollständigen Zahlenreihe.

Ehe wir aus der Gleichung (4) weitere Folgerungen ziehen, leiten wir noch die für alle ganzen Zahlen a und b gültige Gleichung:

(5) $$a + (b + \overleftarrow{1}) = (a + b) + \overleftarrow{1}$$

ab.

Um ihre Richtigkeit zu beweisen, bilden wir

$$[a + (b + \overleftarrow{1})] + 1 .$$

Da $b + \overleftarrow{1}$ nach (4) die Zahl b^- ist, können wir die für alle ganzen Zahlen a und b gültige Definitionsgleichung (2) anwenden und erhalten aus ihr:

$$[a + (b + \overleftarrow{1})] + 1 = a + [(b + \overleftarrow{1}) + 1].$$

Wählt man in der Gleichung (2) für a die Zahl b und für b die Zahl $\overleftarrow{1}$, so ergibt sich, daß:

$$(b + \overleftarrow{1}) + 1 = b + (\overleftarrow{1} + 1).$$

Mithin wird:

$$[a + (b + \overleftarrow{1})] + 1 = a + [b + (\overleftarrow{1} + 1)]$$
$$= a + [b + 0] \quad \text{infolge von } (1'')$$
$$= a + b \quad \text{infolge von } (3).$$

Da $a + (b + \overleftarrow{1})$ als Summe zweier Zahlen eine Zahl der vollständigen Zahlenreihe ist, kann man die linke Seite der zuletzt abgeleiteten Gleichung nach (1) auch $[a + (b + \overleftarrow{1})]^+$ schreiben, und hat die Gleichung

$$[a + (b + \overleftarrow{1})]^+ = a + b .$$

Aus ihr folgert man:

$$[a + (b + \overleftarrow{1})]^{+\,-} = (a + b)^-$$

oder auf Grund des Satzes I:

$$a + (b + \overleftarrow{1}) = (a + b)^- .$$

Beachtet man noch die Gleichung (4), so folgt, daß für die Zahl $a + b$ die Gleichung $(a + b) + \overleftarrow{1} = (a + b)^-$ gilt. Mithin wird:

(5) $$a + (b + \overleftarrow{1}) = (a + b) + \overleftarrow{1},$$

wie bewiesen werden sollte.

Die Gleichungen (4) und (5) zeigen, daß die Summe einer beliebigen ganzen Zahl a und des Vorgängers einer beliebigen ganzen Zahl b der Vorgänger von $a + b$ ist.

Aus der Gleichung (4) $a + \overleftarrow{1} = a^-$ folgt:

$$0 + \overleftarrow{1} = 0^-, \quad \overleftarrow{1} + \overleftarrow{1} = \overleftarrow{1}^-, \quad \overleftarrow{2} + \overleftarrow{1} = \overleftarrow{2}^-, \quad \overleftarrow{3} + \overleftarrow{1} = \overleftarrow{3}^-, \ldots .$$

Da nach Definition 0^- mit $\overleftarrow{1}$, $\overleftarrow{1}^-$ mit $\overleftarrow{2}$, $\overleftarrow{2}^-$ mit $\overleftarrow{3}$, $\overleftarrow{3}^-$ mit $\overleftarrow{4}$ usw. bezeichnet war, so wird:

(6) $$0 + \overleftarrow{1} = \overleftarrow{1}, \quad \overleftarrow{1} + \overleftarrow{1} = \overleftarrow{2}, \quad \overleftarrow{2} + \overleftarrow{1} = \overleftarrow{3}, \quad \overleftarrow{3} + \overleftarrow{1} = \overleftarrow{4}, \ldots .$$

Aus (6) ergibt sich:

$$\begin{aligned} a + \overleftarrow{2} &= a + \left(\overleftarrow{1} + \overleftarrow{1}\right) \\ &= \left(a + \overleftarrow{1}\right) + \overleftarrow{1} \quad \text{nach Gleichung (5),} \\ &= \left(a + \overleftarrow{1}\right)^{-} \quad \text{nach Gleichung (4).} \end{aligned}$$

Ebenso erhält man aus (6):

$$\begin{aligned} a + \overleftarrow{3} &= a + \left(\overleftarrow{2} + \overleftarrow{1}\right) \\ &= \left(a + \overleftarrow{2}\right) + \overleftarrow{1} \quad \text{nach Gleichung (5),} \\ &= \left(a + \overleftarrow{2}\right)^{-} \quad \text{nach Gleichung (4).} \end{aligned}$$

In $a + \overleftarrow{3}$ haben wir also den Vorgänger von $a + \overleftarrow{2}$. So fortfahrend, gewinnt man das Resultat: a, $a + \overleftarrow{1}$, $a + \overleftarrow{2}$, $a + \overleftarrow{3}$, ... sind einander vorangehende Zahlen. Die Gleichungen (4) und (5) setzen uns in den Stand, die Summe einer beliebigen Zahl und jeder ganzen negativen Zahl durch fortgesetztes Rückwärtsschreiten in der vollständigen Zahlenreihe zu bilden.

Wir können also als Schlußergebnis aussprechen: Die durch die zwei Gleichungen (1) und (2) gegebenen Definitionen sind, wenn man ihnen das Postulat beifügt, die Addition der ganzen Zahlen soll nicht aus dem Gebiet der ganzen Zahlen herausführen, völlig ausreichend, um die Summe zweier beliebiger ganzer Zahlen der vollständigen Zahlenreihe zu bestimmen.

§ 3.

Rechnungsregeln für die Addition beliebiger ganzer Zahlen.

Aus den Definitionsgleichungen (1) und (2) des § 2, die wir für die Addition aufstellten, lassen sich die besonderen Rechnungsregeln, die für die Addition gelten, herleiten.

I. Als erste behandeln wir das assoziative Gesetz der Addition. Dieses besagt: Sind a, b, c irgend drei ganze Zahlen, so ist:

(1) $$a + [b + c] = [a + b] + c.$$

Dieser Satz erfordert durchaus einen Beweis; es ist nicht von selbst einleuchtend, daß man nach Belieben zu a das Resultat von $b + c$ oder zu dem Resultat von $a + b$ die Zahl c zuaddieren darf, um beide Male dasselbe zu erhalten.[1]

Den Beweis zerlegen wir in vier Schritte:

α) Wir erinnern uns, daß nach der Definitionsgleichung (2) des § 2 auf Seite 9

(2) $$a + [b + 1] = [a + b] + 1$$

ist, falls a und b irgendwelche ganze Zahlen bedeuten.

---

[1] Ist dieser Satz bewiesen, so kann man auch $a + b + c$ ohne Klammern schreiben; denn nach dem obigen Resultat ist es ganz gleich, ob man $a + b + c$ den Sinn $a + [b + c]$ oder $[a + b] + c$ beilegt und überall, wo keine Undeutlichkeiten entstehen, können Klammern fortgelassen werden.

β) Wir haben im § 2 bewiesen, daß, falls a und b beliebige ganze Zahlen bedeuten, die dort mit (5) numerierte Gleichung

$$a + \left[b + \overleftarrow{1}\right] = \left[a + b\right] + \overleftarrow{1}$$

gilt.

γ) Wir nehmen jetzt an, daß die Gleichung (1): $a + [b + c] = [a + b] + c$ für irgend eine bestimmte Zahl $c = k$ richtig ist, falls a und b beliebige Zahlen der vollständigen Zahlenreihe bedeuten. Wir wollen zeigen, daß die Gleichung auch noch für $c = k + 1$ gilt. Es sei also $a + (b + k) = (a + b) + k$; hieraus folgt $[a + (b + k)] + 1 = [(a + b) + k] + 1$ oder gleich $(a + b) + (k + 1)$, da nach α) für beliebige a und b die Gleichung (2): $[a + b] + 1 = a + [b + 1]$ gilt. Aus $[a + (b + k)] + 1 = (a + b) + (k + 1)$ folgt, wenn man auch links die Gleichung (2) anwendet: $a + [(b + k) + 1] = (a + b) + (k + 1)$; benutzt man links nochmals die Gleichung (2), so erhält man schließlich:

$$a + [b + (k + 1)] = (a + b) + (k + 1),$$

wie gezeigt werden sollte.

Das zu beweisende Theorem $a + (b + k) = (a + b) + k$ ist ersichtlich für $k = 0$ richtig; denn Gleichung (3) des § 2 lehrt, daß $a + [b + 0] = [a + b] + 0$ ist. Da das Theorem für $k = 0$ richtig ist, so ist es, wie der eben geführte Beweis zeigt, auch für $0 + 1 = 1$ richtig. Da das Theorem jetzt für $k = 1$ gilt, so muß es nach unserem Beweise auch für $1 + 1 = 2$ zutreffen. Aus der eben gezeigten Gültigkeit des Theorems für $k = 2$ folgt nach unserem Beweise die Richtigkeit für $2 + 1 = 3$. Auf diese Weise fortfahrend, sieht man sukzessiv, daß unser Theorem $a + [b + c] = [a + b] + c$ bei beliebigem a und b für jedes ganzzahlige positive c einschließlich $c = 0$ gültig ist.

δ) Wir nehmen wiederum an, daß der zu beweisende Satz

$$a + [b + c] = [a + b] + c$$

für irgend eine bestimmte Zahl $c = k$ richtig ist, falls a und b beliebige Zahlen der vollständigen Zahlenreihe bedeuten. Wir wollen zeigen, daß dann der Satz auch stets noch für die voraufgehende Zahl $k + \overleftarrow{1}$ richtig ist. Es sei also $a + (b + k) = (a + b) + k$; hieraus folgt: $[a + (b + k)] + \overleftarrow{1} = [(a + b) + k] + \overleftarrow{1}$ oder gleich $(a + b) + \left(k + \overleftarrow{1}\right)$; denn es ist, wie wir nach der in β) erwähnten Gleichung (5) des § 2 wissen, für beliebige ganzzahlige a und b stets $[a + b] + \overleftarrow{1} = a + \left[b + \overleftarrow{1}\right]$. Aus $[a + (b + k)] + \overleftarrow{1} = (a + b) + \left(k + \overleftarrow{1}\right)$ folgt, wenn man auch links die nämliche Gleichung (5) anwendet:

$$a + \left[(b + k) + \overleftarrow{1}\right] = (a + b) + \left(k + \overleftarrow{1}\right);$$

benützt man links nochmals die Gleichung (5), so erhält man schließlich:

$$a + \left[b + \left(k + \overleftarrow{1}\right)\right] = [a + b] + \left(k + \overleftarrow{1}\right),$$

wie gezeigt werden sollte.

Das in Gleichung (1) ausgesprochene Theorem ist, wie schon unter γ) betont wurde, ersichtlich für $k = 0$ richtig. Da das Theorem für $k = 0$ zutrifft, so ist es auch, wie sich aus unserem eben geführten Beweis ergibt, für $0 + \overleftarrow{1} = \overleftarrow{1}$ richtig. Da das Theorem jetzt auch für $k = \overleftarrow{1}$ gilt, so trifft es nach unserem Beweise auch für $\overleftarrow{1} + \overleftarrow{1} = \overleftarrow{2}$ zu. Aus der eben gezeigten Gültigkeit des Theorems für $k = \overleftarrow{2}$ folgt nach unserem Beweise die Richtigkeit für $\overleftarrow{2} + \overleftarrow{1} = \overleftarrow{3}$. Da man, so fortfahrend (vgl. das Gleichungssystem (6) des § 2), zu jeder ganzen negativen Zahl gelangt, so sieht man, daß die Gleichung

$$a + [b + c] = [a + b] + c$$

bei beliebigem a und b für jedes ganzzahlige negative c gilt. Da unser Satz für $c = 0$ und ganzzahlige positive c bereits unter γ) bewiesen war, so ist jetzt allgemein gezeigt, daß, wenn a, b, c beliebige Zahlen aus der vollständigen Zahlenreihe sind, stets

$$a + [b + c] = [a + b] + c$$

ist.

Das für die Gültigkeit des assoziativen Gesetzes angewendete Beweisverfahren beruht im wesentlichen auf dem Satz[1]: Hat man sich von der Richtigkeit eines Gesetzes für eine einzige ganze Zahl überzeugt und folgt aus seiner Gültigkeit für irgend eine ganze Zahl k stets seine Gültigkeit auch für die nächstfolgende $k + 1$ und die unmittelbar voraufgehende $k + \overleftarrow{1}$, so gilt das Gesetz ausnahmslos für alle ganzen Zahlen der vollständigen Zahlenreihe. (Satz der erweiterten vollständigen Induktion.)

II. Mit Hilfe der nämlichen Schlußweise von k auf $k + 1$ und $k + \overleftarrow{1}$ beweisen wir zunächst folgenden Hilfssatz:

Für jede Zahl a der vollständigen Zahlenreihe ist stets $a + 1 = 1 + a$.

Unser Hilfssatz ist für $a = 0$ richtig, da aus der Definition $0 = 1^-$ oder $0^+ = 1$ und den Gleichungen (1) und (3) des § 2 die Relation $0 + 1 = 1 + 0$ folgt. Wir setzen seine Richtigkeit für $a = k$ voraus und wollen zeigen, daß er dann stets auch noch sowohl für $a = k + 1$ als auch für $a = k + \overleftarrow{1}$ gilt.

Sei also $k + 1 = 1 + k$. Hieraus folgt $(k + 1) + 1 = (1 + k) + 1$ oder nach dem assoziativen Gesetz gleich $1 + (k + 1)$. Wenn der Hilfssatz für irgend eine Zahl $a = k$ gilt, so trifft er also auch noch für $a = k + 1$ zu.

Aus der nach Voraussetzung gültigen Gleichung $k + 1 = 1 + k$ schließen wir ferner: $(k + 1) + \overleftarrow{1} = (1 + k) + \overleftarrow{1}$ oder nach dem assoziativen Gesetz gleich $1 + (k + \overleftarrow{1})$. Nach Satz I des § 2 ist der Vorgänger des Nachfolgers von k gleich k oder bei Verwendung der Gleichungen (4) und (1) des § 2: $(k + 1) + \overleftarrow{1} = k$; ferner ist nach Satz II des § 2 und den nämlichen Gleichungen (1) und (4) $k = (k + \overleftarrow{1}) + 1$. Daher wird $(k + 1) + \overleftarrow{1} = (k + \overleftarrow{1}) + 1$ und mithin ergibt sich: $(k + \overleftarrow{1}) + 1 = 1 + (k + \overleftarrow{1})$.

Die Gleichung $a + 1 = 1 + a$ traf für $a = 0$ zu; ferner haben wir gezeigt, daß sie, wenn sie für irgend eine Zahl $a = k$ gilt, stets auch für $a = k + 1$ und $a = k + \overleftarrow{1}$ zutrifft. Mithin ist die Gleichung $a + 1 = 1 + a$ für jede Zahl a der vollständigen Zahlenreihe richtig.

III. Wir benutzen den Hilfssatz zum Beweise des folgenden Satzes:

Zu jeder Zahl a der vollständigen Zahlenreihe gibt es in dieser eine Zahl a', so daß $a + a' = 0$ wird.

---

[1] Er ist eine Folge des Postulats P_5') auf S. 6 und trifft daher für das System $\mathfrak{N}_5'$ auf S. 7 nicht zu.

Für die Zahl 0 besteht nach Gleichung (3) des § 2 die Gleichung $0 + 0 = 0$. Wir nehmen an, daß für eine Zahl k der vollständigen Zahlenreihe in dieser eine Zahl k' existiert, die mit k durch die Gleichung $k + k' = 0$ verbunden ist. Aus der Gleichung $k + k' = 0$ folgt nach Satz II des § 2 und den Gleichungen (1) und (4) des § 2 die Relation $\left[(k + k') + \overleftarrow{1}\right] + 1 = 0$ oder bei zweimaliger Verwendung des assoziativen Gesetzes:

$$\left[k + (k' + \overleftarrow{1})\right] + 1 = 0 \quad \text{oder} \quad k + \left[(k' + \overleftarrow{1}) + 1\right] = 0.$$

Nach dem zuletzt bewiesenen Hilfssatz ergibt sich hieraus

$$k + \left[1 + (k' + \overleftarrow{1})\right] = 0$$

oder schließlich auf Grund des assoziativen Gesetzes:

$$(k + 1) + (k' + \overleftarrow{1}) = 0.$$

Ist also unser Satz für eine Zahl $a = k$ richtig, so gilt er auch noch für $a = k + 1$.

Wir setzen wiederum voraus, daß $k + k' = 0$ ist. Ferner gilt auf Grund des assoziativen Gesetzes:

$$(k + \overleftarrow{1}) + (k' + 1) = k + \left[\overleftarrow{1} + (k' + 1)\right].$$

Da nach dem Hilfssatz: $k' + 1 = 1 + k'$ ist, so wird

$$(k + \overleftarrow{1}) + (k' + 1) = k + \left[\overleftarrow{1} + (1 + k')\right]$$

oder nach dem assoziativen Gesetz gleich $k + \left[(\overleftarrow{1} + 1) + k'\right]$. Im § 2 ist auf Seite 10 unter (1″) die Gleichung $\overleftarrow{1} + 1 = 0$ abgeleitet worden. Mithin wird $(k + \overleftarrow{1}) + (k' + 1) = k + [0 + k']$ oder nach dem assoziativen Gesetz gleich $[k + 0] + k' = k + k'$ nach Gleichung (3) des § 2. Da nach Voraussetzung $k + k' = 0$, so wird:

$$(k + \overleftarrow{1}) + (k' + 1) = 0.$$

Wir haben also gezeigt: Die Zahl 0 wird durch die Zahl 0 so ergänzt, daß $0 + 0 = 0$ ist, und jedesmal wenn die ganze Zahl k durch die Zahl k' sich derartig ergänzen läßt, daß $k + k' = 0$ ist, so wird die Zahl $k + 1$ durch $k' + \overleftarrow{1}$ und die Zahl $k + \overleftarrow{1}$ durch $k' + 1$ derartig ergänzt, daß man die Gleichungen $(k + 1) + (k' + \overleftarrow{1}) = 0$ und $(k + \overleftarrow{1}) + (k' + 1) = 0$ hat. Hieraus folgt auf Grund der Schlußweise von k auf $k + 1$ und $k + \overleftarrow{1}$, daß zu jeder Zahl a der vollständigen Zahlenreihe eine Zahl a' gefunden werden kann, die mit a durch die Gleichung $a + a' = 0$ verknüpft ist.

Da $0 + 0 = 0$ und $0 + 1 = 1$, $0 + \overleftarrow{1} = \overleftarrow{1}$ ist, so folgt aus dem gegebenen Beweise noch: $1 + \overleftarrow{1} = 0$ und $\overleftarrow{1} + 1 = 0$. Da $1 + 1 = 2$, $\overleftarrow{1} + \overleftarrow{1} = \overleftarrow{2}$, so folgt aus unserem Beweise ferner: $2 + \overleftarrow{2} = 0$ und $\overleftarrow{2} + 2 = 0$. Beachtet man, daß $2 + 1 = 3$, $\overleftarrow{2} + \overleftarrow{1} = \overleftarrow{3}$, so ergibt sich aus $2 + \overleftarrow{2} = 0$ auf Grund unseres Beweises die Richtigkeit von $3 + \overleftarrow{3} = 0$ und aus $\overleftarrow{2} + 2 = 0$ die Richtigkeit von

$\overleftarrow{3} + 3 = 0$, usw., wobei sukzessiv die Gleichungssysteme (1′) auf Seite 5 und (6) auf Seite 11 zu verwenden sind.

IV. Wir beweisen noch für ganze Zahlen das **kommutative Gesetz der Addition**; dieses besagt: **Sind a und b irgend welche Zahlen der vollständigen Zahlenreihe, so ist stets $a + b = b + a$.**

Für $b = 1$ haben wir die Richtigkeit der Aussage bereits unter II in dem Hilfssatz $a + 1 = 1 + a$ bewiesen. Wir zeigen zunächst weiter, daß $a + \overleftarrow{1} = \overleftarrow{1} + a$ ist. Die letzte Relation ist nach dem erwähnten Hilfssatz für $a = 1$ richtig. Wir setzen jetzt die Richtigkeit der Gleichung $a + \overleftarrow{1} = \overleftarrow{1} + a$ für $a = k$ voraus. Aus $k + \overleftarrow{1} = \overleftarrow{1} + k$ folgt: $(k + \overleftarrow{1}) + 1 = (\overleftarrow{1} + k) + 1$ oder nach dem assoziativen Gesetz gleich $\overleftarrow{1} + (k + 1)$. Nach dem nämlichen Gesetz ist ferner der links stehende Ausdruck $(k + \overleftarrow{1}) + 1 = k + (\overleftarrow{1} + 1)$ oder nach dem bewiesenen Hilfssatz gleich $k + (1 + \overleftarrow{1})$ oder auf Grund des assoziativen Gesetzes gleich $(k + 1) + \overleftarrow{1}$. Folglich ist $(k + 1) + \overleftarrow{1} = \overleftarrow{1} + (k + 1)$. Wenn also die Gleichung $a + \overleftarrow{1} = \overleftarrow{1} + a$ für eine Zahl $a = k$ richtig ist, so gilt sie auch noch für $a = k + 1$.

Aus der nach Voraussetzung gültigen Gleichung $k + \overleftarrow{1} = \overleftarrow{1} + k$ folgt ferner $(k + \overleftarrow{1}) + \overleftarrow{1} = (\overleftarrow{1} + k) + \overleftarrow{1}$ oder nach dem assoziativen Gesetz gleich $\overleftarrow{1} + (k + \overleftarrow{1})$, d. h. die Gleichung $a + \overleftarrow{1} = \overleftarrow{1} + a$ ist, wenn sie für $a = k$ zutrifft, auch noch für $a = k + \overleftarrow{1}$ gültig.

Wir haben also gezeigt: Die Gleichung $a + \overleftarrow{1} = \overleftarrow{1} + a$ gilt für $a = 1$ und behält, wenn sie für irgend eine Zahl $a = k$ zutrifft, auch noch für $a = k + 1$ und $a = k + \overleftarrow{1}$ ihre Richtigkeit. Aus dem Schlußverfahren von k auf $k + 1$ und $k + \overleftarrow{1}$ folgt demnach für jede Zahl a der vollständigen Zahlenreihe: $a + \overleftarrow{1} = \overleftarrow{1} + a$.

Die Gleichung $a + b = b + a$ ist somit, wenn a eine beliebige Zahl der vollständigen Zahlenreihe ist, für $b = 1$ und $b = \overleftarrow{1}$ als richtig erwiesen. Wir nehmen nunmehr ihre Richtigkeit für $b = k$ an; es sei also $a + k = k + a$. Hieraus folgt $(a + k) + 1 = (k + a) + 1 = k + (a + 1)$ nach dem assoziativen Gesetz. Da auf Grund des bewiesenen Hilfssatzes $a + 1 = 1 + a$ ist, so wird $k + (a + 1) = k + (1 + a)$ oder nach dem assoziativen Gesetz gleich $(k + 1) + a$. Mithin hat man $(a + k) + 1 = (k + 1) + a$ oder bei Anwendung des assoziativen Gesetzes auf die linke Seite der Gleichung: $a + (k + 1) = (k + 1) + a$. Ebenso folgt aus der gemachten Voraussetzung $a + k = k + a$ unter Verwendung des Hilfssatzes $a + \overleftarrow{1} = \overleftarrow{1} + a$ und des assoziativen Gesetzes, daß

$$a + (k + \overleftarrow{1}) = (k + \overleftarrow{1}) + a \quad \text{ist.}$$

Die Gleichung $a + b = b + a$ ist also, wenn a eine beliebige Zahl der vollständigen Zahlenreihe ist, für die Zahl $b = 1$ richtig, und wenn sie für eine Zahl $b = k$ gilt, so trifft sie, wie wir bewiesen haben, stets auch für $b = k + 1$ und $b = k + \overleftarrow{1}$ zu. Mithin ist die Gleichung $a + b = b + a$ für irgend zwei Zahlen a und b der vollständigen Zahlenreihe als gültig erwiesen.

§ 4.

Die Multiplikation ganzer positiver Zahlen und die hierfür gültigen Rechnungsregeln.

Die ganzen positiven Zahlen lassen sich außer durch die in § 1 gelehrte Addition noch auf eine zweite Weise, Multiplikation genannt, miteinander verknüpfen. Sind a und b ganze positive Zahlen, so kann man aus ihnen eindeutig eine dritte als ihr Produkt $c = a \cdot b$ definieren, so daß c ebenfalls der natürlichen Zahlenreihe angehört.[1] Die Multiplikation ganzer positiver Zahlen wird durch die Festsetzungen

(1) $$a \cdot 1 = a$$

und

(2) $$a \cdot (b + 1) = a \cdot b + a$$

eingeführt und hierdurch auf das Additionsverfahren zurückgeführt.

Beachtet man nämlich, daß $2 = 1 + 1$, so wird $a \cdot 2 = a \cdot (1 + 1)$ oder nach Gleichung (2) gleich $a \cdot 1 + a$; nach (1) ergibt sich schließlich, daß

(3) $$a \cdot 2 = a + a.$$

Ebenso findet man unter Beachtung von $3 = 2 + 1$, daß $a \cdot 3 = a \cdot (2 + 1)$ oder nach (2) gleich $a \cdot 2 + a$ wird. Auf Grund von (3) gewinnt man daher die Gleichung

(4) $$a \cdot 3 = (a + a) + a.$$

Wählt man in der Gleichung (2) für b die Zahl 3, so erhält man $a \cdot (3 + 1) = a \cdot 3 + a$ und kann demnach $a \cdot 4$ auf Grund der Gleichung (4) bestimmen. Dieses Verfahren läßt sich fortsetzen und liefert unter sukzessiver Beachtung der Gleichungen (1') auf Seite 5 das Produkt von a mit irgend einer ganzen positiven Zahl.

I. Die Multiplikation der ganzen positiven Zahlen genügt den distributiven Gesetzen. Sind a, b, c ganze positive Zahlen, so hat man von den zwei Formen des distributiven Gesetzes die erste Form in der Gleichung

(5) $$a \cdot (b + c) = a \cdot b + a \cdot c,$$

die zweite Form in der Gleichung

(6) $$(a + b) \cdot c = a \cdot c + b \cdot c.$$

Die Gleichung (5) ist, falls a und b beliebige ganze positive Zahlen bedeuten, für $c = 1$ richtig, wie aus den Gleichungen (2) und (1) folgt. Sie gelte ferner für $c = k$, d. h. es sei $a(b + k) = ab + ak$; dann ist:

[1] Bei der Multiplikation läßt man auch den Malpunkt fort und schreibt ab statt $a \cdot b$ Dies ist jedoch nicht gestattet, wenn a und b beide dekadisch geschriebene ganze Zahlen sind.

$$
\begin{aligned}
a[b+(k+1)] &= a[(b+k)+1] && \text{nach dem assoziativen Gesetz der Addition,}\\
&= a(b+k)+a && \text{nach (2),}\\
&= (ab+ak)+a && \text{nach Voraussetzung,}\\
&= ab+(ak+a) && \text{nach dem assoziativen Gesetz der Addition,}\\
&= ab+a(k+1) && \text{nach (2).}
\end{aligned}
$$

Gilt also Gleichung (5) für $c = k$, so gilt sie auch noch für $c = k + 1$. Da das Theorem für $c = 1$ richtig ist, so gilt es mithin, wie man sukzessiv einsieht, für $c = 2, 3, 4, \ldots$, also für jede ganze positive Zahl c. Hiermit ist das distributive Gesetz in seiner ersten Form bewiesen.

Die Richtigkeit der Gleichung (6) folgt, falls a und b beliebige ganze positive Zahlen bedeuten und $c = 1$ ist, aus Gleichung (1). Die Formel (6) gelte für $c = k$, d. h. es sei $(a + b)k = ak + bk$; dann ist:

$$
\begin{aligned}
(a+b)(k+1) &= (a+b)k+(a+b) && \text{nach (2),}\\
&= (ak+bk)+(a+b) && \text{nach Voraussetzung,}\\
&= ak+[bk+(a+b)] && \text{nach dem assoziativen Gesetz der Addition,}\\
&= (ak+a)+(bk+b) && \text{nach dem kommutativen und dem wiederholt angewandten assoziativen Gesetz der Addition,}\\
&= a(k+1)+b(k+1) && \text{nach (2).}
\end{aligned}
$$

Gilt die Gleichung (6) also für $c = k$, so trifft sie auch für $c = k + 1$ zu. Aus der Richtigkeit für $c = 1$ ergibt sich demnach sukzessiv ihre Gültigkeit für alle ganzen positiven Zahlen c. Hiermit ist das distributive Gesetz in seiner zweiten Form bewiesen.

II. Die Multiplikation der ganzen positiven Zahlen erfüllt das **assoziative Gesetz der Multiplikation, d. h. sind a, b, c irgendwelche ganze positive Zahlen, so ist $a \cdot (b \cdot c) = (a \cdot b) \cdot c$.** Man kann also a mit dem Resultat von $b \cdot c$ oder das Resultat von $a \cdot b$ mit c multiplizieren, um beide Male das gleiche zu erhalten.[1]

Die Gleichung $a(bc) = (ab)c$ ist nach (1), falls a und b beliebige ganze positive Zahlen sind, richtig für $c = 1$. Sie gelte nach Voraussetzung für $c = k$, d. h. es sei $a(bk) = (ab)k$; dann ist:

$$
\begin{aligned}
a[b(k+1)] &= a[bk+b] && \text{nach (2),}\\
&= a(bk)+ab && \text{nach dem bewiesenen ersten distributiven Gesetz,}\\
&= (ab)k+ab && \text{nach Voraussetzung,}\\
&= (ab)(k+1) && \text{nach (2).}
\end{aligned}
$$

Gilt also unser Satz für $c = k$, so trifft er auch noch für $c = k + 1$ zu. Da er für $c = 1$ richtig ist, so trifft er demnach für alle ganzen positiven Zahlen c zu.

[1] Infolge des assoziativen Gesetzes der Multiplikation kann man auch $a \cdot b \cdot c$ ohne Klammern schreiben; denn nach dem bewiesenen Resultat ist es gleich, ob man hierunter $a \cdot (b \cdot c)$ oder $(a \cdot b) \cdot c$ versteht.

III. Die Multiplikation der ganzen positiven Zahlen erfüllt das kommutative Gesetz der Multiplikation, d. h. sind a und b ganze positive Zahlen, so ist $a \cdot b = b \cdot a$.

Wir beweisen zuerst den besonderen Fall $a \cdot 1 = 1 \cdot a$. Diese Gleichung ist für $a = 1$ evident. Wir setzen ihre Richtigkeit für $a = k$ voraus, d. h. es sei $k \cdot 1 = 1 \cdot k$; dann ist:

$$\begin{aligned}(k+1) \cdot 1 = k + 1 = k \cdot 1 + 1 &\quad \text{nach Gleichung (1)},\\ = 1 \cdot k + 1 &\quad \text{nach Voraussetzung},\\ = 1 \cdot (k+1) &\quad \text{nach Gleichung (2)}.\end{aligned}$$

Die Gleichung $a \cdot 1 = 1 \cdot a$ gilt also für $a = 1$ und, wenn sie für eine Zahl $a = k$ zutrifft, auch noch für $a = k + 1$; mithin ist, wie sukzessiv folgt für jede ganze positive Zahl a stets $a \cdot 1 = 1 \cdot a$.

Die Gleichung $a\,b = b\,a$ ist soeben für jede ganze positive Zahl a und $b = 1$ als richtig erwiesen worden. Wir setzen nunmehr ihre Richtigkeit für $b = k$ voraus, d. h. $a\,k = k\,a$; dann ist

$$\begin{aligned}a(k+1) &= a\,k + a &&\text{nach (2)},\\ &= k\,a + a &&\text{nach Voraussetzung},\\ &= k\,a + a \cdot 1 &&\text{nach (1)},\\ &= k\,a + 1 \cdot a, &&\text{da, wie soeben bewiesen, } a \cdot 1 = 1 \cdot a,\\ &= (k+1)\,a &&\text{nach dem zweiten distributiven Gesetz [Formel (6)].}\end{aligned}$$

Trifft also die Gleichung $a\,b = b\,a$ für eine Zahl $b = k$ zu, so gilt sie auch stets für $b = k + 1$. Da die Gleichung $a\,b = b\,a$ für $b = 1$ richtig ist, so schließt man sukzessiv, daß sie für $b = 2, 3, 4, \ldots$, also für alle ganzen positiven Zahlen b zutrifft.

Wir bemerken noch:

Man könnte die erste Form des distributiven Gesetzes [Gleichung (5)] auch unmittelbar auf Grund des kommutativen Gesetzes der Multiplikation aus der zweiten [Gleichung (6)] herleiten, indem man erst die zweite Form des distributiven Gesetzes und dann das kommutative Gesetz beweist.

§ 5.

Relation, Äquivalenz und Ordnungsfähigkeit der Elemente eines Systems.

Wir denken uns ein System von Elementen oder Dingen. Viele Urteile beziehen sich auf Dinge eines Systems, indem sie Relationen oder Verhältnisse zwischen ihnen aussagen, z. B. die Gleichheit, die Teilbarkeit oder das Größersein für das System der Zahlen oder die Begriffe „verwandt“ oder „Schuldner“ bei Menschen. Es sei eine Erklärung oder Vorschrift V gegeben, die aussagt, ob irgend zwei Elemente A und B des Systems in einer gewissen Relation stehen oder sich nicht in dieser Relation befinden. Bejaht die Vorschrift die Relation, so wollen wir $A \mathrm{R} B$ schreiben; das soll heißen: A steht mit B in der fraglichen Relation. Verneint die Vorschrift V, daß A mit B in der fraglichen Relation steht, so schreiben wir $A \not\mathrm{R} B$; das soll heißen: A steht mit B nicht in der fraglichen Relation.

Die durch die Vorschrift V festgelegte Relation heißt für das System *determiniert*, wenn für irgend zwei Elemente A und B des Systems (den Fall, daß B mit A identisch ist, nicht ausgeschlossen) stets entweder $A\mathbf{R}B$ oder $A\not\mathbf{R}B$ zutrifft, d. h. wenn uns die Relation weder für irgend welche zwei Elemente des Systems im Stich läßt noch jemals gleichzeitig $A\mathbf{R}B$ und $A\not\mathbf{R}B$ für zwei Elemente des Systems zutrifft. Nicht jede Vorschrift legt für die Elemente eines Systems determinierte Relationen fest. Betrachten wir z. B. ein System, dessen Elemente weiße, rote und rotgelbe Kugeln sind; zwei Kugeln gleicher Farbe sollen ebenso wie jede Kugel mit sich selbst als in Relation stehend gelten, zwei verschiedene bunte Kugeln ungleicher Farbe sollen als nicht in Relation stehend betrachtet werden. Nach dieser Vorschrift ist z. B. eine rote Kugel mit einer rotgelben wegen der gleichen bunten Farbe in Relation und wegen der verschiedenen bunten Farbe nicht in Relation. Unser System hat also Elemente, für die nach unserer Vorschrift $A\mathbf{R}B$ und $A\not\mathbf{R}B$ nebeneinander bestehen. Ferner läßt die Vorschrift bezüglich des Verhältnisses einer weißen zu einer bunten Kugel unentschieden, ob $A\mathbf{R}B$ oder $A\not\mathbf{R}B$ gilt.

Die durch die Vorschrift V festgelegte Relation heißt *reflexiv*, wenn für jedes Element A des Systems stets $A\mathbf{R}A$ ist, d. h. wenn A stets mit sich selbst in Relation steht.

Die durch die Vorschrift V festgelegte Relation heißt *symmetrisch*, wenn sie so beschaffen ist, daß, falls A und B irgend zwei Elemente des Systems sind, für die $A\mathbf{R}B$ ist, hieraus stets $B\mathbf{R}A$ folgt. Das Wesen einer symmetrischen Relation ist also ihre Umkehrbarkeit.

Die durch die Vorschrift V festgelegte Relation heißt *transitiv*, wenn, falls A, B, C irgend welche Elemente des Systems sind und $A\mathbf{R}B$ und $B\mathbf{R}C$ stattfinden, hieraus stets $A\mathbf{R}C$ folgt.

Ist das betrachtete System das aller lebenden Menschen und die Relation durch „verwandt" erklärt, so hat man, wenn jeder auch als mit sich selbst verwandt gilt, eine determinierte[1], reflexive und symmetrische, jedoch nicht transitive Relation. Der Verwandte meines Verwandten braucht nicht mit mir verwandt zu sein.

Ist das System wiederum das aller lebenden Menschen und ist die Relation durch „Ahn" ausgedrückt, so ist, wenn jeder auch als eigener Ahn zu gelten hat, die Relation determiniert, reflexiv und transitiv, jedoch nicht symmetrisch.

Besteht das System aus allen Menschen, die entweder für sich allein ein Geschäft betreiben oder bei einem, aber nicht mehr als einem Geschäft beteiligt sind, und besteht die Relation in „Teilhaber sein", wobei jeder, der mit anderen ein Geschäft betreibt, nicht aber der, welcher für sich allein ein Geschäft betreibt, Teilhaber von sich selbst heißen soll, so hat man eine determinierte, symmetrische, transitive, jedoch nicht reflexive Relation. Betreibt A mit B ein Geschäft, so ist $A\mathbf{R}B$, A Teilhaber von B, ebenso $B\mathbf{R}A$, B Teilhaber von A. In diesem Fall ist nach unserer Erklärung A auch Teilhaber von sich selbst, im Einklang mit der Transitivität der Relation; bei einer solchen muß aus $A\mathbf{R}B$ und $B\mathbf{R}A$ stets auch $A\mathbf{R}A$ folgen. Hingegen heißen Elemente A, die für sich allein ein Geschäft betreiben, nicht Teilhaber von sich selbst, so daß für sie $A\not\mathbf{R}A$ ist, also hier keine reflexive Relation stattfindet.

---

[1] Damit die Relation determiniert sein soll, muß natürlich eindeutig fixiert sein, welche Familienverhältnisse zwischen zwei Personen Verwandtschaft oder keine solche begründen.

Eine Relation heißt für ein System von Elementen eine Äquivalenz, zu deren Bezeichnung wir statt **R** das Symbol $\sim$ verwenden, wenn sie eine determinierte, reflexive, symmetrische und transitive Relation ist. Eine Vorschrift V definiert demnach für die Elemente eines Systems eine Äquivalenz, für die wir das Zeichen $\sim$ verwenden, wenn ihr folgende vier Eigenschaften zukommen:

G_1). Irgend zwei Elemente A und B des Systems stehen vermöge der Vorschrift V entweder in der fraglichen Relation der Äquivalenz $A \sim B$ oder in der mit ihr unvereinbaren $A \nsim B$, die besagt: A und B sind nicht äquivalent.

G_2). Die Vorschrift V ergibt für jedes Element A des Systems, daß $A \sim A$.

G_3). Ergibt sich nach der Vorschrift V für irgend zwei Elemente A und B des Systems $A \sim B$, so muß die Vorschrift auch stets $B \sim A$ ergeben.

G_4). Ergibt die Vorschrift V für irgend drei Elemente A, B, C des Systems, daß $A \sim B$ und $B \sim C$, so muß nach der Vorschrift auch stets $A \sim C$ sein.

Wir betrachten alle ganzen positiven Zahlen einschließlich 0. Diejenigen unter ihnen, die durch 3 dividiert gleichen Rest ergeben, mögen als in Relation stehend gelten; diejenigen unter ihnen, die durch 3 dividiert verschiedene Reste lassen, gelten als nicht in Relation stehend. Die Vorschrift definiert, wie man sieht, eine Relation, die den vier Postulaten G_1) bis G_4) genügt, und ist daher als Äquivalenz zu bezeichnen. Das Beispiel beweist, daß die vier Postulate gleichzeitig realisierbar sind, daß es also Äquivalenzen gibt.

Eine Äquivalenz wird z. B. für die Geraden der Ebene durch den Begriff „parallel" festgelegt. Für jedes System von Elementen wird im besonderen eine Äquivalenz dadurch definiert, daß jedes Element des Systems nur als mit sich selbst in Relation stehend gelten soll.

Die für eine Äquivalenz aufgestellten Postulate G_1) bis G_4) sind voneinander unabhängig; keines ist eine logische Folge der anderen.[1] Die zu Beginn dieses Paragraphen aufgestellten Beispiele lehren nämlich, daß man Relationen konstruieren kann, bei denen je irgend drei der Postulate G_1) bis G_4) zugleich mit der Negation des vierten zutreffen.

Wir beweisen noch den Satz: Sind A, B, A', B' irgend vier Elemente eines Systems, für das eine Äquivalenz definiert ist, und ist $A \nsim B$, $A \sim A'$, $B \sim B'$, so folgt $A' \nsim B'$. Angenommen, es wäre $A' \sim B'$, so würde aus $A \sim A'$ und $A' \sim B'$ nach G_4) folgen, daß $A \sim B'$. Da $B \sim B'$, so wäre nach G_3): $B' \sim B$. Aus $A \sim B'$ und $B' \sim B$ ergäbe sich nach G_4): $A \sim B$. Dies ist aber unmöglich; denn nach Voraussetzung ist $A \nsim B$ und infolgedessen kann nach G_1) nicht $A \sim B$ sein. Mithin ist die Annahme $A' \sim B'$ falsch. Infolge von G_1) muß demnach $A' \nsim B'$ sein.

---

[1] Betreffs des Postulats G_2) ist vielleicht die Bemerkung nicht überflüssig, daß es nur für solche Elemente A des Systems, die mit keinem weiteren Elemente des Systems äquivalent sind, von G_3) und G_4) unabhängig ist. Für jedes Element A des Systems, zu dem innerhalb des Systems noch mindestens ein zweites Element B existiert, so daß $A \sim B$ ist, folgt aus dieser Relation nach G_3): $B \sim A$ und aus $A \sim B$ und $B \sim A$ nach G_4): $A \sim A$. (Vgl. auch das Beispiel des Textes für eine nicht reflexive Relation.)

Ein System heißt **ordnungsfähig** oder **geordnet**, wenn erstens für seine Elemente eine Äquivalenzvorschrift gegeben ist und zweitens sich die nicht äquivalenten Elemente in eine Relation mit folgenden drei Eigenschaften bringen lassen, zu deren Bezeichnung wir statt des allgemeinen Relationszeichens R das Symbol < [1] verwenden wollen: [2]

U_1). Sind A und B irgend zwei Elemente des Systems und ist $A \not\sim B$, so trifft wenigstens eine der Relationen $A < B$ oder $B < A$ zu.

U_2). Sind A und B irgend zwei Elemente des Systems und ist $A < B$, so ist $A \not\sim B$.

U_3). Sind A, B, C irgend drei Elemente des Systems und ist $A < B$, $B < C$, so ist stets $A < C$.

Wir betrachten alle ganzen positiven Zahlen einschließlich Null und definieren wieder wie oben Zahlen, die bei der Division durch 3 gleiche Reste ergeben, als äquivalent, Zahlen mit ungleichen Resten als nicht äquivalent. Wir bezeichnen eine Zahl als in der Beziehung < zu einer anderen stehend, wenn die erste Zahl bei der Division durch 3 einen kleineren Rest als die zweite läßt, also $0 < 1$, $1 < 2$, $3 < 2$; denn 3 läßt den kleineren Rest 0. Ebenso ist z. B. $7 < 5$, $6 < 5$. Bei dieser Definition bilden die ganzen positiven Zahlen offenbar ein System, das den Postulaten G_1) bis G_4), U_1) bis U_3) genügt. Mithin sind die 7 Postulate realisierbar und können als widerspruchslos gelten.

Die ganzen positiven Zahlen können auch in anderer Weise als ordnungsfähiges System aufgefaßt werden, indem nämlich $\sim$ als gleich interpretiert wird, wobei jede Zahl nur mit sich selbst als gleich gilt, und < als kleiner im üblichen Sinne definiert wird, also $A < B$, wenn B sich in der Reihe der Nachfolger von A befindet. Auch hier sind die Postulate G_1) bis G_4) und U_1) bis U_3) erfüllt. Der Begriff der Ordnungsfähigkeit ist also ein relativer, der bei dem nämlichen System von der Definition der Äquivalenz und von der Deutung von < abhängt.

Wir wollen noch zeigen, daß keine der Forderungen U_1) bis U_3) eine logische Folge der vier Postulate G_1) bis G_4) und zweier der Postulate U_1) bis U_3) ist. Besteht das System aus allen Menschen, die je gelebt haben, wird ferner $\sim$ als mit sich selbst gleich, $\not\sim$ als ungleich interpretiert und ist „$A < B$" als „A ist Ahn von B" zu deuten, [3] so sind offenbar alle Postulate G_1) bis G_4) sowie U_2) und U_3) erfüllt, hingegen trifft U_1) nicht zu. A kann nämlich sehr wohl von B verschieden sein, ohne daß deswegen A Ahn von B oder B Ahn von A sein muß.

Ist das System das aller gleichzeitig lebenden Menschen und interpretieren wir $\sim$ als mit sich selbst gleich, $\not\sim$ als ungleich, < als gleichzeitig lebend, so sind die Postulate G_1) bis G_4), U_1) und U_3) erfüllt, hingegen nicht U_2). Man hat nämlich gleichzeitig $A < A$ und $A \sim A$ (A mit A gleichzeitig lebend, und A gleich A) im Widerspruch mit U_2) nebeneinander.

Wir betrachten noch ein aus drei Elementen A, B, C bestehendes System; $\sim$ bedeute Gleichheit mit sich selbst, $\not\sim$ bedeute Ungleichheit. Das Symbol <

---

[1] Man kann $A < B$ als A früher als B, A links von B gelegen, A kleiner als B, A Teil von B aussprechen.

[2] Vgl. die Darstellung bei E. V. Huntington, Annals of math. **6**, 151 (1905).

[3] Als Ahn gilt für dieses Beispiel nur Vater, Mutter, Großvater, Großmutter usw., hingegen gilt hier niemand wie in einem früheren Beispiel auch als sein eigener Ahn.

interpretieren wir durch folgende Festsetzungen: es soll $A < B$, $B < C$, aber $C < A$ sein. Wird auf diese Weise definiert, so sind die Postulate G_1) bis G_4) ebenso wie U_1) und U_2) erfüllt, jedoch nicht U_3). Nach der eingeführten Definition ist nämlich $C < A$ und nicht $A < C$, wie sich bei Geltung des Postulates U_3) aus $A < B$ und $B < C$ ergeben müßte.

Für ein System, das den Postulaten G_1) bis G_4) und U_1) bis U_3) genügt, gelten folgende Sätze:

Satz I. Die Relation $<$ ist nicht reflexiv, d. h. für kein Element A des Systems gilt $A < A$.

Angenommen, es sei $A < A$, so ist nach U_2) $A \not\sim A$; daher kann nach G_1) nicht $A \sim A$ sein. Da aber nach G_2) $A \sim A$ sein muß, so ist die Annahme falsch und unser Satz I bewiesen.

Satz II. Sind A und B zwei Elemente des Systems, so sind die zwei Aussagen $A < B$ und $B < A$ miteinander unvereinbar. Die Relation $<$ ist durchaus unsymmetrisch. Man bezeichnet die Relation $A < B$ daher als asymmetrisch.

Angenommen, $A < B$ und $B < A$ wären gleichzeitig möglich, so folgte nach U_3) $A < A$. Da dies nach Satz I unmöglich ist, so ist unsere Annahme falsch, womit Satz II bewiesen ist.

Ist $A < B$, so ist nach U_2) $A \not\sim B$, also kann nach G_1) nicht $A \sim B$ sein. Auf entsprechende Weise auch die Fälle $B < A$ und $A \sim B$ durchgehend, verschärft man Postulat U_1) und Satz II zu

Satz III. Irgend zwei Elemente eines Systems, das den Bedingungen G_1) bis G_4) und U_1) bis U_3) genügt, stehen in der Beziehung, daß in sich gegenseitig ausschließender Weise entweder $A < B$ oder $B < A$ oder $A \sim B$ gilt.

Satz IV. Sind A, B, A' und B' irgend vier Elemente eines Systems, das den 7 Postulaten G_1) bis G_4) und U_1) bis U_3) genügt, und ist $A < B$, $A \sim A'$, $B \sim B'$, so muß $A' < B'$ sein.

Wir beweisen von Satz IV zunächst:

α) Ist $A < B$ und $A \sim A'$, so ist $A' < B$. Für die Elemente A' und B sind nach Satz III nur die drei sich gegenseitig ausschließenden Möglichkeiten: erstens $A' \sim B$, zweitens $B < A'$ und drittens $A' < B$ vorhanden. Wäre $A' \sim B$, so ergäbe sich, da nach Voraussetzung $A \sim A'$ ist, auf Grund von G_4), daß $A \sim B$ wäre. Da nach Voraussetzung $A < B$ ist, so kann nach Satz III nicht $A \sim B$ sein. Mithin ist die erste Annahme falsch. Wäre $B < A'$, so folgte aus $A < B$ und $B < A'$, daß $A < A'$ wäre. Da nach Voraussetzung $A \sim A'$ ist, so kann nach Satz III nicht $A < A'$ sein. Mithin ist auch die zweite Annahme falsch; es bleibt also nur, daß $A' < B$ ist.

β) Sei jetzt noch $B \sim B'$; für die zwei Elemente A' und B' existieren nach Satz III nur folgende drei sich ausschließende Möglichkeiten: erstens $A' \sim B'$, zweitens $B' < A'$, drittens $A' < B'$.

Wäre $A' \sim B'$, so ergäbe sich hieraus und aus der nach Voraussetzung bestehenden Relation $B \sim B'$ auf Grund von G_3) und G_4), daß $A' \sim B$, womit nach G_1) $A' \not\sim B$ ausgeschlossen wäre. Nun wurde aber unter α) $A' < B$ bewiesen, woraus nach U_2) $A' \not\sim B$ folgt. Der erzielte Widerspruch zeigt, daß die erste Annahme $A' \sim B'$ unmöglich ist.

Angenommen, es sei $B' < A'$, so ergibt sich hieraus und aus $B \sim B'$, analog dem in α) angewandten Verfahren, daß $B < A'$ ist. Hieraus schließen wir nach Satz II, daß $A' < B$ unmöglich ist. Unter α) ist aber $A' < B$ bewiesen worden. Mithin ist auch unsere zweite Annahme falsch, daß $B' < A'$ ist. Es bleibt also nur, daß $A' < B'$ ist, wie wir zeigen wollten.

Ist $A < B$, so ist die Relation $B < A$ nach Satz II unmöglich. Soll daher, wenn $A < B$ ist, die nämliche Relation bei Umstellung der Glieder beschrieben werden, so wird die Einführung eines neuen Zeichens erforderlich. Ist $A < B$, so schreibt man in völlig gleichwertiger Weise $B > A$.[1]

§ 6.

Verknüpfbares System. Gruppe.

Wir denken uns irgend ein System von Elementen oder Dingen. Kann man für ein solches durch bestimmte Vorschrift eine Verknüpfungsregel, auch Operation genannt, definieren, so daß aus zwei beliebigen Elementen A und B des Systems, die insbesondere auch identisch sein können, auf Grund der angegebenen Vorschrift stets eindeutig ein drittes C gewonnen wird, so heißt das System ein verknüpfbares System. Hierbei kann C ein Element des Systems sein, braucht es aber nicht sein. Die Verknüpfung wird als Komposition bezeichnet. Man bedient sich des Symbols $\mathbf{o}$ und schreibt $C = A \mathbf{o} B$. Das verwendete Gleichheitszeichen bedeutet: man soll $A \mathbf{o} B$ überall durch C und C überall durch $A \mathbf{o} B$ ersetzen dürfen. C soll also nur einen abkürzenden Namen vorstellen, der den nämlichen Sinn und die nämliche Bedeutung wie $A \mathbf{o} B$ haben soll. Über den Charakter der Verknüpfungsregel, nach der $A \mathbf{o} B$ aus A und B gewonnen wird, setzen wir nichts voraus.

Betrachten wir z. B. als System das aller ganzen positiven Zahlen, so können als Beispiele einer Verknüpfungsregel oder Operation etwa dienen: α) die gewöhnliche Addition, β) die gewöhnliche Multiplikation, γ) die Bestimmung des Restes, der sich bei der Division der gewöhnlichen Summe zweier ganzer positiver Zahlen durch 3 ergibt. Man hat also im Falle γ) zu setzen: $2 \mathbf{o} 4 = 0$; denn die Summe von 2 und 4 gibt durch 3 dividiert 0 als Rest. $3 \mathbf{o} 7 = 1$, $3 \mathbf{o} 2 = 2$. Wir wollen im folgenden das System ebenso wie den Charakter der Verknüpfungsregel ganz unbestimmt lassen.

Wenn für die Elemente eines verknüpfbaren Systems eine Äquivalenz definiert ist, die den Bedingungen G_1) bis G_4) auf Seite 21 genügt, so wird eine solche Äquivalenz eine Gleichheit in bezug auf die Operation $\mathbf{o}$ genannt, falls bei der definierten Verknüpfung $\mathbf{o}$ zwei äquivalente Elemente A und A' des Systems stets durch einander ersetzt werden können. Hat man als System die ganzen positiven Zahlen einschließlich 0 und definiert für dieses System, wie es auch im vorigen Paragraphen geschah, zwei Zahlen, die bei der Division durch 3 gleiche Reste lassen, als äquivalent, so ist diese Äquivalenz für die soeben im Beispiel γ) betrachtete Operation $\mathbf{o}$ eine Gleichheit, z. B. ist hier $3 \mathbf{o} 4 = 1$, $3 \sim 6$, $4 \sim 7$, $6 \mathbf{o} 7 = 1$; $1 \mathbf{o} 2 = 0$, $1 \sim 7$, $2 \sim 8$, $7 \mathbf{o} 8 = 0$. Ist die Operation $\mathbf{o}$ die gewöhnliche Addition oder Multiplikation, so ist die angegebene Äquivalenz keine Gleichheit; denn die untereinander äquivalenten Elemente 0, 3, 6, ... oder 1, 4, 7, ... oder 2, 5, 8, ... können sich bei der gewöhnlichen Addition und Multiplikation nicht gleichwertig vertreten.

[1] Man kann lesen: B später als A, B rechts von A gelegen, B größer als A, B umfaßt A als Teil.

Von den Elementen eines verknüpfbaren Systems kann, abgesehen davon, daß ein Element verschiedene gleichwertige Namen trägt, entweder jedes nur mit sich selbst als gleich und zu allen anderen als ungleich gelten, wie es bei der Gesamtheit der ganzen positiven Zahlen für die gewöhnliche Addition oder Multiplikation zutrifft, oder es kann durch eine besondere Vorschrift festgelegt werden, welche Elemente des Systems als gleich oder ungleich anzusehen sind. Eine Vorschrift, welche die Elemente eines verknüpfbaren Systems in gleiche und ungleiche einteilt, muß so beschaffen sein, daß sie eine determinierte, reflexive, symmetrische und transitive Relation definiert und daß zwei auf Grund der Vorschrift als gleich geltende Elemente des Systems bei der für das System aufgestellten Verknüpfungsregel stets durch einander ersetzbar sind.

Hat man ein verknüpfbares System, so definiert eine Vorschrift also dann und nur dann Gleichheit, bezeichnet mit $=$, zwischen den Elementen des Systems, wenn sie folgenden Bedingungen genügt:

G_1). Irgend zwei Elemente A und A' des Systems müssen auf Grund der Vorschrift stets in sich gegenseitig ausschließender Weise entweder gleich oder ungleich sein, also $A = A'$ oder $A \neq A'$. (Determinierte Relation.)

G_2). Jedes Element A des Systems muß auf Grund der Vorschrift sich selbst gleich sein, $A = A$. (Reflexive Relation.)

G_3). Der Begriff der Gleichheit muß ein gegenseitiger sein, d. h. wenn für zwei Elemente des Systems $A = A'$ ist, so muß auch $A' = A$ sein. (Symmetrische Relation.)

G_4). Sind zwei Elemente des Systems einem dritten gleich, so müssen sie auch untereinander gleich sein, d. h. ist $A = A'$, $A' = A''$, so muß auch $A = A''$ sein. (Transitive Relation.)

G_5). Gleiche Elemente mit gleichen Elementen komponiert, müssen gleiche Elemente ergeben; d. h. sind A, B, A', B' Elemente des Systems und ist $A = A'$ und $B = B'$, so muß auch stets $A \circ B = A' \circ B'$ sein, also im besonderen nach G_2): $A \circ B = A \circ B' = A' \circ B$.

Wir denken uns ein verknüpfbares System, dessen Elemente entweder sämtlich als ungleich gelten oder auf Grund einer besonderen Vorschrift mit den Eigenschaften G_1) bis G_5) in gleiche und ungleiche zerfallen. Ein verknüpfbares System wird als Gruppe bezeichnet, wenn seine Elemente derart untereinander eindeutig komponiert werden können, daß sie bei der Komposition die folgenden vier Postulate erfüllen:[1]

Gr_1). Sind A und B irgend zwei gleiche oder ungleiche Elemente des Systems, so soll auch $A \circ B$ stets dem System angehören.

Gr_2). Die Komposition soll assoziativ sein, d. h. sind A, B, C irgend drei Elemente des Systems, so soll $A \circ (B \circ C) = (A \circ B) \circ C$ sein.

Gr_3). In dem System soll es wenigstens ein Element E geben, so daß für jedes Element A aus dem System die Gleichung $A \circ E = A$ gilt. E heißt rechtshändiges neutrales Element.

---

[1] L. E. DICKSON, Transactions American math. soc. **6**, 198 (1905). Vgl. auch E. V. HUNTINGTON, ebenda **6**, 181 (1905). Über die Bedeutung des Gruppenbegriffes vgl. meinen Artikel in E. PASCALs Repertorium der höheren Math. I_1, S. 168, 2. Aufl., Leipzig 1910.

Gr_4). **Existieren in dem System neutrale Elemente** E, **so soll für ein besonderes Element** E **und für jedes Element** A **des Systems die Gleichung** $A \circ X = E$ **mindestens durch ein Element** A' **des Systems erfüllt werden können, so daß** $A \circ A' = E$ **wird.**

Die vier Postulate Gr_1) bis Gr_4) bezeichnen wir als die vier Gruppenpostulate. Als Beispiel einer Gruppe, die uns im früheren bekannt wurde, führen wir die Gesamtheit aller ganzen Zahlen bei additiver Verknüpfung an. Aus zwei ganzen Zahlen folgt stets wieder eine ganze Zahl, die Operation ist assoziativ, 0 ist neutrales Element und zu jeder ganzen Zahl gibt es eine entgegengesetzte, die, zu ihr addiert, 0 ergibt. Auch alle geraden Zahlen einschließlich 0 bilden eine Gruppe, wenn die Addition zur Komposition verwendet wird.

Wir haben hier Gruppen mit unendlich vielen untereinander ungleichen Elementen kennen gelernt; solche heißen unendliche Gruppen. Die ganzen positiven Zahlen einschließlich Null bilden, wenn alle Zahlen, die durch 3 dividiert den gleichen Rest lassen, als gleich gelten und die Komposition zweier Zahlen wie in dem Beispiel unter γ) zu Beginn dieses Paragraphen in der Bestimmung des Restes besteht, den ihre Summe bei Division durch 3 ergibt, eine Gruppe, die nur die drei untereinander ungleichen Elemente 0, 1, 2 enthält. Eine Gruppe, die nur eine endliche Anzahl untereinander ungleicher Elemente besitzt, heißt eine endliche Gruppe.

Die angegebenen Beispiele beweisen, daß unsere Postulate Gr_1) bis Gr_4) realisierbar sind, also als widerspruchslos gelten können.

Um die Unabhängigkeit der Postulate Gr_1) bis Gr_4) voneinander zu beweisen, behandeln wir folgende Beispiele:

1. Die ungeraden ganzen positiven und negativen Zahlen einschließlich 0 bilden in bezug auf die gewöhnliche Addition ein verknüpfbares System, das keine Gruppe ist. Es werden die Postulate Gr_2) bis Gr_4), aber nicht Gr_1) erfüllt.

2. Betrachtet man alle ganzen Zahlen und definiert für sie eine Komposition genau nach den Regeln der gewöhnlichen Addition, nur daß nach Definition $1 \circ 1$ nicht gleich 2, sondern gleich 0 sein soll, so werden die Postulate Gr_1), Gr_3), Gr_4) erfüllt, jedoch nicht Gr_2); denn es ist z. B. $1 \circ (1 \circ 5) = 1 \circ 6 = 7$, während $(1 \circ 1) \circ 5 = 0 \circ 5 = 5$ wird.

3. Legt man als System wieder alle ganzen Zahlen zugrunde und definiert für sie die Komposition derart, daß irgend zwei gleiche oder verschiedene ganze Zahlen a und b komponiert stets 0 ergeben sollen, also $a \circ b = 0$, so bilden die ganzen Zahlen ein verknüpfbares System, das die Gruppenpostulate Gr_1), Gr_2), Gr_4) erfüllt, aber kein neutrales Element besitzt.

4. Die ganzen positiven Zahlen einschließlich 0 bilden, wenn sie durch die gewöhnliche Addition komponiert werden, ein verknüpfbares System. Man hat aber keine Gruppe; denn es werden nur die Postulate Gr_1) bis Gr_3), jedoch nicht Gr_4) erfüllt.

Unsere Beispiele zeigen, daß nicht jedes verknüpfbare System eine Gruppe ist; vor allem aber lehren sie, daß die vier Gruppenpostulate voneinander unabhängig sind, d. h. es folgt aus drei von ihnen nie das vierte als beweisbarer Lehrsatz.

Die durch $\circ$ definierte Komposition braucht, wenn A und B irgend zwei Elemente des Systems sind, durchaus nicht so beschaffen zu sein, daß $A \circ B = B \circ A$ ist. Ist das Resultat der Komposition zweier Elemente A und B

des Systems unabhängig von der Reihenfolge, wie sie komponiert werden, ist also $A \circ B = B \circ A$, so heißen die Elemente A und B kommutativ oder vertauschbar. Ein System heißt kommutativ verknüpfbar, wenn die Operation $\circ$ so beschaffen ist, daß für alle Elemente des Systems stets $A \circ B = B \circ A$ ist. Ein kommutativ verknüpfbares System besteht nur aus kommutativen Elementen.

Eine Gruppe heißt eine kommutative Gruppe, wenn ihre Elemente außer den vier Gruppenpostulaten Gr_1) bis Gr_4) noch dem kommutativen Postulat C_0) genügen:

C_0). Sind A und B irgend zwei Elemente der Gruppe, so soll stets $A \circ B = B \circ A$ sein.

Unsere bisherigen Beispiele lieferten uns nur kommutativ verknüpfbare Systeme und kommutative Gruppen. Wir betrachten nunmehr ein verknüpfbares System mit 8 untereinander ungleichen Elementen, die wir mit $1, i_1, i_2, i_3, -1, -i_1, -i_2, -i_3$ bezeichnen wollen und deren Komposition wir durch folgendes quadratisches Schema festlegen:

	1	i_1	i_2	i_3	-1	$-i_1$	$-i_2$	$-i_3$
1	1	i_1	i_2	i_3	-1	$-i_1$	$-i_2$	$-i_3$
i_1	i_1	-1	i_3	$-i_2$	$-i_1$	1	$-i_3$	i_2
i_2	i_2	$-i_3$	-1	i_1	$-i_2$	i_3	1	$-i_1$
i_3	i_3	i_2	$-i_1$	-1	$-i_3$	$-i_2$	i_1	1
-1	-1	$-i_1$	$-i_2$	$-i_3$	1	i_1	i_2	i_3
$-i_1$	$-i_1$	1	$-i_3$	i_2	i_1	-1	i_3	$-i_2$
$-i_2$	$-i_2$	i_3	1	$-i_1$	i_2	$-i_3$	-1	i_1
$-i_3$	$-i_3$	$-i_2$	i_1	1	i_3	i_2	$-i_1$	-1

Bei diesem Schema, Kompositionstabelle genannt, ist in dem Felde, wo die Zeile und Kolonne sich schneiden, das Resultat, das die Komposition liefern soll, eingetragen, und zwar soll der Zeilenzeiger als erste, der Kolonnenzeiger als zweite Komponente gelten. Es ist also z. B.

$$i_1 \circ i_2 = i_3, \quad i_2 \circ i_1 = -i_3, \quad i_3 \circ i_1 = i_2, \quad i_1 \circ i_3 = -i_2.$$

Anstatt die 8 Elemente unseres Systems mit $1, i_1, i_2, i_3, -1, -i_1, -i_2, -i_3$ zu bezeichnen, wie wir es taten, könnte man sie auch mit $E, A_1, A_2, A_3, A_4, A_5, A_6, A_7$ oder andersartig bezeichnen. Wir haben die obige Bezeichnung gewählt, weil das System dieser 8 Elemente mit obiger Bezeichnung und Kompositionsvorschrift in der Theorie der Hamiltonschen Quaternionen auftritt. Man sieht, daß das angegebene verknüpfbare System kein kommutativ verknüpfbares System ist; denn bei der durch das obige Schema definierten Art der Komposition sind z. B. i_1 und i_2 nicht vertauschbar, da $i_1 \circ i_2 = i_3$, $i_2 \circ i_1 = -i_3$ ist. Unser System erfüllt aber, wie man sich leicht überzeugt, die vier für eine Gruppe aufgestellten Postulate Gr_1) bis Gr_4); neutrales Element ist das Element 1. Mithin definiert das obige System von 8 Elementen eine Gruppe; diese spezielle Gruppe mit 8 verschiedenen Elementen und der durch das obige quadratische Schema definierten Art der Komposition heißt die Quaternionengruppe. Ihre in sich widerspruchslose Existenz beweist das Vorhandensein nicht kommutativer Gruppen und zeigt daher, daß das Postulat C_0) von den Postulaten Gr_1) bis Gr_4) unabhängig, also kein aus ihnen herleitbarer Lehrsatz ist.[1] Die kommutativen Gruppen, mit denen wir im voraufgehenden bekannt wurden, lehren, daß die fünf Postulate Gr_1) bis Gr_4) und C_0) einander nicht widersprechen, sondern gleichzeitig realisierbar sind.[2]

Wir wollen im folgenden für irgend eine Gruppe $\mathfrak{G}$, d. h. ein verknüpfbares System, dessen Elemente den Postulaten Gr_1) bis Gr_4) genügen, einige Lehrsätze beweisen. Wir bemerken noch besonders, daß man, da Postulat C_0) nicht vorausgesetzt wird, die Reihenfolge der Komponenten nicht vertauschen darf; wenn also A und B zwei Gruppenelemente sind, so ist im allgemeinen das Gruppenelement $A \circ B$ nicht gleich dem Gruppenelement $B \circ A$.

Ist $\mathfrak{G}$ eine Gruppe, so gibt es nach den Gruppenpostulaten Gr_3) und Gr_4) zu jedem Gruppenelement A von $\mathfrak{G}$ in $\mathfrak{G}$ wenigstens ein Element A', so daß

(1) $$A \circ A' = E$$

wird, wobei E so beschaffen ist, daß für jedes Element B aus $\mathfrak{G}$ stets

(2) $$B \circ E = B$$

ist.

Es seien A und A' zwei Elemente der Gruppe $\mathfrak{G}$, die durch die Beziehung (1) zusammenhängen. Wir bilden:

$(A' \circ A) \circ (A' \circ A) = A' \circ [A \circ (A' \circ A)]$ nach dem Gruppenpostulat Gr_2) über den assoziativen Charakter der Komposition,
$= A' \circ [(A \circ A') \circ A]$ aus dem gleichen Grunde,
$= A' \circ (E \circ A)$ nach Gleichung (1),
$= (A' \circ E) \circ A$ nach dem Postulat Gr_2),
$= A' \circ A$ nach Gleichung (2) oder Gr_3).

Setzen wir $A' \circ A = Z$, so haben wir

(3) $$(A' \circ A) \circ Z = Z.$$

Da A und A' Elemente der Gruppe $\mathfrak{G}$ sind, so muß auch $Z = A' \circ A$ nach dem Gruppenpostulat Gr_1) der Gruppe $\mathfrak{G}$ angehören. Da Z ein Element aus $\mathfrak{G}$ ist, muß $\mathfrak{G}$ nach dem vierten Gruppenpostulat Gr_4) wenigstens ein Element Z' enthalten, so daß $Z \circ Z' = E$ wird. Aus $E = Z \circ Z'$ schließen wir mit Hilfe von Gleichung (3):

$E = [(A' \circ A) \circ Z] \circ Z'$
$= (A' \circ A) \circ (Z \circ Z')$ nach dem Gruppenpostulat Gr_2) über den assoziativen Charakter der Komposition,
$= (A' \circ A) \circ E$, da $Z \circ Z' = E$,
$= A' \circ A$ nach Gr_3).

[1] Die Quaternionengruppe ist ein Beispiel einer endlichen nicht kommutativen Gruppe. Die Existenz unendlicher nicht kommutativer Gruppen lehrt das in § 10 unter Nr. 9 gegebene System R_9, wenn man die für dieses System definierte Multiplikation als Komposition ansieht und das Element 0 ausschließt.

[2] Daß die fünf Postulate Gr_1) bis Gr_4) und C_0) voneinander unabhängig sind, d. h. daß aus vier von ihnen nie das fünfte als beweisbarer Lehrsatz ableitbar ist, geht aus den unter Nr. 5—9 im § 10 angegebenen Systemen R_5 bis R_9 hervor, wenn man die dort definierte Produktbildung als Komposition ansieht und das Element 0 ausschließt. Diese Systeme zeigen nämlich die in sich widerspruchslose Koexistenz von je vier der Postulate neben der gleichzeitigen Negation des fünften.

Die Gleichung (1) $A \circ A' = E$ zieht also stets die Gleichung

(1') $$A' \circ A = E$$

nach sich.

Sei A irgend ein Element aus $\mathfrak{G}$; wir bilden

$$\begin{aligned} E \circ A &= (A \circ A') \circ A && \text{nach Gleichung (1),} \\ &= A \circ (A' \circ A) && \text{nach } \mathrm{Gr}_2), \\ &= A \circ E && \text{nach Gleichung (1'),} \\ &= A && \text{nach dem Postulat } \mathrm{Gr}_3). \end{aligned}$$

Wir haben daher:

Satz I. Das nach dem dritten Gruppenpostulat Gr_3) in jeder Gruppe $\mathfrak{G}$ vorhandene neutrale Element E läßt sowohl als rechtshändige wie als linkshändige Komponente jedes Element der Gruppe ungeändert; für jedes Element A aus $\mathfrak{G}$ ist $A \circ E = E \circ A = A$.

Wir beweisen ferner:

Satz II. Eine Gruppe $\mathfrak{G}$ enthält kein zu E ungleiches neutrales Element.

Besitzt $\mathfrak{G}$ etwa außer E noch ein weiteres neutrales Element E_1, so ist nach der Definition eines solchen für jedes Element A aus $\mathfrak{G}$ stets $A \circ E_1 = A$, also auch, da E ein Element aus $\mathfrak{G}$ ist, $E \circ E_1 = E$. Da E_1 ein Element aus $\mathfrak{G}$ ist und E nach Satz I sowohl als rechtshändige wie auch als linkshändige Komponente ein Element aus $\mathfrak{G}$ nicht ändert, so ist $E \circ E_1 = E_1$. Da die Gleichheit eine symmetrische, transitive Relation ist, so folgt aus $E \circ E_1 = E$ und $E \circ E_1 = E_1$, daß $E = E_1$ ist. Die Gruppe $\mathfrak{G}$ enthält also kein zu E ungleiches neutrales Element.

Wir zeigen noch, daß, wenn A ein Element aus der Gruppe $\mathfrak{G}$ ist und A' ein nach Postulat Gr_4) in $\mathfrak{G}$ existierendes Element bedeutet, so daß $A \circ A' = E$ und demnach, wie wir bewiesen haben, $A' \circ A = E$ [Gleichung (1')] wird, es kein zu A' ungleiches Element A'' gibt, für das $A \circ A'' = E$ wird. Es ergibt sich nämlich $A' = A' \circ E = A' \circ (A \circ A'') = (A' \circ A) \circ A'' = E \circ A'' = A''$. Wir haben daher das wichtige Resultat, das wir zusammenfassen in

Satz III. Ist A irgend ein Element einer Gruppe $\mathfrak{G}$, so gibt es nach Postulat Gr_4) stets ein $\mathfrak{G}$ angehöriges Element A', für das die Relation $A \circ A' = E$ besteht. Es ist dann immer gleichzeitig auch $A' \circ A = E$, und es gibt kein zu A' ungleiches Gruppenelement A'' in $\mathfrak{G}$, für das $A \circ A'' = E$ oder $A'' \circ A = E$ wäre.

Ist A ein Element einer Gruppe $\mathfrak{G}$ und A' ein weiteres Element aus $\mathfrak{G}$, das mit A durch die Relation $A \circ A' = E$ verknüpft ist, so heißt A' ein inverses, im besonderen auch entgegengesetztes oder reziprokes Element von A.

Satz III besagt, daß alle zu einem Element A einer Gruppe $\mathfrak{G}$ inversen Elemente untereinander gleich sind. Wir zeigen noch, daß gleiche Elemente A und B einer Gruppe stets untereinander gleiche inverse Elemente haben; denn seien A' bzw. B' inverse Elemente von A und B, also $A \circ A' = E$ und $B \circ B' = E$, so folgt aus $A \circ A' = E$ und $A = B$ nach dem fünften Gleichheitspostulat G_5) auf Seite 25 $B \circ A' = E$, d. h. A' ist ein inverses Element von B. Da nach Satz III alle inversen Elemente eines Gruppenelements B untereinander gleich sind, so ist $A' = B'$. — Ist A' ein inverses Element von A, so ist A ein inverses Element von A'; denn aus $A \circ A' = E$ folgt nach Satz III, daß $A' \circ A = E$ ist. Wir formulieren diese Tatsachen in

Satz III_1. Jede Gruppe enthält zu jedem Element wenigstens ein inverses Element. Alle zu einem Element A einer Gruppe $\mathfrak{G}$ inversen Elemente sind untereinander gleich und auch gleich den inversen Elementen jedes zu A gleichen Elementes aus $\mathfrak{G}$. Ist A' ein inverses Element von A, so ist A ein inverses Element von A'.[1]

Satz IV. Sind A und B irgend zwei Elemente einer Gruppe $\mathfrak{G}$ und A' und B' zu ihnen inverse Elemente, also $A \circ A' = E$ und $B \circ B' = E$, so ist $C' = B' \circ A'$ ein inverses Element von $C = A \circ B$.

Es ist nämlich

$$\begin{aligned} C \circ C' &= (A \circ B) \circ (B' \circ A'), \\ &= A \circ [B \circ (B' \circ A')] \text{ nach dem Gruppenpostulat } Gr_2), \\ &= A \circ [(B \circ B') \circ A'] \text{ nach dem gleichen Postulat } Gr_2), \\ &= A \circ (E \circ A'), \text{ weil } B \circ B' = E, \\ &= A \circ A', \text{ weil } E \circ A' = A' \text{ nach Satz I}, \\ &= E, \text{ weil } A \circ A' = E. \end{aligned}$$

Satz V. Sind A, B und B_1 irgend drei Elemente einer Gruppe $\mathfrak{G}$ und ist entweder $A \circ B = A \circ B_1$ oder $B \circ A = B_1 \circ A$, so ist stets $B = B_1$.

Sei A' ein inverses Element von A; dann ergibt sich aus $A \circ B = A \circ B_1$, daß $A' \circ (A \circ B) = A' \circ (A \circ B_1)$ oder nach dem Postulat Gr_2) über den assoziativen Charakter der Komposition $(A' \circ A) \circ B = (A' \circ A) \circ B_1$. Da nach Satz III $A' \circ A = E$ und nach Satz I $E \circ B = B$, $E \circ B_1 = B_1$, so folgt $B = B_1$. Ebenso ergibt sich aus $B \circ A = B_1 \circ A$, daß $(B \circ A) \circ A' = (B_1 \circ A) \circ A'$ oder $B \circ (A \circ A') = B_1 \circ (A \circ A')$ oder $B \circ E = B_1 \circ E$, d. h. $B = B_1$ ist.

Satz VI. Sind A und B irgend zwei Elemente einer Gruppe $\mathfrak{G}$, und sind A' bzw. B' inverse Elemente von A bzw. B, so befriedigt das Element $X = A' \circ B$ aus $\mathfrak{G}$ die Gleichung $A \circ X = B$ und das Element $Y = B \circ A'$ aus $\mathfrak{G}$ die Gleichung $Y \circ A = B$. $\mathfrak{G}$ enthält keine zu den zwei angegebenen Elementen X und Y ungleichen Elemente, die den Relationen $A \circ X = B$ und $Y \circ A = B$ genügen.

Daß $A \circ (A' \circ B) = B$ wird, folgt aus dem assoziativen Postulat und den Relationen $A \circ A' = E$ und $E \circ B = B$. Da A' nach Gr_4) und B nach Voraussetzung der Gruppe $\mathfrak{G}$ angehören, so ist $A' \circ B$ nach dem Postulat Gr_1) ein Element der Gruppe. Angenommen, $\mathfrak{G}$ enthalte außer $X = A' \circ B$ noch ein weiteres zu X ungleiches Element X_1, so daß auch $A \circ X_1 = B$ wird, so folgt $A \circ X = A \circ X_1$ und hieraus nach Satz V: $X = X_1$.

In analoger Weise zeigt man, daß $(B \circ A') \circ A = B$ wird, daß $B \circ A'$ der Gruppe $\mathfrak{G}$ angehört und daß in $\mathfrak{G}$ kein zu $Y = B \circ A'$ ungleiches Element existiert, das die Relation $Y \circ A = B$ befriedigt.

Aus Satz VI schließen wir noch zur Verschärfung von Satz II den

Satz VII. Ist A irgend ein besonderes Element einer Gruppe $\mathfrak{G}$, so werden die Relationen $A \circ X = A$ bzw. $Y \circ A = A$ durch kein zu dem neutralen Element E ungleiches Gruppenelement befriedigt.

---

[1] Wir werden später in § 9 sehen, daß die rationalen Zahlen inbezug auf die Addition eine Gruppe bilden; bei ihr sind z. B. -3, $\frac{-6}{2}$, $\frac{-9}{3}$, allgemein $\frac{-3m}{m}$, wobei m jede von Null verschiedene ganze Zahl bedeutet, inverse Elemente von 3.

Nach Voraussetzung ist nämlich $A \circ X = A$; ferner ist, da E neutrales Element der Gruppe ist, $A \circ E = A$; hieraus folgt nach den Gleichheitspostulaten $A \circ X = A \circ E$ und nach Satz V, daß $X = E$. Ebenso folgt aus $Y \circ A = A$ und der nach Satz I gültigen Relation $E \circ A = A$, daß $Y \circ A = E \circ A$ und demnach nach Satz V $Y = E$ ist.

Wir beweisen noch folgenden

Satz VIII über den assoziativen Charakter der Komposition beliebig vieler Gruppenelemente:[1] Hat man $\nu + 1$ Elemente $A_1, A_2, \ldots, A_{\nu+1}$ einer Gruppe $\mathfrak{G}$, die in der soeben hingeschriebenen Anordnung $\mathfrak{F}$ gegeben seien, so ist die allgemeinste Art ihrer Komposition ohne Umstellung der Glieder die folgende: Man greife aus $\mathfrak{F}$ irgend zwei Nachbarelemente A_i und A_{i+1} beliebig heraus und komponiere sie in der Reihenfolge $A_i \circ A_{i+1}$, wie sie in der Anordnung $\mathfrak{F}$ stehen. Das Resultat der Komposition dieser zwei Elemente schreibe man bei $\mathfrak{F}$ zwischen das dem zuerst gewählten Element voraufgehende und das dem zweiten Element nachfolgende, also zwischen A_{i-1} und A_{i+2}, ein, so daß an die Stelle von $\mathfrak{F}$ eine neue Folge $\mathfrak{F}_1$ von nur ν Gruppenelementen tritt. Aus $\mathfrak{F}_1$ nehme man wieder zwei beliebige unmittelbar aufeinanderfolgende Elemente, komponiere sie und schreibe dann das Resultat der Komposition in der Anordnung $\mathfrak{F}_1$ an diejenige Stelle ein, wo die zwei herausgenommenen Elemente standen; auf diese Weise ergibt sich aus $\mathfrak{F}_1$ eine Folge $\mathfrak{F}_2$ mit nur $\nu - 1$ Gruppenelementen. Fährt man so fort, so gelangt man schließlich zu einer Folge $\mathfrak{F}_{\nu-1}$ mit zwei Gruppenelementen, deren Komposition ein einziges Gruppenelement liefert. Wie auch immer der geschilderte Prozeß allgemeinster Art der Komposition ohne Umstellung der Glieder ausgeführt wird, so ergeben sich als Schlußresultat niemals zwei zueinander ungleiche Gruppenelemente.

Für $\nu = 1$ ist nur die einzige Verknüpfung $A_1 \circ A_2$ der Elemente A_1, A_2 möglich; unser Satz gilt also für $\nu = 1$. Er ist ferner für $\nu = 2$ richtig. Hat man nämlich die drei Gruppenelemente A_1, A_2, A_3, so kann man bei Beibehaltung der vorgegebenen Reihenfolge entweder $A_1 \circ (A_2 \circ A_3)$ oder $(A_1 \circ A_2) \circ A_3$ bilden; beidemal erhält man infolge des assoziativen Gruppenpostulats Gr_2) das Gleiche. Mithin kann man auch die einfachere Bezeichnung $A_1 \circ A_2 \circ A_3$ wählen, ohne anzugeben, wo die Klammern gesetzt werden sollen.

Wir nehmen nunmehr an, daß der zu beweisende Satz für die Komposition von $2, 3, \ldots, \nu$ Gruppenelementen richtig ist; alsdann läßt sich zeigen, daß er auch noch für die Komposition von $\nu + 1$ Gruppenelementen gilt. Da der Satz für ν Gruppenelemente richtig sein soll, so kann man einfach $A_1 \circ A_2 \circ \ldots \circ A_\nu$ schreiben, ohne ausdrücklich hervorzuheben, wo die Klammern gesetzt werden sollen. Hat man $\nu + 1$ Gruppenelemente $A_1, A_2, \ldots, A_{\nu+1}$ in der angegebenen Reihenfolge zu komponieren, so kommen nur noch die folgenden ν Bildungen in Frage:

$$D_1 = (A_1 \circ A_2 \circ \ldots \circ A_\nu) \circ A_{\nu+1},$$

$$D_2 = (A_1 \circ A_2 \circ \ldots \circ A_{\nu-1}) \circ (A_\nu \circ A_{\nu+1}),$$

$$D_3 = (A_1 \circ A_2 \circ \ldots \circ A_{\nu-2}) \circ (A_{\nu-1} \circ A_\nu \circ A_{\nu+1}),$$

$$\vdots$$

$$D_\nu = A_1 \circ (A_2 \circ A_3 \ldots \circ A_{\nu+1}),$$

[1] Vgl. E. SCHROEDER, Lehrbuch der Arithmetik und Algebra, Leipzig 1873, S. 67.

d. h. $A_{\nu+1}$ ist bei dem auszuführenden Prozeß entweder bis zuletzt allein stehen geblieben oder bei der Komposition der Elemente A_ν, $A_{\nu+1}$ oder bei der Komposition der Elemente $A_{\nu-1}$, A_ν, $A_{\nu+1}$ oder bei der Komposition der Elemente $A_{\nu-2}$, $A_{\nu-1}$, A_ν, $A_{\nu+1}$ usw. verwendet worden.

Wir setzen zur Abkürzung

$$B_i = A_1 \circ A_2 \circ \ldots \circ A_i \quad (1 \leqq i < \nu),$$

$$C_{i+1} = A_{i+2} \circ A_{i+3} \circ \ldots \circ A_{\nu+1} \quad (1 \leqq i < \nu);$$

dann ist

$$D_{\nu-i+1} = B_i \circ (A_{i+1} \circ C_{i+1}).$$

Infolge des Gruppenpostulates Gr_1) sind B_i und C_{i+1} ebenso wie A_{i+1} Elemente aus $\mathfrak{G}$. Mithin ist nach dem assoziativen Gruppenpostulat Gr_2):

$$D_{\nu-i+1} = B_i \circ (A_{i+1} \circ C_{i+1}) = (B_i \circ A_{i+1}) \circ C_{i+1}$$

oder bei Einsetzung der Werte gleich

$$(A_1 \circ A_2 \circ \ldots \circ A_i \circ A_{i+1}) \circ (A_{i+2} \circ A_{i+3} \ldots \circ A_{\nu+1}) = D_{\nu-i}.$$

Folglich ist $D_{\nu-i+1} = D_{\nu-i}$. Wählt man der Reihe nach $i = 1, 2, \ldots \nu - 1$, so ergibt sich, daß jedes der erhaltenenen Elemente D_ν, $D_{\nu-1}$, ..., D_2, D_1 dem ihm unmittelbar folgenden gleich ist; mithin sind sie alle untereinander gleich. Ist also unser Satz für die Komposition von ν Gruppenelementen richtig, so gilt er auch für eine solche von $\nu + 1$. Da das zu beweisende Theorem für $\nu = 2$ Gruppenelemente richtig war, so trifft es nach dem Satz der vollständigen Induktion für eine beliebige Anzahl von Gruppenelementen zu; man kann also für jede beliebige Anzahl von $\nu + 1$ Gruppenelementen $A_1 \circ A_2 \circ \ldots \circ A_{\nu+1}$ ohne Klammern schreiben, da es ganz gleichgültig ist, wie man bei Beibehaltung der Reihenfolge die Komposition ausführt.

Für eine kommutative Gruppe kann der Satz VIII dahin erweitert werden, daß die Gruppenelemente auch in beliebiger Reihenfolge angeordnet werden dürfen. Für eine kommutative Gruppe gilt demnach der Satz VIII' über den assoziativen und kommutativen Charakter der Komposition beliebig vieler Gruppenelemente: Hat man $\nu + 1$ Elemente A_1, A_2, ..., $A_{\nu+1}$ einer kommutativen Gruppe $\mathfrak{G}$, die in der hingeschriebenen Anordnung $\mathfrak{F}$ gegeben sind, und greift aus ihnen zwei beliebige heraus, komponiert sie in beliebiger Reihenfolge und schreibt statt ihrer das Resultat ihrer Komposition an beliebiger Stelle von $\mathfrak{F}$ ein, so hat man eine Folge $\mathfrak{F}_1$ aus nur ν Gruppenelementen. Wendet man auf $\mathfrak{F}_1$ das gleiche Verfahren an und fährt so fort, bis der Prozeß schließlich sein Ende erreicht, so liefert das Schlußresultat niemals zwei zueinander ungleiche Gruppenelemente.

Wir beweisen zuerst, daß es gleich ist, ob man bei einer kommutativen Gruppe das Element

$$P = A_1 \circ A_2 \circ \ldots \circ A_i \circ A_{i+1} \circ \ldots \circ A_{\nu+1}$$

oder

$$Q = A_1 \circ A_2 \circ \ldots \circ A_{i+1} \circ A_i \circ \ldots \circ A_{\nu+1}$$

bildet. Setzt man zur Abkürzung:

$$L_{i-1} = A_1 \circ A_2 \circ \ldots \circ A_{i-1} \quad (1 < i \leqq \nu),$$

$$M_{i+1} = A_{i+2} \circ A_{i+3} \circ \ldots \circ A_{\nu+1} \quad (1 \leqq i < \nu),$$

so wird

$$P = L_{i-1} \circ (A_i \circ A_{i+1}) \circ M_{i+1},$$
$$Q = L_{i-1} \circ (A_{i+1} \circ A_i) \circ M_{i+1}.$$[1]

Da die Gruppe $\mathfrak{G}$ nach Voraussetzung kommutativ ist, d. h. je zwei ihrer Elemente stets kommutativ sind, so ist $A_i \circ A_{i+1} = A_{i+1} \circ A_i$; mithin ergibt sich $P = Q$. Man darf also, wenn die Gruppe kommutativ ist, bei der Komposition von $A_1 \circ A_2 \circ \ldots \circ A_{\nu+1}$ immer zwei benachbarte Elemente vertauschen. Da die Vertauschung zweier beliebiger Elemente sich immer durch eine wiederholte Vertauschung benachbarter Elemente ersetzen läßt und sich hierfür gleiche Resultate ergeben, so ist der Satz VIII′ allgemein bewiesen.

§ 7.

Definition eines Körpers und einige für ihn gültige Sätze.[2]

Wir denken uns ein System $\mathfrak{K}$ von Elementen, das sich auf zwei Arten verknüpfen läßt. Die eine Verknüpfung wollen wir mit dem Zeichen +, die andere mit dem Zeichen $\cdot$ bezeichnen. Aus irgend zwei Elementen A und B des Systems $\mathfrak{K}$ läßt sich also stets ein Element $A + B$ und ein zweites zu ihm im allgemeinen ungleiches Element $A \cdot B$ herleiten. Wir haben die Zeichen + und $\cdot$ zwar der Arithmetik entlehnt und werden auch im folgenden einige aus der Arithmetik bekannte Bezeichnungsweisen einführen; der Leser denke aber trotzdem nicht an die gewöhnlichen Operationen der Addition und Multiplikation, wir lassen vielmehr die zwei Verknüpfungen ganz unbestimmt, nur sollen sie den im folgenden noch einzuführenden Postulaten genügen.

Die Elemente unseres Systems $\mathfrak{K}$ sollen entweder alle untereinander ungleich sein oder kraft einer besonderen Vorschrift in gleiche und ungleiche zerfallen. Diese Vorschrift muß hierbei die Gleichheit derart definieren, daß sie, wie es die fünf Gleichheitspostulate auf Seite 25 bedingen, eine determinierte, reflexive, symmetrische und transitive Relation ist und gleiche Elemente bei Verknüpfungen des Systems stets durch einander ersetzbar sind. Da unser System auf zwei Arten verknüpfbar ist, so müssen die als gleich definierten Elemente entsprechend Postulat G_5) so beschaffen sein, daß aus $A = A_1$ und $B = B_1$ stets $A + B = A_1 + B_1$ und $A \cdot B = A_1 \cdot B_1$ folgt.

I. Über die Art der Operation + ist bisher noch nichts gesagt. Wir verlangen: Die Elemente unseres Systems $\mathfrak{K}$ sollen bei der Verknüpfung durch die Operation + eine Gruppe bilden. Für die Operation + haben also die folgenden vier Postulate zu gelten, die bloß eine andere Schreibweise der vier Gruppenpostulate Gr_1) bis Gr_4) unter Verwendung des Zeichens + anstatt des im vorigen Paragraphen verwendeten allgemeinen Verknüpfungszeichens darstellen. Wir bezeichnen diese vier Postulate mit A_1) bis A_4):

---

[1] Für $i = 1$ ist $P = (A_1 \circ A_2) \circ M_2$ und $Q = (A_2 \circ A_1) \circ M_2$ und für $i = \nu$ ist $P = L_{\nu-1} \circ (A_\nu \circ A_{\nu+1})$ und $Q = L_{\nu-1} \circ (A_{\nu+1} \circ A_\nu)$ zu wählen.

[2] Vgl. H. Weber, Math. Ann. **43**, 526 (1893); D. Hilbert, Jahresbericht d. Deutschen Math.-Vereinigung 8, 180 (1900), wieder abgedruckt in Hilbert, Grundlagen der Geometrie, 3. Aufl. (1909), VI. Anhang; besonders L. E. Dickson, Transactions American math. soc. **6**, 198 (1905) u. E. V. Huntington, ebenda **6**, 17, 181 u. 209 sowie Annals of math. 8, 1 (1906).

A_1). Sind A und B irgend zwei gleiche oder ungleiche Elemente des Systems $\mathfrak{K}$, so soll aus ihnen stets eindeutig ein drittes ebenfalls $\mathfrak{K}$ angehöriges Element $S = A + B$ herleitbar sein; wir sagen: S ist durch Addition gefunden.

A_2). Die Addition soll assoziativ sein, d. h. sind A, B, C irgend drei Elemente aus $\mathfrak{K}$, so soll $A + (B + C) = (A + B) + C$ sein.

A_3). In $\mathfrak{K}$ soll es wenigstens ein Element geben, das wir mit 0 bezeichnen wollen, so daß für jedes Element A aus $\mathfrak{K}$ die Gleichung $A + 0 = A$ gilt. Wir haben das neutrale Element statt wie im vorigen Paragraphen mit E für die additive Komposition mit 0 bezeichnet und nennen es Nullsymbol, ohne daß dabei zunächst an die im § 2 eingeführte Zahl 0 zu denken ist.

A_4). Ist 0 das in $\mathfrak{K}$ durch das Postulat A_3) geforderte Element, so soll für jedes Element A aus $\mathfrak{K}$ stets in $\mathfrak{K}$ ein Element X existieren, so daß $A + X = 0$ wird.

Da das Element 0 an die Stelle des im vorigen Paragraphen mit E bezeichneten Elementes tritt, so übertragen sich Satz I, II und VII des vorigen Paragraphen in folgenden

Satz I. Ist A irgend ein beliebiges Element aus $\mathfrak{K}$, so ist stets $A + 0 = 0 + A = A$; in $\mathfrak{K}$ gibt es kein zu 0 ungleiches, auch nur für irgend ein einzelnes Gruppenelement in bezug auf die Operation + ebenso beschaffenes Element, d. h. sowohl die Gleichung $A + X = A$ als auch die Gleichung $Y + A = A$ ziehen $X = 0$ bzw. $Y = 0$ nach sich.

Wir schließen ferner, indem wir im Satz III auf Seite 29 bei der Operation + das Nullsymbol statt E verwenden: Ist A irgend ein Element aus $\mathfrak{K}$, so gibt es in $\mathfrak{K}$ stets ein Element A', das die Gleichung $A + X = 0$ befriedigt; dieses Element A' befriedigt auch die Gleichung $X + A = 0$. Es gibt in $\mathfrak{K}$ kein zu A' ungleiches Element, das $A + X = 0$ oder $X + A = 0$ befriedigt. Ein solches zu A inverses Element A' aus $\mathfrak{K}$ soll mit $(-A)$ oder $-A$ bezeichnet werden und das entgegengesetzte Element von A heißen; es ist also $A + (-A) = 0$ und $(-A) + A = 0$. Da $(-A) + A = 0$, so ist A gleich dem entgegengesetzten Element von $-A$; mithin hat man $-(-A) = A$. Da nach Postulat A_3): $0 + 0 = 0$ ist, so ist das entgegengesetzte Element von 0, also -0, gleich 0. Zusammenfassend haben wir

Satz II. Das System $\mathfrak{K}$ enthält neben jedem Element A ein weiteres, das entgegengesetzte Element von A, das wir mit $-A$ bezeichnen, so daß $A + (-A) = (-A) + A = 0$ ist. Sowohl $A + X = 0$ als auch $X + A = 0$ werden nur durch das Element $X = -A$ aus $\mathfrak{K}$ oder mit ihm gleiche Elemente befriedigt. Es ist $-0 = 0$. Das entgegengesetzte Element von $-A$, nämlich $-(-A)$, ist gleich A.

Der auf Seite 30 aufgestellte Satz IV läßt sich für das System $\mathfrak{K}$ folgendermaßen aussprechen:

Satz III. Sind A und B irgend zwei Elemente aus $\mathfrak{K}$, so ist das entgegengesetzte Element des in dem System $\mathfrak{K}$ enthaltenen Elements $A + B$ gleich $(-B) + (-A)$, also $-(A + B) = (-B) + (-A)$.

Zum Satz III bemerken wir: Solange nicht vorausgesetzt wird, daß unsere Addition kommutativ ist, darf man nicht $(-B) + (-A)$ als gleich mit $(-A) + (-B)$ ansehen.

Auf Grund von Satz V des vorigen Paragraphen sprechen wir aus

Satz IV. Sind A, B und B_1 irgend drei Elemente aus $\mathfrak{K}$, so folgt sowohl aus $A + B = A + B_1$ als aus $B + A = B_1 + A$, daß $B = B_1$ ist.

Auf Grund von Satz VI auf Seite 30 formulieren wir

Satz V. Sind A und B irgend zwei Elemente aus $\mathfrak{K}$, so gibt es in $\mathfrak{K}$ stets ein Element $X = (-A) + B$, das die Gleichung $A + X = B$ und ein Element $Y = B + (-A)$, das die Gleichung $Y + A = B$ befriedigt. Die zwei Gleichungen haben keine zu den zwei angegebenen Lösungen ungleichen Elemente von $\mathfrak{K}$ zu Lösungen.

Wir bemerken noch zu Satz V: Da wir das kommutative Gesetz für die Addition nicht postuliert haben, so darf man zunächst nicht $(-A) + B$ und $B + (-A)$ als gleich ansehen.

In unserem System $\mathfrak{K}$ kann man aus der Addition noch eine weitere Verknüpfung der Elemente des Systems ableiten, die wir Subtraktion nennen. Sind A und B irgend zwei Elemente des Systems $\mathfrak{K}$, so ist nach Satz II auch das zu A entgegengesetzte Element $-A$ ein Element aus $\mathfrak{K}$. Mithin ist nach Postulat A_1) auch $B + (-A)$ ein Element aus $\mathfrak{K}$. Wir haben daher das Resultat: Aus irgend zwei Elementen A und B aus $\mathfrak{K}$ geht stets ein neues, ebenfalls $\mathfrak{K}$ angehöriges Element $B + (-A)$ hervor. Man bezeichnet $B + (-A)$ mit $B - A$ und nennt $B - A$ die Differenz von B und A; B heißt Minuend, A Subtrahend. $B - A$ bilden, heißt subtrahieren. Einen Teil von Satz V kann man jetzt auch in folgender Form aussprechen als

Satz V′. Sind A und B Elemente aus $\mathfrak{K}$, so ist $(B - A) + A = B$ und es gibt in $\mathfrak{K}$ kein zu $B - A$ ungleiches Element, das die Gleichung $Y + A = B$ befriedigt.

Aus $(B - A) + (A - B) = (B - A) + [A + (-B)]$ (Definition von $A - B$) $= [(B - A) + A] + (-B)$ (Postulat A_2) $= B + (-B)$ (Satz V′) $= 0$ (Satz II) folgt, daß $-(B - A) = A - B$.

Wir sprechen diese Tatsache in dem folgenden Satz aus, der Satz III ergänzt:

Satz III′. Sind A und B irgend zwei Elemente aus $\mathfrak{K}$, so ist das entgegengesetzte Element von $B - A$ gleich $A - B$ und umgekehrt.

Die Subtraktion läßt sich stets, wie dies bei dem eben gelieferten Beweise geschah, ihrer Natur nach auf die Addition zurückführen und braucht demnach nicht besonders behandelt zu werden.

II. Die Elemente von $\mathfrak{K}$ sollten außer durch die Operation + noch auf eine zweite hiervon verschiedene Art, die wir mit $\cdot$ bezeichnen wollten, verknüpfbar sein. Über diese Verknüpfung war noch nichts gesagt. Für diese zweite Verknüpfung fordern wir, daß die Elemente von $\mathfrak{K}$ möglichst eine Gruppe bilden. Die Bedeutung des Wortes „möglichst" wird im folgenden noch klar werden. Außer den vier Postulaten A_1) bis A_4) sollen die Elemente von $\mathfrak{K}$ zunächst noch den folgenden vier weiteren, die wir mit M_1) bis M_4) bezeichnen, genügen:

M_1). Sind A und B irgend zwei gleiche oder ungleiche Elemente des Systems $\mathfrak{K}$, so soll aus ihnen stets eindeutig auf eine im allgemeinen andere Weise als bei der Addition ein drittes Element $P = A \cdot B$ entstehen, das ebenfalls $\mathfrak{K}$ angehört. Wir sagen: P ist durch Multiplikation gewonnen.

M_2). Die Multiplikation soll assoziativ sein, d. h. sind A, B, C irgend drei Elemente aus $\mathfrak{K}$, so soll $A \cdot (B \cdot C) = (A \cdot B) \cdot C$ sein.

M_3). In $\mathfrak{K}$ soll es wenigstens ein Element geben, das wir mit 1 bezeichnen wollen, so daß für jedes Element A aus $\mathfrak{K}$ die Gleichung $A \cdot 1 = A$ stattfindet. Wir haben also das für die Multiplikation postulierte neutrale Element von $\mathfrak{K}$ mit 1 bezeichnet und nennen es das Einheitssymbol von $\mathfrak{K}$, ohne daß dabei zunächst an die Zahl 1 der natürlichen Zahlenreihe (§ 1) zu denken ist.

M_4). Ist 1 das in $\mathfrak{K}$ durch Postulat M_3) geforderte Element, so soll zu jedem Element A von $\mathfrak{K}$, das ungleich dem in $\mathfrak{K}$ nach Postulat A_3) existierenden, für die Addition neutralen Element 0 ist, stets in $\mathfrak{K}$ wenigstens ein Element X existieren, so daß $A \cdot X = 1$ wird.

Schließlich verlangen wir noch von den Elementen von $\mathfrak{K}$, daß sie außer den angegebenen 8 Postulaten A_1) bis A_4) und M_1) bis M_4) noch erstens sich in bezug auf die Multiplikation kommutativ verhalten und zweitens einem dem auf Seite 17 angeführten distributiven Gesetz entsprechenden Postulat genügen, das wir auch als distributives Postulat bezeichnen. Die Elemente von $\mathfrak{K}$ sollen also noch die folgenden Postulate erfüllen:

C). Sind A und B irgend zwei Elemente aus $\mathfrak{K}$, so soll $A \cdot B = B \cdot A$ sein.

D). Sind A, B, C irgend drei Elemente aus $\mathfrak{K}$, so soll stets $A \cdot (B + C) = (A \cdot B) + (A \cdot C)$ sein.

Irgend ein zweifach verknüpfbares System $\mathfrak{K}$ von Elementen, das die 10 Postulate A_1) bis A_4), M_1) bis M_4), C) und D) erfüllt, heißt ein Körper.

Für einen Körper gelten die in diesem Paragraphen hergeleiteten Sätze I bis V'. Wir wollen noch die Richtigkeit einiger weiterer Theoreme beweisen:

Satz VI. Ist A irgend ein Element aus $\mathfrak{K}$ und 0 das in $\mathfrak{K}$ nach A_3) existierende Element, so ist stets $A \cdot 0 = 0 \cdot A = 0$.

Der Beweis ergibt sich auf folgende Weise: Nach dem Postulat D) ist $A \cdot (0 + 0) = (A \cdot 0) + (A \cdot 0)$. Auf Grund von Postulat A_3) ist $0 + 0 = 0$ und daher $A \cdot 0 = (A \cdot 0) + (A \cdot 0)$. Nach Postulat M_1) ist $A \cdot 0$ ein Element C aus $\mathfrak{K}$; daher ist $C = C + C$. Hieraus folgt nach Satz I: $C = 0$; da $C = A \cdot 0$, so besagt dies, wie wir zeigen wollten, $A \cdot 0 = 0$. Da nach dem Postulat C) irgend zwei Elemente von $\mathfrak{K}$, also auch die Elemente A und 0, inbezug auf die Multiplikation miteinander vertauschbar sind, so ist $A \cdot 0 = 0 \cdot A$ und wegen $A \cdot 0 = 0$ wird auch $0 \cdot A = 0$. Hiermit ist Satz VI völlig bewiesen.

Corollar zum Satz VI. Ist der Körper $\mathfrak{K}$ nicht mit dem Element 0 und den ihm gleichen erschöpft, was wir ausschließen wollen, so ist das Einheitselement 1 ungleich dem Nullelement 0.

Wäre nämlich $0 = 1$, so würde aus $A \cdot 0 = 0$ nach dem Postulat G_5) folgen, daß $A \cdot 1 = 0$ würde. Diese Gleichung widerspricht aber, wenn A irgend ein zu 0 ungleiches Element ist, dem Postulat M_3).

Satz VII. Sind A und B irgend zwei Elemente aus $\mathfrak{K}$ und $-A$ und $-B$ die zu A und B entgegengesetzten Elemente, die nach A_4) ebenfalls $\mathfrak{K}$ angehören, so bestehen folgende Gleichungen:

α) $A \cdot (-B) = -(A \cdot B)$.

β) $(-A) \cdot B = -(A \cdot B)$.

γ) $(-A) \cdot (-B) = A \cdot B$.

α) Um $A \cdot (-B) = -(A \cdot B)$ zu beweisen, beachten wir, daß nach der Bedeutung von $-B$ die Relation $B + (-B) = 0$ besteht und daher $A \cdot [B + (-B)] = A \cdot 0$ oder nach Satz VI gleich 0 ist. Nach dem Postulat D) über den distributiven Charakter ist $A \cdot [B + (-B)] = A \cdot B + A \cdot (-B)$. Da $A \cdot [B + (-B)] = 0$, so folgt $A \cdot B + A \cdot (-B) = 0$. Seiner Bedeutung nach ist $-(A \cdot B)$ definiert durch $A \cdot B + [-(A \cdot B)] = 0$. Wegen des symmetrischen und transitiven Charakters der Gleichheit folgt demnach $A \cdot B + A \cdot (-B) = A \cdot B + [-(A \cdot B)]$ und nach Satz IV, wie wir zeigen wollen, $A \cdot (-B) = -(A \cdot B)$.

β) Der Beweis der Aussage β) ergibt sich auf folgende Weise: Nach Postulat C) ist $(-A) \cdot B = B \cdot (-A)$, da B und $-A$ Elemente aus $\mathfrak{K}$ sind. Nach dem bereits bewiesenen Resultat α) ist $B \cdot (-A) = -(B \cdot A)$; mithin ist $(-A) \cdot B = -(B \cdot A)$. Da auf Grund des kommutativen Postulats C) ferner $A \cdot B = B \cdot A$ ist, so haben $A \cdot B$ und $B \cdot A$ gleiche entgegengesetzte Elemente, also $-(B \cdot A) = -(A \cdot B)$. Folglich $(-A) \cdot B = -(A \cdot B)$.

γ) Wir betrachten noch, um die Aussage γ) zu beweisen, das Produkt $(-A) \cdot (-B)$. Nach der Bedeutung von $-B$ ist $B + (-B) = 0$; hieraus folgt $(-A) \cdot [B + (-B)] = (-A) \cdot 0$ oder nach Satz VI gleich 0. Aus $(-A) \cdot [B + (-B)] = 0$ folgt nach dem Postulat D), daß $(-A) \cdot B + (-A) \cdot (-B) = 0$ oder nach dem unter β) bewiesenen Resultat $-(A \cdot B) + (-A) \cdot (-B) = 0$ wird. Seiner Bedeutung nach ist $-(A \cdot B)$ durch $-(A \cdot B) + (A \cdot B) = 0$ definiert; mithin folgt aus den zwei erhaltenen Gleichungen $-(A \cdot B) + (-A) \cdot (-B) = -(A \cdot B) + A \cdot B$ Da $A \cdot B$ und $(-A) \cdot (-B)$ nach M_1) und $-(A \cdot B)$ als entgegengesetztes Element von $A \cdot B$ dem Körper $\mathfrak{K}$ angehören, so folgt nach Satz IV aus der Gleichung $-(A \cdot B) + (-A) \cdot (-B) = -(A \cdot B) + A \cdot B$ das zu beweisende Resultat $(-A) \cdot (-B) = A \cdot B$. Wir bemerken noch, daß bei den Beweisen für die Sätze VI und VII die drei Postulate M_2) bis M_4) nicht verwendet wurden.

Wir beweisen nunmehr folgenden Satz:

Satz VIII. Ist $\mathfrak{K}$ ein Körper, so ist das Produkt $A \cdot B$ irgend zweier Elemente aus $\mathfrak{K}$ dann und nur dann gleich 0, wobei 0 das nach A_3) in $\mathfrak{K}$ existierende, in bezug auf die Addition neutrale Element ist, wenn entweder $A = 0$ oder $B = 0$ ist.

Die Richtigkeit der Gleichungen $A \cdot 0 = 0$ und $0 \cdot B = 0$ besagt Satz VI.

Wir haben also nur die Umkehrung zu zeigen, daß aus $A \cdot B = 0$ entweder $A = 0$ oder $B = 0$ folgt. Ist $B = 0$, so ist der Satz bewiesen. Sei also $B \neq 0$, dann gibt es nach Postulat M_4) in $\mathfrak{K}$ ein Element $\widehat{B}$, so daß $B \cdot \widehat{B} = 1$ ist. Aus $A \cdot B = 0$ folgt $(A \cdot B) \cdot \widehat{B} = 0 \cdot \widehat{B}$ oder nach Satz VI gleich 0. Ferner ist nach dem assoziativen Postulat M_2): $(A \cdot B) \cdot \widehat{B} = A \cdot (B \cdot \widehat{B}) = A \cdot 1$ oder nach M_3) gleich A; daher hat man $A = 0$. Ist also $B \neq 0$, so muß $A = 0$ sein. Hiermit ist der Satz VIII bewiesen.

Ist A irgend ein Element aus $\mathfrak{K}$, so ist $A \cdot 0$ nach Satz VI stets gleich 0. Die Gleichung $0 \cdot X = 1$ kann daher in $\mathfrak{K}$ keine Lösung besitzen. Damit die Elemente des Körpers $\mathfrak{K}$ in bezug auf die Multiplikation eine Gruppe bilden könnten, müßte, da 1 für die Operation $\cdot$ neutrales Element ist, die Gleichung $0 \cdot X = 1$ lösbar sein, weil sonst das vierte Gruppenpostulat Gr_4) auf Seite 26 durchbrochen wäre. Die Elemente des Körpers $\mathfrak{K}$ bilden daher in bezug auf die Multiplikation keine Gruppe. Wohl aber gilt

Satz IX. Schließt man aus dem Körper $\mathfrak{K}$ das Element 0 und alle ihm gleichen Elemente des Körpers aus, so bilden die übrigbleibenden Elemente von $\mathfrak{K}$ bei multiplikativer Verknüpfung eine Gruppe.

Das Produkt zweier zu 0 ungleicher Elemente aus $\mathfrak{K}$ ist nach Satz VIII und Postulat M_1) stets wieder ein zu 0 ungleiches Element aus $\mathfrak{K}$. Nach Postulat M_2) ist die Multiplikation assoziativ; nach M_3) enthält $\mathfrak{K}$ ein für die Multiplikation neutrales Element, nämlich 1. Ferner besitzt $\mathfrak{K}$ nach M_4) für jedes zu 0 ungleiche Element A ein in bezug auf die Multiplikation inverses Element X, so daß $A \cdot X = 1$ ist. Mithin erfüllen die Elemente von $\mathfrak{K}$, wenn man 0 und alle zu 0 gleichen Elemente des Körpers von ihnen aussondert, bei multiplikativer Verknüpfung die vier Gruppenpostulate Gr_1) bis Gr_4).

Satz IX erläutert die Bedeutung der früher gemachten Aussage: die Elemente von $\mathfrak{K}$ sollen in bezug auf die Multiplikation möglichst eine Gruppe bilden. Wir bemerken noch, daß bei Ausscheidung des Elementes 0 und der ihm gleichen Körperelemente die Elemente von $\mathfrak{K}$ bei additiver Verknüpfung natürlich aufhören, eine Gruppe zu bilden, weil dann z. B. das Postulat A_3) (Existenz eines für die Addition neutralen Elementes in $\mathfrak{K}$) nicht erfüllt ist.

Da nach Satz IX die Elemente von $\mathfrak{K}$ bei Ausschluß des Elementes 0 und der ihm gleichen Elemente in bezug auf die Multiplikation eine Gruppe bilden, so übertragen sich die Sätze I, II und VII des vorigen Paragraphen, indem bei der multiplikativen Verknüpfung das Element 1 an die Stelle von E tritt, in:

Satz X. Ist A irgend ein Element aus $\mathfrak{K}$, so ist $A \cdot 1 = 1 \cdot A = A$;[1] ist A irgend ein zu 0 ungleiches Element aus $\mathfrak{K}$, so zieht sowohl die Gleichung $A \cdot X = A$ als auch $Y \cdot A = A$ nach sich, daß X bzw. Y gleich dem Element 1 aus $\mathfrak{K}$ sind.

Indem wir in dem Satz III auf Seite 29 bei der multiplikativen Verknüpfung das Einheitssymbol 1 statt E verwenden, schließen wir: Ist A ein zu dem Element 0 ungleiches Element des Körpers $\mathfrak{K}$, so gibt es in $\mathfrak{K}$ stets ein Element $\widehat{A}$, das die Gleichung $A \cdot X = 1$ befriedigt. Dieses Element genügt auch der Relation $Y \cdot A = 1$. Es gibt in $\mathfrak{K}$ kein zu $\widehat{A}$ ungleiches Element, das die Gleichung $A \cdot X = 1$ oder $Y \cdot A = 1$ befriedigt. Ein solches zu A inverses Element $\widehat{A}$ aus $\mathfrak{K}$ soll mit $\frac{1}{A}$ oder A^{-1} bezeichnet werden und das reziproke Element von A heißen. Es ist also

$$A \cdot \left(\frac{1}{A}\right) = \left(\frac{1}{A}\right) \cdot A = 1.$$

Da $\frac{1}{A} \cdot A = 1$, so ist A gleich dem reziproken Element von $\frac{1}{A}$; mithin hat man $\frac{1}{\frac{1}{A}} = A$. Da nach Postulat M_3) $1 \cdot 1 = 1$ ist, so ist 1 gleich dem reziproken Element $\frac{1}{1}$ von 1. Zusammenfassend haben wir

Satz XI. Das System $\mathfrak{K}$ enthält neben jedem zu 0 ungleichen Element A ein weiteres, das reziproke Element von A, das wir mit

[1] Im ersten Teil des Satzes X braucht infolge der nach Satz VI stattfindenden Gleichung $0 \cdot 1 = 1 \cdot 0 = 0$ auch $A = 0$ nicht ausgeschlossen zu werden.

$\frac{1}{A}$ bezeichnen, so daß $A \cdot \frac{1}{A} = \frac{1}{A} \cdot A = 1$ ist. Sowohl die Relation $A \cdot X = 1$ als auch $Y \cdot A = 1$ wird, wenn A ein zu 0 ungleiches Element aus $\mathfrak{K}$ ist, nur durch das Element $\frac{1}{A}$ oder mit ihm gleiche Elemente aus $\mathfrak{K}$ befriedigt. Es ist $\frac{1}{1} = 1$. Das reziproke Element von $\frac{1}{A}$, nämlich $\frac{1}{\frac{1}{A}}$, ist gleich A.

Sind A und B zwei zu 0 ungleiche Elemente aus $\mathfrak{K}$, so gehört nach M_1) auch das Produkt $A \cdot B$ dem System $\mathfrak{K}$ an, und zwar ist es nach Satz VIII ungleich 0; mithin existiert zu $A \cdot B$ nach Satz XI ein dem Körper $\mathfrak{K}$ angehörendes reziprokes Element $\frac{1}{A \cdot B}$. Dieses wird nach Satz IV des § 6 auf Seite 30 gleich $\frac{1}{B} \cdot \frac{1}{A}$, da $\frac{1}{A}$ und $\frac{1}{B}$ die reziproken Elemente von A und B sind. Da $\frac{1}{A}$ und $\frac{1}{B}$ dem System $\mathfrak{K}$ angehören und die Multiplikation nach Postulat C) für die Elemente von $\mathfrak{K}$ kommutativ ist, so ergibt sich $\frac{1}{B} \cdot \frac{1}{A} = \frac{1}{A} \cdot \frac{1}{B}$. Mithin ist das reziproke Element von $A \cdot B$ gleich $\frac{1}{A} \cdot \frac{1}{B}$. Wir haben daher

Satz XII. Sind A und B zwei zu 0 ungleiche Elemente des Körpers $\mathfrak{K}$, so hat das in $\mathfrak{K}$ enthaltene Element $A \cdot B$ ein reziprokes, ebenfalls $\mathfrak{K}$ angehöriges Element $\frac{1}{A \cdot B}$; dieses ist gleich $\frac{1}{A} \cdot \frac{1}{B}$.

Auf Grund des Satzes V des vorigen Paragraphen und des Satzes IX in diesem Paragraphen sprechen wir aus

Satz XIII. Sind A, B und B_1 irgend drei Elemente des Körpers $\mathfrak{K}$ und ist A ungleich 0, so folgt sowohl aus $A \cdot B = A \cdot B_1$ als aus $B \cdot A = B_1 \cdot A$, daß $B = B_1$ ist.

Auf Grund des Satzes VI des vorigen Paragraphen und des voraufgehenden Satzes IX formulieren wir

Satz XIV. Sind A und B irgend zwei Elemente aus $\mathfrak{K}$, und ist A ungleich 0,[1] so gibt es in $\mathfrak{K}$ stets ein Element $X = \frac{1}{A} \cdot B$, das die Gleichung $A \cdot X = B$ und ein Element $Y = B \cdot \frac{1}{A}$, das die Gleichung $Y \cdot A = B$ befriedigt. Die zwei Gleichungen haben keine zu den zwei angegebenen Lösungen ungleichen Elemente von $\mathfrak{K}$ zu Lösungen. Da nach Postulat C) die Multiplikation für die Elemente von $\mathfrak{K}$ kommutativ ist, so wird $\frac{1}{A} \cdot B = B \cdot \frac{1}{A}$ und beide Gleichungen haben nur gleiche Lösungen.

---

[1] $B = 0$ braucht nicht ausgeschlossen zu werden, da die Gleichung $A \cdot X = 0$ nach Satz VI und VIII dieses Paragraphen, falls $A \neq 0$ ist, keine zu $X = \frac{1}{A} \cdot 0 = 0$ ungleiche Lösung besitzt.

In unserem Körper $\mathfrak{K}$ kann man aus der Multiplikation noch eine weitere Verknüpfung der Elemente des Systems herleiten, die wir Division nennen. Sind A und B irgend zwei Elemente des Körpers $\mathfrak{K}$ und ist A ungleich dem Element 0, so existiert zu A ein reziprokes Element $\frac{1}{A}$, das ebenfalls dem Körper $\mathfrak{K}$ angehört, wie Satz XI besagt. Mithin ist nach Postulat M_1) auch $\frac{1}{A}\cdot B$ ein Element aus $\mathfrak{K}$; dieses ist nach Postulat C) gleich $B\cdot\frac{1}{A}$. Wir haben daher das Resultat: Aus irgend zwei Elementen A und B aus $\mathfrak{K}$ geht, wenn A ungleich 0 ist, stets ein neues, ebenfalls $\mathfrak{K}$ angehöriges Element $B\cdot\frac{1}{A}=\frac{1}{A}\cdot B$ hervor. Das Element $B\cdot\frac{1}{A}=\frac{1}{A}\cdot B$ bezeichnet man mit $\frac{B}{A}$ und nennt $\frac{B}{A}$ den Quotienten von B und A; B heißt der Dividendus, A der Divisor. $\frac{B}{A}$ bilden, heißt dividieren.

Die Division läßt sich demnach stets auf die Multiplikation zurückführen.

Den Satz XIV kann man jetzt in folgender Form aussprechen:

Satz XIV′. Sind A und B Elemente aus $\mathfrak{K}$ und ist A ungleich 0, so ist $A\cdot\frac{B}{A}=\frac{B}{A}\cdot A=B$, und es gibt in $\mathfrak{K}$ kein zu $\frac{B}{A}$ ungleiches Element, das die Gleichung $A\cdot X=B$ oder die Gleichung $Y\cdot A=B$ befriedigt.

Für die Division wollen wir nur noch folgenden Satz beweisen:

Satz XV. Sind A, B, C, D Elemente aus $\mathfrak{K}$ und B, C, D ungleich 0, so ist der Quotient der zwei Elemente $\frac{A}{B}$ und $\frac{C}{D}$ aus $\mathfrak{K}$, nämlich $\frac{\frac{A}{B}}{\frac{C}{D}}$, gleich dem Element $\frac{A\cdot D}{B\cdot C}$ aus $\mathfrak{K}$.

Nach der Definition der Division ist

$$\frac{\frac{A}{B}}{\frac{C}{D}}=\frac{A}{B}\cdot\frac{1}{\frac{C}{D}}=A\cdot\frac{1}{B}\cdot\frac{1}{\frac{C}{D}}.$$

Das reziproke Element von $\frac{C}{D}=C\cdot\frac{1}{D}$ ist nach Satz IV des vorigen Paragraphen und Satz XI dieses Paragraphen gleich $D\cdot\frac{1}{C}$. Daher wird

$$\frac{\frac{A}{B}}{\frac{C}{D}}=A\cdot\frac{1}{B}\cdot D\cdot\frac{1}{C}$$

oder nach dem für die Multiplikation gültigen kommutativen Postulat C) gleich $A\cdot D\cdot\frac{1}{B}\cdot\frac{1}{C}$ oder nach Satz XII gleich $A\cdot D\cdot\frac{1}{B\cdot C}$ oder nach der für den Quotienten gegebenen Definition gleich $\frac{A\cdot D}{B\cdot C}$.

Während wir bei der Multiplikation der Elemente von $\mathfrak{K}$ das kommutative Gesetz als Postulat C) vorausgesetzt haben, geschah dies für die additive Verknüpfung der Elemente von $\mathfrak{K}$ nicht. Wir beweisen nunmehr folgenden

Fundamentalsatz: Erfüllen die Elemente von $\mathfrak{K}$ die 10 Postulate A_1) bis A_4), M_1) bis M_4), C) und D), so ist die Addition kommutativ, d. h. für irgend zwei Elemente A und B aus $\mathfrak{K}$ ist stets $A + B = B + A$.

Aus dem distributiven Postulat D) folgt:

$$(A + B) \cdot (1 + 1) = (A + B) \cdot 1 + (A + B) \cdot 1$$

oder nach Postulat M_3) gleich $(A + B) + (A + B)$ oder nach Postulat A_2) gleich $A + [B + (A + B)]$.

Ferner wird $(A + B) \cdot (1 + 1)$ nach dem kommutativen Postulat C) für die Multiplikation und dem Postulat D) über ihren distributiven Charakter gleich $A \cdot (1 + 1) + B \cdot (1 + 1)$ oder nach Postulat D) gleich $(A \cdot 1 + A \cdot 1) + (B \cdot 1 + B \cdot 1)$ oder auf Grund von M_3) gleich $(A + A) + (B + B)$ oder nach A_2) gleich $A + [A + (B + B)]$. Aus den erhaltenen Gleichungen

$$(A + B) \cdot (1 + 1) = A + [B + (A + B)] \text{ und } (A + B) \cdot (1 + 1) = A + [A + (B + B)]$$

folgt $A + [B + (A + B)] = A + [A + (B + B)]$. Hieraus ergibt sich nach Satz IV: $B + (A + B) = A + (B + B)$ oder nach dem Postulat A_2) über den assoziativen Charakter der Addition: $(B + A) + B = (A + B) + B$ oder nach Satz IV: $B + A = A + B$, wie wir beweisen wollten.

Das kommutative Gesetz der Addition ist also eine logische Folge der übrigen Postulate. Die Elemente eines jeden Körpers $\mathfrak{K}$ bilden in bezug auf die Addition eine kommutative Gruppe, wie es in bezug auf die Multiplikation bei Ausscheidung des Elementes 0 stattfindet.

Da die Elemente jedes Körpers in bezug auf die Addition, wie soeben bewiesen, eine kommutative Gruppe bilden, so läßt sich der Satz VIII' des vorigen Paragraphen auf Seite 32 auf die additive Verknüpfung der Körperelemente übertragen und ergibt alsdann: Sind $A_1, A_2, \ldots, A_{\nu+1}$ beliebige $\nu + 1$ Elemente aus $\mathfrak{K}$, so kann man $A_1 + A_2 + \ldots + A_{\nu+1}$ bilden und braucht keine Klammern zu schreiben, da das Resultat der Summation nicht davon abhängt, wie je zwei Elemente in dem zu bildenden Ausdruck durch Addition verknüpft werden; man kann die Elemente $A_1, A_2, \ldots, A_{\nu+1}$ auch in beliebiger Reihenfolge anordnen.

Weil die Elemente von $\mathfrak{K}$ bei Ausschluß des Elementes 0 und der ihm gleichen Elemente in bezug auf die Multiplikation eine kommutative Gruppe bilden, so kann man Satz VIII' auch auf die multiplikative Verknüpfung der Körperelemente übertragen und hat: Sind $A_1, A_2, \ldots, A_{\nu+1}$ beliebige $\nu + 1$ Elemente[1] aus $\mathfrak{K}$, so kann man das Produkt $A_1 \cdot A_2 \ldots \cdot A_{\nu+1}$

[1] Für die Formulierung des obigen Satzes braucht man das Element 0 und ihm gleiche nicht auszuschließen; denn ein Produkt, welches das Element 0 oder ihm gleiche als Faktor enthält, ergibt, in welcher Reihenfolge auch immer die Auswertung vorgenommen wird, nach Satz VI stets das Resultat 0.

bilden und braucht keine Klammern zu schreiben, da das Resultat der Produktbildung nicht davon abhängt, wie je zwei Elemente in dem zu bildenden Ausdruck durch Multiplikation verknüpft werden; man kann die Elemente $A_1, A_2, \ldots, A_{\nu+1}$ auch in beliebiger Reihenfolge anordnen.

§ 8.

Die Multiplikation der ganzen negativen Zahlen.

Die Gesamtheit der ganzen Zahlen bildete bei Verknüpfung durch die gewöhnliche Addition eine Gruppe, die den Postulaten A_1) bis A_4) genügte. Das neutrale Element 0 der Gruppe war hierbei die Zahl 0. War a irgend eine ganze Zahl, so existierte (vgl. S. 14) eine zugehörige ganze Zahl a', so daß $a + a' = 0$ war. Diese zu a zugehörige entgegengesetzte Zahl a' werden wir analog Satz II des § 7 auf Seite 34 in Zukunft mit $-a$ bezeichnen. Es ist $a + (-a) = 0$ und $-(-a) = a$. In § 3 haben wir im besonderen auf Seite 15 bewiesen, daß, wenn k eine ganze positive Zahl ist, die ganze Zahl $\overleftarrow{k}$ mit ihr durch die Gleichung $k + \overleftarrow{k} = 0$ verbunden ist. Die früher mit $\overleftarrow{k}$ bezeichnete Zahl ist nunmehr mit $-k$ zu bezeichnen, und dies soll im folgenden geschehen. Sind a und b irgend zwei ganze Zahlen, so werden wir analog der auf Seite 35 für die Subtraktion eingeführten Bezeichnung unter $a - b$ die Zahl $a + (-b)$ verstehen.

Die gewöhnliche Multiplikation mit ganzen negativen Zahlen und mit 0 war bisher noch nicht definiert. Auf die Art, wie wir die Multiplikation bei ganzen negativen Zahlen und 0 definieren sollen, werden wir durch das sogenannte Prinzip der Permanenz geführt; es besteht darin, die alten Regeln auch möglichst unter allgemeineren Bedingungen beizubehalten. Diejenige Operation, die wir bei den ganzen positiven Zahlen als Multiplikation bezeichneten, führte nicht aus dem Gebiet der ganzen Zahlen heraus; ferner galt für sie, wie im § 4 bewiesen wurde, das distributive Gesetz und das kommutative Gesetz. Um das dargelegte Prinzip der Permanenz zur Geltung zu bringen, suchen wir das System aller ganzen Zahlen zu einem zweifach verknüpfbaren System zu machen, das außer den Postulaten A_1) bis A_4) des vorigen Paragraphen, die es schon befriedigt, noch den Postulaten M_1), D) und C) des vorigen Paragraphen genügt. Soll dies der Fall sein, so muß das System aller ganzen Zahlen auch die aus den 7 Postulaten folgenden Lehrsätze erfüllen; es müssen also im besonderen auch die Sätze VI und VII auf Seite 36, zu deren Beweis nur diese 7 Postulate verwendet wurden, zutreffen. Um dies zu erreichen, definieren wir:

Das Produkt irgend einer ganzen positiven oder negativen Zahl a in 0 soll die Bedeutung $a \cdot 0 = 0 \cdot a = 0$ haben, das Produkt einer ganzen positiven Zahl a in eine ganze negative Zahl $-b$ soll die Bedeutung $a \cdot (-b) = (-b) \cdot a = -(ab)$ haben, das Produkt zweier ganzer negativer Zahlen $-a$ und $-b$ soll die Bedeutung $(-a) \cdot (-b) = ab$ haben.

Würde man für die Produktbildung irgend eine von der obigen Definition verschiedene wählen, so würden die ganzen Zahlen kein verknüpfbares System bilden, für das sämtliche Postulate A_1) bis A_4), M_1), D) und C) erfüllt sein können. Die Gleichungen, durch welche wir die Multiplikation der ganzen negativen Zahlen definierten, sind „arbiträre Konventionen zugunsten der Erhaltung des Formalismus im Kalkül" (H. HANKEL, Theorie der komplexen Zahlensysteme, Leipzig 1867, S. 41).

Wir haben noch zu zeigen, daß, wenn die Multiplikation mit ganzen negativen Zahlen und 0 auf die obige Weise definiert wird, die Postulate M_1), D) und C) wirklich erfüllt werden. Sind a und b zwei ganze positive Zahlen, so ist $a \cdot b$ eine ganze positive und $-(a \cdot b)$ eine ganze negative Zahl; ferner ist $a \cdot 0 = 0 \cdot a = 0$. Die Produktbildung führt also bei ganzen Zahlen, wenn sie auf die obige Weise definiert wird, nicht aus dem Gebiet der ganzen Zahlen heraus. Es ist also Postulat M_1) erfüllt.

Sind a und b ganze positive Zahlen, so bestehen die Gleichungen: $ab = ba$, wie im § 4 bewiesen wurde, $a \cdot 0 = 0 \cdot a$ nach Definition, $a(-b) = (-b)a$ ebenfalls nach Definition. Ferner ist nach Definition $(-a)(-b) = ab$ und $(-b)(-a) = ba$; da für positive Zahlen, wie bewiesen, $ab = ba$ ist, so folgt $(-a)(-b) = (-b)(-a)$. Mithin ist auch das kommutative Gesetz C) erfüllt.

Einen besonderen Beweis erfordert das distributive Gesetz D). Wir wollen zeigen, daß, wenn a, b, c irgend welche ganze Zahlen bedeuten, auf Grund der gegebenen Definitionen stets $a(b + c) = ab + ac$ ist.

Im § 4 ist dieses Resultat bereits bewiesen, wenn a, b, c sämtlich positiv sind.

Wir betrachten nun den Fall, daß a und b ganze positive Zahlen sind, c eine ganze negative Zahl $-\gamma$ ist, wobei γ also eine ganze positive Zahl ist. Es sind zwei Unterfälle zu unterscheiden, je nachdem $b + (-\gamma) = b - \gamma$ eine ganze positive oder negative Zahl ist. (Der Fall $b - \gamma = 0$ erledigt sich leicht und mag dem Leser überlassen bleiben.)

Ist $b - \gamma$ eine ganze positive Zahl, so erhalten wir, da $a, b - \gamma$ und γ ganze positive Zahlen sind, nach dem für ganze positive Zahlen bereits als gültig erwiesenen distributiven Gesetz:

$$a(b-\gamma) + a\gamma = a[(b-\gamma) + \gamma]$$
$$= ab, \text{ weil } (b-\gamma) + \gamma = b \text{ (vgl. Satz V' auf Seite 35, bei dem nur die Postulate } A_1) \text{ bis } A_4) \text{ verwendet wurden, die für ganze Zahlen nach § 3 zutreffen),}$$
$$= (ab - a\gamma) + a\gamma \text{ ebenfalls nach Satz V'.}$$

Aus der Gleichung $a(b-\gamma) + a\gamma = (ab - a\gamma) + a\gamma$ folgt nach Satz IV auf Seite 35, zu dessen Beweis nur die auch von den ganzen Zahlen erfüllten Postulate A_1) bis A_4) verwendet wurden, daß $a(b-\gamma) = ab - a\gamma = ab + (-a\gamma)$. Nach Definition der Multiplikation ist $-a\gamma = a(-\gamma)$. Mithin wird $a(b-\gamma) = ab + a(-\gamma)$ oder unter Beachtung der Definition der Subtraktion $a[b + (-\gamma)] = ab + a(-\gamma)$. Hiermit ist dieser Fall völlig erledigt.

Ist $b - \gamma$ eine ganze negative Zahl, so ist die entgegengesetzte Zahl $-(b-\gamma) = \gamma - b$ (vgl. Satz III' des § 7 auf Seite 35); diese ist positiv. Dann wird $a(b-\gamma) = a[-(\gamma - b)] = -[a(\gamma - b)]$ nach der Definition, wie eine positive Zahl a mit einer negativen $-(\gamma - b)$ zu multiplizieren ist. Wie bereits oben bewiesen, ist $a(\gamma - b)$, da $\gamma - b$ positiv ist, gleich $a\gamma - ab$; daher wird $a(b-\gamma) = -(a\gamma - ab)$ oder unter Beachtung der Definition der Subtraktion $a[b + (-\gamma)] = -(a\gamma - ab)$.

Die entgegengesetzte Zahl zu $a\gamma - ab$ ist gleich $ab - a\gamma = ab + (-a\gamma)$

oder gleich $ab + a(-\gamma)$, da nach Definition $a(-\gamma) = -a\gamma$. Mithin wird $a[b + (-\gamma)] = ab + a(-\gamma)$, womit der zweite Fall erledigt ist.

In ähnlicher Weise erledigen sich auch die anderen für a, b, c möglichen Vorzeichenkombinationen oder lassen sich auf die schon untersuchten Fälle zurückführen. Sollten a, b oder c Null sein, so hat man die Relationen $a + 0 = 0 + a = a$, $a \cdot 0 = 0 \cdot a = 0$ zu verwenden. Auf diese Weise läßt sich das distributive Gesetz für irgend welche ganze Zahlen beweisen.

Die ganzen Zahlen bilden also ein durch zwei Operationen, Addition und Multiplikation, verknüpfbares System, das die Postulate A_1) bis A_4), M_1), D) und C) erfüllt. Sind a, b, c irgend drei ganze Zahlen, so ist für sie auch $a \cdot (b \cdot c) = (a \cdot b) \cdot c$, d. h. sie genügen auch dem assoziativen Gesetz M_2) der Multiplikation. Für positive Zahlen haben wir das Gesetz bereits auf S. 18 bewiesen; für negative Zahlen läßt es sich aus den Definitionsgleichungen für die Multiplikation, indem man die einzelnen Vorzeichenmöglichkeiten betrachtet, ableiten.

Für eine ganze positive Zahl a war nach Definition $a \cdot 1 = a$, für eine ganze negative Zahl $-a$ ist nach Definition $(-a) \cdot 1 = -(a \cdot 1) = -a$; schließlich ist $0 \cdot 1$ nach Definition gleich 0. Mithin ist für jede ganze Zahl a stets $a \cdot 1 = a$, d. h. die Zahl 1 ist neutrales Element der Multiplikation.

Die ganzen Zahlen erfüllen demnach bei Verknüpfung durch gewöhnliche Addition und Multiplikation die 9 Postulate A_1) bis A_4), M_1) bis M_3), C) und D); sie bilden aber keinen Körper, da sie das Postulat M_4) nicht befriedigen.

Obgleich die ganzen Zahlen keinen Körper bilden, so gelten auch für sie die Sätze VIII und XIII des vorigen Paragraphen, die wir im folgenden benötigen.

Das Produkt zweier ganzer positiver Zahlen ergibt nach § 4 wieder eine ganze positive Zahl; die oben für das Rechnen mit ganzen negativen Zahlen gegebenen Definitionen $a(-b) = (-b)a = -(ab)$ und $(-a)(-b) = ab$ besagen demnach: das Produkt einer ganzen positiven Zahl und einer ganzen negativen Zahl ist eine ganze negative Zahl, und das Produkt zweier ganzer negativer Zahlen ist eine ganze positive Zahl. Hieraus folgt: Das Produkt $a \cdot b$ zweier ganzer Zahlen ist dann und nur dann gleich 0, wenn entweder $a = 0$ oder $b = 0$ ist.

Satz XIII des § 7 überträgt sich auf folgende Weise für ganze Zahlen: Sind a, b und b_1 irgend drei ganze Zahlen und ist $a \neq 0$, so folgt sowohl aus $ab = ab_1$ als aus $ba = b_1 a$, daß $b = b_1$ ist.

Aus $ab = ab_1$ folgt nämlich durch Addition von $-ab_1 = -ab_1$ und Anwendung des distributiven Gesetzes $a(b - b_1) = 0$ und mithin, da $a \neq 0$ ist, nach dem voraufgehenden Satze $b - b_1 = 0$, d. h. $b = b_1$. Daß $ba = b_1 a$ das nämliche Resultat $b = b_1$ ergibt, folgt alsdann aus dem kommutativen Postulat C).

§ 9.

Der Körper der rationalen Zahlen.

Wir haben im § 7 zwar einen Körper definiert, bisher aber noch keinen solchen kennen gelernt. Die ganzen Zahlen bilden keinen solchen; wir wollen aus ihnen einen solchen herstellen, ähnlich wie man einen zu kleinen Gesellschaftskreis durch Aufnahme neuer Mitglieder vergrößert, die die alten nicht verdrängen dürfen und sich den bei den alten Mitgliedern gültigen Gesetzen fügen müssen.

Es seien a_1 und a_2 irgend zwei ganze positive oder negative Zahlen; a_1 kann auch 0 sein, wohingegen für a_2 der Wert 0 ausgeschlossen bleibt. Wir betrachten dann alle Paare von Zahlen (a_1, a_2); damit der Leser mit den Symbolen nicht bekannte Vorstellungen verbindet, haben wir zunächst diese Bezeichnung gewählt. Wir nennen a_1 die erste Komponente, a_2 die zweite Komponente des Zahlenpaares (a_1, a_2). Die Gesamtheit aller solchen Zahlenpaare (a_1, a_2) bezeichnen wir als das System R (Anfangsbuchstabe von rational), während wir die Gesamtheit aller ganzen positiven und negativen Zahlen einschließlich 0 mit J (Anfangsbuchstabe von integer) bezeichnen.

Die Symbole (a_1, a_2) aus R haben bisher noch keine Eigenschaften; wir wollen ein solches Symbol mit einem einzigen Buchstaben $A = (a_1, a_2)$ bezeichnen und wie einen durch seine erste und zweite Komponente definierten Einzelbegriff betrachten.

Wir setzen fest: $A = (a_1, a_2)$ soll als eine Zahl aus J, d. h. als eine ganze Zahl, angesehen werden, wenn eine ganze Zahl α existiert, so daß die Gleichung $\alpha a_2 = a_1$ zwischen ganzen Zahlen stattfindet. In diesem Fall bezeichnen wir A mit α und verstehen unter A die eben definierte ganze Zahl α aus J. Da das Zahlenpaar $(a_1, 1)$ nach der gegebenen Definition gleich der ganzen Zahl a_1 ist, so kann jede Zahl aus J als ein R angehöriges Zahlenpaar geschrieben werden. Da nicht jedes Symbol aus R, z. B. $(7, 4)$, eine Zahl aus J ist, so sind die Zahlenpaare von R eine Verallgemeinerung der ganzen Zahlen.

Wir betrachten zunächst zwei besondere Zahlenpaare (a_1, a_2) und (b_1, b_2), die Zahlen aus dem System J sein sollen, d. h. für die zwei ganze Zahlen α und β existieren sollen, die den Gleichungen:

(1) $$\alpha a_2 = a_1$$

und

(2) $$\beta b_2 = b_1$$

genügen. Dann ergibt sich:

(1') $$\alpha a_2 b_2 = a_1 b_2,$$

(2') $$\beta a_2 b_2 = a_2 b_1.$$

Aus (1') und (2') folgt: Ist $\alpha = \beta$, so ist $a_1 b_2 = a_2 b_1$.

Ist umgekehrt $a_1 b_2 = a_2 b_1$, so ergibt sich aus (1') und (2') $\alpha a_2 b_2 = \beta a_2 b_2$. Da für a_2 und b_2 der Wert Null ausgeschlossen ist, so ist das Produkt $a_2 \cdot b_2 \neq 0$, mithin folgt, wie am Schluß von § 8 gezeigt ist, aus $\alpha \cdot (a_2 \cdot b_2) = \beta \cdot (a_2 \cdot b_2)$ die Gleichheit $\alpha = \beta$.

Wir haben daher

Satz I. Sind $\alpha = (a_1, a_2)$ und $\beta = (b_1, b_2)$ zwei spezielle Zahlenpaare, die gleich den ganzen Zahlen α und β aus J sind, so sind α und β dann und nur dann gleich, wenn die Gleichung $a_1 b_2 = a_2 b_1$ zwischen ganzen Zahlen stattfindet.

Aus (1') und (2') folgt $(\alpha + \beta) \cdot a_2 b_2 = a_1 b_2 + a_2 b_1$; mithin ist das Zahlenpaar $(a_1 b_2 + a_2 b_1, a_2 b_2)$ gleich der Zahl $\alpha + \beta$ aus J. Wir haben daher

Satz II. Sind $\alpha = (a_1, a_2)$ und $\beta = (b_1, b_2)$ zwei spezielle Zahlenpaare, die gleich den ganzen Zahlen α und β aus J sind, so ist ihre Summe $\alpha + \beta$ gleich dem Zahlenpaar $(a_1 b_2 + a_2 b_1, a_2 b_2)$.

Die Multiplikation der Gleichungen (1) und (2) ergibt: $\alpha\beta \cdot a_2 b_2 = a_1 b_1$; mithin ist das Zahlenpaar $(a_1 b_1, a_2 b_2)$ gleich der Zahl $\alpha\beta$ aus J. Wir haben daher

Satz III. Sind $\alpha = (a_1, a_2)$ und $\beta = (b_1, b_2)$ zwei spezielle Zahlenpaare, die gleich den ganzen Zahlen α und β aus J sind, so ist ihr Produkt $\alpha \cdot \beta$ gleich dem Zahlenpaar $(a_1 b_1, a_2 b_2)$.

Für die Zahlenpaare (a_1, a_2) aus R, die nicht Zahlen aus J sind, bedarf es, da wir neue Symbole haben, noch besonderer Festsetzungen, was bei ihnen unter den Begriffen „Gleichheit", „Addition" und „Multiplikation" verstanden werden soll.

Die Sätze I, II und III veranlassen uns zu folgenden Definitionen, die ihren Grund im Prinzip der Permanenz haben und deshalb die unter speziellen Umständen gültigen Regeln auch möglichst unter allgemeineren Bedingungen beizubehalten suchen.

Definition I. Sind a_1, a_2, b_1, b_2 beliebige ganze positive oder negative Zahlen (a_1 und b_1 können auch 0 sein), so soll das Zahlenpaar (a_1, a_2) gleich dem Zahlenpaar (b_1, b_2) heißen, geschrieben $(a_1, a_2) = (b_1, b_2)$, wenn die Gleichheit zwischen ganzen Zahlen $a_1 b_2 = a_2 b_1$ stattfindet; ist hingegen $a_1 b_2 \neq a_2 b_1$, so soll das Zahlenpaar (a_1, a_2) als dem Zahlenpaar (b_1, b_2) ungleich gelten, bezeichnet $(a_1, a_2) \neq (b_1, b_2)$.

Definition II. Sind (a_1, a_2) und (b_1, b_2) zwei beliebige Zahlenpaare, so soll unter ihrer Summe $(a_1, a_2) + (b_1, b_2)$ das Zahlenpaar $(a_1 b_2 + a_2 b_1, a_2 b_2)$ verstanden werden.

Definition III. Sind (a_1, a_2) und (b_1, b_2) zwei beliebige Zahlenpaare, so soll unter ihrem Produkt $(a_1, a_2) \cdot (b_1, b_2)$ das Zahlenpaar $(a_1 b_1, a_2 b_2)$ verstanden werden.

Die Definitionen I bis III führen die Vergleichung und das Addieren und Multiplizieren von Zahlenpaaren auf das bereits bekannte Rechnen mit ganzen Zahlen zurück.

Zunächst ist zu zeigen, daß die in Definition I aufgestellte Vorschrift für die Gleichheit von Zahlenpaaren den an jede Gleichheitsdefinition zu stellenden Postulaten auf Seite 25 bzw. auf Seite 33 genügt und daher eine wirklich legitime Definition für die Gleichheit ist.

Hat man zwei Zahlenpaare (a_1, a_2) und (b_1, b_2), so ist entweder $a_1 b_2 = a_2 b_1$ oder $a_1 b_2 \neq a_2 b_1$; demnach sind die zwei Zahlenpaare in sich gegenseitig ausschließender Weise entweder gleich oder ungleich; die Definition I der Gleichheit für Zahlenpaare ist also eine determinierte.

Unsere Definition I ist auch so beschaffen, daß jedes Zahlenpaar sich selbst gleich ist; denn die für die Gleichheit $(a_1, a_2) = (a_1, a_2)$ nach Definition I erforderliche Gleichheit $a_1 a_2 = a_2 a_1$ ist infolge des für die Multiplikation ganzer Zahlen gültigen kommutativen Gesetzes erfüllt.

Wenn $(a_1, a_2) = (b_1, b_2)$, so ist auch $(b_1, b_2) = (a_1, a_2)$. Die für die Gleichheit $(a_1, a_2) = (b_1, b_2)$ nach Definition stattfindende Gleichung $a_1 b_2 = a_2 b_1$ kann nämlich infolge der für ganze Zahlen bereits als gültig bekannten Sätze auch in der Form $b_1 a_2 = b_2 a_1$ geschrieben werden, und diese Relation besagt nach Definition I, daß die Zahlenpaare (b_1, b_2) und (a_1, a_2) gleich sind.

Um die Transitivität der für die Zahlenpaare definierten Gleichheit zu beweisen, betrachten wir drei Zahlenpaare (a_1, a_2), (b_1, b_2) und (c_1, c_2); für diese sei $(a_1, a_2) = (b_1, b_2)$, $(b_1, b_2) = (c_1, c_2)$, d. h. es bestehen nach Definition I die Gleichungen $a_1 b_2 = a_2 b_1$, $b_1 c_2 = b_2 c_1$. Die Multiplikation von $a_1 b_2 = a_2 b_1$ mit c_2 ergibt $a_1 b_2 c_2 = a_2 b_1 c_2$ oder $a_1 c_2 b_2 = a_2 c_1 b_2$. Diese Gleichung kann, da für b_2 der Wert 0 ausgeschlossen ist, wie am Schluß von § 8 gezeigt ist, nur bestehen, wenn $a_1 c_2 = a_2 c_1$; die letzte Relation besagt aber nach Definition I: $(a_1, a_2) = (c_1, c_2)$.

Nachdem wir gezeigt haben, daß die Definition I die Gleichheit tatsächlich als determinierte, reflexive, symmetrische und transitive Relation definiert, ist noch zu zeigen, daß gleiche Zahlenpaare sich sowohl bei der durch die Definition II festgelegten Addition als auch bei der durch die Definition III eingeführten Multiplikation ersetzen können. Sei $(a_1, a_2) = (a_1', a_2')$ und $(b_1, b_2) = (b_1', b_2')$; dann wollen wir zunächst zeigen, daß $(a_1, a_2) + (b_1, b_2) = (a_1', a_2') + (b_1', b_2')$ ist. Nach der Definition II für die Addition ist

(3) $$(a_1, a_2) + (b_1, b_2) = (a_1 b_2 + a_2 b_1, a_2 b_2),$$

(4) $$(a_1', a_2') + (b_1', b_2') = (a_1' b_2' + a_2' b_1', a_2' b_2').$$

Nun ist

$$(a_1 b_2 + a_2 b_1) \cdot a_2' b_2' = a_1 a_2' \cdot b_2 b_2' + a_2 a_2' \cdot b_1 b_2' = a_2 a_1' \cdot b_2 b_2' + a_2 a_2' \cdot b_2 b_1';$$

denn wegen $(a_1, a_2) = (a_1', a_2')$ und $(b_1, b_2) = (b_1', b_2')$ ist nach Definition I $a_1 a_2' = a_2 a_1'$ und $b_1 b_2' = b_2 b_1'$. Da $a_2 a_1' b_2 b_2' + a_2 a_2' b_2 b_1' = a_2 b_2 (a_1' b_2' + a_2' b_1')$ ist, so hat man schließlich $(a_1 b_2 + a_2 b_1) a_2' b_2' = a_2 b_2 (a_1' b_2' + a_2' b_1')$; diese Relation besagt aber nach Definition I, daß die zwei Zahlenpaare $(a_1 b_2 + a_2 b_1, a_2 b_2)$ und $(a_1' b_2' + a_2' b_1', a_2' b_2')$ gleich sind. Da die Gleichheit bereits als symmetrische und transitive Relation erwiesen ist, so folgt die Gleichheit der linken Seiten der Gleichungen (3) und (4), womit das gewünschte Resultat erzielt ist.

Auf ähnliche Art beweist man, daß aus $(a_1, a_2) = (a_1', a_2')$ und $(b_1, b_2) = (b_1', b_2')$ folgt: $(a_1, a_2) \cdot (b_1, b_2) = (a_1', a_2') \cdot (b_1', b_2')$.

Die durch Definition I eingeführte Vorschrift für die Gleichheit erfüllt also alle an die Gleichheit zu stellenden Postulate und ist daher eine legitime Definition für Gleichheit.

Wir beweisen nunmehr, daß die durch Definition II eingeführte Addition den Postulaten A_1) bis A_4) auf Seite 34 genügt.

Die Summe zweier Zahlenpaare ist nach Definition wieder ein Zahlenpaar; die Addition führt also nicht aus dem System R heraus; mithin ist A_1) erfüllt.

Die Addition der Zahlenpaare erfüllt das assoziative Gesetz A_2). Sind (a_1, a_2), (b_1, b_2) und (c_1, c_2) drei Zahlenpaare, so ist nach der gegebenen Definition II:

$$[(a_1, a_2) + (b_1, b_2)] + (c_1, c_2) = (a_1 b_2 + a_2 b_1, a_2 b_2) + (c_1, c_2)$$
$$= ((a_1 b_2 + a_2 b_1) \cdot c_2 + a_2 b_2 \cdot c_1, a_2 b_2 c_2) = (a_1 b_2 c_2 + a_2 b_1 c_2 + a_2 b_2 c_1, a_2 b_2 c_2).$$

Der gleiche Wert ergibt sich für:

$$(a_1, a_2) + [(b_1, b_2) + (c_1, c_2)];$$

daher wird:

$$(a_1, a_2) + [(b_1, b_2) + (c_1, c_2)] = [(a_1, a_2) + (b_1, b_2)] + (c_1, c_2),$$

und mithin ist A_2) erfüllt.

Das Zahlenpaar (0, 1) und jedes ihm gleiche ist für die Addition der Elemente des Systems R neutrales Element; denn es ist nach Definition II

$$(a_1, a_2) + (0, 1) = (a_1 \cdot 1 + a_2 \cdot 0, a_2 \cdot 1) = (a_1, a_2).$$

Mithin ist auch A_3) erfüllt.

Ist (a_1, a_2) irgend ein Zahlenpaar aus R, so ist auch $(-a_1, a_2)$ ein R angehöriges Element. Nach Definition II ist

$$(a_1, a_2) + (-a_1, a_2) = (a_1 a_2 - a_2 a_1, a_2 a_2) = (0, a_2 a_2)$$

oder nach Definition I gleich (0, 1). Die erhaltene Gleichung $(a_1, a_2) + (-a_1, a_2) = (0, 1)$ zeigt, daß auch Postulat A_4) erfüllt ist. Das entgegengesetzte Element von (a_1, a_2) soll in Übereinstimmung mit Satz II auf Seite 34 durch $-(a_1, a_2)$ bezeichnet werden; die zuletzt erhaltene Gleichung

$$(a_1, a_2) + (-a_1, a_2) = 0 \text{ lehrt, daß } -(a_1, a_2) = (-a_1, a_2).$$

Wir beweisen nunmehr, daß die durch Definition III für die Zahlenpaare eingeführte Multiplikation den Postulaten M_1) bis M_4), C) und D) auf Seite 35 und 36 genügt.

Nach dieser Definition führt die Multiplikation nicht aus dem System R heraus; daher ist M_1) erfüllt.

Nach der nämlichen Definition III für die Multiplikation ist:

$$(a_1, a_2) \cdot [(b_1, b_2) \cdot (c_1, c_2)] = (a_1, a_2) \cdot (b_1 c_1, b_2 c_2) = (a_1 b_1 c_1, a_2 b_2 c_2).$$

Für $[(a_1, a_2) \cdot (b_1, b_2)] \cdot (c_1, c_2)$ findet man den gleichen Wert. Mithin ist das Postulat M_2) über den assoziativen Charakter erfüllt.

Da $(a_1, a_2) \cdot (1, 1) = (a_1 \cdot 1, a_2 \cdot 1) = (a_1, a_2)$, so besitzt das System R in (1, 1) ein für die Multiplikation neutrales Element; also trifft auch Postulat M_3) für das System R zu.

Ist (a_1, a_2) irgend ein zu (0, 1) ungleiches Zahlenpaar, so muß a_1 infolge der für die Gleichheit gegebenen Definition I von 0 verschieden sein. Alsdann hat (a_2, a_1) eine von 0 verschiedene zweite Komponente und ist mithin ein Zahlenpaar aus R. Nach Definition III ist $(a_1, a_2) \cdot (a_2, a_1) = (a_1 a_2, a_2 a_1)$ oder nach Definition I gleich (1, 1). Mithin ist auch M_4) erfüllt. Das reziproke Element von (a_1, a_2) soll in Übereinstimmung mit Satz XI auf S. 38 durch $\frac{1}{(a_1, a_2)}$ bezeichnet werden; die zuletzt gefundene Gleichung

$$(a_1, a_2) \cdot (a_2, a_1) = (1, 1) \text{ lehrt, daß } \frac{1}{(a_1, a_2)} = (a_2, a_1).$$

Sind (a_1, a_2) und (b_1, b_2) irgend zwei Zahlenpaare, so ist $(a_1, a_2) \cdot (b_1, b_2) = (a_1 b_1, a_2 b_2)$ und $(b_1, b_2) \cdot (a_1, a_2) = (b_1 a_1, b_2 a_2)$. Da aber die Multiplikation ganzer Zahlen dem kommutativen Gesetz gehorcht, so ist $a_1 b_1 = b_1 a_1$, $a_2 b_2 = b_2 a_2$ und folglich $(a_1, a_2) \cdot (b_1, b_2) = (b_1, b_2) \cdot (a_1, a_2)$, d. h. auch die Multiplikation der Zahlenpaare ist kommutativ, und Postulat C) ist erfüllt.

Wir beweisen schließlich noch, daß die Zahlenpaare aus R dem distributiven Postulat genügen, d. h. daß die Gleichung:

$$(a_1, a_2) \cdot [(b_1, b_2) + (c_1, c_2)] = (a_1, a_2) \cdot (b_1, b_2) + (a_1, a_2) \cdot (c_1, c_2)$$

stattfindet.

Nach Definition II ist:

$$(a_1, a_2)\cdot[(b_1, b_2) + (c_1, c_2)] = (a_1, a_2)\cdot(b_1 c_2 + b_2 c_1, b_2 c_2)$$

oder nach Definition III gleich

$$(a_1 (b_1 c_2 + b_2 c_1), a_2 b_2 c_2) = (a_1 b_1 c_2 + a_1 b_2 c_1, a_2 b_2 c_2).$$

Bildet man

$$(a_1, a_2)\cdot(b_1, b_2) + (a_1, a_2)\cdot(c_1, c_2),$$

so erhält man nach Definition III:

$$(a_1 b_1, a_2 b_2) + (a_1 c_1, a_2 c_2)$$

und nach Definition II:

$$(a_1 b_1 a_2 c_2 + a_2 b_2 a_1 c_1, a_2^2 b_2 c_2);$$

dieses Zahlenpaar ist aber nach Definition I oder dem sofort zu beweisenden Satz IV gleich $(a_1 b_1 c_2 + a_1 b_2 c_1, a_2 b_2 c_2)$. Mithin ist

$$(a_1, a_2)\cdot[(b_1, b_2) + (c_1, c_2)] = (a_1, a_2)\cdot(b_1, b_2) + (a_1, a_2)\cdot(c_1, c_2),$$

und das distributive Postulat D) ist für die Zahlenpaare aus R erfüllt.

In R haben wir ein zweifach verknüpfbares System kennen gelernt, dessen Elemente sich in gleiche und ungleiche einteilen lassen und das die sämtlichen 10 für einen Körper aufgestellten Postulate erfüllt.

Von den Zahlenpaaren des Systems R beweisen wir folgende Sätze:

Satz IV. Ein Zahlenpaar ändert seinen Wert nicht, wenn man seine beiden Komponenten mit der nämlichen von 0 verschiedenen ganzen Zahl multipliziert oder einen den beiden Komponenten gemeinsamen ganzzahligen, von 0 verschiedenen Faktor fortläßt.

Ist nämlich q eine beliebige von Null verschiedene ganze Zahl, so ist $(a_1, a_2) = (a_1 q, a_2 q)$; denn es ist die nach Definition I erforderliche Gleichung $a_1 \cdot a_2 q = a_2 \cdot a_1 q$ erfüllt. Z. B. $(3, 4) = (6, 8) = (-3, -4) = (-12, -16)$.

Aus Satz IV folgt: Man kann jedes Zahlenpaar (a_1, a_2) durch ein ihm gleiches ersetzen, bei dem die zweite Komponente positiv ist; hierzu ist höchstens eine Multiplikation der Komponenten mit -1 erforderlich.

Ein Zahlenpaar (r_1, r_2), bei dem r_2 eine ganze positive Zahl bedeutet und r_1 und r_2 außer 1 keinen gemeinsamen ganzzahligen positiven Faktor haben, heißt ein reduziertes oder irreduzibles Zahlenpaar. Jedes Zahlenpaar (a_1, a_2) kann in ein reduziertes verwandelt werden, indem man die gemeinsamen Faktoren von a_1 und a_2 beseitigt und, wenn erforderlich, um die zweite Komponente positiv zu machen, beide Komponenten mit -1 multipliziert.

Wir beweisen

Satz V: Jedes Zahlenpaar hat nur einen einzigen ihm gleichen reduzierten Repräsentanten.

Angenommen, es sei $(a_1, a_2) = (r_1, r_2)$ und $(a_1, a_2) = (t_1, t_2)$, wobei (r_1, r_2) und (t_1, t_2) zwei reduzierte Zahlenpaare vorstellen, so ist $(r_1, r_2) = (t_1, t_2)$ oder nach Definition I: $r_1 t_2 = r_2 t_1$. Hieraus folgt, daß $r_1 t_2$ durch r_2 teilbar ist. Für die Teilbarkeit ganzer Zahlen gilt folgender Satz, der sich mit unseren Hilfsmitteln beweisen läßt und auf dessen Beweis wir auch noch im Kapitel II, § 9 eingehen: Sind r_1 und r_2 teilerfremde ganze Zahlen, t_2 eine ganze Zahl und das Produkt $r_1 t_2$ durch r_2 teilbar, so muß t_2 durch r_2 teilbar sein. Mithin existiert eine ganze Zahl m, so daß $t_2 = r_2 m$; da r_2 und t_2 als zweite Komponenten reduzierter Zahlenpaare positiv sind, so muß auch m positiv sein. Setzt man $t_2 = r_2 m$ in $r_1 t_2 = r_2 t_1$, so folgt $r_1 r_2 m = r_2 t_1$ oder, da $r_2 \neq 0$ ist, wie im § 8 am Schluß gezeigt ist, $r_1 m = t_1$. Die Gleichungen $t_1 = r_1 m$ und $t_2 = r_2 m$ besagen, daß t_1 und t_2 den gemeinsamen Faktor m besitzen. Da (t_1, t_2) ein reduziertes Zahlenpaar ist, muß $m = 1$ sein. Hiermit ist Satz V bewiesen. Ähnlich zeigt man: Ist das Zahlenpaar (a_1, a_2) gleich dem reduzierten Zahlenpaar (r_1, r_2), so ist $a_1 = q r_1$, $a_2 = q r_2$, wobei q eine von 0 verschiedene ganze Zahl bedeutet.

Da das System R alle in § 7 für einen Körper aufgestellten Postulate erfüllt und demnach ein Körper ist, so kann man alle für einen Körper bewiesenen Sätze auf das System R übertragen.

Bilden wir nach der Definition III der Multiplikation $(a, 1) \cdot (b, a)$, so wird dieses Produkt gleich $(a b, a) = (b, 1)$ nach Satz IV. Die Gleichung $(a, 1) \cdot x = (b, 1)$ hat demnach die Lösung (b, a). Da R ein Körper ist, so hat nach Satz XIV′ auf Seite 40 die Gleichung $(a, 1) \cdot x = (b, 1)$ eine Lösung, die mit $\frac{(b, 1)}{(a, 1)}$ zu bezeichnen ist und der eine jede andere gleich sein muß. $(b, 1)$ ist auf Grund der zu Beginn des Paragraphen gemachten Festsetzung gleich der ganzen Zahl b, $(a, 1)$ gleich der ganzen Zahl a. Die Gleichung $(a, 1) \cdot x = (b, 1)$ läßt sich demnach als $a \cdot x = b$ und ihre Lösung $\frac{(b, 1)}{(a, 1)}$ als $\frac{b}{a}$ schreiben. Die Gleichung $a \cdot x = b$ wird nach dem Obigen durch (b, a) befriedigt; da alle ihre Lösungen gleich sein müssen, so ist (b, a) gleich $\frac{b}{a}$ zu setzen. In dem Gebiet R hat die Gleichung $a \cdot x = b$, wobei a und b ganze Zahlen $(a \neq 0)$ bedeuten, stets eine Lösung $x = (b, a)$ und keine zu dieser Lösung ungleiche. Wir bezeichnen von nun an das Zahlenpaar (b, a) mit $\frac{b}{a}$. Es ist

$$a \cdot \frac{b}{a} = \frac{b}{a} \cdot a = b.$$

Im besonderen ist, wenn a eine ganze Zahl $(a \neq 0)$ bedeutet:

$$a \cdot \frac{1}{a} = \frac{1}{a} \cdot a = 1;$$

da nun $a \cdot 1 = 1 \cdot a = a$, so ergibt sich: 1 wird aus der „Untereinheit“ $\frac{1}{a}$ ebenso gewonnen wie a aus 1.

Da jedes Zahlenpaar (a_1, a_2) eine Gleichung $a_2 x = a_1$ mit ganzzahligen Koeffizienten a_1, a_2 befriedigt, können wir, wie eben ausgeführt, das Zahlenpaar (a_1, a_2) mit $\frac{a_1}{a_2}$ bezeichnen. Wir sehen jetzt auch, warum für a_2 der Wert 0 ausgeschlossen wurde. Die $a_2 = 0$ entsprechende Gleichung $0 \cdot x = a_1$ würde nämlich für a_1 stets den Wert 0 bestimmen und könnte auch nur in dem Falle $a_1 = 0$, dann aber durch jede Zahl x, befriedigt werden. Wir nennen $\frac{a_1}{a_2} = (a_1, a_2)$ einen Bruch und zwar einen uneigentlichen oder eigentlichen, je nachdem er einer ganzen Zahl gleich oder ungleich ist. Die Gesamtheit der Symbole aus R bezeichnet man als das System der rationalen Zahlen. Das erweiterte System R hat gegen das System J der ganzen Zahlen den Vorzug, einen Körper zu bilden. In ihm läßt sich, was bei den ganzen Zahlen nicht zutrifft, auch die Multiplikation unbeschränkt umkehren, d. h. man kann dividieren. In dem Ausdruck $\frac{a_1}{a_2}$ heißt a_1 der Zähler, a_2 der Nenner des Bruches; für letzteren ist die Zahl 0 auszuschließen. Wir nennen in Zukunft $\frac{a_1}{a_2}$ auch eine Zahl. Hat man zwei Brüche $\frac{a_1}{a_2}$ und $\frac{b_1}{b_2}$, so nehmen in der nunmehr verwendeten üblichen Bezeichnung die Rechnungsregeln folgende Form an:

$$\frac{a_1}{a_2} = \frac{b_1}{b_2}, \quad \text{falls } a_1 b_2 = a_2 b_1 \text{ (Definition I)},$$

$$\frac{a_1}{a_2} + \frac{b_1}{b_2} = \frac{a_1 b_2 + a_2 b_1}{a_2 b_2} \quad \text{(Definition II)},$$

$$\frac{a_1}{a_2} \cdot \frac{b_1}{b_2} = \frac{a_1 \cdot b_1}{a_2 \cdot b_2} \quad \text{(Definition III)}.$$

$$\frac{a_1}{a_2} - \frac{b_1}{b_2} = \frac{a_1}{a_2} + \left(-\frac{b_1}{b_2}\right)$$ nach der Definition für die Subtraktion auf Seite 35,

$$= \frac{a_1}{a_2} + \frac{-b_1}{b_2},$$ weil $\frac{-b_1}{b_2}$ gleich der zu $\frac{b_1}{b_2}$ entgegengesetzten Zahl ist, vgl. S. 48,

$$= \frac{a_1 b_2 + a_2(-b_1)}{a_2 b_2}$$ nach Definition II,

$$= \frac{a_1 b_2 + (-a_2 b_1)}{a_2 b_2}, \text{ da } a_2(-b_1) = -a_2 b_1,$$

$$= \frac{a_1 b_2 - a_2 b_1}{a_2 b_2}$$ nach der Definition für die Subtraktion.

$$\frac{\frac{a}{b}}{\frac{c}{d}} = \frac{a d}{b c}$$ nach Satz XV auf Seite 40, wobei für b, c und d der Wert 0 auszuschließen ist.

$$-\frac{a_1}{a_2} = \frac{-a_1}{a_2}$$ ist der zu $\frac{a_1}{a_2}$ entgegengesetzte Bruch (vgl. S. 48).

$$\frac{1}{\frac{a_1}{a_2}} = \frac{a_2}{a_1}$$ ist der zu $\frac{a_1}{a_2}$ reziproke Bruch (vgl. S. 48).

Es ist $\frac{a_1}{a_2} = \frac{a_1 q}{a_2 q}$, wenn q irgend eine ganze von Null verschiedene Zahl bedeutet. (Satz IV auf Seite 49.)

$\frac{a_1}{a_2}$ heißt ein reduzierter oder irreduzibler Bruch, falls a_1 und a_2 teilerfremde ganze Zahlen bedeuten und a_2 positiv ist.

§ 10.

Unabhängigkeit der zehn Körperpostulate.[1]

Nimmt man das System der rationalen Zahlen, das wir im vorigen Paragraphen gewonnen haben, als logisch möglich an, so liegt hierin der Nachweis, daß die zehn im § 7 für einen Körper aufgestellten Postulate realisierbar sind, sich also nicht widersprechen.

Man kann sich noch die Frage vorlegen, ob die 10 für einen Körper aufgestellten Postulate voneinander unabhängig sind oder ob sich welche von ihnen als logische Folgerungen der übrigen ableiten lassen. Tatsächlich sind die 10 Postulate logisch unabhängig, wie sich daraus ergibt, daß man 10 zweifach verknüpfbare Systeme konstruieren kann, bei denen immer 9 Postulate und die Negation des zehnten gleichzeitig erfüllt sind.

Ehe wir den Nachweis der Unabhängigkeit erbringen, schicken wir noch eine Bemerkung voraus: Wir werden im folgenden zwei Systeme R_1 und R_5 konstruieren, bei denen die Postulate A_1) bzw. M_1) nicht mehr gültig sind, so daß die Erzeugung eines neuen Elements durch additive bzw. multiplikative Verknüpfung zweier Elemente des Systems nicht stets innerhalb des zu betrachtenden Elementensystems möglich ist; trifft dieses zu, so soll die Gültigkeit der Postulate A_2), M_2), C) und D) nur für den Fall gefordert werden, daß alle in ihnen auftretenden Verknüpfungen dem System angehören. Z. B. braucht das distributive Gesetz $A \cdot (B + C) = A \cdot B + A \cdot C$ nur für solche Elemente erfüllt zu sein, für die außer A, B, C noch $B + C$, $A \cdot B$, $A \cdot C$, $A \cdot (B + C)$, $A \cdot B + A \cdot C$ sämtlich dem System angehören. In diesem Sinn sind die genannten vier Postulate demnach natürlich auch schon in § 7 aufzufassen.

Wir betrachten folgende Systeme:

1. R_1. Das System R_1 bestehe aus der Gesamtheit derjenigen Brüche, bei denen, wenn sie in reduzierter Form geschrieben werden, Zähler und Nenner beide ungerade Zahlen sind, und der Zahl 0; Addition und Multiplikation seien in üblicher Weise definiert. Bei den gemachten Festsetzungen gehört $\frac{a_1}{a_2} + \frac{b_1}{b_2}$ nur dann dem System R_1 an, wenn $\frac{b_1}{b_2} = \frac{-a_1}{a_2}$ und sich demnach die Summe 0 ergibt. Da die Addition aus dem System R_1 herausführt, ist das Postulat A_1) nicht erfüllt, hingegen bestehen alle übrigen 9 Postulate.

2. R_2. Das System R_2 bestehe aus allen rationalen Zahlen. Die Multiplikation sei in üblicher Weise definiert, für die Summe $a + b$ zweier Zahlen aus R_2 setzen wir fest, daß sie in üblicher Weise gefunden werden soll, wenn $a \neq b$, nur soll die Summe zweier gleicher rationaler Zahlen stets 0 sein. Das System R_2 erfüllt alle 9 Postulate mit Ausnahme von A_2).

3. R_3. Das System R_3 bestehe aus allen rationalen positiven Zahlen, 0 ausgeschlossen, und es soll in gewöhnlicher Weise addiert und multipliziert werden. Das System R_3 erfüllt alle Postulate, ausgenommen A_3). Für dieses System kommt das Postulat A_4) nicht in Frage, da das System das Element 0 nicht enthält; mithin ist auch A_4) insofern als erfüllt zu betrachten, als die für dieses Postulat gemachten Voraussetzungen bei dem System R_3 überhaupt nicht stattfinden.

[1] Vgl. L. E. DICKSON, Transactions American math. soc. **6**, 198 (1905).

4. R_4. Das System R_4 bestehe aus allen rationalen positiven Zahlen einschließlich 0, und es werde in gewöhnlicher Weise addiert und multipliziert. R_4 erfüllt alle Postulate, ausgenommen A_4).

5. R_5. Das System R_5 bestehe aus allen rationalen Zahlen, die in gewöhnlicher Weise addiert werden sollen; das Produkt zweier rationaler Zahlen $a \cdot b$ habe den üblichen Wert, wenn $a = 1$ oder $b = 1$ oder wenn sich das Resultat 1 ergibt, sonst aber sei $a \cdot b$ gleich einer nicht rationalen Zahl. Das System R_5 erfüllt alle Postulate, ausgenommen M_1).

6. R_6. Das System R_6 bestehe aus der Gesamtheit aller Größen $\alpha + \beta i_1 + \gamma i_2$, wobei α, β, γ beliebige rationale Zahlen (einschließlich 0) bedeuten. Der Ausdruck:

$$(\alpha_1 + \alpha_2) + (\beta_1 + \beta_2) i_1 + (\gamma_1 + \gamma_2) i_2$$

soll die Summe der zwei Größen $\alpha_1 + \beta_1 i_1 + \gamma_1 i_2$ und $\alpha_2 + \beta_2 i_1 + \gamma_2 i_2$ heißen, unter dem Produkt

$$(\alpha_1 + \beta_1 i_1 + \gamma_1 i_2)(\alpha_2 + \beta_2 i_1 + \gamma_2 i_2)$$

soll die Größe

$$\alpha_1 \alpha_2 + \beta_1 \alpha_2 i_1 + \gamma_1 \alpha_2 i_2 + \alpha_1 \beta_2 i_1 + \beta_1 \beta_2 i_1^2 + \gamma_1 \beta_2 i_2 i_1 + \alpha_1 \gamma_2 i_2 + \beta_1 \gamma_2 i_1 i_2 + \gamma_1 \gamma_2 i_2^2$$

verstanden werden, wobei die Ausdrücke i_1^2, $i_2 i_1$, $i_1 i_2$, i_2^2 nach folgender Kompositionstabelle, die ebenso wie auf Seite 27 zu verstehen ist, zu ersetzen sind:

	1	i_1	i_2
1	1	i_1	i_2
i_1	i_1	-1	1
i_2	i_2	1	-2

Abgesehen von den gemachten Festsetzungen soll mit den Elementen des Systems R_6 in üblicher Weise gerechnet werden. Ist in $\alpha + \beta i_1 + \gamma i_2$ eine der rationalen Zahlen α, β, γ Null, so soll der betreffende Term einfach fortgelassen werden.

Für unser System ist

$$(i_1 \cdot i_1) \cdot i_2 = (-1) \cdot i_2 = -i_2; \quad i_1 \cdot (i_1 \cdot i_2) = i_1 \cdot 1 = i_1.$$

Mithin erfüllt das System R_6 nicht das assoziative Gesetz M_2). Hingegen genügt das System R_6 den übrigen 9 Postulaten, z. B. ist M_4) erfüllt, da

$$(\alpha + \beta i_1 + \gamma i_2)\left(\frac{\alpha}{\Delta} - \frac{\beta}{\Delta} i_1 - \frac{\gamma}{\Delta} i_2\right) = 1$$

ist, wenn $\Delta = \alpha^2 + \gamma^2 + (\beta - \gamma)^2$.

7. R_7. Das System R_7 sei das aller rationalen Zahlen, die in gewöhnlicher Weise addiert werden sollen; das Produkt $a b$ zweier Zahlen werde stets als 0 definiert. Das System R_7 erfüllt alle Postulate bis auf M_3). Für dieses System kommt das Postulat M_4) nicht in Frage, da das System kein für die Multiplikation neutrales Element 1 enthält; mithin ist auch M_4) insofern als erfüllt zu betrachten, als die für Postulat M_4) gemachten Voraussetzungen bei dem System R_7 überhaupt nicht stattfinden.

8. R_8. Das System R_8 sei das aller ganzen Zahlen, die in gewöhnlicher Weise addiert und multipliziert werden sollen. Das System R_8 erfüllt alle Postulate bis auf M_4).

9. R_9. Das System R_9 bestehe aus der Gesamtheit aller Größen

$$\alpha + \beta i_1 + \gamma i_2 + \delta i_3,$$

wobei α, β, γ, δ beliebige rationale Zahlen (einschließlich 0) bedeuten. Unter der Summe zweier Größen

$$\alpha_1 + \beta_1 i_1 + \gamma_1 i_2 + \delta_1 i_3 \quad \text{und} \quad \alpha_2 + \beta_2 i_1 + \gamma_2 i_2 + \delta_2 i_3$$

soll die Größe

$$(\alpha_1 + \alpha_2) + (\beta_1 + \beta_2) i_1 + (\gamma_1 + \gamma_2) i_2 + (\delta_1 + \delta_2) i_3$$

verstanden werden, das Produkt

$$(\alpha_1 + \beta_1 i_1 + \gamma_1 i_2 + \delta_1 i_3)(\alpha_2 + \beta_2 i_1 + \gamma_2 i_2 + \delta_2 i_3)$$

soll analog wie bei System R_6 die durch formales Ausmultiplizieren erhaltene Größe:

$$\alpha_1 \alpha_2 + \beta_1 \alpha_2 i_1 + \gamma_1 \alpha_2 i_2 + \delta_1 \alpha_2 i_3 + \alpha_1 \beta_2 i_1 + \beta_1 \beta_2 i_1^2 + \gamma_1 \beta_2 i_2 i_1 + \delta_1 \beta_2 i_3 i_1$$
$$+ \alpha_1 \gamma_2 i_2 + \beta_1 \gamma_2 i_1 i_2 + \gamma_1 \gamma_2 i_2^2 + \delta_1 \gamma_2 i_3 i_2 + \alpha_1 \delta_2 i_3 + \beta_1 \delta_2 i_1 i_3 + \gamma_1 \delta_2 i_2 i_3 + \delta_1 \delta_2 i_3^2$$

sein; dabei sind die Produkte $i_1 i_2$, $i_2 i_1$, $i_1^2 \ldots$ nach der Kompositionstabelle der Quaternionen auf Seite 27 zu ersetzen. Ist in $\alpha + \beta i_1 + \gamma i_2 + \delta i_3$ eine der rationalen Zahlen α, β, γ, δ Null, so soll der entsprechende Term einfach fortgelassen werden. Das System R_9 erfüllt, wenn, abgesehen von den gemachten Festsetzungen, mit seinen Elementen in der üblichen Weise gerechnet wird, alle Postulate mit Ausnahme des kommutativen Postulats C).

10. R_{10}. Das System R_{10} bestehe aus allen ganzen Zahlen, die in gewöhnlicher Weise addiert werden sollen. Was die Multiplikation von zwei beliebigen ganzen Zahlen a und b betrifft, so sei das Produkt $a \cdot b$ als $a + b + 1$ definiert. Das System R_{10} erfüllt dann alle Postulate mit Ausnahme des distributiven Postulats D). Für die so definierte Multiplikation ist -1 neutrales Element.

§ 11.

Die Ordnungsfähigkeit der rationalen Zahlen.

Von den ganzen Zahlen waren die Zahlen 1, 2, 3, ... bereits als positiv, die Zahlen -1, -2, -3, ... als negativ erklärt. In Erweiterung dieser Begriffsbestimmung heiße eine **rationale Zahl positiv**, wenn sowohl ihr Zähler als ihr Nenner positiv oder beide negativ sind. Eine **rationale Zahl heiße negativ**, wenn entweder der Zähler positiv und der Nenner negativ oder der Zähler negativ und der Nenner positiv ist. Zunächst sieht man, daß keine rationale negative Zahl gleich einer positiven ist. Denn sind die zwei rationalen Zahlen $\frac{a_1}{a_2}$ und $\frac{b_1}{b_2}$ gleich, so ist nach Definition I auf Seite 46 $a_1 b_2 = a_2 b_1$. Haben die zwei ganzen Zahlen a_1 und a_2 gleiche Vorzeichen, so müssen es auch b_1 und b_2 haben; besitzen hingegen a_1 und a_2 entgegengesetzte Vorzeichen, so müssen auch b_1 und b_2 solche haben.

Die rationalen Zahlen zerfallen demnach in drei Klassen, nämlich die Zahl 0, die rationalen positiven Zahlen und die rationalen negativen Zahlen. Jede rationale Zahl gehört einer und auch nur einer der drei Klassen an.

Hat man eine rationale Zahl $A = \frac{a_1}{a_2}$, so ist die zu ihr entgegengesetzte Zahl $-A = \frac{-a_1}{a_2}$ (vgl. S. 51). Hieraus folgt: Ist die rationale Zahl $A = 0$, so ist die entgegengesetzte Zahl $-A$ auch gleich 0; ist A positiv, so ist $-A$ negativ, ist A negativ, so ist $-A$ positiv. Da die rationalen Zahlen einen Körper bilden, so gilt folgender Satz (vgl. Seite 35): Sind A und B irgend zwei rationale Zahlen, so gibt es eine rationale Zahl $X = A - B$ und keine zu ihr ungleiche, die der Gleichung $A = X + B$ genügt, und eine Zahl $Y = B - A$ und keine zu ihr ungleiche, die die Gleichung $B = Y + A$ befriedigt. Die zu $X = A - B$ entgegengesetzte Zahl $-(A - B)$ ist gleich $B - A = Y$. Ist $A = B$, so sind X und Y beide gleich 0; ist $A \neq B$, so ist die eine der zwei Zahlen X und Y positiv, die andere negativ.

Wir definieren

Definition I. Sind A und B irgend zwei zueinander ungleiche rationale Zahlen ($A \neq B$), so heiße $B < A$, wenn die Gleichung $A = B + X$ eine positive Lösung besitzt.

Wir weisen zunächst nach, daß diese Definition die drei an das Zeichen $<$ gestellten Bedingungen U_1) bis U_3) auf Seite 22 erfüllt.

Sind A und B irgend zwei zueinander ungleiche rationale Zahlen, so hat, wie wir schon bemerkten, eine und auch nur eine der Gleichungen $A = B + X$ und $B = A + Y$ eine positive Lösung; mithin ist, falls $A \neq B$, in sich gegenseitig ausschließender Weise entweder $B < A$ oder $A < B$, und das weniger fordernde Postulat U_1) ist gewiß erfüllt.

Ist $A < B$, so heißt dies nach Definition, daß die Gleichung $B = A + Y$ eine positive Lösung Y hat. Dann ist $A \neq B$, also ist Postulat U_2) erfüllt. Wäre nämlich $A = B$, so hätte $B = A + Y$ keine positive Lösung, sondern die Lösung $Y = 0$.

Sei $A < B$ und $B < C$, d. h. es gibt nach Definition I zwei positive Zahlen P und Q, daß $B = A + P$, $C = B + Q$; daher ergibt sich $C = A + P + Q$. Ist $P = \frac{p_1}{p_2}$ und $Q = \frac{q_1}{q_2}$, so ist $P + Q = \frac{p_1 q_2 + q_1 p_2}{p_2 q_2}$; haben einerseits p_1 und p_2, andererseits q_1 und q_2 gleiche Vorzeichen, so trifft dies auch für $p_1 q_2 + q_1 p_2$ und $p_2 q_2$ zu. Mithin ist, wenn P und Q rationale positive Zahlen sind, $P + Q$ ebenfalls eine rationale positive Zahl. Aus $C = A + P + Q$ folgt nach Definition I: $A < C$. Mithin ist auch Postulat U_3) erfüllt.

Infolgedessen gelten auch die aus U_1) bis U_3) auf Seite 23 abgeleiteten und dort mit III und IV numerierten Sätze:

Zwei rationale Zahlen A und B stehen stets in einer der sich gegenseitig ausschließenden Beziehungen $A = B$ oder $A < B$ oder $B < A$.

Bestehen für rationale Zahlen die Beziehungen $A < B$, $A = A'$, $B = B'$, so ist $A' < B'$.

Für $A < B$ schreiben wir nach dem Schluß des § 5 in genau gleichwertiger Weise auch $B > A$.

Wir beweisen nunmehr:

Satz I. Sind A, B und C rationale Zahlen und $A < B$, so ist $A + C < B + C$.

Da $A < B$, so existiert nach Definition I eine positive Zahl P, für die $B = A + P$ ist. Aus $B = A + P$ und $C = C$ folgt $B + C = A + C + P$ oder nach Definition I: $A + C < B + C$.

Satz II. Jede rationale positive Zahl P genügt der Ungleichung $0 < P$; genügt umgekehrt eine rationale Zahl P der Ungleichung $0 < P$, so ist sie positiv. Mithin wird jede negative Zahl N durch $N < 0$ charakterisiert.

Der Beweis des Satzes II beruht in folgendem: Wenn P eine rationale positive Zahl ist, so ist die Lösung der Gleichung $P = 0 + X$ positiv und demnach nach Definition $0 < P$. Ist umgekehrt nach Voraussetzung $0 < P$, so besagt dies nach Definition, daß die Lösung $X = P$ der Gleichung $P = 0 + X$ eine positive Zahl ist.

Satz III. Sind A, B zwei rationale Zahlen und ist $0 < A$ und $0 < B$, so ist $0 < AB$.

Sei $A = \frac{a_1}{a_2}$ und $B = \frac{b_1}{b_2}$, so ist $AB = \frac{a_1 b_1}{a_2 b_2}$, und da sowohl A als auch B positiv sind, so haben $a_1 b_1$ und $a_2 b_2$ gleiche Vorzeichen, d. h. AB ist positiv.

Auf Grund der für die Relation $<$ aufgestellten Definition folgt unmittelbar: Von zwei ganzen Zahlen ist diejenige kleiner, die bei der gewöhnlichen Anordnung:

$$\ldots, \; -3, \; -2, \; -1, \; 0, \; 1, \; 2, \; 3, \ldots$$

der anderen voraufgeht. Befindet sich nämlich die ganze Zahl A unter den Vorgängern der ganzen Zahl B, so ist in der Bezeichnung des § 2: $B = A^{+ + \cdots +}$, und diese Relation zieht für die Gleichung $B = A + X$ eine positive Lösung X nach sich, d. h. $A < B$.

Wir beweisen ferner:

Von zwei rationalen Zahlen $A = \frac{a_1}{a_2}$ und $B = \frac{b_1}{b_2}$, bei denen a_2 und b_2 beide positiv angenommen sind (dies ist nach Seite 49 stets zu erreichen), ist dann und nur dann $A < B$, wenn die Ungleichung $a_1 b_2 < a_2 b_1$ zwischen ganzen Zahlen stattfindet.

Ist $A < B$, so existiert nach Definition I eine positive Zahl P, so daß $B = P + A$, d. h. $P = B - A$; nun ist

$$B - A = \frac{b_1}{b_2} - \frac{a_1}{a_2} = \frac{b_1 a_2 - a_1 b_2}{a_2 b_2}.$$

Da $a_2 b_2$ positiv ist, so ist P dann und nur dann positiv, wenn $b_1 a_2 - a_1 b_2$ positiv ist, d. h. nach Satz II: $0 < b_1 a_2 - a_1 b_2$ oder nach Satz I:

$$a_1 b_2 + 0 < (b_1 a_2 - a_1 b_2) + a_1 b_2, \quad \text{d. h.} \quad a_1 b_2 < b_1 a_2.$$

Geht man diese Schlüsse rückwärts durch, so folgt, daß auch umgekehrt die Ungleichung $a_1 b_2 < a_2 b_1$ die Ungleichung $A < B$ nach sich zieht.

Wir können daher noch folgendes aussagen:

Die rationalen Zahlen bilden einen Körper, dessen Elemente sich so ordnen lassen, daß sie außer den 10 Körperpostulaten

A_1) bis A_4), M_1) bis M_4), C) und D) noch den folgenden 5 Postulaten genügen, nämlich

U_1) bis U_3) auf Seite 22 und

U_4). Sind A, B und C irgend welche Elemente des Körpers und $A < B$, so ist $A + C < B + C$.

U_5). Sind A, B irgend zwei Elemente des Körpers, $0 < A$, $0 < B$, so ist $0 < AB$.

Man könnte die rationalen Zahlen auch noch in anderer Weise als ein ordnungsfähiges System ansehen, bei dem die Postulate U_1) bis U_3) erfüllt sind. Z. B. könnte man statt der Definition I die folgende zugrunde legen: Sind A und B irgend zwei zueinander ungleiche rationale Zahlen, also $A \neq B$, so heiße $B < A$ oder gleichbedeutend $A > B$, wenn die Gleichung $A = B + X$ eine negative Lösung hat, und demnach $A < B$ oder gleichbedeutend $B > A$, wenn die Gleichung $B = A + Y$ eine negative Lösung hat (also umgekehrt wie bei Definition I). Bei dieser Definition der Relation $<$ werden auch die drei Postulate U_1) bis U_3) erfüllt; es gilt der Satz I dieses Paragraphen, aber nicht mehr Satz III. Z. B. wäre nach dieser Definition: $0 < -4$, $0 < -6$, $24 < 0$, während, wenn Satz III gelten sollte, $0 < 24$ sein müßte.

Man könnte die rationalen Zahlen auch auf folgende Weise ordnen: man sehe alle zu 0 ungleichen rationalen Zahlen als > 0 an, von zwei zueinander ungleichen rationalen Zahlen gelte diejenige mit größerem absolutem Betrage (unter dem absoluten Betrag ist die Zahl, abgesehen vom Vorzeichen, zu verstehen) als die größere, von zwei rationalen Zahlen mit entgegengesetzten Vorzeichen und gleichen absoluten Beträgen sei die positive die größere. Bei dieser Art der Definition sind alle drei an die Relation $<$ zu stellenden Bedingungen U_1) bis U_3) erfüllt, es gilt Satz III, aber nicht Satz I; denn bei der angegebenen Definition ist z. B. $2 < -9$, $-9 + 6 < 2 + 6$.

Aus diesen zwei Beispielen geht hervor, daß weder das Postulat U_4) noch das Postulat U_5) aus den übrigen ohne Zugrundelegung einer Definition über den Charakter der Relation $<$ herleitbar sind. Die zwei Beispiele lehren nämlich: Man kann die rationalen Zahlen mittels einer anderen als der üblichen Erklärung von $<$ so anordnen, daß sie von den angegebenen 15 Postulaten 14 erfüllen, während eines, nämlich U_4) bzw. U_5), durchbrochen ist.

Wir beweisen noch folgende allgemeine Theoreme, die uns auch noch in den folgenden Kapiteln nützlich sein werden:

Satz IV. Sind A, B, C, D irgend welche Elemente eines Körpers, der auch noch den 5 Postulaten U_1) bis U_5) genügt, und ist $A < B$, $C < D$, so ist $A + C < B + D$.

Nach U_4) folgt aus $A < B$, daß $A + C < B + C$; ebenso ergibt sich aus $C < D$, daß $C + B < D + B$. Da in jedem Körper die Addition kommutativ ist (vgl. Seite 41), so ist $C + B = B + C$, $D + B = B + D$. Aus $A + C < B + C$ und $B + C < B + D$ folgt nach U_3), daß $A + C < B + D$.

Satz V. Sind A und B irgend welche Elemente eines Körpers, der auch noch den 5 Postulaten U_1) bis U_5) genügt, und ist $A < B$, so ist $-B < -A$.

Die ausgesprochene Behauptung ergibt sich nach U_4) aus $A < B$ durch Addition von $(-A) + (-B) = (-B) + (-A)$.

Satz VI. Sind A, B, C irgend welche Elemente eines Körpers, der auch noch den 5 Postulaten U_1) bis U_5) genügt, und ist $A < B$ und $0 < C$, so ist $AC < BC$.

Aus $A < B$ folgt nach U_4) durch Addition von $-A = -A$, daß $0 < B - A$. Hieraus und aus $0 < C$ folgt nach U_5) die Ungleichung $0 < (B - A)C$ oder $0 < BC - AC$. Nach U_4) ergibt sich durch Addition von $AC = AC$, daß $AC < BC$.

Satz VII. Sind A, B, C, D irgend welche Elemente eines Körpers, der auch noch den 5 Postulaten U_1) bis U_5) genügt, und ist $A < B$, $C < D$, $0 < A$, $0 < C$, so ist $AC < BD$.

Aus $A < B$ und $0 < C$ folgt nach Satz VI, daß $AC < BC$. Aus $0 < A$ und $A < B$ ergibt sich auf Grund von U_3), daß $0 < B$ ist. Hieraus und aus $C < D$ folgt nach Satz VI, daß $CB < DB$. Nach dem kommutativen Postulat C) der Multiplikation ist $CB = BC$ und $DB = BD$; daher folgt aus $AC < BC$ und $BC < BD$, daß $AC < BD$ ist.

§ 12.

Weitere Eigenschaften der rationalen Zahlen.

Hat man drei Elemente A, B, C eines mittels einer Relation $<$ geordneten Systems und ist $A < B$ und $B < C$, so sagt man B liegt zwischen A und C. Hat man ein durch eine Relation $<$ geordnetes System, das so beschaffen ist, daß zwischen zwei ungleichen Elementen des Systems stets wenigstens ein drittes ebenfalls dem System angehöriges Element liegt, so heißt dieses ein überall dichtes System.

Hat man irgend zwei rationale Zahlen A und B, die zueinander ungleich sind, so wird die eine größer als die andere sein, sei etwa $A < B$. Wir bilden die Zahl $\frac{A+B}{2}$, die wir das arithmetische Mittel der Zahlen A und B nennen. Dann ergibt sich aus $A < B$ durch Addition von $A = A$ bzw. $B = B$ und Multiplikation mit $\frac{1}{2}$ nach den Sätzen I und VI des § 11 die Ungleichung:

$$A < \frac{A+B}{2} < B,$$

die besagt, daß das arithmetische Mittel von A und B zwischen beiden liegt. Hieraus folgt: Zwischen zwei ungleichen rationalen Zahlen liegt stets wenigstens eine weitere rationale Zahl. Die rationalen Zahlen bilden daher ein überall dichtes System.

Da man auf die rationalen Zahlen A und $\frac{A+B}{2}$ bzw. $\frac{A+B}{2}$ und B das gleiche Schlußverfahren wie auf A und B anwenden und dieses beliebig fortsetzen kann, so ergibt sich: Dieser Prozeß erreicht nie sein Ende; er liefert immer neue rationale Zahlen, die zwischen A und B liegen. Zur Formulierung dieser Tatsache definieren wir den Begriff „unendlich viel“. Gibt es eine unbeschränkte Anzahl von Dingen mit gemeinsamer Eigenschaft E, d. h. man kann, wenn man ein 1., 2., 3. . . . n^{tes} Ding mit der Eigenschaft E kennt, wie groß auch die ganze positive Zahl n ist, immer noch ein weiteres mit der nämlichen Eigenschaft E finden, so sagt man: es gibt unendlich viele Dinge der Eigenschaft E. Mithin können wir das Resultat aussprechen: Zwischen zwei ungleichen rationalen Zahlen liegen stets unendlich viele ebenfalls rationale Zahlen.

Das System der rationalen Zahlen stellt man geometrisch durch die Punkte einer nach beiden Seiten hin unbegrenzten Geraden dar, wie dies in der analytischen Geometrie geschieht. Man denke z. B. auch an die Thermometereinteilung. Wir wollen hier nur kurz auf diese geometrische Repräsentation hinweisen, ohne auf die ihr zugrunde liegenden Voraussetzungen oder Axiome einzugehen.

Man wähle auf einer Geraden willkürlich einen festen Punkt O; man ordne ihm die Null zu und bezeichne ihn daher als Nullpunkt. Von den zwei Halbstrahlen, in die die Gerade durch den Punkt O zerfällt, werde einer der positive, der andere der negative genannt. Auf dem als positiv gewählten Teil nimmt man einen beliebigen Punkt E an und setzt ihm die Zahl 1 bei. E heißt der Einheitspunkt. Jeder rationalen positiven Zahl $\frac{p}{q}$ läßt man dann einen Punkt P, den Bildpunkt von $\frac{p}{q}$, auf dem positiven Teil der Geraden entsprechen, so daß die Strecke OP p-mal so groß als der q^{te} Teil von OE ist. OP ist dann, wenn m irgend eine ganze positive Zahl bedeutet, stets auch $p \cdot m$-mal so groß als der $q \cdot m^{\text{te}}$ Teil von OE; mithin ist P auch Bildpunkt von $\frac{pm}{qm}$ und daher aller zu $\frac{p}{q}$ gleichen Zahlen. Der Bildpunkt von $-\frac{p}{q}$ wird gefunden, indem man den Punkt P genau ebenso auf dem negativen Teil der Geraden bestimmt.

Da zwischen irgend zwei rationalen Zahlen unendlich viele andere liegen, so führt dies zu dem geometrischen Ergebnis: Zwischen zwei Bildpunkten rationaler Zahlen liegen immer unendlich viele Bildpunkte ebenfalls rationaler Zahlen. Im besonderen ergibt sich: Trägt man vom Punkte O aus nach rechts und links beliebig oft hintereinander die Länge $\frac{1}{M}$ (M beliebige ganze positive Zahl) ab, so liegen in jedem dieser Intervalle der Geraden von noch so kleiner Länge $\frac{1}{M}$ stets Punkte, die Bildpunkte rationaler Zahlen sind. Man sieht, daß die Bezeichnung „überall dicht" darin ihre Erklärung findet, daß die Punkte der Geraden, die rationalen Zahlen entsprechen, die Gerade überall dicht erfüllen. Die ganzen positiven und negativen Zahlen einschließlich der Null besitzen für sich allein die besprochene Eigenschaft nicht; sie bilden eine diskrete, nirgends dichte Menge.

Wir wollen uns noch mit einer weiteren Eigenschaft des Systems der rationalen Zahlen beschäftigen. Das System der rationalen Zahlen ist abzählbar. Ein Größensystem heißt abzählbar, wenn sich seine Individuen, in soweit sie untereinander ungleich sind, in eindeutig umkehrbarer Weise den ganzen positiven Zahlen zuordnen lassen, d. h. wenn jedem Elemente des Systems eine und auch nur eine ganze positive Zahl entspricht und umgekehrt hierdurch jeder ganzen positiven Zahl ein und auch nur ein einziges Element des Systems entspricht, wobei zueinander gleiche Elemente des Systems als nicht verschieden gelten.

Um diese Tatsache zu beweisen, schreiben wir alle rationalen positiven Zahlen in einer derartigen Anordnung, daß bei ihnen der Wert der aus Zähler und Nenner gebildeten Summe wächst. Ist diese Summe für zwei rationale Zahlen die gleiche, so schreibe man immer den Bruch mit kleinerem Nenner zuerst hin; ferner möge jeder positiven Zahl die ihr entgegengesetzte gleiche negative unmittelbar folgen. Auf diese Weise erhält man folgende Anordnung der rationalen Zahlen:

$$\frac{0}{1};\ \frac{1}{1},\ \frac{-1}{1};\quad \frac{2}{1},\ \frac{-2}{1},\ \frac{1}{2},\ \frac{-1}{2};\quad \frac{3}{1},\ \frac{-3}{1},\ \frac{1}{3},\ \frac{-1}{3};$$

$$\frac{4}{1},\ \frac{-4}{1},\ \frac{3}{2},\ \frac{-3}{2},\ \frac{2}{3},\ \frac{-2}{3},\ \frac{1}{4},\ \frac{-1}{4};\quad \frac{5}{1},\ \frac{-5}{1},\ \frac{1}{5},$$

$$\frac{-1}{5};\quad \frac{6}{1},\ \frac{-6}{1},\ \frac{5}{2},\ \frac{-5}{2},\ \ldots$$

Bei dieser Anordnung sind Zahlen, die voraufgegangenen gleich sind, fortgelassen $\left(\text{es blieb also z. B. } \frac{0}{2},\ \frac{2}{2},\ \frac{-2}{2},\ \frac{4}{2} \text{ fort}\right)$. Numeriert man hierauf

0 mit 1, 1 mit 2, -1 mit 3, 2 mit 4, -2 mit 5, $\frac{1}{2}$ mit 6, $\frac{-1}{2}$ mit 7 usw.,

so ist die Gesamtheit der rationalen Zahlen, insoweit sie untereinander ungleich sind, eindeutig umkehrbar den natürlichen Zahlen zugeordnet. Die rationalen Zahlen bilden daher eine abzählbare Menge.

Zweites Kapitel.

Die Gesamtheit der reellen Zahlen.

§ 1.

Erweiterung des Systems der rationalen Zahlen zum System aller reellen Zahlen.

Schon Pythagoras soll erkannt haben: Die Diagonale eines Quadrates ist durch die Quadratseite nicht meßbar oder, arithmetisch ausgedrückt, es gibt keine rationale positive Zahl, deren Quadrat gleich 2 ist.[1]

Der von Euclid[2] in seinen Elementen hierfür gegebene Beweis läßt sich in arithmetischer Form folgendermaßen wiedergeben: Angenommen, es existiere eine rationale positive Zahl $\frac{r}{s}$, deren Quadrat gleich 2 ist, also $\left(\frac{r}{s}\right)^2 = 2$.

---

[1] Dieser Satz ist ein spezieller Fall des Satzes: Der Gleichung

$$x^n + p_1 x^{n-1} + p_2 x^{n-2} + \ldots + p_n = 0$$

mit ganzzahligen Koeffizienten genügt, wenn sie nicht durch ganze Zahlen befriedigt wird, keine rationale Zahl.

[2] Euclidis elementa, liber X, Ende, ed. J. L. Heiberg, vol. 3, S. 409, Leipzig 1886.

Alsdann kann man den Bruch $\frac{r}{s}$ als reduzierten Bruch (vgl. S. 51) voraussetzen, d. h. die ganzen positiven Zahlen r und s ohne gemeinsamen ganzzahligen Faktor annehmen; denn durch einen solchen könnte man bei dem Bruche $\frac{r}{s}$ fortdividieren. Aus $\frac{r^2}{s^2} = 2$ folgt $r^2 = 2s^2$. Die Zahl r^2 ist also eine gerade Zahl. Hieraus ergibt sich, daß r selbst eine gerade Zahl ist; denn wäre r eine ungerade Zahl $2h + 1$, wobei h eine ganze positive Zahl bedeutet, so wäre $r^2 = 4h^2 + 4h + 1 = 2(2h^2 + 2h) + 1$ ebenfalls ungerade. Da r eine gerade Zahl ist und r und s teilerfremd sind, so muß s ungerade sein. Wenn aber r eine gerade Zahl $2l$ ist, so ist $r^2 = 4l^2$. Da $r^2 = 2s^2$ war, so folgt, daß $s^2 = 2l^2$ ist. Wenn aber s^2 gerade ist, so muß es auch s sein. Die Zahl s kann aber nicht gleichzeitig gerade und ungerade sein[1]; folglich existiert keine rationale positive Zahl $\frac{r}{s}$, deren Quadrat gleich 2 ist. Die Gleichung $x^2 = 2$ ist also durch keine positive rationale Zahl lösbar.

Nimmt man geometrische Vorstellungen zu Hilfe, so kann man sagen: Konstruiert man über der Längeneinheit, die im Kap. I, § 12 zur Maßbestimmung auf einer unbegrenzten Geraden benützt wurde, ein Quadrat und trägt seine Diagonale von demjenigen Punkt der Geraden aus, welcher der Zahl 0 entspricht und mit O bezeichnet sei, auf der Geraden ab, so erhält man auf dieser einen Punkt A, dem keine rationale Zahl entspricht. Das System der rationalen Zahlen versagt also schon für die sogenannte Quadratwurzelausziehung und erfüllt bei seiner geometrischen Darstellung die Gerade nicht lückenlos mit Punkten.

Die Unlösbarkeit der gestellten Aufgabe im Gebiete R der rationalen Zahlen führt dazu, eine Vervollständigung des Zahlensystems vorzunehmen. Einen Hinweis auf die Art, wie dies geschehen kann, liefert die Geometrie.

Hat man auf einer Geraden zwei unendliche Reihen von Strecken: OA_1, OA_2, OA_3, OA_4, ..., OA_1', OA_2', OA_3', OA_4', ..., von denen die ersten wachsen, die zweiten abnehmen, dabei aber immer größer als die ersten bleiben, und werden die Strecken A_1A_1', A_2A_2', A_3A_3', A_4A_4', ... schließlich

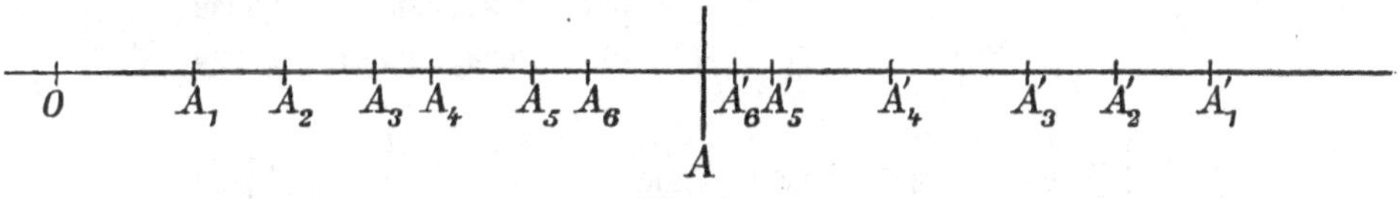

Fig. 1.

kleiner als jede gegebene Strecke, so nimmt man an, die Gerade lasse sich durch einen bestimmten Trennungspunkt A derartig in zwei Teile zerlegen, so daß der eine Teil alle Punkte A_n, der andere alle Punkte A_n' enthält.

---

[1] Hierauf anspielend, sagt Aristoteles (Analytica prot. I, 23, deutsche Ausgabe von KIRCHMANN in Philosophische Bibliothek, Bd. 72, S. 54, Aristoteles' erste Analytiken, Leipzig 1877): „So wird bewiesen, daß die Diagonale nicht von den Seiten des Quadrats gemessen werden könne, weil, wenn man annimmt, sie könne davon gemessen werden, folgt, daß das Ungerade dem Geraden gleich sei."

Die Arithmetik muß aber aus sich selbst heraus, unabhängig von der Berufung auf die Anschauung und auf geometrische Axiome, begründet werden.

Der geometrische Gedankengang veranlaßt uns zu Folgendem:

Wir führen zwei unendliche, auf Grund irgend einer Vorschrift herleitbare Folgen rationaler Zahlen

$$\begin{Bmatrix} a_1, & a_2, & a_3, & a_4, & \ldots, & a_n, & \ldots \\ a_1', & a_2', & a_3', & a_4', & \ldots, & a_n', & \ldots \end{Bmatrix}$$

ein. Diese sollen den folgenden vier Bedingungen B_1) bis B_4) genügen:

B_1). Für jedes ganzzahlige n soll $a_{n+1} \geqq a_n$[1] sein.

B_2). Für jedes ganzzahlige n soll $a'_{n+1} \leqq a_n'$ sein.

B_3). Für jedes ganzzahlige n soll $a_n' \geqq a_n$ sein.

B_4). Ist ε irgend eine beliebig gewählte positive rationale Zahl, so soll zu jedem ε eine derartige ganze positive Zahl k gefunden werden können (k hängt von ε ab), daß die unendlich vielen Ungleichungen $a'_{k+\sigma} - a_{k+\sigma} < \varepsilon$ bestehen, wobei σ jeden der Werte 0, 1, 2, 3, ... annimmt. Die vierte Bedingung läßt sich auch so ausdrücken: mit einem gewissen k beginnend, soll die Differenz $a_k' - a_k$ unter jeden noch so kleinen vorgegebenen Betrag sinken oder, wie man sagt, mit unendlich wachsendem k unendlich klein werden.

Hat man zwei unendliche miteinander zusammenhängende Folgen rationaler Zahlen:

$$\begin{Bmatrix} a_1, & a_2, & a_3, & \ldots, & a_n, & \ldots \\ a_1', & a_2', & a_3', & \ldots, & a_n', & \ldots \end{Bmatrix},$$

welche die vier Eigenschaften B_1) bis B_4) besitzen, so nennen wir sie zwei zusammengehörige Definitionsfolgen. Wir sagen: die Zahlen a_n bilden die erste oder aufsteigende Definitionsfolge (schärfer, da ja auch $a_{n+1} = a_n$ sein kann, die niemals abnehmende Definitionsfolge). Die Zahlen a_n' bilden die zweite oder absteigende Definitionsfolge (schärfer, da ja auch $a'_{n+1} = a_n'$ sein kann, die niemals zunehmende Definitionsfolge).

Von der Existenz zusammengehöriger Definitionsfolgen, welche die Bedingungen B_1) bis B_4) erfüllen, wird sich der Leser durch folgende Beispiele:

$$\begin{Bmatrix} 0, & \frac{1}{2}, & \frac{2}{3}, & \frac{3}{4}, & \frac{4}{5}, & \ldots \\ 2, & 1\frac{1}{2}, & 1\frac{1}{3}, & 1\frac{1}{4}, & 1\frac{1}{5}, & \ldots \end{Bmatrix}, \quad \begin{Bmatrix} 0{,}3, & 0{,}33, & 0{,}333, & 0{,}3333, & \ldots \\ 0{,}4, & 0{,}34, & 0{,}334, & 0{,}3334, & \ldots \end{Bmatrix},$$

$$\begin{Bmatrix} -\frac{1}{2}, & -\frac{1}{3}, & -\frac{1}{4}, & -\frac{1}{5}, & -\frac{1}{6}, & -\frac{1}{7}, & \ldots \\ \frac{1}{2}, & \frac{1}{2}, & \frac{1}{4}, & \frac{1}{4}, & \frac{1}{8}, & \frac{1}{8}, & \ldots \end{Bmatrix},$$

$$\begin{Bmatrix} -\frac{1}{2}, & -\frac{1}{3}, & -\frac{1}{4}, & -\frac{1}{5}, & -\frac{1}{6}, & -\frac{1}{7}, & \ldots \\ \frac{1}{2}, & \frac{1}{4}, & \frac{1}{8}, & \frac{1}{16}, & \frac{1}{32}, & \frac{1}{64}, & \ldots \end{Bmatrix}$$

überzeugen.

---

[1] $a \geqq b$ bedeutet hier wie im folgenden, daß a entweder gleich b oder größer als b ist; das nämliche bedeutet $b \leqq a$.

Zwei zusammengehörige Definitionsfolgen fassen wir durch ein Zeichen zusammen, indem wir setzen

$$\alpha = \begin{pmatrix} a_1, & a_2, & a_3, & \ldots, & a_n, & \ldots \\ a_1', & a_2', & a_3', & \ldots, & a_n', & \ldots \end{pmatrix} = \begin{pmatrix} a_n \\ a_n' \end{pmatrix};$$

α betrachten wir als ein durch die zwei zusammengehörigen Definitionsfolgen definiertes oder bestimmtes Gebilde. Ein solches Ding α, das wir nur ausschließlich auf Grund einer Definition einführten, ist ein von uns aus rationalen Zahlen geschaffenes Objekt, das wir auch eine Zahl α nennen. Für die so durch zwei zusammengehörige Definitionsfolgen eingeführten Zahlen wollen wir vorläufig kleine griechische Buchstaben verwenden. Die Gesamtheit dieser Zahlen α bezeichnen wir als System P.[1]

Die Zahlen aus P haben bisher noch keine Eigenschaften. Da wir neue Symbole vor uns haben, so bedarf es besonderer Festsetzungen, in welchem Verhältnis sie zu den uns bisher nur bekannten rationalen Zahlen stehen sollen und ferner in welcher Weise mit ihnen zu operieren ist.

Wir zeigen zunächst, daß sich aus jeder beliebig gewählten rationalen Zahl r stets eine Zahl aus P konstruieren läßt. Wählt man nämlich in dem Zahlengebilde $\begin{pmatrix} a_n \\ a_n' \end{pmatrix}$ alle a_n durchgehends gleich der nämlichen Zahl r und alle a_n' ebenfalls gleich r, so sind bei dieser speziellen Wahl alle vier für zwei zusammengehörige Definitionsfolgen erforderlichen Bedingungen B_1) bis B_4) erfüllt; daher ist

$$\begin{pmatrix} r, & r, & r, & \ldots, & r, & \ldots \\ r, & r, & r, & \ldots, & r, & \ldots \end{pmatrix}$$

ein Zahlengebilde aus P.

Wir setzen durch Definition fest: Das spezielle Zahlengebilde

$$\begin{pmatrix} r, & r, & \ldots, & r, & \ldots \\ r, & r, & \ldots, & r, & \ldots \end{pmatrix},$$

---

[1] Rein arithmetische Einführungen der Irrationalzahlen auf Grund klarer Definitionen sind auf der einen Seite von R. DEDEKIND (Stetigkeit und irrationale Zahlen, Braunschweig 1872, 3. Aufl. 1905), durch seine „Schnitttheorie" und auf der anderen Seite in mehr oder weniger miteinander zusammenhängender Weise, jedoch voneinander unabhängig von CH. MÉRAY (Nouveau précis d'analyse infinitésimale, Paris 1872, p. 2, Leçons nouv. sur l'analyse infin., Paris 1894, I, p. 23), G. CANTOR [Math. Ann. **5**, 123 (1872), vgl. auch E. HEINE, Journ. f. d. r. u. ang. Math. **74**, 172 (1872)] und K. WEIERSTRASS in seinen Vorlesungen [vgl. KOSSAK, Die Elemente der Arithmetik, Programm d. Friedr. Werderschen Gymnasiums, Berlin 1872, und S. PINCHERLE, Giornale di matematiche **18**, 178 (1880)] durch „Zahlenfolgen" gegeben worden. Die Darstellung des Textes operiert mit Zahlenfolgen wie die zweite Klasse, infolge Benützung zweier Zahlenfolgen statt nur einer laufen die Rechenregeln parallel der Schnitttheorie [vgl. G. RICCI, Giornale di matematiche **35**, 22 (1897)]. Für die Auffassung des Textes vgl. P. BACHMANN, Vorl. über d. Natur der Irrationalzahlen, Leipzig 1892, S. 6, ferner A. CAPELLI, Giornale di matematiche, **35**, 209 (1897). Vergleichende Betrachtungen über die verschiedenen Einführungen der Irrationalzahlen von G. CANTOR, Math. Ann. **21**, 564 (1883), H. BURKHARDT, Vierteljahrsschrift der naturforsch. Gesellsch. Zürich **46**, 179 (1901), O. PERRON, Jahresbericht d. Deutschen Math.-Vereinigung **16**, 142 (1907). Eingehende Literaturangaben bei A. PRINGSHEIM, Enzyklopäpie d. math. Wiss. I, S. 47 besonders die französische Bearbeitung von J. MOLK in der Encyclopédie des sciences math. I, 132.

bei dem sowohl die aufsteigende als auch die absteigende Definitionsfolge durchgehends aus der nämlichen rationalen Zahl r bestehen, soll als die rationale Zahl r angesehen und mit r bezeichnet werden. Infolge dieser Festsetzung kann jede rationale Zahl r aus dem System R der rationalen Zahlen, das wir im Kapitel I betrachteten, als eine Zahl aus P geschrieben werden.

Das System P, das alle rationalen Zahlen umfaßt, bezeichnet man als System der Gesamtheit der reellen Zahlen. Die Zahlen aus P nennt man die reellen Zahlen. Wir werden später sehen, daß das System P durch die rationalen Zahlen nicht erschöpft wird, sondern daß es auch noch zu ihnen ungleiche enthält.

§ 2.

Vier Hilfssätze zur Bildung reeller Zahlen.

In diesem Paragraphen leiten wir vier wichtige Hilfssätze her, die uns aus Zahlen von P neue Zahlen aus P bilden lehren.

Hilfssatz I. Sind $\alpha = \begin{pmatrix} a_n \\ a_n' \end{pmatrix}$ und $\beta = \begin{pmatrix} b_n \\ b_n' \end{pmatrix}$ irgend zwei Zahlen aus P, so definiert auch $\gamma = \begin{pmatrix} s_n = a_n + b_n \\ s_n' = a_n' + b_n' \end{pmatrix}$ eine Zahl aus P, d. h. die rationalen Zahlen $s_n = a_n + b_n$ und $s_n' = a_n' + b_n'$ erfüllen die vier für zwei zusammengehörige Definitionsfolgen erforderlichen Bedingungen B_1) bis B_4).

Da nach Voraussetzung $\alpha = \begin{pmatrix} a_n \\ a_n' \end{pmatrix}$ und $\beta = \begin{pmatrix} b_n \\ b_n' \end{pmatrix}$ zwei Zahlen aus P sind, so gilt auf Grund der Bedingungen B_1) bis B_4) auf S. 62 für jedes ganzzahlige n das System von Ungleichungen:

(1) $a_{n+1} \geqq a_n$, (2) $a_{n+1}' \leqq a_n'$, (3) $a_n' \geqq a_n$,

(1') $b_{n+1} \geqq b_n$, (2') $b_{n+1}' \leqq b_n'$, (3') $b_n' \geqq b_n$,

und ferner werden für genügend großes k die Differenzen $a_k' - a_k$ und $b_k' - b_k$ beliebig klein.

Durch Addition der Ungleichungen (1) und (1') folgt nach Satz I und IV des ersten Kapitels § 11 (S. 56 und 57):

$$a_{n+1} + b_{n+1} \geqq a_n + b_n, \quad \text{d. h.} \quad s_{n+1} \geqq s_n;$$

ebenso ergibt sich durch Addition der Ungleichungen (2) und (2'):

$$a_{n+1}' + b_{n+1}' \leqq a_n' + b_n', \quad \text{d. h.} \quad s_{n+1}' \leqq s_n'.$$

Durch Addition von (3) und (3') erhält man

$$a_n' + b_n' \geqq a_n + b_n, \quad \text{d. h.} \quad s_n' \geqq s_n.$$

Um zu zeigen, daß die Folgen der Größen s_n und s_n' auch die vierte für zwei zusammengehörige Definitionsfolgen erforderliche Bedingung erfüllen, wählen wir irgend eine positive Zahl $\frac{\varepsilon}{2}$. Zu dieser muß es wie zu jeder positiven

Zahl auf Grund von B_4) ein ganze positive Zahl k_1 geben, für welche die Ungleichungen:

$$a'_{k_1+\sigma} - a_{k_1+\sigma} < \frac{\varepsilon}{2}$$

bestehen, wobei σ jeden der Werte 0, 1, 2, ... annimmt. Ebenso muß eine ganze Zahl k_2 existieren, so daß

$$b'_{k_2+\sigma} - b_{k_2+\sigma} < \frac{\varepsilon}{2}$$

für $\sigma = 0, 1, 2 \ldots$ Sei k die größere der zwei Zahlen k_1 und k_2, so ist gewiß

$$a_{k}'{}_{+\sigma} - a_{k+\sigma} < \frac{\varepsilon}{2} \quad \text{und} \quad b_{k}'{}_{+\sigma} - b_{k+\sigma} < \frac{\varepsilon}{2},$$

wobei σ jeden der Werte 0, 1, 2, ... annimmt. Mithin ergibt sich durch Addition:

$$a_{k}'{}_{+\sigma} - a_{k+\sigma} + b_{k}'{}_{+\sigma} - b_{k+\sigma} < \varepsilon, \quad \text{d. h.} \quad s_{k}'{}_{+\sigma} - s_{k+\sigma} < \varepsilon.$$

Die Zahlen s_n und s_n' erfüllen also auch die vierte für zwei zusammengehörige Definitionsfolgen erforderliche Bedingung.

Hilfssatz II. Ist $\alpha = \begin{pmatrix} a_n \\ a_n' \end{pmatrix}$ eine Zahl aus P, so definiert auch $\begin{pmatrix} f_n = -a_n' \\ f_n' = -a_n \end{pmatrix}$ eine Zahl aus P, d. h. die rationalen Zahlen $f_n = -a_n'$ und $f_n' = -a_n$ erfüllen die vier für zwei zusammengehörige Definitionsfolgen erforderlichen Bedingungen B_1) bis B_4).

Da $\alpha = \begin{pmatrix} a_n \\ a_n' \end{pmatrix}$ eine Zahl aus P ist, so ist auf Grund der Bedingungen B_1) bis B_4) für jedes ganzzahlige n:

$$(1) \quad a_{n+1} \geqq a_n, \qquad (2) \quad a_{n}'{}_{+1} \leqq a_n', \qquad (3) \quad a_n' \geqq a_n,$$

und ferner wird für genügend großes k die Differenz $a_k' - a_k$ beliebig klein. Aus (2) folgt nach Satz V des ersten Kapitels § 11 (Seite 57) $-a_{n}'{}_{+1} \geqq -a_n'$, d. h. $f_{n+1} \geqq f_n$; aus (1) ergibt sich ebenso: $-a_{n+1} \leqq -a_n$, d. h. $f_{n}'{}_{+1} \leqq f_n'$; aus (3) folgt: $-a_n' \leqq -a_n$, d. h. $f_n' \geqq f_n$. Mithin erfüllen die Zahlen f_n und f_n' die drei ersten an zwei zusammengehörige Definitionsfolgen zu stellenden Forderungen. Die Bedingung B_4) bezieht sich auf die Differenz $f_n' - f_n$; diese ist gleich $a_n' - a_n$. Da also B_4) von den Zahlen a_n und a_n' erfüllt wird, so trifft B_4) auch für die Zahlen f_n und f_n' zu. Folglich ist $\begin{pmatrix} f_n = -a_n' \\ f_n' = -a_n \end{pmatrix}$, wie wir beweisen wollten, eine Zahl aus P.

Hilfssatz III. Sind $\alpha = \begin{pmatrix} a_n \\ a_n' \end{pmatrix}$ und $\beta = \begin{pmatrix} b_n \\ b_n' \end{pmatrix}$ zwei Zahlen aus P, bei denen alle rationalen Zahlen a_n, a_n', b_n und b_n' **ausnahmslos positive** Größen (> 0) sind, so definiert auch $\pi = \begin{pmatrix} p_n = a_n \cdot b_n \\ p_n' = a_n' \cdot b_n' \end{pmatrix}$ eine Zahl aus P, d. h. die Zahlen $p_n = a_n \cdot b_n$ und $p_n' = a_n' \cdot b_n'$ erfüllen die vier für zwei zusammengehörige Definitionsfolgen erforderlichen Bedingungen B_1) bis B_4).

Da nach Voraussetzung $\alpha = \binom{a_n}{a_n'}$ und $\beta = \binom{b_n}{b_n'}$ zwei Zahlen aus P sind, so erfüllen sie zunächst die Bedingungen B_1) bis B_3) und die hieraus für jedes ganzzahlige n fließenden Ungleichungen:

(1) $a_{n+1} \geqq a_n$, (2) $a_{n+1}' \leqq a_n'$, (3) $a_n' \geqq a_n$,

(1') $b_{n+1} \geqq b_n$, (2') $b_{n+1}' \leqq b_n'$, (3') $b_n' \geqq b_n$.

Nach Voraussetzung sind die Größen a_n, b_n, a_n' und b_n' sämtlich positiv, mithin kann man diese Ungleichungen nach Satz VI und VII des ersten Kapitels § 11 auf S. 57 miteinander multiplizieren und erhält alsdann:

$$a_{n+1} \cdot b_{n+1} \geqq a_n \cdot b_n, \quad a_{n+1}' \cdot b_{n+1}' \leqq a_n' \cdot b_n', \quad a_n' \cdot b_n' \geqq a_n \cdot b_n,$$

d. h.

$$p_{n+1} \geqq p_n, \quad p_{n+1}' \leqq p_n', \quad p_n' \geqq p_n.$$

Die Größen p_n und p_n' erfüllen also die drei ersten für zwei zusammengehörige Definitionsfolgen aufgestellten Bedingungen.

Sei δ irgend eine positive Größe, so kann man stets eine ganze positive Zahl k derartig finden, daß nach der für zwei zusammengehörige Definitionsfolgen erforderlichen Bedingung B_4) $a_{k+\sigma}' - a_{k+\sigma} < \delta$ und $b_{k+\sigma}' - b_{k+\sigma} < \delta$ wird, wobei σ alle Werte 0, 1, 2, . . . annimmt. Wie beim Beweise des Hilfssatzes I gezeigt ist, kann man tatsächlich dasselbe k für beide Ungleichungen nehmen. Nun ist

$$\begin{aligned} p_{k+\sigma}' - p_{k+\sigma} &= a_{k+\sigma}' b_{k+\sigma}' - a_{k+\sigma} b_{k+\sigma} \\ &= b_{k+\sigma}'(a_{k+\sigma}' - a_{k+\sigma}) + a_{k+\sigma}(b_{k+\sigma}' - b_{k+\sigma}). \end{aligned}$$

Da $b_{k+\sigma}'$ nach Voraussetzung positiv ist, schließt man aus $a_{k+\sigma}' - a_{k+\sigma} < \delta$ nach Satz VI des ersten Kapitels § 11 auf Seite 57, daß

(4) $$b_{k+\sigma}'(a_{k+\sigma}' - a_{k+\sigma}) < b_{k+\sigma}' \delta$$

wird. Da $b_{k+\sigma}' - b_{k+\sigma}$ und $a_{k+\sigma}$ positive Größen sind, so ergibt sich aus der infolge von B_3) erfüllten Ungleichung $a_{k+\sigma} \leqq a_{k+\sigma}'$ und der Ungleichung $b_{k+\sigma}' - b_{k+\sigma} < \delta$ nach Satz VI und VII auf Seite 57, daß

(4') $$a_{k+\sigma}(b_{k+\sigma}' - b_{k+\sigma}) < a_{k+\sigma}' \delta$$

wird. Durch Addition von (4) und (4') folgt nach Satz IV auf Seite 57, daß

$$b_{k+\sigma}'(a_{k+\sigma}' - a_{k+\sigma}) + a_{k+\sigma}(b_{k+\sigma}' - b_{k+\sigma}) < b_{k+\sigma}' \delta + a_{k+\sigma}' \delta$$

wird. Da die Zahlen a_n' und b_n' absteigende Definitionsfolgen bilden, so ist unter allen a_n' keines größer als a_1' und unter allen b_n' keines größer als b_1'. Aus $a_{k+\sigma}' \leqq a_1'$ und $b_{k+\sigma}' \leqq b_1'$ folgt, da δ positiv ist, nach den schon benützten Sätzen VI und IV auf Seite 57, daß $b_{k+\sigma}' \delta + a_{k+\sigma}' \delta \leqq b_1' \delta + a_1' \delta$ ist. Mithin wird $p_{k+\sigma}' - p_{k+\sigma} < \delta (a_1' + b_1')$. Ist ε eine beliebig vorgegebene positive Größe und wählt man $\delta = \frac{\varepsilon}{a_1' + b_1'}$, so wird $p_{k+\sigma}' - p_{k+\sigma} < \varepsilon$. Die Zahlen p_n und p_n' erfüllen also auch die vierte für zwei zusammengehörige Definitionsfolgen erforderliche Bedingung; mithin ist $\binom{p_n}{p_n'}$ eine Zahl aus P, wie bewiesen werden sollte.

Hilfssatz IV. Ist $\alpha = \begin{pmatrix} a_n \\ a_n' \end{pmatrix}$ eine Zahl aus P, bei der alle rationalen Zahlen a_n und a_n' **ausnahmslos positive** Größen (> 0) sind, so definiert auch

$$\begin{pmatrix} q_n = \dfrac{1}{a_n'} \\ q_n' = \dfrac{1}{a_n} \end{pmatrix}$$

eine Zahl aus P, d. h. die Größen

$$q_n = \frac{1}{a_n'} \quad \text{und} \quad q_n' = \frac{1}{a_n}$$

erfüllen die vier für zwei zusammengehörige Definitionsfolgen erforderlichen Bedingungen B_1) bis B_4).

Da $\alpha = \begin{pmatrix} a_n \\ a_n' \end{pmatrix}$ eine Zahl aus P ist, so gelten zunächst für jedes ganzzahlige n die drei Ungleichungen:

$$(1)\quad a_{n+1} \geqq a_n, \qquad (2)\quad a_{n+1}' \leqq a_n', \qquad (3)\quad a_n' \geqq a_n.$$

Da die Größen a_n und a_n' nach Voraussetzung lauter positive Zahlen sind, so folgt nach Satz VI auf S. 57 aus (2) durch Multiplikation mit $\frac{1}{a_n'} \cdot \frac{1}{a_{n+1}'}$ die Ungleichung $\frac{1}{a_n'} \leqq \frac{1}{a_{n+1}'}$, aus (1) durch Multiplikation mit $\frac{1}{a_n} \cdot \frac{1}{a_{n+1}}$ die Ungleichung $\frac{1}{a_n} \geqq \frac{1}{a_{n+1}}$ und schließlich aus (3) durch Multiplikation mit $\frac{1}{a_n} \cdot \frac{1}{a_n'}$ die Ungleichung $\frac{1}{a_n} \geqq \frac{1}{a_n'}$. Diese Ungleichungen besagen aber, daß

$$(1')\quad q_n \leqq q_{n+1}, \qquad (2')\quad q_n' \geqq q_{n+1}', \qquad (3')\quad q_n' \geqq q_n$$

ist. Mithin erfüllen die Größen q_n und q_n' die drei ersten für zwei zusammengehörige Definitionsfolgen erforderlichen Bedingungen.

Sei δ irgend eine positive Größe, so kann man stets eine ganze positive Zahl k finden, für die infolge der vierten für zwei zusammengehörige Definitionsfolgen erforderlichen Bedingung $a_{k+\sigma}' - a_{k+\sigma} < \delta$ wird, wobei σ jeden der Werte 0, 1, 2, ... annimmt. Bilden wir

$$q_{k+\sigma}' - q_{k+\sigma} = \frac{1}{a_{k+\sigma}} - \frac{1}{a_{k+\sigma}'} = \frac{a_{k+\sigma}' - a_{k+\sigma}}{a_{k+\sigma}\, a_{k+\sigma}'}.$$

Da $\frac{1}{a_{k+\sigma}}$ und $\frac{1}{a_{k+\sigma}'}$ positive Größen sind, so folgt aus $a_{k+\sigma}' - a_{k+\sigma} < \delta$ nach Satz VI auf Seite 57, daß

$$\frac{a_{k+\sigma}' - a_{k+\sigma}}{a_{k+\sigma}\, a_{k+\sigma}'} < \frac{\delta}{a_{k+\sigma}\, a_{k+\sigma}'}$$

wird. Daher ist

$$q_{k+\sigma}' - q_{k+\sigma} < \frac{\delta}{a_{k+\sigma} \cdot a_{k+\sigma}'} \quad \text{oder} \quad q_{k+\sigma}' - q_{k+\sigma} < \delta\, q_{k+\sigma}' \cdot q_{k+\sigma}.$$

Nun ist $\delta q_{k+\sigma}'$ positiv und nach (3') $q_{k+\sigma} \leqq q_{k+\sigma}'$; folglich ist der in der Ungleichung $q_{k+\sigma}' - q_{k+\sigma} < \delta q_{k+\sigma}' q_{k+\sigma}$ rechts stehende Ausdruck $\delta q_{k+\sigma}' q_{k+\sigma} \leqq \delta q_{k+\sigma}'^2$ und daher $q_{k+\sigma}' - q_{k+\sigma} < \delta q_{k+\sigma}'^2$. Nach (2') bilden die Größen q_n' eine absteigende Folge; daher ist keine von ihnen größer als q_1', also $q_{k+\sigma}' \leqq q_1'$. Hieraus ergibt sich schließlich $q_{k+\sigma}' - q_{k+\sigma} < \delta q_1'^2$. Ist ε eine willkürlich vorgegebene positive Größe und wählt man $\delta = \frac{\varepsilon}{q_1'^2}$, so hat man $q_{k+\sigma}' - q_{k+\sigma} < \varepsilon$, wobei σ jeden der Werte 0, 1, 2, ... annimmt. Hiermit ist gezeigt, daß bei $\begin{pmatrix} q_n \\ q_n' \end{pmatrix}$ auch die vierte für zwei zusammengehörige Definitionsfolgen erforderliche Bedingung erfüllt ist. $\begin{pmatrix} q_n \\ q_n' \end{pmatrix}$ ist demnach eine Zahl aus P.

§ 3.

Gleichheit, Addition und Multiplikation im Gebiet der reellen Zahlen.

Was bei den Zahlen aus P Gleichheit, Addition und Multiplikation heißen soll, war noch nicht definiert. Wir verwenden folgende Definitionen:

Definition I. Zwei Zahlen $\alpha = \begin{pmatrix} a_n \\ a_n' \end{pmatrix}$ und $\beta = \begin{pmatrix} b_n \\ b_n' \end{pmatrix}$ aus P sollen dann und nur dann gleich heißen, $\alpha = \beta$, wenn die zweifach unendlich vielen Ungleichungen zwischen den sie definierenden rationalen Zahlen: $a_n \leqq b_n'$ und $b_n \leqq a_n'$, wobei n jeden der Werte 1, 2, 3, ... zu durchlaufen hat, stattfinden. Ist also auch nur eine einzige Ungleichung dieses zweifach unendlichen Systems durchbrochen, so heißt $\alpha \neq \beta$.

Definition II. Sind $\alpha = \begin{pmatrix} a_n \\ a_n' \end{pmatrix}$ und $\beta = \begin{pmatrix} b_n \\ b_n' \end{pmatrix}$ irgend zwei beliebige Zahlen aus P, so soll unter ihrer Summe

$$\alpha + \beta = \begin{pmatrix} a_n \\ a_n' \end{pmatrix} + \begin{pmatrix} b_n \\ b_n' \end{pmatrix}$$

die Zahl

$$\gamma = \begin{pmatrix} s_n = a_n + b_n \\ s_n' = a_n' + b_n' \end{pmatrix}$$

aus P verstanden werden. (Nach dem Hilfssatze I auf S. 64 ist γ tatsächlich eine Zahl aus P.)

Die Multiplikation definieren wir zunächst bloß für solche Zahlen aus P, bei denen die Definitionsfolgen ausschließlich nur positive rationale Zahlen (> 0) enthalten. Zu dem Zweck geben wir folgende

Definition III. Sind $\alpha = \begin{pmatrix} a_n \\ a_n' \end{pmatrix}$ und $\beta = \begin{pmatrix} b_n \\ b_n' \end{pmatrix}$ zwei Zahlen aus P, bei denen sämtliche zur Bildung verwendeten rationalen Zahlen a_n, a_n', b_n und b_n' für jeden Wert von n **ausnahmslos positiv** (> 0) sind, so soll unter ihrem Produkt

$$\pi = \alpha \cdot \beta = \begin{pmatrix} a_n \\ a_n' \end{pmatrix} \cdot \begin{pmatrix} b_n \\ b_n' \end{pmatrix}$$

die Zahl

$$\pi = \begin{pmatrix} p_n = a_n \cdot b_n \\ p_n' = a_n' \cdot b_n' \end{pmatrix}$$

verstanden werden. (Auf Grund des Hilfssatzes III auf S. 65 ist π tatsächlich eine Zahl aus P.)

Wir beweisen zunächst, daß die durch Definition I erklärte Gleichheit den an jede Gleichheit zu stellenden Forderungen G_1) bis G_5) auf S. 25 u. 33 genügt.

In der Definition I ist der Begriff „gleich" so erklärt, daß sich gleich und ungleich gegenseitig ausschließen. Mithin ist die Definition der Gleichheit eine determinierte, und Postulat G_1) wird erfüllt.

Ersetzt man in der unter I gegebenen Definition die Zahl $\beta = \begin{pmatrix} b_n \\ b_n' \end{pmatrix}$ durch $\alpha = \begin{pmatrix} a_n \\ a_n' \end{pmatrix}$, so ergibt sich als notwendige und hinreichende Bedingung der Gleichheit von α mit sich selbst an Stelle der in I angegebenen zweifach unendlich vielen Ungleichungen nur ein System von einfach unendlich vielen Ungleichungen, nämlich $a_n \leqq a_n'$, wobei n jeden der Werte 1, 2, 3, ... anzunehmen hat. Da $\alpha = \begin{pmatrix} a_n \\ a_n' \end{pmatrix}$ eine Zahl aus P ist, so sind die a_n und a_n' zwei zusammengehörige Definitionsfolgen und erfüllen daher auf Grund der Bedingung B_3) die Ungleichungen $a_n \leqq a_n'$. Die Definition I ist mithin derart gefaßt, daß das Gleichheitspostulat G_2) erfüllt wird, also jede Zahl α aus P sich selbst gleich ist, $\alpha = \alpha$.

Daß die Definition I das Postulat G_3) erfüllt, also, wenn $\alpha = \beta$ ist, auch $\beta = \alpha$ wird, sieht man unmittelbar; denn bei der in I gegebenen Definition der Gleichheit werden durch die Vertauschung von α und β oder der sie definierenden Zahlen a_n, a_n' und b_n, b_n', die zwei Systeme der unendlich vielen Ungleichungen nur untereinander vertauscht.

Es seien $\alpha = \begin{pmatrix} a_n \\ a_n' \end{pmatrix}$, $\beta = \begin{pmatrix} b_n \\ b_n' \end{pmatrix}$ und $\gamma = \begin{pmatrix} c_n \\ c_n' \end{pmatrix}$ drei Zahlen aus P. Wir wollen beweisen, daß das Postulat G_4) zutrifft, d. h. daß aus $\alpha = \beta$ und $\beta = \gamma$ die Gleichheit $\alpha = \gamma$ folgt. Der Beweis ergibt sich auf folgende Art: Ist $\alpha = \beta$ und $\beta = \gamma$, so bestehen auf Grund von Definition I die Ungleichungen $a_n \leqq b_n'$ und $b_n \leqq a_n'$ bzw. $b_n \leqq c_n'$ und $c_n \leqq b_n'$, wobei n jeden der Werte 1, 2, 3, ... anzunehmen hat. Durch Addition der ersten und dritten bzw. zweiten und vierten Ungleichung folgt $a_n + b_n \leqq b_n' + c_n'$ und $b_n + c_n \leqq a_n' + b_n'$. Hieraus ergibt sich

(1) $$a_n \leqq c_n' + (b_n' - b_n) \text{ und } c_n \leqq a_n' + (b_n' - b_n).$$

Wir wollen nun zeigen, daß die Annahme, für einen Wert N des Index n würde einmal $a_N > c_N'$, unmöglich ist. Ist $a_N > c_N'$, so sei die positive Zahl $a_N - c_N'$ mit p bezeichnet, also $a_N = c_N' + p$. Da die Zahlen a_n einer aufsteigenden, die Zahlen c_n' einer absteigenden Definitionsfolge angehören, so ist $a_{N+\sigma} \geqq a_N$, $c_{N+\sigma}' \leqq c_N'$, wobei σ jeden der Werte 1, 2, 3, ... annehmen kann. Folglich ergibt sich aus $a_N = c_N' + p$ die Beziehung

(2) $$a_{N+\sigma} \geqq c_{N+\sigma}' + p.$$

Da die Zahlen b_n und b_n' zwei zusammengehörigen Definitionsfolgen angehören, so kann man nach B$_4$) eine ganze positive Zahl k finden, so daß die Ungleichungen $b_{k+\sigma}' - b_{k+\sigma} < p$ für jeden Wert $\sigma = 0, 1, 2, \ldots$ erfüllt sind. Setzt man in die oben unter (1) hergeleitete, für jedes ganzzahlige positive n gültige Beziehung: $a_n \leqq c_n' + (b_n' - b_n)$ an die Stelle von n den Wert $k + \sigma$, wobei $\sigma = 1, 2, 3, \ldots$ und k die soeben bestimmte Zahl bedeutet, so erhält man $a_{k+\sigma} \leqq c_{k+\sigma}' + (b_{k+\sigma}' - b_{k+\sigma})$ und hieraus, da $b_{k+\sigma}' - b_{k+\sigma} < p$ ist, schließlich

$$a_{k+\sigma} < c_{k+\sigma}' + p.$$

Sei L die größere der zwei Zahlen $N + 1$ und $k + 1$, so sind in den zwei Systemen (2) und (3) auch die zwei Ungleichungen:

$$a_L \geqq c_L' + p \quad \text{und} \quad a_L < c_L' + p$$

enthalten, die sich widersprechen. Mithin ist unsere Annahme, daß einmal $a_N > c_N'$ wird, falsch. Folglich besteht für jeden Wert $n = 1, 2, 3, \ldots$ die Ungleichung $a_n \leqq c_n'$. Ebenso beweist man auf Grund der in (1) enthaltenen gleichberechtigten Relation $c_n \leqq a_n' + (b_n' - b_n)$, daß $c_n \leqq a_n'$ wird. Die erhaltenen Ungleichungen $a_n \leqq c_n'$ und $c_n \leqq a_n'$ besagen aber nach Definition I, wie wir beweisen wollen, daß die Gleichheit $\alpha = \gamma$ stattfindet.

Nachdem wir gezeigt haben, daß die Definition I die Gleichheit tatsächlich als determinierte, reflexive, symmetrische und transitive Relation bestimmt, haben wir noch zu zeigen, daß sich sämtliche nach Definition I als gleich erklärte Zahlen aus P auch bei der durch Definition II festgelegten Addition und bei der durch Definition III eingeführten Multiplikation gegenseitig vertreten können.

Seien $\alpha = \begin{pmatrix} a_n \\ a_n' \end{pmatrix}$ und $\bar{\alpha} = \begin{pmatrix} \bar{a}_n \\ \bar{a}_n' \end{pmatrix}$ zwei gleiche Zahlen aus P und ebenso $\beta = \begin{pmatrix} b_n \\ b_n' \end{pmatrix}$ und $\bar{\beta} = \begin{pmatrix} \bar{b}_n \\ \bar{b}_n' \end{pmatrix}$ zwei gleiche Zahlen aus P, also $\alpha = \bar{\alpha}$ und $\beta = \bar{\beta}$. Nach Definition I bestehen, da $\alpha = \bar{\alpha}$ ist, die zweifach unendlich vielen Ungleichungen:

(4) $$a_n \leqq \bar{a}_n'$$

und

(5) $$\bar{a}_n \leqq a_n';$$

ebenso hat man, da $\beta = \bar{\beta}$ ist, die zweifach unendlich vielen Ungleichungen:

(4′) $$b_n \leqq \bar{b}_n'$$

und

(5′) $$b_n \leqq b_n'.$$

Durch Addition von (4) und (4′) bzw. (5) und (5′) erhält man:

(6) $$a_n + b_n \leqq \bar{a}_n' + \bar{b}_n'$$

und

(7) $$\bar{a}_n + \bar{b}_n \leqq a_n' + b_n'.$$

Nach Definition II ist

$$\alpha + \beta = \begin{pmatrix} a_n + b_n \\ a_n' + b_n' \end{pmatrix} \quad \text{und} \quad \bar{\alpha} + \bar{\beta} = \begin{pmatrix} \bar{a}_n + \bar{b}_n \\ \bar{a}_n' + \bar{b}_n' \end{pmatrix};$$

die Ungleichungen (6) und (7) besagen nach Definition I, daß $\alpha + \beta = \bar{\alpha} + \bar{\beta}$. Unsere Definition der Gleichheit genügt also auch der Bedingung, daß Gleiches zu Gleichem addiert, Gleiches ergibt.

Die Multiplikation war nur für besondere Zahlen aus P durch Definition erklärt. Wir müssen zeigen, daß sich bei ihr irgend welche durch I als gleich definierte Zahlen der besonderen Art, wie sie Definition III verwendet, durcheinander ersetzen lassen. Sei wieder

$$\alpha = \begin{pmatrix} a_n \\ a_n' \end{pmatrix}, \quad \bar{\alpha} = \begin{pmatrix} \bar{a}_n \\ \bar{a}_n' \end{pmatrix}, \quad \beta = \begin{pmatrix} b_n \\ b_n' \end{pmatrix}, \quad \bar{\beta} = \begin{pmatrix} \bar{b}_n \\ \bar{b}_n' \end{pmatrix}$$

und $\alpha = \bar{\alpha}$, $\beta = \bar{\beta}$. Entsprechend Definition III setzen wir voraus, daß die rationalen Zahlen a_n, a_n', $\bar{a}_n$, $\bar{a}_n'$, b_n, b_n', $\bar{b}_n$, $\bar{b}_n'$ für jeden Wert von n sämtlich positiv sind. Da $\alpha = \bar{\alpha}$, $\beta = \bar{\beta}$, so hat man die Ungleichungen:

$$(4)\ a_n \leqq \bar{a}_n', \qquad (5)\ \bar{a}_n \leqq a_n', \qquad (4')\ b_n \leqq \bar{b}_n', \qquad (5')\ \bar{b}_n \leqq b_n'.$$

Die in diesen Ungleichungen auftretenden Zahlen sind nach Voraussetzung sämtlich positiv; mithin ergibt sich nach Satz VI und VII auf S. 57 durch Multiplikation von (4) und (4'): $a_n \cdot b_n \leqq \bar{a}_n' \cdot \bar{b}_n'$ und ebenso durch Multiplikation von (5) und (5'): $\bar{a}_n \cdot \bar{b}_n \leqq a_n' \cdot b_n'$.

Nach Definition III ist

$$\alpha \cdot \beta = \begin{pmatrix} a_n \cdot b_n \\ a_n' \cdot b_n' \end{pmatrix} \quad \text{und} \quad \bar{\alpha} \cdot \bar{\beta} = \begin{pmatrix} \bar{a}_n \cdot \bar{b}_n \\ \bar{a}_n' \cdot \bar{b}_n' \end{pmatrix}.$$

Die gewonnenen Ungleichungen $a_n \cdot b_n \leqq \bar{a}_n' \cdot \bar{b}_n'$ und $\bar{a}_n \cdot \bar{b}_n \leqq a_n' \cdot b_n'$ besagen nach Definition I, daß $\alpha \cdot \beta = \bar{\alpha} \cdot \bar{\beta}$. Mithin können sich auch bei der durch Definition III erklärten Multiplikation gleiche Zahlen aus P gegenseitig vertreten.

Die für die Gleichheit von Zahlen aus P gegebene Definition genügt also den fünf Postulaten G_1) bis G_5).

Die Zahlen aus P enthalten das System R der rationalen Zahlen als Spezialfall. Für die Zahlen aus R wurden die Begriffe „gleich", „addieren" und „multiplizieren" bereits früher definiert. Ehe wir unsere Definitionen I bis III als rechtmäßig ansehen können, ist noch zu zeigen, daß jedesmal, wenn eine Zahl aus P gleich einer Zahl aus R ist, die Definitionen I bis III für die Gleichheit, Addition und Multiplikation von Zahlen aus P in die früher für die Zahlen aus R gegebenen Definitionen übergehen, daß also nicht etwa für die speziellen Zahlen aus P, die gleich Zahlen aus R sind, einer der Begriffe „Gleichheit", „Addition" und „Multiplikation" auf zwei einander widersprechende Weisen festgelegt ist.

Seien $\alpha = \begin{pmatrix} a_n \\ a_n' \end{pmatrix}$ und $\beta = \begin{pmatrix} b_n \\ b_n' \end{pmatrix}$ zwei Zahlen aus P, die gleich den rationalen Zahlen r und s aus R sind, d. h. α läßt sich als Zahl aus P auch in der Form $\begin{pmatrix} r, r, \ldots, r, \ldots \\ r, r, \ldots, r, \ldots \end{pmatrix}$ und β als Zahl aus P in der Form $\begin{pmatrix} s, s, \ldots, s, \ldots \\ s, s, \ldots, s, \ldots \end{pmatrix}$ schreiben. Es gelten also die Gleichungen

$$(8) \qquad \begin{pmatrix} a_n \\ a_n' \end{pmatrix} = \begin{pmatrix} r, r, \ldots, r, \ldots \\ r, r, \ldots, r, \ldots \end{pmatrix}$$

und

(9) $$\begin{pmatrix} b_n \\ b_n' \end{pmatrix} = \begin{pmatrix} s, & s, & \ldots, & s, & \ldots \\ s, & s, & \ldots, & s, & \ldots \end{pmatrix},$$

zu deren Existenz nach Definition I das Bestehen der Ungleichungen $a_n \leqq r$, $r \leqq a_n'$ bzw. $b_n \leqq s$, $s \leqq b_n'$ für jeden ganzzahligen Wert $n = 1, 2, 3, \ldots$ notwendig und ausreichend ist.

Sind die Zahlen $\alpha = \begin{pmatrix} a_n \\ a_n' \end{pmatrix}$ und $\beta = \begin{pmatrix} b_n \\ b_n' \end{pmatrix}$ aus P gleich, so ergibt sich aus (8) und (9), da die Gleichheit von Zahlen aus P schon als symmetrische und transitive Relation nachgewiesen war, daß die rechten Seiten von (8) und (9) gleich sein müssen, da es die linken Seiten nach Voraussetzung sind. Man hat also

$$\begin{pmatrix} r, & r, & \ldots, & r, & \ldots \\ r, & r, & \ldots, & r, & \ldots \end{pmatrix} = \begin{pmatrix} s, & s, & \ldots, & s, & \ldots \\ s, & s, & \ldots, & s, & \ldots \end{pmatrix}.$$

Sollen die zwei Zahlen

$$\begin{pmatrix} r, & r, & \ldots, & r, & \ldots \\ r, & r, & \ldots, & r, & \ldots \end{pmatrix} \quad \text{und} \quad \begin{pmatrix} s, & s, & \ldots, & s, & \ldots \\ s, & s, & \ldots, & s, & \ldots \end{pmatrix}$$

aus P gleich sein, so erfordert dies nach Definition I das Bestehen der zwei Ungleichungen $r \leqq s$ und $s \leqq r$; auf diese reduziert sich nämlich im vorliegenden Fall das bei Definition I angegebene zweifach unendliche System von Ungleichungen. Damit die zwei angeführten Ungleichungen $r \leqq s$ und $s \leqq r$ nebeneinander bestehen können, muß $r = s$ sein, da sich sowohl $r < s$ und $s < r$ als auch $r = s$ und $r < s$ oder $s < r$ nach Seite 55 gegenseitig ausschließen; wenn also Zahlen aus P, die dem System R angehören, nach der für die Gleichheit von Zahlen aus P gegebenen Definition I gleich sind, so sind sie es auch als Zahlen des Systems R.

Sind umgekehrt die Zahlen r und s aus R gleich, also $r = s$, so stimmen die Gleichungen (8) und (9) in ihren rechten Seiten überein; hieraus ergibt sich, da jede Gleichheit für Zahlen aus P bereits als symmetrische und transitive Relation erwiesen war, daß die linken Seiten von (8) und (9) gleich sind. Mithin sind $\begin{pmatrix} a_n \\ a_n' \end{pmatrix}$ und $\begin{pmatrix} b_n \\ b_n' \end{pmatrix}$ auch nach Definition I als Zahlen aus P gleich.

Ist $\alpha = \begin{pmatrix} a_n \\ a_n' \end{pmatrix}$ eine Zahl aus P, die gleich der rationalen Zahl r ist, und ist ebenso $\beta = \begin{pmatrix} b_n \\ b_n' \end{pmatrix}$ eine Zahl aus P, die gleich der rationalen Zahl s ist, also

$$\alpha = \begin{pmatrix} r, & r, & \ldots, & r, & \ldots \\ r, & r, & \ldots, & r, & \ldots \end{pmatrix} \quad \text{und} \quad \beta = \begin{pmatrix} s, & s, & \ldots, & s, & \ldots \\ s, & s, & \ldots, & s, & \ldots \end{pmatrix},$$

so ist nach Definition II:

$$\alpha + \beta = \begin{pmatrix} r+s, & r+s, & \ldots, & r+s, & \ldots \\ r+s, & r+s, & \ldots, & r+s, & \ldots \end{pmatrix};$$

diese Zahl aus P ist aber die rationale Zahl $r + s$ aus R. Mithin ist die durch Definition II für Zahlen aus P eingeführte Addition nur eine Erweiterung der Summenbildung für rationale Zahlen aus R.

Sind r und s zwei rationale positive Zahlen, so ist, wenn

$$\alpha = \begin{pmatrix} r, r, \ldots, r, \ldots \\ r, r, \ldots, r, \ldots \end{pmatrix} \quad \text{und} \quad \beta = \begin{pmatrix} s, s, \ldots, s, \ldots \\ s, s, \ldots, s, \ldots \end{pmatrix},$$

nach Definition III das Produkt

$$\alpha \cdot \beta = \begin{pmatrix} r \cdot s, & r \cdot s, & \ldots, & r \cdot s, & \ldots \\ r \cdot s, & r \cdot s, & \ldots, & r \cdot s, & \ldots \end{pmatrix};$$

diese Zahl aus P läßt sich aber als $r \cdot s$ in R schreiben. Mithin ist für den Fall, daß α und β die rationalen positiven Zahlen r und s sind, das durch Definition III definierte Produkt auch ihr gewöhnliches Produkt $r \cdot s$.

Wir haben demnach das Resultat: Jedesmal, wenn zwei Zahlen α und β aus P gleich rationalen Zahlen sind, werden die für sie durch die Definitionen I bis III eingeführten Begriffe der Gleichheit, der Addition und der Multiplikation identisch mit den nämlichen Begriffen bei den ihnen gleichen rationalen Zahlen.

§ 4.

Einteilung der reellen Zahlen in positive und negative.

Auf Grund der zu Beginn des § 3 für die Gleichheit von Zahlen aus P gegebenen Definition lassen sich diese, wie nunmehr gezeigt werden soll, in drei sich gegenseitig ausschließende Klassen einteilen, die durch die Zahl 0, die positiven und die negativen Zahlen gebildet werden.

Wir beweisen zunächst folgenden

Satz I. Jede Zahl $\alpha = \begin{pmatrix} a_1, a_2, \ldots, a_n, \ldots \\ a_1', a_2', \ldots, a_n', \ldots \end{pmatrix}$ ist gleich der Zahl $\begin{pmatrix} a_{k_1}, a_{k_2}, \ldots, a_{k_n}, \ldots \\ a'_{k_1}, a'_{k_2}, \ldots, a'_{k_n}, \ldots \end{pmatrix}$, die aus α hervorgeht, indem man in $\begin{pmatrix} a_1, a_2, \ldots, a_n, \ldots \\ a_1', a_2', \ldots, a_n', \ldots \end{pmatrix}$ beliebig viele a_n und die ihnen entsprechenden a_n' mit den nämlichen Indizes streicht, vorausgesetzt, daß in der Folge $a_{k_1}, a_{k_2}, \ldots$ noch unendlich viele Zahlen übrig bleiben. $k_1 < k_2 < k_3 \ldots$ bedeuten hierbei Zahlen aus der Reihe 1, 2, 3, ...[1]

Offenbar erfüllen $\begin{Bmatrix} a_{k_1}, a_{k_2}, \ldots \\ a'_{k_1}, a'_{k_2}, \ldots \end{Bmatrix}$ alle vier an zwei Definitionsfolgen zu stellenden Bedingungen B_1) bis B_4), da dies von den zwei die Zahl α bestimmenden Definitionsfolgen $\begin{Bmatrix} a_1, a_2, \ldots \\ a_1', a_2', \ldots \end{Bmatrix}$ geschieht, aus denen sie hergeleitet wurden. Mithin ist $\begin{pmatrix} a_{k_1}, a_{k_2}, \ldots, a_{k_n}, \ldots \\ a'_{k_1}, a'_{k_2}, \ldots, a'_{k_n}, \ldots \end{pmatrix}$ eine Zahl aus P, die wir mit α'

---

[1] Man kann also entweder eine endliche Anzahl der a_n streichen oder auch unendlich viele, wobei aber darauf zu achten ist, daß noch unendlich viele übrig bleiben müssen; z. B. kann man alle a_n streichen, deren Index durch 5 teilbar ist, aber nicht etwa alle a_n, deren Index größer als die Zahl 100 oder eine andere vorgegebene Zahl ist.

bezeichnen wollen. Nach B_3) bestehen für zwei zusammengehörige Definitionsfolgen die Ungleichungen $a_{k_n} \leqq a'_{k_n}$. Da nach Definition $k_n \geqq n$ und die a_n einer aufsteigenden, die a_n' einer absteigenden Definitionsfolge angehören, also $a_n \leqq a_{k_n}$ und $a'_{k_n} \leqq a_n'$ ist, so schließt man, daß einerseits $a_n \leqq a'_{k_n}$, andererseits $a_{k_n} \leqq a_n'$ wird, wobei n jeden der Werte 1, 2, 3, ... annimmt. Die zwei zuletzt gefundenen Systeme von Ungleichungen besagen aber nach Definition I auf S. 68, daß, wie wir beweisen wollen, die zwei Zahlen α und α' gleich sind.

Wir beweisen ferner

Satz II. *Hat man eine Zahl $\alpha = \begin{pmatrix} a_n \\ a_n' \end{pmatrix}$ aus P, bei der die aufsteigende Definitionsfolge ausnahmslos negative Zahlen oder Nullen, die absteigende Definitionsfolge ausnahmslos positive Zahlen oder Nullen enthält*[1], *so ist die Zahl α gleich 0.*

Nach Voraussetzung sollen bei der Zahl $\begin{pmatrix} a_n \\ a_n' \end{pmatrix}$ sämtliche a_n negativ oder 0, und sämtliche a_n' positiv oder 0 sein, d. h. man hat $a_n \leqq 0$ und $a_n' \geqq 0$; diese zwei Systeme von Ungleichungen besagen nach Definition I (S. 68), daß die Zahl $\begin{pmatrix} a_n \\ a_n' \end{pmatrix}$ gleich der Zahl $\begin{pmatrix} 0, & 0, & \ldots, & 0, & \ldots \\ 0, & 0, & \ldots, & 0, & \ldots \end{pmatrix}$ aus P oder gleich der rationalen Zahl 0 ist.

Hat man eine Zahl $\alpha = \begin{pmatrix} a_n \\ a_n' \end{pmatrix}$ und enthält die aufsteigende Definitionsfolge einmal eine Zahl a_g, so daß $a_g > 0$, also a_g positiv ist, so sind alle auf a_g folgenden Zahlen $a_{g+1}, a_{g+2}, a_{g+3}, \ldots$ ebenfalls positiv, da die a_n eine aufsteigende Definitionsfolge bilden. Nach der für zwei zusammengehörige Definitionsfolgen gültigen Bedingung B_3) ist stets $a_n' \geqq a_n$. Wenn demnach die Voraussetzung $a_g > 0$ zutrifft, so wird, da die Größen a_n' eine absteigende Definitionsfolge bilden, jede der Zahlen a_n', wobei n die Werte 1, 2, 3, ... annimmt, positiv.

Hiernach definieren wir:

Definition I. *Eine Zahl $\alpha = \begin{pmatrix} a_n \\ a_n' \end{pmatrix}$ aus P heißt positiv, wenn sich in der aufsteigenden Definitionsfolge der a_n einmal eine positive Zahl $a_g (a_g > 0)$ vorfindet.*

Da für eine soeben als positiv definierte Zahl aus P bei der absteigenden Definitionsfolge der a_n' sämtliche Zahlen und bei der aufsteigenden Definitionsfolge alle von einer gewissen a_g an, wie schon ausgeführt wurde, positiv sind, so ergibt sich nach Satz I, daß

$$\alpha = \begin{pmatrix} a_1, & a_2, & \ldots, & a_n, & \ldots \\ a_1', & a_2', & \ldots, & a_n', & \ldots \end{pmatrix} = \begin{pmatrix} a_g, & a_{g+1}, & a_{g+2}, & \ldots \\ a_g', & a_{g+1}', & a_{g+2}', & \ldots \end{pmatrix}$$

ist. Wir haben daher

---

[1] Bei den gemachten Voraussetzungen bedingt das Auftreten einer 0 in einer Definitionsfolge, daß alle folgenden Zahlen der betreffenden Definitionsfolge auch gleich 0 sind.

Satz III. Für jede positive Zahl lassen sich stets zwei zusammengehörige Definitionsfolgen angeben, die ausnahmslos positive Zahlen (> 0) enthalten.

Hat man eine Zahl $\alpha = \begin{pmatrix} a_n \\ a_n' \end{pmatrix}$ und enthält die aufsteigende Definitionsfolge der a_n keine einzige positive Zahl, so betrachten wir die absteigende Definitionsfolge der a_n'. Entweder enthält diese keine negativen Zahlen, dann ist nach Satz II die Zahl $\alpha = 0$, oder die absteigende Folge der a_n' enthält wenigstens einmal eine negative Zahl a_h' ($a_h' < 0$).

Hat man eine Zahl $\alpha = \begin{pmatrix} a_n \\ a_n' \end{pmatrix}$ und enthält die absteigende Definitionsfolge einmal eine Zahl a_h', die negativ ist, so sind alle auf a_h' folgenden Zahlen a_{h+1}', a_{h+2}', ... ebenfalls negativ, da die a_n' eine absteigende Definitionsfolge bilden. Nach der für zwei zusammengehörige Definitionsfolgen gültigen Bedingung B_3) ist stets $a_n' \geqq a_n$. Demnach wird, wenn die Voraussetzung $a_h' < 0$ zutrifft, jede der Zahlen a_n, wobei n jeden der Werte 1, 2, 3, ... annimmt, negativ. Auf Grund von Satz I ergibt sich, daß jede Zahl $\alpha = \begin{pmatrix} a_n \\ a_n' \end{pmatrix}$, bei der einmal eine negative Zahl a_h' auftritt, sich auch in der Form $\alpha = \begin{pmatrix} a_h, & a_{h+1}, & a_{h+2}, & \ldots \\ a_h', & a_{h+1}', & a_{h+2}', & \ldots \end{pmatrix}$ schreiben läßt, wobei beide Definitionsfolgen ausschließlich negative Zahlen enthalten.

Wir definieren:

Definition II. Eine Zahl $\alpha = \begin{pmatrix} a_n \\ a_n' \end{pmatrix}$ heißt negativ, wenn sich in der absteigenden Definitionsfolge der a_n' einmal eine negative Zahl a_h' ($a_h' < 0$) vorfindet.

Auf Grund der zuletzt angeführten Tatsachen haben wir

Satz IV. Für jede negative Zahl lassen sich stets zwei zusammengehörige Definitionsfolgen angeben, die ausnahmslos negative Zahlen (< 0) enthalten.

Durch die voraufgehenden Betrachtungen sind die Zahlen aus P in die drei Klassen: 0, positive Zahlen und negative Zahlen eingeteilt, so daß jede Zahl einer und auch nur einer der drei Klassen angehört. Wie man unmittelbar sieht, sind die gegebenen Definitionen auch völlig im Einklang mit denjenigen bei rationalen Zahlen; denn jede positive rationale Zahl läßt sich nach Satz III als positive Zahl in P und jede negative rationale Zahl nach Satz IV als negative Zahl in P schreiben.

§ 5.

Die reellen Zahlen bilden einen Körper. Multiplikation negativer Zahlen. (Ergänzung des § 3.)

Wir beweisen nunmehr, daß auch die Gesamtheit der reellen Zahlen einen Körper bildet, d. h. daß für die reellen Zahlen bei ihrer Addition und Multiplikation die 10 Postulate A_1) bis A_4), M_1) bis M_4), C) und D) auf S. 34—36 gelten.

Die Addition der Zahlen aus P ist bereits durch Definition II des § 3 auf S. 68 vollkommen festgelegt; hingegen bestimmt die Definition III auf Seite 68 die Multiplikation nur für besondere Zahlen aus P; wir werden diese daher noch zu ergänzen haben, was später geschehen soll. Zunächst behandeln wir die Addition der Zahlen aus P.

Die Summe zweier Zahlen aus P ist nach Definition II auf S. 68 wiederum eine Zahl aus P; daher ist die Addition stets innerhalb des Zahlenkreises P ausführbar, ohne aus ihm herauszuführen, und mithin ist A_1) erfüllt.

Die Addition der Zahlen aus P befolgt auch das assoziative Gesetz A_2), d. h. sind

$$\alpha = \binom{a_n}{a_n'}, \quad \beta = \binom{b_n}{b_n'}, \quad \gamma = \binom{c_n}{c_n'}$$

irgend drei Zahlen aus P, so ist $[\alpha + \beta] + \gamma = \alpha + [\beta + \gamma]$. Der Beweis folgt sofort aus der Tatsache, daß für die Addition der rationalen Zahlen das assoziative Gesetz gilt, daß also

$$[a_n + b_n] + c_n = a_n + [b_n + c_n] \quad \text{und} \quad [a_n' + b_n'] + c_n' = a_n' + [b_n' + c_n']$$

ist.

Die Zahl $0 = \begin{pmatrix} 0, 0, \ldots, 0, \ldots \\ 0, 0, \ldots, 0, \ldots \end{pmatrix}$ ist für die Zahlen aus P bei ihrer Addition neutrales Element; denn es ist nach Definition II:

$$\binom{a_n}{a_n'} + \begin{pmatrix} 0, 0, \ldots, 0, \ldots \\ 0, 0, \ldots, 0, \ldots \end{pmatrix} = \binom{a_n + 0}{a_n' + 0} = \binom{a_n}{a_n'}.$$

Mithin ist auch A_3) erfüllt.

Ist $\alpha = \binom{a_n}{a_n'}$ irgend eine Zahl aus P, so ist nach Hilfssatz II auf S. 65 auch $\binom{-a_n'}{-a_n}$ eine Zahl aus P. Wir bilden nach Definition II die Summe

$$\binom{a_n}{a_n'} + \binom{-a_n'}{-a_n} = \binom{a_n - a_n'}{a_n' - a_n}.$$

Da $\binom{a_n}{a_n'}$ eine Zahl aus P ist, so ist auf Grund von B_3) $a_n' \geqq a_n$, also $a_n' - a_n \geqq 0$ und $a_n - a_n' \leqq 0$. Mithin ist die Zahl $\binom{a_n - a_n'}{a_n' - a_n}$ nach Satz II auf S. 74 gleich 0. Die erhaltene Gleichung $\binom{a_n}{a_n'} + \binom{-a_n'}{-a_n} = 0$ zeigt, daß die Zahlen aus P auch das Postulat A_4) erfüllen. Mithin ist (Satz II des Kap. I, § 7 auf S. 34) die zu $\binom{a_n}{a_n'}$ entgegengesetzte Zahl $-\alpha = -\binom{a_n}{a_n'}$ gleich $\binom{-a_n'}{-a_n}$. Unter der Differenz $\beta - \alpha$ ist genau wie früher (vgl. S. 35) die Summe $\beta + (-\alpha)$ zu verstehen, so daß $\beta - \alpha$ durch $(\beta - \alpha) + \alpha = \beta$ charakterisiert ist. Also ist $\beta - \alpha = \binom{b_n - a_n'}{b_n' - a_n}$.

Ehe wir die Gültigkeit der für die Multiplikation in Frage kommenden Postulate behandeln, schicken wir folgendes voraus: Eine positive Zahl aus

P läßt sich nach Satz III auf S. 75 immer derart schreiben, daß alle in ihren zwei Definitionsfolgen verwendeten rationalen Zahlen ausnahmslos positiv sind. Das Verfahren der Multiplikation zweier **positiver** Zahlen α und β aus P definieren wir auf folgende Weise: Man stellt α und β so dar, daß in ihren Definitionsfolgen ausnahmslos positive rationale Zahlen verwendet werden, und verfährt nach der für die Multiplikation solcher Zahlen aus P gegebenen Definition III auf S. 68. Das Resultat $\alpha \cdot \beta$ ist, wie auf S. 71 gezeigt wurde, völlig unabhängig von der Art und Weise, wie man für α und β solche Repräsentanten mit nur positiven rationalen Zahlen in ihren Definitionsfolgen auswählt.

Wir weisen zunächst nach, daß die Postulate M_1) bis M_4), C) und D) bei der Multiplikation der positiven Zahlen aus P gelten.

Nach Definition III führt die Multiplikation positiver Zahlen aus P wieder zu solchen, sie ist also gewiß in P ausführbar; mithin ist Postulat M_1) erfüllt.

Die Multiplikation der positiven Zahlen aus P erfüllt das assoziative Gesetz M_2) der Multiplikation, d. h. sind α, β, γ drei positive Zahlen aus P, so ist $\alpha \cdot (\beta \cdot \gamma) = (\alpha \cdot \beta) \cdot \gamma$. Seien

$$\alpha = \begin{pmatrix} a_n \\ a_n' \end{pmatrix}, \quad \beta = \begin{pmatrix} b_n \\ b_n' \end{pmatrix}, \quad \gamma = \begin{pmatrix} c_n \\ c_n' \end{pmatrix}$$

drei positive Zahlen, in deren Definitionsfolgen ausnahmslos positive rationale Zahlen verwendet seien, so folgt das Resultat aus der Tatsache, daß für die Multiplikation der rationalen Zahlen das assoziative Gesetz gilt, daß also sowohl $a_n \cdot [b_n \cdot c_n] = [a_n \cdot b_n] \cdot c_n$ als auch $a_n' \cdot [b_n' \cdot c_n'] = [a_n' \cdot b_n'] \cdot c_n'$ ist.

Ist α eine positive Zahl aus P, $\alpha = \begin{pmatrix} a_n \\ a_n' \end{pmatrix}$, wobei die rationalen Zahlen a_n und a_n' alle positiv sind, so ist

$$\begin{pmatrix} a_n \\ a_n' \end{pmatrix} \cdot \begin{pmatrix} 1, 1, \ldots, 1, \ldots \\ 1, 1, \ldots, 1, \ldots \end{pmatrix} = \begin{pmatrix} a_n \cdot 1 \\ a_n' \cdot 1 \end{pmatrix} = \begin{pmatrix} a_n \\ a_n' \end{pmatrix}.$$

Mithin ist für die Multiplikation der positiven Zahlen aus P die rationale Zahl 1 neutrales Element, und es ist auch Postulat M_3) erfüllt.

Ist $\alpha = \begin{pmatrix} a_n \\ a_n' \end{pmatrix}$ eine positive Zahl aus P, zu deren Darstellung ausschließlich positive rationale Zahlen a_n und a_n' verwendet sein mögen, so ist auch

$$\begin{pmatrix} \dfrac{1}{a_n'} \\ \dfrac{1}{a_n} \end{pmatrix}$$

nach Hilfssatz IV auf S. 67 eine Zahl aus P, bei der alle Größen $\dfrac{1}{a_n'}$ und $\dfrac{1}{a_n}$ positiv ausfallen. Dann wird das Produkt

$$\begin{pmatrix} a_n \\ a_n' \end{pmatrix} \cdot \begin{pmatrix} \dfrac{1}{a_n'} \\ \dfrac{1}{a_n} \end{pmatrix} = \begin{pmatrix} \dfrac{a_n}{a_n'} \\ \dfrac{a_n'}{a_n} \end{pmatrix}.$$

Da $\begin{pmatrix} a_n \\ a_n' \end{pmatrix}$ eine Zahl aus P ist, so ist nach der Bedingung B_3) stets $a_n \leqq a_n'$. Aus dieser Ungleichung folgt nach Satz VI auf S. 57 durch Multiplikation mit der positiven Zahl $\frac{1}{a_n'}$, daß $\frac{a_n}{a_n'} \leqq 1$, und ferner durch Multiplikation mit der positiven Zahl $\frac{1}{a_n}$, daß $1 \leqq \frac{a_n'}{a_n}$. Die Ungleichungen $\frac{a_n}{a_n'} \leqq 1$ und $1 \leqq \frac{a_n'}{a_n}$ besagen nach Definition I auf S. 68, daß die zwei Zahlen

$$\begin{pmatrix} \frac{a_n}{a_n'} \\ \frac{a_n'}{a_n} \end{pmatrix} \quad \text{und} \quad \begin{pmatrix} 1, 1, \ldots, 1, \ldots \\ 1, 1, \ldots, 1, \ldots \end{pmatrix}$$

gleich sind. Da die letztere Zahl gleich der rationalen Zahl 1 ist, so hat man

$$\begin{pmatrix} a_n \\ a_n' \end{pmatrix} \cdot \begin{pmatrix} \frac{1}{a_n'} \\ \frac{1}{a_n} \end{pmatrix} = 1.$$

Mithin enthält das System P neben jeder positiven Zahl $\alpha = \begin{pmatrix} a_n \\ a_n' \end{pmatrix}$, die durch lauter positive rationale Zahlen a_n und a_n' repräsentiert sei, die Zahl $\begin{pmatrix} \frac{1}{a_n'} \\ \frac{1}{a_n} \end{pmatrix}$, die wir infolge der Gleichung

$$\begin{pmatrix} a_n \\ a_n' \end{pmatrix} \cdot \begin{pmatrix} \frac{1}{a_n'} \\ \frac{1}{a_n} \end{pmatrix} = 1$$

in Übereinstimmung mit Satz XI auf S. 38 gleich $\frac{1}{\alpha}$ setzen und als die zu α reziproke Zahl bezeichnen. Es ist also auch Postulat M_4) erfüllt.

Die Multiplikation der positiven Zahlen aus P befolgt auch das kommutative Gesetz C), d. h. sind α und β zwei positive Zahlen, so ist $\alpha \cdot \beta = \beta \cdot \alpha$. Sind nämlich $\alpha = \begin{pmatrix} a_n \\ a_n' \end{pmatrix}$ und $\beta = \begin{pmatrix} b_n \\ b_n' \end{pmatrix}$, wie wir es verlangen, durch ausnahmslos positive rationale Zahlen dargestellt, so ist

$$\alpha \cdot \beta = \begin{pmatrix} a_n \cdot b_n \\ a_n' \cdot b_n' \end{pmatrix} \quad \text{und} \quad \beta \cdot \alpha = \begin{pmatrix} b_n \cdot a_n \\ b_n' \cdot a_n' \end{pmatrix}.$$

Da das kommutative Gesetz für rationale Zahlen bereits bewiesen ist, so ist $a_n \cdot b_n = b_n \cdot a_n$ und $a_n' \cdot b_n' = b_n' \cdot a_n'$. Mithin wird $\alpha \cdot \beta = \beta \cdot \alpha$, und es ist gezeigt, daß die Zahlen aus P das kommutative Gesetz der Multiplikation erfüllen.

Die Richtigkeit des distributiven Gesetzes D) für drei positive Zahlen, d. h. die Gültigkeit der Gleichung $\alpha \cdot (\beta + \gamma) = \alpha \cdot \beta + \alpha \cdot \gamma$ ergibt sich auf folgende Weise: Seien

$$\alpha = \begin{pmatrix} a_n \\ a_n' \end{pmatrix}, \quad \beta = \begin{pmatrix} b_n \\ b_n' \end{pmatrix} \quad \text{und} \quad \gamma = \begin{pmatrix} c_n \\ c_n' \end{pmatrix}$$

positive Zahlen, bei deren Definition ausnahmslos positive rationale Zahlen verwendet seien. Nach Definition ist alsdann

$$\alpha \cdot (\beta + \gamma) = \begin{pmatrix} a_n \cdot (b_n + c_n) \\ a_n' \cdot (b_n' + c_n') \end{pmatrix} \quad \text{und} \quad \alpha \cdot \beta + \alpha \cdot \gamma = \begin{pmatrix} a_n \cdot b_n + a_n \cdot c_n \\ a_n' \cdot b_n' + a_n' \cdot c_n' \end{pmatrix}.$$

Da das distributive Gesetz für rationale Zahlen bereits bewiesen ist, so ist

$$a_n \cdot (b_n + c_n) = a_n \cdot b_n + a_n \cdot c_n \quad \text{und} \quad a_n' \cdot (b_n' + c_n') = a_n' \cdot b_n' + a_n' \cdot c_n'.$$

Mithin ist gezeigt, daß für positive α, β, γ wirklich $\alpha \cdot (\beta + \gamma) = \alpha \cdot \beta + \alpha \cdot \gamma$ ist.

Wir haben die Multiplikation bisher nur für positive Zahlen aus P definiert. Um sie auf negative Zahlen aus P zu erweitern, schicken wir zunächst folgendes voraus: Ist $\alpha = \begin{pmatrix} a_n \\ a_n' \end{pmatrix}$ eine Zahl aus P, so ist die zu α entgegengesetzte Zahl $-\alpha = \begin{pmatrix} -a_n' \\ -a_n \end{pmatrix}$ (vgl. S. 76). Nach den Sätzen III und IV auf S. 75 folgt hieraus, daß, wenn man nicht die Zahl 0 vor sich hat, die eine von zwei entgegengesetzten Zahlen aus P stets positiv, die andere negativ sein muß. Eine negative Zahl aus P läßt sich daher stets in die Form $-\alpha$ bringen, wobei α eine positive Zahl aus P ist.

Die Ausdehnung der Multiplikation von positiven auf negative Zahlen aus P und auf Null geschieht durch folgende Definition: Das Produkt irgend einer positiven oder negativen Zahl α aus P in die Zahl 0 und in jede zu ihr gleiche soll die Bedeutung $\alpha \cdot 0 = 0 \cdot \alpha = 0$ haben; das Produkt einer positiven Zahl α aus P in eine negative Zahl $-\beta$ aus P soll die Bedeutung $\alpha \cdot (-\beta) = (-\beta) \cdot \alpha = -(\alpha \cdot \beta)$ haben, das Produkt zweier negativer Zahlen $-\alpha$ und $-\beta$ aus P soll die Bedeutung $(-\alpha) \cdot (-\beta) = \alpha \cdot \beta$ haben.

Soll die Gesamtheit der reellen Zahlen aus P einen Körper bilden, so ist die für die Multiplikation soeben aufgestellte Definition durchaus notwendig; denn bei irgend einer anderen Definition würden die Sätze VI und VII auf S. 36, die für die Multiplikation von Zahlen eines Körpers gelten müssen, nicht erfüllt sein. Die Ausdehnung der Multiplikation von positiven Zahlen aus P auf negative Zahlen und auf 0 ist hier in der nämlichen Weise wie in Kapitel I, § 8 auf S. 42 bei dem Übergang von den ganzen positiven Zahlen zu den ganzen negativen Zahlen und zu 0 geschehen. Definiert man die Multiplikation für negative Zahlen aus P und für 0 in der angegebenen Weise, so gelten die Postulate M_1) bis M_4), C) und D) für alle Zahlen aus P. Sie werden nämlich, wie bereits oben bewiesen, von den positiven Zahlen aus P erfüllt. Aus dieser Tatsache im Verein mit der für die Multiplikation mit 0 und negativen Zahlen gegebenen Definition folgt, daß die 6 Postulate M_1) bis M_4), C) und D) für alle Zahlen aus P gelten. Der Beweis läßt sich wie im Kapitel I, § 8 führen, wenn man nur für ganze positive Zahl positive Zahl aus P setzt.

Unser Schlußresultat ist der Satz: Die Gesamtheit der reellen Zahlen aus P bildet einen Körper.

Man kann demnach auf die Zahlen von P alle für einen Körper gültigen Sätze anwenden. Im besonderen gilt also auch der Satz VIII auf S. 37, den wir seiner vielfachen Anwendung wegen besonders hervorheben:

Ein Produkt reeller Zahlen aus P ist dann und nur dann gleich 0, wenn einer seiner Faktoren gleich 0 ist.

Wir bemerken noch, daß auch bei Zahlen aus P unter dem Quotienten $\frac{\beta}{\alpha}$ das Produkt $\beta \cdot \frac{1}{\alpha}$ zu verstehen ist, wobei α ungleich 0 zu sein hat und $\frac{1}{\alpha}$ die reziproke Zahl zu α ist. Man hat also

$$\frac{\beta}{\alpha} \cdot \alpha = \beta \cdot \frac{1}{\alpha} \cdot \alpha = \beta .$$

§ 6.

Die Ordnungsfähigkeit der reellen Zahlen.

Die reellen Zahlen aus P wurden bereits früher in die drei Klassen (S. 73): die Zahl 0, die positiven und die negativen Zahlen eingeteilt. Ist $\alpha = \binom{a_n}{a_n'}$, so ist $-\alpha = \binom{-a_n'}{-a_n}$ (vgl. S. 76); mithin ergibt sich aus den Sätzen III und IV auf S. 75, daß von zwei entgegengesetzten Zahlen aus P, wenn sie nicht beide gleich 0 sind, die eine positiv, die andere negativ sein muß. Da die Zahlen aus P einen Körper bilden, so gilt folgender Satz (vgl. S. 35): Sind α und β irgend zwei Zahlen aus P, so gibt es eine Zahl $\xi = \alpha - \beta$ aus P und keine zu ihr ungleiche, die der Gleichung $\alpha = \xi + \beta$ genügt, und eine Zahl $\eta = \beta - \alpha$ aus P und keine zu ihr ungleiche, welche die Gleichung $\beta = \eta + \alpha$ befriedigt. Die zu $\xi = \alpha - \beta$ entgegengesetzte Zahl $-(\alpha - \beta)$ ist gleich $\eta = \beta - \alpha$; von diesen zwei Zahlen ist, wenn sie nicht gleichzeitig beide 0 sind, die eine positiv, die andere negativ. Wir können daher für Zahlen aus P in Erweiterung der auf S. 55 für Zahlen aus R gegebenen Definition die Begriffe „größer“ und „kleiner“ folgendermaßen definieren:

Sind α und β irgend zwei zueinander ungleiche Zahlen aus P $(\alpha \neq \beta)$, so heiße $\beta < \alpha$ oder gleichbedeutend $\alpha > \beta$, wenn die Gleichung $\alpha = \beta + \xi$ eine positive Lösung ξ in P besitzt.

Die gegebene Definition ist legitim; denn sie erfüllt zunächst, wie man unmittelbar sieht (vgl. S. 55 bei den rationalen Zahlen), die an das Zeichen $<$ gestellen Bedingungen U_1) und U_2) auf S. 22. Aus dem Satz III auf S. 75 über die Darstellbarkeit positiver Zahlen aus P durch Definitionsfolgen, die ausnahmslos positive Zahlen enthalten, folgt in Verbindung mit der Definition ihrer Addition, daß die Summe zweier positiver Zahlen aus P stets wieder eine positive Zahl aus P ist. Man kann demnach den auf S. 55 gegebenen Beweis einfach auf die Zahlen aus P übertragen, um zu sehen, daß bei unserer Definition auch das Postulat U_3) für das Zeichen $<$ erfüllt ist. Für die Zahlen aus P gelten also im besonderen auch die aus den Postulaten U_1) bis U_3) auf Seite 23 abgeleiteten und dort mit III und IV nummerierten Sätze:

Zwei Zahlen α und β aus P stehen zueinander in der Beziehung, daß in sich gegenseitig ausschließender Weise entweder $\alpha < \beta$ oder $\beta < \alpha$ oder $\alpha = \beta$ ist.

Bestehen für Zahlen aus P die Beziehungen $\alpha < \beta$, $\alpha = \alpha'$, $\beta = \beta'$, so ist $\alpha' < \beta'$.

Ferner erweitern sich die Sätze I bis III des Kapitels I, § 11 auf die Zahlen aus P (Beweise analog wie auf Seite 56):

Satz I. Sind α, β, γ drei reelle Zahlen und ist $\alpha < \beta$, so ist $\alpha + \gamma < \beta + \gamma$.

Satz II. Jede positive Zahl μ ist durch $0 < \mu$, jede negative Zahl ν durch $\nu < 0$ charakterisiert.

Satz III. Sind α und β irgend zwei reelle Zahlen, $0 < \alpha$ und $0 < \beta$, so ist $0 < \alpha\beta$.

Nachdem die Gültigkeit der Sätze I und III gezeigt ist, haben wir den Nachweis geführt:

Die reellen Zahlen bilden einen Körper, dessen Elemente sich so ordnen lassen, daß sie außer den 10 Körperpostulaten A_1) bis A_4), M_1) bis M_4), C) und D) noch den fünf Postulaten U_1) bis U_5) genügen. (Vgl. S. 57.)

Da die reellen Zahlen den angeführten 15 Postulaten genügen, so gelten für sie auch die folgenden Sätze (vgl. S. 57):

Satz IV. Sind $\alpha, \beta, \gamma, \delta$ irgend welche reelle Zahlen und ist $\alpha < \beta$, $\gamma < \delta$, so ist $\alpha + \gamma < \beta + \delta$.

Satz V. Sind α und β irgend welche reelle Zahlen und ist $\alpha < \beta$, so ist $-\beta < -\alpha$.

Satz VI. Sind α, β und γ irgend drei reelle Zahlen, $\alpha < \beta$ und $0 < \gamma$, so ist $\alpha\gamma < \beta\gamma$.

Satz VII. Sind $\alpha, \beta, \gamma, \delta$ irgend welche reelle Zahlen und ist $\alpha < \beta$, $\gamma < \delta$, $0 < \alpha$, $0 < \gamma$, so ist $\alpha\gamma < \beta\delta$.

Wir beweisen ferner:

Satz VIII. Von zwei Zahlen $\alpha = \begin{pmatrix} a_n \\ a_n' \end{pmatrix}$ und $\beta = \begin{pmatrix} b_n \\ b_n' \end{pmatrix}$ ist α dann und nur dann größer als β, $\alpha > \beta$, wenn die aufsteigende Definitionsfolge der a_n, die α definiert, eine rationale Zahl a_g enthält, für die $a_g > b_g'$ ist.

Nach Definition ist α dann und nur dann größer als β, wenn $\alpha - \beta$ eine positive Zahl ist. $\alpha - \beta = \begin{pmatrix} a_n - b_n' \\ a_n' - b_n \end{pmatrix}$ ist nach der auf S. 74 gegebenen Definition dann und nur dann positiv, wenn die aufsteigende Definitionsfolge $a_n - b_n'$ einmal eine positive rationale Zahl $a_g - b_g'$ enthält, d. h. wenn es eine rationale Zahl $a_g > b_g'$ gibt.

§ 7.

Vergleichung einer reellen Zahl mit den rationalen Zahlen ihrer Definitionsfolgen. Herleitung einiger fundamentaler Gleichungen und Ungleichungen.

Wir wollen zunächst eine reelle Zahl α mit den in ihrer aufsteigenden und ihrer absteigenden Definitionsfolge enthaltenen rationalen Zahlen vergleichen. Wir beweisen

Satz I. Hat man eine Zahl $\alpha = \begin{pmatrix} a_n \\ a_n' \end{pmatrix}$ aus P, so besteht für jedes $n = 1, 2, 3, \ldots$ das System von Ungleichungen $a_n \leqq \alpha \leqq a_n'$. Das Gleichheitszeichen kann bei $a_n \leqq \alpha$ bzw. $\alpha \leqq a_n'$ dann und nur dann eintreten, wenn in der aufsteigenden Definitionsfolge von einer gewissen Stelle k an für $\sigma = 1, 2, 3, \ldots$ alle Zahlen $a_{k+\sigma} = a_k$ bzw. in der absteigenden Definitionsfolge von einer gewissen Stelle k an für $\sigma = 1, 2, 3, \ldots$ alle Zahlen $a_{k+\sigma}' = a_k'$ werden.

Zum Beweise bilden wir die Differenz $\alpha - a_k$, wobei a_k irgend eine Zahl der aufsteigenden Definitionsfolge ist. Dann wird

$$\alpha - a_k = \begin{pmatrix} a_1, a_2, \ldots, a_n, \ldots \\ a_1', a_2', \ldots, a_n', \ldots \end{pmatrix} + \begin{pmatrix} -a_k, -a_k, \ldots, -a_k, \ldots \\ -a_k, -a_k, \ldots, -a_k, \ldots \end{pmatrix}$$

$$= \begin{pmatrix} a_1 - a_k, & a_2 - a_k, & \ldots, & a_k - a_k, & a_{k+1} - a_k, & a_{k+2} - a_k, & \ldots \\ a_1' - a_k, & a_2' - a_k, & \ldots, & a_k' - a_k, & a_{k+1}' - a_k, & a_{k+2}' - a_k, & \ldots \end{pmatrix}.$$

Sind nicht alle auf a_k folgenden Zahlen $a_{k+1}, a_{k+2}, \ldots$ gleich a_k, so muß einmal eine größer als a_k sein; denn die Zahlen $a_1, a_2, \ldots, a_n, \ldots$ bilden die aufsteigende Definitionsfolge für α. Wenn also nicht der besprochene Ausnahmefall vorliegt, so ist eine der Zahlen $a_{k+1} - a_k, a_{k+2} - a_k, \ldots$ positiv. Dies reicht aber nach der auf Seite 74 gegebenen Definition dazu aus, daß $\alpha - a_k$ eine positive Zahl ist. Wenn aber $\alpha - a_k > 0$ ist, so heißt dies $\alpha > a_k$, wobei k jeden der Werte 1, 2, 3, ... annehmen kann.

Ergibt sich hingegen für jeden Wert $\sigma = 1, 2, 3, \ldots$ $a_{k+\sigma} = a_k$, so enthält die aufsteigende Definitionsfolge von $\alpha - a_k$ hinter $a_{k-1} - a_k$ lauter Nullen; dann ist nach Satz II auf Seite 74 $\alpha - a_k = 0$. Daher hat man $\alpha = a_k$.

Zur Vollendung des Beweises unseres Satzes bilden wir $\alpha - a_k'$, wobei a_k' irgend eine beliebige Zahl der absteigenden Definitionsfolge ist. Dann wird

$$\alpha - a_k' = \begin{pmatrix} a_1 - a_k', & a_2 - a_k', & \ldots, & a_k - a_k', & a_{k+1} - a_k', & a_{k+2} - a_k', & \ldots \\ a_1' - a_k', & a_2' - a_k', & \ldots, & a_k' - a_k', & a_{k+1}' - a_k', & a_{k+2}' - a_k', & \ldots \end{pmatrix}.$$

Sind nicht alle auf a_k' folgenden Zahlen $a_{k+1}', a_{k+2}', \ldots$ gleich a_k', so muß einmal eine kleiner als a_k' werden; denn die Zahlen $a_1', a_2', \ldots, a_n', \ldots$ bilden die absteigende Definitionsfolge für α. Tritt also der eben besprochene Ausnahmefall nicht ein, so ist eine der Zahlen $a_{k+1}' - a_k', a_{k+2}' - a_k', a_{k+3}' - a_k', \ldots$ negativ. Dies reicht aber nach der auf Seite 75 gegebenen Definition dazu aus, daß $\alpha - a_k'$ eine negative Zahl ist. Ist $\alpha - a_k' < 0$, so ist $\alpha < a_k'$, wobei k jeden der Werte 1, 2, 3, ... annimmt.

Ergibt sich hingegen für jeden Wert $\sigma = 1, 2, 3, \ldots$ $a_{k+\sigma}' = a_k'$, so enthält die absteigende Definitionsfolge von $\alpha - a_k'$ hinter $a_{k-1}' - a_k'$ lauter Nullen; dann ist nach Satz II auf Seite 74 $\alpha - a_k' = 0$. Daher hat man $\alpha = a_k'$.

Satz II. Sind $\alpha = \begin{pmatrix} a_n \\ a_n' \end{pmatrix}$ und $\beta = \begin{pmatrix} b_n \\ b_n' \end{pmatrix}$ zwei Zahlen aus P und bestehen für alle ganzzahligen $n = 1, 2, 3, \ldots$ die Ungleichungen $a_n \leqq \beta \leqq a_n'$, so ist $\alpha = \beta$. Anders ausgedrückt: Sind $\begin{pmatrix} a_n \\ a_n' \end{pmatrix}$ zwei zusammengehörige Definitionsfolgen, so existiert außer der von ihnen definierten Zahl $\alpha = \begin{pmatrix} a_n \\ a_n' \end{pmatrix}$ keine weitere, zu α ungleiche Zahl

$\beta = \binom{b_n}{b_n'}$ mit der Eigenschaft, daß für jedes $n = 1, 2, 3, \ldots$ stets $a_n \leqq \beta \leqq a_n'$ ist.

Hat man eine Zahl $\beta = \binom{b_n}{b_n'}$, so muß nach Satz I für jedes $n = 1, 2, 3, \ldots$ das System von Ungleichungen $b_n \leqq \beta \leqq b_n'$ bestehen. Aus $b_n \leqq \beta$ und der nach Voraussetzung stattfindenden Ungleichung $\beta \leqq a_n'$ folgt $b_n \leqq a_n'$, ebenso ergibt sich aus $a_n \leqq \beta$ und $\beta \leqq b_n'$, daß $a_n \leqq b_n'$ ist. Die zwei Systeme von Ungleichungen $a_n \leqq b_n'$ und $b_n \leqq a_n'$ besagen aber nach der für die Gleichheit gegebenen Definition I auf Seite 68, daß $\alpha = \beta$ ist.

In dem Satz II ist die aus der Gleichheitsdefinition unmittelbar folgende, uns bereits bekannte Tatsache (vgl. S. 72) enthalten: Die zwei zusammengehörigen Definitionsfolgen $\binom{a_n}{a_n'}$ definieren dann und nur dann eine rationale Zahl r, wenn die unendlich vielen Ungleichungen $a_n \leqq r \leqq a_n'$ stattfinden.

Wir knüpfen an das Voraufgehende noch die Herleitung einiger fundamentaler Gleichungen und Ungleichungen.

Jede von Null verschiedene reelle Zahl α kann in die Form $\pm \alpha_0$ gebracht werden, wobei α_0 positiv ist. α_0 heißt der absolute Betrag von α und wird durch $|\alpha|$ bezeichnet. Es ist also z. B.:

$$\left|-\frac{2}{3}\right| = \left|\frac{2}{3}\right| = \frac{2}{3}; \quad |4-5| = |-1| = +1.$$

Man schreibt auch $|0|$ und versteht hierunter die Zahl 0. Es gelten folgende sehr wichtige Beziehungen:

(1) $$|\alpha| = |-\alpha|.$$

(2) $$|\alpha|^2 = \alpha^2.$$

(3) $$|\alpha \pm \beta| \leqq |\alpha| + |\beta|.$$

(4) $$|\alpha \pm \beta| \geqq |\alpha| - |\beta|.$$

(5) $$|\alpha| \cdot |\beta| = |\alpha\beta|.$$

(6) $$\frac{|\alpha|}{|\beta|} = \left|\frac{\alpha}{\beta}\right|, \quad \text{falls } \beta \neq 0 \text{ ist.}$$

Die Gleichung (1) folgt unmittelbar aus der Definition, ebenso leuchten (5) und (6) sofort ein. Die Gleichung (2) ergibt sich aus der Definition des Produktes zweier Zahlen. Die Relation (3) wird als richtig erwiesen sein, wenn man gezeigt hat, daß die aus ihr durch Quadrieren abgeleitete Beziehung

(7) $$(|\alpha + \beta|)^2 \leqq (|\alpha| + |\beta|)^2$$

richtig ist; denn sind λ und μ irgend welche reelle positive Zahlen, so folgt aus $\lambda^2 = \mu^2$ stets $\lambda = \mu$ und ebenso aus $\lambda^2 < \mu^2$ stets $\lambda < \mu$, wie ein indirekter Beweis unter Anwendung des Satzes VII des vorigen Paragraphen zeigt; denn $\mu < \lambda$ würde $\mu^2 < \lambda^2$ nach sich ziehen. Die zu beweisende Ungleichung (7) ergibt sich auf folgende Weise:

Es ist:

$$2\alpha\beta \leqq 2|\alpha| \cdot |\beta|.$$

Haben α und β gleiche Vorzeichen, so gilt offenbar das Gleichheitszeichen. Sind α und β von entgegengesetzten Zeichen, so ist $\alpha \cdot \beta$ negativ, also kleiner als die positive Größe $|\alpha| \cdot |\beta|$. Nun ist nach (2) $\alpha^2 + \beta^2 = |\alpha|^2 + |\beta|^2$. Folglich erhält man durch Addition $(\alpha + \beta)^2 \leqq (|\alpha| + |\beta|)^2$. Mithin ist unter Berücksichtigung von (2) die Richtigkeit der Relation (7)

$$(|\alpha + \beta|)^2 \leqq (|\alpha| + |\beta|)^2$$

und daher auch die von $|\alpha + \beta| \leqq |\alpha| + |\beta|$ erwiesen, und zwar gilt das Gleichheitszeichen, wenn eine der Größen α oder β verschwindet oder beide gleiche Vorzeichen haben; sind α und β von entgegengesetztem Vorzeichen, so gilt das Ungleichheitszeichen.

Da $|\alpha - \beta| = |\alpha + (-\beta)|$ und nach dem eben Bewiesenen $\leqq |\alpha| + |(-\beta)|$, ferner nach (1) $|-\beta| = |+\beta|$ ist, so wird $|\alpha - \beta| \leqq |\alpha| + |\beta|$; hiermit ist auch die Richtigkeit des zweiten Teiles der Relation (3) gezeigt.

Aus $|\alpha| = |(\alpha \pm \beta) \mp \beta|$ folgt nach (3) $|\alpha| \leqq |\alpha \pm \beta| + |\beta|$ oder durch Addition von $-|\beta| = -|\beta|$ die zu beweisende Ungleichung (4):

$$|\alpha| - |\beta| \leqq |\alpha \pm \beta|.$$

Wir bemerken noch, daß sich die Multiplikationsregel auf Seite 79 mit Hilfe des absoluten Betrages so fassen läßt: Sind α und β zu Null ungleiche Zahlen, so ist ihr Produkt $\alpha \cdot \beta = \pm(|\alpha| \cdot |\beta|)$, wobei + oder − zu wählen ist, je nachdem α und β gleiche oder entgegengesetzte Vorzeichen haben. Ebenso ist $\frac{\alpha}{\beta} = \pm\left(\frac{|\alpha|}{|\beta|}\right)$, wobei + oder − zu wählen ist, je nachdem α und β gleiche oder entgegengesetzte Vorzeichen haben.

§ 8.

Dezimalbrüche.

Hat man einen positiven endlichen (d. h. nach einer endlichen Anzahl von Stellen abbrechenden) Dezimalbruch:

$$\gamma + \frac{\gamma_1}{10} + \frac{\gamma_2}{10^2} + \frac{\gamma_3}{10^3} + \ldots + \frac{\gamma_\mu}{10^\mu}\,[1],$$

bei dem γ der ganzzahlige positive Bestandteil oder Null ist und $\gamma_1, \gamma_2, \ldots, \gamma_\mu$ die hinter dem Komma stehenden Ziffern bedeuten, also $\gamma_1, \gamma_2, \ldots, \gamma_\mu$ Zahlen aus der Reihe 0, 1, 2, ..., 9 sind, so ist dieser gleich

$$\frac{10^\mu \gamma + 10^{\mu-1}\gamma_1 + 10^{\mu-2}\gamma_2 + \ldots + \gamma_\mu}{10^\mu},$$

also als Quotient zweier ganzer positiver Zahlen eine rationale positive Zahl. Da für den negativen endlichen Dezimalbruch:

$$-\left\{\gamma + \frac{\gamma_1}{10} + \frac{\gamma_2}{10^2} + \ldots + \frac{\gamma_\mu}{10^\mu}\right\}$$

[1] Der Dezimalbruch wird gewöhnlich: $\gamma, \gamma_1 \gamma_2 \ldots \gamma_\mu$ (mit einem Komma hinter dem ganzzahligen Bestandteil γ) geschrieben.

nur noch das negative Vorzeichen hinzukommt, so ist ein solcher eine rationale negative Zahl.

In den Elementen führt man auch bereits den **unendlichen Dezimalbruch** ein, ohne sich die Frage nach der Zulässigkeit und der Bedeutung eines solchen Gebildes vorzulegen. Nachdem wir bereits den Begriff der reellen Zahl aus P erklärt haben, müssen wir uns die prinzipielle Frage stellen: Was soll unter einem unendlichen Dezimalbruch verstanden werden und kann man ihn überhaupt als reelle Zahl in unserem Sinne auffassen? Nur nach Bejahung dieser Frage dürfen wir ihn als Zahl ansehen.

Wir betrachten irgend einen positiven unendlichen Dezimalbruch:

$$\gamma + \frac{\gamma_1}{10} + \frac{\gamma_2}{10^2} + \frac{\gamma_3}{10^3} + \frac{\gamma_4}{10^4} + \dots,$$

wobei γ der ganzzahlige positive Bestandteil oder Null ist und $\gamma_1, \gamma_2, \gamma_3, \dots$ die hinter dem Komma stehenden Ziffern bedeuten, also $\gamma_1, \gamma_2, \gamma_3, \dots$ Zahlen aus der Reihe 0, 1, 2, ..., 9 sind. Wir sehen den unendlichen Dezimalbruch zunächst nur ganz formal als einen Ausdruck an, aus dem wir uns gewisse rationale Zahlen bilden können, nämlich

$$a_1 = \gamma, \quad a_2 = \gamma + \frac{\gamma_1}{10}, \quad a_3 = \gamma + \frac{\gamma_1}{10} + \frac{\gamma_2}{10^2}, \quad a_4 = \gamma + \frac{\gamma_1}{10} + \frac{\gamma_2}{10^2} + \frac{\gamma_3}{10^3}, \dots$$

$$a_1' = \gamma + 1, \quad a_2' = \gamma + \frac{\gamma_1}{10} + \frac{1}{10}, \quad a_3' = \gamma + \frac{\gamma_1}{10} + \frac{\gamma_2}{10^2} + \frac{1}{10^2},$$

$$a_4' = \gamma + \frac{\gamma_1}{10} + \frac{\gamma_2}{10^2} + \frac{\gamma_3}{10^3} + \frac{1}{10^3}, \dots.$$

Auf diese Weise erhalten wir zwei zusammengehörige Definitionsfolgen; denn die drei ersten für zwei zusammengehörige Definitionsfolgen erforderlichen Bedingungen B_1) bis B_4) auf Seite 62 sind, wie man unmittelbar sieht, erfüllt, ferner ist $a_n' - a_n = \frac{1}{10^{n-1}}$ und sinkt also mit wachsendem n unter jeden noch so kleinen Betrag. Mithin definieren die zwei Folgen als zwei zusammengehörige Definitionsfolgen eine einzige wohlbestimmte Zahl; diese bezeichnet man abgekürzt durch den Dezimalbruch

$$\gamma + \frac{\gamma_1}{10} + \frac{\gamma_2}{10^2} + \frac{\gamma_3}{10^3} + \dots$$

Der Dezimalbruch ist also nur als eine kürzere Bezeichnung für die Zahl eingeführt, welche durch die aus ihm abgeleiteten zwei zusammengehörigen Definitionsfolgen bestimmt ist.

Z. B. soll der unendliche Dezimalbruch

7,123112233111222333111122223333l ...,

bei dem die Ziffern 1, 2, 3 hinter dem Komma erst einfach, dann zweifach, dann dreifach usw. wiederholt auftreten, eine abgekürzte Bezeichnung für die Zahl sein, welche durch die zwei zusammengehörigen Definitionsfolgen:

$$\begin{pmatrix} 7; & 7{,}1; & 7{,}12; & 7{,}123; & 7{,}1231; & 7{,}12311; & 7{,}123112; & \dots \\ 8; & 7{,}2; & 7{,}13; & 7{,}124; & 7{,}1232; & 7{,}12312; & 7{,}123113; & \dots \end{pmatrix}$$

bestimmt wird.

Hat man einen negativen unendlichen Dezimalbruch:

$$-\left(\gamma + \frac{\gamma_1}{10} + \frac{\gamma_2}{10^2} + \frac{\gamma_3}{10^3} + \dots\right),$$

so ist er entgegengesetzt zu dem positiven Dezimalbruch:

$$\gamma + \frac{\gamma_1}{10} + \frac{\gamma_2}{10^2} + \frac{\gamma_3}{10^3} + \dots;$$

für ihn ist nach Satz II auf Seite 65

$$-a_1' = -(\gamma + 1), \quad -a_2' = -\left(\gamma + \frac{\gamma_1}{10} + \frac{1}{10}\right),$$

$$-a_3' = -\left(\gamma + \frac{\gamma_1}{10} + \frac{\gamma_2}{10^2} + \frac{1}{10^2}\right), \quad \dots$$

die aufsteigende und

$$-a_1 = -\gamma, \quad -a_2 = -\left(\gamma + \frac{\gamma_1}{10}\right), \quad -a_3 = -\left(\gamma + \frac{\gamma_1}{10} + \frac{\gamma_2}{10^2}\right), \quad \dots$$

die absteigende Definitionsfolge. Der vorgelegte negative unendliche Dezimalbruch ist also die Zahl, welche durch die zwei zusammengehörigen Definitionsfolgen

$$\begin{pmatrix} -a_1', & -a_2', & -a_3', & \dots \\ -a_1, & -a_2, & -a_3, & \dots \end{pmatrix}$$

bestimmt wird. Z. B. ist

$$-7{,}1231122331\dots$$

die Zahl, welche durch die zwei zusammengehörigen Definitionsfolgen:

$$\begin{pmatrix} -8; & -7{,}2; & -7{,}13; & -7{,}124; & -7{,}1232; & \dots \\ -7; & -7{,}1; & -7{,}12; & -7{,}123; & -7{,}1231; & \dots \end{pmatrix}$$

gegeben ist.

Wir haben demnach gezeigt: Jeder Dezimalbruch läßt sich als eine Zahl aus P im Sinne der Definition des § 1 auffassen.

Wir beschäftigen uns zunächst mit der Vergleichung der Dezimalbrüche. Wir beweisen:

A) Zwei unendliche Dezimalbrüche, die in einer Ziffer voneinander abweichen, können nie gleich sein.

Der Beweis braucht nur für positive Dezimalbrüche geführt zu werden; denn bei negativen Dezimalbrüchen kommt ja bloß das Vorzeichen hinzu.

$$\gamma + \frac{\gamma_1}{10} + \frac{\gamma_2}{10^2} + \frac{\gamma_3}{10^3} + \dots \quad \text{und} \quad \delta + \frac{\delta_1}{10} + \frac{\delta_2}{10^2} + \frac{\delta_3}{10^3} + \dots$$

seien die gegebenen unendlichen positiven Dezimalbrüche, die wir abgekürzt mit α und β bezeichnen wollen. Mit Hilfe zweier zusammengehöriger Definitionsfolgen schreiben wir:

$$\alpha = \begin{pmatrix} \gamma, & \gamma + \frac{\gamma_1}{10}, & \gamma + \frac{\gamma_1}{10} + \frac{\gamma_2}{10^2}, & \gamma + \frac{\gamma_1}{10} + \frac{\gamma_2}{10^2} + \frac{\gamma_3}{10^3}, & \dots \\ \gamma + 1, & \gamma + \frac{\gamma_1}{10} + \frac{1}{10}, & \gamma + \frac{\gamma_1}{10} + \frac{\gamma_2}{10^2} + \frac{1}{10^2}, & \gamma + \frac{\gamma_1}{10} + \frac{\gamma_2}{10^2} + \frac{\gamma_3}{10^3} + \frac{1}{10^3}, & \dots \end{pmatrix}$$

und

$$\beta = \begin{pmatrix} \delta, & \delta + \frac{\delta_1}{10}, & \delta + \frac{\delta_1}{10} + \frac{\delta_2}{10^2}, & \delta + \frac{\delta_1}{10} + \frac{\delta_2}{10^2} + \frac{\delta_3}{10^3}, & \dots \\ \delta + 1, & \delta + \frac{\delta_1}{10} + \frac{1}{10}, & \delta + \frac{\delta_1}{10} + \frac{\delta_2}{10^2} + \frac{1}{10^2}, & \delta + \frac{\delta_1}{10} + \frac{\delta_2}{10^2} + \frac{\delta_3}{10^3} + \frac{1}{10^3}, & \dots \end{pmatrix}.$$

Die ersten Ziffern, bei denen keine Übereinstimmung der gegebenen Dezimalbrüche herrscht, seien etwa γ_μ und δ_μ; es sei $\delta_\mu < \gamma_\mu$. Nach Satz I auf S. 82 ist:

$$\gamma + \frac{\gamma_1}{10} + \frac{\gamma_2}{10^2} + \ldots + \frac{\gamma_\mu}{10^\mu} < \alpha \quad \text{und}$$

$$\beta \leqq \delta + \frac{\delta_1}{10} + \frac{\delta_2}{10^2} + \ldots + \frac{\delta_\mu}{10^\mu} + \frac{1}{10^\mu};$$

in der ersten der beiden Relationen steht kein Gleichheitszeichen, sondern nur das Ungleichheitszeichen, weil der Dezimalbruch unendlich ist, also γ_μ nicht seine letzte Ziffer sein kann. Da nach Voraussetzung $\delta_1 = \gamma_1, \delta_2 = \gamma_2, \ldots, \delta_{\mu-1} = \gamma_{\mu-1}$, hingegen $\delta_\mu < \gamma_\mu$ ist, so wird:

$$\delta + \frac{\delta_1}{10} + \frac{\delta_2}{10^2} + \ldots + \frac{\delta_\mu}{10^\mu} + \frac{1}{10^\mu} \leqq \gamma + \frac{\gamma_1}{10} + \frac{\gamma_2}{10^2} + \ldots + \frac{\gamma_\mu}{10^\mu}.$$

Hieraus folgt, da $\gamma + \frac{\gamma_1}{10} + \frac{\gamma_2}{10^2} + \ldots + \frac{\gamma_\mu}{10^\mu} < \alpha$, daß

$$\delta + \frac{\delta_1}{10} + \frac{\delta_2}{10^2} + \ldots + \frac{\delta_\mu}{10^\mu} + \frac{1}{10^\mu} < \alpha,$$

und schließlich, da $\beta \leqq \delta + \frac{\delta_1}{10} + \frac{\delta_2}{10^2} + \ldots + \frac{\delta_\mu}{10^\mu} + \frac{1}{10^\mu}$ war, die gewünschte Ungleichung $\beta < \alpha$.

Es ist unmittelbar klar, daß

B) zwei endliche Dezimalbrüche, die in einer Ziffer voneinander abweichen, ungleich sind.

Wir vergleichen schließlich noch einen endlichen Dezimalbruch mit einem unendlichen. Es genügt wieder, sich auf positive Dezimalbrüche zu beschränken. Angenommen, der unendliche positive Dezimalbruch

$$\gamma + \frac{\gamma_1}{10} + \frac{\gamma_2}{10^2} + \frac{\gamma_3}{10^3} + \ldots$$

sei gleich dem endlichen positiven Dezimalbruch

$$\delta + \frac{\delta_1}{10} + \frac{\delta_2}{10^2} + \ldots + \frac{\delta_\mu}{10^\mu},$$

der mit δ_μ abbricht. Wir bezeichnen den unendlichen Dezimalbruch

$$\gamma + \frac{\gamma_1}{10} + \frac{\gamma_2}{10^2} + \ldots$$

abgekürzt mit α und setzen:

$$\alpha = \begin{pmatrix} \gamma, & \gamma + \frac{\gamma_1}{10}, & \gamma + \frac{\gamma_1}{10} + \frac{\gamma_2}{10^2}, & \ldots \\ \gamma + 1, & \gamma + \frac{\gamma_1}{10} + \frac{1}{10}, & \gamma + \frac{\gamma_1}{10} + \frac{\gamma_2}{10^2} + \frac{1}{10^2}, & \ldots \end{pmatrix};$$

alsdann befriedigt α nach Satz I auf Seite 82 das System von Ungleichungen

$$\gamma + \frac{\gamma_1}{10} + \frac{\gamma_2}{10^2} + \frac{\gamma_3}{10^3} + \ldots + \frac{\gamma_n}{10^n} \leqq \alpha \leqq \gamma + \frac{\gamma_1}{10} + \frac{\gamma_2}{10^2} + \ldots + \frac{\gamma_n}{10^n} + \frac{1}{10^n},$$

wobei n jeden der Werte 1, 2, 3, ... annimmt. Da der Dezimalbruch ins Unendliche fortläuft, so kann in der obigen Ungleichung linker Hand nie das Gleichheitszeichen auftreten. Mithin hat man:

$$\gamma + \frac{\gamma_1}{10} + \frac{\gamma_2}{10^2} + \dots + \frac{\gamma_n}{10^n} < \alpha \leqq \gamma + \frac{\gamma_1}{10} + \frac{\gamma_2}{10^2} + \dots + \frac{\gamma_n}{10^n} + \frac{1}{10^n}.$$

Da nach Voraussetzung der unendliche Dezimalbruch

$$\alpha = \gamma + \frac{\gamma_1}{10} + \frac{\gamma_2}{10^2} + \dots$$

gleich dem endlichen Dezimalbruch $\delta + \frac{\delta_1}{10} + \frac{\delta_2}{10^2} + \dots + \frac{\delta_\mu}{10^\mu}$ ist, so ergibt sich hiernach das für jedes ganzzahlige $n = 1, 2, 3, \dots$ gültige System von Ungleichungen:

$$(\mathrm{U}) \left\{ \begin{aligned} \gamma + \frac{\gamma_1}{10} + \frac{\gamma_2}{10^2} + \dots + \frac{\gamma_n}{10^n} &< \delta + \frac{\delta_1}{10} + \frac{\delta_2}{10^2} + \dots + \frac{\delta_\mu}{10^\mu} \\ &\leqq \gamma + \frac{\gamma_1}{10} + \frac{\gamma_2}{10^2} + \dots + \frac{\gamma_n}{10^n} + \frac{1}{10^n}. \end{aligned} \right.$$

Setzt man in (U) für n die Zahl μ ein, so wird:

$$\begin{aligned} \gamma + \frac{\gamma_1}{10} + \frac{\gamma_2}{10^2} + \dots + \frac{\gamma_\mu}{10^\mu} &< \delta + \frac{\delta_1}{10} + \frac{\delta_2}{10^2} + \dots + \frac{\delta_\mu}{10^\mu} \\ &\leqq \gamma + \frac{\gamma_1}{10} + \frac{\gamma_2}{10^2} + \dots + \frac{\gamma_\mu}{10^\mu} + \frac{1}{10^\mu}. \end{aligned}$$

Aus dieser Ungleichung folgt durch Multiplikation mit 10^μ, da sich die rechts und links stehenden ganzen Zahlen nur um 1 unterscheiden:

$$\delta = \gamma, \quad \delta_1 = \gamma_1, \quad \delta_2 = \gamma_2, \quad \dots, \quad \delta_{\mu-1} = \gamma_{\mu-1}, \quad \delta_\mu = \gamma_\mu + 1.$$

Setzt man die eben gefundenen Werte in die Ungleichung (U) ein, so erhält man:

$$(\mathrm{U}') \left\{ \begin{aligned} \gamma + \frac{\gamma_1}{10} + \frac{\gamma_2}{10^2} + \dots + \frac{\gamma_n}{10^n} &< \gamma + \frac{\gamma_1}{10} + \dots + \frac{\gamma_{\mu-1}}{10^{\mu-1}} + \frac{\gamma_\mu + 1}{10^\mu} \\ &\leqq \gamma + \frac{\gamma_1}{10} + \frac{\gamma_2}{10^2} + \dots + \frac{\gamma_n}{10^n} + \frac{1}{10^n} \end{aligned} \right.$$

und hieraus bei der erlaubten Annahme $n > \mu$ durch Subtraktion von

$$\gamma + \frac{\gamma_1}{10} + \frac{\gamma_2}{10^2} + \dots + \frac{\gamma_\mu}{10^\mu}$$

schließlich:

$$(\mathrm{U}'') \quad \frac{\gamma_{\mu+1}}{10^{\mu+1}} + \frac{\gamma_{\mu+2}}{10^{\mu+2}} + \dots + \frac{\gamma_n}{10^n} < \frac{1}{10^\mu} \leqq \frac{\gamma_{\mu+1}}{10^{\mu+1}} + \frac{\gamma_{\mu+2}}{10^{\mu+2}} + \dots + \frac{\gamma_n}{10^n} + \frac{1}{10^n}.$$

Wählt man in (U'') $n = \mu + 1$, so erhält man

$$\frac{\gamma_{\mu+1}}{10^{\mu+1}} < \frac{1}{10^{\mu}} \leqq \frac{\gamma_{\mu+1}}{10^{\mu+1}} + \frac{1}{10^{\mu+1}}$$

und durch Multiplikation mit $10^{\mu+1}$ und Subtraktion von $\gamma_{\mu+1}$:

$$0 < 10 - \gamma_{\mu+1} \leqq 1;$$

mithin muß $10 - \gamma_{\mu+1} = 1$, also $\gamma_{\mu+1} = 9$ werden. Wählt man in (U'') $n = \mu + 2$, so kann man schließen, daß $0 < 100 - 10\gamma_{\mu+1} - \gamma_{\mu+2} \leqq 1$ oder, da $\gamma_{\mu+1} = 9$ ist, daß $0 < 10 - \gamma_{\mu+2} \leqq 1$ wird. Hieraus folgt: $10 - \gamma_{\mu+2} = 1$, also $\gamma_{\mu+2} = 9$. So fortfahrend, findet man $\gamma_{\mu+3} = 9$, $\gamma_{\mu+4} = 9$, ..., und man hat das Resultat:

C) Jeder endliche positive Dezimalbruch

$$\delta + \frac{\delta_1}{10} + \frac{\delta_2}{10^2} + \ldots + \frac{\delta_\mu}{10^\mu}$$

ist gleich dem unendlichen Dezimalbruch

$$\delta + \frac{\delta_1}{10} + \frac{\delta_2}{10^2} + \ldots + \frac{\delta_{\mu-1}}{10^{\mu-1}} + \frac{\delta_\mu - 1}{10^\mu} + \frac{9}{10^{\mu+1}} + \frac{9}{10^{\mu+2}} + \ldots$$

und nach dem in A) gefundenen Satz auch nur gleich diesem.

Wir beweisen nunmehr:

D) Jede reelle Zahl $\alpha = \binom{a_n}{a_n'}$ ist als Dezimalbruch darstellbar.

Es genügt den Satz D) für positive Zahlen zu beweisen; denn jede negative Zahl ist gleich dem mit negativen Vorzeichen versehenen Dezimalbruch, welcher der entgegengesetzten positiven Zahl entspricht. Der Beweis beruht auf der Tatsache, daß die reellen Zahlen ein ordnungsfähiges System bilden, also jede reelle Zahl einen durch ihre Größe bestimmten Platz in der Zahlenreihe einnimmt. Ist $\alpha = \binom{a_n}{a_n'}$ eine positive Zahl und vergleicht man α mit den ganzen Zahlen 0, 1, 2, 3, ..., so enthält diese Reihe stets zwei ganze Zahlen γ und $\gamma + 1$, so daß $\gamma \leqq \alpha < \gamma + 1$ wird; man bezeichnet, wenn diese Ungleichnung gilt, γ als die größte in α enthaltene ganze Zahl. Ist $\alpha = \gamma$, so ist α ganzzahlig, und der Prozeß ist beendet. Ist $\gamma < \alpha < \gamma + 1$, so setze man

$$\alpha = \gamma + \lambda_1, \tag{1}$$

wobei die positive Größe $\lambda_1 < 1$ wird. Alsdann suche man die größte in $10\lambda_1$ enthaltene ganze Zahl γ_1 und setze

$$10\lambda_1 = \gamma_1 + \lambda_2. \tag{2}$$

Da die positive Zahl $10\lambda_1 < 10$ ist, so wird γ_1 eine der Zahlen 0, 1, 2, ..., 9; da γ_1 ferner die größte in $10\lambda_1$ enthaltene ganze Zahl bedeutet, so wird $\lambda_2 < 1$. Setzt man den Wert von λ_1 aus (2) in (1), so erhält man:

$$\alpha = \gamma + \frac{\gamma_1}{10} + \frac{\lambda_2}{10}. \tag{2'}$$

Sollte $\lambda_2 = 0$ sein, so ist α durch die Formel (2') als Dezimalbruch dargestellt, und der Prozeß hat sein Ende erreicht. Ist $\lambda_2 \neq 0$, so suche man die größte in $10\,\lambda_2$ enthaltene ganze Zahl γ_2 und setze

(3) $$10\,\lambda_2 = \gamma_2 + \lambda_3 .$$

Da die positive Zahl $10\,\lambda_2 < 10$ ist, so wird γ_2 eine der Zahlen $0, 1, 2, \ldots, 9$; λ_3 ist wieder < 1. Setzt man den Wert von λ_2 aus (3) in (2'), so erhält man:

(3') $$\alpha = \gamma + \frac{\gamma_1}{10} + \frac{\gamma_2}{10^2} + \frac{\lambda_3}{10^2} .$$

Sollte $\lambda_3 = 0$ sein, so hat der Prozeß sein Ende, und α ist durch Formel (3') in einen Dezimalbruch entwickelt. Auf diese Weise fortfahrend, erhält man das Resultat: Jede reelle positive Zahl α ist entweder gleich einem endlichen Dezimalbruch oder die Gleichungen:

(n) $$10\,\lambda_n = \gamma_n + \lambda_{n+1}$$

setzen sich ins Unendliche fort und liefern für jedes ganzzahlige n:

(n') $$\alpha = \gamma + \frac{\gamma_1}{10} + \frac{\gamma_2}{10^2} + \ldots + \frac{\gamma_n}{10^n} + \frac{\lambda_{n+1}}{10^n} ;$$

hierbei bedeuten γ eine ganze positive Zahl oder Null, $\gamma_1, \gamma_2, \ldots$ Zahlen aus der Reihe $0, 1, 2, \ldots, 9$ und $\lambda_1, \lambda_2, \ldots$ positive Größen, von denen jede kleiner als 1 ist und keine verschwindet, außer wenn die Zahl α ein endlicher Dezimalbruch ist. Ersetzt man in (n') die nicht negative Größe λ_{n+1} durch 0, so erhält man:

$$\alpha \geqq \gamma + \frac{\gamma_1}{10} + \frac{\gamma_2}{10^2} + \ldots + \frac{\gamma_n}{10^n} ,$$

wobei das Gleichheitszeichen nur dann gilt, wenn α gleich einem endlichen Dezimalbruch ist. Ersetzt man in (n') die Größe λ_{n+1} durch die zu große Zahl 1, so ergibt sich

$$\alpha < \gamma + \frac{\gamma_1}{10} + \frac{\gamma_2}{10^2} + \ldots + \frac{\gamma_n}{10^n} + \frac{1}{10^n} .$$

Geht die Entwicklung der Gleichungen (n) ins Unendliche, so bilden wir die zwei Zahlenfolgen:

$$a_1 = \gamma,\quad a_2 = \gamma + \frac{\gamma_1}{10},\quad a_3 = \gamma + \frac{\gamma_1}{10} + \frac{\gamma_2}{10^2},\quad a_4 = \gamma + \frac{\gamma_1}{10} + \frac{\gamma_2}{10^2} + \frac{\gamma_3}{10^3},\ \ldots$$

$$a_1' = a_1 + 1,\quad a_2' = a_2 + \frac{1}{10},\quad a_3' = a_3 + \frac{1}{10^2},\quad a_4' = a_4 + \frac{1}{10^3},\ \ldots$$

und haben hierdurch zwei zusammengehörige Definitionsfolgen. Da nach dem Obigen $a_n \leqq \alpha < a_n'$ ist, also α beständig zwischen zwei entsprechenden rationalen Zahlen der zwei zusammengehörigen Definitionsfolgen liegt, so ist nach Satz II auf S. 82 die vorgelegte Zahl α gleich der durch die zwei Definitionsfolgen definierten Zahl

$$\begin{pmatrix} a_1, & a_2, & \ldots, & a_n, & \ldots \\ a_1', & a_2', & \ldots, & a_n', & \ldots \end{pmatrix} .$$

Infolge der für $a_1, a_2, \ldots$ und $a_1', a_2', \ldots$ hier in Frage kommenden Werte $a_n = \gamma + \frac{\gamma_1}{10} + \frac{\gamma_2}{10^2} + \ldots + \frac{\gamma_{n-1}}{10^{n-1}}$ und $a_n' = a_n + \frac{1}{10^{n-1}}$ definiert die Zahl

$$\begin{pmatrix} a_1, & a_2, & \ldots, & a_n, & \ldots \\ a_1', & a_2', & \ldots, & a_n', & \ldots \end{pmatrix}$$

den unendlichen Dezimalbruch $\gamma + \frac{\gamma_1}{10} + \frac{\gamma_2}{10^2} + \ldots$ Mithin ist

$$\alpha = \gamma + \frac{\gamma_1}{10} + \frac{\gamma_2}{10^2} + \ldots,$$

und es ist gezeigt, daß jede Zahl als Dezimalbruch geschrieben werden kann.[1]

Wir haben daher das fundamentale Resultat: Die Gesamtheit der reellen Zahlen läßt sich gleichberechtigt durch die Gesamtheit aller endlichen und unendlichen Dezimalbrüche ersetzen. Dieser Darstellungsweise kommen nach A) bis D) Eigenschaften zu, die wir zusammenfassen in

Satz I. Jede positive Zahl α läßt sich auf eine und auch nur auf eine einzige Weise als unendlicher Dezimalbruch

$$\gamma + \frac{\gamma_1}{10} + \frac{\gamma_2}{10^2} + \ldots$$

schreiben. Läßt sich eine positive Zahl α auch als endlicher Dezimalbruch

$$\gamma + \frac{\gamma_1}{10} + \frac{\gamma_2}{10^2} + \ldots + \frac{\gamma_\mu}{10^\mu}$$

schreiben, so ist dies ebenfalls nur auf eine einzige Weise möglich. In diesem Fall lautet der unendliche Dezimalbruch, mit dem α gleich ist,

$$\gamma + \frac{\gamma_1}{10} + \frac{\gamma_2}{10^2} + \ldots + \frac{\gamma_{\mu-1}}{10^{\mu-1}} + \frac{\gamma_\mu - 1}{10^\mu} + \frac{9}{10^{\mu+1}} + \frac{9}{10^{\mu+2}} + \ldots$$

Die Erweiterung des Systems der rationalen Zahlen hätte sich nach dem eben Ausgeführten auch mit Hilfe der unendlichen Dezimalbrüche, also anders als im § 1 dieses Kapitels, vornehmen lassen, etwa auf folgende Art: Man definiert: Jeder Dezimalbruch

$$\gamma + \frac{\gamma_1}{10} + \frac{\gamma_2}{10^2} + \frac{\gamma_3}{10^3} + \ldots$$

[1] Bestimmt man

$$\gamma < \alpha \leqq \gamma + 1, \quad \gamma_1 < 10\,\lambda_1 \leqq \gamma_1 + 1, \quad \gamma_2 < 10\,\lambda_2 \leqq \gamma_2 + 1, \quad \text{usw.},$$

statt, wie es im Texte geschah,

$$\gamma \leqq \alpha < \gamma + 1, \quad \gamma_1 \leqq 10\,\lambda_1 < \gamma_1 + 1, \quad \gamma_2 \leqq 10\,\lambda_2 < \gamma_2 + 1, \quad \text{usw.},$$

so geht die Entwicklung stets ins Unendliche und α erscheint stets als unendlicher Dezimalbruch. Bei dieser Bestimmung ist im Gegensatz zum Texte das Verschwinden irgend eines λ_i ausgeschlossen, hingegen der Wert 1 zulässig. Der Leser überlege dies an dem Beispiel $\alpha = 1 = 0{,}9999\ldots$

und auch nur derartige Gebilde sollen Zahlen heißen. Alsdann wären Gleichheit, Addition und Multiplikation an der Hand des Dezimalbruches zu definieren gewesen; dieser Weg hat aber für die Erklärung der Addition und Multiplikation eine gewisse Umständlichkeit im Gefolge.[1] Wir wollen dies nur für die Summe $\gamma + \frac{\gamma_1}{10}$ und $\delta + \frac{\delta_1}{10}$ zeigen. Man hätte zu definieren: Unter der Summe

$$\left[\gamma + \frac{\gamma_1}{10}\right] + \left[\delta + \frac{\delta_1}{10}\right]$$

ist $\gamma + \delta + \frac{\gamma_1 + \delta_1}{10}$ zu verstehen, wenn $\gamma_1 + \delta_1 < 10$, hingegen $\gamma + \delta + 1 + \frac{\gamma_1 + \delta_1 - 10}{10}$, wenn $\gamma_1 + \delta_1 \geqq 10$.

Bei unseren Definitionen ergeben sich die Rechnungsvorschriften für Dezimalbrüche aus denen für reelle Zahlen, indem man auf die zwei zusammengehörigen Definitionsfolgen zurückgeht, die den Dezimalbruch bestimmen. Hat man z. B. zwei positive Dezimalbrüche:

$$\alpha = \gamma + \frac{\gamma_1}{10} + \frac{\gamma_2}{10^2} + \frac{\gamma_3}{10^3} + \ldots$$

$$\beta = \delta + \frac{\delta_1}{10} + \frac{\delta_2}{10^2} + \frac{\delta_3}{10^3} + \ldots$$

zu multiplizieren, so setze man:

$$a_n = \gamma + \frac{\gamma_1}{10} + \frac{\gamma_2}{10^2} + \ldots + \frac{\gamma_{n-1}}{10^{n-1}}, \qquad a_n' = a_n + \frac{1}{10^{n-1}},$$

$$b_n = \delta + \frac{\delta_1}{10} + \frac{\delta_2}{10^2} + \ldots + \frac{\delta_{n-1}}{10^{n-1}}, \qquad b_n' = b_n + \frac{1}{10^{n-1}},$$

also $\alpha = \begin{pmatrix} a_n \\ a_n' \end{pmatrix}$, $\beta = \begin{pmatrix} b_n \\ b_n' \end{pmatrix}$; alsdann ist $\alpha \cdot \beta = \begin{pmatrix} a_n \cdot b_n \\ a_n' \cdot b_n' \end{pmatrix}$. Will man $\alpha \cdot \beta$ in einen Dezimalbruch entwickeln, so wähle man irgend eine ganze positive Zahl k und schreibe die zwei rationalen Zahlen $a_k \cdot b_k$ und $a_k' \cdot b_k'$ in Form von Dezimalbrüchen und zwar bis zu der Stelle, die zum ersten Mal ungleiche Ziffern aufweist. Ergibt sich für $a_k \cdot b_k$ und $a_k' \cdot b_k'$ als übereinstimmender Teil der Entwicklung

$$\lambda + \frac{\lambda_1}{10} + \frac{\lambda_2}{10^2} + \ldots + \frac{\lambda_{f-1}}{10^{f-1}},$$

so beginnt auch die Entwicklung der zwischen $a_k \cdot b_k$ und $a_k' \cdot b_k'$ liegenden Zahl $\alpha \cdot \beta$, wie man sich leicht überzeugt, mit

$$\lambda + \frac{\lambda_1}{10} + \frac{\lambda_2}{10^2} + \ldots + \frac{\lambda_{f-1}}{10^{f-1}}.$$

Je größer man k wählt, desto mehr Ziffern f erhält man für die Entwicklung von $\alpha \cdot \beta$.

---

[1] Über Literatur, die der Durchführung dieses Gedankens gewidmet ist, vgl. Stolz und Gmeiner, Theoretische Arithmetik, Teubners Sammlung math. Lehrbücher, 2. umgearbeitete Aufl., Leipzig 1900/1902, S. 139.

Wir wollen das in den Gleichungen

$$(1) \qquad \alpha = \gamma + \lambda_1 ,$$

$$(2) \qquad 10\,\lambda_1 = \gamma_1 + \lambda_2 ,$$

$$(3) \qquad 10\,\lambda_2 = \gamma_2 + \lambda_3 ,$$

$$\vdots$$

$$(n) \qquad 10\,\lambda_n = \gamma_n + \lambda_{n+1}$$

dargelegte Verfahren der Entwicklung einer beliebigen positiven reellen Zahl α in einen Dezimalbruch durch beständiges Erweitern mit 10 speziell für eine rationale positive Zahl $\frac{r}{s}$ noch ein wenig modifizieren, um hieraus weitere Schlüsse zu ziehen.

Setzt man in (1) für α die vorgelegte rationale positive Zahl $\frac{r}{s}$ und führt ferner die neuen Zahlen $r_1, r_2, \ldots, r_n, \ldots$ ein, die wir durch $r_1 = \lambda_1 \cdot s$, $r_2 = \lambda_2 \cdot s, \ldots, r_n = \lambda_n \cdot s, \ldots$ definieren, so erhält man aus den Gleichungen (1), (2), (3), ... (n) nach voraufgegangener Multiplikation mit s die neuen Gleichungen:

$$(\bar{1}) \qquad r = \gamma s + r_1 ,$$

$$(\bar{2}) \qquad 10\,r_1 = \gamma_1 s + r_2 ,$$

$$(\bar{3}) \qquad 10\,r_2 = \gamma_2 s + r_3 ,$$

$$\vdots$$

$$(\bar{n}) \qquad 10\,r_n = \gamma_n s + r_{n+1} .$$

Hierbei bedeuten nach dem Früheren γ eine ganze positive Zahl oder Null, $\gamma_1, \gamma_2, \ldots, \gamma_n, \ldots$ Zahlen der Reihe 0, 1, 2, ..., 9. Da s ebenfalls eine ganze Zahl ist, so folgt aus $r_1 = r - s\gamma$, daß r_1 ganzzahlig ist, ferner aus $r_2 = 10\,r_1 - \gamma_1 s$, daß r_2 ganzzahlig ist usw. Da die nicht negativen Größen $\lambda_1, \lambda_2, \ldots, \lambda_n, \ldots$ sämtlich kleiner als 1 waren, so ergibt sich aus der Definition $r_n = \lambda_n s$, daß jede der ganzen Zahlen $r_1, r_2, \ldots, r_n, \ldots$ kleiner als s und nicht negativ ist. Wir können nunmehr, da $0 \leqq r_n < s$ ist, das Gleichungssystem ($\bar{1}$) bis ($\bar{n}$), in dem nur ganze Zahlen auftreten, so interpretieren: Die Gleichung ($\bar{1}$) besagt: r_1 wird als Rest, γ als Quotient gefunden, wenn die ganze Zahl r durch die ganze Zahl s dividiert wird. Gleichung ($\bar{2}$) besagt: r_2 ist der Rest, γ_1 der Quotient, wenn die ganze Zahl $10\,r_1$ durch s dividiert wird, usw. Gleichung ($\bar{n}$) lehrt: r_{n+1} ist der Rest, γ_n der Quotient, wenn $10\,r_n$ durch s dividiert wird.

Aus der früher (Seite 90) hergeleiteten Gleichung

$$(n') \qquad \alpha = \gamma + \frac{\gamma_1}{10} + \frac{\gamma_2}{10^2} + \ldots + \frac{\gamma_n}{10^n} + \frac{\lambda_{n+1}}{10^n}$$

folgt, wenn im Fall $\alpha = \frac{r}{s}$ die Größe $\lambda_{n+1} = \frac{r_{n+1}}{s}$ gesetzt wird:

$$(\bar{n}') \qquad \alpha = \gamma + \frac{\gamma_1}{10} + \frac{\gamma_2}{10^2} + \ldots + \frac{\gamma_n}{10^n} + \frac{r_{n+1}}{10^n \cdot s} .$$

Sollte man für einen Rest, etwa $r_{\mu+1}$, den Wert Null finden, so ergibt sich für $n = \mu$:

$$\alpha = \gamma + \frac{\gamma_1}{10} + \frac{\gamma_2}{10^2} + \ldots + \frac{\gamma_\mu}{10^\mu}.$$

In diesem Fall ist also α ein endlicher Dezimalbruch. Ist hingegen die Gleichungskette unbegrenzt fortsetzbar, so wird $\frac{r}{s}$ gleich dem unendlichen Dezimalbruch

$$\gamma + \frac{\gamma_1}{10} + \frac{\gamma_2}{10^2} + \frac{\gamma_3}{10^3} + \ldots$$

Das in den Gleichungen $(\bar{1})$, $(\bar{2})$, $(\bar{3})$, ... $(\bar{n})$ dargelegte Verfahren ist das übliche zur Verwandlung einer rationalen Zahl $\frac{r}{s}$ in einen Dezimalbruch. Ist z. B. $\frac{355}{113}$ in einen Dezimalbruch zu verwandeln, also $r = 355$, $s = 113$, so gestaltet sich die gewöhnliche Berechnung folgendermaßen:

$$\begin{array}{rl} & 355 : 113 = 3{,}1415\ldots \\ & \underline{339} \\ 10\,r_1 = & 160 \\ & \underline{113} \\ 10\,r_2 = & 470 \\ & \underline{452} \\ 10\,r_3 = & 180 \\ & \underline{113} \\ 10\,r_4 = & 670 \\ & \underline{565} \\ 10\,r_5 = & 1050 \end{array}$$

Wir knüpfen an das Voraufgehende folgende wichtige Bemerkung: Die ganzen Zahlen r_1, r_2, ... sind sämtlich kleiner als s. Es gibt nur eine endliche Anzahl ganzer positiver Zahlen, die kleiner als eine gegebene positive Zahl s sind. Geht demnach das Verfahren ins Unendliche fort, so muß sich einmal eine Zahl r_τ ergeben, die gleich einer bereits früher aufgetretenen r_σ ist. Nun findet man aber aus der bei unserem Prozeß auftretenden Gleichung:

$$10\,r_\tau = s \cdot \gamma_\tau + r_{\tau+1}$$

die Zahlen γ_τ und $r_{\tau+1}$ in derselben Weise wie γ_σ und $r_{\sigma+1}$ aus der Gleichung

$$10\,r_\sigma = s \cdot \gamma_\sigma + r_{\sigma+1};$$

es wird also $\gamma_\tau = \gamma_\sigma$, $r_{\tau+1} = r_{\sigma+1}$. Aus $r_{\sigma+1} = r_{\tau+1}$ ergibt sich in der nämlichen Weise $\gamma_{\tau+1} = \gamma_{\sigma+1}$ und $r_{\tau+2} = r_{\sigma+2}$. Fährt man derartig fort, so zeigt sich Gleichheit zwischen den $\tau - \sigma$ Ziffern $\gamma_\sigma, \gamma_{\sigma+1}, \ldots, \gamma_{\tau-1}$ und den $\tau - \sigma$ Ziffern $\gamma_\tau, \gamma_{\tau+1}, \ldots, \gamma_{2\tau-\sigma-1}$; hierauf wiederholen sich die Ziffern $\gamma_\sigma, \gamma_{\sigma+1}, \ldots, \gamma_{\tau-1}$ in der nämlichen Weise und so geht es unaufhörlich fort.

Ein unendlicher Dezimalbruch, bei dem von einer gewissen Stelle an alle Ziffern eine beständige Wiederholung derselben Ziffernreihe in der nämlichen

Aufeinanderfolge sind, heißt ein periodischer Dezimalbruch. Beginnt die Periode mit der ersten Stelle hinter dem Komma ($\sigma = 1$), so heißt der Dezimalbruch rein periodisch; gehen der Periode noch Ziffern hinter dem Komma voraus ($\sigma > 1$), so heißt der Dezimalbruch unrein periodisch oder gemischt periodisch.

Wir haben daher

Satz II. Jede rationale positive Zahl läßt sich in einen endlichen oder in einen unendlichen periodischen positiven Dezimalbruch entwickeln.

Wir beweisen noch die Umkehrung dieses Satzes, nämlich

Satz III. Jeder endliche oder unendliche periodische Dezimalbruch ist gleich einer rationalen Zahl.

Daß jeder endliche Dezimalbruch eine rationale Zahl ist, ist bereits zu Beginn des Paragraphen betont.

Wir zeigen zuerst, daß auch jeder rein periodische positive Dezimalbruch, der kleiner als 1 ist, einer rationalen Zahl gleich ist. Jeder rein periodische positive Dezimalbruch, der kleiner als 1 ist, läßt sich in der Form:

$$\alpha = \frac{\gamma_1}{10} + \frac{\gamma_2}{10^2} + \frac{\gamma_3}{10^3} + \ldots + \frac{\gamma_\varrho}{10^\varrho} + \frac{\gamma_1}{10^{\varrho+1}} + \frac{\gamma_2}{10^{\varrho+2}} + \ldots + \frac{\gamma_\varrho}{10^{2\varrho}}$$
$$+ \frac{\gamma_1}{10^{2\varrho+1}} + \frac{\gamma_2}{10^{2\varrho+2}} + \ldots$$

schreiben, wobei $\gamma_1, \gamma_2, \ldots, \gamma_\varrho$ Zahlen der Reihe 0, 1, 2, ..., 9 bedeuten. Geht man auf die zwei zusammengehörigen Definitionsfolgen zurück,[1] die den Dezimalbruch α bestimmen, so erhält man für das Produkt $10^\varrho \cdot \alpha$ den Wert:

$$\begin{pmatrix} 10^{\varrho-1}\gamma_1, & 10^{\varrho-1}\gamma_1 + 10^{\varrho-2}\gamma_2, & \ldots \\ 10^{\varrho-1}\gamma_1 + 10^{\varrho-1}, & 10^{\varrho-1}\gamma_1 + 10^{\varrho-2}\gamma_2 + 10^{\varrho-2}, & \ldots \end{pmatrix}$$

oder beim Fortlassen der ϱ ersten Glieder (Satz I auf S. 73)

$$\begin{pmatrix} 10^{\varrho-1}\gamma_1 + 10^{\varrho-2}\gamma_2 + \ldots + \gamma_\varrho + \frac{\gamma_1}{10}, & \ldots \\ 10^{\varrho-1}\gamma_1 + 10^{\varrho-2}\gamma_2 + \ldots + \gamma_\varrho + \frac{\gamma_1}{10} + \frac{1}{10}, & \ldots \end{pmatrix}.$$

Beachtet man die für die Addition reeller Zahlen gegebene Definition auf Seite 68, so erhält man hieraus für $10^\varrho \cdot \alpha$ den Wert

$$10^\varrho \cdot \alpha = 10^{\varrho-1} \cdot \gamma_1 + 10^{\varrho-2} \cdot \gamma_2 + 10^{\varrho-3} \cdot \gamma_3 + \ldots + \gamma_\varrho + \alpha.$$

Mithin ist

$$\alpha\left(10^\varrho - 1\right) = 10^{\varrho-1}\gamma_1 + 10^{\varrho-2}\gamma_2 + \ldots + \gamma_\varrho,$$

d. h.

$$\alpha = \frac{10^{\varrho-1}\gamma_1 + 10^{\varrho-2}\gamma_2 + \ldots + \gamma_\varrho}{10^\varrho - 1}$$

[1] Die Rechnungsprozesse bei Dezimalbrüchen muß man sich stets durch Zurückgehen auf die Definitionsfolgen ableiten.

ist ein Bruch mit ganzzahligem Zähler und Nenner, also eine rationale Zahl. Bei einem rein periodischen Dezimalbruch, der größer als 1 ist, kommt zu einem rein periodischen positiven Dezimalbruch, der kleiner als 1 und also bereits als rational erwiesen ist, nur noch ein ganzzahliger positiver Bestandteil hinzu. Mithin ist allgemein jeder rein periodische positive Dezimalbruch rational.

Hat man einen unrein periodischen positiven Dezimalbruch β, so bewirkt bei ihm die Multiplikation mit einer gewissen Potenz von 10, daß die Ziffer, mit der die Periode beginnt, an erste Stelle hinter das Komma tritt. Hierdurch wird das Produkt von β und einer Potenz von 10 ein rein periodischer positiver Dezimalbruch, also, wie bereits bewiesen, rational.[1] Ist aber $10^{\sigma-1}\cdot\beta$ rational, so ist auch β rational. Hiermit ist Satz III allgemein bewiesen.

Beim Beweise der Sätze II und III haben wir nur positive Zahlen betrachtet, weil bei negativen bloß das Vorzeichen hinzukommt.

Da man auch nicht periodische unendliche Dezimalbrüche bilden kann, z. B. den Dezimalbruch auf Seite 85 unten, und zwei unendliche Dezimalbrüche, die in einer Ziffer abweichen, nie gleich sind, so folgt aus Satz II die Existenz reeller Zahlen aus P, die nicht rational sind, was bisher noch nicht gezeigt war. Jede reelle Zahl, die nicht rational ist, heißt eine reelle Irrationalzahl. Wir können daher Satz II und III auch so formulieren:

Satz IV. Nicht periodische unendliche Dezimalbrüche und reelle Irrationalzahlen sind identische Begriffe.

Wir legen uns noch die Frage vor, wann eine rationale Zahl als endlicher Dezimalbruch geschrieben werden kann. Dies entscheidet folgender

Satz V. Eine positive Zahl α, die keiner ganzen Zahl gleich ist, läßt sich dann und nur dann als endlicher Dezimalbruch

$$\alpha = \gamma + \frac{\gamma_1}{10} + \frac{\gamma_2}{10^2} + \dots + \frac{\gamma_\mu}{10^\mu} \; (\mu \geqq 1)$$

schreiben, wenn $\alpha = \frac{r}{s}$ ist und hierbei r und s teilerfremde ganze positive Zahlen bedeuten, von denen s nur durch Potenzen von 2 und 5 teilbar ist.

Der positive endliche Dezimalbruch $\gamma + \frac{\gamma_1}{10} + \frac{\gamma_2}{10^2} + \dots + \frac{\gamma_\mu}{10^\mu}$ ist gleich $\frac{10^\mu \gamma + 10^{\mu-1}\gamma_1 + 10^{\mu-2}\gamma_2 + \dots + \gamma_\mu}{10^\mu}$. Diese rationale Zahl sei gleich dem reduzierten Bruche $\frac{r}{s}$, wobei also r und s zueinander teilerfremde ganze positive Zahlen bedeuten. Dann folgt aus der Gleichung

$$\frac{r}{s}\cdot 10^\mu = 10^\mu\cdot\gamma + 10^{\mu-1}\cdot\gamma_1 + 10^{\mu-2}\cdot\gamma_2 + \dots + \gamma_\mu,$$

[1] Beginnt die Periode von

$$\beta = \gamma + \frac{\gamma_1}{10} + \frac{\gamma_2}{10^2} + \dots + \frac{\gamma_\sigma}{10^\sigma} + \dots$$

mit γ_σ, so wird β durch Multiplikation mit $10^{\sigma-1}$ rein periodisch.

daß $\frac{r}{s}\cdot 10^{\mu}$ eine ganze Zahl ist. Da r und s teilerfremd sind, so muß nach einem bekannten zahlentheoretischen Satz, der auf Seite 121 noch bewiesen wird, 10^{μ} durch s teilbar sein, d. h. s kann keine anderen Faktoren als 2 und 5 enthalten.

Ist umgekehrt ein reduzierter positiver Bruch $\frac{r}{s}$ gegeben, bedeuten also r und s zueinander teilerfremde ganze positive Zahlen, von denen s keine anderen Faktoren als 2 und 5 enthält, also $s = 2^k \cdot 5^l$, so sei G die größere der zwei Zahlen k und l und für $k = l$ gleich diesen. Für $k \geqq l$ zeigt die Darstellung

$$\frac{r}{s} = \frac{r}{2^k \cdot 5^l} = \frac{r \cdot 5^{G-l}}{2^G \cdot 5^G} = \frac{r \cdot 5^{G-l}}{10^G}$$

und für $k \leqq l$ die Darstellung

$$\frac{r}{s} = \frac{r}{2^k \cdot 5^l} = \frac{r \cdot 2^{G-k}}{2^G \cdot 5^G} = \frac{r \cdot 2^{G-k}}{10^G},$$

daß $\frac{r}{s} = \frac{H}{10^G}$ wird, wobei H eine ganze positive Zahl ist. Bestimmt man mittels Division von H durch 10 die ganzen Zahlen H_1 und h_0 so, daß:

$$H = 10 \cdot H_1 + h_0$$

ist, wobei h_0 als Rest der Division zwischen 0 und 9 liegt, ferner ebenso mittels sukzessiver Division durch 10 die ganzen Zahlen H_2, H_3:

$$H_1 = 10\, H_2 + h_1,$$

$$H_2 = 10\, H_3 + h_2,$$

usw., bis sich einmal $H_\lambda = 0$ ergibt, so erhält man durch sukzessives Einsetzen die ganze Zahl

$$H = 10^{\lambda-1} h_{\lambda-1} + 10^{\lambda-2} h_{\lambda-2} + \ldots + 10\, h_1 + h_0$$

in Dezimalform geschrieben. $\frac{H}{10^G}$ erscheint alsdann als Dezimalbruch, z. B.:

$$\frac{13}{80} = \frac{13}{2^4 \cdot 5} = \frac{13 \cdot 5^3}{10^4} = \frac{1625}{10^4} = \frac{1 \cdot 10^3 + 6 \cdot 10^2 + 2 \cdot 10 + 5}{10^4}$$

$$= \frac{1}{10} + \frac{6}{10^2} + \frac{2}{10^3} + \frac{5}{10^4} = 0{,}1625$$

oder

$$\frac{13}{250} = \frac{13}{2 \cdot 5^3} = \frac{13 \cdot 2^2}{10^3} = \frac{52}{10^3} = \frac{5 \cdot 10 + 2}{10^3} = \frac{5}{10^2} + \frac{2}{10^3} = 0{,}052.$$

Hiermit ist Satz V bewiesen.

Wir beweisen

Satz VI. Sind r und s teilerfremde ganze positive Zahlen, so ist $\frac{r}{s}$ dann und nur dann in einen rein periodischen Dezimalbruch entwickelbar, wenn s weder durch 2 noch durch 5 teilbar ist. Bei der Entwicklung solcher Zahlen $\frac{r}{s}$ besteht die Periode des Dezimalbruches aus ϱ Gliedern, wobei ϱ die kleinste ganze positive Zahl ist, für die $\frac{10^\varrho - 1}{s}$ ganzzahlig ausfällt.

Sind r und s beliebige ganze positive Zahlen, so ist $\frac{r}{s}$ entweder gleich einem rein periodischen oder gleich einem unrein periodischen Dezimalbruch.[1] Hieraus folgt, daß es eine ganze positive Zahl σ gibt, für die $10^{\sigma-1}\cdot\frac{r}{s}$ stets gleich einem rein periodischen Dezimalbruch wird. Ist nämlich $\frac{r}{s}$ gleich einem rein periodischen Dezimalbruch, so ist $\sigma = 1$ zu wählen. Ist hingegen $\frac{r}{s}$ gleich einem gemischt periodischen Dezimalbruch, so ist beim Beweise des Satzes III die Existenz einer ganzen Zahl $\sigma > 1$ von der gewünschten Eigenschaft gezeigt worden. Wir zerlegen $10^{\sigma-1}\cdot\frac{r}{s}$ in $\gamma + \frac{r_1}{s}$, wobei γ den in $10^{\sigma-1}\cdot\frac{r}{s}$ enthaltenen ganzzahligen positiven Bestandteil bedeutet. Da $10^{\sigma-1}\cdot\frac{r}{s}$ gleich einem rein periodischen Dezimalbruch ist, so trifft dies auch für $\frac{r_1}{s}$ zu, wobei $\frac{r_1}{s} < 1$ ist. Ist ϱ die Gliederzahl der Periode von $10^{\sigma-1}\cdot\frac{r}{s}$ oder, was das gleiche ist, von $\frac{r_1}{s}$, so hat man, weil $\frac{r_1}{s}$ kleiner als 1 und gleich einem rein periodischen Dezimalbruch ist, nach der letzten Gleichung auf Seite 95 $\frac{r_1}{s} = \frac{N}{10^\varrho - 1}$; hierbei bedeutet N eine ganze positive Zahl. Mithin wird

$$10^{\sigma-1}\cdot\frac{r}{s} = \gamma + \frac{r_1}{s} = \gamma + \frac{N}{10^\varrho - 1} = \frac{\gamma(10^\varrho - 1) + N}{10^\varrho - 1}.$$

Hieraus folgt: Sind r und s zwei beliebige ganze positive Zahlen, so kann man stets zu der ganzen positiven Zahl ϱ, welche die Anzahl der Glieder der Periode bei der Entwicklung von $\frac{r}{s}$ in einen Dezimalbruch angibt, eine weitere ganze positive Zahl σ derart finden, daß $10^{\sigma-1}\cdot\frac{r}{s}\cdot(10^\varrho - 1) = \gamma(10^\varrho - 1) + N$ ganzzahlig wird. Ist $\frac{r}{s}$ in einen rein periodischen Dezimalbruch entwickelbar, so kann man $\sigma = 1$ wählen.

I. Wir behandeln nun zuerst den Fall, daß s weder durch 2 noch durch 5 teilbar ist. Da dann s und $10^{\sigma-1}$ zueinander teilerfremd sind und nach dem Obigen $10^{\sigma-1}\cdot\frac{r}{s}\cdot(10^\varrho - 1)$ eine ganze Zahl ist, so muß $\frac{r}{s}\cdot(10^\varrho - 1)$ eine ganze Zahl

[1] Ist $\frac{r}{s}$ gleich einer ganzen positiven Zahl oder einem positiven endlichen Dezimalbruch, so kann man $\frac{r}{s}$ nach Satz I auch in Form eines unendlichen periodischen Dezimalbruches schreiben, bei dem die Periode aus der einzigen Zahl 9 besteht.

sein (vgl. den schon mehrfach benützten zahlentheoretischen Satz auf S. 121). Wir erhalten demnach folgendes Resultat (A): Ist s irgend eine weder durch 2 noch durch 5 teilbare ganze Zahl, r eine beliebige ganze Zahl und bedeutet ϱ die Periodenlänge bei der Entwicklung von $\frac{r}{s}$ in einen Dezimalbruch, so ist $\frac{r}{s}\cdot(10^\varrho - 1)$ ganzzahlig.

Wir beweisen ferner (B): Ist s irgend eine weder durch 2 noch durch 5 teilbare Zahl, r eine beliebige ganze Zahl und ϱ irgend eine ganze Zahl, für die $\frac{10^\varrho - 1}{s}$ ganzzahlig ausfällt,[1] so ist die Entwicklung von $\frac{r}{s}$ in einen Dezimalbruch rein periodisch und zwar ist die Periodenlänge höchstens gleich ϱ.

Wir zerlegen $\frac{r}{s}$ in $\frac{r}{s} = \gamma + \frac{r_1}{s}$, wobei γ der ganzzahlige Bestandteil von $\frac{r}{s}$ ist Da $\frac{10^\varrho - 1}{s}$ ganzzahlig ist, so muß dasselbe von $r_1\cdot\frac{10^\varrho-1}{s}$ gelten. Setzen wir $r_1\cdot\frac{10^\varrho-1}{s} = N$, so wird

$$r_1\cdot\frac{10^\varrho}{s} = N + \frac{r_1}{s} \quad \text{und mithin} \quad \frac{r_1}{s} = \frac{N}{10^\varrho} + \frac{r_1}{s\cdot 10^\varrho}.$$

Da $\frac{r_1}{s} < 1$, so folgt aus $N = \frac{r_1}{s}\cdot(10^\varrho - 1)$, daß $N < 10^\varrho$. Die ganze positive Zahl N läßt sich daher in die Form $N = n_1\cdot 10^{\varrho-1} + n_2\cdot 10^{\varrho-2} + \ldots + n_\varrho$ bringen, wobei $n_1, n_2, \ldots, n_\varrho$ Zahlen der Reihe 0, 1, 2, ..., 9 bedeuten. Setzt man den gefundenen Wert von N in $\frac{r_1}{s} = \frac{N}{10^\varrho} + \frac{r_1}{s\cdot 10^\varrho}$, so ergibt sich

$$\frac{r_1}{s} = \frac{n_1}{10} + \frac{n_2}{10^2} + \ldots + \frac{n_\varrho}{10^\varrho} + \frac{r_1}{s\cdot 10^\varrho}.$$

Fährt man fort, rechter Hand für $\frac{r_1}{s}$ den gefundenen Wert zu benutzen, so erhält man $\frac{r_1}{s}$ in Form eines rein periodischen Dezimalbruches

$$\frac{r_1}{s} = \frac{n_1}{10} + \frac{n_2}{10^2} + \ldots + \frac{n_\varrho}{10^\varrho} + \frac{n_1}{10^{\varrho+1}} + \frac{n_2}{10^{\varrho+2}} + \ldots$$

Bei der Entwicklung von $\frac{r}{s}$ in einen Dezimalbruch kommt noch der ganzzahlige Bestandteil γ hinzu; daher ist $\frac{r}{s}$ gleich dem rein periodischen Dezimalbruch

$$\gamma + \frac{n_1}{10} + \frac{n_2}{10^2} + \ldots + \frac{n_\varrho}{10^\varrho} + \frac{n_1}{10^{\varrho+1}} + \frac{n_2}{10^{\varrho+2}} + \ldots$$

Durch das Voraufgehende ist die in (B) enthaltene Aussage bewiesen.

[1] Die Existenz wenigstens einer solchen Zahl ϱ folgt aus (A), indem man ϱ gleich der Periodenlänge bei der Entwicklung von $\frac{1}{s}$ in einen Dezimalbruch wählt.

Solange nichts über das Verhältnis von r zu s vorausgesetzt wird, kann die Periode noch aus weniger als ϱ Gliedern bestehen, selbst wenn ϱ die kleinste ganze Zahl ist, für die $\frac{10^\varrho - 1}{s}$ ganzzahlig wird; z. B. ist für $r = 7$, $s = 21$, $\frac{10^6 - 1}{21}$ ganzzahlig, die kleinste mögliche Zahl $\varrho = 6$ und demnach

$$\frac{7}{21} = \frac{333333}{10^6} + \frac{333333}{10^{12}} + \ldots,$$

während die Periode in Wahrheit nicht aus 6, sondern nur aus einem Gliede besteht.

Wir bleiben bei unserer Annahme, daß s weder durch 2 noch durch 5 teilbar ist, setzen aber nunmehr r und s auch noch teilerfremd voraus. Ferner sei ϱ die kleinste ganze positive Zahl, für die $\frac{10^\varrho - 1}{s}$ ganzzahlig wird; von dieser kleinsten Zahl ϱ sagt man auch, sie ist der Exponent, zu dem 10 modulo s gehört. Alsdann ist, wie wir jetzt zeigen wollen, ϱ genau gleich der Gliederzahl in der Periode des Dezimalbruches, in den sich $\frac{r}{s}$ entwickeln läßt. Angenommen, die Periode des Dezimalbruches, in den sich $\frac{r}{s}$ entwickeln läßt, bestehe aus ϱ' Gliedern; alsdann ist, wie unter (A) bewiesen, $\frac{r}{s} \cdot (10^{\varrho'} - 1)$ ganzzahlig. Da r und s teilerfremde ganze Zahlen sind, so folgt aus der Ganzzahligkeit von $\frac{r}{s} \cdot (10^{\varrho'} - 1)$ diejenige von $\frac{(10^{\varrho'} - 1)}{s}$. Nun sollte ϱ die kleinste ganze positive Zahl sein, für die $\frac{10^\varrho - 1}{s}$ ganzzahlig ist; daher ist $\varrho' \geqq \varrho$. Da s nicht durch 2 oder 5 teilbar ist und $\frac{10^\varrho - 1}{s}$ ganzzahlig ausfällt, so besteht, wie unter (B) gezeigt, die Periode ϱ' des Dezimalbruches, in den sich $\frac{r}{s}$ entwickeln ließ, höchstens aus ϱ Gliedern; mithin muß $\varrho' \leqq \varrho$ sein. Aus $\varrho' \geqq \varrho$ und $\varrho' \leqq \varrho$ folgt $\varrho' = \varrho$.

Wir haben also das Resultat: Ist s nicht durch 2 oder 5 teilbar und sind r und s teilerfremd, so ist $\frac{r}{s}$ gleich einem rein periodischen Dezimalbruch mit ϱ-gliedriger Periode, wobei ϱ die kleinste ganze positive Zahl bedeutet, für die $\frac{10^\varrho - 1}{s}$ ganzzahlig wird.[1]

II. Die Zahl s sei nunmehr durch 2 oder 5 teilbar. Sind r und s teilerfremde ganze Zahlen, so behaupten wir, daß $\frac{r \cdot (10^\varrho - 1)}{s}$ für keine ganze positive Zahl ϱ ganzzahlig ausfallen kann. Wäre $\frac{r \cdot (10^\varrho - 1)}{s}$ ganzzahlig, so

[1] Die Zahl ϱ spielt in der Zahlentheorie (vgl. etwa P. BACHMANN, niedere Zahlentheorie, Leipzig 1902, S. 318) eine sehr wichtige Rolle. Man beweist: ϱ ist gleich der zahlentheoretischen Funktion $\varphi(s)$ oder gleich einem Faktor von $\varphi(s)$, wobei $\varphi(s)$ die Anzahl der ganzen positiven Zahlen angibt, die kleiner als s und zu

würde, da r und s teilerfremd sind, $\frac{10^\varrho - 1}{s}$ ganzzahlig werden. Ist s durch 2 oder 5 teilbar, also $s = 2 \cdot s_1$ bzw. $s = 5 \cdot s_1'$, wobei s_1 bzw. s_1' ganze Zahlen bedeuten, so würde aus der Ganzzahligkeit von $\frac{10^\varrho - 1}{s}$ diejenige von $\frac{10^\varrho - 1}{s} \cdot s_1 = \frac{10^\varrho - 1}{2}$ bzw. von $\frac{10^\varrho - 1}{s} \cdot s_1' = \frac{10^\varrho - 1}{5}$ folgen. Nun sind aber $\frac{10^\varrho - 1}{2} = 10^{\varrho-1} \cdot 5 - \frac{1}{2}$ bzw. $\frac{10^\varrho - 1}{5} = 10^{\varrho-1} \cdot 2 - \frac{1}{5}$ niemals ganze Zahlen. Hieraus folgt, daß in der Tat, wenn s durch 2 oder 5 teilbar ist, $\frac{r}{s} \cdot (10^\varrho - 1)$ niemals ganzzahlig ist. Mithin kann unter den angegebenen Bedingungen die bereits auf Seite 98 bewiesene Ganzzahligkeit von $10^{\sigma-1} \cdot \frac{r}{s}(10^\varrho - 1)$ nur dadurch erzielt werden, daß $\sigma > 1$ ist. Dies heißt aber nach der dort am Schluß des Absatzes gemachten Bemerkung, $\frac{r}{s}$ ist kein rein periodischer, sondern ein gemischt periodischer Dezimalbruch. Hiermit ist schließlich gezeigt, daß, wenn r und s teilerfremd sind, $\frac{r}{s}$ nur dann in einen rein perio-

---

s teilerfremd sind. Ist s eine Primzahlpotenz p^k, so ist $\varphi(p^k) = p^k\left(1 - \frac{1}{p}\right)$; ist $s = p_1^{k_1} \cdot p_2^{k_2} \ldots p_i^{k_i}$, wobei $p_1, p_2, \ldots, p_i$ verschiedene Primzahlen bedeuten, so ist

$$\varphi(s) = \varphi\left(p_1^{k_1}\right) \cdot \varphi\left(p_2^{k_2}\right) \ldots \varphi\left(p_i^{k_i}\right) = s\left(1 - \frac{1}{p_1}\right) \cdot \left(1 - \frac{1}{p_2}\right) \ldots \left(1 - \frac{1}{p_i}\right).$$

Es ist z. B. $\frac{1}{3} = 0,\overline{3}\ldots$ mit $\varrho = 1$ und $\varphi(3) = 2$; $\frac{1}{11} = 0,\overline{09}\ldots$ mit $\varrho = 2$ und $\varphi(11) = 10$; $\frac{1}{7} = 0,\overline{142857}\ldots$ mit $\varrho = 6$ und $\varphi(7) = 6$; $\frac{2}{21} = 0,\overline{095238}\ldots$ mit $\varrho = 6$ und $\varphi(21) = 12$. Tabellen für die Zahl ϱ, wenn s eine gegebene Primzahl unter 100000 ist, findet man bei Heinrich Bork in der elementar gehaltenen Schrift „Periodische Dezimalbrüche“, Programm Nr. 67 (1895), Kgl. Prinz-Heinrich-Gymnasium Berlin. Aus der Notwendigkeit der Ganzzahligkeit von $\frac{10^\varrho - 1}{s}$ folgt, daß es nur eine endliche Anzahl von Nennern s derart geben kann, daß die zugehörigen reduzierten Brüche sich als rein periodische Dezimalbrüche mit vorgeschriebener ϱ-gliedriger Periode schreiben lassen. Man findet sie als jene ganzzahligen Faktoren der aus ϱ Neunern bestehenden Zahl $10^\varrho - 1$, die nicht schon bei der Zerlegung von $10^{\varrho'} - 1$ auftreten, wobei ϱ' irgend eine kleinere ganze positive Zahl als ϱ bedeutet. Da die Zahl 9 bloß 1, 3 und 9 zu Teilern hat, so liefern nur die ganzen Zahlen und alle reduzierten Brüche mit den Nennern 3 und 9 eingliedrige Perioden; zweigliedrige Perioden liefern nur alle reduzierten Brüche mit den Nennern 11, 33 und 99, da diese Zahlen die nicht in 9 enthaltenen Teiler von 99 erschöpfen. Eine Zusammenstellung aller Nenner s, die rein periodische Dezimalbrüche mit 1-, 2- bis 11-gliedrigen Perioden ergeben, findet man z. B. bei Jos. Mayer, Über die Größe der Periode eines unendlichen Dezimalbruches, Programm der Kgl. (bayerischen) Studienanstalt Burghausen 1887/88, S. 10. Auch Gauss hat sich mit diesem Gegenstand in den Disquisitiones arithmeticae, Art. 312—318, ges. Werke I, Göttingen 1863, S. 382, sowie die Tabelle auf S. 470, beschäftigt.

dischen Dezimalbruch verwandelt werden kann, wenn s weder durch 2 noch durch 5 teilbar ist, Satz VI ist also völlig bewiesen.

Satz VII. Sind r und s teilerfremde ganze positive Zahlen und ist $s = 2^k \cdot 5^l \cdot s_1$, wobei s_1 weder durch 2 noch durch 5 teilbar ist und wenigstens eine der Zahlen k und l nicht verschwindet,[1] so ist $\frac{r}{s}$ in einen gemischt periodischen Dezimalbruch entwickelbar. Je nachdem k oder l die größere Zahl ist, findet man ihn, indem man $\frac{r \cdot 5^{k-l}}{s_1}$ oder $\frac{r \cdot 2^{l-k}}{s_1}$ in einen rein periodischen Dezimalbruch verwandelt und diesen durch 10^G dividiert, d. h. das Komma des Dezimalbruches um G Stellen nach links verschiebt, wobei G die größere der zwei Zahlen k und l bedeutet; falls $k = l$, so ist $G = k = l$ zu wählen.

Der Beweis ergibt sich sofort, da $\frac{r}{s} = \frac{r}{2^k \cdot 5^l \cdot s_1}$ für $k \geqq l$ gleich $\frac{5^{k-l} \cdot r}{10^k \cdot s_1}$ und für $l \geqq k$ gleich $\frac{2^{l-k} \cdot r}{10^l \cdot s_1}$ ist. Nun ist s_1 weder durch 2 noch durch 5 teilbar; daher ist $\frac{5^{k-l} \cdot r}{s_1}$ bzw. $\frac{2^{l-k} \cdot r}{s_1}$ nach Satz VI in einen rein periodischen Dezimalbruch entwickelbar. Aus diesem ergibt sich die Entwicklung von $\frac{r}{s}$ durch Division mit 10^G, wobei G die größere der zwei Zahlen k und l bedeutet, wenn k und l ungleich sind; für $k = l$ ist G diesen Zahlen gleich zu wählen.

Wir haben bisher ausschließlich mit den Dezimalbrüchen operiert. Die Bevorzugung der Zahl 10 ist mathematisch durchaus unbegründet. Sie beruht, wie schon Aristoteles hervorhebt, einzig darauf, daß wir 10 Finger besitzen. Anstatt der Grundzahl 10 kann man auch jede andere ganze positive Zahl $f > 1$ als Grundzahl benützen. Ausdrücke von der Form

$$\delta + \frac{\delta_1}{f} + \frac{\delta_2}{f^2} + \frac{\delta_3}{f^3} + \ldots + \frac{\delta_n}{f^n} + \ldots,$$

wobei δ und f zwei beliebige ganze positive Zahlen bedeuten, δ auch Null sein kann, hingegen f stets > 1 sein muß, und $\delta_1, \delta_2, \ldots$ ganze positive Zahlen vorstellen, die zwischen 0 und $f - 1$ (diese Grenzen eingeschlossen) liegen, heißen positive systematische Brüche mit der Grundzahl f. Auch bei ihnen ist wie bei Dezimalbrüchen zwischen endlichen, d. h. abbrechenden, und unendlichen zu unterscheiden. Durch einen unendlichen positiven systematischen Bruch mit der Grundzahl f sind ebenso wie durch einen Dezimalbruch zwei zusammengehörige Definitionsfolgen, nämlich

$$\begin{pmatrix} \delta, & \delta + \frac{\delta_1}{f}, & \delta + \frac{\delta_1}{f} + \frac{\delta_2}{f^2}, & \delta + \frac{\delta_1}{f} + \frac{\delta_2}{f^2} + \frac{\delta_3}{f^3}, & \ldots \\ \delta + 1, & \delta + \frac{\delta_1}{f} + \frac{1}{f}, & \delta + \frac{\delta_1}{f} + \frac{\delta_2}{f^2} + \frac{1}{f^2}, & \delta + \frac{\delta_1}{f} + \frac{\delta_2}{f^2} + \frac{\delta_3}{f^3} + \frac{1}{f^3}, & \ldots \end{pmatrix}$$

bestimmt, und man kann demnach unter dem vorgelegten positiven unendlichen systematischen Bruch

---

[1] D. h. s ist durch 2 oder 5 teilbar.

$$\delta + \frac{\delta_1}{f} + \frac{\delta_2}{f^2} + \frac{\delta_3}{f^3} + \ldots$$

die durch die zwei obigen Definitionsfolgen eindeutig festgelegte Zahl verstehen.

Der negative systematische Bruch mit der Grundzahl f:

$$-\left(\delta + \frac{\delta_1}{f} + \frac{\delta_2}{f^2} + \ldots + \frac{\delta_n}{f^n} + \ldots\right)$$

ist entgegengesetzt zu dem positiven.

Alle obigen Sätze bleiben auch noch gültig, wenn man statt der Grundzahl 10 irgend eine andere ganze positive Zahl $f > 1$ als Grundzahl wählt. Man erhält daher die folgenden Resultate:

Jede reelle Zahl kann als systematischer Bruch mit vorgegebener Grundzahl f geschrieben werden. Jede Zahl kann auf eine und auch nur auf eine Weise als unendlicher systematischer Bruch mit der Grundzahl f ausgedrückt werden. Läßt sich eine positive Zahl α auch als endlicher systematischer Bruch mit der Grundzahl f schreiben, etwa

$$\alpha = \delta + \frac{\delta_1}{f} + \frac{\delta_2}{f^2} + \ldots + \frac{\delta_\mu}{f^\mu},$$

so ist dies ebenfalls nur auf eine Art möglich. In diesem Fall lautet der unendliche systematische Bruch mit der Grundzahl f, der gleich α ist,

$$\delta + \frac{\delta_1}{f} + \frac{\delta_2}{f^2} + \ldots + \frac{\delta_{\mu-1}}{f^{\mu-1}} + \frac{\delta_\mu - 1}{f^\mu} + \frac{f-1}{f^{\mu+1}} + \frac{f-1}{f^{\mu+2}} + \ldots$$

Notwendig und hinreichend, damit ein unendlicher systematischer Bruch mit der Grundzahl f gleich einer rationalen Zahl sei, ist seine Periodizität, d. h. daß er die Form:

$$\delta + \frac{\delta_1}{f} + \frac{\delta_2}{f^2} + \ldots + \frac{\delta_\sigma}{f^\sigma} + \frac{\delta_{\sigma+1}}{f^{\sigma+1}} + \ldots + \frac{\delta_{\sigma+\varrho-1}}{f^{\sigma+\varrho-1}}$$
$$+ \frac{\delta_\sigma}{f^{\sigma+\varrho}} + \frac{\delta_{\sigma+1}}{f^{\sigma+\varrho+1}} + \ldots + \frac{\delta_{\sigma+\varrho-1}}{f^{\sigma+2\varrho-1}} + \frac{\delta_\sigma}{f^{\sigma+2\varrho}} + \ldots$$

hat, daß sich also $\delta_\sigma, \delta_{\sigma+1}, \ldots, \delta_{\sigma+\varrho-1}$ immer in der nämlichen Aufeinanderfolge wiederholen. Ist $\sigma = 1$, so spricht man von einem rein periodischen, bei $\sigma > 1$ von einem unrein periodischen oder gemischt periodischen systematischen Bruch mit der Grundzahl f.

Die positive Zahl α läßt sich dann und nur dann als endlicher systematischer Bruch mit der Grundzahl f schreiben, nämlich

$$\alpha = \delta + \frac{\delta_1}{f} + \frac{\delta_2}{f^2} + \ldots + \frac{\delta_\mu}{f^\mu},$$

wenn $\alpha = \frac{r}{s}$ ist und hierbei r und s teilerfremde ganze positive Zahlen bedeuten, von denen s nur durch solche Primzahlen teilbar ist, die auch in f aufgehen.

Alle und auch nur diejenigen positiven rationalen Zahlen $\frac{r}{s}$, bei denen r und s teilerfremde ganze positive Zahlen bedeuten und s, abgesehen von 1, durch keine Primzahl teilbar ist, die in f aufgeht, sind gleich rein periodischen systematischen Brüchen mit der Grundzahl f. Bei der Entwicklung solcher Zahlen $\frac{r}{s}$ besteht die Periode des systematischen Bruches mit der Grundzahl f aus ϱ Gliedern, wobei ϱ die kleinste ganze positive Zahl ist, für die $\frac{f^\varrho - 1}{s}$ ganzzahlig[1] ausfällt.

Der Leser entwickle z. B. $\frac{1}{3}$ in einen systematischen Bruch mit der Grundzahl 2:

$$\frac{1}{3} = \frac{1}{2^2} + \frac{1}{2^4} + \frac{1}{2^6} + \ldots;$$

die Entwicklung ist rein periodisch mit der Periode 0, 1. Allgemein gibt $\frac{1}{f+1}$ einen rein periodischen systematischen Bruch mit der Grundzahl f und der zweigliedrigen Periode 0, $f - 1$.

Ferner entwickle man $\frac{f}{f-1}$ in einen systematischen Bruch mit der Grundzahl f:

$$\frac{f}{f-1} = 1 + \frac{1}{f} + \frac{1}{f^2} + \frac{1}{f^3} + \ldots$$

Die Entwicklung ist rein periodisch mit der eingliedrigen Periode 1.

§ 9.

Kettenbrüche.

Sind $p_2, p_3, \ldots, p_\mu$ irgendwelche ganze positive Zahlen, und bedeutet p_1 eine ganze positive Zahl oder Null, so heißt ein in der folgenden Schreibweise gebildeter Ausdruck:

$$(1) \qquad \xi = p_1 + \cfrac{1}{p_2 + \cfrac{1}{p_3 + \cfrac{1}{p_4 + \ddots + \cfrac{1}{p_\mu}}}}$$

ein positiver endlicher Kettenbruch. Die Zahlen $p_1, p_2, p_3, \ldots, p_\mu$ heißen die Elemente (auch Teilnenner) des Kettenbruches.

[1] Sind f und s teilerfremd, so heißt die kleinste ganze positive Zahl ϱ, für die $\frac{f^\varrho - 1}{s}$ ganzzahlig ausfällt, der Exponent, zu dem f modulo s gehört. Haben f und s einen gemeinsamen Teiler, so ist $\frac{f^\varrho - 1}{s}$ für keine ganze positive Zahl ϱ ganzzahlig.

Die Berechnung des Kettenbruches geschieht folgendermaßen: Man bilde der Reihe nach die Hilfsgrößen

$$\xi_{\mu-2} = p_{\mu-1} + \frac{1}{p_\mu}, \quad \xi_{\mu-3} = p_{\mu-2} + \frac{1}{\xi_{\mu-2}}, \quad \xi_{\mu-4} = p_{\mu-3} + \frac{1}{\xi_{\mu-3}},$$

$$\ldots, \quad \xi_1 = p_2 + \frac{1}{\xi_2}$$

und erhält alsdann $\xi = p_1 + \frac{1}{\xi_1}$.

Anstatt der obigen, viel Raum beanspruchenden Schreibweise (1) für einen Kettenbruch soll die bequemere abgekürzte Bezeichnung:

$$(1') \qquad \xi = p_1 + \frac{1|}{|p_2} + \frac{1|}{|p_3} + \ldots + \frac{1|}{|p_\mu} \quad \text{oder}$$

$$\xi = (p_1, \; p_2, \; \ldots, \; p_\mu)$$

verwendet werden.

Sind $p_2, p_3, p_4, \ldots$ unendlich viele ganze positive Zahlen und bedeutet p_1 eine ganze positive Zahl oder Null, so heißt ein Ausdruck von der Form:

$$(2) \qquad p_1 + \cfrac{1}{p_2 + \cfrac{1}{p_3 + \cfrac{1}{p_4 + \cdots}}}$$

ein positiver unendlicher Kettenbruch; er wird abgekürzt mit $p_1 + \frac{1|}{|p_2} + \frac{1|}{|p_3} + \frac{1|}{|p_4} + \ldots$ oder $(p_1, p_2, p_3, p_4, \ldots)$ bezeichnet; die Zahlen $p_1, p_2, p_3, p_4, \ldots$ heißen auch hier die Elemente (Teilnenner) des Kettenbruches. Ähnlich wie bei den unendlichen Dezimalbrüchen ist auch bei den unendlichen Kettenbrüchen die Frage nach dem Sinn und der Zulässigkeit eines solchen Gebildes zu stellen. Die Beantwortung der prinzipiellen Frage, inwiefern ein unendlicher Kettenbruch als reelle Zahl aus P auffaßbar ist, soll noch verschoben werden. Vorerst betrachten wir einen unendlichen Kettenbruch (2) ganz formal nur als einen Ausdruck, der uns eine unendliche Reihe endlicher Kettenbrüche:

$$K_n = p_1 + \frac{1|}{|p_2} + \frac{1|}{|p_3} + \ldots + \frac{1|}{|p_n} \quad (n = 1, 2, 3, \ldots)$$

liefert. K_n heißt der n^{te} Näherungsbruch des Kettenbruches (2). Hat man einen endlichen Kettenbruch (1), so gehören zu ihm nur eine endliche Anzahl von μ Näherungsbrüchen $K_1, K_2, \ldots, K_\mu$, deren letzter der gegebene Kettenbruch ξ selbst ist.

Wir beweisen folgenden

Satz I. Definiert man ein zweifaches System von ganzen nicht negativen Zahlen Z_n und N_n durch folgende Rekursionsformeln:

$$(3) \qquad Z_0 = 1, \quad Z_1 = p_1, \quad \ldots, \quad Z_n = p_n Z_{n-1} + Z_{n-2},$$

$$(4) \qquad N_0 = 0, \quad N_1 = 1, \quad \ldots, \quad N_n = p_n N_{n-1} + N_{n-2},$$

wobei n bei einem endlichen Kettenbruch die Werte 1, 2, 3, ..., μ, bei einem unendlichen Kettenbruch alle ganzen positiven Zahlen durchläuft, so ist der n^{te} Näherungsbruch $K_n = \frac{Z_n}{N_n}$.

Offenbar ist $p_1 = \frac{p_1}{1} = \frac{Z_1}{N_1}$, d. h. $K_1 = \frac{Z_1}{N_1}$. Ferner folgt aus (3) und (4) für $n = 2$, daß $Z_2 = p_2 Z_1 + Z_0 = p_2 p_1 + 1$, $N_2 = p_2 N_1 + N_0 = p_2$. Mithin ist $K_2 = p_1 + \frac{1}{p_2} = \frac{p_1 p_2 + 1}{p_2} = \frac{Z_2}{N_2}$.

Der zu beweisende Satz, daß $K_n = \frac{Z_n}{N_n}$ ist, gilt also für $n = 1$ und $n = 2$. Wir setzen nunmehr seine Richtigkeit für die ganze Zahl $n = k$ voraus, d. h. es bestehe die Gleichung:

(5) $$K_k = p_1 + \frac{1|}{|p_2} + \dots + \frac{1|}{|p_k} = \frac{Z_k}{N_k};$$

aus ihr folgt nach (3) und (4):

(5') $$K_k = \frac{p_k Z_{k-1} + Z_{k-2}}{p_k N_{k-1} + N_{k-2}}.$$

Nun geht $K_{k+1} = p_1 + \frac{1|}{|p_1} + \dots + \frac{1|}{|p_k} + \frac{1|}{|p_{k+1}}$ aus K_k hervor, indem man $\frac{1|}{|p_k}$ durch $\frac{1|}{|p_k} + \frac{1|}{|p_{k+1}}$, d. h. p_k durch $p_k + \frac{1}{p_{k+1}}$ ersetzt. Daher erhält man aus der Gleichung (5'):

$$K_{k+1} = \frac{\left(p_k + \frac{1}{p_{k+1}}\right) Z_{k-1} + Z_{k-2}}{\left(p_k + \frac{1}{p_{k+1}}\right) N_{k-1} + N_{k-2}}$$

$$= \frac{p_{k+1}(p_k Z_{k-1} + Z_{k-2}) + Z_{k-1}}{p_{k+1}(p_k N_{k-1} + N_{k-2}) + N_{k-1}}$$

$$= \frac{p_{k+1} Z_k + Z_{k-1}}{p_{k+1} N_k + N_{k-1}}, \text{ wie aus (3) und (4) für } n = k \text{ folgt,}$$

$$= \frac{Z_{k+1}}{N_{k+1}}, \text{ wie sich ebenfalls aus (3) und (4) für } n = k + 1$$

ergibt. Trifft also der zu beweisende Satz für $n = k$ zu, so gilt er auch noch für die nächste ganze Zahl $n = k + 1$. Da der Satz für $n = 1$ und $n = 2$ richtig ist, so schließt man auf Grund des Verfahrens der vollständigen Induktion, daß er sukzessiv für $n = 3, 4, 5, \dots$, also bei einem unendlichen Kettenbruch (2) für alle ganzen Zahlen zutrifft; bei einem endlichen Kettenbruch (1) gilt der Satz bis zu der Zahl $n = \mu$, die der letzten existierenden Größe p_μ entspricht. Hiermit ist der Satz I bewiesen.

Satz II. Sind Z_n und N_n Zahlen, die auf die in Satz I definierte Weise gebildet sind, so bestehen die Gleichungen:

(6) $$Z_n N_{n-1} - N_n Z_{n-1} = (-1)^n,$$

(7) $$Z_n N_{n-2} - N_n Z_{n-2} = (-1)^{n-1} \cdot p_n;$$

hierbei durchläuft die Zahl n bei einem endlichen Kettenbruch die Werte 2, 3, ..., μ, bei einem unendlichen Kettenbruch alle ganzen positiven Zahlen $\geqq 2$.

Nach (3) und (4) ist

$$Z_n N_{n-1} - N_n Z_{n-1} = (p_n Z_{n-1} + Z_{n-2}) N_{n-1} - (p_n N_{n-1} + N_{n-2}) Z_{n-1}$$
$$= (-1)(Z_{n-1} N_{n-2} - N_{n-1} Z_{n-2}).$$

Abgesehen vom Faktor -1 haben wir also rechts einen ebenso gebauten Ausdruck wie links; nur ist der Index rechts um 1 niedriger als links. Wendet man das gleiche Verfahren nochmals an, so erhält man

$$Z_{n-1} N_{n-2} - N_{n-1} Z_{n-2} = (-1)(Z_{n-2} N_{n-3} - N_{n-2} Z_{n-3})$$

und daher

$$Z_n N_{n-1} - N_n Z_{n-1} = (-1)^2 (Z_{n-2} N_{n-3} - N_{n-2} Z_{n-3}),$$

wobei der Index rechterhand nunmehr um 2 niedriger ist. Fährt man sukzessiv derart fort, so findet man

$$Z_n N_{n-1} - N_n Z_{n-1} = (-1)^{n-1} \cdot (Z_1 N_0 - N_1 Z_0)$$
$$= (-1)^{n-1} \cdot (p_1 \cdot 0 - 1 \cdot 1), \text{ wie aus (3) und (4) folgt,}$$
$$= (-1)^n.$$

Mithin ist die Relation (6) bewiesen.

Nach (3) und (4) ist

$$Z_n N_{n-2} - N_n Z_{n-2} = (p_n Z_{n-1} + Z_{n-2}) N_{n-2} - (p_n N_{n-1} + N_{n-2}) Z_{n-2}$$
$$= p_n (Z_{n-1} N_{n-2} - N_{n-1} Z_{n-2})$$
$$= (-1)^{n-1} \cdot p_n,$$

wie aus der bereits bewiesenen Gleichung (6) folgt. Hiermit ist auch die Richtigkeit der Relation (7) gezeigt.

Aus der Gleichung (6) folgt, daß Z_n und N_n teilerfremde ganze Zahlen sind. Hätten nämlich Z_n und N_n eine von 1 verschiedene ganze Zahl d zum gemeinsamen Teiler, wäre also $Z_n = d Z_n'$ und $N_n = d N_n'$, so würde aus (6) $Z_n N_{n-1} - N_n Z_{n-1} = (-1)^n$ folgen, daß $d(Z_n' N_{n-1} - N_n' Z_{n-1}) = (-1)^n$, also $\frac{1}{d} = (-1)^n (Z_n' N_{n-1} - N_n' Z_{n-1})$ eine ganze Zahl wäre; dies ist aber unmöglich. Mithin haben Z_n und N_n keinen gemeinsamen Teiler, $\frac{Z_n}{N_n}$ ist, weil auch N_n nach Voraussetzung positiv ist, ein reduzierter Bruch. Da sich eine rationale Zahl nur auf eine einzige Art als reduzierter Bruch darstellen läßt (Kap. I, § 9, Satz V, Seite 49), so folgt:

Satz III. Z_n ist der Zähler und N_n der Nenner des n^{ten} Näherungsbruches

$$K_n = p_1 + \frac{1|}{|p_2} + \frac{1|}{|p_3} + \ldots + \frac{1|}{|p_n},$$

wenn man diesen als gewöhnlichen reduzierten Bruch schreibt.

Man kann daher passend die Größe Z_n als den n^{ten} Näherungszähler und N_n als den n^{ten} Näherungsnenner bezeichnen.

Aus (6) und (7) ergibt sich:

$$(6') \qquad \frac{Z_n}{N_n} - \frac{Z_{n-1}}{N_{n-1}} = \frac{(-1)^n}{N_n N_{n-1}},$$

$$(7') \qquad \frac{Z_n}{N_n} - \frac{Z_{n-2}}{N_{n-2}} = \frac{(-1)^{n-1} \cdot p_n}{N_n N_{n-2}}.$$

Aus den Gleichungen (6′) und (7′) leiten wir einige für das Folgende wichtige Ungleichungen her:

Wählen wir in (7′) $n = 2m + 1$, wobei m bei einem endlichen Kettenbruch die Werte 1, 2, 3, ... bis zu $\frac{\mu - 1}{2}$, falls μ ungerade, bezw. bis zu $\frac{\mu - 2}{2}$, falls μ gerade ist, bei einem unendlichen Kettenbruche alle ganzzahligen Werte 1, 2, 3, ... ins Unendliche durchläuft, so wird:

$$\frac{Z_{2m+1}}{N_{2m+1}} = \frac{Z_{2m-1}}{N_{2m-1}} + \frac{(-1)^{2m} \cdot p_{2m+1}}{N_{2m+1} N_{2m-1}}.$$

Der rechts an zweiter Stelle stehende Summand hat einen positiven Wert, weil die p_i und N_i sämtlich positiv sind; mithin ergibt sich die Ungleichung:

$$(\mathrm{I}) \qquad \frac{Z_{2m+1}}{N_{2m+1}} > \frac{Z_{2m-1}}{N_{2m-1}}.$$

Ebenso folgt aus (7′), indem man $n = 2m$ wählt und m für einen endlichen Kettenbruch die Werte 2, 3, ... bis zu der größten in $\frac{\mu}{2}$ enthaltenen ganzen Zahl, für einen unendlichen Kettenbruch die Werte 2, 3, ... ins Unendliche durchlaufen läßt, daß:

$$\frac{Z_{2m}}{N_{2m}} = \frac{Z_{2m-2}}{N_{2m-2}} + \frac{(-1)^{2m-1} p_{2m}}{N_{2m} N_{2m-2}}.$$

Der rechts an zweiter Stelle stehende Summand enthält, abgesehen von $(-1)^{2m-1} = -1$, nur positive Größen; er fällt also selbst negativ aus, folglich ergibt sich die Ungleichung:

$$(\mathrm{II}) \qquad \frac{Z_{2m}}{N_{2m}} < \frac{Z_{2m-2}}{N_{2m-2}}.$$

Wählen wir in (6′) $n = 2m$, wobei m für einen endlichen Kettenbruch die Werte 1, 2, 3, ... bis zu der größten in $\frac{\mu}{2}$ enthaltenen ganzen Zahl durchläuft, für einen unendlichen Kettenbruch alle Werte 1, 2, 3, ... ins Unendliche annimmt, so ergibt sich

$$(8) \qquad \frac{Z_{2m}}{N_{2m}} = \frac{Z_{2m-1}}{N_{2m-1}} + \frac{(-1)^{2m}}{N_{2m} N_{2m-1}}.$$

Da der zweite Summand rechts in (8) positiv ist, so folgt:

$$\mathrm{III}) \qquad \frac{Z_{2m}}{N_{2m}} > \frac{Z_{2m-1}}{N_{2m-1}}.$$

Nach Definition (4) ist:

$$N_0 = 0, \quad N_1 = 1, \quad N_2 = p_2, \quad N_3 = p_3 p_2 + 1,$$

allgemein $N_n = p_n N_{n-1} + N_{n-2}$. Da die Größen $p_2, p_3, \ldots$ lauter ganze positive Zahlen sind, die mindestens den Wert 1 haben, so folgt für die positiven Näherungsnenner N_i:

(9) $$N_2 < N_3 < N_4 < N_5 < \ldots,$$

d. h. die ganzen positiven Zahlen N_i nehmen mit wachsendem Index beständig zu, sie werden für einen unendlichen Kettenbruch schließlich größer als jede beliebig vorgegebene noch so große Zahl. Für die Anfangswerte ist $N_2 \geqq N_1$, wobei das Gleichheitszeichen nur für den Fall $p_2 = 1$ gilt.

Nach (9) ist $N_{2m-1} < N_{2m}$, also $\frac{1}{N_{2m}} < \frac{1}{N_{2m-1}}$; hieraus ergibt sich durch Multiplikation mit der positiven Zahl $\frac{1}{N_{2m-1}}$ die Ungleichung:

$$\frac{1}{N_{2m} N_{2m-1}} < \frac{1}{N_{2m-1}^2}.$$

Da nach der Gleichung (8):

$$\frac{Z_{2m}}{N_{2m}} - \frac{Z_{2m-1}}{N_{2m-1}} = \frac{1}{N_{2m} N_{2m-1}},$$

so findet man:

(IV) $$\frac{Z_{2m}}{N_{2m}} - \frac{Z_{2m-1}}{N_{2m-1}} < \frac{1}{N_{2m-1}^2}.$$

Für die Ungleichung (IV) ist $m > 1$ vorauszusetzen, weil sonst die Relation $N_{2m-1} < N_{2m}$ nicht hätte angewandt werden können. Für $m = 1$ hat man $\frac{Z_2}{N_2} - \frac{Z_1}{N_1} \leqq \frac{1}{N_1^2}$, wobei das Gleichheitszeichen nur für $p_2 = 1$ gilt.

Da die ganzen positiven Zahlen $N_2, N_3, N_4, \ldots$ nach (9) mit wachsendem Index beständig größer werden und daher bei einem unendlichen Kettenbruch über jede noch so große positive Zahl hinauswachsen, so wird $\frac{1}{N_n^2}$ mit wachsendem n beliebig klein. Hieraus folgt nach (IV), daß für einen unendlichen Kettenbruch die Differenz $\frac{Z_{2m}}{N_{2m}} - \frac{Z_{2m-1}}{N_{2m-1}}$ mit wachsendem m unter jeden noch so kleinen Betrag sinkt.

Wir ordnen nun die Näherungsbrüche $\frac{Z_1}{N_1}, \frac{Z_2}{N_2}, \frac{Z_3}{N_3}, \ldots$ eines unendlichen Kettenbruchs in zwei zusammengehörige, ins Unendliche fortschreitende Folgen und zwar derart, daß die Näherungsbrüche mit ungeraden Indizes in die erste, die mit geraden Indizes in die zweite Folge zu stehen kommen, also

(10) $$\left(\begin{array}{llll} \frac{Z_1}{N_1}, & \frac{Z_3}{N_3}, & \frac{Z_5}{N_5}, & \ldots \\ \frac{Z_2}{N_2}, & \frac{Z_4}{N_4}, & \frac{Z_6}{N_6}, & \ldots \end{array}\right).$$

Wenn wir einen endlichen Kettenbruch haben, für den bisher nur die Näherungsbrüche $\frac{Z_1}{N_1}, \frac{Z_2}{N_2}, \ldots, \frac{Z_\mu}{N_\mu}$ definiert waren, so setzen wir fest, daß alle auf $\frac{Z_\mu}{N_\mu}$ folgenden Größen $\frac{Z_{\mu+1}}{N_{\mu+1}}, \frac{Z_{\mu+2}}{N_{\mu+2}}, \ldots$ gleich $\frac{Z_\mu}{N_\mu}$ gewählt werden sollen. Auf diese Weise haben wir auch bei einem endlichen Kettenbruch in (10) zwei ins Unendliche fortschreitende Folgen. Wir bemerken noch, daß bei einem endlichen Kettenbruch die Differenz $\frac{Z_{2m}}{N_{2m}} - \frac{Z_{2m-1}}{N_{2m-1}}$ verschwindet, falls $2m - 1 \geqq \mu$, also gewiß schließlich kleiner als jede vorgegebene positive Größe wird.

Aus den Relationen (I) bis (III) und der im Anschluß an die Ungleichung (IV) gemachten Bemerkung folgt:

Die zwei in (10) vorliegenden Folgen sind zwei zusammengehörige Definitionsfolgen, welche die Bedingungen B_1) bis B_4) auf Seite 62 erfüllen. Sie definieren daher eine wohlbestimmte Zahl α.

Hat man einen endlichen Kettenbruch $p_1 + \frac{1|}{|p_2} + \frac{1|}{|p_3} + \ldots + \frac{1|}{|p_\mu}$ und ist daher $\frac{Z_\mu}{N_\mu} = \frac{Z_{\mu+1}}{N_{\mu+1}} = \frac{Z_{\mu+2}}{N_{\mu+2}} = \ldots$, so ist nach Satz I auf Seite 73 $\alpha = \frac{Z_\mu}{N_\mu}$, d. h. die zwei zusammengehörigen Definitionsfolgen in (10) definieren den endlichen Kettenbruch $p_1 + \frac{1|}{|p_2} + \ldots + \frac{1|}{|p_\mu}$. Der unendliche Kettenbruch war bisher nur ein Zeichen auf dem Papier. Wir können ihn jetzt auch als Zahl auffassen. Ein unendlicher Kettenbruch $p_1 + \frac{1|}{|p_2} + \frac{1|}{|p_3} + \ldots$ soll nur eine kürzere Bezeichnung für die Zahl α vorstellen, welche durch die aus dem Kettenbruch abgeleiteten zwei zusammengehörigen Definitionsfolgen der Formel (10) bestimmt wird. Kraft dieser Festsetzung ist man berechtigt, was bisher noch nicht dargetan war, auch die unendlichen Kettenbrüche als Zahlen aus P im Sinne der im § 1 gegebenen Definition aufzufassen.

Die durch die zwei Definitionsfolgen (10) bestimmte Zahl α ist nach Satz I auf Seite 82 niemals kleiner als irgend eine Zahl der aufsteigenden Definitionsfolge und niemals größer als irgend eine Zahl der absteigenden Definitionsfolge; daher besteht für jeden positiven ganzzahligen Wert von m die Ungleichung:

$$(11) \qquad \frac{Z_{2m-1}}{N_{2m-1}} \leqq \alpha \leqq \frac{Z_{2m}}{N_{2m}};$$

das Gleichheitszeichen gilt hierbei nur, falls eine der zwei Definitionsfolgen von einer gewissen Stelle an fortwährend die nämliche Zahl enthält, d. h. nur für einen endlichen Kettenbruch und zwar linkerhand, wenn m so gewählt ist, daß $2m - 1 \geqq \mu$, und rechterhand, wenn $2m \geqq \mu$.

Ist demnach α ein unendlicher Kettenbruch oder lassen wir, wenn α ein endlicher Kettenbruch $p_1 + \frac{1|}{|p_2} + \ldots \frac{1|}{|p_\mu}$ ist, die Zahl $2m$ nur die geraden Zahlen aus der Reihe $1, 2, \ldots, \mu - 1$ durchlaufen, beschränken wir also für einen endlichen Kettenbruch die Zahl $2m - 1$ auf die ungeraden Zahlen, die kleiner als $\mu - 1$ sind, so kann in der Relation (11) weder links noch rechts das Gleichheitszeichen stehen. Man hat daher das System von Ungleichungen:

$$\text{(12)} \qquad \frac{Z_{2m-1}}{N_{2m-1}} < \alpha < \frac{Z_{2m}}{N_{2m}}.$$

Aus (12) folgt:

$$0 < \alpha - \frac{Z_{2m-1}}{N_{2m-1}} < \frac{Z_{2m}}{N_{2m}} - \frac{Z_{2m-1}}{N_{2m-1}}$$

oder

$$\text{(13)} \qquad 0 < \alpha - \frac{Z_{2m-1}}{N_{2m-1}} < \frac{1}{N_{2m} N_{2m-1}},$$

wie sich nach Gleichung (6′) ergibt. Mittels der Ungleichung (9) $N_{2m-1} \leqq N_{2m}$ folgt

$$\text{(14)} \qquad 0 < \alpha - \frac{Z_{2m-1}}{N_{2m-1}} < \frac{1}{N_{2m-1}^2},$$

wobei sowohl in (14) als auch in (13) die Zahl $2m - 1$ für einen endlichen Kettenbruch auf die ungeraden Zahlen, die kleiner als $\mu - 1$ sind, zu beschränken ist.

Nach dem bereits oben angewandten Satz I auf S. 82 ist ferner:

$$\text{(11′)} \qquad \frac{Z_{2m+1}}{N_{2m+1}} \leqq \alpha \leqq \frac{Z_{2m}}{N_{2m}}.$$

Das Gleichheitszeichen gilt hierbei nur, falls eine der zwei zusammengehörigen Definitionsfolgen, die α definieren, von einer gewissen Stelle an fortwährend die nämliche Zahl enthält, d. h. nur für einen endlichen Kettenbruch, und zwar linkerhand, wenn $2m + 1 \geqq \mu$, und rechterhand, wenn $2m \geqq \mu$.

Ist demnach α ein unendlicher Kettenbruch oder lassen wir, wenn α ein endlicher Kettenbruch $p_1 + \frac{1}{|p_2} + \ldots \frac{1|}{|p_\mu}$ ist, die Zahl $2m + 1$ nur die ungeraden Zahlen der Reihe $1, 2, \ldots, \mu - 1$ durchlaufen, beschränken wir also für einen endlichen Kettenbruch die Zahl $2m$ auf die geraden Zahlen, die kleiner als $\mu - 1$ sind, so kann in der Relation (11′) weder links noch rechts das Gleichheitszeichen stehen. Man hat daher das System von Ungleichungen:

$$\text{(12′)} \qquad \frac{Z_{2m+1}}{N_{2m+1}} < \alpha < \frac{Z_{2m}}{N_{2m}}.$$

Aus (12′) folgt:

$$-\frac{Z_{2m}}{N_{2m}} < -\alpha < -\frac{Z_{2m+1}}{N_{2m+1}}$$

und durch Addition von $\frac{Z_{2m}}{N_{2m}}$:

$$0 < \frac{Z_{2m}}{N_{2m}} - \alpha < \frac{Z_{2m}}{N_{2m}} - \frac{Z_{2m+1}}{N_{2m+1}}$$

oder

$$\text{(13′)} \qquad 0 < \frac{Z_{2m}}{N_{2m}} - \alpha < \frac{1}{N_{2m} N_{2m+1}},$$

wie sich aus Gleichung (6′) ergibt.

Da $\frac{1}{N_{2m} N_{2m+1}} \leqq \frac{1}{N_{2m}^2}$, so erhält man aus (13′) die Ungleichung:

$$0 < \frac{Z_{2m}}{N_{2m}} - \alpha < \frac{1}{N_{2m}^2}, \tag{14′}$$

wobei sowohl in (14′) als auch in (13′) die Zahl $2m$ für einen endlichen Kettenbruch auf die geraden Zahlen, die kleiner als $1, 2, \ldots, \mu - 1$ sind, zu beschränken ist.

Ist n eine beliebige gerade oder ungerade ganze positive Zahl, so besagen die Gleichungen (14) und (14′), daß

$$(-1)^{n+1} \cdot \left(\alpha - \frac{Z_n}{N_n}\right) \cdot N_n^2$$

einen zwischen 0 und 1 gelegenen Wert hat, die Grenzen 0 und 1 ausgeschlossen. Setzt man

$$(-1)^{n+1} \cdot \left(\alpha - \frac{Z_n}{N_n}\right) \cdot N_n^2 = \eta_n,$$

wobei η_n eine zwischen 0 und 1 gelegene Zahl mit Ausschluß der Grenzen bedeutet, so folgt durch Auflösung nach α

$$\alpha = \frac{Z_n}{N_n} + \frac{(-1)^{n+1}\eta_n}{N_n^2}.$$

Hat man einen endlichen Kettenbruch, so darf n nur die Werte $1, 2, \ldots, \mu - 2$ durchlaufen, da in (14) und (14′) für $2m - 1$ bzw. $2m$ nur die Zahlen $< \mu - 1$ in Frage kommen. Wir erhalten daher

Satz IV. Jeder Kettenbruch ist größer als einer seiner Näherungsbrüche mit ungeradem Index und kleiner als ein solcher mit geradem Index; er hat den Wert $\frac{Z_n}{N_n} + \frac{(-1)^{n+1}\eta_n}{N_n^2}$, wobei η_n eine zwischen 0 und 1 gelegene Zahl bedeutet, die Grenzen 0 und 1 ausgeschlossen, er liegt also stets zwischen $\frac{Z_n}{N_n} - \frac{1}{N_n^2}$ und $\frac{Z_n}{N_n} + \frac{1}{N_n^2}$. Bei einem endlichen Kettenbruch $p_1 + \frac{1|}{|p_2} + \ldots \frac{1|}{|p_\mu}$ dürfen hierbei für n nur die Zahlen $1, 2, \ldots, \mu - 2$ genommen werden;[1]

[1] Um auch die zwischen einem endlichen Kettenbruch $\frac{Z_\mu}{N_\mu}$ und dem Näherungsbruch $\frac{Z_{\mu-1}}{N_{\mu-1}}$ vorhandene Beziehung zu finden, beachte man, daß $\frac{Z_\mu}{N_\mu} - \frac{Z_{\mu-1}}{N_{\mu-1}}$ nach Gleichung (6′) gleich $\frac{(-1)^\mu}{N_\mu N_{\mu-1}}$ wird. Mithin hat man

$$\frac{Z_\mu}{N_\mu} = \frac{Z_{\mu-1}}{N_{\mu-1}} + \frac{(-1)^\mu}{N_\mu N_{\mu-1}}.$$

Nun ist $N_\mu \geqq N_{\mu-1}$, wobei das Gleichheitszeichen nur für $\mu = 2$ und $p_2 = 1$, also bloß für die Entwicklung der ganzen Zahl $p_1 + \frac{1|}{|1}$ in einen Kettenbruch gilt. Mithin ist ein endlicher Kettenbruch für den im Text ausgeschlossenen Wert $n = \mu - 1$

der Kettenbruch selbst ist gleich $\frac{Z_\mu}{N_\mu}$. Bei einem unendlichen Kettenbruch durchläuft n jeden ganzzahligen Wert.

Wir knüpfen noch an die Gleichungen (13) und (13') an. Wenn n eine beliebige gerade oder ungerade ganze positive Zahl bedeutet, so besagen sie, daß

$$(-1)^{n+1}\left(\alpha - \frac{Z_n}{N_n}\right) N_n N_{n+1}$$

einen zwischen 0 und 1 gelegenen Wert hat, die Grenzen 0 und 1 ausgeschlossen. Setzt man

$$(-1)^{n+1}\left(\alpha - \frac{Z_n}{N_n}\right) N_n N_{n+1} = \varepsilon_n,$$

wobei ε_n eine zwischen 0 und 1 gelegene Zahl mit Ausschluß der Grenzen bedeutet, so wird

$$\alpha = \frac{Z_n}{N_n} + \frac{(-1)^{n+1}\varepsilon_n}{N_n N_{n+1}}.$$

Für einen endlichen Kettenbruch darf n nur die Werte $1, 2, \ldots, \mu - 2$ annehmen, da in (13) und (13') für $2m - 1$ bzw. $2m$ nur die Zahlen $< \mu - 1$ in Frage kommen. Wir können daher noch folgenden Satz formulieren:

Satz IV'. Jeder Kettenbruch liegt zwischen $\frac{Z_n}{N_n} - \frac{1}{N_n N_{n+1}}$ und $\frac{Z_n}{N_n} + \frac{1}{N_n N_{n+1}}$; er hat den Wert $\frac{Z_n}{N_n} + \frac{(-1)^{n+1}\varepsilon_n}{N_n N_{n+1}}$, wobei ε_n eine zwischen 0 und 1 gelegene Zahl bedeutet, die Grenzen 0 und 1 ausgeschlossen. Bei einem endlichen Kettenbruch $p_1 + \frac{1|}{|p_2} + \ldots + \frac{1|}{|p_\mu}$ dürfen für n nur die Werte $1, 2, \ldots, \mu - 2$ genommen werden. Der endliche Kettenbruch ist gleich[1]

$$\frac{Z_\mu}{N_\mu} = \frac{Z_{\mu-1}}{N_{\mu-1}} + \frac{(-1)^\mu}{N_{\mu-1} N_\mu}.$$

Satz V. Liegt ein rationaler positiver Bruch $\frac{r}{s}$ zwischen zwei aufeinanderfolgenden Näherungsbrüchen $\frac{Z_{2g-1}}{N_{2g-1}}$ und $\frac{Z_{2g}}{N_{2g}}$ eines endlichen oder unendlichen Kettenbruches, so ist stets $s > N_{2g}$.

---

auch gleich $\frac{Z_{\mu-1}}{N_{\mu-1}} + \frac{(-1)^\mu \cdot \eta_{\mu-1}}{N^2_{\mu-1}}$, wobei $\eta_{\mu-1}$ eine zwischen den Grenzen 0 und 1 gelegene Zahl bedeutet; jedoch kann $\eta_{\mu-1}$ (anders als im Text) auch den Wert 1 annehmen, nämlich, falls es sich um den speziellen endlichen Kettenbruch $p_1 + \frac{1|}{|1}$ handelt.

[1] Vgl. die voraufgehende Anmerkung.

Aus der nach Voraussetzung gültigen Ungleichung:

$$\frac{Z_{2g-1}}{N_{2g-1}} < \frac{r}{s} < \frac{Z_{2g}}{N_{2g}}$$

folgt

$$0 < \frac{r}{s} - \frac{Z_{2g-1}}{N_{2g-1}} < \frac{Z_{2g}}{N_{2g}} - \frac{Z_{2g-1}}{N_{2g-1}}$$

oder unter Berücksichtigung von (6')

$$0 < \frac{r \cdot N_{2g-1} - Z_{2g-1} \cdot s}{s \cdot N_{2g-1}} < \frac{1}{N_{2g} N_{2g-1}}.$$

Aus dieser Ungleichung ergibt sich durch Multiplikation mit den positiven Zahlen s und N_{2g-1}:

$$0 < r \cdot N_{2g-1} - Z_{2g-1} \cdot s < \frac{s}{N_{2g}}.$$

Die Größe $r \cdot N_{2g-1} - Z_{2g-1} \cdot s$ ist demnach positiv; wegen ihrer Ganzzahligkeit muß sie mindestens gleich 1 sein, und man gewinnt die Ungleichung $1 < \frac{s}{N_{2g}}$, d. h. $N_{2g} < s$, wie zu beweisen ist.

Aus Satz V folgt

Satz V'. Kommt ein rationaler positiver Bruch $\frac{r}{s}$ einer als Kettenbruch dargestellten Zahl näher als einer ihrer Näherungsbrüche, so ist der Nenner des Bruches größer als der Näherungsnenner des fraglichen Näherungsbruches.

Kommt ein rationaler positiver Bruch $\frac{r}{s}$ einer in Form eines Kettenbruches dargestellten Zahl α näher als einer ihrer Näherungsbrüche, so besteht eine der zwei Ungleichungen:

$$\alpha < \frac{r}{s} < \frac{Z_{2g}}{N_{2g}} \quad \text{oder} \quad \frac{Z_{2g-1}}{N_{2g-1}} < \frac{r}{s} < \alpha.$$

Da α stets zwischen zwei aufeinanderfolgenden Näherungsbrüchen $\frac{Z_{2g-1}}{N_{2g-1}}$ und $\frac{Z_{2g}}{N_{2g}}$ liegt, so folgt aus jeder der beiden Ungleichungen, daß

$$\frac{Z_{2g-1}}{N_{2g-1}} < \frac{r}{s} < \frac{Z_{2g}}{N_{2g}}.$$

Nach Satz V ist daher $s > N_{2g}$. Beachtet man die Ungleichung (9) $N_{2g} \geqq N_{2g-1}$, so ergibt sich, daß auch $s > N_{2g-1}$.

Mit Hilfe von Satz V beweist man:

Satz VI. Jeder unendliche Kettenbruch ist eine irrationale Zahl.

Angenommen, der unendliche positive Kettenbruch $p_1 + \frac{1|}{|p_2} + \frac{1|}{|p_3} + \dots$ wäre gleich einer rationalen Zahl $\frac{r}{s}$, so müßte nach (12) $\frac{r}{s}$ beständig zwischen $\frac{Z_{2g-1}}{N_{2g-1}}$ und $\frac{Z_{2g}}{N_{2g}}$ liegen, also die Ungleichung $\frac{Z_{2g-1}}{N_{2g-1}} < \frac{r}{s} < \frac{Z_{2g}}{N_{2g}}$ bestehen.

Aus ihr würde nach Satz V folgen, daß $s > N_{2g}$ wäre. Bei einem unendlichen Kettenbruch wachsen die ganzen positiven Zahlen $N_2, N_3, N_4, \ldots$ ins Unendliche. Da g jeden ganzzahligen positiven Wert annehmen kann, so würde aus $s > N_{2g}$ folgen, daß die vorgegebene endliche Zahl s größer als jede noch so große ganze Zahl sein müßte. Aus dem erzielten Widerspruch ergibt sich, daß die Annahme falsch ist. Hiermit ist der Satz bewiesen.

Für das Folgende schicken wir die einfache Bemerkung voraus: Hat man einen endlichen Kettenbruch $p_1 + \frac{1|}{|p_2} + \ldots + \frac{1|}{|p_{\mu-1}} + \frac{1|}{|p_\mu}$, bei dem das letzte Element $p_\mu = 1\ (\mu > 1)$ ist, so kann man ihn statt in der obigen Form stets auch mit einem Element weniger, nämlich in der Form

$$p_1 + \frac{1|}{|p_2} + \ldots \frac{1|}{|p_{\mu-2}} + \frac{1}{|p'_{\mu-1}}$$

schreiben, wobei $p'_{\mu-1} = p_{\mu-1} + \frac{1}{p_\mu} = p_{\mu-1} + 1$. Man kann daher jeden endlichen Kettenbruch so schreiben, daß sein letztes Element $\geqq 2$ ist, außer wenn $p_{\mu-1} = 0$, also $\mu = 2$, und $p_2 = 1$ ist. In diesem Fall liegt der Kettenbruch $0 + \frac{1|}{|1}$ vor.

Wir beweisen nunmehr

A) Schreibt man jeden endlichen Kettenbruch derart, daß sein letztes Element $\geqq 2$ ist, so sind irgend zwei endliche oder unendliche positive Kettenbrüche dann und nur dann gleich, wenn ihre sämtlichen Elemente der Reihe nach übereinstimmen.

Nach Voraussetzung seien die zwei endlichen oder unendlichen Kettenbrüche $p_1 + \frac{1|}{|p_2} + \frac{1|}{|p_3} + \ldots$ und $p_1' + \frac{1|}{|p_2'} + \frac{1|}{|p_3'} + \ldots$ gleich. Setzt man $p_2 + \frac{1|}{|p_3} + \ldots = \xi_1$ und $p_2' + \frac{1|}{|p_3'} + \ldots = \xi_1'$, so ergibt sich

$$p_1 + \frac{1}{\xi_1} = p_1' + \frac{1}{\xi_1'}.$$

Die ganzen positiven Zahlen p_2 und p_2' sind mindestens gleich 1; im besonderen ist nach Voraussetzung für den Fall, daß ξ_1 oder ξ_1' bereits mit p_2 bzw. p_2' identisch wäre, $p_2 \geqq 2$ bzw. $p_2' \geqq 2$. Hieraus folgt, daß stets $\xi_1 > 1$, $\xi_1' > 1$, also $\frac{1}{\xi_1} < 1$, $\frac{1}{\xi_1'} < 1$ ist. Aus der Gleichung $p_1 + \frac{1}{\xi_1} = p_1' + \frac{1}{\xi_1'}$ ergibt sich $p_1 - p_1' = \frac{1}{\xi_1'} - \frac{1}{\xi_1}$. Die rechte Seite ist als Differenz zweier positiver echter Brüche Null oder ein echter Bruch, die linke Seite ist Null oder eine ganze Zahl; folglich muß $p_1 - p_1' = 0$, also $p_1 = p_1'$ sein. Operiert man mit den nunmehr als gleich erwiesenen Kettenbrüchen $\xi_1 = p_2 + \frac{1|}{|p_3} + \ldots$ und $\xi_1' = p_2' + \frac{1|}{|p_3'} + \ldots$ in der nämlichen Weise weiter, indem man also $p_3 + \frac{1|}{|p_4} + \ldots = \xi_2$ und $p_3' + \frac{1|}{|p_4'} + \ldots = \xi_2'$ setzt, so folgt aus $p_2 + \frac{1}{\xi_2} = p_2' + \frac{1}{\xi_2'}$, daß $p_2 = p_2'$ wird. Auf diese Weise fortfahrend, ergibt sich, wie wir beweisen wollten, die Übereinstimmung der zwei Kettenbrüche in allen Elementen.

Wir zeigen ferner:

B) Jede beliebig vorgegebene positive Zahl α läßt sich als Kettenbruch schreiben.

Zum Beweise vergleichen wir die gegebene positive Zahl α mit den Zahlen 0, 1, 2, ...; alsdann wird α zwischen zwei aufeinanderfolgenden Zahlen p_1 und $p_1 + 1$ dieser Reihe liegen, so daß $p_1 \leqq \alpha < p_1 + 1$ ist. Ist $\alpha = p_1$, so ist α ganzzahlig, und der Prozeß ist beendet.

Ist $p_1 < \alpha < p_1 + 1$, so setze man:

$$\alpha = p_1 + \frac{1}{\xi_1}; \tag{15}$$

hierbei bedeutet $\frac{1}{\xi_1}$ eine positive Größe, die zwischen 0 und 1 gelegen ist, die Grenzen ausgeschlossen. Mithin ist $\xi_1 > 1$.

Mit ξ_1 verfahre man ebenso wie mit α; man bestimme also die größte in ξ_1 enthaltene ganze positive Zahl p_2, so daß $p_2 \leqq \xi_1 < p_2 + 1$ ist. Da $\xi_1 > 1$, so ist $p_2 \geqq 1$. Wird $\xi_1 = p_2$, so ergiebt sich aus (15), daß α gleich dem endlichen Kettenbruch $p_1 + \frac{1|}{|p_2}$ ist.

Ist $p_2 < \xi_1 < p_2 + 1$, so setze man:

$$\xi_1 = p_2 + \frac{1}{\xi_2}; \tag{16}$$

hierbei bedeutet $\frac{1}{\xi_2}$ eine positive Größe, die zwischen 0 und 1 liegt, die Grenzen ausgeschlossen. Mithin wird $\xi_2 > 1$.

Aus (15) und (16) ergibt sich:

$$\alpha = p_1 + \cfrac{1}{p_2 + \cfrac{1}{\xi_2}}. \tag{16'}$$

Man bestimme weiter die größte in ξ_2 enthaltene ganze positive Zahl p_3, so daß $p_3 \leqq \xi_2 < p_3 + 1$. Da $\xi_2 > 1$ ist, so ist $p_3 \geqq 1$. Wird $\xi_2 = p_3$, so ergibt sich aus (16'), daß α gleich dem endlichen Kettenbruch

$$p_1 + \frac{1|}{|p_2} + \frac{1|}{|p_3} = p_1 + \cfrac{1}{p_2 + \cfrac{1}{p_3}}$$

ist. Findet man $p_3 < \xi_2 < p_3 + 1$, so setze man:

$$\xi_2 = p_3 + \frac{1}{\xi_3}, \tag{17}$$

wobei wieder $\xi_3 > 1$.

Aus (16') und (17) folgt:

$$\alpha = p_1 + \cfrac{1}{p_2 + \cfrac{1}{p_3 + \cfrac{1}{\xi_3}}}. \tag{17'}$$

Auf diese Weise fortfahrend, erhält man das Resultat: Jede reelle positive Zahl α ist entweder gleich einem endlichen Kettenbruch oder die Gleichungen

$$(n) \qquad \xi_{n-1} = p_n + \frac{1}{\xi_n}$$

setzen sich ins Unendliche fort und liefern die für jedes ganzzahlige positive n gültige Entwicklung:

$$(n') \qquad \alpha = p_1 + \cfrac{1}{p_2 + \cfrac{1}{p_3 + \cdots \cfrac{1}{p_n + \cfrac{1}{\xi_n}}}}$$

Ergibt sich α als endlicher Kettenbruch, so wird einmal $\xi_{\mu-1} = p_\mu$ und die Gleichungen (n) und (n') haben nur für die Werte $n = 2, 3, \ldots, \mu - 1$ Gültigkeit; in diesem Falle ist $\alpha = p_1 + \frac{1|}{|p_2} + \ldots + \frac{1|}{|p_\mu}$.

Ehe wir den Beweis des Satzes B) vollenden, indem wir noch den Fall behandeln, daß α ein unendlicher Kettenbruch ist, schieben wir eine Hilfsbetrachtung ein.

Hat man irgend eine reelle positive Zahl α durch die Formel (n') dargestellt, so nennen wir α die **Ausgangszahl**, $\xi_1, \xi_2, \ldots$ die **Folgewerte von** α. Bedeuten $Z_1, Z_2, \ldots, Z_n$ die Näherungszähler und $N_1, N_2, \ldots, N_n$ die Näherungsnenner des aus der Formel (n') herleitbaren Kettenbruches

$$K_n = p_1 + \frac{1|}{|p_2} + \frac{1|}{|p_3} + \ldots + \frac{1|}{|p_n},$$

so gilt folgender Satz: **Die Ausgangszahl α drückt sich durch einen beliebigen ihrer Folgewerte in der Form:**

$$(18) \qquad \alpha = \frac{Z_n \xi_n + Z_{n-1}}{N_n \xi_n + N_{n-1}}$$

aus.

Nach Satz I ist nämlich

$$p_1 + \frac{1|}{|p_2} + \ldots + \frac{1|}{|p_n} = \frac{Z_n}{N_n} = \frac{p_n Z_{n-1} + Z_{n-2}}{p_n N_{n-1} + N_{n-2}}.$$

Nach Formel (n') erhält man α aus dem Kettenbruch

$$K_n = p_1 + \frac{1|}{|p_2} + \frac{1|}{|p_3} + \ldots + \frac{1|}{|p_n}$$

einfach dadurch, daß man p_n durch $p_n + \frac{1}{\xi_n}$ ersetzt. Daher wird

$$\alpha = \frac{\left(p_n + \frac{1}{\xi_n}\right) Z_{n-1} + Z_{n-2}}{\left(p_n + \frac{1}{\xi_n}\right) N_{n-1} + N_{n-2}} = \frac{p_n Z_{n-1} + Z_{n-2} + \frac{Z_{n-1}}{\xi_n}}{p_n N_{n-1} + N_{n-2} + \frac{N_{n-1}}{\xi_n}}$$

oder nach den Gleichungen (3) und (4) auf Seite 105 gleich

$$\frac{Z_n + \frac{Z_{n-1}}{\xi_n}}{N_n + \frac{N_{n-1}}{\xi_n}} = \frac{Z_n \xi_n + Z_{n-1}}{N_n \xi_n + N_{n-1}},$$

wie gezeigt werden sollte.

Wir bilden jetzt, indem wir zum Beweis des Satzes B) zurückkehren,

$$\frac{Z_n}{N_n} - \alpha = \frac{Z_n}{N_n} - \frac{Z_n \xi_n + Z_{n-1}}{N_n \xi_n + N_{n-1}} = \frac{Z_n N_{n-1} - N_n Z_{n-1}}{N_n (N_n \xi_n + N_{n-1})} = \frac{(-1)^n}{N_n (N_n \xi_n + N_{n-1})},$$

wie aus Satz II folgt. Hiernach wird, wenn m eine ganze positive Zahl bedeutet, für $n = 2m$ der Ausdruck

$$\frac{Z_{2m}}{N_{2m}} - \alpha = \frac{(-1)^{2m}}{N_{2m}(N_{2m}\xi_{2m} + N_{2m-1})}$$

positiv, während der dem Wert $n = 2m - 1$ entsprechende Ausdruck

$$\frac{Z_{2m-1}}{N_{2m-1}} - \alpha = \frac{(-1)^{2m-1}}{N_{2m-1}(N_{2m-1}\xi_{2m-1} + N_{2m-2})}$$

einen negativen Wert hat. Die gegebene Zahl α liegt also beständig zwischen $\frac{Z_{2m-1}}{N_{2m-1}}$ und $\frac{Z_{2m}}{N_{2m}}$.

Brechen die Gleichungen (n) nicht ab, so kann man aus ihnen die zwei ins Unendliche fortschreitenden Folgen:

$$\left(\begin{matrix} \frac{Z_1}{N_1}, & \frac{Z_3}{N_3}, & \frac{Z_5}{N_5}, & \ldots \\ \frac{Z_2}{N_2}, & \frac{Z_4}{N_4}, & \frac{Z_6}{N_6}, & \ldots \end{matrix}\right)$$

herleiten; diese sind zwei zusammengehörige Definitionsfolgen und bestimmen eindeutig eine Zahl, für die wir als abgekürzte Bezeichnung den unendlichen Kettenbruch $p_1 + \frac{1|}{|p_2} + \frac{1|}{|p_3} + \ldots$ schreiben können. Die gegebene Zahl α liegt, wie bewiesen, beständig zwischen je zwei übereinander stehenden rationalen Zahlen der zwei zusammengehörigen Definitionsfolgen. Mithin muß nach Satz II auf Seite 82 α selbst gleich der durch die zwei zusammengehörigen Definitionsfolgen bestimmten Zahl sein, also $\alpha = p_1 + \frac{1|}{|p_2} + \frac{1|}{|p_3} + \ldots$.

Die voraufgehenden Betrachtungen geben auch ein Verfahren, um eine vorgegebene Zahl α wirklich in Form eines Kettenbruches zu schreiben.

Aus A) und B) folgt unter Beachtung von Satz VI der fundamentale

Satz VII. Jede positive Zahl läßt sich, wenn man bei einem endlichen Kettenbruch die Bedingung stellt, sein letztes Element soll $\geqq 2$ sein,[1] auf eine und auch nur auf eine einzige Weise als Kettenbruch schreiben. Rationale Zahlen und auch nur solche lassen sich in Form endlicher Kettenbrüche schreiben.

Das voraufgehend gegebene Verfahren der Darstellung einer positiven Zahl α als Kettenbruch soll noch speziell für den Fall untersucht werden, daß α eine rationale positive Zahl $\frac{s}{s_1}$ ist, wobei s und s_1 ganze positive Zahlen bedeuten. Für $\alpha = \frac{s}{s_1}$ lautet die Gleichung (15)

$$\frac{s}{s_1} = p_1 + \frac{1}{\xi_1}.$$

[1] Diese Bedingung ist nur für die Entwicklung der Zahl 1 nicht erfüllbar.

Da s, s_1 und p_1 ganze Zahlen sind, so zeigt die rechte Seite von $\frac{s_1}{\xi_1} = s - p_1 s_1$, daß $\frac{s_1}{\xi_1}$ eine ganze Zahl ist und zwar eine positive, weil s_1 voraussetzungsgemäß einen positiven Wert hatte und $\xi_1 > 1$ bestimmt wurde. Wir setzen die ganze positive Zahl $\frac{s_1}{\xi_1} = s_2$ und erhalten $s = p_1 s_1 + s_2$. Führt man $\xi_1 = \frac{s_1}{s_2}$ in die Gleichung (16) ein, so findet man $\frac{s_1}{s_2} = p_2 + \frac{1}{\xi_2}$; aus der rechten Seite von $\frac{s_2}{\xi_2} = s_1 - s_2 p_2$ folgt, daß $\frac{s_2}{\xi_2}$ eine ganze Zahl ist; diese ist positiv, weil s_2 und ξ_2 es sind. Setzt man die ganze positive Zahl $\frac{s_2}{\xi_2} = s_3$, so ergibt sich $s_1 = p_2 s_2 + s_3$.

Fährt man so fort, indem man $\frac{s_{n-1}}{\xi_{n-1}} = s_n$, $\frac{s_n}{\xi_n} = s_{n+1}$ setzt, so geht die Gleichung (n):

$$\xi_{n-1} = p_n + \frac{1}{\xi_n}$$

auf Seite 117 über in

$$\frac{s_{n-1}}{s_n} = p_n + \frac{s_{n+1}}{s_n},$$

d. h.

$$s_{n-1} = p_n s_n + s_{n+1}.$$

Bei der Entwicklung einer rationalen Zahl $\frac{s}{s_1}$ in einen Kettenbruch muß das geschilderte Verfahren infolge der Endlichkeit des Kettenbruches notwendig einmal sein Ende erreichen; daher kommt man schließlich zu einer Gleichung $\xi_{\mu-1} = p_\mu$. Diese läßt sich, weil $\frac{s_{\mu-1}}{\xi_{\mu-1}} = s_\mu$ gesetzt wurde, auch $s_{\mu-1} = p_\mu s_\mu$ schreiben.

Wir haben demnach die Gleichungskette:

$$\text{(K)} \quad \begin{cases} s = p_1 s_1 + s_2, \\ s_1 = p_2 s_2 + s_3, \\ \vdots \\ s_{n-1} = p_n s_n + s_{n+1}, \\ \vdots \\ s_{\mu-2} = p_{\mu-1} s_{\mu-1} + s_\mu, \\ s_{\mu-1} = p_\mu s_\mu. \end{cases}$$

Da $s_2 = \frac{s_1}{\xi_1}$, $s_3 = \frac{s_2}{\xi_2}$, ... und $\xi_1 > 1$, $\xi_2 > 1$, ..., so ergibt sich $s_1 > s_2 > s_3 > \ldots$.

Die Gleichungskette (K), die nur ganze positive Zahlen enthält, läßt sich, losgelöst von der Kettenbruchentwicklung, auf folgende Weise selbständig interpretieren: Man dividiere die ganze positive Zahl s durch die ganze positive Zahl s_1 und findet den Quotienten p_1 und den Rest s_2[1]; alsdann dividiere man die ganze Zahl s_1 durch s_2 und findet

[1] Ist $s < s_1$, so wird $p_1 = 0$, also $s_2 = s$.

den Quotienten p_2 und den Rest s_3, usw. Dieses Verfahren muß notwendig einmal abbrechen; denn die bei der Division sich ergebenden Reste $s_2, s_3, \ldots$ werden beständig kleiner ($s_1 > s_2 > s_3 > \ldots$), und es gibt nur eine beschränkte Anzahl ganzer positiver Zahlen, die kleiner als eine gegebene positive Zahl s_1 sind. Man muß daher notwendig einmal zu einer Gleichung mit dem Rest 0, d. h. zu der letzten Gleichung $s_{\mu-1} = p_\mu s_\mu$ der Gleichungskette (K) gelangen.

Die Gewinnung der Gleichungskette (K), die man bereits bei Euclides im siebenten Buch seiner Elemente findet, bezeichnet man als **Euclidischen Algorithmus** oder als **Euclidisches Divisionsverfahren**.

Zum Studium des Euclidischen Algorithmus benützen wir folgenden **Hilfssatz**:

Ist jede der ganzen Zahlen $f_1, f_2, \ldots, f_r$ durch eine ganze Zahl g ohne Rest teilbar, und sind $p_1, p_2, \ldots, p_r$ beliebige ganze Zahlen, so ist auch jede der ganzen Zahlen $f_1 p_1 \pm f_2 p_2 \pm \ldots \pm f_r p_r$ durch g ohne Rest teilbar.

Da jede der ganzen Zahlen $f_1, f_2, \ldots, f_r$ durch die ganze Zahl g teilbar sein soll, so existieren ganze Zahlen $G_1, G_2, \ldots, G_r$ von der Beschaffenheit, daß $f_1 = g\, G_1$, $f_2 = g\, G_2, \ldots, f_r = g\, G_r$. Hieraus ergibt sich

$$f_1 p_1 \pm f_2 p_2 \pm \ldots \pm f_r p_r = g\,(p_1 G_1 \pm p_2 G_2 \pm \ldots \pm p_r G_r);$$

diese Gleichung ist der Inhalt unseres Hilfssatzes.

Aus dem Hilfsatze und der Gleichungskette (K) des Euclidischen Algorithmus ergibt sich:

a) Sind die beiden ganzen Zahlen s und s_1 durch irgend eine ganze positive Zahl d teilbar, so ist d auch Teiler einer jeden der Zahlen $s_2, s_3, \ldots, s_\mu$. Dieses Resultat folgt unmittelbar, wenn man die Gleichungskette (K): $s - p_1 s_1 = s_2$, $s_1 - p_2 s_2 = s_3, \ldots$ unter Berücksichtigung des Hilfssatzes durchgeht.

b) Der letzte Rest s_μ ist gemeinsamer Teiler von $s_{\mu-1}, s_{\mu-2}, \ldots, s_1, s$. Dieses Resultat folgt, wenn man die Gleichungskette (K) von hinten beginnend:

$$s_{\mu-1} = p_\mu s_\mu,\ s_{\mu-2} = p_{\mu-1} s_{\mu-1} + s_\mu,\ s_{\mu-3} = p_{\mu-2} s_{\mu-2} + s_{\mu-1}, \ldots$$

unter Berücksichtigung des Hilfssatzes durchgeht.

Aus a) und b) ergibt sich:

Zwei ganze positive Zahlen s und s_1 sind dann und nur dann teilerfremd, wenn der Euclidische Algorithmus $s_\mu = 1$ liefert. Ist $s_\mu \neq 1$, so ist s_μ (nach b) gemeinsamer Teiler von s und s_1 und zwar (nach a) der größte gemeinsame Teiler, d. h. es existiert keine größere ganze Zahl, die sowohl s als auch s_1 ohne Rest teilt, als die Zahl s_μ; denn jede ganze positive Zahl, die sowohl s als auch s_1 ohne Rest teilt, ist in s_μ enthalten.

Schreibt man das System (K) in der Form:

$$\frac{s}{s_1} = p_1 + \frac{1}{\frac{s_1}{s_2}},\quad \frac{s_1}{s_2} = p_2 + \frac{1}{\frac{s_2}{s_3}},\quad \frac{s_2}{s_3} = p_3 + \frac{1}{\frac{s_3}{s_4}}, \ldots,\quad \frac{s_{\mu-1}}{s_\mu} = p_\mu,$$

so hat man die gesuchte Kettenbruchentwicklung:

$$\frac{s}{s_1} = p_1 + \frac{1|}{|p_2} + \frac{1|}{|p_3} + \ldots + \frac{1|}{|p_\mu}.$$

Z. B. $s = 3965,\ s_1 = 1234,$

$$\begin{aligned} 3965 &= 3\cdot 1234 + 263,\\ 1234 &= 4\cdot 263 + 182,\\ 263 &= 1\cdot 182 + 81,\\ 182 &= 2\cdot 81 + 20,\\ 81 &= 4\cdot 20 + 1,\\ 20 &= 20\cdot 1. \end{aligned}$$

Mithin ist

$$\frac{3965}{1234} = 3 + \frac{1|}{|4} + \frac{1|}{|1} + \frac{1|}{|2} + \frac{1|}{|4} + \frac{1|}{|20}.$$

Zur bequemen Verwandlung eines endlichen Kettenbruches

$$p_1 + \frac{1|}{|p_2} + \frac{1|}{|p_3} + \ldots + \frac{1|}{|p_\mu}$$

in einen gewöhnlichen reduzierten Bruches $\frac{s}{s_1}$ dient folgende Vorschrift (Mitteilung von Herrn Prof. K. Böhm in Heidelberg):

Man schreibe sich das Schema hin:

$$\begin{array}{ccccccccccc} p_\mu & p_{\mu-1} & p_{\mu-2} & \ldots & p_{n+1} & p_n & p_{n-1} & \ldots & p_1 & \\ 1 & s_{\mu-1} & s_{\mu-2} & \ldots & s_{n+1} & \leftarrow s_n & s_{n-1} & \ldots & s_1 & s, \end{array}$$

wobei die Zahlen der zweiten Reihe auf folgende Weise gefunden werden: $s_\mu = 1,\ s_{\mu-1} = p_\mu \cdot 1,\ s_{\mu-2} = p_{\mu-1}\cdot s_{\mu-1} + s_\mu,\ \ldots,\ s_{n-1} = p_n \cdot s_n + s_{n+1},\ \ldots,$ $s = p_1 s_1 + s_2$. Es wird also allgemein s_{n-1} erhalten durch Multiplikation der im Schema links von s_{n-1} untereinander stehenden durchstrichenen Zahlen p_n und s_n und Addition der Zahl s_{n+1}, nach der der Pfeil zeigt. Der Kettenbruch ist gleich $\frac{s}{s_1}$. Z. B.

$$3 + \frac{1|}{|4} + \frac{1|}{|1} + \frac{1|}{|2} + \frac{1|}{|4} + \frac{1|}{|20}.$$

Schema:

$$\begin{array}{ccccccc} 20 & 4 & 2 & 1 & 4 & 3 & \\ 1 & \leftarrow 20 & \leftarrow 81 & \leftarrow 182 & \leftarrow 263 & \leftarrow 1234 & 3965. \end{array}$$

Der Wert des Kettenbruches ist $\frac{3965}{1234}$. Der Beweis ergibt sich aus dem oben aufgestellen Gleichungssystem (K), das hier nur in umgekehrter Reihenfolge verwendet und bei dem $s_\mu = 1$ gewählt wurde, so daß s und s_1 teilerfremd werden. Nach Satz III ist, da s und s_1 teilerfremd bestimmt wurden, s der μ^{te} Näherungszähler Z_μ, s_1 der μ^{te} Näherungsnenner N_μ des vorgelegten endlichen Kettenbruches.

Aus dem Euclidischen Algorithmus ergibt sich auch ein zahlentheoretischer Satz, den wir schon früher (Seite 49, 97 und 99) benützt haben und dessen Beweis wir nachtragen:

Sind t, s und s_1 ganze positive Zahlen, und sind s und s_1 teilerfremd, st durch s_1 teilbar, so ist t durch s_1 teilbar.

Zum Beweise multiplizieren wir die Gleichungen des Systems (K) der Reihe nach mit t. Aus $st - p_1 t \cdot s_1 = s_2 t$ schließt man nach dem Hilfssatz, da s_1 offenbar durch s_1 und nach Voraussetzung auch st durch s_1 teilbar ist, daß $s_2 t$ durch s_1 teilbar ist. Weil s_1 und $s_2 t$ durch s_1 teilbar sind, so folgt nach dem Hilfssatz aus $s_1 t - p_2 \cdot s_2 t = s_3 t$, daß $s_3 t$ durch s_1 teilbar ist. Aus $s_2 t - p_3 \cdot s_3 t = s_4 t$ folgt, daß $s_4 t$ durch s_1 teilbar ist, usw. Schließlich ist $s_\mu t$ durch s_1 teilbar. Da s und s_1 nach Voraussetzung teilerfremd sind, so ist $s_\mu = 1$; mithin ist $s_\mu t = t$ durch s_1 teilbar, wie bewiesen werden sollte.

Für die Darstellung einer irrationalen positiven Zahl als Kettenbruch bemerken wir: Weiß man von irgend einer positiven Zahl α, daß sie zwischen zwei positiven Zahlen α' und α'' liegt, und stimmen die Kettenbruchentwicklungen für α' und α'' in den ersten k Elementen überein, so beginnt die Kettenbruchentwicklung von α mit den nämlichen k Elementen.

Zum Beweis bezeichnen wir die Folgewerte von α mit $\xi_1, \xi_2, \ldots$, diejenigen von α' mit $\xi_1', \xi_2' \ldots$ und die von α'' mit $\xi_1'', \xi_2'', \ldots$ Der Anfang der Entwicklung von α' laute:

$$\alpha' = q_1 + \cfrac{1}{q_2 + \cfrac{1}{q_3 + \cdots \cfrac{1}{q_k + \cfrac{1}{\xi_k'}}}}.$$

Da die Entwicklungen von α' und α'' in den ersten k Elementen nach Voraussetzung übereinstimmen sollen, so ist

$$\alpha'' = q_1 + \cfrac{1}{q_2 + \cfrac{1}{q_3 + \cdots \cfrac{1}{q_k + \cfrac{1}{\xi_k''}}}}.$$

Die Entwicklung von α in einen Kettenbruch sei durch die Gleichung (n') auf Seite 117 gegeben, also

$$\alpha = p_1 + \cfrac{1}{p_2 + \cfrac{1}{p_3 + \cdots \cfrac{1}{p_n + \cfrac{1}{\xi_n}}}}.$$

Aus der nach Voraussetzung gültigen Ungleichung: $\alpha' < \alpha < \alpha''$ folgt, da

$$\alpha' = q_1 + \frac{1}{\xi_1'}, \qquad \alpha = p_1 + \frac{1}{\xi_1}, \qquad \alpha'' = q_1 + \frac{1}{\xi_1''},$$

daß

$$q_1 + \frac{1}{\xi_1'} < p_1 + \frac{1}{\xi_1} < q_1 + \frac{1}{\xi_1''}$$

oder

(19) $$\frac{1}{\xi_1'} < p_1 - q_1 + \frac{1}{\xi_1} < \frac{1}{\xi_1''}.$$

Weil $\frac{1}{\xi_1'}$ und $\frac{1}{\xi_1''}$ positive echte Brüche sind und $p_1 - q_1$ eine ganze Zahl ist, so ergibt sich aus der Ungleichung (19) $p_1 - q_1 = 0$; denn eine ganze

Zahl vermehrt um einen positiven echten Bruch kann nur dann zwischen zwei positiven echten Brüchen liegen, wenn der ganzzahlige Bestandteil den Wert Null hat. Mithin ist $p_1 = q_1$. Die Ungleichung (19) geht daher über in:

$$\frac{1}{\xi_1'} < \frac{1}{\xi_1} < \frac{1}{\xi_1''} \quad \text{oder} \quad \xi_1'' < \xi_1 < \xi_1'.$$

Ersetzt man ξ_1'', ξ_1 und ξ_1' durch ihre Werte

$$\xi_1'' = q_2 + \frac{1}{\xi_2''}, \qquad \xi_1 = p_2 + \frac{1}{\xi_2}, \qquad \xi_1' = q_2 + \frac{1}{\xi_2'},$$

so erhält man

$$\frac{1}{\xi_2''} < p_2 - q_2 + \frac{1}{\xi_2} < \frac{1}{\xi_2'}.$$

Aus dieser Ungleichung kann man analog wie aus (19) schließen, daß $p_2 = q_2$. Fährt man derart fort, so ergibt sich sukzessiv $p_3 = q_3$, $p_4 = q_4$, ..., $p_k = q_k$, d. h. die ersten k Elemente der Kettenbruchentwicklung von α sind in der Tat identisch mit denjenigen von α' und α''.

Um irgend eine Zahl α, von der nur bekannt ist, daß sie zwischen den positiven Zahlen α' und α'' gelegen ist, in einen Kettenbruch zu verwandeln und hierbei überflüssige Rechnungen zu vermeiden, entwickle man α' und α'' gleichzeitig in Kettenbrüche, und zwar solange, bis man zum erstenmal ungleiche Elemente erhält; alsdann höre man auf. Die übereinstimmenden Elemente sind richtige Elemente der Kettenbruchentwicklung von α.

Wir wenden dieses Resultat zur Entwicklung der Ludolphschen Zahl π in einen Kettenbruch an; die Zahl π liegt zwischen 3,1415926 und 3,1415927. Entwickelt man die rationale Zahl $\alpha' = \frac{31415926}{10000000}$ in einen Kettenbruch, so erhält man als fünf erste Elemente 3, 7, 15, 1, 243, während die Entwicklung von $\alpha'' = \frac{31415927}{10000000}$ die Elemente 3, 7, 15, 1, 354 liefert. Mithin ist

$$\pi = 3 + \frac{1|}{|7} + \frac{1|}{|15} + \frac{1|}{|1} + \ldots,$$

und die Entwicklung ist in den angeführten Elementen exakt. Die Näherungsbrüche von π lauten

$$\frac{Z_1}{N_1} = 3, \qquad \frac{Z_2}{N_2} = \frac{22}{7}, \qquad \frac{Z_3}{N_3} = \frac{333}{106}, \qquad \frac{Z_4}{N_4} = \frac{355}{113}.$$

Diejenigen mit ungeraden Indizes sind kleiner, diejenigen mit geraden Indizes größer als π. Der Fehler jedes Näherungsbruches ist nach Satz IV' kleiner als die Einheit dividiert durch das Produkt aus dem Nenner dieses Bruches und dem des folgenden; so ist der Fehler bei Wahl von 3 kleiner als $\frac{1}{7}$, bei Wahl von $\frac{22}{7}$ kleiner als $\frac{1}{7 \cdot 106}$.[1]

[1] Berechnung der 34 ersten Näherungsbrüche von π in Lagranges Additions zu Eulers vollständigen Anleitung zur Algebra, Oeuvres de Lagrange, 7, 41; auch abgedruckt in Euleri Opera omnia (1) 1, 534 (1911), deutsche Ausgabe in Ostwalds Klassikern der exakten Wiss. Nr. 103. Der Näherungswert $\frac{22}{7}$ geht bereits auf Archimedes zurück.

§ 10.
Die Auflösung der Diophantischen Gleichungen ersten Grades mit zwei Unbekannten durch Kettenbrüche.

Die Kettenbrüche lassen sich zur Auflösung der Diophantischen oder unbestimmten Gleichungen ersten Grades mit zwei Unbekannten verwenden. Wir schreiben diese in der Form:

$$ax - by = g, \tag{1}$$

wobei a, b und g gegebene ganze positive Zahlen bedeuten sollen. Werden x und y keiner Beschränkung unterworfen, so wird die Gleichung (1) durch alle Wertepaare $x = \frac{g + by}{a}$, y befriedigt, wobei y jede reelle Zahl bedeutet. Bei Diophantischen Gleichungen werden die „unbestimmten Lösungen" durch die Bestimmung eingeschränkt, daß nicht beliebige, sondern ausschließlich ganzzahlige Lösungen der Gleichung ermittelt werden sollen. Diophantus von Alexandria (3. bis 4. Jahrhundert n. Chr.), auf den der Name unserer Gleichungen hinweist, hat in seinem Werke „Arithmetica"[1] eine größere Menge unbestimmter Gleichungen behandelt; die Beschränkung auf die Ganzzahligkeit der Lösungen ist ihm aber noch fremd, vielmehr läßt er auch Brüche als Lösungen zu. Der Forderung, die ganzzahligen Lösungen unbestimmter Gleichungen aufzufinden, begegnen wir erst später bei den Indern, dem Volke der Zahl, und noch später im Abendland in Schriften aus dem 16. und 17. Jahrhundert, so in der „Algebra des Initius Algebras"[2] (1545) und den Zusätzen des Bachet de Méziriac zu der von ihm 1621 veranstalteten Diophantausgabe.

Wir beweisen

Satz I. Haben die zwei ganzen positiven Zahlen a und b einen gemeinsamen Teiler d, so kann, wenn die ganze positive Zahl g nicht durch d teilbar ist, die Gleichung:

$$ax - by = g \tag{1}$$

niemals durch ganze Zahlen x und y befriedigt werden.

Sollen x und y ganze Zahlen bedeuten können, so muß jeder Teiler d von a und b nach dem Hilfssatz auf Seite 120 auch ein solcher von $ax - by = g$ sein; hiermit ist Satz I bewiesen.

Wir können und wollen für das Folgende voraussetzen, daß a und b teilerfremde ganze positive Zahlen sind; ist dies von Anfang an nicht der Fall, sondern haben a und b den größten gemeinsamen Teiler d, so ist nach Satz I für die Möglichkeit der ganzzahligen Lösbarkeit der Gleichung (1) erforderlich, daß d auch in g enthalten ist, und man kann daher die ganze Gleichung durch d dividieren.

x_0, y_0 und x_1, y_1 seien irgend zwei ganzzahlige Lösungssysteme der Gleichung (1), so daß (1') $ax_0 - by_0 = g$ und (1'') $ax_1 - by_1 = g$ ist. Durch Subtraktion folgt aus (1') und (1''):

$$a(x_1 - x_0) = b(y_1 - y_0) \quad \text{oder} \quad \frac{a(x_1 - x_0)}{b} = y_1 - y_0.$$

[1] Deutsche Ausgabe von G. Wertheim, Leipzig 1890.

[2] M. Curtze in Abhandlungen zur Geschichte der math. Wissenschaften, 13. Heft, S. 447 und 571—574, Leipzig 1902.

Da a und b nach Voraussetzung teilerfremde ganze Zahlen sind und $\frac{a(x_1 - x_0)}{b}$ ganzzahlig ist, so muß nach dem auf Seite 121 abgeleiteten zahlentheoretischen Satz $x_1 - x_0$ durch b teilbar sein, d. h. es muß $x_1 - x_0 = t\,b$ sein, wobei t eine ganze Zahl bedeutet. Alsdann liefert die Gleichung $\frac{a(x_1 - x_0)}{b} = y_1 - y_0$ die Relation $y_1 - y_0 = t\,a$. Folglich hat man:

$$x_1 = x_0 + t\,b, \tag{2}$$

$$y_1 = y_0 + t\,a. \tag{3}$$

Ist also x_0, y_0 eine ganzzahlige Lösung der Gleichung (1), so wird jede andere ganzzahlige Lösung x_1, y_1 der Gleichung (1) durch die Formeln (2) und (3) gegeben. Man sieht unmittelbar, daß umgekehrt für jeden beliebigen ganzzahligen Wert von t das Paar ganzer Zahlen $x_0 + t\,b$, $y_0 + t\,a$ eine Lösung der Gleichung (1) ist, wenn x_0, y_0 eine solche bedeutet. Da x_0, y_0 eine Lösung von (1) ist, hat man $a\,x_0 - b\,y_0 = g$; dies läßt sich auch schreiben $a(x_0 + t\,b) - b(y_0 + t\,a) = g$, d. h. das ganzzahlige Wertsystem $x_0 + t\,b$, $y_0 + t\,a$ genügt der Gleichung (1).

Nach dem bereits Bewiesenen handelt es sich nur noch darum, eine einzige ganzzahlige Lösung x_0, y_0 der Gleichung (1) zu finden. Zu dem Zwecke entwickle man die rationale positive Zahl $\frac{a}{b}$ in einen Kettenbruch

$$p_1 + \frac{1|}{|p_2} + \frac{1|}{|p_3} + \ldots + \frac{1|}{|p_\mu}.$$

Hierbei kann man es stets so einrichten, daß μ eine gerade Zahl wird. Ist nämlich $\frac{a}{b} = p_1 + \frac{1|}{|p_2} + \ldots + \frac{1|}{|p_\lambda}$ die Entwicklung von $\frac{a}{b}$ in einen Kettenbruch mit kleinster Elementenzahl λ, so kann $\frac{a}{b}$ auch in den Kettenbruch

$$p_1 + \frac{1|}{|p_2} + \ldots + \frac{1|}{|p_\lambda - 1} + \frac{1|}{|1}$$

mit $\lambda + 1$ Elementen entwickelt werden. Falls nämlich $p_1 + \frac{1|}{|p_2} + \ldots + \frac{1|}{|p_\lambda}$ die Entwicklung der positiven Zahl $\frac{a}{b}$ in einen Kettenbruch mit kleinster Elementenzahl darstellt, so ist (vgl. Seite 118) $p_\lambda \geqq 2$, also $p_\lambda - 1 \neq 0$; eine Ausnahme bildet nur die Zahl 1, aber auch diese läßt sich als Kettenbruch mit einem Elemente mehr, nämlich $0 + \frac{1|}{|1}$, schreiben. Ist λ eine gerade Zahl, so wähle man $\mu = \lambda$; ist hingegen λ eine ungerade Zahl, so wähle man $\mu = \lambda + 1$. Sind $N_1, N_2, \ldots, N_\mu$ die Näherungsnenner, $Z_1, Z_2, \ldots, Z_\mu$ die Näherungszähler des Kettenbruches $p_1 + \frac{1|}{|p_2} + \ldots + \frac{1|}{|p_\mu}$, so ist nach Satz II auf Seite 106

$$Z_\mu N_{\mu-1} - N_\mu Z_{\mu-1} = (-1)^\mu = +1, \tag{4}$$

da μ als gerade Zahl gewählt werden soll. Nun haben $\frac{Z_\mu}{N_\mu}$ und $\frac{a}{b}$ die nämliche Kettenbruchentwicklung $p_1 + \frac{1|}{|p_2} + \ldots + \frac{1|}{|p_\mu}$ und sind mithin gleich, also $\frac{a}{b} = \frac{Z_\mu}{N_\mu}$. Da a und b teilerfremd sind, so ist $\frac{a}{b}$ ein reduzierter Bruch; gleiches trifft nach Satz III auf Seite 107 für $\frac{Z_\mu}{N_\mu}$ zu; mithin ist $a = Z_\mu$ und $b = N_\mu$. Infolgedessen geht die Gleichung (4) über in

$$a N_{\mu-1} - b Z_{\mu-1} = 1 \tag{5}$$

oder durch Multiplikation mit g in

$$a (g N_{\mu-1}) - b (g Z_{\mu-1}) = g. \tag{6}$$

Die gefundene Relation (6) besagt: Man befriedigt die Gleichung (1) $ax - by = g$, wenn man $x = x_0 = g N_{\mu-1}$, $y = y_0 = g Z_{\mu-1}$ wählt. Die allgemeinste ganzzahlige Lösung der Gleichung (1) lautet demnach nach (2) und (3):

$$x = g N_{\mu-1} + t b, \qquad y = g Z_{\mu-1} + t a.$$

Wir haben daher den

Satz II. Man findet alle ganzzahligen Lösungen der Gleichung (1) $ax - by = g$, wobei a und b teilerfremde ganze positive Zahlen, g eine beliebige ganze positive Zahl bedeutet, indem man $\frac{a}{b}$ in einen Kettenbruch $p_1 + \frac{1|}{|p_2} + \ldots + \frac{1|}{|p_\mu}$ mit einer geraden Anzahl von Elementen entwickelt und $x = g N_{\mu-1} + tb$, $y = g Z_{\mu-1} + ta$ wählt; t kann jeden ganzzahligen Wert annehmen, $Z_{\mu-1}$ und $N_{\mu-1}$ sind der $(\mu - 1)^{\text{te}}$ Näherungszähler bzw. Näherungsnenner des Kettenbruches.[1]

Wir stellen noch die Frage nach den positiven ganzzahligen Lösungen der Gleichung (1); solche werden dann und nur dann erhalten, wenn man t so wählt, daß gleichzeitig $g N_{\mu-1} + tb > 0$ und $g Z_{\mu-1} + ta > 0$, d. h. $t > -\frac{g N_{\mu-1}}{b}$ und $t > -\frac{g Z_{\mu-1}}{a}$ wird. Aus (6) folgt:

$$-\frac{g Z_{\mu-1}}{a} = -\frac{g N_{\mu-1}}{b} + \frac{g}{ab},$$

d. h. $-\frac{g Z_{\mu-1}}{a} > -\frac{g N_{\mu-1}}{b}$. Es genügt also, t so zu wählen, daß es bloß die eine Ungleichung $t > -\frac{g Z_{\mu-1}}{a}$ befriedigt, dann ist t von selbst $> -\frac{g N_{\mu-1}}{b}$.

Wir haben also das Resultat:

Die positiven ganzzahligen Lösungen der Gleichung (1) $ax - by = g$ werden erhalten, wenn man in $x = g N_{\mu-1} + tb$, $y = g Z_{\mu-1} + ta$ die Zahl t alle ganzzahligen Werte durchlaufen läßt, die größer als $-\frac{g Z_{\mu-1}}{a}$ sind.

[1] Die Behandlung der Diophantischen Gleichungen mittels der Kettenbruchmethode findet sich bei LAGRANGE, Article 43 an dem Seite 123 angeführten Orte, ferner auch Oeuvres de Lagrange, 2, p. 386.

Nach (5) ist $\frac{a}{b} N_{\mu-1} = Z_{\mu-1} + \frac{1}{b}$; mithin hat man

(7) $$\frac{a}{b} N_{\mu-1} > Z_{\mu-1}.$$

Nun ist nach der Ungleichung (9) auf Seite 109 $N_{\mu} \geqq N_{\mu-1}$, wobei das Gleichheitszeichen nur für $\mu = 2$ im Falle $p_2 = 1$ gilt. Da $N_{\mu} = b$, so wird

(8) $$b \geqq N_{\mu-1},$$

und aus (7) ergibt sich

(9) $$a > Z_{\mu-1}.$$

Die Ungleichungen (8) und (9) besagen: Die dem Werte $t = 0$ entsprechende positive Lösung der Gleichung (1), nämlich $x = g N_{\mu-1}$ und $y = g Z_{\mu-1}$, ist so beschaffen, daß $x \leqq g b$[1] und $y < g a$ ist.

Wir betrachten noch im besonderen die aus (1) durch die Spezialisierung $g = 1$ hervorgehende Gleichung

(1') $$a x - b y = 1.$$

Für die spezielle Gleichung (1') wird die Schranke für t, oberhalb deren sich positive Lösungen ergeben, $-g \frac{Z_{\mu-1}}{a} = -\frac{Z_{\mu-1}}{a}$ und muß wegen (9) größer als -1 genommen werden. Der kleinste Wert von t, der positive Lösungen liefert, ist demnach $t = 0$. Hieraus ergibt sich:

Alle positiven ganzzahligen Lösungen der Gleichung $a x - b y = 1$ sind von der Form $x = N_{\mu-1} + t b$, $y = Z_{\mu-1} + t a$, wobei t die Werte 0, 1, 2, ... annimmt. Dem Werte $t = 0$ entspricht die Lösung $x \leqq b$, $y < a$. Es existiert nur eine einzige Lösung, für die gleichzeitig $x \leqq b$ und $y < a$ ist. ($t = 1$ liefert ersichtlich schon Werte $x > b$, $y > a$).

Wir betrachten noch die Diophantische Gleichung

(10) $$a x + b y = g$$

mit ganzzahligen positiven Koeffizienten a, b, g; die Zahlen a und b sollen wieder teilerfremd sein. Setzt man $x = \xi$, $y = -\eta$, so geht die Gleichung (10) über in

(10') $$a \xi - b \eta = g.$$

Die Gleichung (10') ist vom Typus der Gleichungen (1) und hat daher nach dem obigen die Lösungen $\xi = g N_{\mu-1} + t b$, $\eta = g Z_{\mu-1} + t a$. Folglich hat die Gleichung (10) die Lösungen:

(11) $$x = g N_{\mu-1} + t b,$$

(12) $$y = -g Z_{\mu-1} - t a.$$

[1] Das Gleichheitszeichen kann nur für $\frac{a}{b} = p_1 + \frac{1|}{|1} = p_1 + 1$, d. h. da a und b teilerfremd sind, für $b = 1$ eintreten. Für die sich dann ergebende Gleichung $a x - y = g$ lautet die allgemeinste ganzzahlige Lösung $x = g + t$, $y = g(a - 1) + t a$. Der Wert $t = 0$ liefert $x = g$ und $y = g(a - 1)$, also wird x hier tatsächlich nicht kleiner, sondern gleich $g b = g \cdot 1 = g$.

Sollen x und y beide positiv ausfallen, so muß $g N_{\mu-1} + t b > 0$ und gleichzeitig $g Z_{\mu-1} + t a < 0$ sein, d. h.

(13) $$-g \frac{N_{\mu-1}}{b} < t < -\frac{g Z_{\mu-1}}{a}.$$

Aus (13) schließt man, daß die Variable t für positive Lösungen auf das Intervall

(14) $$0 < t + \frac{g N_{\mu-1}}{b} < \frac{g N_{\mu-1}}{b} - \frac{g Z_{\mu-1}}{a}$$

zu beschränken ist. Da nach Gleichung (5) $a N_{\mu-1} - b Z_{\mu-1} = 1$, so folgt aus (14), daß das für t in Frage kommende Intervall auch in der Form

(15) $$0 < t + \frac{g N_{\mu-1}}{b} < \frac{g}{a b}$$

festgelegt werden kann.

$\left[\frac{g N_{\mu-1}}{b}\right]$ sei die nächste kleinere ganze Zahl von $\frac{g N_{\mu-1}}{b}$; die entsprechende Bedeutung habe $\left[\frac{g}{a b}\right]$ für $\frac{g}{a b}$. Alsdann läßt sich die Relation (15) auch so schreiben:

(15′) $$0 < t + \left[\frac{g N_{\mu-1}}{b}\right] + \sigma < \left[\frac{g}{a b}\right] + \tau.$$

Hierbei ist

(16) $$\frac{g N_{\mu-1}}{b} = \left[\frac{g N_{\mu-1}}{b}\right] + \sigma,$$

(17) $$\frac{g}{a b} = \left[\frac{g}{a b}\right] + \tau$$

gesetzt; σ ist kleiner oder gleich 1, je nachdem $\frac{g N_{\mu-1}}{b}$ nicht ganzzahlig oder ganzzahlig ist. Ebenso verhält sich τ zu $\frac{g}{a b}$. Die Ungleichung (15′) wird offenbar dann und nur dann erfüllt, wenn man t die Werte

$$t_1 = -\left[\frac{g N_{\mu-1}}{b}\right], \quad t_1 + 1, \quad t_1 + 2, \quad \ldots, \quad t_1 + \left[\frac{g}{a b}\right] - 1$$

und schließlich $t_1 + \left[\frac{g}{a b}\right]$ beilegt; jedoch ist der letzte Wert nur dann für t zulässig, falls $\sigma < \tau$ ist. Die Anzahl der positiven Lösungen der Gleichung (10) ist demnach endlich und zwar entsprechend den für t in Frage kommenden Werten entweder gleich $\left[\frac{g}{a b}\right]$ oder gleich $\left[\frac{g}{a b}\right] + 1$, je nachdem für die durch (16) und (17) eingeführten Zahlen σ und τ die Ungleichungen $\sigma \geqq \tau$ oder $\sigma < \tau$ bestehen. Die Anzahl der positiven Lösungen der Gleichung (10) ist daher, da $\left[\frac{g}{a b}\right] + 1 < \frac{g}{a b} + 1$, wie man weniger exakt angeben kann, jedenfalls kleiner als $\frac{g}{a b} + 1$. Wir haben also das Resultat:

Alle ganzzahligen Lösungen der Gleichung (10) $ax + by = g$ sind von der Form $x = g N_{\mu-1} + tb$, $y = -g Z_{\mu-1} - ta$, wobei t alle ganzzahligen Werte durchläuft. Man findet sämtliche positive ganzzahlige Lösungen, indem man t auf das Intervall

$$(15) \qquad 0 < t + \frac{g N_{\mu-1}}{b} < \frac{g}{ab}$$

beschränkt. Die Anzahl der positiven Lösungen ist kleiner als $\frac{g}{ab} + 1$, nämlich entweder gleich $\left[\frac{g}{ab}\right]$ oder gleich $\left[\frac{g}{ab}\right] + 1$.

Man bestimme beispielsweise die ganzzahligen positiven Lösungssysteme von $27x + 7y = 300$. Es ist

$$\frac{27}{7} = 3 + \frac{1|}{|1} + \frac{1|}{|5} + \frac{1|}{|1}, \quad \mu = 4, \quad \frac{Z_3}{N_3} = \frac{23}{6}.$$

Um positive Lösungen zu finden, muß t nach (15) auf das Intervall

$$0 < t + 300 \cdot \frac{6}{7} < \frac{300}{7 \cdot 27}, \quad \text{d. h.} \quad 0 < t + 257 + \frac{1}{7} < 1 + \frac{37}{63}$$

beschränkt werden. Da $\sigma = \frac{1}{7}$, $\tau = \frac{37}{63}$, also $\sigma < \tau$, so gibt es $\left[\frac{g}{ab}\right] + 1 = \left[1 + \frac{37}{63}\right] + 1 = 2$ positive Lösungen. Tatsächlich erfüllen nur $t = -256$ und $t = -257$ die aufgestellte Ungleichung.

$$x = 300 \cdot 6 - 257 \cdot 7 = 1, \quad y = -300 \cdot 23 + 257 \cdot 27 = 39 \quad \text{bzw.}$$
$$x = 300 \cdot 6 - 256 \cdot 7 = 8, \quad y = -300 \cdot 23 + 256 \cdot 27 = 12$$

sind die zwei positiven Lösungssysteme der Gleichung.

Man bestimme die ganzzahligen positiven Lösungssysteme von $2x + 3y = 18$. Es ist

$$\frac{2}{3} = 0 + \frac{1|}{|1} + \frac{1|}{|1} + \frac{1|}{|1}, \quad \mu = 4, \quad \frac{Z_3}{N_3} = \frac{1}{2}.$$

Nach (15) ist t auf das Intervall

$$0 < t + \frac{18 \cdot 2}{3} < \frac{18}{2 \cdot 3}, \quad \text{d. h.} \quad 0 < t + 12 < 3$$

zu beschränken; nur die zwei Werte $t = -11$, $t = -10$ erfüllen diese Ungleichung. Die Gleichung hat die zwei positiven Lösungssysteme

$$x = 18 \cdot 2 - 11 \cdot 3 = 3, \quad y = -18 \cdot 1 + 11 \cdot 2 = 4 \quad \text{bzw.}$$
$$x = 18 \cdot 2 - 10 \cdot 3 = 6, \quad y = -18 \cdot 1 + 10 \cdot 2 = 2.$$

Hier ist $\sigma = 1$, $\tau = 1$ und daher die Anzahl der positiven Lösungssysteme, wie gefunden, $\left[\frac{g}{ab}\right] = [3] = 2$.

§ 11.

Periodische Kettenbrüche und quadratische Gleichungen mit ganzzahligen Koeffizienten.

Als Anwendung der Theorie der Kettenbrüche sollen die periodischen Kettenbrüche studiert werden. Ein Kettenbruch heißt periodisch, wenn sich die zu seiner Bildung verwendeten Elemente von einer gewissen Stelle an beständig in der nämlichen Aufeinanderfolge wiederholen. Die Folge der Elemente selbst, die sich in dieser Weise bei der Bildung des Kettenbruches wiederholen, wird als Periode des Kettenbruches bezeichnet. Ein Kettenbruch $p_1 + \frac{1|}{|p_2} + \frac{1|}{|p_3} + \dots$ heißt im besonderen rein periodisch, wenn seine Periode mit dem ersten Element p_1 beginnt; gehen der Periode noch Elemente voraus, fängt sie also erst mit dem σ^{ten} Element $p_\sigma (\sigma > 1)$ an, so heißt der Kettenbruch gemischt periodisch oder unrein periodisch. Da die Periode eines rein periodischen Kettenbruches nach der gegebenen Definition mit p_1 beginnt und von den auf p_1 folgenden Elementen keines Null sein kann, so muß ein rein periodischer Kettenbruch stets einen Wert > 1 haben. Z. B. sind

$$\frac{1|}{|\underset{\cdot}{3}} + \frac{1|}{|\underset{\cdot}{4}} + \frac{|1}{|3} + \frac{1|}{|4} + \dots \quad \text{und} \quad 2 + \frac{1|}{|8} + \frac{1|}{|\underset{\cdot}{3}} + \frac{1|}{|\underset{\cdot}{4}} + \frac{1|}{|3} + \frac{1|}{|4} + \dots$$

gemischt periodische Kettenbrüche, bei denen die Elemente 0 bzw. 2, 8 der Periode vorausgehen. Unter diejenigen Elemente eines periodischen Kettenbruches, welche seine Periode bilden, sollen Punkte gesetzt werden, wie dies in den Beispielen geschah.

Wir beweisen:

Satz I. Jeder periodische Kettenbruch befriedigt eine Gleichung zweiten Grades mit ganzzahligen Koeffizienten. Diese ist durch den periodischen Kettenbruch eindeutig bestimmt, wenn wir Gleichungen zweiten Grades, deren linke Seiten sich nur durch einen konstanten Faktor voneinander unterscheiden, nicht als verschieden ansehen.

A) Wir beweisen zuerst, daß ein rein periodischer Kettenbruch

$$\alpha = \underset{\cdot}{p_1} + \frac{1|}{|\underset{\cdot}{p_2}} + \dots + \frac{1|}{|\underset{\cdot}{p_k}} + \frac{1|}{|p_1} + \dots$$

einer quadratischen Gleichung mit ganzzahligen Koeffizienten genügt.

Setzt man

$$\alpha = p_1 + \cfrac{1}{p_2 + \cfrac{1}{p_3 + \cdots \, \cfrac{1}{p_k + \cfrac{1}{\xi_k}}}},$$

so ist infolge der vorausgesetzten Periodizität der eingeführte Folgewert $\xi_k = p_1 + \frac{1|}{|p_2} + \frac{1|}{|p_3} + \dots$ gleich α; denn zwei Zahlen mit der nämlichen

Kettenbruchentwicklung sind gleich. Zwischen der Ausgangszahl α und dem Folgewert ξ_k besteht, wenn Z_k und N_k die k^{ten} Näherungszähler und Näherungsnenner von α bedeuten, die Gleichung: $\alpha = \frac{Z_k \xi_k + Z_{k-1}}{N_k \xi_k + N_{k-1}}$ (Gleichung (18) auf Seite 117). Weil $\alpha = \xi_k$, so wird $\alpha = \frac{Z_k \alpha + Z_{k-1}}{N_k \alpha + N_{k-1}}$ oder

$$\alpha^2 N_k + \alpha(N_{k-1} - Z_k) - Z_{k-1} = 0. \tag{1}$$

Die Gleichung (1) zeigt, daß in der Tat jeder rein periodische Kettenbruch einer Gleichung zweiten Grades mit ganzzahligen Koeffizienten genügt.

B) Wir betrachten nunmehr einen gemischt periodischen Kettenbruch:

$$\alpha = p_1 + \frac{1|}{|p_2} + \ldots + \frac{1|}{|p_\sigma} + \frac{1|}{|p_{\sigma+1}} + \ldots + \frac{1|}{|p_{\sigma+k-1}} + \frac{1|}{|p_\sigma} + \frac{1|}{|p_{\sigma+1}} + \ldots$$
$$+ \frac{1|}{|p_{\sigma+k-1}} + \frac{1|}{|p_\sigma} \ldots,$$

dessen Periode mit p_σ ($\sigma > 1$) beginnt. Wir setzen

$$\alpha = p_1 + \cfrac{1}{p_2 + \cfrac{1}{p_3 + \cdots \cfrac{1}{p_{\sigma-1} + \cfrac{1}{\xi_{\sigma-1}}}}},$$

wobei der Folgewert

$$\xi_{\sigma-1} = p_\sigma + \frac{1|}{|p_{\sigma+1}} + \ldots + \frac{1|}{|p_{\sigma+k-1}} + \frac{1|}{|p_\sigma} + \frac{1|}{|p_{\sigma+1}} + \ldots$$

ist. Zwischen α und $\xi_{\sigma-1}$ besteht die Gleichung (18) auf Seite 117:

$$\alpha = \frac{Z_{\sigma-1} \xi_{\sigma-1} + Z_{\sigma-2}}{N_{\sigma-1} \xi_{\sigma-1} + N_{\sigma-2}}.$$

Aus der hingeschriebenen Gleichung folgt:

$$\xi_{\sigma-1} = \frac{Z_{\sigma-2} - \alpha N_{\sigma-2}}{\alpha N_{\sigma-1} - Z_{\sigma-1}}. \tag{2}$$

Nun ist $\xi_{\sigma-1}$, wie seine Form zeigt, ein rein periodischer Kettenbruch; daher genügt $\xi_{\sigma-1}$, wie unter A) bewiesen ist, einer Gleichung zweiten Grades:

$$A \xi_{\sigma-1}^2 + B \xi_{\sigma-1} + C = 0 \tag{3}$$

mit ganzzahligen Koeffizienten A, B, C. Setzt man den Wert von $\xi_{\sigma-1}$ aus (2) in (3), so erhält man:

$$A \cdot \left(\frac{Z_{\sigma-2} - \alpha N_{\sigma-2}}{\alpha N_{\sigma-1} - Z_{\sigma-1}}\right)^2 + B \cdot \frac{Z_{\sigma-2} - \alpha N_{\sigma-2}}{\alpha N_{\sigma-1} - Z_{\sigma-1}} + C = 0$$

oder

$$\alpha^2 (A N_{\sigma-2}^2 - B N_{\sigma-1} N_{\sigma-2} + C N_{\sigma-1}^2)$$
$$+ \alpha[-2 A N_{\sigma-2} Z_{\sigma-2} + B(N_{\sigma-1} Z_{\sigma-2} + Z_{\sigma-1} N_{\sigma-2}) - 2 C N_{\sigma-1} Z_{\sigma-1}]$$
$$+ A Z_{\sigma-2}^2 - B Z_{\sigma-1} Z_{\sigma-2} + C Z_{\sigma-1}^2 = 0,$$

d. h. α genügt einer Gleichung zweiten Grades mit ganzzahligen Koeffizienten.

Nachdem hiermit der erste Teil der Aussage des Satzes I bewiesen ist, zeigen wir ferner, daß ein periodischer Kettenbruch keiner Gleichung ersten Grades mit ganzzahligen Koeffizienten genügen kann. Denn gäbe es zwei ganze Zahlen r und s, so daß $\alpha r + s = 0$, so wäre $\alpha = -\frac{s}{r}$ eine rationale Zahl und daher nach Satz VII des § 9 auf Seite 118 nicht als unendlicher Kettenbruch darstellbar.

Zum Beweis der letzten Aussage des Satzes I nehmen wir an, ein periodischer Kettenbruch α genüge zwei Gleichungen zweiten Grades

$$a\alpha^2 + b\alpha + c = 0 \tag{4}$$

$$a'\alpha^2 + b'\alpha + c' = 0 \tag{5}$$

mit ganzzahligen Koeffizienten a, b, c und a', b', c'. Multipliziert man (4) mit a' und (5) mit a und subtrahiert die erhaltenen Gleichungen, so ergibt sich

$$(b a' - a b')\alpha + (c a' - a c') = 0. \tag{6}$$

Da α keiner Gleichung ersten Grades mit ganzzahligen Koeffizienten genügt, so kann die Gleichung (6) nur bestehen, falls

$$b a' - a b' = 0 \quad \text{und} \quad c a' - a c' = 0. \tag{7}$$

Aus dem nämlichen Grunde muß, wie aus (4) folgt, $a \neq 0$ sein. Wir können daher den Quotienten $\frac{a'}{a}$ bilden und $\frac{a'}{a} = \varrho$ setzen. Führt man $a' = a\varrho$ in (7) ein, so wird $a(b\varrho - b') = 0$ und $a(c\varrho - c') = 0$. Ein Produkt kann nur verschwinden, wenn ein Faktor gleich Null ist; da $a \neq 0$, so müssen $b\varrho - b' = 0$ und $c\varrho - c' = 0$ sein. Mithin hat man $a' = a\varrho$, $b' = b\varrho$, $c' = c\varrho$. Wenn α der Gleichung $a\alpha^2 + b\alpha + c = 0$ genügt, so befriedigt es natürlich, falls ϱ irgend eine Zahl bedeutet, auch stets die Gleichung $\varrho(a\alpha^2 + b\alpha + c) = 0$. Hiermit ist die Richtigkeit des zweiten Teiles des Satzes I gezeigt.

Wir beweisen die Umkehrung von Satz I, eine der schönsten Entdeckungen, womit Lagrange[1] die Arithmetik bereichert hat:

Satz II. Hat eine quadratische Gleichung mit ganzzahligen Koeffizienten eine positive irrationale Lösung, so ist diese stets als periodischer Kettenbruch darstellbar.

Die Gleichung $ax^2 + bx + c = 0$ mit ganzzahligen Koeffizienten a, b, c habe eine positive irrationale Lösung, d. h. es gebe einen positiven nicht rationalen Wert α, der, für x gesetzt, die Gleichung befriedigt, es sei also

$$a\alpha^2 + b\alpha + c = 0. \tag{4}$$

α sei in den Kettenbruch $p_1 + \frac{1|}{|p_2} + \frac{1|}{|p_3} + \ldots$ entwickelt; da α nach Voraussetzung irrational ist, so ist die Kettenbruchentwicklung für α eine unendliche.

---

[1] Lagrange, Additions au mémoire sur la résolution des équations numériques (1770), Oeuvres de Lagrange **2**, 606.

Beweis nach M. Charves, Bulletin des sciences math. (2) **1**, 41 (1877). Andere Beweise von Ch. Hermite ebenda, **9**, 11 (1885) und H. Minkowski, Geometrie der Zahlen, Leipzig 1896/1910, S. 171.

Bedeuten $\xi_1, \xi_2, \ldots$ die Folgewerte, Z_n und N_n den n^{ten} Näherungszähler und Näherungsnenner, so ist

$$\alpha = \frac{Z_n \xi_n + Z_{n-1}}{N_n \xi_n + N_{n-1}}.$$

Setzt man diesen Wert von α in die Gleichung (4) ein, so erhält man

$$a\left(\frac{Z_n \xi_n + Z_{n-1}}{N_n \xi_n + N_{n-1}}\right)^2 + b\,\frac{Z_n \xi_n + Z_{n-1}}{N_n \xi_n + N_{n-1}} + c = 0$$

oder $a_n \xi_n^2 + b_n \xi_n + c_n = 0$; hierbei bedeuten a_n, b_n, c_n drei ganze Zahlen, die folgende Werte haben:

$$a_n = a Z_n^2 + b Z_n N_n + c N_n^2,$$

$$b_n = 2a Z_n Z_{n-1} + b(Z_n N_{n-1} + N_n Z_{n-1}) + 2c N_n N_{n-1}.$$

$$c_n = a Z_{n-1}^2 + b Z_{n-1} N_{n-1} + c N_{n-1}^2.$$

Wir zeigen nunmehr, daß die absoluten Beträge der drei ganzen Zahlen a_n, b_n, c_n für jeden Wert $n = 1, 2, 3, \ldots$ kleiner als drei von dem Index n unabhängige positive Zahlen sind, die wir aus der Gleichung (4) bestimmen werden.

Zu dem Zweck erinnern wir: Läßt sich eine positive Zahl α in einen unendlichen Kettenbruch entwickeln, so ist $\alpha = \frac{Z_n}{N_n} + \frac{\eta_n}{N_n N_{n+1}}$, wobei η_n eine zwischen -1 und $+1$ gelegene Zahl bedeutet (Satz IV' des § 9 auf Seite 113). Setzt man demnach

$$\frac{Z_n}{N_n} = \alpha - \frac{\eta_n}{N_n N_{n+1}} \quad \text{und} \quad \frac{Z_{n-1}}{N_{n-1}} = \alpha - \frac{\eta_{n-1}}{N_{n-1} N_n},$$

wobei $|\eta_n| < 1$ und $|\eta_{n-1}| < 1$, in

$$a_n = N_n^2\left(a\frac{Z_n^2}{N_n^2} + b\frac{Z_n}{N_n} + c\right),$$

$$b_n = N_n N_{n-1}\left[2a\frac{Z_n}{N_n}\frac{Z_{n-1}}{N_{n-1}} + b\left(\frac{Z_n}{N_n} + \frac{Z_{n-1}}{N_{n-1}}\right) + 2c\right],$$

$$c_n = N_{n-1}^2\left(a\frac{Z_{n-1}^2}{N_{n-1}^2} + b\frac{Z_{n-1}}{N_{n-1}} + c\right)$$

ein, so erhält man:

$$a_n = N_n^2\left(a\alpha^2 - \frac{2a\alpha\eta_n}{N_n N_{n+1}} + \frac{a\eta_n^2}{N_n^2 N_{n+1}^2} + b\alpha - \frac{b\eta_n}{N_n N_{n+1}} + c\right),$$

$$b_n = N_n N_{n-1}\left[2a\alpha^2 - \frac{2a\alpha}{N_n}\left(\frac{\eta_n}{N_{n+1}} + \frac{\eta_{n-1}}{N_{n-1}}\right) + \frac{2a\eta_{n-1}\eta_n}{N_{n-1}N_n^2 N_{n+1}} + 2b\alpha - \frac{b}{N_n}\left(\frac{\eta_n}{N_{n+1}} + \frac{\eta_{n-1}}{N_{n-1}}\right) + 2c\right],$$

$$c_n = N_{n-1}^2\left(a\alpha^2 - \frac{2a\alpha\eta_{n-1}}{N_{n-1}N_n} + \frac{a\eta_{n-1}^2}{N_{n-1}^2 N_n^2} + b\alpha - \frac{b\eta_{n-1}}{N_{n-1}N_n} + c\right).$$

Da $a\alpha^2 + b\alpha + c = 0$, so ergibt sich

$$a_n = \frac{-(2a\alpha + b)\eta_n N_n}{N_{n+1}} + \frac{a\eta_n^2}{N_{n+1}^2},$$

$$b_n = -(2a\alpha + b)\left(\eta_n \frac{N_{n-1}}{N_{n+1}} + \eta_{n-1}\right) + \frac{2a\eta_{n-1}\eta_n}{N_n N_{n+1}},$$

$$c_n = -(2a\alpha + b)\eta_{n-1}\frac{N_{n-1}}{N_n} + \frac{a\eta_{n-1}^2}{N_n^2}.$$

Der absolute Betrag einer Summe ist gleich oder kleiner als die Summe der absoluten Beträge der einzelnen Summanden, und der absolute Betrag eines Produktes ist gleich dem Produkt der absoluten Beträge der Faktoren. Hieraus folgt:

$$|a_n| \leqq |-1| \cdot |2a\alpha + b| \cdot \left|\eta_n \frac{N_n}{N_{n+1}}\right| + |a| \cdot \left|\frac{\eta_n^2}{N_{n+1}^2}\right|,$$

$$|b_n| \leqq |-1| \cdot |2a\alpha + b| \cdot \left|\eta_n \frac{N_{n-1}}{N_{n+1}} + \eta_{n-1}\right| + |2a| \cdot \left|\frac{\eta_{n-1}\eta_n}{N_n N_{n+1}}\right|,$$

$$|c_n| \leqq |-1| \cdot |2a\alpha + b| \cdot \left|\eta_{n-1}\frac{N_{n-1}}{N_n}\right| + |a| \cdot \left|\frac{\eta_{n-1}^2}{N_n^2}\right|.$$

Die Größen η_n und η_{n-1} waren so beschaffen, daß $|\eta_n| < 1$, $|\eta_{n-1}| < 1$, ferner gilt für die stets positiven Näherungsnenner $N_n \leqq N_{n+1}$ (vgl. Formel (9) auf Seite 109); mithin ist

$$\frac{N_n}{N_{n+1}} \leqq 1, \quad \frac{N_{n-1}}{N_n} \leqq 1, \quad \frac{N_{n-1}}{N_{n+1}} \leqq 1$$

und

$$\left|\eta_n \frac{N_{n-1}}{N_{n+1}} + \eta_{n-1}\right| \leqq \left|\eta_n \frac{N_{n-1}}{N_{n+1}}\right| + |\eta_{n-1}| < 1 + 1.$$

Hieraus ergibt sich:

$$|a_n| < |2a\alpha + b| \cdot 1 + |a| \cdot \frac{1}{N_{n+1}^2},$$

$$|b_n| < |2a\alpha + b|(1+1) + |2a| \cdot \frac{1}{N_n N_{n+1}},$$

$$|c_n| < |2a\alpha + b| \cdot 1 + |a| \cdot \frac{1}{N_n^2}.$$

Die Näherungsnenner sind ganze positive Zahlen; mithin ist $\frac{1}{N_{n+1}} \leqq 1$, $\frac{1}{N_n} \leqq 1$. Hieraus folgt schließlich:

$$|a_n| < |2a\alpha + b| + |a|,$$

$$|b_n| < 2 \cdot |2a\alpha + b| + |2a|,$$

$$|c_n| < |2a\alpha + b| + |a|.$$

Die Größen $|a_n|$, $|b_n|$, $|c_n|$ können demnach für jedes $n = 1, 2, 3, \ldots$ drei nur durch die Natur der Gleichung (4) bestimmte, von dem Index n unabhängige positive Zahlen nicht überschreiten. Da a_n, b_n, c_n ganze Zahlen sind, und ihre absoluten Beträge unterhalb bestimmter Schranken liegen, so kann es nur eine begrenzte Anzahl von Werten geben, die a_n, b_n, c_n annehmen können. Mithin muß wenigsten eine Wertkombination a_N, b_N, c_N unendlich häufig auftreten, d. h. es muß für unendlich viele Werte von n die Größe ξ_n derselben Gleichung:

$$a_N \xi_n^2 + b_N \xi_n + c_N = 0$$

mit den nämlichen ganzzahligen Koeffizienten a_N, b_N, c_N genügen. Da eine Gleichung zweiten Grades $a_N y^2 + b_N y + c_N = 0$ nur zwei Lösungen besitzt, so müssen unendlich viele Werte von ξ_n übereinstimmen.

Es sei $\xi_{\sigma-1}$[1] der erste Wert von ξ_n, der einem folgenden, etwa $\xi_{\sigma+k-1}$, gleich ist. Die Zahl p_σ war definiert als die größte in $\xi_{\sigma-1}$ enthaltene ganze positive Zahl: $\xi_{\sigma-1} = p_\sigma + \frac{1}{\xi_\sigma}$; ebenso war $p_{\sigma+k}$ die größte ganze in $\xi_{\sigma+k-1}$ enthaltene positive Zahl: $\xi_{\sigma+k-1} = p_{\sigma+k} + \frac{1}{\xi_{\sigma+k}}$. Da $\xi_{\sigma-1} = \xi_{\sigma+k-1}$, so folgt $p_\sigma = p_{\sigma+k}$ und mithin $\xi_\sigma = \xi_{\sigma+k}$. Aus der erhaltenen Gleichung $\xi_\sigma = \xi_{\sigma+k}$ schließt man ebenso $p_{\sigma+1} = p_{\sigma+k+1}$, $p_{\sigma+2} = p_{\sigma+k+2}$, ..., $p_{\sigma+k-1} = p_{\sigma+2k-1}$, $p_{\sigma+k} = p_{\sigma+2k}$, ... Daher wird

$$\alpha = p_1 + \frac{1|}{|p_2} + \ldots + \frac{1|}{|p_{\sigma-1}} + \frac{1|}{|p_\sigma} + \frac{1|}{|p_{\sigma+1}} + \ldots + \frac{1|}{|p_{\sigma+k-1}} + \frac{1|}{|p_\sigma} + \ldots$$

ein periodischer Kettenbruch, dessen Periode von den Elementen p_σ, $p_{\sigma+1}$, ..., $p_{\sigma+k-1}$ gebildet wird. Hiermit ist der Satz bewiesen.

Eine irrationale positive Zahl α, die einer Gleichung zweiten Grades mit ganzzahligen Koeffizienten genügt, heißt eine quadratische positive Irrationalzahl. Nachdruck ist auf die Ganzzahligkeit der Koeffizienten der Gleichung zu legen. Hierzu ist zu bemerken, daß jede Zahl α, die einer Gleichung mit rationalen Koeffizienten genügt, auch einer solchen mit ganzzahligen Koeffizienten genügt, wie sich durch Multiplikation der linken Seite der Gleichung mit dem Generalnenner der Koeffizienten ergibt.

Auf Grund der gegebenen Definition lassen sich die Sätze I und II auch folgendermaßen formulieren:

Satz III. Periodische Kettenbrüche und quadratische positive Irrationalzahlen sind identische Begriffe.

Um tiefer in die Theorie der quadratischen positiven Irrationalzahlen einzudringen, setzen wir als bekannt voraus, daß das Produkt der zwei Wurzeln einer quadratischen Gleichung $ax^2 + bx + c = 0$ gleich $+\frac{c}{a}$ ist.

Eine quadratische positive Irrationalzahl heißt reduziert,[2] wenn sie selbst größer als 1 ist, während die andere Wurzel der durch sie nach

---

[1] Es kann σ auch den Wert 1 haben. Alsdann ist unter ξ_0 die Ausgangszahl α zu verstehen; denn auch diese könnte gleich einem der Folgewerte sein.

[2] Ist α eine reduzierte quadratische positive Irrationalzahl, die einer Gleichung $ax^2 + bx + c = 0$ mit ganzzahligen Koeffizienten genügt, so heißt $ax^2 + bxy + cy^2$ in der Terminologie von Gauss (Disquisitiones arithmeticae, Artikel 183, ges. Werke 1, S. 164) eine reduzierte quadratische Form von positiver nicht quadratischer Determinante. Vgl. die Darstellung der quadratischen Formen in den Lehrbüchern der Zahlentheorie, etwa Bachmann, Grundlehren der neueren Zahlentheorie, Sammlung Schubert, Bd. 53, Leipzig 1907, S. 104ff. oder Dirichlet-Dedekind, Vorlesungen über Zahlentheorie, vierte Aufl., Braunschweig 1894, S. 176ff.

Satz I eindeutig bestimmten quadratischen Gleichung mit ganzzahligen Koeffizienten eine negative Zahl ist, deren absoluter Betrag kleiner als 1 ist.

Wir beweisen als

Satz IV. Jeder rein periodische Kettenbruch ist eine reduzierte quadratische positive Irrationalzahl.

Ein rein periodischer Kettenbruch:

$$\alpha = \dot{p}_1 + \frac{1|}{|\dot{p}_2} + \ldots + \frac{1|}{|\dot{p}_k} + \frac{1|}{|p_1} + \frac{1|}{|p_2} + \ldots$$

ist, da die ganze Zahl $p_1 \neq 0$ ist, stets > 1. Ferner genügte α der quadratischen Gleichung

$$x^2 N_k + x(N_{k-1} - Z_k) - Z_{k-1} = 0 \tag{1}$$

mit ganzzahligen Koeffizienten. Bezeichnet man die zweite Wurzel dieser Gleichung mit β, so ist

$$\alpha \cdot \beta = -\frac{Z_{k-1}}{N_k} \quad \text{oder} \quad \beta = -\frac{Z_{k-1}}{N_k \cdot \alpha}.$$

Für die in den unendlichen Kettenbruch entwickelte Wurzel α ergibt sich nach Satz IV' auf Seite 113, daß

$$\alpha = \frac{Z_k}{N_k} + \frac{\varepsilon_k}{N_k N_{k+1}}, \tag{8}$$

wobei ε_k eine zwischen -1 und $+1$ gelegene Zahl bedeutet und die Grenzen -1 und $+1$ ausgeschlossen sind. Setzt man den Wert für α aus (8) in $\beta = -\frac{Z_{k-1}}{N_k \alpha}$ ein, so erhält man

$$\beta = -\frac{Z_{k-1}}{Z_k + \frac{\varepsilon_k}{N_{k+1}}}. \tag{9}$$

Bei einem rein periodischen Kettenbruch ist $p_1 \geqq 1$; daher wird, wie aus $Z_1 = p_1$ folgt, $Z_1 \geqq 1$. Nach der Definition der Näherungsbrüche (Satz I des § 9 auf Seite 105) folgt hieraus, daß $Z_k \geqq Z_{k-1} + 1$. Da ε_k nur Werte zwischen -1 und $+1$, die Grenzen ausgeschlossen, annehmen kann und N_{k+1} eine ganze positive Zahl ist, so liegt $\frac{\varepsilon_k}{N_{k+1}}$ zwischen den Grenzen -1 und $+1$, diese ausgeschlossen. Hieraus folgt, daß $Z_k + \frac{\varepsilon_k}{N_{k+1}} > Z_{k-1}$. Daher ergibt sich aus (9), daß β eine zwischen -1 und 0 gelegene Größe ist. Hiermit ist gezeigt, daß ein rein periodischer Kettenbruch alle Eigenschaften einer reduzierten quadratischen positiven Irrationalzahl hat, und Satz IV ist bewiesen.

Bevor wir die Umkehrbarkeit von Satz IV zeigen, beweisen wir:

Satz V. Entwickelt man eine reduzierte quadratische positive Irrationalzahl in einen Kettenbruch, so sind alle ihre Folgewerte ebenfalls reduzierte quadratische positive Irrationalzahlen.

Die gegebene reduzierte quadratische positive Irrationalzahl α genüge der Gleichung

$$a x^2 + b x + c = 0 \tag{10}$$

mit ganzzahligen Koeffizienten a, b, c. Der Folgewert ξ_1 von α wird durch die Formel

(11) $$\alpha = p_1 + \frac{1}{\xi_1}$$

definiert, wobei p_1 die größte ganze in α enthaltene positive Zahl bedeutet. Da α als reduzierte Zahl größer als 1 ist, so ergibt sich $p_1 \geqq 1$. Setzt man für α seinen Wert aus (11) in (10) ein, so erhält man

$$a\left(p_1 + \frac{1}{\xi_1}\right)^2 + b\left(p_1 + \frac{1}{\xi_1}\right) + c = 0$$

oder

$$a_1 \xi_1^2 + b_1 \xi_1 + c_1 = 0;$$

hierbei bedeuten a_1, b_1, c_1 die ganzen Zahlen

$$a_1 = a p_1^2 + b p_1 + c, \qquad b_1 = 2 a p_1 + b, \qquad c_1 = a.$$

Bezeichnet man die zweite Wurzel der Gleichung (10) mit β und definiert η_1 durch $\beta = p_1 + \frac{1}{\eta_1}$, so ist $a_1 \eta_1^2 + b_1 \eta_1 + c_1 = 0$; denn β befriedigt ebenso wie α die Gleichung (10). Mithin hat die Gleichung

(10_1) $$a_1 x^2 + b_1 x + c_1 = 0$$

mit ganzzahligen Koeffizienten die zwei Wurzeln ξ_1 und η_1. Da p_1 die größte ganze in α enthaltene positive Zahl bedeutet, so ist $\frac{1}{\xi_1} = \alpha - p_1$ kleiner als 1 und positiv, also $\xi_1 > 1$. Aus $\frac{1}{\eta_1} = \beta - p_1$ folgt, da β nach Voraussetzung negativ und $p_1 \geqq 1$, daß $-\frac{1}{\eta_1}$ positiv und größer als 1 ist, also η_1 zwischen -1 und 0 liegt. Hiermit ist gezeigt, daß der Folgewert ξ_1 von α größer als 1 ist und einer quadratischen Gleichung mit ganzzahligen Koeffizienten genügt, deren andere Wurzel negativ ist und einen absoluten Betrag kleiner als 1 besitzt. Folglich ist ξ_1 eine reduzierte quadratische positive Irrationalzahl.

Wie sich ξ_1 aus α ergibt, so ergibt sich der Folgewert ξ_2 aus ξ_1 durch die Relation $\xi_1 = p_2 + \frac{1}{\xi_2}$, wobei p_2 die größte in ξ_1 enthaltene ganze positive Zahl ist. Da ξ_1, wie bewiesen, eine reduzierte quadratische positive Irrationalzahl ist, so trifft es auch für ξ_2 zu. So fortfahrend, sieht man, daß, wenn α eine reduzierte quadratische positive Irrationalzahl ist, es auch alle Folgewerte ξ_1, ξ_2, ξ_3, ... sind. Hiermit ist Satz V bewiesen.

Wir bemerken noch für das Folgende: ξ_2 genügt einer Gleichung

(10_2) $$a_2 x^2 + b_2 x + c_2 = 0,$$

die aus (10_1) $a_1 x^2 + b_1 x + c_1 = 0$ ebenso folgt, wie sich (10_1) aus (10) $a x^2 + b x + c = 0$ ergibt. Es ist

$$a_2 = a_1 p_2^2 + b_1 p_2 + c_1, \qquad b_2 = 2 a_1 p_2 + b_1, \qquad c_2 = a_1.$$

Die zweite Wurzel von (10_2) ist demnach η_2, wobei η_2 definiert ist durch $\eta_1 = p_2 + \frac{1}{\eta_2}$. Fährt man auf diese Art fort, so kann man sagen: ξ_n genügt einer Gleichung

(10_n) $$a_n x^2 + b_n x + c_n = 0,$$

deren zweite Wurzel η_n lautet und mit η_{n-1} durch die Relation $\eta_{n-1} = p_n + \frac{1}{\eta_n}$ zusammenhängt; es ist

$$a_n = a_{n-1} p_n^2 + b_{n-1} p_n + c_{n-1}, \qquad b_n = 2a_{n-1} p_n + b_{n-1}, \qquad c_n = a_{n-1}.$$

Wir heweisen nunmehr die Umkehrung von Satz IV, nämlich

Satz VI. Jede reduzierte quadratische positive Irrationalzahl ist als rein periodischer Kettenbruch darstellbar.

Die gegebene reduzierte quadratische positive Irrationalzahl α läßt sich nach Satz II als Lösung einer ganzzahligen quadratischen Gleichung in einen periodischen Kettenbruch entwickeln. Angenommen, die Periode von α beginne erst mit p_σ, wobei $\sigma \geqq 2$; man habe also

$$\alpha = p_1 + \frac{1|}{|p_2} + \ldots + \frac{1|}{|p_{\sigma-1}} + \frac{1|}{|\dot{p}_\sigma} + \frac{1|}{|p_{\sigma+1}} + \ldots + \frac{1|}{|\dot{p}_{\sigma+k-1}} + \frac{1|}{|p_\sigma} + \ldots$$

Die Folgewerte von α seien wie bisher mit $\xi_1, \xi_2, \ldots$ bezeichnet. Die zweite Wurzel der ganzzahligen quadratischen Gleichung (10), die durch α befriedigt wird, sei mit β bezeichnet. Dann genügt ξ_n einer Gleichung

$$(10_n) \qquad a_n x^2 + b_n x + c_n = 0$$

mit ganzzahligen Koeffizienten, deren andere Wurzel η_n ist; hierbei ist

$$\beta = p_1 + \frac{1}{\eta_1}, \quad \eta_1 = p_2 + \frac{1}{\eta_2}, \quad \ldots, \quad \eta_{n-1} = p_n + \frac{1}{\eta_n}.$$

(Vgl. die Satz VI voraufgehenden Bemerkungen.)

Beginnt die Periode von α mit p_σ und umfaßt k Elemente, so ist

$$\xi_{\sigma-1} = \dot{p}_\sigma + \frac{1|}{|\dot{p}_{\sigma+1}} + \frac{1|}{|\dot{p}_{\sigma+2}} + \ldots + \frac{1|}{|\dot{p}_{\sigma+k-1}} + \frac{1|}{|p_\sigma} + \ldots$$

und $\xi_{\sigma+k-1}$ hat genau denselben Wert wie $\xi_{\sigma-1}$. Da $\xi_{\sigma-1}$ ein periodischer Kettenbruch ist, so ist die quadratische Gleichung mit ganzzahligen Koeffizienten, die durch $\xi_{\sigma-1}$ befriedigt wird, nach Satz I eindeutig bestimmt. Aus der Gleichheit $\xi_{\sigma-1} = \xi_{\sigma+k-1}$ folgt demnach, daß $\xi_{\sigma-1}$ und $\xi_{\sigma+k-1}$ die nämliche quadratische Gleichung mit ganzzahligen Koeffizienten befriedigen. Die zweite Wurzel der ganzzahligen quadratischen Gleichung, der $\xi_{\sigma-1}$ genügt, bezeichneten wir mit $\eta_{\sigma-1}$; die zweite Wurzel der ganzzahligen quadratischen Gleichung, der $\xi_{\sigma+k-1}$ genügt, bezeichneten wir mit $\eta_{\sigma+k-1}$. Aus der Übereinstimmung der beiden Gleichungen folgt $\eta_{\sigma+k-1} = \eta_{\sigma-1}$.

Nun ist

$$(12) \qquad \eta_{\sigma-2} = p_{\sigma-1} + \frac{1}{\eta_{\sigma-1}};$$

sollte $\sigma = 2$ sein, so ist in (12) unter η_0 die Größe β zu verstehen. Ferner ist

$$(13) \qquad \eta_{\sigma+k-2} = p_{\sigma+k-1} + \frac{1}{\eta_{\sigma+k-1}}.$$

Die Gleichungen (12) und (13) lassen sich auch in der Form:

$$(14) \qquad -\frac{1}{\eta_{\sigma-1}} = p_{\sigma-1} - \eta_{\sigma-2},$$

$$(15) \qquad -\frac{1}{\eta_{\sigma+k-1}} = p_{\sigma+k-1} - \eta_{\sigma+k-2}$$

schreiben. Ist α eine reduzierte quadratische positive Irrationalzahl, so sind nach Satz V auch alle Folgewerte $\xi_1, \xi_2, \ldots$, reduzierte quadratische positive Irrationalzahlen; dies besagt, daß die zweiten Wurzeln der ganzzahligen quadratischen Gleichungen, denen α und seine Folgewerte genügen, nämlich die Größen $\beta, \eta_1, \eta_2, \ldots$, lauter zwischen -1 und 0 gelegene Werte haben. In den Gleichungen (14) und (15) sind daher $-\frac{1}{\eta_{\sigma-1}}$ und $-\frac{1}{\eta_{\sigma+k-1}}$ positive Zahlen, die größer als 1 sind, und $-\eta_{\sigma-2}$ und $-\eta_{\sigma+k-2}$ positive echte Brüche; hieraus folgt, daß $p_{\sigma-1}$ und $p_{\sigma+k-1}$ die größten in $-\frac{1}{\eta_{\sigma-1}}$ und $-\frac{1}{\eta_{\sigma+k-1}}$ enthaltenen ganzen positiven Zahlen bedeuten. Aus der Gleichheit $\eta_{\sigma-1}=\eta_{\sigma+k-1}$ ergibt sich demnach $p_{\sigma-1}=p_{\sigma+k-1}$. Diese Gleichung besagt im Widerspruch mit unserer Annahme, daß die Periode von α nicht erst mit einem Element p_σ beginnt, dessen Index $\sigma \geqq 2$ ist, sondern schon bei dem voraufgehenden $p_{\sigma-1}$ ihren Anfang nimmt. Mithin muß α ein rein periodischer Kettenbruch sein.

Die Sätze IV und VI können auch auf folgende Weise formuliert werden:

Satz VII. Rein periodische Kettenbrüche und reduzierte quadratische positive Irrationalzahlen sind identische Begriffe.

Wir beweisen nunmehr den folgenden

Satz VIII. Die Folgewerte $\xi_1, \xi_2, \ldots$ jeder quadratischen positiven Irrationalzahl α sind von einem gewissen $\xi_{\sigma-1}$ an lauter reduzierte quadratische positive Irrationalzahlen. Die Periode der Kettenbruchentwicklung von α beginnt mit demjenigen Element p_σ, das durch den ersten reduzierten Folgewert $\xi_{\sigma-1}$ bestimmt wird.

Eine quadratische positive Irrationalzahl α ist nach Satz II als periodischer Kettenbruch

$$p_1+\frac{1|}{|p_2}+\frac{1|}{|p_3}+\ldots+\frac{1|}{|p_\sigma}+\frac{1|}{|p_{\sigma+1}}+\ldots+\frac{1|}{|p_{\sigma+k-1}}+\frac{1|}{|p_\sigma}+\ldots$$

darstellbar. Die Folgewerte $\xi_1, \xi_2, \ldots$ sind die Kettenbrüche

$$\xi_1=p_2+\frac{1|}{|p_3}+\ldots+\frac{1|}{|p_\sigma}+\frac{1|}{|p_{\sigma+1}}+\ldots+\frac{1|}{|p_{\sigma+k-1}}+\frac{1|}{|p_\sigma}+\ldots,$$

$$\xi_2=p_3+\frac{1|}{|p_4}+\ldots+\frac{1|}{|p_\sigma}+\frac{1|}{|p_{\sigma+1}}+\ldots+\frac{1|}{|p_{\sigma+k-1}}+\frac{1|}{|p_\sigma}+\ldots, \quad \ldots.$$

Der erste von ihnen, der rein periodisch wird, ist

$$\xi_{\sigma-1}=p_\sigma+\frac{1|}{|p_{\sigma+1}}+\frac{1|}{|p_{\sigma+2}}+\ldots+\frac{1|}{|p_{\sigma+k-1}}+\frac{1|}{|p_\sigma}+\ldots$$

Nach Satz VII ist demnach $\xi_{\sigma-1}$ und kein früherer Folgewert von α eine reduzierte quadratische positive Irrationalzahl. Bildet man:

$$\xi_\sigma \quad =p_{\sigma+1}+\frac{1|}{|p_{\sigma+2}}+\ldots+\frac{1|}{|p_{\sigma+k-1}}+\frac{1|}{|p_\sigma}+\frac{1|}{|p_{\sigma+1}}+\ldots,$$

$$\xi_{\sigma+1}=p_{\sigma+2}+\frac{1|}{|p_{\sigma+3}}+\ldots+\frac{1|}{|p_{\sigma+k-1}}+\frac{1|}{|p_\sigma}+\frac{1|}{|p_{\sigma+1}}+\frac{1|}{|p_{\sigma+2}}+\ldots,$$

. . . .

$$\xi_{\sigma+k-2}=p_{\sigma+k-1}+\frac{1|}{|p_\sigma}+\frac{1|}{|p_{\sigma+1}}+\ldots+\frac{1|}{|p_{\sigma+k-2}}+\frac{1|}{|p_{\sigma+k-1}}+\ldots,$$

so sind diese Größen ebenfalls rein periodische Kettenbrüche, bei denen die Periode aus derjenigen von $\xi_{\sigma-1}$ durch einfache Verschiebung der Elemente erhalten wird. $\xi_{\sigma+k-1}, \xi_{\sigma+k}, \ldots, \xi_{\sigma+2k-2}$ sind nichts anderes als eine Wiederholung der Größen $\xi_{\sigma-1}, \xi_\sigma, \ldots, \xi_{\sigma+k-2}$; so geht es unaufhörlich weiter. Nach Satz VII sind $\xi_\sigma, \xi_{\sigma+1}, \ldots$ ebenso wie $\xi_{\sigma-1}$ als rein periodische Kettenbrüche reduzierte quadratische positive Irrationalzahlen. Hiermit sind die Aussagen des Satzes VIII bewiesen.

Wir leiten nunmehr den folgenden Satz von GALOIS[1] ab:

Satz IX. Ist α ein rein periodischer Kettenbruch

$$\dot{p}_1 + \frac{1|}{|p_2} + \frac{1|}{|\dot{p}_3} + \cdots + \frac{1|}{|p_{k-1}} + \frac{1|}{|\dot{p}_k} + \frac{1|}{|p_1} + \cdots.$$

und ist β die zweite Wurzel der quadratischen Gleichung mit ganzzahligen Koeffizienten, die durch α befriedigt wird, so ist

$$-\frac{1}{\beta} = \dot{p}_k + \frac{1|}{|p_{k-1}} + \frac{1|}{|\dot{p}_{k-2}} + \cdots + \frac{1}{|\dot{p}_1} + \frac{1}{|p_k} + \cdots.$$

$-\frac{1}{\beta}$ ist also ein rein periodischer Kettenbruch, dessen Periode dieselben Elemente enthält wie die Periode von α, nur in umgekehrter Reihenfolge.

Zum Beweise des ausgesprochenen Satzes verwenden wir die gleichen Bezeichnungen wie beim Satze VI; es wird $\sigma = 1$, also $\xi_{\sigma-1} = \xi_0 = \alpha$. Die gegebene Größe α hängt mit ihren Folgewerten durch

$$\alpha = p_1 + \frac{1}{\xi_1}, \quad \xi_1 = p_2 + \frac{1}{\xi_2}, \quad \xi_2 = p_3 + \frac{1}{\xi_3}, \quad \ldots, \quad \xi_{k-1} = p_k + \frac{1}{\xi_k}, \quad \xi_k = \alpha$$

zusammen. Wir setzen

$$\beta = p_1 + \frac{1}{\eta_1}, \quad \eta_1 = p_2 + \frac{1}{\eta_2}, \quad \eta_2 = p_3 + \frac{1}{\eta_3}, \quad \ldots, \quad \eta_{k-1} = p_k + \frac{1}{\eta_k}.$$

Diese Gleichungen lassen sich auch, mit der letzten beginnend, so schreiben:

$$-\frac{1}{\eta_k} = p_k + \frac{1}{-\frac{1}{\eta_{k-1}}},$$

$$-\frac{1}{\eta_{k-1}} = p_{k-1} + \frac{1}{-\frac{1}{\eta_{k-2}}},$$

$$\vdots \qquad \vdots$$

$$-\frac{1}{\eta_3} = p_3 + \frac{1}{-\frac{1}{\eta_2}},$$

$$-\frac{1}{\eta_2} = p_2 + \frac{1}{-\frac{1}{\eta_1}},$$

$$-\frac{1}{\eta_1} = p_1 + \frac{1}{-\frac{1}{\beta}}.$$

[1] GALOIS, Annales math. pures et appliquées, 19 (1828/29), 294; Oeuvres de Galois par E. PICARD, Paris 1897, p. 1.

Wie beim Beweise von Satz VI betont wurde, nahmen die Zahlen $\beta, \eta_1, \eta_2, \ldots$ zwischen -1 und 0 gelegene Werte an. Mithin sind, wie auch dort gezeigt, $p_k, p_{k-1}, \ldots, p_1$ die größten in $-\frac{1}{\eta_k}, -\frac{1}{\eta_{k-1}}, \ldots, -\frac{1}{\eta_1}$ enthaltenen ganzen positiven Zahlen. Man hat daher in:

$$-\frac{1}{\eta_k} = p_k + \cfrac{1}{p_{k-1} + \cfrac{1}{p_{k-2} + \ddots \cfrac{1}{p_2 + \cfrac{1}{p_1 + \cfrac{1}{-\frac{1}{\beta}}}}}}$$

den Beginn einer Kettenbruchentwicklung für $-\frac{1}{\eta_k}$. Nun ist, da $\alpha = \xi_k$, auch $\beta = \eta_k$. Daher wird

$$-\frac{1}{\beta} = \dot{p}_k + \frac{1|}{|p_{k-1}} + \ldots + \frac{1|}{|\dot{p}_1} + \frac{1|}{|p_k} + \ldots,$$

wie gezeigt werden sollte.

Wir verwenden die voraufgehenden Betrachtungen noch zur Untersuchung der Quadratwurzel aus einer rationalen positiven Zahl $\frac{r}{s}$, die > 1 ist.[1] Es gilt

Satz X. Ist die Quadratwurzel aus einer rationalen positiven Zahl, die größer als 1 ist, nicht rational, so liefert sie bei ihrer Entwicklung in einen periodischen Kettenbruch ein Element, das der Periode voraufgeht, die Periode schließt mit dem Doppelten dieses Elementes, von den übrigen Elementen der Periode sind je zwei, die vom Anfang und vom Ende gleich weit abstehen, einander gleich.[2]

[1] Ist $\frac{r_1}{s_1}$ eine rationale positive Zahl, die < 1 ist, und will man die Quadratwurzel aus $\frac{r_1}{s_1}$ bestimmen, so ist diese gleich 1 dividiert durch die Quadratwurzel aus $\frac{s_1}{r_1}$; letztere läßt sich nach dem Satz X in einen Kettenbruch entwickeln, da $\frac{s_1}{r_1} > 1$. Weiteres über das Wurzelziehen in Kapitel IV, § 2.

[2] Die Periode kann aus einer ungeraden oder einer geraden Anzahl von Elementen bestehen, in welch letzterem Falle sie außer dem Endglied noch ein weiteres Element besitzt, das keinem anderen gleich zu sein braucht, z. B.

$$\sqrt{54} = 7 + \frac{1|}{|\dot{2}} + \frac{1|}{|1} + \frac{1|}{|6} + \frac{1|}{|1} + \frac{1|}{|2} + \frac{1|}{|1\dot{4}} + \frac{1|}{|2} + \ldots,$$

$$\sqrt{37} = 6 + \frac{1|}{|\dot{1}\dot{2}} + \frac{1|}{|12} + \ldots,$$

$$\sqrt{29} = 5 + \frac{1|}{|\dot{2}} + \frac{1|}{|1} + \frac{1|}{|1} + \frac{1|}{|2} + \frac{1|}{|1\dot{0}} + \frac{1|}{|2} + \ldots$$

Die Art der Berechnung ergibt sich aus dem Schluß des Paragraphen, wo die Entwicklung positiver Wurzeln beliebiger ganzzahliger quadratischer Gleichungen behandelt wird.

Die gegebene positive rationale Zahl, aus der die Quadratwurzel zu ziehen ist, laute $\frac{r}{s}$, und es sei $\frac{r}{s} > 1$. Die Quadratwurzel aus $\frac{r}{s}$ bedeute die positive Lösung der Gleichung $sx^2 - r = 0$ mit ganzzahligen Koeffizienten. Wir setzen

$$\sqrt{\frac{r}{s}} = p_1 + \frac{1}{\xi_1},$$

wobei p_1 die größte ganze in $\sqrt{\frac{r}{s}}$ enthaltene positive Zahl bedeutet. Wegen $\frac{r}{s} > 1$ ist $p_1 \geqq 1$. Für die zweite Wurzel der quadratischen Gleichung setzen wir nach der angewandten Bezeichnung $-\sqrt{\frac{r}{s}} = p_1 + \frac{1}{\eta_1}$. Die Größen ξ_1 und η_1 sind Wurzeln derselben quadratischen Gleichung mit ganzzahligen Koeffizienten; ξ_1 ist offenbar > 1 und $\eta_1 = \frac{-1}{p_1 + \sqrt{\frac{r}{s}}}$ hat, da $p_1 \geqq 1$ ist, einen zwischen -1 und 0 gelegenen Wert. Hieraus folgt, daß ξ_1 eine reduzierte quadratische positive Irrationalzahl ist und sich daher nach Satz VI als rein periodischer Kettenbruch darstellen läßt; wir setzen ξ_1 in der Form an:

$$\xi_1 = p_2 + \frac{1|}{|p_3} + \ldots + \frac{1|}{|p_{k+1}} + \frac{1|}{|p_2} + \frac{1|}{|p_3} + \ldots$$

Da η_1 die zweite Wurzel der quadratischen Gleichung ist, die durch ξ_1 befriedigt wird, so ist nach Satz IX:

$$-\frac{1}{\eta_1} = p_{k+1} + \frac{1|}{|p_k} + \ldots + \frac{1|}{|p_3} + \frac{1|}{|p_2} + \frac{1|}{|p_{k+1}} + \ldots$$

Die Addition von

$$\sqrt{\frac{r}{s}} = p_1 + \frac{1}{\xi_1} \quad \text{und} \quad -\sqrt{\frac{r}{s}} = p_1 + \frac{1}{\eta_1}$$

ergibt $2p_1 + \frac{1}{\xi_1} + \frac{1}{\eta_1} = 0$. Setzt man die für $\frac{1}{\xi_1}$ und $\frac{1}{\eta_1}$ gefundenen Kettenbruchentwicklungen in $2p_1 + \frac{1}{\xi_1} = -\frac{1}{\eta_1}$ ein, so erhält man:

$$2p_1 + \frac{1|}{|p_2} + \frac{1|}{|p_3} + \ldots + \frac{1|}{|p_{k+1}} + \frac{1|}{|p_2} + \frac{1|}{|p_3} + \ldots$$

$$= p_{k+1} + \frac{1|}{|p_k} + \frac{1|}{|p_{k-1}} + \ldots + \frac{1|}{|p_2} + \frac{1|}{|p_{k+1}} + \frac{1|}{|p_k} + \ldots$$

Nach Satz VII auf Seite 118 sind zwei unendliche Kettenbrüche nur dann gleich, wenn sie in sämtlichen Elementen übereinstimmen; daher ist

$$p_{k+1} = 2p_1, \qquad p_k = p_2, \qquad p_{k-1} = p_3, \qquad p_{k-2} = p_4, \qquad \ldots,$$

und man hat:

$$\sqrt{\frac{r}{s}} = p_1 + \frac{1|}{|\dot{p}_2} + \frac{1|}{|\dot{p}_3} + \ldots + \frac{1|}{|\dot{p}_3} + \frac{1|}{|\dot{p}_2} + \frac{1|}{|2\dot{p}_1} + \frac{1|}{|p_2} + \frac{1|}{|p_3} + \ldots,$$

wie bewiesen werden sollte.

Der Leser beweise die Umkehrung des Satzes X: Jede Zahl α, die sich in einen Kettenbruch von der Form:

$$p_1 + \frac{1|}{|\dot{p}_2} + \frac{1|}{|\dot{p}_3} + \ldots + \frac{1|}{|\dot{p}_3} + \frac{1|}{|\dot{p}_2} + \frac{1|}{|2\dot{p}_1} + \frac{1|}{|p_2} + \frac{1|}{|p_3} + \ldots$$

entwickeln läßt, ist die Quadratwurzel aus einer positiven rationalen Zahl, die > 1 ist.

Eine Tabelle für die Entwicklung der Quadratwurzeln aller ganzen unter 120 gelegenen nicht quadratischen Zahlen in Kettenbrüche gibt Euler (Novi Commentarii Petropolit. 11), abgedruckt bei Lagrange an dem Seite 123 angeführten Orte, Article 41.

An Satz X knüpfen wir die folgende Bemerkung: Die Periode der Entwicklung von $\sqrt{\frac{r}{s}}$ in einen Kettenbruch sei k-gliedrig. Bildet man die Folgewerte ξ_1, ξ_2, ... der Ausgangszahl $\sqrt{\frac{r}{s}}$, so ist, wie aus der für $\sqrt{\frac{r}{s}}$ gegebenen Entwicklung hervorgeht:

$$\xi_k = p_{k+1} + \frac{1}{\xi_{k+1}} = 2p_1 + \frac{1}{\xi_{k+1}} = p_1 + p_1 + \frac{1}{\xi_1};$$

denn es ist $\xi_1 = \xi_{k+1}$. Nun ist $\sqrt{\frac{r}{s}} = p_1 + \frac{1}{\xi_1}$. Mithin hat man

$$\xi_k = p_1 + \sqrt{\frac{r}{s}}.$$

Die Ausgangszahl $\sqrt{\frac{r}{s}}$ hängt mit ihren Folgewerten nach Relation (18) auf Seite 117 durch die Gleichung:

$$\sqrt{\frac{r}{s}} = \frac{Z_k\,\xi_k + Z_{k-1}}{N_k\,\xi_k + N_{k-1}}$$

zusammen; aus ihr ergibt sich:

$$\sqrt{\frac{r}{s}} = \frac{Z_k\left(p_1 + \sqrt{\frac{r}{s}}\right) + Z_{k-1}}{N_k\left(p_1 + \sqrt{\frac{r}{s}}\right) + N_{k-1}}$$

oder

$$(N_k\,p_1 - Z_k + N_{k-1})\sqrt{\frac{r}{s}} = Z_k\,p_1 + Z_{k-1} - N_k\frac{r}{s}.$$

$\sqrt{\frac{r}{s}}$ soll irrational sein; mithin müssen die zwei Gleichungen:

$$N_k p_1 - Z_k + N_{k-1} = 0,$$

$$Z_k p_1 + Z_{k-1} - N_k \frac{r}{s} = 0$$

bestehen; denn sonst wäre $\sqrt{\frac{r}{s}}$ in der rationalen Form

$$\frac{Z_k p_1 + Z_{k-1} - N_k \frac{r}{s}}{N_k p_1 - Z_k + N_{k-1}}$$

darstellbar. Multipliziert man die erste der zwei letzten Gleichungen mit $-Z_k$, die zweite mit N_k und addiert sie, so hat man:

$$Z_k^2 - N_k^2 \frac{r}{s} = Z_k N_{k-1} - N_k Z_{k-1} = (-1)^k,$$

wie sich aus Satz II auf Seite 106 ergibt.

Ist m irgend eine ganze positive Zahl, so schließt man für die Vielfachen $m k$ von k ebenso:

$$Z_{km}^2 - N_{km}^2 \frac{r}{s} = (-1)^{km},$$

wobei $m = 1, 2, 3, \ldots$ Diese Relationen können wir folgendermaßen interpretieren:

Sind r und s ganze positive Zahlen und $\sqrt{\frac{r}{s}}$ eine irrationale Zahl $\left(\text{also } \frac{r}{s} \text{ kein Quadrat einer rationalen Zahl}\right)$, so hat die Gleichung $t^2 - \frac{r}{s} u^2 = 1$ stets ganzzahlige positive Lösungen t, u. Entwickelt man $\sqrt{\frac{r}{s}}$ in einen Kettenbruch und ist seine Periode k-gliedrig, so sind für gerades k stets Z_k, N_k und alle Z_{mk}, N_{mk}, deren Indizes beliebige Vielfache von k sind, ganzzahlige positive Lösungen t, u der Gleichung $t^2 - \frac{r}{s} u^2 = 1$; für ungerades k sind Z_{2k}, N_{2k} und alle Z_{2mk}, N_{2mk}, deren Indizes irgend welche gerade Vielfache von k sind, ganzzahlige positive Lösungen t, u der Gleichung $t^2 - \frac{r}{s} u^2 = 1$.

Für $s = 1$ ergibt sich die für die Zahlentheorie wichtige und zuerst von P. Fermat den Mathematikern vorgelegte Gleichung $t^2 - r u^2 = 1$. Diese heißt allgemein irrtümlich nach einem Zeitgenossen Fermats John Pell, der sich um sie keine Verdienste erworben hat, die Pellsche Gleichung. Eine Tabelle für ganzzahlige Lösungen[1] der Pellschen Gleichung, falls $r < 1000$, gibt der Canon Pellianus von C. F. Degen, Hafniae (1817), eine Fortführung findet man in Cayley's collected mathematical papers **13**, 430.

---

[1] Daß die oben durch Kettenbruchentwicklung gefundenen Lösungen auch tatsächlich alle ganzzahligen positiven Lösungen der Pellschen Gleichung erschöpfen, zeigt man in den Lehrbüchern der Zahlentheorie, vgl. etwa die auf Seite 135 zitierte Literatur.

Wir geben noch zwei Beispiele: Für $t^2 - 12u^2 = 1$ hat man

$$\sqrt{12} = 3 + \frac{1|}{|2} + \frac{1|}{|6} + \frac{1|}{|2} + \dots$$

mit zweigliedriger Periode, also $k = 2$. Es wird

$$Z_1 = 3, \quad Z_2 = 7, \quad Z_3 = 45, \quad Z_4 = 97, \quad \dots$$
$$N_1 = 1, \quad N_2 = 2, \quad N_3 = 13, \quad N_4 = 28, \quad \dots$$

Man hat

$$7^2 - 12 \cdot 2^2 = 1, \quad 97^2 - 12 \cdot 28^2 = 1, \quad \dots$$

Für $t^2 - 17u^2 = 1$ hat man

$$\sqrt{17} = 4 + \frac{1|}{|8} + \frac{1|}{|8} + \dots$$

mit eingliedriger Periode, also $k = 1$. Es wird:

$$Z_1 = 4, \quad Z_2 = 33, \quad Z_3 = 268, \quad Z_4 = 2177, \quad \dots$$
$$N_1 = 1, \quad N_2 = 8, \quad N_3 = 65, \quad N_4 = 528, \quad \dots$$

Man hat

$$(4^2 - 17 \cdot 1^2 = -1), \quad 33^2 - 17 \cdot 8^2 = 1, \quad (268^2 - 17 \cdot 65^2 = -1),$$
$$2177^2 - 17 \cdot 528^2 = 1, \quad \dots$$

Wir ergänzen den zuletzt bewiesenen Satz durch folgende Bemerkung: Ist $\frac{r}{s}$ das Quadrat einer rationalen Zahl, so hat die Gleichung $t^2 - \frac{r}{s}u^2 = 1$ niemals ganzzahlige positive Lösungen t, u. Sei $\frac{r}{s} = \left(\frac{c}{d}\right)^2$. Die ganzen positiven Zahlen c und d kann man teilerfremd wählen, indem man durch einen etwaigen gemeinsamen Teiler von ihnen fortdividiert. Angenommen, die Gleichung $t^2 - \frac{c^2}{d^2}u^2 = 1$ hätte ganzzahlige positive Lösungen t, u, so wäre $t^2 - 1 = \frac{c^2}{d^2}u^2$, wie die linke Seite zeigt, ganzzahlig, also das Quadrat der rationalen Zahl $\lambda = \frac{c}{d}u$ ganzzahlig. Hieraus würde aber folgen, wie mit unseren Hilfsmitteln leicht gezeigt werden kann und auch noch Seite 200 bewiesen wird, daß λ selbst ganzzahlig wäre. Mithin müßten auch $t - \lambda = t - \frac{c}{d}u$ und $t + \lambda = t + \frac{c}{d}u$ ganzzahlig sein. Nun ist aber $t + \frac{c}{d}u = \frac{1}{t - \frac{c}{d}u}$, also wäre $\frac{1}{t - \frac{c}{d}u}$ ganzzahlig. Nur die Einheit hat die Eigenschaft, daß sie und die zu ihr reziproke Zahl beide ganzzahlig sind. Mithin wäre $t - \frac{c}{d}u = \pm 1$ und folglich auch $t + \frac{c}{d}u = \pm 1$. Aus diesen zwei Gleichungen würde $u = 0$ folgen. Mithin gibt es in der Tat keine ganzzahligen positiven Lösungen t, u der Gleichung $t^2 - \frac{r}{s}u^2 = 1$, falls $\frac{r}{s}$ das Quadrat einer rationalen Zahl ist.

Wir zeigen noch, wie die Entwicklung einer reellen Wurzel einer quadratischen Gleichung mit ganzzahligen Koeffizienten a, b, c

$$(10) \qquad a x^2 + b x + c = 0$$

in einen Kettenbruch vorgenommen wird. Seien α und β die Wurzeln von (10), so ist

$$(16) \qquad \alpha + \beta = -\frac{b}{a}, \qquad \alpha \cdot \beta = \frac{c}{a}.$$

Hieraus folgt, daß

$$(17) \qquad (\alpha - \beta)^2 = (\alpha + \beta)^2 - 4\alpha \cdot \beta = \frac{b^2 - 4ac}{a^2}.$$

Hat die Gleichung (10) eine reelle Wurzel, so ist, wie aus $\beta = -\alpha - \frac{b}{a}$ folgt, auch die andere reell. Mithin muß in diesem Fall $\alpha - \beta$ reell und daher $a^2 \cdot (\alpha - \beta)^2 = b^2 - 4ac$ als Quadrat einer reellen Zahl nicht negativ sein. Wir setzen die nicht negative Größe $b^2 - 4ac = D$ und finden aus (17) die Relation

$$(18) \qquad \alpha - \beta = \pm \frac{1}{a} \sqrt{D},$$

wobei $\sqrt{D}$ die nicht negative reelle Lösung der Gleichung $x^2 - D = 0$ bedeute.

Ist α die größere der zwei Wurzeln α und β, die voneinander verschieden seien, was der Annahme $D \neq 0$ entspricht, so ist, falls a positiv ist, in der Gleichung (18) das positive Vorzeichen und, falls a negativ ist, das negative Vorzeichen zu nehmen. Aus (16) und (18) ergibt sich alsdann:

$$\alpha = -\frac{b}{2a} \pm \frac{1}{2a} \sqrt{D},$$

$$\beta = -\frac{b}{2a} \mp \frac{1}{2a} \sqrt{D}.$$

Versteht man unter ε sowohl $+1$ als auch -1, so erhält man beide Wurzeln in der Form $\frac{-\varepsilon b + \sqrt{D}}{2\varepsilon a}$. Wir denken uns für das Folgende ε als einen der zwei Werte $+1$ oder -1 fest gewählt und setzen: $A_1 = -\varepsilon b$, $B_1 = 2\varepsilon a$; dann handelt es sich um die Entwicklung eines Ausdruckes $\frac{A_1 + \sqrt{D}}{B_1}$ in einen Kettenbruch. Sollte dieser negativ sein, so entwickle man an seiner Stelle den ihm entgegengesetzten, d. h. statt α oder β jeweils die Größen $-\alpha$ bzw. $-\beta$.

Die Entwicklung der positiven Zahl $\frac{A_1 + \sqrt{D}}{B_1}$ geschieht, wie in § 9 Seite 116 angegeben. Man bestimme die größte ganze in $\frac{A_1 + \sqrt{D}}{B_1}$ enthaltene Zahl p_1 und setze

$$\frac{A_1 + \sqrt{D}}{B_1} = p_1 + \frac{1}{\xi_1};$$

dann ist

$$\frac{1}{\xi_1} = \frac{A_1 - p_1 B_1 + \sqrt{D}}{B_1},$$

also

$$\xi_1 = \frac{B_1}{A_1 - p_1 B_1 + \sqrt{D}} = \frac{B_1 (p_1 B_1 - A_1 + \sqrt{D})}{D - (A_1 - p_1 B_1)^2} = \frac{A_2 + \sqrt{D}}{B_2},$$

wenn

$$A_2 = p_1 B_1 - A_1, \quad B_2 = \frac{D - (A_1 - p_1 B_1)^2}{B_1}$$

definiert wird.[1] Man setze $\xi_1 = p_2 + \frac{1}{\xi_2}$, d. h. man bestimme p_2 als größte ganze in $\frac{A_2 + \sqrt{D}}{B_2}$ enthaltene Zahl und findet $\xi_2 = \frac{A_3 + \sqrt{D}}{B_3}$, wobei

$$A_3 = p_2 B_2 - A_2, \quad B_3 = \frac{D - (A_2 - p_2 B_2)^2}{B_2}$$

ist. Auf diese Art fahre man fort.

Es soll noch die von LAGRANGE[2] als Zahlenbeispiel untersuchte Gleichung $9x^2 - 118x + 378 = 0$ behandelt werden. Sie hat die zwei Wurzeln

$$\alpha = \frac{59 + \sqrt{79}}{9} \quad \text{und} \quad \beta = \frac{59 - \sqrt{79}}{9}.$$

Wir entwickeln $\alpha = \frac{59 + \sqrt{79}}{9}$ in einen Kettenbruch; die größte ganze in $\frac{59 + \sqrt{79}}{9}$ enthaltene Zahl ist, wie man unmittelbar sieht, 7. Die Zahl D ist gleich 79. Die Rechnung ist folgende:

$$A_1 = 59, \quad B_1 = 9, \quad 7 < \frac{59 + \sqrt{79}}{9} < 8, \quad p_1 = 7,$$

$$A_2 = 7 \cdot 9 - 59 = 4, \quad B_2 = \frac{79 - 16}{9} = 7, \quad 1 < \xi_1 = \frac{4 + \sqrt{79}}{7} < 2, \quad p_2 = 1,$$

$$A_3 = 1 \cdot 7 - 4 = 3, \quad B_3 = \frac{79 - 9}{7} = 10, \quad 1 < \xi_2 = \frac{3 + \sqrt{79}}{10} < 2, \quad p_3 = 1,$$

$$A_4 = 1 \cdot 10 - 3 = 7, \quad B_4 = \frac{79 - 49}{10} = 3, \quad 5 < \xi_3 = \frac{7 + \sqrt{79}}{3} < 6, \quad p_4 = 5,$$

$$A_5 = 5 \cdot 3 - 7 = 8, \quad B_5 = \frac{79 - 64}{3} = 5, \quad 3 < \xi_4 = \frac{8 + \sqrt{79}}{5} < 4, \quad p_5 = 3,$$

$$A_6 = 3 \cdot 5 - 8 = 7, \quad B_6 = \frac{79 - 49}{5} = 6, \quad 2 < \xi_5 = \frac{7 + \sqrt{79}}{6} < 3, \quad p_6 = 2,$$

$$A_7 = 2 \cdot 6 - 7 = 5, \quad B_7 = \frac{79 - 25}{6} = 9, \quad 1 < \xi_6 = \frac{5 + \sqrt{79}}{9} < 2, \quad p_7 = 1,$$

$$A_8 = 1 \cdot 9 - 5 = 4, \quad B_8 = \frac{79 - 16}{9} = 7, \quad 1 < \xi_7 = \frac{4 + \sqrt{79}}{7} < 2, \quad p_8 = 1.$$

---

[1] $A_2 = p_1 B_1 - A_1$ ist ersichtlich ganzzahlig; das gleiche trifft auch für $B_2 = \frac{D - (A_1 - p_1 B_1)^2}{B_1}$ zu; denn es ist $D = b^2 - 4ac = A_1^2 - 2c\varepsilon B_1$ und daher $B_2 = -2c\varepsilon - p_1^2 B_1 + 2p_1 A_1$.

[2] LAGRANGE an dem Seite 123 angeführten Orte, Article 40.

$\xi_7 = \xi_1$; ξ_1 ist die erste reduzierte quadratische Irrationalzahl, die Periode von α beginnt mit p_2. Es ist

$$\alpha = 7 + \frac{1|}{|1} + \frac{1|}{|1} + \frac{1|}{|5} + \frac{1|}{|3} + \frac{1|}{|2} + \frac{1|}{|1} + \frac{1|}{|1} + \ldots$$

Für die Entwicklung der Wurzel β ist $A_1 = -59$, $B_1 = -9$ zu nehmen. Man findet

$$\beta = 5 + \frac{1|}{|1} + \frac{1|}{|1} + \frac{1|}{|3} + \frac{1|}{|5} + \frac{1|}{|1} + \frac{1|}{|1} + \frac{1|}{|1} + \frac{1|}{|2} + \frac{1|}{|3} + \ldots$$

ξ_3 ist die erste reduzierte quadratische Irrationalzahl, die Periode von β beginnt mit p_4.

§ 12.

Eigenschaften des Systems der reellen Zahlen.

Von den Eigenschaften des Systems der reellen Zahlen beweisen wir zunächst:

Satz I. Zwischen irgend zwei ungleichen reellen Zahlen liegen stets unendlich viele rationale Zahlen.

α und β seien irgend zwei ungleiche reelle Zahlen, die durch $\alpha = \binom{a_n}{a_n'}$ und $\beta = \binom{b_n}{b_n'}$ mit Hilfe zweier zusammengehöriger Definitionsfolgen definiert seien. Es sei $\alpha > \beta$. Dann existiert nach Satz VIII auf Seite 81 in der aufsteigenden Definitionsfolge für α eine rationale Zahl a_g, so daß $a_g > b_g'$ wird. Nun ist aber nach Satz I auf Seite 82 für alle $a_n (n = 1, 2, 3, \ldots)$, also auch für a_g, die Zahl $\alpha \geqq a_g$ und für alle b_n' $(n = 1, 2, 3, \ldots)$, also auch für b_g', die Zahl $\beta \leqq b_g'$. Mithin ergibt sich $\beta \leqq b_g' < a_g \leqq \alpha$. Zwischen den zwei ungleichen rationalen Zahlen b_g' und a_g liegen aber (vgl. Kap. I, § 12) stets unendlich viele rationale Zahlen; mithin existieren auch unendlich viele rationale Zahlen, die größer als β und kleiner als α sind, d. h. die zwischen α und β liegen.

Dem Satze I kann man offenbar auch folgende Fassung I' geben: Irgend zwei reelle Zahlen sind dann und nur dann gleich, wenn jede rationale Zahl, die größer als die eine von ihnen ist, auch größer als die andere ist.

Ein geordnetes System nannten wir überall dicht (vgl. Kap. I, § 12), wenn zwischen irgend zwei ungleichen Elementen des Systems stets wenigstens ein drittes, ebenfalls dem System angehöriges Element lag. Da die rationalen Zahlen dem System der reellen Zahlen als Bestandteil angehören, so folgt aus Satz I:

Das System der reellen Zahlen ist ein überall dichtes System.

Die Gesamtheit aller rationalen Zahlen war abzählbar (vgl. S. 59). Für das System der reellen Zahlen gilt hingegen folgender

Satz II. Die Gesamtheit aller zwischen irgend zwei beliebig vorgegebenen ungleichen reellen Zahlen A und B gelegenen reellen Zahlen ist nicht abzählbar.[1]

[1] Satz von G. Cantor, Journ. f. Math. **77**, 258 (1874), Math. Ann. **15**, 1 (1879), Jahresbericht d. Deutsch. Math.-Ver. **1**, 75 (1892).

Wir beweisen zunächst das speziellere Resultat, daß die Gesamtheit der im Intervall von 0 bis 1 gelegenen reellen Zahlen nicht abzählbar ist.

Angenommen, die zwischen 0 und 1 gelegenen reellen Zahlen bildeten eine abzählbare Menge, so müßten sie sich, insoweit sie zueinander ungleich sind, in eine derartige Reihenfolge $\alpha_1, \alpha_2, \alpha_3, \ldots, \alpha_n, \ldots$ bringen lassen, daß sie durch den jedesmal bei α verwendeten Index eindeutig umkehrbar den ganzen positiven Zahlen zugeordnet erscheinen. Diese Zuordnung werde durchgeführt und hierbei jede Zahl α_n in Form eines unendlichen Dezimalbruches geschrieben, was nach Satz I auf Seite 91 auf eine und auch nur auf eine Weise möglich ist. Der unendliche Dezimalbruch für α_n sei:

$$\alpha_n = \frac{\gamma_1^{(n)}}{10} + \frac{\gamma_2^{(n)}}{10^2} + \frac{\gamma_3^{(n)}}{10^3} + \frac{\gamma_4^{(n)}}{10^4} + \ldots,$$

wobei $\gamma_1^{(n)}, \gamma_2^{(n)}, \gamma_3^{(n)}, \ldots$, wie es dem Wesen des Dezimalbruches entspricht, Ziffern der Reihe $0, 1, 2, \ldots, 9$ bedeuten. Wir konstruieren uns nun den unendlichen Dezimalbruch:

$$\frac{\delta_1}{10} + \frac{\delta_2}{10^2} + \frac{\delta_3}{10^3} + \frac{\delta_4}{10^4} + \ldots,$$

bei dem $\delta_1, \delta_2, \ldots$ beliebige Ziffern aus der Reihe $0, 1, 2, 3, \ldots, 9$ bedeuten, die wir nur so wählen, daß sie den Beziehungen

$$\delta_1 \neq \gamma_1^{(1)}, \quad \delta_2 \neq \gamma_2^{(2)}, \quad \delta_3 \neq \gamma_3^{(3)}, \quad \ldots, \quad \delta_n \neq \gamma_n^{(n)}, \quad \ldots$$

genügen und daß ferner nicht von einem gewissen n ab für die Größen δ_n lauter Nullen genommen werden; durch die letzte Bedingung schließen wir aus, daß wir einen endlichen Dezimalbruch erhalten. Der auf diese Weise gebildete zwischen 0 und 1 gelegene unendliche Dezimalbruch ist von sämtlichen Zahlen der Reihe $\alpha_1, \alpha_2, \alpha_3, \ldots, \alpha_n, \ldots$ verschieden; denn, da $\delta_1 \neq \gamma_1^{(1)}$, stimmt er mit α_1 in der ersten Ziffer hinter dem Komma nicht überein; da $\delta_2 \neq \gamma_2^{(2)}$, so stimmt er mit α_2 in der zweiten Ziffer hinter dem Komma nicht überein; da $\delta_3 \neq \gamma_3^{(3)}$, so stimmt er mit α_3 in der dritten Ziffer hinter dem Komma nicht überein usw. Mithin enthält die Reihe $\alpha_1, \alpha_2, \alpha_3, \ldots$ nicht alle zwischen 0 und 1 gelegenen unendlichen Dezimalbrüche. Aus diesem Widerspruch mit unserer Annahme folgt, daß die zwischen 0 und 1 gelegenen reellen Zahlen keine abzählbare Menge bilden.

Um zu zeigen, daß die in irgend einem Intervall von A bis B gelegenen reellen Zahlen keine abzählbare Menge bilden, führen wir für die im Intervall von A bis B gelegenen Zahlen die Variable X, für die im Intervall von 0 bis 1 gelegenen Zahlen die Variable x ein. Durch die Beziehung $x = \frac{X - A}{B - A}$ ist dann jeder Zahl X des Intervalls A bis B eine und auch nur eine Zahl des Intervalls 0 bis 1 zugeordnet. Da aus unserer Relation $X = (B - A)x + A$ folgt, so sieht man, daß die angegebene Beziehung eindeutig umkehrbar ist, d. h. daß auch jeder Zahl x des Intervalls von 0 bis 1 eine und nur eine Zahl X des Intervalls von A bis B entspricht. Würden sich nun die Zahlen des Intervalls von A bis B mittels der natürlichen Zahlenreihe numerieren lassen, d. h. eine abzählbare Menge bilden, so würden die durch die Relation $x = \frac{X - A}{B - A}$ ihnen entsprechenden Zahlen des Intervalls von 0 bis 1 dieselben Nummern erhalten und mithin ebenfalls eine abzählbare Menge bilden. Die Zahlen des

Intervalls von 0 bis 1 sind aber, wie bereits gezeigt wurde, nicht abzählbar, also sind es auch die des Intervalls von A bis B nicht. Hiermit ist Satz II bewiesen.

Hat man irgend eine endliche Anzahl m von abzählbaren Mengen mit den untereinander ungleichen Elementen:

$$\begin{array}{lllll} \alpha_1^{(1)}, & \alpha_2^{(1)}, & \alpha_3^{(1)}, & \alpha_4^{(1)}, & \dots \\ \alpha_1^{(2)}, & \alpha_2^{(2)}, & \alpha_3^{(2)}, & \alpha_4^{(2)}, & \dots \\ \alpha_1^{(3)}, & \alpha_2^{(3)}, & \alpha_3^{(3)}, & \alpha_4^{(3)}, & \dots \\ \vdots & & & & \\ \alpha_1^{(m)}, & \alpha_2^{(m)}, & \alpha_3^{(m)}, & \alpha_4^{(m)}, & \dots, \end{array}$$

so läßt sich die Gesamtheit dieser Elemente zu einer einzigen abzählbaren Menge zusammenfassen,[1] indem man sie im Sinne der Pfeile in der Reihenfolge:

$$\alpha_1^{(1)},\ \alpha_2^{(1)},\ \alpha_1^{(2)},\ \alpha_3^{(1)},\ \alpha_2^{(2)},\ \alpha_1^{(3)},\ \alpha_4^{(1)},\ \alpha_3^{(2)},\ \alpha_2^{(3)},\ \alpha_1^{(4)},\ \dots$$

anordnet und mit 1, 2, 3, 4, ... nummeriert, wodurch sie den ganzen positiven Zahlen eindeutig umkehrbar zugeordnet sind.

Hieraus folgt:

Satz III. Zwischen irgend zwei ungleichen reellen Zahlen A und B liegt stets eine nicht abzählbare Menge irrationaler Zahlen.

Die zwischen A und B gelegenen reellen Zahlen setzen sich nämlich aus rationalen und irrationalen Zahlen zusammen. Die zwischen A und B gelegenen rationalen Zahlen bilden eine abzählbare Menge; denn sogar die Gesamtheit der rationalen Zahlen tut dies, um so mehr irgend ein Teil von ihnen. Wären auch die zwischen A und B gelegenen irrationalen Zahlen abzählbar, so würde nach der dem Satz III vorausgeschickten Bemerkung im Widerspruch mit Satz II die Gesamtheit der zwischen A und B gelegenen reellen Zahlen abzählbar sein. Mithin ist Satz III bewiesen.

§ 13.

Zusammengehörige Definitionsfolgen, die aus beliebigen reellen Zahlen bestehen.

Wir erweitern die in § 1 dieses Kapitels gegebene Definition der Zahl so, daß die Seite 62 eingeführten zwei zusammengehörigen Definitionsfolgen statt der verwendeten rationalen nunmehr beliebige reelle Zahlen, also auch Irrationalzahlen, enthalten dürfen. Demnach seien

$$\begin{Bmatrix} \alpha_1, & \alpha_2, & \alpha_3, & \dots, & \alpha_n, & \dots \\ \alpha_1', & \alpha_2', & \alpha_3', & \dots, & \alpha_n', & \dots \end{Bmatrix}$$

zwei unendliche Folgen beliebiger reeller Zahlen, die den folgenden vier Bedingungen B_1) bis B_4) genügen sollen:

B_1). Für jedes ganzzahlige n soll $\alpha_{n+1} \geqq \alpha_n$ sein.

B_2). Für jedes ganzzahlige n soll $\alpha_{n+1}' \leqq \alpha_n'$ sein.

B_3). Für jedes ganzzahlige n soll $\alpha_n' \geqq \alpha_n$ sein.

---

[1] Gleiches gilt auch, wenn für die m abzählbaren Mengen eine unendliche abzählbare Menge von abzählbaren Mengen tritt, wie aus dem gegebenen Beweise hervorgeht.

B_4). Ist ε irgend eine beliebig gewählte positive Zahl, so soll zu jedem ε eine derartige ganze positive Zahl k gefunden werden können (k hängt von ε ab), daß die unendlich vielen Ungleichungen $\alpha'_{k+\sigma} - \alpha_{k+\sigma} < \varepsilon$ bestehen, wobei σ jeden der Werte 0, 1, 2, 3, ... annimmt. Die vierte Bedingung läßt sich auch so ausdrücken: Mit einem gewissen k beginnend, soll die Differenz $\alpha_k' - \alpha_k$ unter jeden noch so kleinen Betrag sinken oder, wie man sagt, mit unendlich wachsendem k unendlich klein werden.

Zwei durch die vier Bedingungen B_1) bis B_4) miteinander zusammenhängende Folgen irgendwelcher reeller Zahlen:

$$\begin{Bmatrix} \alpha_1, & \alpha_2, & \alpha_3, & \ldots, & \alpha_n, & \ldots \\ \alpha_1', & \alpha_2', & \alpha_3', & \ldots, & \alpha_n', & \ldots \end{Bmatrix}$$

nennen wir in Erweiterung der in § 1 gegebenen Definition zwei zusammengehörige Definitionsfolgen und fassen sie durch ein Zeichen zusammen, indem wir setzen:

$$A = \begin{pmatrix} \alpha_1, & \alpha_2, & \ldots, & \alpha_n, & \ldots \\ \alpha_1', & \alpha_2', & \ldots, & \alpha_n', & \ldots \end{pmatrix} = \begin{pmatrix} \alpha_n \\ \alpha_n' \end{pmatrix};$$

wir sagen: A wird durch die zwei zusammengehörigen Definitionsfolgen definiert oder bestimmt. Von den Zahlen α_n sagen wir: sie bilden die erste oder aufsteigende Definitionsfolge; von den Zahlen α_n' sagen wir: sie bilden die zweite oder absteigende Definitionsfolge. Wir nennen A zunächst eine Zahl zweiter Ordnung. Da die Zahlen $\alpha_1, \alpha_2, \ldots, \alpha_n, \ldots$ und $\alpha_1', \alpha_2', \ldots, \alpha_n', \ldots$, die zur Definition von A verwendet wurden, auch im besonderen rationale Zahlen sein können, so enthalten die nun eingeführten Zahlen A zweiter Ordnung die früher in § 1 eingeführten Zahlen als Spezialfall. Zahlen, deren Definitionsfolgen ausnahmslos rationale Zahlen enthalten, sollen in diesem Paragraphen als Zahlen erster Ordnung bezeichnet werden. Unser Ergebnis wird sein, daß durch die Einführung der Zahlen zweiter Ordnung keine Erweiterung des Zahlbegriffes entsteht und daß es also nicht nötig ist, zwischen Zahlen erster und zweiter Ordnung zu unterscheiden.

Für die Zahlen zweiter Ordnung lassen sich zunächst die Hilfssätze des § 2 aufstellen, indem man in diesen statt Zahlen erster Ordnung solche zweiter Ordnung und statt rationaler Zahlen Zahlen erster Ordnung verwendet. Für die Zahlen zweiter Ordnung als neu eingeführte Gebilde sind die Begriffe der Gleichheit, der Addition und der Multiplikation ebenfalls neu zu definieren; dies geschieht durch die nämlichen Definitionen, wie sie in § 3 für Zahlen erster Ordnung verwendet wurden. Wir begnügen uns damit, die Definition der Gleichheit hier explizit anzugeben:

Definition I. Zwei Zahlen $A = \begin{pmatrix} \alpha_n \\ \alpha_n' \end{pmatrix}$ und $B = \begin{pmatrix} \beta_n \\ \beta_n' \end{pmatrix}$ sollen dann und nur dann gleich heißen, $A = B$, wenn die zweifach unendlich vielen Ungleichungen $\alpha_n \leqq \beta_n'$ und $\beta_n \leqq \alpha_n'$ zwischen den sie definierenden Zahlen erfüllt sind, wobei n jeden der Werte 1, 2, 3, ... zu durchlaufen hat.

Von dieser Definition zeigt man, ähnlich wie in § 3 auf S. 69—71, daß sie die an die Gleichheitsdefinition zu stellenden Forderungen G_1) bis G_5) erfüllt und daher eine wirklich zulässige Definition für die Gleichheit ist.

Geht man die Definitionen und Sätze der § 3—7 durch, so überzeugt man sich, daß diese sich auch auf die Zahlen, deren Definitionsfolgen beliebige reelle Zahlen enthalten, ausdehnen lassen. Hiervon Gebrauch machend, verwenden wir Satz I auf Seite 73 zur Herleitung des

Satzes I. Eine Zahl $A = \begin{pmatrix} \alpha_1, & \alpha_2, & \ldots, & \alpha_n, & \ldots \\ \alpha_1', & \alpha_2', & \ldots, & \alpha_n', & \ldots \end{pmatrix}$ zweiter Ordnung (d. h. eine solche, bei der die Definitionsfolgen auch irrationale Zahlen enthalten können) ist stets gleich einer Zahl erster Ordnung (d. h. einer solchen, bei der die Definitionsfolgen ausnahmslos rationale Zahlen enthalten).

Beim Beweise des Satzes I unterscheiden wir zwei Fälle: a) Jede der zwei zur Definition von $A = \begin{pmatrix} \alpha_1, & \alpha_2, & \ldots, & \alpha_n, & \ldots \\ \alpha_1', & \alpha_2', & \ldots, & \alpha_n', & \ldots \end{pmatrix}$ verwendeten zusammengehörigen Definitionsfolgen enthält unendlich viele zueinander ungleiche Zahlen; b) wenigstens eine der zwei zur Definition von A verwendeten zusammengehörigen Definitionsfolgen enthält nur eine endliche Anzahl zueinander ungleicher Zahlen.

Im Falle a) kann man der Untersuchung eine Zahl

$$A = \begin{pmatrix} \alpha_1, & \alpha_2, & \ldots, & \alpha_n, & \ldots \\ \alpha_1', & \alpha_2', & \ldots, & \alpha_n', & \ldots \end{pmatrix}$$

zugrunde legen, bei der die Bedingungen B_1) und B_2) folgende Form annehmen: Für jedes n soll stets

(1) $$\alpha_n < \alpha_{n+1} \quad \text{(also niemals} \quad \alpha_n = \alpha_{n+1})$$

und

(2) $$\alpha_n' > \alpha_{n+1}' \quad \text{(also niemals} \quad \alpha_n' = \alpha_{n+1}')$$

sein. Sollte die ursprünglich vorgelegte Zahl nicht so beschaffen sein, so kann man auf Grund des erwähnten Satzes I auf S. 73 sowohl in der aufsteigenden als auch in der absteigenden Definitionsfolge alle zueinander gleichen Zahlen streichen; alsdann bleiben, da wir den Fall a) vor uns haben, in beiden Definitionsfolgen noch unendlich viele Zahlen übrig. Diese definieren eine zu der ursprünglichen Zahl gleiche Zahl, bei der die Ungleichungen (1) und (2) erfüllt sind. Man kann also im Fall a) das Bestehen der Ungleichungen (1) und (2) voraussetzen.

Finden die Ungleichungen (1) und (2) statt, so kann man nach dem Satz I auf Seite 148 für alle ganzzahligen positiven Werte n zwei Systeme rationaler Zahlen r_n und r_n' finden, so daß stets $\alpha_n < r_n < \alpha_{n+1}$ und $\alpha_n' > r_n' > \alpha_{n+1}'$ ist. Aus den Ungleichungen $\alpha_1 < r_1 < \alpha_2 < r_2 < \alpha_3 < r_3 < \ldots$ sieht man, daß die Zahlen $r_1, r_2, r_3, \ldots$ eine aufsteigende Folge rationaler Zahlen bilden. Ferner ergibt sich aus den Ungleichungen $\alpha_1' > r_1' > \alpha_2' > r_2' > \alpha_3' > r_3' > \ldots$, daß man in den Zahlen $r_1', r_2', r_3', \ldots$ eine absteigende Folge rationaler Zahlen vor sich hat.

Da die Zahlen α_n und α_n' zwei zusammengehörigen Definitionsfolgen angehören, so ist nach B_3) $\alpha_{n+1} \leqq \alpha_{n+1}'$. Beachtet man, daß für die Zahlen r_n und r_n' nach der Art ihrer Konstruktion die Ungleichungen $r_n < \alpha_{n+1}$ und $\alpha_{n+1}' < r_n'$ bestehen, so ergibt sich $r_n < r_n'$.

Um schließlich noch zu zeigen, daß die Zahlen r_n und r_n' auch die vierte für zwei zusammengehörige Definitionsfolgen erforderliche Bedingung B_4)

befriedigen, wählen wir irgend eine positive Zahl ε. Da die Zahlen α_n und α_n' zwei zusammengehörigen Definitionsfolgen angehören, gibt es nach B_4) eine ganze positive Zahl k, so daß die Ungleichungen:

(3) $$\alpha'_{k+\sigma} - \alpha_{k+\sigma} < \varepsilon$$

bestehen, wobei σ jeden der Werte 0, 1, 2, ... annimmt. Nach der Konstruktion der Zahlen r_n und r_n' ist:

(4) $$r'_{k+\sigma} < \alpha'_{k+\sigma}$$

und $r_{k+\sigma} > \alpha_{k+\sigma}$ oder

(5) $$-r_{k+\sigma} < -\alpha_{k+\sigma}.$$

Aus (4) und (5) ergibt sich $r'_{k+\sigma} - r_{k+\sigma} < \alpha'_{k+\sigma} - \alpha_{k+\sigma}$ oder nach (3) $(r'_{k+\sigma} - r_{k+\sigma} < \varepsilon$, d. h. die Zahlen r_n und r_n' erfüllen auch die vierte für zwei zusammengehörige Definitionsfolgen erforderliche Bedingung.

Aus dem Voraufgehenden folgt, daß $\begin{pmatrix} r_n \\ r_n' \end{pmatrix}$ eine Zahl erster Ordnung ist. Aus den oben abgeleiteten Ungleichungen, $\alpha_n < r_n$ und $r_n < r_n'$ ergibt sich $\alpha_n < r_n'$; ebenso erhält man aus den Ungleichungen $r_n < r_n'$ und $r_n' < \alpha_n'$ die weitere Ungleichung $r_n < \alpha_n'$. Nach der Definition I für die Gleichheit besagen die zuletzt gewonnenen Ungleichungen, daß die Zahl $\begin{pmatrix} \alpha_n \\ \alpha_n' \end{pmatrix}$ zweiter Ordnung gleich der Zahl $\begin{pmatrix} r_n \\ r_n' \end{pmatrix}$ erster Ordnung ist. Hiermit ist unser Satz für den Fall a) bewiesen.

Im Falle b) können wir die der Betrachtung zugrunde liegende Zahl zweiter Ordnung entweder in der Form $\begin{pmatrix} \alpha, & \alpha, & \ldots, & \alpha, & \ldots \\ \alpha_1', & \alpha_2', & \ldots, & \alpha_n', & \ldots \end{pmatrix}$ oder in der Form $\begin{pmatrix} \alpha_1, & \alpha_2, & \ldots, & \alpha_n, & \ldots \\ \alpha', & \alpha', & \ldots, & \alpha', & \ldots \end{pmatrix}$ annehmen, so daß entweder in der ersten oder in der zweiten Definitionsfolge ausnahmslos die nämliche Zahl steht; denn auf Grund des auch im Fall a) verwendeten Satzes I auf S. 73 kann man die in endlicher Anzahl vorhandenen zueinander ungleichen Zahlen, die eine der zwei Definitionsfolgen enthält, einfach streichen. Wir nehmen an, daß die erste Definitionsfolge lauter gleiche Zahlen enthalte. Nach der Bedingung B_3) gilt für die der Betrachtung zugrunde liegende Zahl $\begin{pmatrix} \alpha, & \alpha, & \ldots, & \alpha, & \ldots \\ \alpha_1', & \alpha_2', & \ldots, & \alpha_n', & \ldots \end{pmatrix}$ die Ungleichung $\alpha \leqq \alpha_n'$. Die Zahl α als Zahl erster Ordnung läßt sich durch zwei Definitionsfolgen $\alpha = \begin{pmatrix} r_n \\ r_n' \end{pmatrix}$ geben, wobei r_n und r_n' ausnahmslos rationale Zahlen bedeuten. Nach Satz I auf S. 82 ist

(6) $$r_n \leqq \alpha$$

und

(6′) $$\alpha \leqq r_n'.$$

Aus (6) und $\alpha \leqq \alpha_n'$ folgt $r_n \leqq \alpha_n'$. Das zuletzt gewonnene System von Ungleichungen im Verein mit (6′) besagt aber, daß die vorgelegte Zahl gleich einer Zahl $\begin{pmatrix} r_n \\ r_n' \end{pmatrix}$ erster Ordnung ist, wie bewiesen werden sollte.

Sollte die zweite statt der ersten Definitionsfolge lauter zueinander gleiche Zahlen enthalten, sollte man es also mit der Zahl $\begin{pmatrix}\alpha_1, \alpha_2, \ldots, \alpha_n, \ldots\\ \alpha', \alpha', \ldots, \alpha', \ldots\end{pmatrix}$ zu tun haben, so ist der Beweis ähnlich, indem man nur α' statt α verwendet. Hiermit ist der ausgesprochene Satz auch im Falle b) und damit allgemein bewiesen.

Wir werden zwar vielfach mit Zahlen operieren, deren Definitionsfolgen beliebige reelle Zahlen enthalten; unser Satz I besagt, daß sie nur scheinbar allgemeineren Charakter haben, da sie stets durch ihnen gleiche ersetzbar sind, deren Definitionsfolgen ausnahmslos rationale Zahlen enthalten.

§ 14.

Rationale Operationen bei reellen Zahlen.

Wir haben an den reellen Zahlen außer der Ersetzung einer Zahl α durch eine ihr gleiche folgende Operationen auszuführen gelernt:

1. Bildung der Summe $\alpha + \beta$ zweier Zahlen α und β.
2. Bildung des Produktes $\alpha \cdot \beta$ zweier Zahlen α und β.
3. Bildung der entgegengesetzten Zahl $-\alpha$ aus α.
4. Bildung der reziproken Zahl $\frac{1}{\alpha}$ aus α, falls $\alpha \neq 0$.

Diese vier Operationen bezeichnet man als die Fundamentaloperationen. $\alpha, \beta, \gamma, \ldots, \lambda$ seien endlich viele reelle Zahlen. Wendet man auf diese oder auf zu ihnen gleiche Zahlen die Fundamentaloperationen eine endliche Anzahl p-mal an und gewinnt hierdurch einen Ausdruck $F(\alpha, \beta, \gamma, \ldots, \lambda)$, so bezeichnet man diesen als eine rationale Funktion der Zahlen $\alpha, \beta, \gamma, \ldots, \lambda$ und sagt: der Ausdruck geht durch rationale Operationen aus $\alpha, \beta, \gamma, \ldots, \lambda$ hervor. Der Ausdruck $F(\alpha, \beta, \gamma, \ldots, \lambda)$ heißt demnach eine rationale Funktion der Zahlen $\alpha, \beta, \gamma, \ldots, \lambda$, wenn er aus ihnen oder zu ihnen gleichen Zahlen durch eine endliche Anzahl von Additionen, Subtraktionen, Multiplikationen und Divisionen (wobei die Division durch Null ausgeschlossen ist) hervorgeht. Eine rationale Funktion $F(\alpha, \beta, \gamma, \ldots, \lambda)$ heißt im besonderen eine ganze rationale Funktion, wenn zu ihrer Bildung die vierte Fundamentaloperation nicht angewendet zu werden braucht. Eine ganze rationale Funktion $F(\alpha, \beta, \gamma, \ldots, \lambda)$ entsteht also aus den Zahlen $\alpha, \beta, \gamma, \ldots, \lambda$, wenn sie aus ihnen oder zu ihnen gleichen durch eine endliche Anzahl von Additionen, Subtraktionen und Multiplikationen hervorgeht.

Sind $\alpha = \begin{pmatrix}a_n\\ a_n'\end{pmatrix}$, $\beta = \begin{pmatrix}b_n\\ b_n'\end{pmatrix}$, $\ldots$, $\lambda = \begin{pmatrix}l_n\\ l_n'\end{pmatrix}$ jeweils durch zusammengehörige Definitionsfolgen rationaler Zahlen definiert, so läßt sich die Berechnung jeder rationalen Funktion $F(\alpha, \beta, \gamma, \ldots, \lambda)$ durch wiederholte Anwendung der Sätze des § 3 und § 5 ausführen und liefert $F(\alpha, \beta, \gamma, \ldots, \lambda) = \begin{pmatrix}r_n\\ r_n'\end{pmatrix}$, wobei sich die Zahlen r_n und r_n' der zwei zusammengehörigen Definitionsfolgen aus den rationalen Zahlen $a_n, a_n', b_n, b_n', \ldots, l_n, l_n'$ und zwar als rationale Zahlen bestimmen lassen. Ist ε eine beliebig vorgegebene positive Zahl, so kann man nach B_4) auf Seite 62 stets einen Index k finden, so daß $r_k' - r_k < \varepsilon$ ist. Da nach Satz I auf Seite 82 $r_k \leqq F(\alpha, \beta, \gamma, \ldots, \lambda) \leqq r_k'$, so ist $F(\alpha, \beta, \gamma, \ldots, \lambda)$ mit beliebig vorgegebener Genauigkeit ε durch rationale Zahlen ersetzbar; es ist $r_k' - F(\alpha, \beta, \gamma, \ldots, \lambda) < \varepsilon$ und $F(\alpha, \beta, \gamma, \ldots, \lambda) - r_k < \varepsilon$. Die Bestimmung von r_k und r_k' erfordert nur die Kenntnis der rationalen Zahlen a_k, a_k', b_k, b_k', ..., l_k, l_k'. Die Berechnung einer rationalen Funktion $F(\alpha, \beta, \gamma, \ldots, \lambda)$, wobei $\alpha, \beta, \gamma, \ldots, \lambda$ irrational sind, läßt sich demnach mit beliebiger Genauigkeit mittels rationaler Zahlen durchführen.

Sei z. B. $\alpha = \binom{a_n}{a_n'}$, $\beta = \binom{b_n}{b_n'}$, $\gamma = \binom{c_n}{c_n'}$ und $\delta = \binom{d_n}{d_n'}$; hat man dann die rationale Funktion $\frac{\gamma}{\delta}(\alpha - \beta)$ zu bilden, so wird nach § 3 und § 5:

$$\alpha - \beta = \begin{pmatrix} a_n - b_n' \\ a_n' - b_n \end{pmatrix}, \quad \gamma(\alpha - \beta) = \begin{pmatrix} c_n(a_n - b_n') \\ c_n'(a_n' - b_n) \end{pmatrix},$$

$$\frac{1}{\delta} = \begin{pmatrix} \frac{1}{d_n'} \\ \frac{1}{d_n} \end{pmatrix}, \quad \frac{\gamma(\alpha - \beta)}{\delta} = \begin{pmatrix} \frac{c_n}{d_n'}(a_n - b_n') \\ \frac{c_n'}{d_n}(a_n' - b_n) \end{pmatrix},$$

also

$$r_n = \frac{c_n}{d_n'}(a_n - b_n'), \quad r_n' = \frac{c_n'}{d_n}(a_n' - b_n).[1]$$

Die für die zusammengehörigen Definitionsfolgen in $F(\alpha, \beta, \gamma, \ldots, \lambda)$ verwendeten Zahlen r_n und r_n' sind stets in gleicher Weise aus rationalen Zahlen gebildet wie $F(\alpha, \beta, \gamma, \ldots, \lambda)$ aus den irrationalen Zahlen $\alpha, \beta, \gamma, \ldots, \lambda$. Für das Ergebnis der einzelnen Fundamentaloperation ist dies nach der Definition in § 3 und § 5 unmittelbar ersichtlich, und $F(\alpha, \beta, \gamma, \ldots, \lambda)$ wird ja nur durch wiederholte Anwendung von Fundamentaloperationen erhalten.

Aus der obigen Bemerkung folgt: Verschwindet eine rationale Funktion $\varphi(x_1, x_2, x_3, \ldots, x_q)$ von den Größen $x_1, x_2, x_3, \ldots, x_q$ für alle rationalen Werte von $x_1, x_2, x_3, \ldots, x_q$, so verschwindet sie auch für jedes System $\alpha, \beta, \gamma, \ldots, \lambda$ irrationaler Zahlen.

Angenommen, es gebe irgend ein System reeller Zahlen $\alpha, \beta, \gamma, \ldots, \lambda$, so daß $\varphi(\alpha, \beta, \gamma, \ldots, \lambda) \neq 0$ würde. Es sei z. B. $\varphi(\alpha, \beta, \gamma, \ldots, \lambda) = \tau$, wobei τ eine positive Zahl bedeutet.[2] Alsdann kann man, wie oben gezeigt, Zahlen r_n und r_n' $(n = 1, 2, \ldots)$ finden, die ebenso aus rationalen Zahlen wie $\varphi(\alpha, \beta, \gamma, \ldots, \lambda)$ aus irrationalen Zahlen gebildet sind, und es ist

$$r_n \leqq \varphi(\alpha, \beta, \gamma, \ldots, \lambda) \leqq r_n'.$$

[1] In diesem Beispiel haben wir $\alpha, \beta, \gamma, \delta$ und $\alpha - \beta$ positiv und durch Definitionsfolgen mit ausnahmslos positiven Elementen gegeben vorausgesetzt. Allgemein ist nach Seite 84 bei Verwendung des absoluten Betrages

$$\frac{\gamma(\alpha - \beta)}{\delta} = \pm \frac{|\gamma| \cdot |\alpha - \beta|}{|\delta|} = \pm \binom{r_n}{r_n'} \text{ gleich } \binom{r_n}{r_n'} \text{ oder gleich } \binom{-r_n'}{-r_n},$$

wobei r_n und r_n' aus den Zahlen der Definitionsfolgen von $\frac{|\gamma| \cdot |\alpha - \beta|}{|\delta|}$ zu bestimmen sind.

[2] Der Fall, daß τ negativ ist, erledigt sich durch Betrachtung von $-\varphi(\alpha, \beta, \gamma, \ldots, \lambda) = -\tau$ in der nämlichen Weise.

Da $\varphi(\alpha, \beta, \gamma, \ldots, \lambda) = \tau$, so wird $\tau \leqq r_n'$. Nun ist nach der oben gemachten Bemerkung r_n' von der Form $\varphi(c_1, c_2, c_3, \ldots, c_q)$, wobei $c_1, c_2, c_3, \ldots, c_q$ gewisse rationale Zahlen bedeuten. Die Beziehung $\tau \leqq \varphi(c_1, c_2, c_3, \ldots, c_q)$ ist aber nach Voraussetzung unmöglich, da $\varphi(x_1, x_2, x_3, \ldots, x_q)$ für alle rationalen Zahlen verschwinden soll. Mithin muß $\tau = 0$ sein.

Drittes Kapitel.

Abstrakte Theorie der reellen Zahlen.[1]

§ 1.

Die iterierten Gruppenelemente. Die Wurzelgruppe und einige für sie gültige Sätze.

Die folgenden Betrachtungen, die uns auch noch später für die Einführung der Potenz nützlich sein werden, knüpfen an den § 6 des ersten Kapitels an. $\mathfrak{G}$ sei irgend eine Gruppe, d. h. ein System von Elementen, die in gleiche und ungleiche zerfallen und durch eine Verknüpfungsregel $\circ$ miteinander komponiert werden. Von den Elementen und den Zeichen $=$ und $\circ$, die als Grundbegriffe gelten und nicht definiert werden, sei nichts weiter bekannt, als daß sie den fünf Gleichheitspostulaten $G_1)$ bis $G_5)$ und den vier Gruppenpostulaten $Gr_1)$ bis $Gr_4)$ auf Seite 25 genügen. Alsdann können wir aus jedem Element A von $\mathfrak{G}$ weitere der Gruppe $\mathfrak{G}$ angehörige Elemente ableiten, die wir als **durch Iteration aus A hervorgegangen** bezeichnen. Diese Elemente definieren wir auf folgende Weise: Aus A bilden wir das Element $A \circ A$, das wir mit $A^{(2)}$ bezeichnen; auf gleiche Weise, wie $A^{(2)}$ aus A gewonnen wurde, leiten wir aus $A^{(2)}$ das Element $A^{(2)} \circ A = (A \circ A) \circ A$ ab, das wir mit $A^{(3)}$ bezeichnen; ferner bilden wir das Element $A^{(3)} \circ A = ((A \circ A) \circ A) \circ A$, das wir mit $A^{(4)}$ bezeichnen, usw.

Das Element A selbst soll auch mit $A^{(1)}$ bezeichnet werden.

Alle aus dem Gruppenelement A derart abgeleiteten Elemente $A^{(2)}, A^{(3)}, A^{(4)}, \ldots$ gehören auf Grund des Gruppenpostulats $Gr_1)$ der Gruppe $\mathfrak{G}$ an und nach Satz VIII auf Seite 31 können auch in den oben für $A^{(2)}, A^{(3)}, A^{(4)}, \ldots$ aufgestellten Ausdrücken $A \circ A$, $A \circ A \circ A$, $A \circ A \circ A \circ A$, ... die Klammern fortbleiben.

---

[1] Als Literatur für die in diesem Kapitel behandelten Fragen seien noch außer den schon Seite 33 genannten Arbeiten hervorgehoben: O. Hölder, Berichte über die Verhandlungen der königl. sächsischen Gesellschaft der Wiss. **53**, 1 (1901), D. Hilbert, Grundlagen der Geometrie, 3. Aufl. Leipzig 1909, E. V. Huntington in Monographs on topics of modern mathematics relevant to the elementary field by J. W. A. Young, New York 1911, the fundamental propositions of algebra (erst während der Drucklegung erschienen), vgl. auch E. Steinitz, Journ. f. d. r. u. ang. Math. **137**, 167 (1910).

$\mathfrak{G}$ enthält als Gruppe (vgl. S. 29 und 30) neben jedem Gruppenelement A auch ein inverses Gruppenelement; dieses sei mit $A^{(-1)}$ bezeichnet. Demnach definieren wir: Unter $A^{(-1)}$ soll ein zu dem Gruppenelement A inverses Gruppenelement verstanden werden, also $A^{(-1)} \circ A = A \circ A^{(-1)} = E$, wobei E ein neutrales Element der Gruppe ist.

Wie wir aus A die Elemente $A^{(2)}, A^{(3)}, A^{(4)}, \ldots$ bildeten, so leiten wir aus $A^{(-1)}$ die Elemente $A^{(-2)}, A^{(-3)}, A^{(-4)}, \ldots$ ab, indem wir definieren:

$$A^{(-2)} = A^{(-1)} \circ A^{(-1)}, \quad A^{(-3)} = A^{(-2)} \circ A^{(-1)}, \quad A^{(-4)} = A^{(-3)} \circ A^{(-1)} \quad \text{usw.}$$

Alle diese Elemente gehören auf Grund des Postulates Gr_1) der Gruppe $\mathfrak{G}$ an.

Wir definieren schließlich noch: Unter $A^{(0)}$ soll stets ein dem neutralen Element E der Gruppe $\mathfrak{G}$ gleiches Element verstanden werden.

Auf diese Weise erhalten wir die Folge

$$(\mathfrak{F}) \quad \ldots, \quad A^{(-3)}, \quad A^{(-2)}, \quad A^{(-1)}, \quad A^{(0)}, \quad A^{(1)}, \quad A^{(2)}, \quad A^{(3)}, \quad \ldots$$

von Elementen, die sämtlich $\mathfrak{G}$ angehören.

Die Erzeugung dieser Folge $\mathfrak{F}$ läßt sich einfach folgendermaßen beschreiben: Aus jedem Element von $\mathfrak{F}$ geht durch Komposition mit A das ihm unmittelbar folgende Element hervor. In der Tat sind die Elemente

$$A^{(2)} = A^{(1)} \circ A, \quad A^{(3)} = A^{(2)} \circ A, \quad A^{(4)} = A^{(3)} \circ A \quad \text{usw.}$$

oben so definiert worden. Desgleichen folgt auf Grund der Definitionen

$$A^{(1)} = E \circ A = A^{(0)} \circ A, \quad A^{(0)} = E = A^{(-1)} \circ A.$$

Weiter war nach Definition

$$A^{(-1)} \circ A^{(-1)} = A^{(-2)}, \quad A^{(-2)} \circ A^{(-1)} = A^{(-3)}, \quad A^{(-3)} \circ A^{(-1)} = A^{(-4)} \quad \text{usw.}$$

Komponiert man jede der zuletzt hingeschriebenen Relationen mit A und beachtet dabei, daß $A^{(-1)} \circ A = E$ ist, so erhält man tatsächlich, wie es unser Satz behauptet:

$$A^{(-1)} = A^{(-2)} \circ A, \quad A^{(-2)} = A^{(-3)} \circ A, \quad A^{(-3)} = A^{(-4)} \circ A \quad \text{usw.}$$

Die Folge $\mathfrak{F}$ kann auch untereinander gleiche Elemente enthalten, wie das folgende Beispiel zeigt: Wir betrachten die s ersten ganzen positiven Zahlen $1, 2, \ldots, s$. Als Komposition zweier Zahlen werde die gewöhnliche Addition erklärt, wobei aber, wenn die Summe $> s$ ausfällt, der sich bei der Division der Summe durch s ergebende Rest genommen werden soll. Auf diese Weise entsteht eine kommutative endliche Gruppe mit dem neutralen Element s. Wählt man für das Element A die Zahl 1, so wird die Folge $\mathfrak{F}$ von der Form:

$$\ldots, \quad 1, 2, \ldots, \quad s, 1, 2, \ldots, \quad s, 1, 2, \ldots, \quad s, \ldots$$

Dies ist ein System vom Typus $\mathfrak{N}_4'$ auf Seite 7.

Fordern wir außer den vier Gruppenpostulaten noch weiter, daß die Folge $\mathfrak{F}$ niemals zwei übereinstimmende Elemente enthalten soll, so erfüllt $\mathfrak{F}$

alle Postulate, die wir demjenigen System $\mathfrak{N}'$ auf Seite 6 auferlegten, das uns auf die vollständige Zahlenreihe führte:

1. $\mathfrak{F}$ enthält wenigstens ein Element, nämlich das Ausgangselement $A^{(1)} = A$.

2. Jedes der Folge $\mathfrak{F}$ angehörige Element bestimmt in eindeutiger Weise ein weiteres, ebenfalls $\mathfrak{F}$ angehöriges Element; man erhält das neue Element, indem man das alte mit A komponiert.

3. Jedes der Folge $\mathfrak{F}$ angehörige Element geht aus einem und nur einem Element von $\mathfrak{F}$ durch Komposition mit A hervor.

4. Ist X ein beliebiges Element aus $\mathfrak{F}$, so stimmt X mit keinem Element überein, das aus ihm durch Komposition mit A sukzessiv gewonnen wird.

5. Die Folge $\mathfrak{F}$ enthält nur die durch die Bedingungen 1—3 geforderten Elemente und sonst keine weiteren.

Da $\mathfrak{F}$ die für das System $\mathfrak{N}'$ in Frage kommenden fünf Postulate erfüllt, haben wir die Bezeichnung der Elemente von $\mathfrak{F}$ an diejenige der vollständigen Zahlenreihe angelehnt. Wir könnten die Eigenschaften der vollständigen Zahlenreihe aus dem Studium der Folge $\mathfrak{F}$ gewinnen, indem wir A mit 1 bezeichnen und die unbestimmte Operation $\circ$ als die gewöhnliche Addition der Zahlen interpretieren. Da wir mit den Eigenschaften der ganzen Zahlen bereits vertraut sind, wollen wir nicht so verfahren, sondern diese und das Rechnen mit ihnen als bekannt voraussetzen. Für die Folge $\mathfrak{F}$ nehmen wir nur die Gruppenpostulate Gr_1) bis Gr_4) als gültig an, lassen also fürs erste auch noch zu, daß die Folge $\mathfrak{F}$ gleiche Elemente hat.

Setzt man die ganzen Zahlen und das Rechnen mit ihnen als bekannt voraus, so läßt sich die Beziehung zwischen den in $\mathfrak{F}$ enthaltenen Elementen der Gruppe durch die zwei Gleichungen:

$$A^{(1)} = A, \tag{1}$$

$$A^{(n+1)} = A^{(n)} \circ A \tag{2}$$

beschreiben, wenn man n alle ganzen positiven und negativen Zahlen einschließlich 0 durchlaufen läßt.

Wir beweisen nunmehr:

Satz I. Sind q und q_1 beliebige ganze Zahlen und ist A irgend ein Element der Gruppe $\mathfrak{G}$, so ist stets:

$$A^{(q)} \circ A^{(q_1)} = A^{(q+q_1)}. \tag{3}$$

Da $A^{(0)} = E$, so gilt die Gleichung (3) offenbar für beliebige ganzzahlige q, falls $q_1 = 0$ ist. Die Relation (3) möge ferner nach Annahme für irgend eine ganze Zahl $q_1 = k$ richtig sein; es sei also:

$$A^{(q)} \circ A^{(k)} = A^{(q+k)}. \tag{3'}$$

Hieraus folgt

$$(A^{(q)} \circ A^{(k)}) \circ A = A^{(q+k)} \circ A$$

oder unter Beachtung des Gruppenpostulates Gr_2) und der Gleichung (2):

$$A^{(q)} \circ A^{(k+1)} = A^{(q+k+1)}.$$

Gilt also die Gleichung (3) für irgend eine Zahl $q_1 = k$, so trifft sie auch noch für $q_1 = k + 1$ zu.

Nach Gleichung (2) ist $A^{(k)} = A^{(k-1)} \circ A$ und $A^{(q+k)} = A^{(q+k-1)} \circ A$. Mithin folgt aus (3'), daß

$$A^{(q)} \circ A^{(k-1)} \circ A = A^{(q+k-1)} \circ A$$

ist, und nach Satz V auf Seite 30 ergibt sich hieraus, daß

$$A^{(q)} \circ A^{(k-1)} = A^{(q+k-1)}$$

ist. Die letzte Relation besagt, daß, wenn die Gleichung (3) für irgend eine ganze Zahl $q_1 = k$ gilt, sie auch stets für $q_1 = k - 1$ zutrifft. Mithin ist die Gleichung (3) auf Grund des Satzes der erweiterten vollständigen Induktion für beliebige ganze Zahlen q und q_1 als gültig erwiesen.

Satz II. Sind q und q_1 beliebige ganze Zahlen und ist A irgend ein Element der Gruppe $\mathfrak{G}$, so ist stets:

$$(4) \qquad (A^{(q)})^{(q_1)} = A^{(q q_1)}.$$

Die Gleichung (4) ist offenbar für beliebige ganzzahlige q richtig, falls $q_1 = 0$ ist: denn sowohl $(A^{(q)})^{(0)}$ als auch $A^{(0)}$ sind gleich E. Wir nehmen an, daß die Gleichung (4) für beliebige q und für $q_1 = k$ zutreffe, daß man also die Relation $(A^{(q)})^{(k)} = A^{(q k)}$ habe. Hieraus folgt

$$(A^{(q)})^{(k)} \circ A^{(q)} = A^{(q k)} \circ A^{(q)}$$

oder, wenn man links die Gleichung (2) und rechts die Gleichung (3) anwendet,

$$(A^{(q)})^{(k+1)} = A^{(q k + q)}.$$

Da $q k + q = q(k + 1)$ ist, so ergibt sich:

$$(A^{(q)})^{(k+1)} = A^{(q(k+1))}.$$

Trifft also die Gleichung (4) für irgend eine Zahl $q_1 = k$ zu, so gilt sie auch immer noch für $q_1 = k + 1$. Da die Gleichung (4) für $q_1 = 0$ zutrifft, so gilt sie nach dem Satz der vollständigen Induktion für jede ganze positive Zahl q_1.

Um die Gültigkeit der Gleichung (4) für negative ganzzahlige q_1 zu zeigen, beachte man, daß nach (3) für jedes ganzzahlige n:

$$A^{(-n)} \circ A^{(n)} = A^{(-n+n)} = A^{(0)} = E$$

ist. $A^{(n)}$ und $A^{(-n)}$ sind also inverse Gruppenelemente. Sei nun $q_1 = - q_1'$, wobei q_1' eine ganze positive Zahl bedeute. Für positive q_1' ist schon gezeigt, daß $(A^{(q)})^{(q_1')} = A^{(q q_1')}$ ist. Nun sind $(A^{(q)})^{(-q_1')}$ und $A^{(-q q_1')}$ inverse Gruppenelemente von $(A^{(q)})^{(q_1')}$ und $A^{(q q_1')}$; hieraus folgt nach Satz III_1 auf Seite 30, daß $(A^{(q)})^{(-q_1')} = A^{(-q q_1')}$ ist. Mithin ist die Gleichung (4) auch für alle negativen ganzzahligen q_1 richtig, und Satz II ist allgemein bewiesen.

Bei den Beweisen der Sätze I und II wurde nur die Gültigkeit der vier Gruppenpostulate Gr_1) bis Gr_4) vorausgesetzt. Wir verlangen nunmehr noch weiter, daß $\mathfrak{G}$ eine kommutative Gruppe sei, d. h. daß für $\mathfrak{G}$ das Postulat gelte:

C). Sind A und B irgend zwei Elemente der Gruppe $\mathfrak{G}$, so soll stets $A \circ B = B \circ A$ sein.

Unter den kommutativen Gruppen betrachten wir nur diejenigen, die auch noch den zwei weiteren Postulaten genügen:

Gr_5). Ist $\mathfrak{G}$ eine kommutative Gruppe und m eine beliebige ganze positive Zahl, so soll die Gleichung $X^{(m)} = E$, wobei E das neutrale Element der Gruppe bedeutet, stets nur durch $X = E$ und kein zu E ungleiches Element aus $\mathfrak{G}$ befriedigt werden.

Gr_6). Ist m eine beliebige ganze positive Zahl und A ein beliebiges Element der kommutativen Gruppe $\mathfrak{G}$, so soll für jedes Element A aus $\mathfrak{G}$ die Gleichung $X^{(m)} = A$ mindestens durch ein Element X aus $\mathfrak{G}$ befriedigt werden.

Daß es kommutative Gruppen gibt, die dem Postulat Gr_5), aber nicht Gr_6) genügen, lehrt die Gesamtheit der ganzen positiven und negativen Zahlen einschließlich 0, wenn ihre gewöhnliche Addition als Komposition erklärt wird.

Die Existenz kommutativer Gruppen, die dem Postulat Gr_6), aber nicht Gr_5) genügen, zeigt die Gesamtheit aller reellen positiven Zahlen, die gleich oder kleiner als eine vorgegebene positive Zahl s sind. Als Komposition zweier beliebiger reeller Zahlen werde ihre gewöhnliche Addition erklärt, wobei aber, wenn die Summe $> s$ ausfällt, der bei der Division durch s sich ergebende Rest zu nehmen ist. Neutrales Element der Gruppe ist die Zahl s. Die Relation $X^{(m)} = s$ wird durch die ungleichen Elemente

$$\frac{s}{m}, \quad \frac{2s}{m}, \quad \ldots \quad \frac{(m-1)s}{m}, \quad s,$$

befriedigt. Zu einer Gruppe mit den hier geschilderten Eigenschaften gelangt man z. B., wenn man die Winkel addiert und sich auf positive Winkel, die nicht größer als 360° sind, beschränkt.

Eine Gruppe $\mathfrak{G}$, die außer den vier Postulaten Gr_1) bis Gr_4) auch noch das kommutative Postulat C) und die zwei Gruppenpostulate Gr_5) und Gr_6) befriedigt, soll eine kommutative Wurzelgruppe heißen, oder kürzer, da im folgenden nur solche auftreten, eine Wurzelgruppe. Für diese beweisen wir folgende Sätze, von denen Satz III außer den Gruppenpostulaten Gr_1) bis Gr_4) bloß das Postulat C) erfordert, die Sätze IV und V außerdem nur noch das Postulat Gr_5) voraussetzen, so daß das Postulat Gr_6) erst zur Herleitung des Satzes VI nötig ist.

Satz III. Sind A und B irgend zwei Elemente einer kommutativen Gruppe $\mathfrak{G}$ und ist q irgend eine ganze Zahl, so besteht die Gleichung:

$$A^{(q)} \circ B^{(q)} = (A \circ B)^{(q)}. \tag{5}$$

Für $q = 0$ ist die Gleichung (5) richtig, wie aus $A^{(0)} = E$, $B^{(0)} = E$, $(A \circ B)^{(0)} = E$ hervorgeht. Für eine ganze positive Zahl q ergibt sich die Gleichung (5) aus den Relationen: $A^{(q)} = A \circ A \circ \ldots \circ A$, $B^{(q)} = B \circ B \circ \ldots \circ B$, $(A \circ B)^{(q)} = (A \circ B) \circ (A \circ B) \circ \ldots \circ (A \circ B)$ (q-malige Komposition) nach dem Satz VIII' auf Seite 32. Für eine ganze negative Zahl $q = -q'$ erhält man aus der Relation $A^{(q')} \circ B^{(q')} = (A \circ B)^{(q')}$ durch Übergang zu den inversen Elementen nach den Sätzen III_1 und IV auf Seite 30:

$$B^{(-q')} \circ A^{(-q')} = (A \circ B)^{(-q')};$$

hieraus folgt die gewünschte Gleichung (5) auf Grund des kommutativen Postulats C).

Aus dem Postulat Gr_5) schließen wir, daß die Gleichung $X^{(m)} = E$ auch für negatives ganzzahliges m keine zu $X = E$ ungleiche Lösung besitzen kann; denn sonst würde, wie sich durch Übergang zu den inversen Elementen ergibt, das Postulat Gr_5) verletzt sein. Wir beweisen nunmehr:

Satz IV. Sind A und B irgend zwei Elemente einer Wurzelgruppe und besteht für irgend eine ganze zu Null ungleiche Zahl q die Gleichung $A^{(q)} = B^{(q)}$, so muß $A = B$ sein.

Aus $A^{(q)} = B^{(q)}$ folgt nämlich nach Satz II durch Komposition mit $B^{(-q)}$, daß $A^{(q)} \circ (B^{(-1)})^{(q)} = E$. Hieraus ergibt sich nach Satz III die Gleichung $(A \circ B^{(-1)})^{(q)} = E$ oder auf Grund von Postulat Gr_5) $A \circ B^{(-1)} = E$, d. h. $A = B$.

Satz V. Ist A irgend ein Element einer Wurzelgruppe $\mathfrak{G}$, das ungleich dem neutralen Element E ist, und bedeuten q und q_1 ganze Zahlen, so folgt aus $A^{(q)} = A^{(q_1)}$, daß $q = q_1$ ist.

Komponiert man $A^{(q)} = A^{(q_1)}$ mit $A^{(-q_1)}$, so erhält man $A^{(q-q_1)} = E$. Da A nach Voraussetzung $\neq E$ ist, so kann auf Grund des Postulats Gr_5) und der aus ihm gezogenen Folgerung nur $q - q_1 = 0$ sein, d. h., wie bewiesen werden sollte, $q = q_1$.

Gilt also für eine Gruppe $\mathfrak{G}$ der Satz V, so enthält, wenn A ungleich E gewählt ist, die Folge

$$(\mathfrak{F}) \qquad \ldots, \; A^{(-3)}, \; A^{(-2)}, \; A^{(-1)}, \; A^{(0)}, \; A^{(1)}, \; A^{(2)}, \; A^{(3)}, \; \ldots$$

keine gleichen Elemente.

Wir verwenden nunmehr auch noch das Postulat Gr_6). Zunächst schließen wir, daß die Gleichung $X^{(-m)} = A$ für jedes ganzzahlige positive m durch ein Gruppenelement X aus $\mathfrak{G}$ befriedigt werden muß. Da nämlich m eine ganze positive Zahl und $A^{(-1)}$ ein Element aus $\mathfrak{G}$ ist, so gibt es nach dem Postulat Gr_6) in $\mathfrak{G}$ ein Element X, so daß $X^{(m)} = A^{(-1)}$ ist. Aus der letzten Gleichung ergibt sich aber durch Übergang zu den inversen Elementen $X^{(-m)} = A$. Wir wollen noch zeigen, daß, wenn A ein beliebiges Element aus $\mathfrak{G}$ und p eine beliebige ganze, zu 0 ungleiche Zahl ist, in $\mathfrak{G}$ keine zwei zueinander ungleichen Elemente X und Y existieren können, so daß $X^{(p)} = A$ und $Y^{(p)} = A$ ist. Hieraus würde nämlich $X^{(p)} = Y^{(p)}$ und nach Satz IV $X = Y$ folgen. Fassen wir dies zusammen, so haben wir

Satz VI. Ist A irgend ein Element aus einer Wurzelgruppe $\mathfrak{G}$ und p irgend eine von Null verschiedene ganze Zahl, so wird die Gleichung $X^{(p)} = A$ stets durch ein Element aus $\mathfrak{G}$ und kein ihm ungleiches befriedigt.

Auf Grund des letzten Satzes definieren wir: Ist A irgend ein Element einer Wurzelgruppe $\mathfrak{G}$ und p irgend eine von 0 verschiedene ganze Zahl, so soll ein in $\mathfrak{G}$ enthaltenes Element, das der Gleichung $X^{(p)} = A$ genügt, mit $A^{\left\{\frac{1}{p}\right\}}$ bezeichnet werden. Nach Satz VI existiert für die Gleichung $X^{(p)} = A$ tatsächlich ein Element $A^{\left\{\frac{1}{p}\right\}}$ als Lösung und ferner wird diese Gleichung auch nur durch zu $A^{\left\{\frac{1}{p}\right\}}$ gleiche Elemente aus $\mathfrak{G}$ befriedigt.

Nach Definition ist

(6) $$\left(A^{\left\{\frac{1}{p}\right\}}\right)^{\langle p\rangle} = A.$$

Wir beweisen nunmehr

Satz VII. Sind p, q, p_1 und q_1 beliebige ganze Zahlen, von denen p und p_1 ungleich 0 sind, und ist $q p_1 = p q_1$, so ist

(7) $$\left(A^{\left\{\frac{1}{p}\right\}}\right)^{\langle q\rangle} = \left(A^{\left\{\frac{1}{p_1}\right\}}\right)^{\langle q_1\rangle}.$$

Nach (6) ist

$$\left(A^{\left\{\frac{1}{p}\right\}}\right)^{\langle p\rangle} = A \quad \text{und} \quad \left(A^{\left\{\frac{1}{p_1}\right\}}\right)^{\langle p_1\rangle} = A.$$

Hieraus folgt, da $q p_1 = p q_1$ ist, daß

$$\left(\left(A^{\left\{\frac{1}{p}\right\}}\right)^{\langle p\rangle}\right)^{\langle q p_1\rangle} = \left(\left(A^{\left\{\frac{1}{p_1}\right\}}\right)^{\langle p_1\rangle}\right)^{\langle p q_1\rangle}.$$

Wendet man links und rechts den Satz II an, so erhält man:

$$\left(A^{\left\{\frac{1}{p}\right\}}\right)^{\langle p q p_1\rangle} = \left(A^{\left\{\frac{1}{p_1}\right\}}\right)^{\langle p_1 p q_1\rangle}$$

und bei nochmaliger Anwendung:

$$\left(\left(A^{\left\{\frac{1}{p}\right\}}\right)^{\langle q\rangle}\right)^{\langle p p_1\rangle} = \left(\left(A^{\left\{\frac{1}{p_1}\right\}}\right)^{\langle q_1\rangle}\right)^{\langle p p_1\rangle}.$$

Aus dieser Gleichung folgt nach Satz IV die zu beweisende Relation (7).

Auf Grund von Satz VII kommen wir dazu, an die Bezeichnung der Brüche anknüpfend, $A^{\left\{\frac{q}{p}\right\}}$ einzuführen. Sind p und q beliebige ganze Zahlen, von denen $p \neq 0$ ist, so soll unter $A^{\left\{\frac{q}{p}\right\}}$ das Element $\left(A^{\left\{\frac{1}{p}\right\}}\right)^{\langle q\rangle}$ verstanden werden. Um nicht gegen die Gleichheitsdefinition bei Brüchen zu verstoßen, dürfen wir $A^{\left\{\frac{q}{p}\right\}}$ nur derart definieren, daß, wenn die Brüche $\frac{q}{p}$ und $\frac{q_1}{p_1}$ gleich sind, auch $A^{\left\{\frac{q}{p}\right\}}$ und $A^{\left\{\frac{q_1}{p_1}\right\}}$ gleich werden, z. B. dürfen $A^{\left\{\frac{3}{4}\right\}}$, $A^{\left\{\frac{6}{8}\right\}}$ und $A^{\left\{\frac{12}{16}\right\}}$ nichts Ungleiches bedeuten. Die von uns für $A^{\left\{\frac{q}{p}\right\}}$ gegebene Definition ist infolge der Gültigkeit von Satz VII tatsächlich mit der für Brüche früher gegebenen Gleichheitsdefinition auf Seite 46 in Einklang.

Aus der Definitionsgleichung

(8) $$A^{\left\{\frac{q}{p}\right\}} = \left(A^{\left\{\frac{1}{p}\right\}}\right)^{\langle q\rangle}$$

ergibt sich

$$\left(A^{\left\{\frac{q}{p}\right\}}\right)^{\langle p\rangle} = \left(\left(A^{\left\{\frac{1}{p}\right\}}\right)^{\langle q\rangle}\right)^{\langle p\rangle};$$

bei zweimaliger Anwendung des Satzes II geht die rechte Seite über in

$$\left(\left(A^{\left\{\frac{1}{p}\right\}}\right)^{\langle p\rangle}\right)^{\langle q\rangle}.$$

Auf Grund der Relation (6) erhält man schließlich die wichtige Gleichung:

$$\left(A^{\left\{\frac{q}{p}\right\}}\right)^{\langle p\rangle} = A^{\langle q\rangle}. \tag{9}$$

Setzt man $Z = A^{\left\{\frac{q}{p}\right\}}$, so ist nach Gleichung (9) $Z^{\langle p\rangle} = A^{\langle q\rangle}$. Hieraus folgt nach Satz VI und der sich anschließenden Definition, daß Z gleich

$$A^{\left\{\frac{q}{p}\right\}} = (A^{\langle q\rangle})^{\left\{\frac{1}{p}\right\}}$$

ist. Das Element $A^{\left\{\frac{q}{p}\right\}}$ wird also auch durch die Gleichung

$$A^{\left\{\frac{q}{p}\right\}} = (A^{\langle q\rangle})^{\left\{\frac{1}{p}\right\}} \tag{9'}$$

bestimmt.

Wir haben hier an die uns schon bekannte Theorie der Brüche anknüpfend die Bezeichnung $A^{\left\{\frac{q}{p}\right\}}$ eingeführt. Wir könnten aber auch aus dem Studium der Wurzelgruppe selbst zu den Brüchen gelangen. Man hätte ein Element A mit 1 zu bezeichnen und die unbestimmte Operation o als Addition zu erklären. $A^{\left\{\frac{q}{p}\right\}}$ wäre alsdann bei positivem p die Zahl, die p mal zu sich addiert, die Zahl q ergibt [vgl. Gleichung (9)]. Da wir uns mit den Brüchen bereits früher bekannt gemacht haben, führen wir sie nicht von neuem durch die Wurzelgruppen ein, sondern sehen sie und das Rechnen mit ihnen als bekannt an.

Wir erweitern nunmehr die Sätze I bis V, die wir für ganze Zahlen abgeleitet haben, so daß sie auch für Brüche gelten.

Satz I'. Sind p, q, p_1 und q_1 beliebige ganze Zahlen, p und p_1 ungleich Null, und ist A ein Element einer Wurzelgruppe $\mathfrak{G}$, so ist

$$A^{\left\{\frac{q}{p}\right\}} \circ A^{\left\{\frac{q_1}{p_1}\right\}} = A^{\left\{\frac{q}{p}+\frac{q_1}{p_1}\right\}}.$$

Nach Satz III ist

$$\begin{aligned}
\left(A^{\left\{\frac{q}{p}\right\}} \circ A^{\left\{\frac{q_1}{p_1}\right\}}\right)^{\langle p p_1\rangle} &= \left(A^{\left\{\frac{q}{p}\right\}}\right)^{\langle p p_1\rangle} \circ \left(A^{\left\{\frac{q_1}{p_1}\right\}}\right)^{\langle p p_1\rangle} \\
&= \left(\left(A^{\left\{\frac{q}{p}\right\}}\right)^{\langle p\rangle}\right)^{\langle p_1\rangle} \circ \left(\left(A^{\left\{\frac{q_1}{p_1}\right\}}\right)^{\langle p_1\rangle}\right)^{\langle p\rangle} && \text{nach Satz II,} \\
&= (A^{\langle q\rangle})^{\langle p_1\rangle} \circ (A^{\langle q_1\rangle})^{\langle p\rangle} && \text{nach Gleichung (9),} \\
&= A^{\langle q p_1 + p q_1\rangle} && \text{nach Satz II und I,} \\
&= \left(A^{\left\{\frac{q p_1 + p q_1}{p p_1}\right\}}\right)^{\langle p p_1\rangle} && \text{nach Gleichung (9).}
\end{aligned}$$

Aus der Gleichung:

$$\left(A^{\left\{\frac{q}{p}\right\}} \circ A^{\left\{\frac{q_1}{p_1}\right\}}\right)^{\langle p p_1\rangle} = \left(A^{\left\{\frac{q p_1 + p q_1}{p p_1}\right\}}\right)^{\langle p p_1\rangle}$$

folgt die zu beweisende Relation

$$A^{\left\{\frac{q}{p}\right\}} \circ A^{\left\{\frac{q_1}{p_1}\right\}} = A^{\left\{\frac{q}{p} + \frac{q_1}{p_1}\right\}} \quad \text{nach Satz IV.}$$

Wir beweisen

Satz II'. Sind p, q, p_1 und q_1 beliebige ganze Zahlen, p und p_1 ungleich 0, und ist A ein Element einer Wurzelgrupppe $\mathfrak{G}$, so ist

$$\left(A^{\left\{\frac{q}{p}\right\}}\right)^{\left\{\frac{q_1}{p_1}\right\}} = A^{\left\{\frac{q}{p} \cdot \frac{q_1}{p_1}\right\}}.$$

Es ist

$$\left(\left(A^{\left\{\frac{q}{p}\right\}}\right)^{\left\{\frac{q_1}{p_1}\right\}}\right)^{\langle p p_1\rangle} = \left(\left(\left(A^{\left\{\frac{q}{p}\right\}}\right)^{\left\{\frac{q_1}{p_1}\right\}}\right)^{\langle p_1\rangle}\right)^{\langle p\rangle} \quad \text{(Satz II),}$$

$$= \left(\left(A^{\left\{\frac{q}{p}\right\}}\right)^{\langle q_1\rangle}\right)^{\langle p\rangle} \quad \text{(Gleichung (9)),}$$

$$= \left(A^{\left\{\frac{q}{p}\right\}}\right)^{\langle q_1 p\rangle} \quad \text{(Satz II),}$$

$$= \left(\left(A^{\left\{\frac{q}{p}\right\}}\right)^{\langle p\rangle}\right)^{\langle q_1\rangle} \quad \text{(Satz II),}$$

$$= (A^{\langle q\rangle})^{\langle q_1\rangle} \quad \text{(Gleichung (9)),}$$

$$= A^{\langle q q_1\rangle} \quad \text{(Satz II).}$$

Aus

$$\left(\left(A^{\left\{\frac{q}{p}\right\}}\right)^{\left\{\frac{q_1}{p_1}\right\}}\right)^{\langle p p_1\rangle} = A^{\langle q q_1\rangle}$$

folgt das gewünschte Resultat auf Grund von Satz VI und der sich ihm anschließenden Definition sowie der Gleichung (9').

Satz III'. Sind A und B irgend zwei Elemente einer Wurzelgruppe $\mathfrak{G}$ und sind p und q zwei beliebige ganze Zahlen, von denen p ungleich 0 ist, so ist

$$A^{\left\{\frac{q}{p}\right\}} \circ B^{\left\{\frac{q}{p}\right\}} = (A \circ B)^{\left\{\frac{q}{p}\right\}}.$$

Durch wiederholte Anwendung von Satz III und Gleichung (9) erhält man:

$$\left(A^{\left\{\frac{q}{p}\right\}} \circ B^{\left\{\frac{q}{p}\right\}}\right)^{\langle p\rangle} = \left(A^{\left\{\frac{q}{p}\right\}}\right)^{\langle p\rangle} \circ \left(B^{\left\{\frac{q}{p}\right\}}\right)^{\langle p\rangle} = A^{\langle q\rangle} \circ B^{\langle q\rangle} = (A \circ B)^{\langle q\rangle}.$$

Aus der Gleichung

$$\left(A^{\left\{\frac{q}{p}\right\}} \circ B^{\left\{\frac{q}{p}\right\}}\right)^{\langle p\rangle} = (A \circ B)^{\langle q\rangle}$$

folgt das gewünschte Resultat nach Satz VI und Gleichung (9').

Satz IV'. Sind A und B irgend zwei Elemente einer Wurzelgruppe $\mathfrak{G}$ und besteht die Gleichung $A^{\left\{\frac{q}{p}\right\}} = B^{\left\{\frac{q}{p}\right\}}$, wobei p und q irgendwelche zu 0 ungleiche ganze Zahlen bedeuten, so ist $A = B$.

Aus $A^{\left\{\frac{q}{p}\right\}} = B^{\left\{\frac{q}{p}\right\}}$ folgt

$$\left(A^{\left\{\frac{q}{p}\right\}}\right)^{\langle p\rangle} = \left(B^{\left\{\frac{q}{p}\right\}}\right)^{\langle p\rangle},$$

d. h. $A^{\langle q\rangle} = B^{\langle q\rangle}$. Hieraus ergibt sich nach Satz IV: $A = B$.

Satz V'. Ist A irgend ein zum neutralen Element E ungleiches Element einer Wurzelgruppe $\mathfrak{G}$ und sind p, q, p_1, q_1 irgendwelche ganze Zahlen ($p \neq 0$, $p_1 \neq 0$), so folgt aus $A^{\left\{\frac{q}{p}\right\}} = A^{\left\{\frac{q_1}{p_1}\right\}}$, daß $\frac{q}{p} = \frac{q_1}{p_1}$ ist.

Aus $A^{\left\{\frac{q}{p}\right\}} = A^{\left\{\frac{q_1}{p_1}\right\}}$ ergibt sich

$$\left(A^{\left\{\frac{q}{p}\right\}}\right)^{\langle p p_1\rangle} = \left(A^{\left\{\frac{q_1}{p_1}\right\}}\right)^{\langle p p_1\rangle}$$

und hieraus nach Satz II' $A^{\langle q p_1\rangle} = A^{\langle p q_1\rangle}$. Auf Grund des Satzes V folgt aus der letzten Relation $q p_1 = p q_1$, d. h. $\frac{q}{p} = \frac{q_1}{p_1}$.

§ 2.

Isomorphismus zweier Gruppen.

Von irgend zwei Systemen P und $\bar{P}$ sagt man, daß ihre Elemente zueinander eindeutig umkehrbar zugeordnet sind, wenn jedem Element des Systems P stets ein und auch nur ein Element aus $\bar{P}$ entspricht und infolge dieser Zuordnung auch umgekehrt zu jedem Element aus $\bar{P}$ ein einziges Element aus P gehört, wobei zueinander gleiche Elemente aus P bzw. aus $\bar{P}$ als nicht verschieden gelten.

Der Isomorphismus zweier Gruppen, den wir nunmehr studieren wollen, stellt eine eindeutig umkehrbare Beziehung der Gruppenelemente von besonderer Art dar. Zwei Gruppen $\mathfrak{G}$ und $\bar{\mathfrak{G}}$ heißen einander in bezug auf die Operation $\circ$ isomorph zugeordnet, wenn sich ihre Elemente erstens eindeutig umkehrbar entsprechen und zweitens die Zuordnung noch die folgende weitere Eigenschaft hat: Entsprechen zwei Elemente $\bar{A}$ und $\bar{B}$ aus $\bar{\mathfrak{G}}$ den Elementen A und B aus $\mathfrak{G}$, so entspricht auch stets das Element $\bar{C} = \bar{A} \circ \bar{B}$ aus $\bar{\mathfrak{G}}$ dem Element $C = A \circ B$ aus $\mathfrak{G}$.

Für eine isomorphe Beziehung zweier Gruppen gilt

Satz I. Sind $\mathfrak{G}$ und $\bar{\mathfrak{G}}$ irgend zwei isomorphe Gruppen, so entspricht dem neutralen Element der einen Gruppe das neutrale Element der anderen Gruppe.

Entspricht nämlich dem Element A aus $\mathfrak{G}$ das Element $\bar{A}$ aus $\bar{\mathfrak{G}}$, ferner dem neutralen Element E aus $\mathfrak{G}$ das zunächst unbekannte Element $\bar{X}$ aus $\bar{\mathfrak{G}}$, so muß, damit Isomorphismus zwischen $\mathfrak{G}$ und $\bar{\mathfrak{G}}$ herrscht, dem Element $A \circ E = A$ das Element $\bar{A} \circ \bar{X} = \bar{A}$ entsprechen. Die letzte Gleichung besagt (Satz VII auf Seite 30), daß X gleich dem neutralen Element aus $\bar{\mathfrak{G}}$ ist.

Satz II. Sind $\mathfrak{G}$ und $\bar{\mathfrak{G}}$ irgend zwei isomorphe Gruppen und entspricht einem Element A aus $\mathfrak{G}$ ein Element $\bar{A}$ aus $\bar{\mathfrak{G}}$, so entspricht, wenn q irgend eine beliebige ganze Zahl bedeutet, jedem Element $A^{\langle q \rangle}$ aus $\mathfrak{G}$ stets das Element $\bar{A}^{\langle q \rangle}$ aus $\bar{\mathfrak{G}}$.

Entsprechen sich die Elemente A und $\bar{A}$ aus $\mathfrak{G}$ und $\bar{\mathfrak{G}}$, so müssen sich wegen des Isomorphismus von $\mathfrak{G}$ und $\bar{\mathfrak{G}}$ auch die Elemente $A \circ A$ und $\bar{A} \circ \bar{A}$ entsprechen, die wir mit $A^{\langle 2 \rangle}$ und $\bar{A}^{\langle 2 \rangle}$ bezeichneten. Infolge des Isomorphismus müssen sich dann weiter die Elemente $A^{\langle 2 \rangle} \circ A$ und $\bar{A}^{\langle 2 \rangle} \circ \bar{A}$ entsprechen; diese Elemente bezeichneten wir mit $A^{\langle 3 \rangle}$ und $\bar{A}^{\langle 3 \rangle}$. Auf diese Weise fortfahrend, sieht man, daß sich $A^{\langle q \rangle}$ und $\bar{A}^{\langle q \rangle}$ für jedes ganzzahlige positive q entsprechen.

Entspricht dem Element $A^{\langle -1 \rangle}$ aus $\mathfrak{G}$ in der zu $\mathfrak{G}$ isomorphen Gruppe $\bar{\mathfrak{G}}$ das zunächst unbekannte Element $\bar{Z}$, so entspricht nach Satz I dem neutralen Element $E = A \circ A^{\langle -1 \rangle}$ aus $\mathfrak{G}$ in $\bar{\mathfrak{G}}$ das Element $\bar{E} = \bar{A} \circ \bar{Z}$, wobei $\bar{E}$ das neutrale Element von $\bar{\mathfrak{G}}$ bedeutet. Aus der Gleichung $\bar{E} = \bar{A} \circ \bar{Z}$ folgt, daß $\bar{Z}$ gleich dem inversen Element $\bar{A}^{\langle -1 \rangle}$ von $\bar{A}$ ist. Da sich demnach $A^{\langle -1 \rangle}$ und $\bar{A}^{\langle -1 \rangle}$ entsprechen, so entsprechen sich nach dem bereits bewiesenen Resultat auch $(A^{\langle -1 \rangle})^{\langle q \rangle}$ und $(\bar{A}^{\langle -1 \rangle})^{\langle q \rangle}$, wenn q irgend eine ganze positive Zahl ist, d. h. $A^{\langle q \rangle}$ und $\bar{A}^{\langle q \rangle}$ sind auch für alle negativen ganzzahligen q einander zugeordnet. Daß sich $A^{\langle 0 \rangle}$ und $\bar{A}^{\langle 0 \rangle}$ entsprechen, ist der Inhalt von Satz I. Mithin ist Satz II völlig bewiesen.

Satz III. Sind $\mathfrak{G}$ und $\bar{\mathfrak{G}}$ zwei isomorphe Wurzelgruppen, und entsprechen die Elemente A und $\bar{A}$ einander, so entsprechen auch die Elemente $A^{\left\{\frac{q}{p}\right\}}$ und $\bar{A}^{\left\{\frac{q}{p}\right\}}$ einander, wenn p und q beliebige ganze Zahlen ($p \neq 0$) bedeuten.

Ist $\mathfrak{G}$ eine Wurzelgruppe, so bestimmt sich $A^{\left\{\frac{1}{p}\right\}}$ als Lösung der Gleichung $X^{\langle p \rangle} = A$. Es sei $\bar{X}$ ein Element aus $\bar{\mathfrak{G}}$, das dem Element $X = A^{\left\{\frac{1}{p}\right\}}$ infolge des Isomorphismus entspricht. Nach Satz II geht die Gleichung $X^{\langle p \rangle} = A$ in $\bar{X}^{\langle p \rangle} = \bar{A}$ über. Da $\bar{\mathfrak{G}}$ eine Wurzelgruppe ist, so ist die Lösung $\bar{X}$ der Gleichung $\bar{X}^{\langle p \rangle} = \bar{A}$ mit $\bar{X} = \bar{A}^{\left\{\frac{1}{p}\right\}}$ zu bezeichnen. Mithin entsprechen $A^{\left\{\frac{1}{p}\right\}}$ und $\bar{A}^{\left\{\frac{1}{p}\right\}}$ einander und daher nach Satz II auch

$$\left(A^{\left\{\frac{1}{p}\right\}}\right)^{\langle q \rangle} = A^{\left\{\frac{q}{p}\right\}} \quad \text{und} \quad \left(\bar{A}^{\left\{\frac{1}{p}\right\}}\right)^{\langle q \rangle} = \bar{A}^{\left\{\frac{q}{p}\right\}}.$$

§ 3.

Einige Sätze für die Elemente eines Körpers, die in bezug auf die Addition eine Wurzelgruppe bilden.

Die folgenden Betrachtungen knüpfen an die des § 7 im ersten Kapitel an. 𝔎 sei irgend ein Körper, d. h. ein System von Elementen, die durch zwei Operationen + und · verknüpfbar sind; die Operationen + und · lassen wir wie im genannten Paragraphen ganz unbestimmt; den im folgenden verwendeten, nicht weiter definierten Grundbegriffen „System von Elementen", und den Zeichen =, + und · legen wir nur die Bedingung auf, die Gleichheitspostulate sowie die 10 Körperpostulate A_1) bis A_4), M_1) bis M_4), C) und D) auf Seite 33 bis 36 zu erfüllen. Diesen Postulaten fügen wir noch das folgende Postulat A_5) bei:

A_5). Ist N das in einem Körper 𝔎 auf Grund des Postulats A_3) und E das in 𝔎 auf Grund des Postulats M_3) geforderte Element, so soll niemals $E + E + \ldots + E$ gleich N sein.

Um Verwechslungen mit den gewöhnlichen Zahlen 0 und 1 auszuschließen, soll in diesem Paragraphen, anders als im Kapitel I, § 7, das für die Addition neutrale Element mit N, das für die Multiplikation neutrale Element mit E bezeichnet werden.

Daß es auch Körper gibt, die das Postulat A_5) nicht befriedigen, lehrt das folgende Beispiel: P sei eine Primzahl. Wir betrachten die ganzen Zahlen 0, 1, 2, ..., $P - 1$, die als ungleich gelten. Addition und Multiplikation seien als Bestimmung des Restes der Division durch P bei der Bildung der gewöhnlichen Summe bzw. des gewöhnlichen Produktes dieser Zahlen erklärt. Hier ist $1 + 1 + 1 + \ldots + 1$ (P Summanden) = 0. Das konstruierte System bezeichnet man, da es nur eine endliche Anzahl zueinander ungleicher Elemente enthält, als einen endlichen Körper.[1]

Für jeden Körper 𝔎 kann man die ganzen Vielfachen eines beliebigen Körperelements A einführen. Nach dem Postulat A_1) enthält jeder Körper 𝔎 neben jedem Element A auch noch $A + A$, $(A + A) + A$ usw.

[1] Für die Theorie der endlichen Körper vgl. das Buch von L. E. Dickson, Linear groups with an exposition of the Galois field theory, Teubners Sammlung math. Lehrbücher, Leipzig 1901. Ein endlicher Körper enthält stets P^k ungleiche Elemente, wobei P eine Primzahl ist. Es gibt übrigens auch unendliche Körper, die das Postulat A_5) nicht befriedigen. Sei π die Ludolphsche Zahl oder irgend eine andere transzendente Zahl, d. h. eine solche, die keiner algebraischen Gleichung $c_0 z^n + c_1 z^{n-1} + \ldots + c_n = 0$ mit ganzzahligen Koeffizienten $c_0, c_1, \ldots, c_n$ genügt, oder auch, was für das folgende auf das Gleiche hinauskommt, eine Variable; bedeuten $a_0, a_1, \ldots, a_l$ und $b_0, b_1, \ldots, b_m$ Zahlen der Reihe 0, 1, 2, ..., $P-1$ (P Primzahl), so bildet das System aller Größen

$$\frac{a_0 + a_1 \pi + a_2 \pi^2 + \ldots + a_l \pi^l}{b_0 + b_1 \pi + b_2 \pi^2 + \ldots + b_m \pi^m}$$

einen Körper, wenn man diese Größen in gewöhnlicher Weise addiert und multipliziert und für die sich ergebenden ganzzahligen Koeffizienten von π und seinen Potenzen stets die bei der Division durch P verbleibenden Reste wählt. Der konstruierte Körper erfüllt nicht das Postulat A_5).

Diese Elemente heißen die **positiven Vielfachen** von A und sollen mit $1A$, $2A$, $3A$ usw. bezeichnet werden.

Ferner enthält jeder Körper $\mathfrak{K}$ neben jedem Element A nach dem Postulat A_4) auch ein zu A entgegengesetztes Element $-A$ (vgl. Satz II auf Seite 34), so daß $-A + A = N$ ist. Aus dem Körperelement $-A$ kann man die weiteren dem Körper $\mathfrak{K}$ angehörigen Elemente $-A + (-A)$, $\big(-A + (-A)\big) + (-A)$ usw. bilden. Sie heißen die negativen Vielfachen von A. Unter $0A$ soll ein zu dem für die Addition neutralen Element N des Körpers $\mathfrak{K}$ gleiches Element verstanden werden.

Die Elemente eines Körpers $\mathfrak{K}$ bilden in bezug auf die Addition eine kommutative Gruppe (vgl. Seite 41). Ersetzt man in § 1 dieses Kapitels die Operation $\circ$ durch $+$, so treten an die Stelle von $A^{(n)}$, wobei n eine beliebige ganze Zahl bedeutet, jetzt die Vielfachen nA, die ebenfalls für alle ganzzahligen n erklärt sind. An Stelle der Folge $\mathfrak{F}$ auf Seite 157 hat man die Folge:

$$\ldots, \quad -3A, \quad -2A, \quad -A, \quad N, \quad A, \quad 2A, \quad 3A, \quad \ldots$$

Man beherrscht diese Folge vermöge der zwei Gleichungen:

$$(1) \qquad 1A = A,$$

$$(2) \qquad (n+1)A = nA + A,$$

in die sich die Gleichungen (1) und (2) auf Seite 158 übertragen, wenn man $A^{(n)}$ durch nA und das Operationszeichen $\circ$ durch $+$ ersetzt.

Wir beweisen nunmehr:

Satz I. Genügen die Elemente eines Körpers $\mathfrak{K}$ auch noch dem Postulat A_5), so bilden sie in bezug auf die Addition eine Wurzelgruppe.

Zum Beweise des Satzes I ist zunächst zu zeigen, daß die Körperelemente aus $\mathfrak{K}$ bei ihrer Addition das Postulat Gr_5) auf Seite 160 befriedigen. X sei ein beliebiges Element aus $\mathfrak{K}$, aus dem wir uns $X + X + \ldots + X$ (m-malige Addition) bilden. Angenommen, dieses Element aus $\mathfrak{K}$ sei gleich dem in bezug auf die Addition neutralen Element N aus $\mathfrak{K}$; alsdann folgt aus $X + X + \ldots + X = N$, daß $X(E + E + \ldots + E) = N$ ist. Nach Postulat A_5) ist $E + E + \ldots + E \neq N$, mithin hat man auf Grund von Satz VIII auf Seite 37 $X = N$, d. h. das Postulat Gr_5) ist für die Addition erfüllt; denn N ist das für die Addition neutrale Element.

Um nachzuweisen, daß die Elemente unseres Körpers bei ihrer Addition auch ferner das Postulat Gr_6) befriedigen, ist zu zeigen, daß sich die Gleichung $mX = A$ für jedes ganzzahlige positive m durch ein Element unseres Körpers erfüllen läßt. Die Existenz eines solchen Elements ergibt sich folgendermaßen: Der Körper enthält das m-fache des Einheitselements E, also mE. Dieses Element ist nach Postulat A_5) niemals gleich dem für die Addition neutralen Element N. Nach Satz XI auf Seite 38 muß der Körper $\mathfrak{K}$ daher auch das in Beziehung auf die Multiplikation zu mE reziproke Element enthalten, das wir mit $\widehat{mE}$ bezeichnen wollen und das mit mE in der Beziehung $mE \cdot \widehat{mE} = E$ steht. Da A und $\widehat{mE}$ Elemente aus $\mathfrak{K}$ sind, so gehört auch das Element $A \cdot \widehat{mE}$ dem Körper $\mathfrak{K}$ an. Wir betrachten nunmehr das Vielfache

$$m\left(A\cdot\widehat{mE}\right)=A\cdot\widehat{mE}+A\cdot\widehat{mE}+\ldots+A\cdot\widehat{mE}\quad (m \text{ Summanden}),$$

$$=A\cdot\widehat{mE}\cdot E+A\cdot\widehat{mE}\cdot E+\ldots+A\cdot\widehat{mE}\cdot E$$

$$=A\cdot\widehat{mE}(E+E+\ldots+E)\quad \text{nach dem distributiven Postulat D)},$$

$$=A\cdot\widehat{mE}\cdot mE=A\cdot E=A.$$

Das Element $A\cdot\widehat{mE}$ aus $\mathfrak{K}$ genügt also der Gleichung $mX=A$. Hiermit ist gezeigt, daß die Elemente unseres Körpers auch dem Postulat Gr_6) genügen, und es ist der Nachweis für die Richtigkeit des Satzes I erbracht.

Wir können auf Grund des Satzes I alle im § 1 für Wurzelgruppen abgeleiteten Sätze auf jeden Körper übertragen, dessen Elemente dem Postulat A_5) genügen; bei dieser Übertragung hat für die Operation o das Zeichen + und für $A^{(n)}$ stets nA zu treten. Alsdann erhalten wir aus dem Satz VI auf Seite 161 den

Satz II. Genügen die Elemente eines Körpers $\mathfrak{K}$ auch noch dem Postulat A_5), ist A ein beliebiges Element aus $\mathfrak{K}$ und bedeutet p irgend eine zu Null ungleiche ganze Zahl, so wird die Gleichung $pX=A$ stets durch ein Element aus $\mathfrak{K}$ und kein ihm ungleiches befriedigt. Ein solches Element soll mit $\frac{1}{p}A$ bezeichnet werden. Es ist also

$$p\left(\frac{1}{p}A\right)=A. \tag{3}$$

Sind p und q irgend welche ganze Zahlen, von denen $p\neq 0$ ist, so soll unter $\frac{q}{p}A$ stets $q\left(\frac{1}{p}A\right)$ verstanden werden. Nach dem Satz VII auf Seite 162 ist, wenn die Brüche $\frac{q}{p}$ und $\frac{q_1}{p_1}$ gleich sind, auch

$$\frac{q}{p}A=\frac{q_1}{p_1}A. \tag{4}$$

Es ist im besonderen, wenn $\frac{q}{p}$ gleich dem reduzierten Bruch $\frac{r}{s}$ ist,

$$\frac{q}{p}A=\frac{r}{s}A.$$

Der Ausdruck $\frac{q}{p}A$ hängt mithin nicht von der Form ab, in der man den Bruch $\frac{q}{p}$ schreibt, und er ist daher, wenn $\frac{q}{p}$ gleich einer ganzen Zahl r ist, auch nicht etwa im Widerspruch mit der Bedeutung des bereits oben erklärten ganzzahligen Vielfachen rA eingeführt.

Die Sätze I' bis V' auf Seite 163—165 übertragen sich in folgenden

Satz III. Genügen die Elemente eines Körpers $\mathfrak{K}$ auch noch dem Postulat A_5), sind ferner A und B irgend welche Elemente aus $\mathfrak{K}$, und bedeuten p, q, p_1 und q_1 beliebige ganze Zahlen, von denen p

und p_1 ungleich 0 sind, so enthält $\mathfrak{K}$ stets die Elemente $\frac{q}{p} A$ und $\frac{q_1}{p_1} B$. Es ist:

$$\frac{q}{p} A + \frac{q_1}{p_1} A = \left(\frac{q}{p} + \frac{q_1}{p_1}\right) A. \tag{5}$$

$$\frac{q}{p}\left(\frac{q_1}{p_1} A\right) = \frac{q}{p}\frac{q_1}{p_1} A. \tag{6}$$

$$\frac{q}{p} A + \frac{q}{p} B = \frac{q}{p}(A + B). \tag{7}$$

Aus

$$\frac{q}{p} A = \frac{q}{p} B \tag{8}$$

folgt, falls noch $q \neq 0$ ist, daß $A = B$ ist. Aus

$$\frac{q}{p} A = \frac{q_1}{p_1} A \tag{9}$$

folgt, falls $A \neq N$ ist, daß $\frac{q}{p} = \frac{q_1}{p_1}$ ist.

Diesen Relationen fügen wir noch die folgende bei:

$$\frac{q}{p} A \cdot \frac{q_1}{p_1} B = \frac{q}{p}\frac{q_1}{p_1}(A \cdot B). \tag{10}$$

Um die Richtigkeit von (10) zu zeigen, beweist man zunächst die Gültigkeit der speziellen Aussage

$$q A \cdot B = q(A \cdot B) \tag{10'}$$

für alle ganzzahligen positiven q. Für $q = 1$ ist (10') offenbar richtig. Angenommen, die Gleichung (10') sei für $q = n$ zutreffend, es sei also $n A \cdot B = n(A \cdot B)$. Alsdann ist

$((n+1)A) \cdot B = (nA + A) \cdot B$	nach (2),
$= (nA) \cdot B + A \cdot B$	nach den Postulaten D) und C) auf Seite 36,
$= n(A \cdot B) + A \cdot B$	nach Annahme,
$= (n+1)(A \cdot B)$	nach (2).

Ist also die Gleichung (10') für $q = n$ richtig, so gilt sie auch noch für $q = n + 1$. Da die Gleichung (10') für $q = 1$ zutrifft, so ist sie nach dem Satz der vollständigen Induktion für jedes ganzzahlige positive q gültig.

Wir beweisen nunmehr die Richtigkeit der Aussage

$$(qA) \cdot (q_1 B) = q q_1 (A \cdot B) \tag{10''}$$

für alle ganzzahligen positiven q und q_1. Gleichung (10'') ist für $q_1 = 1$ bereits als richtig erwiesen.. Wir nehmen sie nun für $q_1 = n$ als gültig an. Es ist also

$$(qA)\cdot\big((n+1)B\big) = qA(nB+B)$$ nach (2),

$$= (qA)\cdot(nB) + (qA)\cdot B$$ nach dem distributiven Postulat D),

$$= qn(A\cdot B) + q(A\cdot B)$$ nach unserer Annahme und dem bereits bewiesenen Resultat,

$$= n\big(q(A\cdot B)\big) + q(A\cdot B)$$ nach (6),

$$= (n+1)\big(q(A\cdot B)\big)$$ nach (2),

$$= \big((n+1)q\big)(A\cdot B)$$ nach (6),

$$= \big(q(n+1)\big)(A\cdot B).$$

Ist also die Gleichung (10″) für $q_1 = n$ richtig, so gilt sie auch noch für $q_1 = n+1$. Mithin ist sie nach dem Satz der vollständigen Induktion für alle ganzen positiven Zahlen q_1 gültig.

Sei $q = -q'$, $q_1 = -q_1'$, wobei q' und q_1' ganze positive Zahlen bedeuten; alsdann ist

$$(qA)\cdot(q_1 B) = \big((-q')A\big)\cdot\big((-q_1')B\big)$$

$$= \big((q'(-A)\big)\cdot\big(q_1'(-B)\big)$$ (nach Definition),

$$= q'q_1'\big((-A)\cdot(-B)\big)$$ (wie bereits bewiesen),

$$= q'q_1'(A\cdot B)$$ (Satz VII auf Seite 36),

$$= qq_1(A\cdot B).$$

In analoger Weise zeigt man die Richtigkeit der Gleichung (10″), falls nur eine der ganzen Zahlen q oder q_1 negativ ist. Sollte eine der Zahlen q oder q_1 Null sein, so folgt die Richtigkeit der Gleichung (10″) aus der Definition von $0A$ als gleich dem neutralen Element N der Addition. Mithin gilt die Gleichung (10″) für alle ganzen Zahlen q und q_1.

Der Nachweis der Gültigkeit der Gleichung (10) läßt sich nunmehr auf Grund des bereits bewiesenen Resultats folgendermaßen erbringen: Man hat

$$pp_1\left(\left(\frac{q}{p}A\right)\cdot\left(\frac{q_1}{p_1}B\right)\right) = \left(p\left(\frac{q}{p}A\right)\right)\cdot\left(p_1\left(\frac{q_1}{p_1}B\right)\right) = (qA)\cdot(q_1B) = qq_1(A\cdot B).$$

Hieraus folgt

$$\frac{q}{p}A\cdot\frac{q_1}{p_1}B = \frac{qq_1}{pp_1}(A\cdot B).$$

Hiermit ist die Gleichung (10) bewiesen.

§ 4.

Isomorphismus zweier Körper. Abstrakte Definition der rationalen Zahlen.

Man bezeichnet zwei Körper $\mathfrak{K}$ und $\bar{\mathfrak{K}}$ als isomorphe Körper, wenn sich ihre Elemente, insofern sie ungleich sind, einander eindeutig umkehrbar so zuordnen lassen, daß der Summe und dem

Produkt zweier beliebiger Elemente des einen Körpers stets in dem anderen die Summe und das Produkt der entsprechenden Elemente zugeordnet ist.

Bei isomorphen Körpern $\mathfrak{K}$ und $\bar{\mathfrak{K}}$ findet, wenn man die Elemente von $\mathfrak{K}$ mit großen lateinischen Buchstaben, die von $\bar{\mathfrak{K}}$ mit großen lateinischen überstrichenen Buchstaben bezeichnet, folgende Beziehung statt:

1. Jedem Element A aus $\mathfrak{K}$ entspricht ein Element $\bar{A}$ aus $\bar{\mathfrak{K}}$; der Klasse aller zu A gleichen Elemente aus $\mathfrak{K}$ entspricht nur die Klasse aller zu $\bar{A}$ gleichen Elemente aus $\bar{\mathfrak{K}}$ und infolge dieser Zuordnung gehört zu jeder Klasse gleicher Elemente aus $\bar{\mathfrak{K}}$ eine einzige Klasse gleicher Elemente aus $\mathfrak{K}$.

2. Entsprechen den Elementen A und B aus $\mathfrak{K}$ die Elemente $\bar{A}$ und $\bar{B}$ aus $\bar{\mathfrak{K}}$, so entsprechen die Elemente $C = A + B$ und $\bar{C} = \bar{A} + \bar{B}$ einander gegenseitig.

3. Entsprechen den Elementen A und B aus $\mathfrak{K}$ die Elemente $\bar{A}$ und $\bar{B}$ aus $\bar{\mathfrak{K}}$, so entsprechen die Elemente $P = A \cdot B$ und $\bar{P} = \bar{A} \cdot \bar{B}$ einander gegenseitig.

4. Entspricht dem Element A aus $\mathfrak{K}$ das Element $\bar{A}$ aus $\bar{\mathfrak{K}}$, so entsprechen die Elemente $-A$ und $-\bar{A}$ einander gegenseitig.

5. Entspricht dem Element A aus $\mathfrak{K}$ das Element $\bar{A}$ aus $\bar{\mathfrak{K}}$ und ist eines dieser Elemente ungleich dem für die Addition neutralen Element des Körpers, so ist es auch das andere. Alsdann entsprechen sich $\frac{1}{A}$ und $\frac{1}{\bar{A}}$ gegenseitig.

Die Beziehungen 1. bis 3. sind in der Definition des Isomorphismus enthalten. Die in 4. und 5. ausgesprochenen Beziehungen folgen aus ihnen nach Satz II auf Seite 166, da $\mathfrak{K}$ und $\bar{\mathfrak{K}}$ für die Addition Gruppen vorstellen, Gleiches auch für die Multiplikation bei Ausschluß des für die Addition neutralen Elementes zutrifft und A und $-A$ bzw. A und $\frac{1}{A}$ für diese Operationen inverse Elemente sind.

Wendet man auf die Elemente eines Körpers die in 2. bis 5. auftretenden Fundamentaloperationen in endlicher Anzahl an (vgl. Seite 154), so spricht man von rationalen Operationen, durch die man die Körperelemente verknüpft. Man kann demnach sagen:

Bei zwei isomorphen Körpern $\mathfrak{K}$ und $\bar{\mathfrak{K}}$ sind die Elemente, insoweit sie ungleich sind, einander eindeutig umkehrbar so zugeordnet, daß, wenn irgend ein Element P durch rationale Operationen aus Elementen aus $\mathfrak{K}$ hervorgeht, ein ihm entsprechendes Element $\bar{P}$ aus $\bar{\mathfrak{K}}$ in der nämlichen Weise aus zugeordneten Elementen von $\bar{\mathfrak{K}}$ erhalten wird.

Bei isomorphen Körpern $\mathfrak{K}$ und $\bar{\mathfrak{K}}$ muß also jede Gleichung $P = F(A, B, C, \ldots, L)$, wobei F eine rationale Funktion der Elemente $A, B, C, \ldots, L$ von $\mathfrak{K}$ ist, in eine richtige Gleichung $\bar{P} = F(\bar{A}, \bar{B}, \bar{C}, \ldots, \bar{L})$ übergehen, wobei $\bar{A}, \bar{B}, \bar{C}, \ldots, \bar{L}$ und $\bar{P}$ den Elementen $A, B, C, \ldots, L$ und P entsprechende Elemente aus $\bar{\mathfrak{K}}$ bedeuten. Isomorphe Körper sind nicht identisch, aber das Elementensystem des einen Körpers kann stets das des anderen bei allen rationalen Operationen vertreten, wie etwa ein System von Metallgewichten ein System gleichschwerer Holzgewichte bei allen Wägungen.

Wir betrachten nunmehr denjenigen Körper, dessen Elemente den Gleichheitspostulaten, den 10 Körperpostulaten (Seite 25 und 33) sowie dem Postulat A_5) (Seite 167) genügen und der außer den durch die Postulate selbst geforderten Elementen keine zu ihnen ungleichen enthält. Diesen kleinsten möglichen Körper, dessen Elemente auch noch dem Postulat A_5) genügen, bezeichnen wir mit $\mathfrak{R}$.

Dieser Körper enthält nach M_3) das Einheitselement E, und dieses kann infolge des Postulats A_5) auch nicht gleich N sein. Der Körper $\mathfrak{R}$ muß daher offenbar alle rationalen Vielfachen $\frac{q}{p} E$ des Einheitselementes E enthalten, wobei p und q beliebige ganze Zahlen bedeuten ($p \neq 0$); da diese Elemente einen Körper bilden und $\mathfrak{R}$ der kleinste Körper sein sollte, so enthält $\mathfrak{R}$ keine zu diesen Elementen ungleichen.

Wir beweisen nunmehr den folgenden

Fundamentalsatz: Der kleinste mögliche Körper $\mathfrak{R}$, dessen Elemente außer den Gleichheits- und Körperpostulaten noch dem Postulat A_5) genügen, läßt sich auf eine und auch nur auf eine einzige Weise den rationalen Zahlen isomorph zuordnen.

Sollen sich der Körper $\mathfrak{R}$ und die rationalen Zahlen in bezug auf die Multiplikation isomorph entsprechen, so müssen nach Satz I auf Seite 165 das Einheitselement E und die Zahl 1 einander entsprechen. Da $\mathfrak{R}$ und die rationalen Zahlen für die Addition Wurzelgruppen bilden (Satz I auf Seite 168), so müssen nach Satz III auf Seite 166 das Element $\frac{q}{p} E$ aus $\mathfrak{R}$ und die rationale Zahl $\frac{q}{p}$ einander entsprechen; hierbei bedeuten q und p beliebige ganze Zahlen, von denen nur $p \neq 0$ sein muß. Da der Körper $\mathfrak{R}$ mit den Elementen $\frac{q}{p} E$ erschöpft ist, entspricht jedem Element aus $\mathfrak{R}$ eine rationale Zahl. Nach der Gleichung (9) auf Seite 170 entsprechen gleichen Elementen aus $\mathfrak{R}$ gleiche rationale Zahlen, und auch nur für gleiche Elemente trifft dies zu. Sind $\frac{q}{p} E$ und $\frac{q_1}{p_1} E$ zwei Elemente aus $\mathfrak{R}$, denen die rationalen Zahlen $\frac{q}{p}$ bzw. $\frac{q_1}{p_1}$ entsprechen, so entspricht dem Element

$$\frac{q}{p} E + \frac{q_1}{p_1} E = \left(\frac{q}{p} + \frac{q_1}{p_1}\right) E \quad \text{(Gleichung (5) auf Seite 170)}$$

die rationale Zahl $\frac{q}{p} + \frac{q_1}{p_1}$ und dem Element

$$\frac{q}{p} E \cdot \frac{q_1}{p_1} E = \frac{q\, q_1}{p\, p_1} E \quad \text{(Gleichung (10) auf Seite 170)}$$

die rationale Zahl $\frac{q\, q_1}{p\, p_1}$. Mithin sind die zwei Körper isomorph.

Wir haben im § 9 des ersten Kapitels die rationalen Zahlen „genetisch" durch Erweiterung des Begriffes aller ganzen Zahlen gewonnen; letztere hatten wir durch Postulate eingeführt. Der obige Fundamentalsatz enthält nun noch eine abstrakte oder postulatorische Einführung der rationalen Zahlen, insofern er diejenigen Voraussetzungen aufzählt, aus denen man alle Sätze über die Verknüpfung der rationalen Zahlen durch rationale Operationen herleiten kann. Wir haben als nicht definierte Grundbegriffe ein System von Elementen, eine Relation = und zwei Operationen + und · verwendet. Von dem System von Elementen, dem Zeichen = und den Operationen + und · sollte nichts weiter bekannt sein, als was in den Gleichheitspostulaten, den 10 Körperpostulaten und dem Postulat A_5) ausgesprochen ist. Unser Satz besagt: Hat man den kleinsten solchen Körper 𝔑, so kann man jedes Element aus 𝔑 auf eine einzige Weise durch eine rationale Zahl und die zu ihr gleichen bezeichnen, so daß, wenn man für die Elemente aus 𝔑 die ihnen zugeordneten rationalen Zahlen setzt und die für das System 𝔑 unbestimmt gelassene Relation = und die ebenfalls nicht definierten Operationen + und · als gewöhnliche Gleichheit, Addition und Multiplikation ansieht, alle Sätze, die man für das System 𝔑 herleitet, richtige Aussagen über rationale Zahlen sind. Diese Beziehung ist eindeutig umkehrbar, d. h. man kann auch über die rationalen Zahlen in bezug auf die Begriffe =, +, und · keine anderen Aussagen machen als über das System 𝔑.

§ 5.

Körper, deren Elemente sechs Ungleichheitspostulaten genügen.

Wir betrachten wieder einen beliebigen Körper 𝔎; über die Elemente von 𝔎, die Relation = und die Operationen + und · setzen wir nur voraus, daß sie den Gleichheitspostulaten und den 10 Körperpostulaten genügen. Die Voraussetzungen sind also die gleichen wie in Kapitel I, § 7; hingegen wird nicht wie im vorigen Paragraphen das Postulat A_5) vorausgesetzt. Zu den gemachten Voraussetzungen nehmen wir aber noch hinzu, daß sich die Elemente des Körpers 𝔎 durch eine Relation < ordnen lassen, die zu den vier bereits eingeführten, nicht definierten Grundbegriffen „System von Elementen", =, + und · als fünfter hinzutritt. Von der Relation < sei nichts weiter bekannt, als was in den folgenden sechs Ungleichheitspostulaten (vgl. Seite 22 und 57) ausgesprochen wird:

U_1). Sind A und B irgend zwei Elemente des Körpers 𝔎 und ist $A \neq B$, so trifft wenigstens eine der Relationen $A < B$ oder $B < A$ zu.

U_2). Sind A und B irgend zwei Elemente des Körpers 𝔎 und ist $A < B$, so ist $A \neq B$.

U_3). Sind A, B und C irgend drei Elemente des Körpers 𝔎 und ist $A < B$, $B < C$, so ist $A < C$.

U_4). Sind A, B und C irgend drei Elemente des Körpers 𝔎 und ist $A < B$, so ist $A + C < B + C$.

U_5). Sind A und B irgend zwei Elemente des Körpers 𝔎 und ist $N < A$, $N < B$, wobei N ein in bezug auf die Addition neutrales Element bedeutet, so ist $N < AB$.

Diesen schon früher verwendeten Postulaten fügen wir das sogenannte Archimedische Postulat[1] bei, das wir folgendermaßen aussprechen:

[1] Archimedis Opera, ed. HEIBERG, Vol. I, p. 11, Leipzig 1880; wahrscheinlich bediente sich schon einer der Vorgänger von EUCLIDES, nämlich EUDOXUS, dieses Postulats. Über die Bedeutung des Archimedischen Postulats vgl. G. VERONESE, La Geometria Non-Archimedea, Atti del IV. congresso intern. dei matematici, I, S. 197, Rom 1909 u. F. ENRIQUES, Prinzipien der Geometrie in Enzyklopädie d. math. Wiss. III, S. 34.

U_6). Sind A und B irgend zwei Elemente aus dem Körper $\mathfrak{K}$ und ist $N < A$, $N < B$, wobei N ein in bezug auf die Addition neutrales Element bedeutet, so soll sich stets, wenn $A < B$, eine ganze positive Zahl p finden lassen, so daß die Relation $B < pA$ besteht.

Wir beweisen zunächst die Widerspruchslosigkeit aller Postulate durch Angabe von Körpern, die uns als logisch widerspruchslos gelten und deren Elemente den sechs Postulaten U_1) bis U_6) genügen. Im Kapitel I bzw. Kapitel II haben wir gezeigt, daß, wenn man die Relation $<$ in gewöhnlichem Sinn als kleiner interpretiert, sowohl die rationalen Zahlen für sich allein als auch die Gesamtheit der reellen Zahlen die Postulate U_1) bis U_5) erfüllen. Wir wollen noch nachweisen, daß der Körper der rationalen Zahlen für sich allein ebenso wie derjenige aller reellen Zahlen, wenn man $<$ als kleiner interpretiert, auch dem Archimedischen Postulat U_6) genügt. Sind $\frac{a_1}{a_2}$ und $\frac{b_1}{b_2}$ irgend zwei rationale positive Zahlen mit positiv gewählten Zählern und Nennern, so ist $b_1 \leqq b_2 a_1 \cdot b_1$ und daher $\frac{b_1}{b_2} \leqq a_2 b_1 \cdot \frac{a_1}{a_2}$. Ist nun $\frac{a_1}{a_2} < \frac{b_1}{b_2}$, so ist jede ganze positive Zahl $p > a_2 b_1$ von der Beschaffenheit, daß $\frac{b_1}{b_2} < p \cdot \frac{a_1}{a_2}$. Mithin bilden die rationalen Zahlen, wenn man das Zeichen $<$ in gewöhnlicher Weise als kleiner interpretiert, einen Körper, dessen Elemente den sechs Postulaten U_1) bis U_6) genügen. Gleiches gilt für die Gesamtheit der reellen Zahlen. Seien nämlich α und β zwei reelle positive Zahlen, $\alpha < \beta$; alsdann kann man stets zwei rationale Zahlen a und b so finden, daß $0 < a < \alpha < \beta < b$ (vgl. Satz I auf Seite 148). Nach dem für rationale Zahlen bereits bewiesenen Resultat existiert mithin eine ganze positive Zahl p, so daß $b < pa$ wird. Aus dieser Ungleichung folgt $\beta < p\alpha$, wie gezeigt werden sollte.

Nachdem wir hiermit nachgewiesen haben, daß bei einem Körper die obigen sechs Ungleichheitspostulate realisierbar sind, zeigen wir, daß keines von ihnen eine logische Folge der übrigen ist. Zu dem Zweck betrachten wir 6 Körper, bei denen die Relation $<$ so definiert wird, daß immer fünf der sechs Postulate U_1) bis U_6) und die Negation des sechsten gleichzeitig erfüllt sind.

1. Wir betrachten den Körper der rationalen Zahlen. Für zwei ungleiche rationale Zahlen, die sich additiv um eine ganze Zahl unterscheiden, sei die Relation $<$ in üblicher Weise erklärt; hingegen sei für das Verhältnis zweier ungleicher rationaler Zahlen zueinander, die sich nicht um eine ganze Zahl additiv unterscheiden, die Relation $<$ überhaupt nicht definiert. Bei dieser Festlegung der Relation $<$ bilden die rationalen Zahlen einen Körper, der dem Postulat U_1) nicht genügt; denn für zwei ungleiche Zahlen A und B, die sich nicht um eine ganze Zahl additiv unterscheiden, trifft keine der Relationen $A < B$ oder $B < A$ zu. Hingegen sind alle Postulate U_2) bis U_6) für alle Elemente erfüllt, für deren Verhältnis zueinander die Relation $<$ überhaupt erklärt ist.

2. Wir betrachten den Körper der rationalen Zahlen. Die Relation $<$ sei so definiert, daß irgend zwei gleiche oder ungleiche rationale Zahlen stets als in der Beziehung $<$ stehend gelten sollen. Alsdann ist U_2) durchbrochen;

denn für irgend zwei gleiche rationale Zahlen A und B ist im Widerspruch mit U_2) sowohl $A = B$ als auch $A < B$. Hingegen gelten alle anderen Postulate.

3. Man betrachte den Körper der rationalen Zahlen. Die Relation $<$ sei so definiert, daß stets zwei ungleiche, nie aber zwei gleiche rationale Zahlen als in der Beziehung $<$ stehend gelten sollen. Alsdann ist U_3) durchbrochen; denn sind A und B irgend zwei ungleiche rationale Zahlen, so hat man $A < B$ und $B < A$, woraus man aber nicht, wie es für U_3) erforderlich wäre, $A < A$ schließen darf. Hingegen gelten alle anderen Postulate.

4. Man betrachte den Körper der rationalen Zahlen und definiere $<$ derart wie auf Seite 57, Absatz 2. Alsdann ist das Postulat U_4) durchbrochen, während alle anderen erfüllt sind.

5. Man betrachte den Körper der rationalen Zahlen und definiere $<$ derart wie auf Seite 57, Absatz 1. Alsdann ist das Postulat U_5) durchbrochen, während alle anderen erfüllt sind.

6. Wir konstruieren uns einen Körper, für den eine Relation $<$ so definiert ist, daß sie die Postulate U_1) bis U_5), aber nicht U_6) befriedigt. Einen derartigen Körper bezeichnet man als einen Nichtarchimedischen Körper. Um zu einem solchen Körper zu gelangen, benötigen wir einen Hilfssatz.

Hat man einen Ausdruck

$$\frac{a_0 + a_1 x + a_2 x^2 + \ldots + a_m x^m}{a_0' + a_1' x + a_2' x^2 + \ldots + a_n' x^n},$$

bei dem $a_0, a_1, \ldots, a_m, a_0', a_1', \ldots, a_n'$ reelle Zahlen bedeuten, a_m und a_n' beide ungleich 0 sind und x eine veränderliche Größe darstellt, so kann man stets eine positive Zahl P so bestimmen, daß für alle reellen Werte des x, für die $x > P$ ist, die reelle Größe

$$\frac{a_0 + a_1 x + \ldots + a_m x^m}{a_0' + a_1' x + \ldots + a_n' x^n}$$

positiv oder negativ ausfällt, je nachdem $\frac{a_m}{a_n'}$ positives oder negatives Vorzeichen hat.

Wir können den Hilfssatz mit geringerer Präzision auch kurz so aussprechen: Für genügend große positive x, d. h. für alle x, die größer als eine gewisse untere Schranke sind, ist der Ausdruck

$$\frac{a_0 + a_1 x + a_2 x^2 + \ldots + a_m x^m}{a_0' + a_1' x + a_2' x^2 + \ldots + a_n' x^n},$$

falls a_m und a_n' ungleich Null sind, entweder beständig positiv oder beständig negativ.

Zum Beweise betrachten wir die Relation:

$$(1)\quad \left\{ \begin{aligned} &\left| \frac{a_0}{a_m} \frac{1}{x^m} + \frac{a_1}{a_m} \frac{1}{x^{m-1}} + \ldots + \frac{a_{m-1}}{a_m} \frac{1}{x} \right| \\ &\leqq \left| \frac{a_0}{a_m} \right| \cdot \left| \frac{1}{x} \right|^m + \left| \frac{a_1}{a_m} \right| \cdot \left| \frac{1}{x} \right|^{m-1} + \ldots + \left| \frac{a_{m-1}}{a_m} \right| \left| \frac{1}{x} \right|, \end{aligned} \right.$$

die sich auf Grund der Ungleichung (3) und der Gleichung (5) auf Seite 83 ergibt. Unter a sei eine positive Zahl verstanden, die mindestens gleich der größten unter den positiven Zahlen

$$\left|\frac{a_0}{a_m}\right|, \quad \left|\frac{a_1}{a_m}\right|, \quad \ldots, \quad \left|\frac{a_{m-1}}{a_m}\right|$$

ist. Wir wollen von jetzt an nur solche x betrachten, für die $\left|\frac{1}{x}\right| \leqq \frac{1}{a+1}$ ist. Alsdann wird die rechte Seite der Ungleichung (1) nicht verkleinert, wenn man für $\left|\frac{a_i}{a_m}\right|$ $(i = 0, 1 \ldots, m-1)$ und $\left|\frac{1}{x}\right|$ die jedenfalls nicht zu kleinen Größen a und $\frac{1}{a+1}$ einführt. Hierdurch gewinnt man die Ungleichung:

$$\left|\frac{a_0}{a_m}\frac{1}{x^m} + \frac{a_1}{a_m}\frac{1}{x^{m-1}} + \ldots + \frac{a_{m-1}}{a_m}\frac{1}{x}\right|$$

$$\leqq a\left(\frac{1}{a+1}\right)^m + a\left(\frac{1}{a+1}\right)^{m-1} + \ldots + a\left(\frac{1}{a+1}\right) \qquad \text{oder}$$

$$\leqq \frac{a}{(a+1)^m}[1 + (a+1) + (a+1)^2 + \ldots + (a+1)^{m-1}] \quad \text{oder}$$

$$\leqq \frac{a}{(a+1)^m}\cdot\frac{(a+1)^m - 1}{a+1-1} \quad \text{oder} \leqq \frac{(a+1)^m - 1}{(a+1)^m} \quad \text{oder} \leqq 1 - \frac{1}{(a+1)^m}.$$

Mithin ergibt sich bei Weglassung der zu subtrahierenden Größe $\frac{1}{(a+1)^m}$, daß für alle $\left|\frac{1}{x}\right| \leqq \frac{1}{a+1}$, d. h. für alle x, deren absoluter Betrag nicht kleiner als die positive Größe $a + 1$ ist, die Relation gilt:

$$\text{(2)} \qquad \left|\frac{a_0}{a_m}\frac{1}{x^m} + \frac{a_1}{a_m}\frac{1}{x^{m-1}} + \ldots + \frac{a_{m-1}}{a_m}\frac{1}{x}\right| < 1.$$

Da demnach $\frac{a_0}{a_m}\frac{1}{x^m} + \frac{a_1}{a_m}\frac{1}{x^{m-1}} + \ldots + \frac{a_{m-1}}{a_m}\frac{1}{x}$ für alle x, die gleich oder größer als $a + 1$ sind, zwischen -1 und $+1$ liegt, so hat die Größe

$$\frac{a_0}{a_m}\cdot\frac{1}{x^m} + \frac{a_1}{a_m}\cdot\frac{1}{x^{m-1}} + \ldots + \frac{a_{m-1}}{a_m}\cdot\frac{1}{x} + 1$$

einen positiven Wert. Ebenso zeigt man die Existenz einer positiven Größe b, so daß für alle $x \geqq b + 1$ der Ausdruck

$$\frac{a_0'}{a_n'}\cdot\frac{1}{x^n} + \frac{a_1'}{a_n'}\cdot\frac{1}{x^{n-1}} + \ldots + \frac{a_{n-1}'}{a_n'}\cdot\frac{1}{x} + 1$$

einen positiven Wert annimmt. Wählt man demnach x größer als die größere der zwei positiven Zahlen $a + 1$ und $b + 1$, so wird der Quotient

$$\frac{\frac{a_0}{a_m}\cdot\frac{1}{x^m} + \frac{a_1}{a_m}\cdot\frac{1}{x^{m-1}} + \ldots + \frac{a_{m-1}}{a_m}\cdot\frac{1}{x} + 1}{\frac{a_0'}{a_n'}\cdot\frac{1}{x^n} + \frac{a_1'}{a_n'}\cdot\frac{1}{x^{n-1}} + \ldots + \frac{a_{n-1}'}{a_n'}\cdot\frac{1}{x} + 1}$$

beständig positiv ausfallen; für Werte von x, die größer als die größere der zwei Zahlen $a + 1$ und $b + 1$ sind, nimmt demnach

$$\frac{a_0 + a_1 x + a_2 x^2 + \ldots + a_m x^m}{a_0' + a_1' x + a_2' x^2 + \ldots + a_n' x^n}$$

$$= \frac{a_m}{a_n'} \cdot x^{m-n} \cdot \frac{\frac{a_0}{a_m} \cdot \frac{1}{x^m} + \frac{a_1}{a_m} \cdot \frac{1}{x^{m-1}} + \ldots + \frac{a_{m-1}}{a_m} \cdot \frac{1}{x} + 1}{\frac{a_0'}{a_n'} \cdot \frac{1}{x^n} + \frac{a_1'}{a_n'} \cdot \frac{1}{x^{n-1}} + \ldots + \frac{a_{n-1}'}{a_n'} \cdot \frac{1}{x} + 1}$$

nur solche Werte an, die beständig positiv oder negativ sind, je nachdem dies für $\frac{a_m}{a_n'}$ zutrifft.

Vermöge des bewiesenen Hilfssatzes sind wir in der Lage, die Existenz eines Körpers zu zeigen, bei dem die Postulate U_1) bis U_5), aber nicht das Postulat U_6) erfüllt sind.

Wir betrachten alle reellen Zahlen und außerdem noch ein Element t. Der zu untersuchende Körper bestehe aus dem System aller Elemente

$$\frac{a_0 + a_1 t + a_2 t^2 + \ldots + a_m t^m}{a_0' + a_1' t + a_2' t^2 + \ldots + a_n' t^n},$$

wobei m und n beliebige ganze positive Zahlen einschließlich Null, a_0, a_1, $a_2, \ldots, a_m, a_0', a_1', a_2', \ldots, a_n'$ beliebige reelle Zahlen bedeuten, von denen nur $a_n' \neq 0$ sein muß.[1] Die Begriffe der Gleichheit, der Addition und der Multiplikation seien für die angegebenen Größen auf Grund der gewöhnlichen Regeln der Algebra erklärt. Sind

$$A = \frac{a_0 + a_1 t + a_2 t^2 + \ldots + a_m t^m}{a_0' + a_1' t + a_2' t^2 + \ldots + a_n' t^n}$$

und

$$B = \frac{b_0 + b_1 t + b_2 t^2 + \ldots + b_j t^j}{b_0' + b_1' t + b_2' t^2 + \ldots + b_l' t^l}$$

zwei Elemente des konstruierten Systems, so soll A dann und nur dann als gleich B gelten, wenn in

$$(a_0 + a_1 t \ldots + a_m t^m) \cdot (b_0' + b_1' t \ldots + b_l' t^l) - (b_0 + b_1 t \ldots + b_j t^j) \cdot (a_0' + a_1' t \ldots + a_n' t^n),$$

nachdem man den Ausdruck nach ganzen positiven Potenzen von t geordnet hat, das von t freie Glied und die Koeffizienten sämtlicher Potenzen von t einzeln verschwinden. Unter $A + B$ soll der Ausdruck

$$\frac{(a_0 + a_1 t \ldots + a_m t^m) \cdot (b_0' + b_1' t \ldots + b_l' t^l) + (b_0 + b_1 t \ldots + b_j t^j) \cdot (a_0' + a_1' t \ldots + a_n' t^n)}{(a_0' + a_1' t \ldots + a_n' t^n) \cdot (b_0' + b_1' t \ldots + b_l' t^l)}$$

verstanden werden, wenn man Zähler und Nenner nach ganzen positiven Potenzen von A geordnet hat; analog wird $A \cdot B$ definiert. Ist $A \neq B$, so definieren wir $B < A$ oder $A < B$, je nachdem der zu $D = A - B$ gehörige Ausdruck:

$$\frac{a_0 + a_1 x + a_2 x^2 + \ldots + a_m x^m}{a_0' + a_1' x + a_2' x^2 + \ldots + a_n' x^n} - \frac{b_0 + b_1 x + b_2 x^2 + \ldots + b_j x^j}{b_0' + b_1' x + b_2' x^2 + \ldots + b_l' x^l}$$

$$\frac{(a_0 + a_1 x \ldots + a_m x^m) \cdot (b_0' + b_1' x \ldots + b_l' x^l) - (b_0 + b_1 x \ldots + b_j x^j) \cdot (a_0' + a_1' x \ldots + a_n' x^n)}{(a_0' + a_1' x \ldots + a_n' x^n)(b_0' + b_1' x \ldots + b_l' x^l)}$$

[1] D. HILBERT, Grundlagen der Geometrie, 3. Aufl. (1909), S. 31.

für genügend große x beständig positiv oder beständig negativ ausfällt.[1] Man sieht unmittelbar, daß bei dieser Definition die Postulate U_1) bis U_5) erfüllt sind. Der auf die angegebene Weise konstruierte Körper genügt nicht dem Archimedischen Postulat U_6). Betrachten wir nämlich die Elemente 1 und t des Körpers, so ist $1 < t$; denn $x - 1$ fällt für genügend große x, nämlich für alle $x > 1$, positiv aus. Für jede ganze positive Zahl p bleibt $p \cdot 1 < t$; denn $x - p$ ist für genügend große positive x, nämlich für alle $x > p$, positiv. Die Elemente 1 und t sind nach Definition beide > 0. Man hat also im Widerspruch zum Archimedischen Postulat für die zwei positiven Elemente 1 und t die Tatsache, daß jedes beliebige Vielfache von 1 kleiner als t bleibt.

Die 6 Körper, die wir im Voraufgehenden betrachteten, beweisen, daß keines der 6 Ungleichheitspostulate U_1) bis U_6) eine Folge der anderen ist.

Wir betrachten nunmehr einen Körper, dessen Elemente sich durch eine Relation ordnen lassen, die den Ungleichheitspostulaten U_1) bis U_6) genügt. Für einen solchen Körper gelten die Sätze IV—VII auf Seite 57. Wir beweisen weiter:

Satz I. *Ist N das für die Addition und E das für die Multiplikation neutrale Element eines Körpers $\mathfrak{K}$, der mindestens ein zu N ungleiches Element enthält und dessen Elemente auch noch den Postulaten U_1) bis U_6) genügen, so ist $N < E$.*

Angenommen, es wäre $E < N$, dann wäre, da $-N = N$, nach Satz V auf Seite 57: $N < -E$. Aus $N < -E$ und $N < -E$ würde nach Postulat U_5) $N \cdot N < (-E) \cdot (-E)$, d. h. $N < E$ folgen. Wegen der Asymmetrie der Relation $<$ (vgl. Seite 23) kann nicht gleichzeitig $N < E$ und $E < N$ sein; daher ist die Annahme $E < N$ unmöglich. Ist der Körper nicht mit dem Nullelement und den ihm gleichen erschöpft, so ist $E \neq N$ (vgl. Seite 36). Mithin muß nach Satz III auf Seite 23 $N < E$ sein.

Satz II. *Ist N das für die Addition neutrale Element, A irgend ein Element aus einem Körper $\mathfrak{K}$, dessen Elemente den 6 Ungleichheitspostulaten U_1) bis U_6) genügen, und besteht die Ungleichung $N < A$, so ist, falls p, q, p_1, q_1 ganze Zahlen ($p \neq 0$, $p_1 \neq 0$) bedeuten und $\frac{q}{p} < \frac{q_1}{p_1}$ ist, stets $\frac{q}{p} A < \frac{q_1}{p_1} A$. Umgekehrt folgt, falls $N < A$ ist, aus $\frac{q}{p} A < \frac{q_1}{p_1} A$, daß $\frac{q}{p} < \frac{q_1}{p_1}$ ist.*

Seien zunächst l und m ganze Zahlen, von denen $l < m$ ist. Alsdann gibt es eine ganze positive Zahl m', so daß $m = l + m'$. Aus $N < A$ folgt nach Satz IV auf Seite 57 durch wiederholte Addition $N < m' A$. Da $l A = l A$, so ergibt sich nach U_4), daß $l A < (l + m') A$ oder $l A < m A$.

Nunmehr sei $\frac{q}{p} < \frac{q_1}{p_1}$; die Nenner p und p_1 seien als ganze positive Zahlen gewählt. Alsdann ist $q p_1 < p q_1$. Aus $N < A$ folgt, falls p und p_1 ganze positive Zahlen sind, daß $N < \frac{A}{p p_1}$; denn $\frac{A}{p p_1} \leqq N$ würde die im Widerspruch mit unserer Voraussetzung stehende Ungleichung $A \leqq N$ nach

[1] Wegen der Voraussetzung $A \neq B$ ist im Zähler des zu untersuchenden Ausdruckes, wenn man ihn nach Potenzen von x ordnet, wenigstens ein Koeffizient ungleich 0; im Nenner ist $a_n' \cdot b_l' \neq 0$. Man kann daher den Hilfssatz anwenden.

sich ziehen. Aus $q p_1 < p q_1$ und $N < \frac{A}{p p_1}$ schließen wir auf Grund des bereits bewiesenen Resultates, daß

$$q p_1 \left(\frac{A}{p p_1}\right) < p q_1 \left(\frac{A}{p p_1}\right) \quad \text{oder} \quad \frac{q p_1}{p p_1} A < \frac{p q_1}{p p_1} A, \quad \text{d. h.} \quad \frac{q}{p} A < \frac{q_1}{p_1} A.$$

Die Umkehrung des bewiesenen Resultates ergibt sich durch indirekten Schluß: Sei $\frac{q}{p} A < \frac{q_1}{p_1} A$, so kann, wenn $N < A$ ist, nicht $\frac{q_1}{p_1} \leqq \frac{q}{p}$ sein; denn hieraus würde im Widerspruch zu unserer Voraussetzung $\frac{q_1}{p_1} A \leqq \frac{q}{p} A$ folgen.

Setzt man in Satz II für $\frac{q}{p}$ die Zahl 1, für $\frac{q_1}{p_1}$ irgend eine ganze positive Zahl m, die größer als 1 ist, und schließlich für das Element A das Einheitselement E, für das nach Satz I $N < E$ ist, so erhält man $E < m E$; hieraus folgt auf Grund der Ungleichung $N < E$, daß $N < m E$. Aus dieser Tatsache ergibt sich, daß jeder nicht nur aus N allein bestehende Körper, der den Postulaten U_1) bis U_6) genügt, das Postulat A_5) auf Seite 167 von selbst befriedigt. Hieraus folgt, daß man über den im § 4 studierten Körper $\mathfrak{R}$ auch folgendes aussagen kann: Jeder Körper, der nicht mit dem Nullelement N erschöpft ist und dessen Elemente den Postulaten U_1) bis U_6) genügen, enthält wenigstens alle Elemente des Körpers $\mathfrak{R}$, der aus den rationalen Vielfachen $\frac{q}{p} E$ des für die Multiplikation neutralen Elements E besteht; dabei bedeuten q und p beliebige ganze Zahlen, von denen nur $p \neq 0$ sein muß. Wir können demnach den Körper $\mathfrak{R}$ auch so beschreiben:

Satz III. $\mathfrak{R}$ ist der kleinste mögliche Körper, der nicht mit dem Nullelement erschöpft ist und außerdem den 6 Ungleichheitspostulaten U_1) bis U_6) genügt.

Wir beweisen nunmehr

Satz IV. Jedes Element S eines Körpers $\mathfrak{K}$, dessen Elemente den Ungleichheitspostulaten U_1) bis U_6) genügen, ist entweder gleich einem Element des in $\mathfrak{K}$ enthaltenen Körpers $\mathfrak{R}$ oder es läßt sich durch zwei zusammengehörige Definitionsfolgen rationaler Zahlen r_n, r_n' $(n = 1, 2, \ldots)$ eine reelle Zahl $\sigma = \begin{pmatrix} r_n \\ r_n' \end{pmatrix}$ bestimmen, die mit dem Element S folgendermaßen verknüpft ist: Bildet man die dem Körper $\mathfrak{R}$ und daher gewiß dem Körper $\mathfrak{K}$ angehörigen Elemente $R_n = r_n E$, $R_n' = r_n' E$ $(n = 1, 2, \ldots)$, bei denen E das für die Multiplikation neutrale Element bedeutet, so ist $R_n < S < R_n'$.

S sei irgend ein Element aus dem Körper $\mathfrak{K}$, das nach Voraussetzung nicht dem Körper $\mathfrak{R}$ angehören möge. Von dem Element S nehmen wir zunächst an, daß $N < S$ ist. Wir betrachten die Folge $N < E < 2E < 3E \ldots$ Entweder ist nach dem Satz III auf Seite 23 $S < E$ oder $E < S$; die Gleichheit $S = E$ ist ausgeschlossen, da nach Voraussetzung S nicht dem Körper $\mathfrak{R}$ angehören soll. Falls $E < S$ ist, muß nach dem Archimedischen Postulat U_6) eine ganze positive Zahl p existieren, so daß $S < pE$ ist; für den Fall $S < E$ ist $p = 1$ zu setzen. Wir wählen die kleinste solche

Zahl p, so daß noch $(p-1)E < S$. Die Gleichheit $(p-1)E = S$ ist ausgeschlossen, da S kein Element aus $\mathfrak{R}$ sein soll. Wir setzen $r_1 = p-1$ und $r_1' = p$, ferner $R_1 = r_1 E$, $R_1' = r_1' E$ und haben $R_1 < S < R_1'$. Wir bilden das Element $\frac{r_1 + r_1'}{2} E$ und schließen aus den Ungleichungen $r_1 < \frac{r_1 + r_1'}{2} < r_1'$ nach Satz II, daß $r_1 E < \frac{r_1 + r_1'}{2} E < r_1' E$ ist. Da S kein Element aus $\mathfrak{R}$ sein soll, so kann S nicht gleich $\frac{r_1 + r_1'}{2} E$ sein und liegt daher entweder zwischen $r_1 E$ und $\frac{r_1 + r_1'}{2} E$ oder zwischen $\frac{r_1 + r_1'}{2} E$ und $r_1' E$. Liegt S zwischen $r_1 E$ und $\frac{r_1 + r_1'}{2} E$, so setzen wir $r_2 = r_1$, $r_2' = \frac{r_1 + r_1'}{2}$. Liegt aber S zwischen $\frac{r_1 + r_1'}{2} E$ und $r_1' E$, so setzen wir $r_2 = \frac{r_1 + r_1'}{2}$, $r_2' = r_1'$. Wir bilden alsdann die Elemente $R_2 = r_2 E$, $R_2' = r_2' E$ aus $\mathfrak{R}$. Infolge unserer Festsetzungen ist $R_2 < S < R_2'$; ferner hat man $r_2 \geqq r_1$, $r_2' \leqq r_1'$, $r_2' > r_2$ und $r_2' - r_2 = \frac{r_1' - r_1}{2}$. Mit den Elementen $R_2 = r_2 E$ und $R_2' = r_2' E$ operieren wir in genau der gleichen Weise, wie wir es mit den Elementen $R_1 = r_1 E$ und $R_1' = r_1' E$ taten. Das Element $\frac{r_2 + r_2'}{2} E$ liegt zwischen $r_2 E$ und $r_2' E$. Wäre $S = \frac{r_2 + r_2'}{2} E$, so wäre S im Widerspruch mit der Voraussetzung ein Element aus $\mathfrak{R}$. Mithin liegt S entweder zwischen $r_2 E$ und $\frac{r_2 + r_2'}{2} E$ oder zwischen $\frac{r_2 + r_2'}{2} E$ und $r_2' E$. Liegt S zwischen $r_2 E$ und $\frac{r_2 + r_2'}{2} E$, so setzen wir $r_3 = r_2$, $r_3' = \frac{r_2 + r_2'}{2}$. Liegt aber S zwischen $\frac{r_2 + r_2'}{2} E$ und $r_2' E$, so setzen wir $r_3 = \frac{r_2 + r_2'}{2}$, $r_3' = r_2'$. Wir bilden alsdann die Elemente $R_3 = r_3 E$, $R_3' = r_3' E$ aus $\mathfrak{R}$, und haben infolge unserer Festsetzungen $R_3 < S < R_3'$, ferner $r_3 \geqq r_2$, $r_3' \leqq r_2'$, $r_3' > r_3$ und $r_3' - r_3 = \frac{r_2' - r_2}{2} = \frac{r_1' - r_1}{2^2}$.

Fährt man auf diese Weise fort, so gewinnt man zwei unendliche Folgen rationaler Zahlen:

$$r_1, \; r_2, \; r_3, \; \ldots, \; r_n, \; \ldots,$$
$$r_1', \; r_2', \; r_3'. \; \ldots, \; r_n', \; \ldots$$

und die aus ihnen gebildeten Elemente

$$R_1 = r_1 E, \quad R_2 = r_2 E, \quad \ldots, \quad R_n = r_n E, \quad \ldots,$$
$$R_1' = r_1' E, \quad R_2' = r_2' E, \quad \ldots, \quad R_n' = r_n' E, \quad \ldots$$

aus $\mathfrak{R}$, und es ist $R_n < S < R_n'$ $(n = 1, 2, 3, \ldots)$. Für die rationalen Zahlen r_n, r_n' gelten die Ungleichungen:

B$_1$). $$r_1 \leqq r_2 \leqq r_3 \leqq r_4 \leqq \ldots$$

B$_2$). $$r_1' \geqq r_2' \geqq r_3' \geqq r_4' \geqq \ldots$$

B$_3$). $$r_n' > r_n.$$

B$_4$). $$r_n' - r_n = \frac{r_{n-1}' - r_{n-1}}{2} = \ldots = \frac{r_1' - r_1}{2^{n-1}}.$$

Ist ε eine beliebig vorgegebene positive Zahl, so existiert, da für rationale Zahlen das Archimedische Postulat zutrifft, eine ganze positive Zahl l, so daß $r_1' - r_1 < l\varepsilon$. Wählt man eine ganze positive Zahl k derart, daß $l < 2^{k-1}$, so ergibt sich $r_1' - r_1 < 2^{k-1}\varepsilon$. Nun ist $r'_{k+\sigma} - r_{k+\sigma} = \frac{r_1' - r_1}{2^{k+\sigma-1}}$; da

$$\frac{r_1' - r_1}{2^{k+\sigma-1}} \leqq \frac{r_1' - r_1}{2^{k-1}}$$

ist, wobei σ jeden der Werte 0, 1, 2, ... annehmen kann, so hat man

$$r'_{k+\sigma} - r_{k+\sigma} \leqq \frac{r_1' - r_1}{2^{k-1}}.$$

Da $\frac{r_1' - r_1}{2^{k-1}} < \varepsilon$ ist, so ergibt sich schließlich $r'_{k+\sigma} - r_{k+\sigma} < \varepsilon$. Die rationalen Zahlen r_n, r_n' $(n = 1, 2, \ldots)$ erfüllen also die Bedingungen B_1) bis B_4) auf Seite 62 und definieren daher eine reelle Zahl $\binom{r_n}{r_n'}$.

Wir hatten vorausgesetzt, daß $N < S$ sein sollte. Hat man ein Element S' aus $\mathfrak{K}$, das nicht dem Körper $\mathfrak{R}$ angehören möge und für das die Ungleichung $S' < N$ besteht, so setze man $S' = -S$. Da $\mathfrak{K}$ ein Körper ist, so gehört ihm gleichzeitig mit $-S$ auch S an, und es ist $N < S$. Wählen wir die Elemente R_n, R_n' wie oben, so ist $R_n < S < R_n'$. Hieraus folgt $-R_n' < -S < -R_n$, wobei $-R_n' = -r_n' E$, $-R_n = -r_n E$ $(n = 1, 2, \ldots)$ ist. Die reelle Zahl $\binom{-r_n'}{-r_n}$ genügt alsdann den Bedingungen unseres Satzes, und dieser ist allgemein bewiesen.

Ist $S = \frac{q}{p} E$, wobei q und p ganze Zahlen bedeuten, hat man also in S ein Element aus $\mathfrak{R}$ vor sich, so kann man $r_n = r_n' = \frac{q}{p}$ $(n = 1, 2, \ldots)$ setzen und hat $R_n = S = R_n'$. Mithin wird der Fall, daß S gleich einem Element aus $\mathfrak{R}$ ist, eingeschlossen, wenn man die Ungleichungen des Satzes IV in der Form $R_n \leqq S \leqq R_n'$ schreibt.

Wir beweisen nunmehr

Satz V. S und T seien irgend zwei Elemente eines Körpers $\mathfrak{K}$, der den 6 Ungleichheitspostulaten U_1) bis U_6) genügt. $\sigma = \binom{r_n}{r_n'}$ und $\tau = \binom{q_n}{q_n'}$ mögen reelle Zahlen bedeuten, die auf Grund des Satzes IV so gewählt seien, daß die Elemente $R_n = r_n E$, $R_n' = r_n' E$, $Q_n = q_n E$, $Q_n' = q_n' E$ $(n = 1, 2, \ldots)$ aus $\mathfrak{R}$ mit den Elementen S und T durch die Ungleichungen

$$R_n \leqq S \leqq R_n' \quad (n = 1, 2, \ldots)$$

$$Q_n \leqq T \leqq Q_n' \quad (n = 1, 2, \ldots)$$

verknüpft seien. Weiß man, daß $S = T$ ist, so ist auch die Zahl $\sigma = \tau$. Weiß man, daß $T < S$ ist, so ist auch $\tau < \sigma$.

Ist $S = T$, so ergibt sich aus den Ungleichungen $R_n \leqq S$ und $T \leqq Q_n'$, daß $R_n \leqq Q_n'$; ebenso folgt aus $Q_n \leqq T$ und $S \leqq R_n'$ für $S = T$, daß $Q_n \leqq R_n'$.

Aus den erhaltenen Ungleichungen $r_n E \leqq q_n' E$ und $q_n E \leqq r_n' E$ folgt nach Satz II, daß $r_n \leqq q_n'$, $q_n \leqq r_n'$, d. h. $\sigma = \tau$.

Für den zweiten Teil des Satzes sollen die Elemente S und T in der Beziehung $T < S$ stehen; alsdann ist $N < S - T$, wobei N das in bezug auf die Addition neutrale Element bedeutet. Mithin existiert nach dem Archimedischen Postulat U_6) eine ganze positive Zahl p, so daß $E < p(S - T)$ wird, also $\frac{E}{\varrho} < S - T$. Aus den nach Voraussetzung gültigen Ungleichungen $S \leqq R_n'$ und $Q_n \leqq T$ ergibt sich, daß für jedes ganzzahlige positive n stets $S - T \leqq R_n' - Q_n$ ist. Mithin wird $\frac{E}{p} < R_n' - Q_n$ $(n = 1, 2, \ldots)$.

Da $\begin{pmatrix} r_n \\ r_n' \end{pmatrix}$ und $\begin{pmatrix} q_n \\ q_n' \end{pmatrix}$ reelle Zahlen sind, so ist auch $\begin{pmatrix} r_n + q_n \\ r_n' + q_n' \end{pmatrix}$ eine solche. Auf Grund der für reelle Zahlen gültigen Bedingung B_4) (Seite 62) kann man daher eine ganze positive Zahl k finden, so daß $r_{k+\sigma}' + q_{k+\sigma}' - r_{k+\sigma} - q_{k+\sigma} < \frac{1}{p}$ wird $(\sigma = 0, 1, 2, \ldots)$. Aus der Ungleichung $\frac{E}{p} < R_n' - Q_n$, die sich auch $\frac{E}{p} < r_n' E - q_n E$ schreiben läßt, ergibt sich nach Satz II, daß

$$\frac{1}{p} < r_n' - q_n \quad (n = 1, 2, \ldots).$$

Aus dieser Ungleichung folgt, wenn man $n = k$ wählt, daß $q_k - r_k' < -\frac{1}{p}$ wird. Die Addition der letzten Ungleichung zu $r_k' + q_k' - r_k - q_k < \frac{1}{p}$ liefert $q_k' - r_k < 0$ oder $q_k' < r_k$. Die erhaltene Ungleichung besagt nach Satz VIII auf Seite 81, daß $\tau < \sigma$ ist.

Ehe wir weiter gehen, benötigen wir noch den von G. Cantor[1] stammenden Begriff der geordneten ähnlichen Systeme oder der geordneten Systeme des gleichen Ordnungstypus. Irgend zwei durch eine Relation $<$, die die Bedingungen U_1) bis U_3) auf Seite 22 erfüllt, geordnete Systeme $\mathfrak{S}$ und $\overline{\mathfrak{S}}$ heißen ähnlich oder von gleichem Ordnungstypus, wenn man zwischen ihren Elementen, soweit sie ungleich sind, eine eindeutig umkehrbare Zuordnung von der Art hat, daß, wenn A und B Elemente aus $\mathfrak{S}$, $\bar{A}$ und $\bar{B}$ ihnen zugeordnete Elemente aus $\overline{\mathfrak{S}}$ sind, aus $A < B$ stets $\bar{A} < \bar{B}$ folgt und umgekehrt.

Wir beweisen

Satz VI. Ordnet man die Elemente des kleinsten Körpers $\mathfrak{R}$, der mindestens ein dem Nullelement ungleiches Element enthält und den Postulaten U_1) bis U_6) genügt, den rationalen Zahlen isomorph zu, so ist die Zuordnung ähnlich.

Soll der Körper $\mathfrak{R}$ den rationalen Zahlen isomorph zugeordnet werden, so ist dies nach dem Fundamentalsatz auf Seite 173 nur auf eine einzige Weise möglich. Sind $\frac{q}{p} E$ und $\frac{q_1}{p_1} E$ Elemente aus $\mathfrak{R}$, so sind $\frac{q}{p}$ und $\frac{q_1}{p_1}$ ihnen entsprechende Zahlen. Da $N < E$ ist, so bedingen sich die Ungleichungen

[1] Math. Annalen **46**, 497 (1895).

$\frac{q}{p} E < \frac{q_1}{p_1} E$ und $\frac{q}{p} < \frac{q_1}{p_1}$ nach Satz II gegenseitig; mithin ist die Zuordnung tatsächlich ähnlich.

Während es bei dem Körper $\mathfrak{R}$ schon genügend ist, den Isomorphismus zu fordern, um eine eindeutige Zuordnung zu erhalten, reicht dies für einen beliebigen Körper $\mathfrak{K}$, der den 6 Ungleichheitspostulaten U_1) bis U_6) genügt, nicht aus. Z. B. bildet die Gesamtheit der Zahlen $a + b\sqrt{2}$, wobei a und b rationale Zahlen bedeuten, einen Körper. Dieser kann sich selbst auf zwei Arten zugeordnet werden, nämlich entweder so, daß jedes Element sich selbst entspricht oder so, daß sich $a + b\sqrt{2}$ und $a - b\sqrt{2}$ entsprechen. Für beide Zuordnungen herrscht Isomorphismus, die zweite Zuordnung kann aber keine ähnliche sein; denn es gilt folgender

Satz VII. Jeder Körper $\mathfrak{K}$, dessen Elemente den Gleichheitspostulaten, den 10 Körperpostulaten und den 6 Ungleichheitspostulaten U_1) bis U_6) genügen, läßt sich auf eine und auch nur auf eine einzige Weise einem einzigen wohlbestimmten Teilsystem der reellen Zahlen isomorph und ähnlich zuordnen.

1. Zum Beweise ist zunächst zu bedenken, daß jeder Körper, dessen Elemente den Postulaten U_1) bis U_6) genügen, wenn er nicht mit dem Nullelement erschöpft ist, den kleinsten möglichen Körper $\mathfrak{R}$ dieser Art enthalten muß. Soll der Körper $\mathfrak{K}$ irgend einem Teilsystem der reellen Zahlen in bezug auf die Addition und Multiplikation isomorph zugeordnet sein, so müssen nach dem Satz I auf Seite 165 und dem Satz III auf S. 166 die in $\mathfrak{K}$ enthaltenen Elemente $\frac{q}{p} E$, die dem Körper $\mathfrak{R}$ angehören, den rationalen Zahlen $\frac{q}{p}$ entsprechen; denn der Körper $\mathfrak{K}$ erfüllt nach Seite 180 das Postulat A_5) und bildet daher nach Satz I auf Seite 168 für die Addition eine Wurzelgruppe. Ist S ein dem Körper $\mathfrak{K}$ angehöriges Element, das nicht aus $\mathfrak{R}$ ist, so kann man nach Satz IV zwei zusammengehörige Definitionsfolgen rationaler Zahlen r_n, r_n' $(n = 1, 2, \ldots)$ finden, die eine reelle Zahl $\binom{r_n}{r_n'}$ bestimmen, so daß $R_n < S < R_n'$ und $R_n = r_n E$, $R_n' = r_n' E$ $(n = 1, 2, \ldots)$ ist. Den Elementen R_n und R_n' aus $\mathfrak{R}$ entsprechen alsdann die rationalen Zahlen r_n und r_n'. Dem Element S aus $\mathfrak{K}$ möge die vorläufig noch unbekannte reelle Zahl σ zugeordnet sein. Da die Zuordnung zwischen $\mathfrak{K}$ und den reellen Zahlen in bezug auf die Relation $<$ ähnlich sein soll, so muß dem größeren Element aus $\mathfrak{K}$ stets die größere Zahl σ entsprechen, d. h. aus $R_n < S < R_n'$ muß die Relation $r_n < \sigma < r_n'$ folgen; durch das System von Ungleichungen $r_n < \sigma < r_n'$ ist (Satz II auf Seite 82) die Zahl σ als gleich der reellen Zahl $\binom{r_n}{r_n'}$ definiert. Hiermit ist gezeigt, daß dem Element S aus $\mathfrak{K}$ die Zahl $\binom{r_n}{r_n'}$ zugeordnet sein muß.

2. S und T seien irgend zwei Elemente aus $\mathfrak{K}$. Man habe $R_n \leqq S \leqq R_n'$ und $Q_n \leqq T \leqq Q_n'$ $(n = 1, 2, \ldots)$, wobei $R_n = r_n E$, $R_n' = r_n' E$, $Q_n = q_n E$, $Q_n' = q_n' E$ ist, und r_n, r_n', q_n, q_n' rationale Zahlen bedeuten, welche die reellen Zahlen $\sigma = \binom{r_n}{r_n'}$ und $\tau = \binom{q_n}{q_n'}$ bestimmen. Dem Element S ist alsdann die

Zahl $\sigma = \binom{r_n}{r_n'}$ und dem Element T die Zahl $\tau = \binom{q_n}{q_n'}$ zugeordnet. Ist $S = T$, so müssen nach Satz V auch die Zahlen σ und τ gleich sein. Gleichen Elementen aus $\mathfrak{K}$ entsprechen also nur gleiche reelle Zahlen. Im besonderen ist in dem abgeleiteten Resultat auch die Tatsache enthalten, daß einem Element S aus $\mathfrak{K}$ nie zwei ungleiche Zahlen zugeordnet sein können, wie auch immer die zwei zusammengehörigen Folgen r_n, r_n' und q_n, q_n' $(n = 1, 2, \ldots)$, die uns die Zahlen $\binom{r_n}{r_n'}$ und $\binom{q_n}{q_n'}$ bestimmen, gewählt sein mögen. Die Folgen r_n, r_n' können nämlich verschiedenartig gewählt werden; in Satz IV fanden wir sie durch Halbierung der Intervalle, man hätte aber auch z. B. eine Dezimalteilung verwenden können.

3. Besteht zwischen zwei Elementen S und T aus dem Körper $\mathfrak{K}$ die Beziehung $T < S$, so findet nach Satz V zwischen den zugeordneten Zahlen die Beziehung $\tau < \sigma$ statt.

4. Nicht jeder reellen Zahl braucht ein Element S aus $\mathfrak{K}$ zu entsprechen. Ist z. B. $\mathfrak{K}$ der Körper $\mathfrak{R}$, so sind seinen Elementen ja nur die rationalen Zahlen zugeordnet. Ist σ eine reelle Zahl, der tatsächlich ein Element S aus $\mathfrak{K}$ entspricht, so kann der Zahl σ und allen zu σ gleichen Zahlen kein zu dem Element S ungleiches Element aus $\mathfrak{K}$ entsprechen. Angenommen, die reelle Zahl τ sei gleich σ, und der Zahl τ entspreche ein Element T aus $\mathfrak{K}$; alsdann muß $S = T$ sein. Wäre nämlich $S \neq T$, so müßte entweder $S < T$ oder $T < S$ sein. Diese Relationen würden aber im Widerspruch mit der Voraussetzung nach 3. die Relationen $\sigma < \tau$ bzw. $\tau < \sigma$ nach sich ziehen.

Durch die in 1. bis 4. angestellten Betrachtungen ist gezeigt: Jedem Element aus $\mathfrak{K}$ entspricht eine reelle Zahl; betrachtet man die Gesamtheit Σ aller dieser reellen Zahlen, die den Elementen aus $\mathfrak{K}$ entsprechen, so sind die Elemente von $\mathfrak{K}$ und das System Σ einander eindeutig umkehrbar zugeordnet, wenn gleiche Elemente aus $\mathfrak{K}$ einerseits, gleiche reelle Zahlen andererseits als nicht verschieden gelten; die Zuordnung ist ähnlich.

Wir beweisen nunmehr den Isomorphismus unserer Zuordnung für die Addition. Die Ungleichungen $R_n \leqq S \leqq R_n'$ und $Q_n \leqq T \leqq Q_n'$ ziehen nach Satz IV auf Seite 57 die Ungleichungen $R_n + Q_n \leqq S + T \leqq R_n' + Q_n'$ nach sich. Dem Element $S + T$ aus $\mathfrak{K}$ entspricht daher die Zahl

$$\binom{r_n + q_n}{r_n' + q_n'} = \binom{r_n}{r_n'} + \binom{q_n}{q_n'} = \sigma + \tau .$$

Unsere Zuordnung ist also tatsächlich, wie gezeigt werden sollte, in bezug auf die Addition isomorph.

Wir haben schließlich noch den Nachweis zu führen, daß unsere Zuordnung auch in bezug auf die Multiplikation isomorph ist. Wir setzen zunächst voraus, daß die Elemente S und T zu dem für die Addition neutralen Element N in der Beziehung $N < S$ und $N < T$ stehen. Alsdann kann man die rationalen Zahlen r_n und r_n' ebenso wie q_n und q_n', die zur Bildung von $R_n = r_n E$, $R_n' = r_n' E$, $Q_n = q_n E$, $Q_n' = q_n' E$ verwendet wurden, ausnahmslos positiv wählen; hierdurch werden R_n, R_n', Q_n und Q_n' sämtlich $> N$. Infolgedessen ergibt sich aus $R_n \leqq S \leqq R_n'$ und $Q_n \leqq T \leqq Q_n'$ nach Satz VII auf Seite 58, daß $R_n \cdot Q_n \leqq S \cdot T \leqq R_n' \cdot Q_n'$ ist. Dem Element $S \cdot T$ entspricht daher die Zahl

$$\binom{r_n \cdot q_n}{r_n' \cdot q_n'} = \binom{r_n}{r_n'} \cdot \binom{q_n}{q_n'} = \sigma \cdot \tau .$$

Nunmehr sei von den miteinander zu multiplizierenden Elementen aus $\mathfrak{K}$ das eine negativ, $S = - S'$, das andere T positiv. Dem Element S' sei die reelle Zahl σ', dem Element S sei die reelle Zahl σ zugeordnet. Da die Zuordnung zwischen den Elementen aus $\mathfrak{K}$ und den reellen Zahlen in bezug auf die Addition bereits als isomorph erwiesen ist, so folgt aus der Gleichung $S + S' = N$, daß $\sigma + \sigma' = 0$, d. h. $\sigma = - \sigma'$ sein muß. Da S' und T positive Elemente aus $\mathfrak{K}$ sind, so entspricht dem Element $S' \cdot T$, wie bereits bewiesen, die Zahl $\sigma' \cdot \tau$. Aus der Gleichung $S \cdot T + S' \cdot T = N$ folgt, wenn λ eine dem Element $S \cdot T$ zugeordnete, zunächst unbekannte Zahl ist, daß $\lambda + \sigma' \tau = 0$, d. h. $\lambda = - \sigma' \tau = \sigma \tau$, da $\sigma' = - \sigma$. Dem Produkt $S \cdot T$ entspricht also auch, falls ein Faktor negativ ist, das Produkt $\sigma \cdot \tau$. In gleicher Weise läßt sich der Fall erledigen, daß beide Faktoren negativ sind. Mithin ist die Zuordnung zwischen den Elementen aus $\mathfrak{K}$ und den reellen Zahlen in bezug auf die Multiplikation allgemein als isomorph erwiesen.

Sehen wir das System der reellen Zahlen als bekannt an, so haben wir, wie es Satz VII behauptet, nachgewiesen, daß man jedem Element eines Körpers $\mathfrak{K}$, der den 6 Ungleichheitspostulaten U_1) bis U_6) genügt, eindeutig eine reelle Zahl zuordnen kann. Auf diese Weise erhält man ein System Σ reeller Zahlen, das einen zu dem vorgelegten Körper $\mathfrak{K}$ isomorphen und ähnlichen Körper bildet. Von dem System Σ ist beweisbar und oben auch bewiesen, daß es alle rationalen Zahlen enthalten muß. Führt man aber nicht noch ein besonderes Postulat über die Natur des Körpers $\mathfrak{K}$ ein, so kann man nicht beweisen, daß das System Σ die Gesamtheit aller reellen Zahlen umfaßt, und dies ist auch im allgemeinen nicht der Fall. Ist $\sigma = \binom{r_n}{r_n'}$ eine beliebige reelle Zahl und bildet man aus den rationalen Zahlen r_n, r_n' $(n = 1, 2, \ldots)$ die Elemente $R_n = r_n E$ und $R_n' = r_n' E$, so braucht der Körper $\mathfrak{K}$ nicht stets ein Element S zu enthalten, für das $R_n < S < R_n'$ $(n = 1, 2, \ldots)$ ist. Um bei unserer ähnlichen und isomorphen Zuordnung eine eindeutig umkehrbare Beziehung zwischen den Elementen des Körpers und **sämtlichen** reellen Zahlen zu erhalten, müssen wir einen Körper betrachten, der noch ein weiteres Postulat erfüllt. Wir betrachten den Körper $\mathfrak{K}^\times$, der die Gesamtheit aller Elemente umfassen soll, die mit den Ungleichheitspostulaten U_1) bis U_6) verträglich sind, so daß es nicht möglich ist, aus $\mathfrak{K}^\times$ durch Hinzufügen neuer Elemente einen umfassenderen Körper abzuleiten, der alle Elemente des Körpers $\mathfrak{K}^\times$ enthält und für den ebenfalls die 6 Ungleichheitspostulate U_1) bis U_6) bestehen. Von dem Körper $\mathfrak{K}^\times$ sagen wir, daß er das Vollständigkeitspostulat[1] erfüllt.

Nach Satz IV kann $\mathfrak{K}^\times$ keine anderen Elemente S enthalten als solche, für die $R_n \leqq S \leqq R_n'$ ist, wobei $R_n = r_n E$, $R_n' = r_n' E$ $(n = 1, 2, \ldots)$ ist und die rationalen Zahlen r_n, r_n' eine reelle Zahl $\binom{r_n}{r_n'}$ definieren. Ist nun umgekehrt $\binom{r_n}{r_n'}$ eine reelle Zahl und würde $\mathfrak{K}^\times$ kein Element S enthalten, für das

[1] Vgl. Hilbert an dem Seite 156 angegebenen Orte, Seite 22.

$R_n \leqq S \leqq R_n'$ $(n = 1, 2, \ldots)$ wäre, so könnte man aus $\mathfrak{K}^\times$ einen umfassenderen Körper konstruieren; wir würden nämlich mit Hilfe jeder Zahl $\begin{pmatrix} r_n \\ r_n' \end{pmatrix}$, die im Körper $\mathfrak{K}^\times$ kein Abbild hat, ein in $\mathfrak{K}^\times$ nicht vorhandenes Element S definieren, so daß für dieses die Ungleichungen $R_n < S < R_n'$ $(n = 1, 2, 3, \ldots)$ bestehen, und alsdann in einem den Körper $\mathfrak{K}^\times$ umfassenden Körper, der das Abbild der Gesamtheit aller reellen Zahlen ist, die Relationen $=$, $<$ sowie die Operationen $+$ und $\cdot$ (soweit sie noch nicht definiert sind) mit Hilfe unserer Kenntnisse über die Elemente aus $\mathfrak{R}$ so erklären, daß die Körperpostulate und die Ungleichheitspostulate wieder erfüllt wären. Dieser Körper würde dann mit dem der Gesamtheit aller reellen Zahlen isomorph und ähnlich sein und $\mathfrak{K}^\times$ umfassen. Der Körper $\mathfrak{K}^\times$ würde also gegen die Voraussetzung nicht der größte mögliche Körper sein, dessen Elemente allen Postulaten genügen.

Wir können demnach folgenden Fundamentalsatz aussprechen: Jeder Körper $\mathfrak{K}^\times$, dessen Elemente den 6 Ungleichheitspostulaten U_1) bis U_6) genügen und der außerdem derart vollständig ist, daß er alle mit den Postulaten vereinbaren Elemente umfaßt, läßt sich auf eine und auch nur auf eine einzige Weise der **Gesamtheit** der reellen Zahlen isomorph und ähnlich zuordnen. Anstatt sich des Vollständigkeitspostulats zu bedienen, kann man den Körper $\mathfrak{K}^\times$ auch so festlegen: $\mathfrak{K}^\times$ ist ein Körper, dessen Elemente den Ungleichheitspostulaten U_1) bis U_6) genügen und der außerdem noch ein weiteres Postulat erfüllt, zu dem man auf folgende Weise gelangt: r_n, r_n' $(n = 1, 2, \ldots)$ seien zwei Systeme rationaler Zahlen, die eine reelle Zahl $\begin{pmatrix} r_n \\ r_n' \end{pmatrix}$ bestimmen. $\mathfrak{K}^\times$ muß dann, wie beweisbar ist, stets Elemente R_n, R_n' $(n = 1, 2, \ldots)$ enthalten, die gleich $r_n E$, $r_n' E$ sind. Das zu den Ungleichheitspostulaten U_1) bis U_6) hinzukommende Postulat, das den Körper $\mathfrak{K}^\times$ bestimmt, lautet: $\mathfrak{K}^\times$ soll für irgend welche zusammengehörige Folgen R_n, R_n' $(n = 1, 2, \ldots)$ von der obigen Beschaffenheit stets wenigstens ein Element S enthalten, für das $R_n \leqq S \leqq R_n'$ ist. Man beweist alsdann, daß $\mathfrak{K}^\times$ für irgend zwei zusammengehörige Folgen R_n, R_n' $(n = 1, 2, \ldots)$ stets nur ein einziges solches Element S enthält, wenn gleiche Elemente des Körpers als nicht verschieden gelten; denn sonst würden ungleichen Elementen von $\mathfrak{K}^\times$ gleiche reelle Zahlen entsprechen (vgl. Satz VII unter 4).

Wir haben im zweiten Kapitel die Gesamtheit der reellen Zahlen „genetisch" durch Erweiterung des Systems der rationalen Zahlen eingeführt. Die obige Festlegung des Systems $\mathfrak{K}^\times$ enthält nun auch noch eine abstrakte oder postulatorische Einführung der reellen Zahlen, insofern sie diejenigen Voraussetzungen aufzählt, aus denen man alle Sätze über die Verknüpfung der reellen Zahlen durch rationale Operationen und ihre auf der Relation $<$ beruhenden Eigenschaften mittels logischer Schlüsse herleiten kann. Wir haben als nicht definierte Grundbegriffe: ein System von Elementen, zwei Relationen $=$ und $<$, sowie zwei Operationen $+$ und $\cdot$ verwendet. Die Bezeichnungen haben wir zwar der Arithmetik entlehnt, aber von unseren genannten Grundbegriffen sollte nichts weiter bekannt sein, als was in den Gleichheitspostulaten, den 10 Körperpostulaten, den Postulaten U_1) bis U_6) und schließlich dem Vollständigkeitspostulat enthalten ist. Wir haben bewiesen: Hat man einen solchen vollständigen Körper $\mathfrak{K}^\times$, so kann man jedem Element aus $\mathfrak{K}^\times$

auf eine und auch nur auf eine einzige Weise eine reelle Zahl und die ihr gleichen zuordnen, so daß die reellen Zahlen hierdurch erschöpft werden und jeder über den Körper $\mathfrak{K}^\times$ durch logische Schlüsse bewiesene Satz in einen richtigen Satz über reelle Zahlen übergeht; dabei hat man die für das System $\mathfrak{K}^\times$ unbestimmt gelassenen Relationen $=$ und $<$ und die ebenfalls nicht definierten Operationen $+$ und $\cdot$ für die reellen Zahlen als Gleichheit, größer, Addition und Multiplikation in gewöhnlichem Sinne aufzufassen und für die Elemente von $\mathfrak{K}^\times$ die ihnen entsprechenden reellen Zahlen zu setzen. Diese Beziehung ist umkehrbar, d. h. man kann auch über die reellen Zahlen in bezug auf die Zeichen $=$, $<$, $+$ und $\cdot$ keine anderen Aussagen als über das System $\mathfrak{K}^\times$ machen. Wie man mit Hilfe eines Wörterbuches jedes Wort von einer Sprache in eine andere überträgt, so kann man jeden Satz über das System $\mathfrak{K}^\times$, der auf den Begriffen $=$, $<$, $+$ und $\cdot$ basiert, in einen Satz über reelle Zahlen umsetzen und umgekehrt.

§ 6.

Die reellen Zahlen und die Punkte einer Geraden.

Die reellen Zahlen lassen sich mit den Punkten einer Geraden in Zusammenhang bringen. Man kann nämlich rein geometrische Postulate, d. h. gewisse möglichst im Einklang mit unserer räumlichen Anschauung stehende Annahmen aussprechen[1] und auf Grund dieser für die Punkte einer Geraden eine Addition, Multiplikation und den Begriff „größer" so einführen, daß die Punkte einer Geraden als die Elemente eines Körpers erscheinen, die den 6 Ungleichheitspostulaten U_1) bis U_6) des vorigen Paragraphen genügen. Von der Erörterung der hierzu erforderlichen geometrischen Postulate und Begriffe sehen wir ab, wir wollen nur darlegen, was unter Gleichheit, Addition, Multiplikation und der Relation $<$ für die Punkte der Geraden verstanden werden soll. Diese Begriffe werden geometrisch auf eine von den für die reellen Zahlen eingeführten Begriffen unabhängige und verschiedene Weise erklärt. Man wähle auf der Geraden willkürlich einen festen Punkt O. Auf einem der zwei Halbstrahlen, in die die Gerade durch den Punkt O zerfällt, nehmen wir einen willkürlichen Punkt E an. Den Halbstrahl, auf dem E liegt, bezeichnen wir als den positiven, den anderen als den negativen Teil der Geraden.

Jeder Punkt der Geraden gelte als mit sich selbst und nur mit sich selbst gleich. Sind A und B zwei beliebige Punkte der Geraden, so soll unter ihrer Summe $C = A + B$ der Punkt C verstanden werden, der sich ergibt, wenn man von A aus nach Länge und Richtung die Operation vornimmt, die von O nach B führt.

Unter dem Produkt $P = A \cdot B$ soll ein Punkt verstanden werden, der auf dem positiven oder negativen Halbstrahl liegt, je nachdem sich A und B auf gleichem oder verschiedenem Halbstrahle befinden. Dabei werde die Länge OP folgendermaßen bestimmt: Man konstruiere ein rechtwinkliges Dreieck $O'A'E'$ mit den Katheten $O'A'$ und $O'E'$, die die gleiche Länge wie OA bzw. OE haben, wähle auf der Kathete $O'E'$ oder eventuell ihrer Verlängerung einen Punkt B', so daß $O'B'$ gleiche Länge wie OB hat, und ziehe schließlich

[1] Vgl. HILBERT, an dem Seite 156 angegebenen Orte; F. SCHUR, Analytische Geometrie, Leipzig 1898, Einleitung; F. SCHUR, Grundlagen der Geometrie, Leipzig 1909.

durch B' eine Parallele zu $A'E'$, die die Kathete $O'A'$ in einem Punkte P' trifft. Man bestimme OP von gleicher Länge wie $O'P'$.

Von zwei Punkten A und B der Geraden heiße $A < B$, falls es auf dem positiven Halbstrahl einen Punkt R gibt, so daß $B = A + R$ ist.

Die geometrischen Postulate sollen so gefaßt sein, daß die Punkte der Geraden, wenn man $=$, $<$, $+$ und $\cdot$ im obigen Sinne erklärt, einen Körper bilden, der den Postulaten $U_1)$ bis $U_6)$ genügt. Tatsächlich schreibt man ja in der Euclidischen Geometrie den Punkten der Geraden die gewünschten Eigenschaften zu. Alsdann können wir auf die Punkte der Geraden die im vorigen Paragraphen für einen Körper $\mathfrak{K}$ abgeleiteten Sätze anwenden: Man kann demnach den Punkten der Geraden, nachdem man auf ihr den Nullpunkt O und den Einheitspunkt E gewählt hat, auf eine einzige Art und Weise reelle Zahlen eindeutig umkehrbar so zuordnen, daß zwischen den Punkten der Geraden und den zugeordneten reellen Zahlen für die Addition und Multiplikation Isomorphismus und für die Relation $<$ Ähnlichkeit herrscht.

Diese Zuordnung ist nach den allgemeinen im vorigen Paragraphen bewiesenen Resultaten von folgender Art: Jeder rationalen Zahl entspricht ein und auch nur ein Punkt der Geraden; im besonderen entsprechen einander die Zahl 0 und der Punkt O, die Zahl 1 und der Punkt E. Hat man einen beliebigen Punkt S der Geraden, so lassen sich für ihn stets Bildpunkte R_n, R_n' $(n = 1, 2, \ldots)$ rationaler Zahlen r_n, r_n' $(n = 1, 2, \ldots)$ finden, so daß $R_n \leqq S \leqq R_n'$ ist und $\binom{r_n}{r_n'}$ eine reelle Zahl definiert.[1] Sind Q_n, Q_n' $(n = 1, 2, \ldots)$ ebenfalls Bildpunkte rationaler Zahlen q_n, q_n' $(n = 1, 2, \ldots)$, die mit dem nämlichen Punkt S der Geraden in der Beziehung $Q_n \leqq S \leqq Q_n'$ stehen und definiert auch $\binom{q_n}{q_n'}$ eine reelle Zahl, so ist $\binom{q_n}{q_n'} = \binom{r_n}{r_n'}$. Die so gewonnene Zahl $\binom{r_n}{r_n'}$ ist, wenn gleiche Zahlen als nicht verschieden gelten, eindeutig bestimmt; sie ist die dem Punkte S entsprechende reelle Zahl und heißt seine **Maßzahl** oder **Abszisse**, präziser ausgedrückt, Maßzahl in bezug auf den Punkt O als Nullpunkt und E als Einheitspunkt. Während jedem beliebigen Punkte der Geraden sich eine reelle Zahl und die ihr gleichen zuordnen lassen, kann man für eine beliebig vorgelegte reelle Zahl, wofern man von den Punkten der Geraden nur weiß, daß sie einen Körper bilden, der den 6 Ungleichheitspostulaten genügt, logisch bloß beweisen, daß zwischen gleichen Zahlen und ungleichen Punkten der Geraden und zwischen ungleichen Zahlen und demselben Punkt der Geraden kein Entsprechen stattfinden kann (vgl. Satz VII unter 4 und 2 auf Seite 185).

Es ist aber zunächst nicht beweisbar, daß jeder beliebig gegebenen reellen Zahl ein Punkt der Geraden entsprechen muß,

[1] Die Aussage des Textes kann in mehr geometrischer Form folgendermaßen gefaßt werden: Man kann zu jedem Punkt S der Geraden zwei Punktfolgen R_n, R_n' $(n = 1, 2, \ldots)$ von Bildpunkten rationaler Zahlen, d. h. Punkten, die sich durch Teilung der Strecke OE und Vervielfachung dieser oder ihrer Teilstrecken ergeben, so finden, daß erstens $R_n \leqq R_{n+1}$, zweitens $R_{n+1}' \leqq R_n'$, drittens $R_n \leqq R_n'$ $(n = 1, 2, \ldots)$ ist und viertens der Abstand $R_n R_n'$ mit wachsendem n unter jede noch so kleine Strecke OP sinkt und stets den Punkt S einschließt.

wenn man von den Punkten der Geraden nicht mehr weiß, als daß sie einen Körper bilden, der den sechs Ungleichheitspostulaten genügt.

Es seien r_n, r_n' $(n = 1, 2, \ldots)$ rationale Zahlen aus zwei zusammengehörigen Definitionsfolgen, die die reelle Zahl $\binom{r_n}{r_n'}$ bestimmen. Wenn dieser Zahl kein Bildpunkt auf der Geraden entspricht, so enthält die Gerade zwei Folgen von Bildpunkten R_n, R_n' $(n = 1, 2, \ldots)$ rationaler Zahlen r_n, r_n' $(n = 1, 2, \ldots)$ aus zwei zusammengehörigen Definitionsfolgen, ohne daß auf ihr ein Punkt existiert, für den $R_n \leqq S \leqq R_n'$ $(n = 1, 2, \ldots)$ ist; es würde also die Zahl $\binom{r_n}{r_n'}$ nicht als Abszisse eines Punktes der Geraden auftreten. Diese Möglichkeit ist dann ausgeschlossen, wenn man für die Erklärung des an sich undefinierten Begriffes „Punkt“ das Postulat[1] aufstellt: Auch jeder Komplex von Punkten R_n, R_n' $(n = 1, 2, \ldots)$ der Geraden, die Bildpunkte rationaler Zahlen aus zwei zusammengehörigen Definitionsfolgen sind, hat als mindestens ein Punkt S der Geraden zu gelten, für den $R_n \leqq S \leqq R_n'$ $(n = 1, 2, \ldots)$ ist und mit dem ebenso, wie mit jedem anderen auf der Geraden ursprünglich angenommenen Punkt operiert werden soll. Diese Punkte haben wir nicht gefordert, sondern definiert. Das Postulat bezieht sich nur darauf, daß man auch diese Punkte in die geometrische Betrachtung einbeziehen soll, also nicht zu enge Geometrie, etwa bloß Geometrie der Bildpunkte rationaler Zahlen, treiben soll. Auf Grund des obigen Postulats ist beweisbar, daß jedem Komplex R_n, R_n' $(n = 1, 2, \ldots)$ nur ein einziger Punkt der Geraden entspricht; denn sonst entsprächen ungleiche Punkte gleichen Zahlen. Verlangt man, daß auch die zuletzt definierten Objekte als Punkte der Geraden zu gelten haben, so entsprechen die Punkte der Geraden und die Gesamtheit aller reellen Zahlen (nicht etwa möglicherweise bloß ein Teilsystem der letzteren) in bezug auf den Punkt O als Nullpunkt und den Punkt E als Einheitspunkt einander auf eine und nur auf eine Weise eindeutig umkehrbar, isomorph und ähnlich.

Anstatt die eindeutige Umkehrbarkeit der Beziehung zwischen den Punkten einer Geraden und sämtlichen reellen Zahlen derart zu gewinnen, wie es eben geschehen ist, kann man sie auch erhalten, wenn man für die Erklärung des an sich undefinierten Begriffes „Punkt“ postuliert: Als Punkte der Geraden soll das vollständige System aller Elemente betrachtet werden, die damit vereinbar sind, daß die Punkte der Geraden den Körperpostulaten und den sechs Ungleichheitspostulaten genügen. Es soll also der ganze mögliche Wertreichtum von Punkten der Geraden betrachtet werden, so daß zu ihnen kein Element mehr zugefügt werden kann, ohne daß wenigstens eine der in den Postulaten ausgesagten Beziehungen $=$, $<$, $+$ und $\cdot$ ihre Gültigkeit verliert. Durch diese Forderung der Vollständigkeit werden die Punkte der Geraden ein Körper $\mathfrak{K}^\times$, wie wir

---

[1] Vgl. hierzu F. SCHUR, Grundlagen der Geometrie, S. 183; siehe auch DEDEKIND, an dem auf S. 63 angegebenen Orte und G. CANTOR, Math. Annalen 5, 128 (1872).

ihn im vorigen Paragraphen studiert haben, d. h. jedem Punkt entspricht eine Zahl. Angenommen, irgend eine Zahl $\binom{r_n}{r_n'}$ hätte keinen Bildpunkt auf der Geraden, so würden wir den rationalen Zahlen r_n, r_n' $(n = 1, 2, \ldots)$ Punkte R_n, R_n' auf der Geraden entsprechen lassen und einen bisher nicht vorhandenen Punkt S auf der Geraden durch die Festsetzung $R_n \leqq S \leqq R_n'$ definieren. Für die so eingeführten Punkte würde man dann im Anschluß an das bereits bekannte Operieren mit den Bildpunkten rationaler Zahlen die Relationen $=$, $<$ und die Operationen $+$ und $\cdot$ erklären, z. B. ist außer S noch T irgend ein Punkt, der durch $Q_n \leqq T \leqq Q_n'$ bestimmt ist, wobei Q_n, Q_n' $(n = 1, 2, \ldots)$ Bilder rationaler Zahlen q_n, q_n' $(n = 1, 2, \ldots)$ aus zwei zusammengehörigen Definitionsfolgen vorstellen, so soll als Punkt $U = S + T$ der durch $R_n + Q_n \leqq U \leqq R_n' + Q_n'$ bestimmte Punkt gelten. In dem erweiterten System von Punkten der Geraden würden dann auch die Körperpostulate und die sechs Ungleichheitspostulate gelten, also wäre die Gerade, wenn sie nicht zu jeder Zahl einen Bildpunkt hätte, nicht in dem Sinne vollständig, wie es für die Definition ihrer Punkte gefordert war. Betrachtet man also die Punkte der Geraden als einen Körper, der auch noch die 6 Ungleichheitspostulate U_1) bis U_6) und das Vollständigkeitspostulat erfüllt, so kann jede Aussage über die Verknüpfung der reellen Zahlen durch die Zeichen $=$, $<$, $+$ und $\cdot$ als eine solche über die Punkte einer Geraden angesehen werden und umgekehrt.

Viertes Kapitel.

Potenz und Logarithmus.

§ 1.

Die Potenz mit ganzzahligem Exponenten.

Ist α eine beliebige reelle Zahl, so versteht man unter α^2, α^3, ... ein Produkt aus zwei, drei usw. Faktoren, die alle gleich α sind. Die Zahl α selbst bezeichnet man auch mit α^1. Die so definierten Zahlen α^n $(n = 1, 2, 3, \ldots)$ heißen die ganzen positiven Potenzen von α.

Ist $\alpha \neq 0$, so kann man aus α auch die Zahlen $\frac{1}{\alpha}$, $\frac{1}{\alpha}\cdot\frac{1}{\alpha}$, $\frac{1}{\alpha}\cdot\frac{1}{\alpha}\cdot\frac{1}{\alpha}$ usw. ableiten; diese bezeichnet man mit α^{-1}, α^{-2}, α^{-3} usw. und nennt sie die ganzen negativen Potenzen von α. Unter α^0 versteht man, wenn $\alpha \neq 0$ ist, ausnahmslos die Zahl 1.

Bei α^n heißt α die Basis oder Grundzahl der Potenz, n der Exponent. Wir heben besonders hervor, daß für $\alpha = 0$ die Potenz α^n nur für $n > 0$ definiert wurde und dann ausnahmslos den Wert 0 hat. Daß für $\alpha = 0$ und $n \leqq 0$ die Potenz α^n nicht eingeführt wird, hat seinen Grund darin, daß für $\alpha = 0$ früher $\frac{1}{\alpha}$ ausgeschlossen wurde und sowohl die Definition $0^0 = 1$ als auch die Definition $0^0 = 0$ die Gleichmäßigkeit unterbrechen würde.

Wie wir von früher wissen, bilden die reellen Zahlen bei Ausschluß der Null in bezug auf ihre gewöhnliche Multiplikation eine kommutative Gruppe. Daher können wir die Betrachtungen zu Beginn des Kapitels III, § 1 einfach auf den Potenzbegriff übertragen und brauchen, um zu den Potenzen einer Zahl α zu gelangen, nur die unbestimmte Operation $\mathbf{o}$ als Multiplikation aufzufassen, also für das früher definierte $\alpha^{(n)}$ nunmehr α^n treten zu lassen. Hieraus ergibt sich: Ist α irgend eine zu 0 ungleiche Zahl und versteht man unter α^n ($n = 0, \pm 1, \pm 2, \ldots$) eine reelle Zahl, so werden alle in der Folge:

$$\ldots, \alpha^{-2}, \alpha^{-1}, \alpha^0, \alpha^1, \alpha^2, \ldots$$

auftretenden Zahlen durch die zwei Gleichungen

(1) $$\alpha^1 = \alpha,$$

(2) $$\alpha^{n+1} = \alpha^n \cdot \alpha \qquad (n = 0, \pm 1, \pm 2, \ldots)$$

eindeutig definiert (vgl. die Gleichungen (1) und (2) auf Seite 158). Z. B. wird für $n = 0$ nach (2) $\alpha^{0+1} = \alpha^0 \cdot \alpha$ oder nach (1) $\alpha^1 = \alpha^0 \cdot \alpha^1$. Durch Division mit α^1 folgt hieraus $1 = \alpha^0$. Für $n = -1$ erhält man aus (2) $\alpha^{-1+1} = \alpha^{-1} \cdot \alpha$ oder $\alpha^0 = \alpha^{-1} \cdot \alpha$, d. h. nach dem bereits bewiesenen Resultat $1 = \alpha^{-1} \cdot \alpha$ oder $\alpha^{-1} = \frac{1}{\alpha}$.

Überträgt man die Sätze I bis III auf Seite 158—160 in die neue Bezeichnungsweise, so findet man die folgenden grundlegenden Gleichungen, bei denen α und β beliebige zu 0 ungleiche, q und q_1 irgendwelche ganze positive oder negative Zahlen einschließlich Null bedeuten:

(3) $$\alpha^q \cdot \alpha^{q_1} = \alpha^{q+q_1},$$

(4) $$(\alpha^q)^{q_1} = \alpha^{q\,q_1};$$

(5) $$\alpha^q \cdot \beta^q = (\alpha \cdot \beta)^q.$$

Aus (5) ergibt sich

$$\left(\frac{\alpha}{\beta}\right)^q \cdot \beta^q = \left(\frac{\alpha}{\beta} \cdot \beta\right)^q = \alpha^q.$$

Mithin ist

(6) $$\left(\frac{\alpha}{\beta}\right)^q = \frac{\alpha^q}{\beta^q}.$$

Wählt man in (6) für α die Zahl 1, so erhält man

(6') $$\left(\frac{1}{\beta}\right)^q = \frac{1}{\beta^q}.$$

In der Gleichung (3) ist als Spezialfall enthalten, daß $\alpha^q \cdot \alpha^{-q} = \alpha^{q-q} = \alpha^0 = 1$ ist. Mithin hat man

(7) $$\alpha^{-q} = \frac{1}{\alpha^q} = \left(\frac{1}{\alpha}\right)^q \quad \text{nach (6')}.$$

Aus (7) folgt

$$\frac{\alpha^q}{\alpha^{q_1}} = \alpha^q \cdot \frac{1}{\alpha^{q_1}} = \alpha^q \cdot \alpha^{-q_1};$$

beachtet man die Gleichung (3), so erhält man:

$$\frac{\alpha^q}{\alpha^{q_1}} = \alpha^{q-q_1}. \tag{8}$$

Die Gesamtheit der reellen Zahlen bildet nach Ausschluß der Null in bezug auf die Multiplikation zwar eine kommutative Gruppe, aber keine Wurzelgruppe. Für die Gesamtheit der reellen Zahlen trifft nämlich weder das Postulat Gr_5) noch das Postulat Gr_6) (vgl. Seite 160) zu; denn für ganzzahlige gerade m hat die Gleichung $x^m = 1$ die zwei Lösungen $+1$ und -1, während die Gleichung $x^2 = -1$ durch keine reelle Zahl befriedigt wird. Daher lassen sich die Sätze IV—VI des Kapitels III, § 1 auf S. 161 nicht auf die Potenzen mit ganzzahligen Exponenten übertragen, solange man für die Basen beliebige zu Null ungleiche reelle positive und negative Zahlen zuläßt. Im § 3 werden wir nachweisen, daß die positiven reellen Zahlen für sich allein in bezug auf ihre multiplikative Verknüpfung eine Wurzelgruppe bilden. Beschränkt man daher die Basen derart, daß sie nur positive Werte annehmen sollen, so wird man weitergehende Sätze erhalten, als wir sie in diesem Paragraphen abgeleitet haben.

Ehe wir diesen Paragraphen schließen, leiten wir noch drei Hilfssätze ab, die uns im folgenden vielfach nützlich sein werden.

Hilfsatz I. Sind α und β zwei beliebige positive Zahlen und ist $\alpha < \beta$, so gilt, wenn m eine beliebige ganze positive Zahl ist, die Ungleichung $\alpha^m < \beta^m$. Der Beweis ergibt sich durch den Schluß von k auf $k+1$ mit Hilfe von Satz VII auf Seite 58.

Hilfssatz II. Ist h irgend eine reelle Zahl und $1+h > 0$, so ist, falls m eine ganze positive Zahl bedeutet, $(1+h)^m \geqq 1 + mh$, wobei das Gleichheitszeichen nur für $m = 1$ oder für $h = 0$ und beliebiges m gilt. Der Fall $m = 1$ ist evident, ebenso der Fall $h = 0$ bei beliebigem m. Wir nehmen daher von nun an $h \neq 0$ an. Für $m = 2$ hat man $(1+h)^2 = 1 + 2h + h^2$ oder, da h^2 stets einen positiven Wert hat, $(1+h)^2 > 1 + 2h$. Die zu beweisende Ungleichung gilt also für $m = 2$. Wir nehmen nunmehr ihre Richtigkeit für irgend eine ganze positive Zahl $m = k$ an. Aus $(1+h)^k > 1 + hk$ folgt alsdann durch Multiplikation mit der positiven Zahl $(1+h)$, daß

$$(1+h)^{k+1} > (1+hk)(1+h) \quad \text{oder} \quad (1+h)^{k+1} > 1 + (k+1)h + kh^2.$$

Da kh^2 einen positiven Wert hat, so ist um so mehr $(1+h)^{k+1} > 1 + (k+1)h$. Findet also die zu beweisende Ungleichung für irgend eine ganze Zahl $m = k$ statt, so gilt sie auch noch für $m = k + 1$. Mithin ist unsere Ungleichung durch den Schluß von k auf $k+1$ für alle $m \geqq 2$ erwiesen.

Aus dem Hilfssatz II leiten wir leicht ab

Hilfssatz III. Ist $\alpha > 1$ und G eine beliebig vorgegebene positive Zahl, so kann man stets ganzzahlige positive Werte x finden, so daß $\alpha^x > G$ wird. Diese Ungleichung tritt sicher ein für alle ganzzahligen x, die gleich oder größer gewählt werden, als die nächste oberhalb $\frac{G-1}{\alpha-1}$ gelegene ganze positive Zahl.

Zum Beweise setzen wir im Hilfssatz II $h = \alpha - 1$, also $\alpha = 1 + h$. Alsdann wird

$$\alpha^m \geqq 1 + m(\alpha - 1). \tag{9}$$

Man wähle m als die nächste oberhalb $\frac{G-1}{\alpha-1}$ gelegene ganze positive Zahl oder größer als diese. Aus $m > \frac{G-1}{\alpha-1}$ folgt, da nach Voraussetzung $\alpha > 1$, also $\alpha - 1$ positiv ist, $m(\alpha - 1) > G - 1$. Demnach ergibt sich aus (9) $\alpha^m > G$. Wählt man also für x die nächste oberhalb $\frac{G-1}{\alpha-1}$ gelegene ganze positive Zahl oder irgend eine größere ganze Zahl, so ist, wie bewiesen werden sollte, $\alpha^x > G$.

§ 2.

Das Wurzelziehen.

Satz I. Ist α eine beliebige reelle positive und m eine beliebige ganze positive Zahl, so gibt es stets eine reelle positive Zahl ξ und keine zu ihr ungleiche, deren m^{te} Potenz gleich α ist. Man drückt diesen Satz auch so aus: Die reine Gleichung $x^m = \alpha$ hat für $\alpha > 0$ stets eine und auch nur eine positive Lösung.

Da der Fall $m = 1$ trivial ist, nehmen wir für das folgende $m \geqq 2$ an. Zum Beweise betrachten wir die Folge von Zahlen $0^m, 1^m, 2^m, 3^m, \ldots$. Diese wachsen nach dem Hilfsatz I (S. 193) beständig und zwar über jede noch so große positive Zahl hinaus, da, abgesehen von den zwei ersten, jede der Zahlen der hingeschriebenen Folge größer als ihre Basis ist. Hieraus schließt man, daß die obige Folge entweder eine ganze positive Zahl γ_1 enthält, für die $\gamma_1^m = \alpha$ wird, womit die Existenz einer Zahl ξ der gesuchten Beschaffenheit bewiesen wäre, oder zwei aufeinanderfolgende Potenzen γ_1^m und $(\gamma_1 + 1)^m$ aufweist, für die $\gamma_1^m < \alpha < (\gamma_1 + 1)^m$ ist.

Im zweiten Falle teile man das Intervall von γ_1 bis $\gamma_1 + 1$ in 10 gleiche Teile und bilde:

$$\gamma_1^m, \quad \left(\gamma_1 + \frac{1}{10}\right)^m, \quad \left(\gamma_1 + \frac{2}{10}\right)^m, \quad \ldots, \quad \left(\gamma_1 + \frac{9}{10}\right)^m, \quad (\gamma_1 + 1)^m.$$

Da diese Zahlen nach dem schon oben benützten Hilfssatz I beständig wachsen und α zwischen γ_1^m und $(\gamma_1 + 1)^m$ liegt, so muß entweder $\alpha = \left(\gamma_1 + \frac{\gamma_2}{10}\right)^m$ sein oder es muß sich γ_2 so bestimmen lassen, daß

$$\left(\gamma_1 + \frac{\gamma_2}{10}\right)^m < \alpha < \left(\gamma_1 + \frac{\gamma_2}{10} + \frac{1}{10}\right)^m$$

wird; hierbei bedeutet γ_2 eine der Zahlen $0, 1, 2, \ldots, 9$. Sollte $\alpha = \left(\gamma_1 + \frac{\gamma_2}{10}\right)$ sein, so ist $\gamma_1 + \frac{\gamma_2}{10}$ eine Zahl ξ, wie wir sie suchen. Sonst fährt man auf diese Art fort, indem man zunächst

$$\left(\gamma_1 + \frac{\gamma_2}{10}\right)^m, \quad \left(\gamma_1 + \frac{\gamma_2}{10} + \frac{1}{10^2}\right)^m, \quad \left(\gamma_1 + \frac{\gamma_2}{10} + \frac{2}{10^2}\right)^m, \quad \ldots,$$

$$\left(\gamma_1 + \frac{\gamma_2}{10} + \frac{9}{10^2}\right)^m, \quad \left(\gamma_1 + \frac{\gamma_2}{10} + \frac{1}{10}\right)^m$$

bildet. Entweder findet man nach einer endlichen Anzahl von Schritten eine Zahl ξ, deren m^{te} Potenz gleich α ist, in Form eines endlichen Dezimalbruches oder es ergeben sich zwei unendliche Folgen von rationalen positiven Zahlen:

$$a_1 = \gamma_1, \quad a_2 = \gamma_1 + \frac{\gamma_2}{10}, \quad a_3 = \gamma_1 + \frac{\gamma_2}{10} + \frac{\gamma_3}{10^2}, \quad \ldots,$$

$$a_1' = a_1 + 1, \quad a_2' = a_2 + \frac{1}{10}, \quad a_3' = a_3 + \frac{1}{10^2}, \quad \ldots,$$

so daß $a_n^m < \alpha < a_n'^m$ ist. Die rationalen Zahlen a_n, a_n' $(n = 1, 2, 3, \ldots)$ definieren eine reelle Zahl $\xi = \begin{pmatrix} a_n \\ a_n' \end{pmatrix}$, nämlich (vgl. S. 85) den unendlichen Dezimalbruch $\gamma_1 + \frac{\gamma_2}{10} + \frac{\gamma_3}{10^2} \ldots$ Nach der Multiplikationsregel (S. 68) ist

$$\xi^m = \begin{pmatrix} a_1^m, & a_2^m, & a_3^m, & \ldots \\ a_1'^m, & a_2'^m, & a_3'^m, & \ldots \end{pmatrix}.$$

Nun war $a_n^m < \alpha < a_n'^m$. Hieraus folgt nach Satz II auf Seite 82, daß $\xi^m = \alpha$ ist. Mithin ist der Dezimalbruch $\xi = \gamma_1 + \frac{\gamma_2}{10} + \frac{\gamma_3}{10^2} + \ldots$ eine Zahl, wie wir sie suchen.

Wir führen noch den Nachweis, daß keine zwei ungleichen positiven Zahlen ξ_1 und ξ_2 existieren können, für die $\xi_1^m = \alpha$ und $\xi_2^m = \alpha$ ist. Aus den zwei letzten Gleichungen würde $\xi_1^m = \xi_2^m$ folgen. Wären ξ_1 und ξ_2 ungleich, so müßte eine dieser zwei positiven Zahlen größer als die andere sein; es sei etwa $\xi_1 < \xi_2$. Aus dieser Ungleichung würde $\xi_1^m < \xi_2^m$ im Widerspruch zu der Gleichung $\xi_1^m = \xi_2^m$ folgen. Mithin muß $\xi_1 = \xi_2$ sein.

Definition: Man bezeichnet die nach Satz I existierende und zwar eindeutig bestimmte positive Zahl ξ, deren m^{te} Potenz $(m > 0)$ gleich α ist $(\alpha > 0)$, als die m^{te} Wurzel aus α und schreibt $\xi = \sqrt[m]{\alpha}$. Man dehnt diese Definition noch auf den Fall $\alpha = 0$ aus. Für $\alpha = 0$ versteht man unter $\sqrt[m]{0}$ die Zahl 0, also die einzige reelle Zahl, deren m^{te} Potenz gleich 0 ist.

Bei $\sqrt[m]{\alpha}$ heißt α der Radikand, m der Exponent der Wurzel. Die Bestimmung der m^{ten} Wurzel heißt Radizieren oder Wurzelziehen $(m = 1, 2, 3, \ldots)$.

Bei der Definition des Wurzelziehens haben wir zwei Beschränkungen eingeführt, nämlich erstens sollte der Radikand α stets positiv sein, zweitens sollte unter $\xi = \sqrt[m]{\alpha}$ die einzige positive Lösung der Gleichung $x^m = \alpha$ verstanden werden. Die Mittel zur Aufhebung dieser Einschränkungen liefert die Theorie der imaginären Zahlen. Im folgenden soll an diesen Einschränkungen festgehalten werden. Die erste Einschränkung ist erforderlich, weil die Gleichung $x^m = \alpha$ für negatives α und gerades m keine reelle Lösung hat, die zweite, um Zweideutigkeiten zu vermeiden, weil $x^m = \alpha$ für positives α und gerades m zwei reelle Lösungen, nämlich $\sqrt[m]{\alpha}$ und $-\sqrt[m]{\alpha}$, besitzt.

Für negatives α und ungerades m könnte man an die Ausdehnung des Wurzelbegriffes denken, indem man die reelle Lösung $-\sqrt[m]{-\alpha}$ der Gleichung

$x^m = \alpha$ als Wurzel einführt. Diese Erweiterung des Wurzelbegriffes hat für den hier eingenommenen Standpunkt keinen großen Wert, sondern stört nur die Einheitlichkeit und unterbleibt daher.

Durch Satz I haben wir die Existenz von $\sqrt[m]{\alpha}$ für $\alpha > 0$ gezeigt und durch den Beweis auch eine Methode zur Bestimmung dieser Zahl gegeben. Es wurde $\sqrt[m]{\alpha}$ in Form eines Dezimalbruches erhalten, bei dem die einzelnen Dezimalstellen der Reihe nach gefunden wurden. Hätte man beim Beweise des Satzes I das Intervall in f (f beliebige ganze positive Zahl > 1) statt in 10 Teile eingeteilt, so würde man $\sqrt[m]{\alpha}$ statt in der Form eines Dezimalbruches in der eines systematischen Bruches mit der Grundzahl f erhalten.

Wir geben noch einen zweiten Beweis für die Existenz von $\sqrt[m]{\alpha}$; dieser wird ebenso wie derjenige von Satz I auch eine Methode zur numerischen Berechnung von $\sqrt[m]{\alpha}$ liefern, die vor der des Satzes I noch den Vorzug hat, einheitlich zu sein und nicht auf Probieren zu beruhen. Wir formulieren dieses Verfahren als

Satz II. Sind a und α irgend zwei beliebige positive Zahlen, m irgend eine ganze positive Zahl $\geqq 2$ und bildet man sich die zwei Folgen:

$$(1) \qquad a_1' = a + \frac{\alpha - a^m}{m\,a^{m-1}}, \quad a_2' = a_1' + \frac{\alpha - a_1'^m}{m\,a_1'^{m-1}}, \quad a_3' = a_2' + \frac{\alpha - a_2'^m}{m\,a_2'^{m-1}}, \quad \ldots,$$

$$(2) \qquad a_1 = \frac{\alpha}{a_1'^{m-1}}, \qquad a_2 = \frac{\alpha}{a_2'^{m-1}}, \qquad a_3 = \frac{\alpha}{a_3'^{m-1}}, \qquad \ldots,$$

so ist die zweite Folge aufsteigend, die erste absteigend, und beide bilden zwei zusammengehörige Definitionsfolgen. Die durch $\binom{a_n}{a_n'}$ definierte Zahl ist positiv und hat die Zahl α zur m^{ten} Potenz. Anders ausgedrückt: Die Zahl $\binom{a_n}{a_n'}$ ist die m^{te} Wurzel aus α, unabhängig von der Wahl der Zahl a.

Unter f sei im folgenden irgend eine beliebige positive Zahl verstanden. Wir bilden $\left(1 + \frac{\alpha - f^m}{m\,f^m}\right)^m$. Da $1 + \frac{\alpha - f^m}{m\,f^m} = \frac{(m-1)f^m + \alpha}{m\,f^m}$ positiv ist, können wir den Hilfssatz II auf Seite 193 anwenden und erhalten die Ungleichung[1]:

$$\left(1 + \frac{\alpha - f^m}{m\,f^m}\right)^m \geqq 1 + \frac{\alpha - f^m}{f^m} \quad \text{oder} \quad \geqq \frac{\alpha}{f^m}.$$

Wir verwenden diese Ungleichung im folgenden in der Form

$$(3) \qquad \left(f + \frac{\alpha - f^m}{m\,f^{m-1}}\right)^m \geqq \alpha.$$

Die in (1) auftretenden Zahlen $a, a_1', a_2', \ldots$ sind, wie aus ihrer Bildung:

$$a_1' = \frac{(m-1)\,a^m + \alpha}{m\,a^{m-1}}, \qquad a_2' = \frac{(m-1)\,a_1'^m + \alpha}{m\,a_1'^{m-1}}, \qquad \ldots$$

---

[1] Das Gleichheitszeichen gilt nur für $\alpha = f^m$.

sukzessiv hervorgeht, sämtlich positiv, da a und α positiv angenommen wurden. Wir können daher in (3) für f der Reihe nach die Zahlen $a, a_1', a_2', \ldots$ wählen und ersehen aus der Art und Weise, wie sie in (1) eingeführt sind, daß alle Potenzen $a_1'^m, a_2'^m, a_3'^m, \ldots \geqq \alpha$ sind.

Die Differenz

$$a'_{n-1} - a'_n = a'_{n-1} - a'_{n-1} - \frac{\alpha - a'^m_{n-1}}{m a'^{m-1}_{n-1}} = \frac{a'^m_{n-1} - \alpha}{m a'^{m-1}_{n-1}}$$

hat nach dem zuletzt gewonnenen Resultat einen Zähler, der niemals negativ ist. Da der Nenner $m a'^{m-1}_{n-1}$ positiv ist, ergibt sich $a'_{n-1} - a'_n \geqq 0$, also $a'_{n-1} \geqq a'_n$, d. h. die Folge (1) ist absteigend.

Da $a'_{n-1} \geqq a'_n$ $(n = 2, 3, \ldots)$ ist und die a'_n positive Zahlen sind, so wird $\frac{1}{a'_n} \geqq \frac{1}{a'_{n-1}}$. Hieraus ergibt sich durch Erheben in die $(m-1)^{\text{te}}$ Potenz und Multiplikation mit der positiven Zahl α, daß $\frac{\alpha}{a'^{m-1}_n} \geqq \frac{\alpha}{a'^{m-1}_{n-1}}$ wird. Mithin ist die Folge (2) eine aufsteigende Folge. Die Bildung der Differenz

$$a'_n - a_n = a'_n - \frac{\alpha}{a'^{m-1}_n} = \frac{a'^m_n - \alpha}{a'^{m-1}_n}$$

belehrt uns, da $a'^m_n \geqq \alpha$ war, daß $a'_n - a_n \geqq 0$ ist. Mithin erfüllen die zwei Folgen (1) und (2) auch die dritte für zwei zusammengehörige Definitionsfolgen erforderliche Bedingung B_3) auf Seite 150. Um den Nachweis zu führen, daß $\begin{pmatrix} a_n \\ a_n' \end{pmatrix}$ tatsächlich eine Zahl definiert, ist noch zu zeigen, daß, wenn ε eine beliebig vorgegebene positive Zahl ist, man stets eine ganze positive Zahl k so finden kann, daß

$$a'_{k+\sigma} - a_{k+\sigma} < \varepsilon \quad (\sigma = 0, 1, 2, \ldots)$$

ist, also die Bedingung B_4) auf Seite 151 erfüllt wird. Zu dem Zweck berechnen wir aus (1) und (2) den Wert der Differenz

$$a'_{n+1} - a_{n+1} = a'_n + \frac{\alpha - a'^m_n}{m a'^{m-1}_n} - \frac{\alpha}{a'^{m-1}_{n+1}} = \frac{m-1}{m} a'_n - \frac{\alpha}{a'^{m-1}_n}\left[-\frac{1}{m} + \left(\frac{a'_n}{a'_{n+1}}\right)^{m-1}\right]$$

$$= \frac{m-1}{m} a'_n - a_n\left[\left(\frac{a'_n}{a'_{n+1}}\right)^{m-1} - \frac{1}{m}\right].$$

Nun ist, da die Folge (1) absteigend ist, $a'_n \geqq a'_{n+1}$. Mithin wird

$$\left(\frac{a'_n}{a'_{n+1}}\right)^{m-1} \geqq 1,$$

also

$$\left(\frac{a'_n}{a'_{n+1}}\right)^{m-1} - \frac{1}{m} \geqq 1 - \frac{1}{m};$$

demnach hat man

$$-\left[\left(\frac{a'_n}{a'_{n+1}}\right)^{m-1} - \frac{1}{m}\right] \leqq -\left(1 - \frac{1}{m}\right)$$

und erhält für die Differenz $a'_{n+1} - a_{n+1}$ die Ungleichung

$$a'_{n+1} - a_{n+1} \leqq \frac{m-1}{m} \cdot a'_n - a_n\left(1 - \frac{1}{m}\right)$$

oder

$$a'_{n+1} - a_{n+1} \leqq \left(1 - \frac{1}{m}\right)(a'_n - a_n).$$

Die wiederholte Anwendung der zuletzt gefundenen Ungleichung liefert

$$a'_{n+1} - a_{n+1} \leqq \left(1 - \frac{1}{m}\right)^n (a_1' - a_1).$$

Setzt man in dieser Relation $n = k + \sigma - 1$, so ergibt sich:

$$a'_{k+\sigma} - a_{k+\sigma} \leqq \left(1 - \frac{1}{m}\right)^{k+\sigma-1} (a_1' - a_1).$$

Da $1 - \frac{1}{m}$ ein echter Bruch ist, so ist

$$\left(1 - \frac{1}{m}\right)^{k+\sigma-1} \leqq \left(1 - \frac{1}{m}\right)^{k-1},$$

und man hat

$$a'_{k+\sigma} - a_{k+\sigma} \leqq \left(1 - \frac{1}{m}\right)^{k-1} (a_1' - a_1).$$

Da $\frac{1}{1 - \frac{1}{m}} > 1$ ist, kann man nach dem Hilfssatz III auf Seite 193 eine ganze positive Zahl k finden, daß $\left(\frac{1}{1 - \frac{1}{m}}\right)^{k-1}$ größer als die Zahl $\frac{a_1' - a_1}{\varepsilon}$ wird. Aus der Ungleichung

$$\frac{1}{\left(1 - \frac{1}{m}\right)^{k-1}} > \frac{a_1' - a_1}{\varepsilon}$$

ergibt sich schließlich $a'_{k+\sigma} - a_{k+\sigma} < \varepsilon$ ($\sigma = 0, 1, 2, \ldots$). Hiermit ist gezeigt, daß $\binom{a_n}{a_n'}$ tatsächlich eine reelle Zahl ist. Diese ist positiv, da dasselbe von den Zahlen a_n, a_n' ($n = 1, 2, \ldots$) gilt.

Um noch den Wert der durch die Folgen (1) und (2) definierten Zahl zu bestimmen, beachten wir, daß, wie oben gefunden, $a'^m_n \geqq \alpha$ ($n = 1, 2, 3, \ldots$) ist. Ferner ist $a_n = \frac{\alpha}{a'^{m-1}_n}$, also $a_n \cdot a'^{m-1}_n = \alpha$. Aus der für die zwei zusammengehörigen Definitionsfolgen bereits abgeleiteten Ungleichung B$_3$) $a_n \leqq a'_n$ folgt $a^{m-1}_n \leqq a'^{m-1}_n$. Mithin ist $a^m_n \leqq \alpha$. Die Ungleichungen

$$a^m_n \leqq \alpha \leqq a'^m_n \quad (n = 1, 2, \ldots)$$

besagen nach dem Satz II auf Seite 82, daß die m^{te} Potenz der durch die zwei Definitionsfolgen (1) und (2) erklärten Zahl $\binom{a_n}{a_n'}$ gleich α ist. Daß es keine zwei solche ungleiche positive Zahlen gibt, ist bereits auf Seite 195 gezeigt. Es ist also

$$\binom{a_n}{a_n'} = \sqrt[m]{\alpha}.$$

Die angegebene Methode der Bestimmung der m^{ten} Wurzel geht auf NEWTON[1] zurück. Die Zahlen der Folge (1) lassen sich geometrisch auf folgende Art gewinnen: Man betrachte die Kurve $Y = X^m - \alpha$, wobei X und Y die variablen Koordinaten bedeuten. Auf dieser Kurve wähle man einen Punkt mit der Abszisse $X = a$, der Ordinate $Y = a^m - \alpha$ und konstruiere in ihm die Tangente, deren Gleichung $Y - (a^m - \alpha) = m\,a^{m-1}(X - a)$ lautet. Der Schnittpunkt dieser Tangente mit der X-Achse hat die Abszisse $a'_1 = \frac{m-1}{m}\,a + \frac{\alpha}{m\,a^{m-1}}$. Wählt man für den Kurvenpunkt a, $a^m - \alpha$ denjenigen mit der Abszisse a_1' und der Ordinate $a_1'^{\,m} - \alpha$, so gelangt man zu a_2' usw.

Für die numerische Berechnung sei erwähnt, daß für a praktisch eine Zahl gewählt wird, die der Ungleichung $a^m > \alpha$ genügt und von der man durch Probieren bereits weiß, daß sie sich der m^{ten} Wurzel aus α gut nähert. Ist $a^m > \alpha$, so wird nach (1)

$$a_1' = \frac{m-1}{m}\,a + \frac{\alpha}{m \cdot a^{m-1}} < a,$$

und man hat $a^m > a_1'^{\,m} > \alpha$, so daß a_1' der m^{ten} Wurzel aus α näher kommt als a. Wir geben noch als Beispiel einer numerischen Berechnung die Bestimmung von $\sqrt[3]{4}$. Die willkürliche Zahl a wählen wir zunächst gleich $\frac{5}{3} = 1{,}66\ldots$ Alsdann wird:

$$a_1' = \frac{2}{3}\cdot\frac{5}{3} + \frac{4}{3}\cdot\frac{9}{25} = \frac{358}{225} = 1{,}5911\ldots,$$

und man hat $(1{,}66\ldots)^3 > (1{,}5911\ldots)^3 > 4$. Es ist also sicher $1{,}5912^3 > 4$. Operiert man jetzt statt mit $\frac{5}{3}$ mit 1,5912 als Ausgangszahl a, so wird

$$a_1' = \frac{2}{3}\cdot 1{,}5912 + \frac{4}{3 \cdot 1{,}5912^2} = 1{,}5874\ldots,$$

und man hat $1{,}5912^3 > (1{,}5874\ldots)^3 > 4$. Man kann alsdann 1,5875 als bessere Ausgangszahl wählen und den Prozeß so fortsetzen. Wir begnügen uns damit, aus $a_1' = 1{,}5874\ldots$ die Zahl $a_1 = \frac{4}{(1{,}5874\ldots)^2}$ zu bilden. Dann ist $a_1^3 < \alpha < a_1'^{\,3}$, also $\left[\frac{4}{(1{,}5874\ldots)^2}\right]^3 < 4 < (1{,}5874\ldots)^3$ Es ist aber

$$\frac{4}{(1{,}5874\ldots)^2} > \frac{4}{1{,}5875^2} = 1{,}5872\ldots$$

---

[1] Vgl. FOURIER, Analyse des équations déterminées (1831), deutsche Ausgabe in OSTWALDS Klassikern der exakten Wiss. Nr. 127, S. 177.

Mithin wird $(1{,}5872\ldots)^3 < 4 < (1{,}5874\ldots)^3$. Folglich ist $\sqrt[3]{4} = 1{,}587\ldots$ mit einer Genauigkeit auf drei Dezimalen.

Zur Charakterisierung der m^{ten} Wurzel aus irgend einer positiven Zahl α leiten wir folgenden zahlentheoretischen Hilfssatz ab, der auch sonst von Wichtigkeit ist:

Das Produkt zweier oder mehrerer ganzer positiver Zahlen, von denen jede einzelne teilerfremd zu einer ganzen positiven Zahl k ist, ist selbst teilerfremd zu k.

s_1 und s_2 seien zwei ganze positive Zahlen, von denen jede teilerfremd zu k ist. Angenommen, das Produkt $s_1 \cdot s_2$ hätte mit der Zahl k einen gemeinsamen Teiler d gemein, so müßten sowohl s_1 und d als auch s_2 und d teilerfremd sein; denn sonst hätten s_1 und k bzw. s_2 und k im Widerspruch mit unserer Voraussetzung, daß jede der zwei Zahlen s_1 und s_2 teilerfremd zu k sein sollte, einen gemeinsamen Teiler. Da $s_1 \cdot s_2$ durch d teilbar, s_1 und d teilerfremd sein sollten, so wäre nach dem zahlentheoretischen Satz auf Seite 121 s_2 durch d teilbar. Die Zahlen s_2 und d waren aber teilerfremd; aus diesem Widerspruch folgt, daß die gemachte Annahme falsch ist, also muß $s_1 \cdot s_2$ teilerfremd zu k sein. Durch wiederholte Anwendung ergibt sich, daß, falls jede der ganzen positiven Zahlen $s_1, s_2, \ldots, s_m$ teilerfremd zu k ist, dies auch für ihr Produkt $s_1 \cdot s_2 \cdots s_m$ zutrifft.

Aus dem Hilfssatz leitet man unmittelbar folgendes Korollar ab:

Sind l und k zwei teilerfremde ganze positive Zahlen, so sind, wenn m irgend eine ganze positive Zahl bedeutet, auch l^m und k^m stets teilerfremd.

Wir können uns nunmehr die Frage vorlegen: Unter welchen Bedingungen ist die m^{te} Wurzel aus einer positiven Zahl α eine rationale Zahl. Soll $\sqrt[m]{\alpha}$ gleich der rationalen Zahl $\frac{k}{l}$ sein, wobei k und l als teilerfremde ganze positive Zahlen angenommen seien, so ergibt sich aus $\alpha = \frac{k^m}{l^m}$, daß α selbst rational sein muß. α sei nunmehr gleich der rationalen Zahl $\frac{r}{s}$, wobei r und s teilerfremde ganze positive Zahlen bedeuten sollen. Aus $\frac{r}{s} = \frac{k^m}{l^m}$ folgt $r = \frac{k^m s}{l^m}$. Da k und l teilerfremd sind, trifft dies nach dem zuletzt bewiesenen Korollar auch für k^m und l^m zu. Da $k^m \cdot s$ durch l^m teilbar ist, muß s durch l^m teilbar sein (vgl. S. 121). Mithin muß eine ganze positive Zahl ϱ existieren, so daß $s = \varrho \cdot l^m$ ist. Aus $r = \frac{k^m s}{l^m}$ folgt alsdann $r = \varrho \cdot k^m$. Da r und s teilerfremd sein sollten, kann ϱ nur den Wert 1 besitzen, und man hat $s = l^m$, $r = k^m$. Hiermit ist bewiesen: Die m^{te} Wurzel aus einer positiven Irrationalzahl ist irrational; die m^{te} Wurzel aus einer positiven rationalen Zahl ist rational oder irrational. Soll $\sqrt[m]{\frac{r}{s}}$ rational sein, wobei r und s zwei teilerfremde ganze positive Zahlen bedeuten, so müssen sowohl r als auch s m^{te} Potenzen ganzer positiver Zahlen sein. Im besonderen ergibt sich durch die Spezialisierung $s = 1$: Die m^{te} Wurzel aus einer ganzen positiven Zahl ist stets ganzzahlig oder irrational.

§ 3.

Die Potenz mit rationalem Exponenten.

Wir wenden uns zum Satz I des vorigen Paragraphen zurück. Aus ihm folgt, daß die Gesamtheit der reellen positiven Zahlen, wenn man sie multiplikativ verknüpft, eine kommutative Wurzelgruppe bildet, die auch die Postulate Gr_5) und Gr_6) auf Seite 160 erfüllt.

Da die reellen positiven Zahlen bei ihrer Multiplikation eine Wurzelgruppe bilden, kann man bei Beschränkung der Basis α auf positive Zahlen, wie sie tatsächlich dem Wurzelziehen auferlegt wurde, den Potenzbegriff so ausdehnen, daß als Exponenten nicht nur ganze, sondern beliebige rationale Zahlen verwendet werden dürfen (vgl. Seite 161 und 162).

Ist $-m$ eine ganze negative Zahl und α eine beliebige positive Zahl, so gibt es stets eine positive Zahl ξ und keine zu ihr ungleiche, so daß $\xi^{-m} = \alpha$ ist; denn die durch Übergang zu den reziproken Zahlen entstehende Gleichung $\xi^m = \alpha^{-1} = \frac{1}{\alpha}$ hat, wie bewiesen, eine und keine ihr ungleiche positive Lösung $\xi = \sqrt[m]{\frac{1}{\alpha}}$.

Wir können demnach definieren: Ist α irgend eine positive, p irgend eine ganze, positive oder negative, aber zu 0 ungleiche Zahl, so soll unter $\alpha^{\frac{1}{p}}$ die positive Zahl verstanden werden, deren p^{te} Potenz gleich α ist. Bedeutet m eine ganze positive Zahl, so ist, wenn $p = m$,

$$\alpha^{\frac{1}{p}} = \alpha^{\frac{1}{m}} = \sqrt[m]{\alpha}$$

und, wenn $p = -m$,

$$\alpha^{\frac{1}{p}} = \alpha^{-\frac{1}{m}} = \sqrt[m]{\frac{1}{\alpha}}.$$

Sind q und p irgendwelche ganze Zahlen, von denen $p \neq 0$ ist, so definieren wir, daß unter $\alpha^{\frac{q}{p}}$ stets $\left(\alpha^{\frac{1}{p}}\right)^q$ verstanden werden soll. Da α und $\alpha^{\frac{1}{p}}$ stets positive Werte haben, so trifft es auch für $\alpha^{\frac{q}{p}}$ zu; speziell ist $1^{\frac{q}{p}} = \left(1^{\frac{1}{p}}\right)^q = 1$. Bedeuten $\frac{q}{p}$ und $\frac{q_1}{p_1}$ gleiche Brüche, so ist nach dem Satze VII auf Seite 162 $\alpha^{\frac{q}{p}} = \alpha^{\frac{q_1}{p_1}}$, also im besonderen, wenn $\frac{q}{p}$ gleich dem reduzierten Bruche $\frac{r}{s}$ ist, $\alpha^{\frac{q}{p}} = \alpha^{\frac{r}{s}}$. Die Potenz $\alpha^{\frac{q}{p}}$ hängt mithin nicht von der Form ab, in der man den Bruch $\frac{q}{p}$ schreibt, und stimmt daher, wenn $\frac{q}{p}$ speziell gleich einer ganzen Zahl r ist, mit α^r

überein, so daß die aus der neuen Definition resultierende ganzzahlige Potenz nicht der schon früher definierten ganzzahligen Potenz widerspricht.

Überträgt man die Sätze I' bis V' auf Seite 163 bis 165 in die neue Bezeichnungsweise und setzt hierbei $\lambda = \frac{q}{p}$, $\lambda_1 = \frac{q_1}{p_1}$, so erhält man die folgenden grundlegenden Gleichungen, bei denen α und β beliebige positive reelle Zahlen, λ und λ_1 beliebige rationale Zahlen bedeuten:

$$(1) \qquad \alpha^{\lambda} \cdot \alpha^{\lambda_1} = \alpha^{\lambda + \lambda_1},$$

$$(2) \qquad (\alpha^{\lambda})^{\lambda_1} = \alpha^{\lambda \cdot \lambda_1},$$

$$(3) \qquad \alpha^{\lambda} \cdot \beta^{\lambda} = (\alpha \cdot \beta)^{\lambda}.$$

Ist $\alpha^{\lambda} = \beta^{\lambda}$, so ist $\alpha = \beta$, falls $\lambda \neq 0$.

Ist $\alpha^{\lambda} = \alpha^{\lambda_1}$, so ist $\lambda = \lambda_1$, falls $\alpha \neq 1$.

Aus (3) folgt $\left(\frac{\alpha}{\beta}\right)^{\lambda} \cdot \beta^{\lambda} = \alpha^{\lambda}$. Mithin ist

$$(4) \qquad \left(\frac{\alpha}{\beta}\right)^{\lambda} = \frac{\alpha^{\lambda}}{\beta^{\lambda}}.$$

Wählt man in (4) für α die Zahl 1, so hat man:

$$(4_1) \qquad \left(\frac{1}{\beta}\right)^{\lambda} = \frac{1}{\beta^{\lambda}}.$$

Die Gleichung (1) enhält als Spezialfall die Relation

$$\alpha^{\lambda} \cdot \alpha^{-\lambda} = \alpha^{\lambda - \lambda} = \alpha^0 = 1.$$

Mithin hat man

$$(5) \qquad \alpha^{-\lambda} = \frac{1}{\alpha^{\lambda}} = \left(\frac{1}{\alpha}\right)^{\lambda} \quad \text{nach } (4_1).$$

Aus (5) folgt

$$\frac{\alpha^{\lambda}}{\alpha^{\lambda_1}} = \alpha^{\lambda} \cdot \frac{1}{\alpha^{\lambda_1}} = \alpha^{\lambda} \cdot \alpha^{-\lambda_1} = \alpha^{\lambda - \lambda_1} \quad \text{nach (1)}.$$

Speziell folgt aus der Gleichung (2), wenn p und q ganze Zahlen bedeuten, von denen $p \neq 0$ ist, daß

$$(6) \qquad \left(\alpha^{\frac{1}{p}}\right)^{q} = \alpha^{\frac{q}{p}} = (\alpha^{q})^{\frac{1}{p}}.$$

Setzt man $\lambda = \frac{q}{p}$, $\lambda_1 = \frac{q_1}{p_1}$, wobei q und q_1 beliebige ganze Zahlen, p und und p_1 beliebige ganze positive Zahlen bedeuten, so lassen sich die mit (1) bis (6) numerierten Gleichungen auch als solche mit Wurzelzeichen schreiben. Die Beschränkung von p und p_1 auf ganze positive Zahlen findet deswegen statt, weil man sich des Wurzelzeichens nur für ganze positive Wurzelexponenten zu bedienen pflegt. Es ist also

$$(1) \qquad \alpha^{\frac{q}{p}} \cdot \alpha^{\frac{q_1}{p_1}} = \alpha^{\frac{q}{p} + \frac{q_1}{p_1}} = \alpha^{\frac{q p_1 + p q_1}{p p_1}}$$

und hieraus

(1′) $$\sqrt[p]{\alpha^q} \cdot \sqrt[p_1]{\alpha^{q_1}} = \sqrt[p p_1]{\alpha^{q p_1 + p q_1}}.$$

(2′) $$\sqrt[p_1]{\left(\sqrt[p]{\alpha^q}\right)^{q_1}} = \sqrt[p p_1]{\alpha^{q q_1}}.$$

(3′) $$\sqrt[p]{\alpha^q} \cdot \sqrt[p]{\beta^q} = \sqrt[p]{(\alpha\beta)^q}.$$

Ist $\sqrt[p]{\alpha^q} = \sqrt[p]{\beta^q}$, so ist $\alpha = \beta$, falls $q \neq 0$.

$\sqrt[p]{\alpha^q} = \sqrt[p_1]{\alpha^{q_1}}$ und $\frac{q}{p} = \frac{q_1}{p_1}$ bedingen sich gegenseitig, falls $\alpha \neq 1$ ist.

(4′) $$\sqrt[p]{\left(\frac{\alpha}{\beta}\right)^q} = \frac{\sqrt[p]{\alpha^q}}{\sqrt[p]{\beta^q}}.$$

(4₁′) $$\sqrt[p]{\left(\frac{1}{\beta}\right)^q} = \frac{1}{\sqrt[p]{\beta^q}}.$$

(5′) $$\sqrt[p]{\alpha^{-q}} = \sqrt[p]{\left(\frac{1}{\alpha}\right)^q}.$$

(6′) $$\left(\sqrt[p]{\alpha}\right)^q = \sqrt[p]{\alpha^q}.$$

Es ist

$$\frac{\sqrt[p]{\alpha^q}}{\sqrt[p_1]{\alpha^{q_1}}} = \frac{\sqrt[p p_1]{\alpha^{q p_1}}}{\sqrt[p p_1]{\alpha^{q_1 p}}} = \sqrt[p p_1]{\alpha^{q p_1}} \cdot \sqrt[p p_1]{\alpha^{-q_1 p}} \text{ nach } (4_1') \text{ und } (5')$$

$$= \sqrt[p p_1]{\alpha^{q p_1 - p q_1}} \text{ nach } (1').$$

Wir wenden uns nun zur Untersuchung der Abhängigkeit einer Potenz von ihrem Exponenten. Zu dem Zweck beweisen wir:

Satz II. Ist α eine positive Zahl und $\frac{q}{p}$ eine beliebige rationale positive Zahl, so ist $\alpha^{\frac{q}{p}}$ größer, gleich oder kleiner als 1, je nachdem es für α zutrifft.

Zunächst sei $\alpha > 1$. Bei dem positiven Bruch $\frac{q}{p}$ seien sowohl q als auch p positiv angenommen. Wäre $\alpha^{\frac{q}{p}} \leqq 1$, so würde nach dem Hilfssatz I auf Seite 193 folgen, daß $\left(\alpha^{\frac{q}{p}}\right)^p \leqq 1^p$ und demnach $\alpha^q \leqq 1$ wäre. Aus der gemachten Annahme $\alpha > 1$ ergibt sich aber nach dem gleichen Hilfssatz im Widerspruch hierzu $\alpha^q > 1$. Mithin ist unsere Annahme falsch, und es ist $\alpha^{\frac{q}{p}} > 1$. Ähnlich zeigt man, daß, falls $\alpha < 1$ und $\frac{q}{p}$ ein positiver Bruch ist, stets $\alpha^{\frac{q}{p}} < 1$ ist. Schließlich ist $1^{\frac{q}{p}} = \left(1^{\frac{1}{p}}\right)^q = 1$.

Aus Satz II ergibt sich:

Satz IIIa. Sind α und β beliebige positive Zahlen und λ eine beliebige positive rationale Zahl, so ist $\alpha^\lambda < \beta^\lambda$, wenn $\alpha < \beta$.

Da $\alpha < \beta$ und β positiv ist, so ist $\frac{\alpha}{\beta} < 1$ und demnach nach Satz II $\left(\frac{\alpha}{\beta}\right)^\lambda < 1$. Durch Multiplikation dieser Ungleichung mit der positiven Zahl β^λ kommt nach Gleichung (4): $\alpha^\lambda < \beta^\lambda$.

Satz IIIb. Sind α und β beliebige positive Zahlen und λ eine beliebige negative rationale Zahl, so ist $\beta^\lambda < \alpha^\lambda$, wenn $\alpha < \beta$.

Ist λ negativ, so ist $-\lambda$ positiv. Mithin folgt, da $\alpha < \beta$, nach Satz IIIa, daß $\alpha^{-\lambda} < \beta^{-\lambda}$. Durch Multiplikation dieser Ungleichung mit der positiven Zahl $\alpha^\lambda \cdot \beta^\lambda$ ergibt sich nach (1), wie wir beweisen wollten, $\beta^\lambda < \alpha^\lambda$.

Satz IV. Sind λ und λ_1 beliebige rationale Zahlen und ist $\lambda_1 > \lambda$, so ist

(IVa) $$\alpha^{\lambda_1} > \alpha^\lambda, \text{ wenn } 1 < \alpha,$$

und es ist

(IVb) $$\alpha^{\lambda_1} < \alpha^\lambda, \text{ wenn } 0 < \alpha < 1.$$

Da $\lambda_1 > \lambda$, so ist $\lambda_1 - \lambda > 0$. Demnach erhält man nach Satz II, falls $\alpha > 1$, die Ungleichung $\alpha^{\lambda_1 - \lambda} > 1$, und, falls $0 < \alpha < 1$ ist, $\alpha^{\lambda_1 - \lambda} < 1$. Durch Multiplikation der gewonnenen Ungleichungen mit α^λ ergeben sich nach (1) die in (IVa) und (IVb) ausgesprochenen Relationen. Hieran schließen wir den uns im folgenden Paragraphen nützlichen

Satz V. Ist α irgend eine positive Zahl, so kann man für jedes beliebig klein vorgegebene positive ε stets eine derartige ganze positive Zahl m finden, daß für alle rationalen Zahlen x, die zwischen $-\frac{1}{m}$ und $\frac{1}{m}$ liegen, die Grenzen eingeschlossen, die Ungleichung

$$1 - \varepsilon < \alpha^x < 1 + \varepsilon$$

stattfindet.

Da $1 + \varepsilon > 1$ ist, existiert nach Hilfssatz III auf Seite 193 eine ganze positive Zahl m, für die $(1 + \varepsilon)^m > \alpha$ wird. Aus dieser Ungleichung folgt nach Satz IIIa:

(7) $$1 + \varepsilon > \alpha^{\frac{1}{m}} \quad \text{oder} \quad \alpha^{-\frac{1}{m}} > \frac{1}{1 + \varepsilon}.$$

Nun ist $1 > 1 - \varepsilon^2$, d. h. $1 > (1 + \varepsilon)(1 - \varepsilon)$ und daher $\frac{1}{1 + \varepsilon} > 1 - \varepsilon$. Folglich wird

(8) $$\alpha^{-\frac{1}{m}} > 1 - \varepsilon.$$

Zunächst sei $\alpha > 1$ angenommen. Alsdann ist nach (IVa) in Satz IV für alle rationalen Werte x, die der Ungleichung $-\frac{1}{m} \leqq x \leqq +\frac{1}{m}$ genügen,

$$\alpha^{-\frac{1}{m}} \leqq \alpha^x \leqq \alpha^{+\frac{1}{m}}.$$

Hieraus folgt nach (7) und (8) für $\alpha > 1$ das gewünschte Resultat $1 - \varepsilon < \alpha^x < 1 + \varepsilon$.

Ist $0 < \alpha < 1$, so ist $\frac{1}{\alpha} > 1$. Alsdann kann man, wie bereits bewiesen, eine ganze positive Zahl m finden, so daß für alle rationalen y, die der Ungleichung

(9) $$-\frac{1}{m} \leqq y \leqq +\frac{1}{m}$$

genügen, $1 - \varepsilon < \left(\frac{1}{\alpha}\right)^y < 1 + \varepsilon$ wird. Setzt man $x = -y$, so erhält man die in Satz V gewünschte Ungleichung $1 - \varepsilon < \alpha^x < 1 + \varepsilon$.

Aus der Ungleichung (9) folgt, daß, wenn man $x = -y$ setzt, x ebenso wie y, nur in umgekehrter Reihenfolge, die rationalen Zahlen des Intervalles von $-\frac{1}{m}$ bis $+\frac{1}{m}$ durchläuft; folglich hat man die Ungleichung $-\frac{1}{m} \leqq x \leqq +\frac{1}{m}$. Hiermit ist Satz V auch für positive $\alpha < 1$ bewiesen.

§ 4.

Die Potenz mit irrationalem Exponenten.

Wir können bisher bilden: y^m, wenn y alle reellen Werte durchläuft und der Exponent m eine ganze positive oder negative Zahl ist (§ 1). Ferner $y^{\frac{q}{p}}$, wenn y alle positiven Werte durchläuft und der Exponent $\frac{q}{p}$ irgend eine rationale, nicht ganze Zahl ist (§ 3). In diesem Paragraphen soll der Potenzbegriff bei Beibehaltung der positiven Basis so erweitert werden, daß der Exponent, der bisher rational sein mußte, auch eine beliebige irrationale Zahl sein darf. Wir werden also zu Potenzen y^x gelangen, bei denen y alle positiven und x alle reellen Zahlen durchlaufen kann. Hält man eine positive Zahl α unveränderlich fest, und läßt man x alle reellen Zahlen durchlaufen, so heißt α^x die Exponentialfunktion für die Basis α. Sind α und ξ zwei feste Zahlen ($\alpha > 0$), so heißt α^ξ auch für irrationale ξ eine Potenz mit der Basis α und dem Exponenten ξ.

Zur Einführung von α^ξ ist zunächst eine Hilfsbetrachtung nötig. $\alpha = \binom{a_n}{a_n'}$ sei eine beliebige positive Zahl, von der wir voraussetzen, daß $\alpha \geqq 1$ ist. Die Zahl $\alpha = \binom{a_n}{a_n'}$ sei so vorgegeben, daß in den zwei zusammengehörigen Definitionsfolgen, die sie bestimmen, alle Zahlen a_n, a_n' ($n = 1, 2, \ldots$) ausnahmslos $\geqq 1$ sind. Die Zahlen a_n, a_n' können hierbei rational oder irrational sein. $\xi = \binom{x_n}{x_n'}$ sei eine reelle Zahl, von der wir voraussetzen, daß sie erstens positiv ist und zweitens so vorgelegt sei, daß alle Zahlen x_n, x_n' ($n = 1, 2, \ldots$) der zwei zusammengehörigen Definitionsfolgen, die ξ definieren, ausnahmslos positiv und rational sind. Wir bilden uns die zwei Folgen:

(1) $$a_1^{x_1}, \quad a_2^{x_2}, \quad a_3^{x_3}, \quad \ldots, \quad a_n^{x_n}, \quad \ldots$$

(2) $$a_1'^{x_1'}, \quad a_2'^{x_2'}, \quad a_3'^{x_3'}, \quad \ldots, \quad a_n'^{x_n'}, \quad \ldots$$

Von diesen zwei Folgen soll nachgewiesen werden, daß sie unter den gemachten Voraussetzungen den Bedingungen B_1) bis B_4) auf Seite 150 genügen und daß demnach $\begin{pmatrix} a_n^{x_n} \\ a_n'^{x_n'} \end{pmatrix}$ eine Zahl definiert.

Aus $x_n \leqq x_{n+1}$ und $1 \leqq a_n$ folgt nach (IVa) auf Seite 204 $a_n^{x_n} \leqq a_n^{x_{n+1}}$; da ferner $a_n \leqq a_{n+1}$ und x_{n+1} positiv ist, so ist nach Satz IIIa auf Seite 204 $a_n^{x_{n+1}} \leqq a_{n+1}^{x_{n+1}}$. Folglich wird $a_n^{x_n} \leqq a_{n+1}^{x_{n+1}}$, d. h. die erste Folge ist eine aufsteigende Folge. Ebenso schließt man aus $x_n' \geqq x_{n+1}'$ und $1 \leqq a_n'$, daß $a_n'^{x_n'} \geqq a_n'^{x_{n+1}'}$; da ferner $a_n' \geqq a_{n+1}'$ und x_{n+1}' positiv ist, so hat man $a_n'^{x_{n+1}'} \geqq a_{n+1}'^{x_{n+1}'}$ und erhält schließlich $a_n'^{x_n'} \geqq a_{n+1}'^{x_{n+1}'}$, d. h. die zweite Folge ist eine absteigende Folge. Aus $x_n' \geqq x_n$ und $1 \leqq a_n$ folgt $a_n^{x_n'} \geqq a_n^{x_n}$. Da $a_n' \geqq a_n$ und x_n' positiv ist, so erhält man $a_n'^{x_n'} \geqq a_n^{x_n'}$ und mithin $a_n'^{x_n'} \geqq a_n^{x_n}$. Folglich wird von den zwei Folgen (1) und (2) auch die Bedingung B_3) erfüllt.

Um noch zu zeigen, daß die Zahlen unserer zwei Folgen (1) und (2) auch die Bedingung B_4) befriedigen, ist nachzuweisen, daß, wenn ε eine beliebig vorgegebene positive Zahl ist, man eine ganze positive Zahl k finden kann, daß die unendlich vielen Ungleichungen $a_{k+\sigma}'^{x_{k+\sigma}'} - a_{k+\sigma}^{x_{k+\sigma}} < \varepsilon$ für alle $\sigma = 0, 1, 2, \ldots$ erfüllt werden. Da die $a_n^{x_n}$ eine aufsteigende, die $a_n'^{x_n'}$ eine absteigende Folge bilden, so besteht die Ungleichung

(3) $$a_{k+\sigma}'^{x_{k+\sigma}'} - a_{k+\sigma}^{x_{k+\sigma}} \leqq a_k'^{x_k'} - a_k^{x_k}.$$

Nun ist

(4) $$\begin{cases} a_k'^{x_k'} - a_k^{x_k} = \left(a_k'^{x_k'} - a_k'^{x_k}\right) + \left(a_k'^{x_k} - a_k^{x_k}\right) \\ \qquad = \left(a_k'^{x_k' - x_k} - 1\right) a_k'^{x_k} + \left(\left(\dfrac{a_k'}{a_k}\right)^{x_k} - 1\right) a_k^{x_k}. \end{cases}$$

g bedeute irgend eine ganze positive Zahl, die wir $\geqq \xi$ wählen. Da für jeden ganzzahligen Index k stets $x_k \leqq \xi$ (Satz I auf Seite 82) ist, so ist $x_k \leqq g$. Aus der Ungleichung $1 \leqq \dfrac{a_k'}{a_k}$ ergibt sich demnach (IVa auf Seite 204), daß $\left(\dfrac{a_k'}{a_k}\right)^{x_k} \leqq \left(\dfrac{a_k'}{a_k}\right)^{g}$ und folglich

(5) $$\left(\frac{a_k'}{a_k}\right)^{x_k} - 1 \leqq \left(\frac{a_k'}{a_k}\right)^{g} - 1.$$

Da $1 \leqq a_k$ ist, so wird

(6) $$a_k^{x_k} \leqq a_k^{g}.$$

Aus (5) und (6) folgt durch Multiplikation

(7) $$\left(\left(\frac{a_k'}{a_k}\right)^{x_k} - 1\right) \cdot a_k^{x_k} \leqq a_k'^{g} - a_k^{g}.$$

Nun ist, wie man durch Ausmultiplizieren ersieht:

$$a_k'^{g} - a_k^{g} = (a_k' - a_k) \cdot \left(a_k'^{g-1} + a_k'^{g-2} \cdot a_k + a_k'^{g-3} a_k^2 + \ldots + a_k^{g-1}\right);$$

aus dieser Gleichung folgt bei Beachtung der Ungleichung $a_k' \geqq a_k$, da rechter Hand in der Klammer g positive Summanden stehen, daß

(8) $$a_k'^g - a_k^g \leqq (a_k' - a_k)\, g \cdot a_k'^{g-1}.$$

Da die a_n' eine absteigende Folge bilden, ist $a_k' \leqq a_1'$ und folglich $a_k'^{g-1} \leqq a_1'^{g-1}$. Mithin geht die Ungleichung (7) über in

(9) $$\left(\left(\frac{a_k'}{a_k}\right)^{x_k} - 1\right) a_k^{x_k} \leqq (a_k' - a_k)\, g\, a_1'^{g-1}.$$

Da $x_k \leqq x_k'$ und $1 \leqq a_k'$, so ist $a_k'^{x_k} \leqq a_k'^{x_k'}$. Da die Folge (2) absteigend ist, hat man $a_k'^{x_k'} \leqq a_1'^{x_1'}$ und erhält folglich

(10) $$a_k'^{x_k} \leqq a_1'^{x_1'}.$$

Mittels (4), (10) und (9) geht die Ungleichung (3) über in

$$a_{k+\sigma}'^{x_{k+\sigma}'} - a_{k+\sigma}^{x_{k+\sigma}} \leqq \left(a_k'^{x_k'-x_k} - 1\right) \cdot a_1'^{x_1'} + (a_k' - a_k)\, g\, a_1'^{g-1}.$$

Da $a_k' \leqq a_1'$ und $x_k' - x_k$ nicht negativ ist, wird $a_k'^{x_k'-x_k} \leqq a_1'^{x_k'-x_k}$, und die letzte Ungleichung verwandelt sich in

(11) $$a_{k+\sigma}'^{x_{k+\sigma}'} - a_{k+\sigma}^{x_{k+\sigma}} \leqq \left(a_1'^{x_k'-x_k} - 1\right) a_1'^{x_1'} + (a_k' - a_k)\, g\, a_1'^{g-1}.$$

Nach Satz V auf Seite 204 kann man für jedes positive ε stets eine ganze positive Zahl m derart finden, daß, wenn die positive Zahl

(12) $$x_k' - x_k < \frac{1}{m}$$

ist, die Ungleichung

(13) $$a_1'^{x_k'-x_k} < 1 + \frac{\varepsilon}{2\, a_1'^{x_1'}}$$

erfüllt wird. Man bestimme eine ganze positive Zahl k so, daß die Ungleichung (12) gleichzeitig mit der Ungleichung

(12′) $$a_k' - a_k < \frac{\varepsilon}{2 g\, a_1'^{g-1}}$$

eintritt. Die Bestimmung einer solchen Zahl k, wie wir sie wünschen, ist stets möglich. Da nämlich $\binom{x_n}{x_n'}$ eine reelle Zahl ist, existiert nach der Bedingung B_4) eine ganze positive Zahl k_1, für die $x_{k_1+\sigma}' - x_{k_1+\sigma} < \frac{1}{m}$ ist. Da auch $\binom{a_n}{a_n'}$ eine reelle Zahl ist, existiert weiter eine ganze positive Zahl k_2, für die

$$a_{k_2+\sigma}' - a_{k_2+\sigma} < \frac{\varepsilon}{2 g\, a_1'^{g-1}}$$

wird. Hierbei bedeutet σ jede der Zahlen 0, 1, 2, ... Wählt man für k die größere der zwei Zahlen k_1 und k_2, so werden die Ungleichungen (12) und (12′) befriedigt, und die Ungleichung (11) geht nach (13) und (12′) über in

$$a_{k+\sigma}^{\prime x'_{k+\sigma}} - a_{k+\sigma}^{x_{k+\sigma}} < \frac{\varepsilon}{2} + \frac{\varepsilon}{2},$$

d. h.

$$a_{k+\sigma}^{\prime x'_{k+\sigma}} - a_{k+\sigma}^{x_{k+\sigma}} < \varepsilon.$$

Mithin erfüllen die in (1) und (2) vorliegenden Folgen auch die Bedingung B_4), und es ist $\begin{pmatrix} a_n^{x_n} \\ a_n'^{x_n'} \end{pmatrix}$ unter den gemachten Voraussetzungen eine Zahl.

Von der gefundenen Zahl $\begin{pmatrix} a_n^{x_n} \\ a_n'^{x_n'} \end{pmatrix}$ soll noch bewiesen werden, daß sie nicht davon abhängt, in welcher Weise $\alpha = \begin{pmatrix} a_n \\ a_n' \end{pmatrix}$ und $\xi = \begin{pmatrix} x_n \\ x_n' \end{pmatrix}$ durch Definitionsfolgen gegeben sind; natürlich müssen wir auch hierbei unsere Voraussetzungen aufrecht erhalten (denn nur dann war $\begin{pmatrix} a_n^{x_n} \\ a_n'^{x_n'} \end{pmatrix}$ als Zahl definiert), daß alle Zahlen a_n, a_n' nicht kleiner als 1 und alle Zahlen x_n, x_n' rational und positiv sind.

Die Zahl α sei also einerseits durch $\begin{pmatrix} a_n \\ a_n' \end{pmatrix}$, andererseits durch $\begin{pmatrix} \bar{a}_n \\ \bar{a}_n' \end{pmatrix}$ gegeben, wobei die Zahlen $\bar{a}_n$, $\bar{a}_n'$ ebenso wie a_n, a_n' sämtlich nicht kleiner als 1 sein sollen. Ferner sei die Zahl ξ einerseits durch $\begin{pmatrix} x_n \\ x_n' \end{pmatrix}$, andererseits durch $\begin{pmatrix} \bar{x}_n \\ \bar{x}_n' \end{pmatrix}$ gegeben, wobei die Zahlen $\bar{x}_n$, $\bar{x}_n'$ ebenso wie x_n, x_n' sämtlich positiv und rational sein sollen. Wir wollen zeigen, daß aus den zwei Gleichungen:

(14) $$\begin{pmatrix} a_n \\ a_n' \end{pmatrix} = \begin{pmatrix} \bar{a}_n \\ \bar{a}_n' \end{pmatrix}$$

und

(15) $$\begin{pmatrix} x_n \\ x_n' \end{pmatrix} = \begin{pmatrix} \bar{x}_n \\ \bar{x}_n' \end{pmatrix}$$

die Gleichung

(16) $$\begin{pmatrix} a_n^{x_n} \\ a_n'^{x_n'} \end{pmatrix} = \begin{pmatrix} \bar{a}_n^{\bar{x}_n} \\ \bar{a}_n'^{\bar{x}_n'} \end{pmatrix}$$

folgt. Sollen die Gleichungen (14) und (15) gelten, so müssen nach Definition I auf Seite 151 die Ungleichungen

(17a) $a_n \leqq \bar{a}_n'$ und (17b) $\bar{a}_n \leqq a_n'$

sowie

(18a) $x_n \leqq \bar{x}_n'$ und (18b) $\bar{x}_n \leqq x_n'$

bestehen. Aus den Ungleichungen (17a) und (18a) folgt auf Grund der Sätze IIIa und IVa auf Seite 204, da wir lauter positive Zahlen vor uns haben und a_n und $\bar{a}_n'$ nicht kleiner als 1 sind, daß $a_n^{x_n} \leqq \bar{a}_n'^{x_n} \leqq \bar{a}_n'^{\bar{x}_n'}$ ist. Ebenso ergibt sich aus (17b) und (18b), daß $\bar{a}_n^{\bar{x}_n} \leqq a_n'^{\bar{x}_n} \leqq a_n'^{x_n'}$ ist. Die erhaltenen Ungleichungen $a_n^{x_n} \leqq \bar{a}_n'^{\bar{x}_n'}$ und $\bar{a}_n^{\bar{x}_n} \leqq a_n'^{x_n'}$ besagen, wie bewiesen werden sollte, daß die Gleichung (16) stattfindet.

Aus der bewiesenen Tatsache, daß unter den oben gemachten Voraussetzungen $\begin{pmatrix} a_n^{x_n} \\ a_n'^{x_n'} \end{pmatrix}$ nur von α und ξ abhängt, nicht von der Art und Weise, wie α und ξ durch Definitionsfolgen bestimmt sind, folgern wir: Ist ξ im besonderen gleich einer positiven rationalen Zahl $\frac{q}{p}$, also

$$\xi = \begin{pmatrix} x_n \\ x_n' \end{pmatrix} = \begin{pmatrix} \frac{q}{p}, & \frac{q}{p}, & \ldots, & \frac{q}{p}, & \ldots \\ \frac{q}{p}, & \frac{q}{p}, & \ldots, & \frac{q}{p}, & \ldots \end{pmatrix}$$

und

$$\alpha = \begin{pmatrix} a_n \\ a_n' \end{pmatrix} = \begin{pmatrix} \alpha, & \alpha, & \ldots, & \alpha, & \ldots \\ \alpha, & \alpha, & \ldots, & \alpha, & \ldots \end{pmatrix},$$

so wird

$$\begin{pmatrix} a_n^{x_n} \\ a_n'^{x_n'} \end{pmatrix} = \begin{pmatrix} \alpha^{\frac{q}{p}}, & \alpha^{\frac{q}{p}}, & \ldots, & \alpha^{\frac{q}{p}}, & \ldots \\ \alpha^{\frac{q}{p}}, & \alpha^{\frac{q}{p}}, & \ldots, & \alpha^{\frac{q}{p}}, & \ldots \end{pmatrix},$$

d. h. gleich der Potenz $\alpha^{\frac{q}{p}}$ mit dem rationalen Exponenten $\frac{q}{p}$.

Es ist jetzt möglich, die **Potenz auch für irrationale Exponenten zu definieren.** Wir werden hierbei drei Fälle unterscheiden:

I. **Für $\alpha \geqq 1$ und $\xi > 0$ definieren wir die Potenz auf folgende Weise: Ist $\alpha = \begin{pmatrix} a_n \\ a_n' \end{pmatrix}$ irgend eine reelle Zahl, die selbst nicht kleiner als 1 ist und ausnahmslos auch durch Zahlen a_n und a_n' $(n = 1, 2, \ldots) \geqq 1$ dargestellt sein soll, und ist ferner $\xi = \begin{pmatrix} x_n \\ x_n' \end{pmatrix}$ irgend eine positive Zahl, die durch ausnahmslos positive rationale Zahlen x_n und x_n' $(n = 1, 2, \ldots)$ dargestellt sein soll, so soll unter der Potenz α^{ξ} mit der Basis α und dem Exponenten ξ die Zahl $\begin{pmatrix} a_n^{x_n} \\ a_n'^{x_n'} \end{pmatrix}$ verstanden werden.**

Der Wert von α^{ξ} hängt, wie wir sahen, nur von α und ξ ab, nicht von der Art, wie man α und ξ durch Definitionsfolgen darstellt. Die für α^{ξ} gegebene Definition ist auch eine rechtmäßig erweiterte, da sie für rationale Exponenten in die früher im § 3 gegebene übergeht; es ist also α^{ξ} nicht etwa für rationale ξ durch die frühere und die neue Definition in zwei einander widersprechenden Weisen eingeführt worden.

II. Für $\alpha \geqq 1$ und $\xi < 0$ definieren wir α^ξ als gleich $\frac{1}{\alpha^{-\xi}} = \frac{1}{\alpha^{|\xi|}}$. Hierdurch ist der Fall II auf den bereits behandelten Fall I zurückgeführt. Würde man für negative ξ die Potenz α^ξ auf eine von der Gleichung $\alpha^\xi = \frac{1}{\alpha^{-\xi}}$ abweichende Art definieren, so wäre dies unökonomisch; denn eine solche Definition könnte nur für irrationale ξ gegeben werden, da für rationale ξ die Potenz α^ξ bereits im vorigen Paragraphen definiert und hierfür die Gleichung $\alpha^\xi = \frac{1}{\alpha^{-\xi}}$ gültig war. Ist ξ eine negative Zahl und definiert durch $\xi = \begin{pmatrix} x_n \\ x_n' \end{pmatrix}$, wobei die x_n und x_n' sämtlich ausnahmslos negative rationale Zahlen sein sollen, so ist $-\xi = |\xi| = \begin{pmatrix} -x_n' \\ -x_n \end{pmatrix}$, und α^ξ wird für $\alpha = \begin{pmatrix} a_n \\ a_n' \end{pmatrix}$, wenn a_n und a_n' $(n = 1, 2, \ldots)$ ausnahmslos Zahlen bedeuten, die $\geqq 1$ sind, auf Grund der gegebenen Definition durch den reziproken Wert von $\begin{pmatrix} a_n^{-x_n'} \\ a_n'^{-x_n} \end{pmatrix}$ dargestellt, d. h. (vgl. Seite 78)

$$\alpha^\xi = \begin{pmatrix} \dfrac{1}{a_n'^{-x_n}} \\ \dfrac{1}{a_n^{-x_n'}} \end{pmatrix} = \begin{pmatrix} a_n'^{x_n} \\ a_n^{x_n'} \end{pmatrix}.$$

III. Ist $0 < \alpha \leqq 1$, so setzen wir $\alpha = \frac{1}{\beta}$; alsdann ist $\beta \geqq 1$. In diesem Fall definieren wir α^ξ als gleich $\left(\frac{1}{\beta}\right)^\xi = \frac{1}{\beta^\xi}$. Hierdurch ist der Fall III auf die Fälle I und II zurückgeführt. Die neue Definition geschah wieder möglichst ökonomisch, nämlich so, daß zwischen rationalen und irrationalen Exponenten kein Unterschied besteht; denn für rationale ξ war die Gleichung $\alpha^\xi = \frac{1}{\beta^\xi}$ nach dem vorigen Paragraphen bereits als gültig erwiesen. Der Fall III teilt sich in zwei Klassen:

IIIa. Es sei $0 < \alpha \leqq 1$ und $\xi > 0$. Ist $\alpha = \begin{pmatrix} a_n \\ a_n' \end{pmatrix}$, wobei die a_n und a_n' $(n = 1, 2, 3, \ldots)$ ausnahmslos positive Zahlen sein sollen, die $\leqq 1$ sind, so ist

$$\beta = \frac{1}{\alpha} = \begin{pmatrix} \dfrac{1}{a_n'} \\ \dfrac{1}{a_n} \end{pmatrix}.$$

Ist die positive reelle Zahl ξ gegeben durch $\xi = \begin{pmatrix} x_n \\ x_n' \end{pmatrix}$, wobei die x_n und x_n' für $n = 1, 2, \ldots$ ausnahmslos positive rationale Zahlen bedeuten, so ist nach I. die Potenz

$$\beta^\xi = \begin{pmatrix} \dfrac{1}{a_n'^{x_n}} \\ \dfrac{1}{a_n^{x_n'}} \end{pmatrix}$$

und demnach $\alpha^\xi = \dfrac{1}{\beta^\xi} = \begin{pmatrix} a_n^{x_n'} \\ a_n'^{x_n} \end{pmatrix}$.

III b. Es sei $0 < \alpha \leqq 1$ und $\xi < 0$. Für α liegen die Verhältnisse wie unter III a. Ist die negative reelle Zahl ξ gegeben durch $\xi = \begin{pmatrix} x_n \\ x_n' \end{pmatrix}$, wobei die x_n und x_n' für $n = 1, 2, \ldots$ ausnahmslos negative rationale Zahlen bedeuten, so ist nach II die Potenz

$$\beta^\xi = \begin{pmatrix} \left(\dfrac{1}{a_n}\right)^{x_n} \\ \left(\dfrac{1}{a_n'}\right)^{x_n'} \end{pmatrix} = \begin{pmatrix} \dfrac{1}{a_n^{x_n}} \\ \dfrac{1}{a_n'^{x_n'}} \end{pmatrix}$$

und demnach $\alpha^\xi = \dfrac{1}{\beta^\xi} = \begin{pmatrix} a_n'^{x_n'} \\ a_n^{x_n} \end{pmatrix}$.

Da sich jede Zahl α mittels Definitionsfolgen in der Form $\begin{pmatrix} \alpha, & \alpha, & \ldots, & \alpha, & \ldots \\ \alpha, & \alpha, & \ldots, & \alpha, & \ldots \end{pmatrix}$ schreiben läßt, so ist, wenn $\xi = \begin{pmatrix} x_n \\ x_n' \end{pmatrix}$ ist, in den Fällen I und II, bei denen $\alpha \geqq 1$ ist,

(A) $$\alpha^\xi = \begin{pmatrix} \alpha^{x_n} \\ \alpha^{x_n'} \end{pmatrix}$$

und in den Fällen IIIa und IIIb, bei denen $0 < \alpha \leqq 1$ ist,

(B) $$\alpha^\xi = \begin{pmatrix} \alpha^{x_n'} \\ \alpha^{x_n} \end{pmatrix}.$$

Zur theoretischen Definition von α^ξ wären die Gleichungen (A) und (B) ausreichend[1]; für die numerische Berechnung wird man aber

[1] Definiert man α^ξ durch die Gleichungen (A) und (B), so ist es übrigens nicht nötig, wie in den Fällen I bis III die Zahl $\xi = \begin{pmatrix} x_n \\ x_n' \end{pmatrix}$ derart präpariert anzunehmen, daß für positives ξ alle x_n und x_n' ausnahmslos positiv und für negatives ξ alle x_n und x_n' ausnahmslos negativ sind. Vielmehr brauchen bei der Zahl $\xi = \begin{pmatrix} x_n \\ x_n' \end{pmatrix}$ nur sämtliche x_n und x_n' rational zu sein, und auch dann sind, wie sich der Leser überzeugt, bei $\begin{pmatrix} \alpha^{x_n} \\ \alpha^{x_n'} \end{pmatrix}$ für $\alpha \geqq 1$ und bei $\begin{pmatrix} \alpha^{x_n'} \\ \alpha^{x_n} \end{pmatrix}$ für $\alpha \leqq 1$ die vier Bedingungen B_1) bis B_4) erfüllt.

die voraufgehend durchgeführten Untersuchungen nicht entbehren können, da α selbst zumeist nur durch zusammengehörige Definitionsfolgen $\alpha = \binom{a_n}{a_n'}$ z. B. als unendlicher Dezimalbruch, gegeben ist.

Durch die unter I bis III gegebenen Definitionen ist α^ξ für alle positiven Basen α und für beliebige reelle Exponenten ξ definiert, und es ist auch gezeigt, wie man, wenn $\alpha = \binom{a_n}{a_n'}$ und $\xi = \binom{x_n}{x_n'}$ gegeben sind, zwei zusammengehörige Definitionsfolgen ϱ_n und ϱ_n' $(n = 1, 2, 3, \ldots)$ finden kann, so daß $\alpha^\xi = \binom{\varrho_n}{\varrho_n'}$, also $\varrho_n \leqq \alpha^\xi \leqq \varrho_n'$ $(n = 1, 2, \ldots)$ ist. Wählt man die Zahlen a_n und a_n' $(n = 1, 2, \ldots)$ sämtlich rational, so brauchen die Zahlen ϱ_n und ϱ_n' zwar im allgemeinen nicht rational zu sein, sie sind aber in gleicher Weise aus rationalen Zahlen gebildet, wie α^ξ aus irrationalen. Man hat $\varrho_n = b_n^{\sigma_n}$, $\varrho_n' = b_n'^{\sigma_n'}$; hierbei ist $b_n = a_n$, $b_n' = a_n'$ oder $b_n = a_n'$, $b_n' = a_n$, je nachdem $\xi > 0$ oder $\xi < 0$ ist. Es ist $\sigma_n = x_n$, $\sigma_n' = x_n'$ oder $\sigma_n = x_n'$, $\sigma_n' = x_n$, je nachdem $\alpha \geqq 1$ oder $0 < \alpha \leqq 1$ ist. Ist ε eine beliebig klein vorgegebene positive Zahl, so kann man eine ganze positive Zahl k so finden, daß $\varrho_k' - \varrho_k < \varepsilon$ ist; da $\varrho_k \leqq \alpha^\xi \leqq \varrho_k'$ ist, so kann man durch entsprechend große Wahl von k, d. h. bei Verwendung von genügend vielen Zahlen aus den Definitionsfolgen a_n, a_n' und x_n, x_n' die Potenz α^ξ mit beliebiger Genauigkeit berechnen.

$F(\alpha, \beta, \gamma, \ldots, \lambda)$ bedeute eine Rechenvorschrift, die angibt, daß aus den Zahlen $\alpha, \beta, \gamma, \ldots, \lambda$ eine Zahl abgeleitet werden soll, indem man sie eine endliche Anzahl mal rationalen Operationen unterwirft und als Exponenten bei Basen anwendet, die positive Zahlen sind. Zu den Fundamentaloperationen auf Seite 154 soll also jetzt noch die nicht rationale Operation des Potenzierens hinzutreten.

Sind $\alpha = \binom{a_n}{a_n'}$, $\beta = \binom{b_n}{b_n'}$, $\ldots$, $\lambda = \binom{l_n}{l_n'}$ jeweils durch zusammengehörige Definitionsfolgen rationaler Zahlen definiert, so läßt sich, wie aus Kap. II, § 14, Seite 154 und dem über Potenzieren Gesagten folgt, $F(\alpha, \beta, \gamma, \ldots, \lambda) = \binom{r_n}{r_n'}$ berechnen, wobei sich die Zahlen r_n und r_n' $(n = 1, 2, \ldots)$ der zwei zusammengehörigen Definitionsfolgen in gleicher Weise aus den rationalen Zahlen a_n, a_n', b_n, b_n', $\ldots$, l_n, l_n' bestimmen, wie $F(\alpha, \beta, \gamma, \ldots, \lambda)$ aus irrationalen Zahlen. Da wir uns nicht mehr wie im Kap. II, § 14 auf die rationalen Operationen beschränken, so brauchen die Zahlen r_n und r_n' $(n = 1, 2, \ldots)$ allerdings nicht mehr rationale Zahlen zu sein, wie es für die auf Seite 155 verwendeten Zahlen r_n und r_n' zutraf. Aber von der Rationalität der Zahlen r_n und r_n' hängt der dort gegebene Beweis nicht ab; da sich bei ihm alles Wesentliche nicht ändert, so gelangen wir zu dem

Satz I. Verschwindet ein Ausdruck $\varphi(x_1, x_2, \ldots, x_q)$, der aus den Größen $x_1, x_2, \ldots, x_q$ durch rationale Operationen und ihre Verwendung als Exponenten positiver Basen abgeleitet ist, für alle rationalen Werte von $x_1, x_2, \ldots, x_q$, so verschwindet er auch für jedes System $\alpha_1, \alpha_2, \ldots, \alpha_q$ irrationaler Zahlen.

Aus dem eben gefundenen Satz folgt: Alle Gleichungen, die für Potenzen mit rationalen Exponenten abgeleitet wurden, behalten auch für Potenzen mit irrationalen Exponenten ihre Gültigkeit.

Es gelten also vor allem die Gleichungen auf Seite 202:

$$\alpha^{\lambda} \cdot \alpha^{\lambda_1} = \alpha^{\lambda+\lambda_1}, \tag{1}$$

$$(\alpha^{\lambda})^{\lambda_1} = \alpha^{\lambda \cdot \lambda_1}, \tag{2}$$

$$\alpha^{\lambda} \cdot \beta^{\lambda} = (\alpha \cdot \beta)^{\lambda}, \tag{3}$$

bei denen α und β beliebige positive Zahlen bedeuten, nicht nur für alle rationalen Exponenten λ und λ_1, sondern auch für alle irrationalen. Dies ergibt sich unmittelbar aus dem voraufgehend bewiesenen Satz I, z. B. ist, wie im § 3 gezeigt, $\alpha^x \cdot \alpha^y - \alpha^{x+y} = 0$ eine richtige Gleichung für alle positiven α und für alle rationalen Werte x und y. Mithin gilt sie auch für alle irrationalen Werte x und y, und Gleichung (1) ist bewiesen.

Wir wollen nunmehr auch die für Potenzen aufgestellten Ungleichungen auf den Fall irrationaler Exponenten ausdehnen. Zu dem Zweck beweisen wir in Verallgemeinerung des Satzes II auf S. 203 den folgenden

Satz II. Ist α eine positive Zahl und ξ eine beliebige positive (auch irrationale) Zahl, so ist α^{ξ} größer, gleich oder kleiner als 1, je nachdem es für α zutrifft.

Die positive Zahl $\xi = \begin{pmatrix} x_n \\ x_n' \end{pmatrix}$ sei durch zwei zusammengehörige Definitionsfolgen mit ausnahmslos positiven rationalen Zahlen dargestellt; alsdann ist $\alpha^{\xi} = \begin{pmatrix} \alpha^{x_n} \\ \alpha^{x_n'} \end{pmatrix}$ oder gleich $\begin{pmatrix} \alpha^{x_n'} \\ \alpha^{x_n} \end{pmatrix}$, je nachdem $\alpha > 1$ oder $\alpha < 1$ ist (vgl. die mit (A) und (B) bezeichneten Gleichungen auf Seite 211). Da x_n und x_n' rationale positive Zahlen sind, so hat man für $\alpha > 1$ nach Satz II auf S. 203 $\alpha^{x_n} > 1$ und $\alpha^{x_n'} > 1$. Mithin ist $\alpha^{\xi} - 1 = \begin{pmatrix} \alpha^{x_n} - 1 \\ \alpha^{x_n'} - 1 \end{pmatrix}$ positiv, also $\alpha^{\xi} > 1$. Für $\alpha < 1$ hat man $\alpha^{x_n} < 1$ und $\alpha^{x_n'} < 1$, und demnach wird $1 - \alpha^{\xi} = \begin{pmatrix} 1 - \alpha^{x_n} \\ 1 - \alpha^{x_n'} \end{pmatrix}$ positiv, also $\alpha^{\xi} < 1$. Die Gleichheit $\alpha^{\xi} = 1$ für $\alpha = 1$ ist unmittelbar klar.

Aus dem soeben bewiesenen Satz II ergibt sich, daß sich auch die Sätze III und IV des § 3 auf irrationale Exponenten ausdehnen lassen; die Beweise sind genau wie früher zu führen. Es gelten also

Satz III. Sind α und β beliebige positive Zahlen, ist $\alpha < \beta$ und ist λ eine beliebige (auch irrationale) Zahl, so ist $\alpha^{\lambda} < \beta^{\lambda}$ oder $\beta^{\lambda} < \alpha^{\lambda}$, je nachdem λ positiv oder negativ ist.

Satz IV. Sind λ und λ_1 beliebige (auch irrationale) Zahlen und ist $\lambda_1 > \lambda$, so ist

$$\alpha^{\lambda_1} > \alpha^{\lambda}, \quad \text{wenn } 1 < \alpha, \tag{IVa}$$

und es ist

$$\alpha^{\lambda_1} < \alpha^{\lambda}, \quad \text{wenn } 0 < \alpha < 1. \tag{IVb}$$

Die Ungleichungen (IV a) und (IV b) besagen: Wächst x beständig, so nimmt α^x beständig zu oder ab, je nachdem $\alpha > 1$ oder < 1 ist.

Aus dieser Aussage folgt unmittelbar, daß der Satz V auf Seite 204 auch auf irrationale x ausgedehnt werden kann, und man hat:

Satz V. Ist α irgend eine positive Zahl, so kann man für jedes beliebig klein gegebene positive ε stets eine derartige ganze positive Zahl m finden, daß für alle x, die durch die Relation

$$-\frac{1}{m} \leqq x \leqq +\frac{1}{m}$$

bestimmt werden, die Ungleichung $1 - \varepsilon < \alpha^x < 1 + \varepsilon$ stattfindet.

Nachdem die Potenz nunmehr für irrationale Exponenten definiert und für diese auch die Gültigkeit der Sätze II bis V gezeigt ist, kann man, wenn $\xi = \begin{pmatrix} x_n \\ x_n' \end{pmatrix}$ durch zwei zusammengehörige Definitionsfolgen gegeben ist, die nicht ausschließlich rationale Zahlen x_n, x_n' enthalten, in unveränderter Weise die gleichen Betrachtungen wie auf Seite 205 ff. anstellen. Ist ξ positiv und α nicht kleiner als 1 und sind die zur Darstellung von $\alpha = \begin{pmatrix} a_n \\ a_n' \end{pmatrix}$ und $\xi = \begin{pmatrix} x_n \\ x_n' \end{pmatrix}$ verwendeten Zahlen a_n, a_n' ebenso wie α sämtlich $\geqq 1$ und die Zahlen x_n, x_n' ebenso wie ξ sämtlich positiv, sonst aber beliebig rational oder irrational, so ist $\begin{pmatrix} a_n^{x_n} \\ a_n'^{x_n'} \end{pmatrix}$ eine Zahl und zwar ist sie gleich α^ξ unabhängig davon, wie ξ durch zwei zusammengehörige Definitionsfolgen gegeben ist. Da im besonderen $\xi = \begin{pmatrix} \xi, & \xi, & \ldots \\ \xi, & \xi, & \ldots \end{pmatrix}$, so ist $\alpha^\xi = \begin{pmatrix} a_n^\xi \\ a_n'^\xi \end{pmatrix}$, wovon noch auf Seite 235 Gebrauch gemacht wird. Die Aussage unter I auf Seite 209 bleibt also, wenn ξ durch Definitionsfolgen mit irrationalen Zahlen definiert wird, unverändert bestehen. Gleiches gilt für die Aussagen unter II und III sowie für die Gleichungen (A) und (B) auf Seite 210 bzw. 211.

§ 5.

Der Logarithmus.

Satz I. Sind α und G irgend zwei beliebig gegebene positive Zahlen, von denen α ungleich 1 sein soll, so gibt es stets eine reelle Zahl ξ und keine zu ihr ungleiche, für die $\alpha^\xi = G$ wird. Ist $\alpha > 1$, so ist $\xi \geqq 0$ oder $\leqq 0$, je nachdem $G \geqq 1$ oder $0 < G \leqq 1$ ist; ist $0 < \alpha < 1$, so ist $\xi \geqq 0$ oder $\leqq 0$, je nachdem $0 < G \leqq 1$ oder $G \geqq 1$ ist.

(A). Für den Beweis nehmen wir zunächst an, daß $\alpha > 1$ ist.

Wir betrachten die Folge von Zahlen:

(1) $\ldots, \alpha^{-3}, \alpha^{-2}, \alpha^{-1}, \alpha^0, \alpha, \alpha^2, \alpha^3, \ldots$

Erhebt man α, falls $\alpha > 1$ ist, in eine Potenz, deren Exponent η größer ist als die nächste oberhalb $\frac{G-1}{\alpha-1}$ gelegene ganze positive Zahl, so wird $\alpha^\eta > G$ (Hilfssatz III auf S. 193). Erhebt man α in eine Potenz, deren Exponent ζ größer ist als die nächste oberhalb $\frac{\frac{1}{G}-1}{\alpha-1}$ gelegene ganze positive Zahl, so wird $\alpha^\zeta > \frac{1}{G}$, also $\alpha^{-\zeta} < G$. Die Folge (1) wächst nach (IVa) auf Seite 204 für $\alpha > 1$, wenn man sie, an irgend einer Stelle beginnend, von links nach rechts durchschreitet, beständig und enthält, wie soeben nachgewiesen, sowohl Zahlen, die kleiner als G sind, als auch solche, die größer als G sind. Hieraus schließt man, daß eine ganze Zahl γ_1 existiert, so daß entweder $\alpha^{\gamma_1} = G$ wird oder in der obigen Folge (1) zwei aufeinanderfolgende Zahlen α^{γ_1} und α^{γ_1+1} auftreten, für die $\alpha^{\gamma_1} < G < \alpha^{\gamma_1+1}$ ist.

Über die Zahl γ_1, auf die wir noch im folgenden zurückkommen, bemerken wir: Je nachdem $G < 1$ oder $G \geqq 1$ ist, wird γ_1 eine ganze negative oder eine ganze nicht negative Zahl sein; denn es ist $\alpha^0 = 1$ und folglich wird nach (IVa) auf Seite 204 die Potenz $\alpha^x < 1$ für alle $x < 0$ und $\alpha^x \geqq 1$ für alle $x \geqq 0$.

Ist $\alpha^{\gamma_1} = G$, so haben wir in γ_1 eine Zahl ξ, wie wir sie suchen. Ist dies nicht der Fall, so teile man das Intervall von γ_1 bis $\gamma_1 + 1$ in zehn gleiche Teile und bilde

$$\alpha^{\gamma_1},\ \alpha^{\gamma_1+\frac{1}{10}},\ \alpha^{\gamma_1+\frac{2}{10}},\ \alpha^{\gamma_1+\frac{3}{10}},\ \ldots,\ \alpha^{\gamma_1+\frac{9}{10}},\ \alpha^{\gamma_1+1}.$$

Da diese Zahlen nach (IVa) auf Seite 204 beständig wachsen und G zwischen α^{γ_1} und α^{γ_1+1} liegt, so muß sich eine ganze Zahl γ_2 aus der Reihe $0, 1, 2, \ldots, 9$ derart bestimmen lassen, daß entweder $\alpha^{\gamma_1+\frac{\gamma_2}{10}} = G$ wird oder daß die Ungleichung

$$\alpha^{\gamma_1+\frac{\gamma_2}{10}} < G < \alpha^{\gamma_1+\frac{\gamma_2}{10}+\frac{1}{10}}$$

stattfindet. Sollte $\alpha^{\gamma_1+\frac{\gamma_2}{10}} = G$ sein, so ist $\gamma_1 + \frac{\gamma_2}{10}$ eine Zahl der gesuchten Beschaffenheit. Sonst fährt man auf diese Weise fort, indem man zunächst:

$$\alpha^{\gamma_1+\frac{\gamma_2}{10}},\ \alpha^{\gamma_1+\frac{\gamma_2}{10}+\frac{1}{10^2}},\ \alpha^{\gamma_1+\frac{\gamma_2}{10}+\frac{2}{10^2}},\ \ldots,\ \alpha^{\gamma_1+\frac{\gamma_2}{10}+\frac{9}{10^2}},\ \alpha^{\gamma_1+\frac{\gamma_2}{10}+\frac{1}{10}}$$

bildet. Entweder findet man nach einer endlichen Anzahl von Schritten eine Zahl ξ, wie wir sie suchen, in der Form $\gamma_1 + \frac{\gamma_2}{10} + \frac{\gamma_3}{10^2} + \cdots + \frac{\gamma_{k+1}}{10^k}$ einer rationalen Zahl, oder es ergeben sich zwei unendliche Folgen von rationalen Zahlen:

$$a_1 = \gamma_1, \quad a_2 = \gamma_1 + \frac{\gamma_2}{10}, \quad a_3 = \gamma_1 + \frac{\gamma_2}{10} + \frac{\gamma_3}{10^2}, \quad a_4 = \gamma_1 + \frac{\gamma_2}{10} + \frac{\gamma_3}{10^2} + \frac{\gamma_4}{10^3}, \ldots$$

$$a_1' = a_1 + 1, \quad a_2' = a_2 + \frac{1}{10}, \quad a_3' = a_3 + \frac{1}{10^2}, \quad a_4' = a_4 + \frac{1}{10^3}, \ldots,$$

so daß $\alpha^{a_n} < G < \alpha^{a_n'}$ ist.

Wir setzen $a_n = \gamma_1 + b_n$, $a_n' = \gamma_1 + b_n'$, wobei[1]

$$b_n = 0 + \frac{\gamma_2}{10} + \frac{\gamma_3}{10^2} + \ldots \frac{\gamma_n}{10^{n-1}}, \quad b_n' = b_n + \frac{1}{10^{n-1}}.$$

Alsdann definieren die positiven rationalen Zahlen b_n, b_n' $(n = 1, 2, \ldots)$ eine reelle Zahl $\xi_0 = \begin{pmatrix} b_n \\ b_n' \end{pmatrix}$, nämlich (vgl. S. 85) den unendlichen echten Dezimalbruch

$$\frac{\gamma_2}{10} + \frac{\gamma_3}{10^2} + \frac{\gamma_4}{10^3} + \ldots$$

Nach der Definition für die Potenz (Seite 211, Gleichung (A)) wird, da die b_n und b_n' ausnahmslos positive rationale Zahlen sind und $\alpha > 1$ ist, die Potenz $\alpha^{\xi_0} = \begin{pmatrix} \alpha^{b_n} \\ \alpha^{b_n'} \end{pmatrix}$. Nun ist $\alpha^{a_n} < G < \alpha^{a_n'}$ und mithin

$$\alpha^{\gamma_1 + b_n} < G < \alpha^{\gamma_1 + b_n'} \quad \text{oder} \quad \alpha^{b_n} < \frac{G}{\alpha^{\gamma_1}} < \alpha^{b_n'}.$$

Aus der letzten Ungleichung ergibt sich nach Satz II auf Seite 82, daß $\alpha^{\xi_0} = \frac{G}{\alpha^{\gamma_1}}$ wird. Mithin hat man $\alpha^{\gamma_1 + \xi_0} = G$. Die Zahl $\gamma_1 + \xi_0 = \gamma_1 + \frac{\gamma_2}{10} + \frac{\gamma_3}{10^2} + \ldots$ ist also eine Zahl ξ, für die $\alpha^{\xi} = G$ wird. Für $G = 1$ ergibt sich $\xi = 0$, $\gamma_1 = 0$.

Die Zahl γ_1 ist, je nachdem $0 < G < 1$ oder $G \geqq 1$ ist, eine ganze negative oder eine ganze nicht negative Zahl. Da der zur Bildung von ξ zu γ_1 hinzukommende Teil, nämlich $\frac{\gamma_2}{10} + \frac{\gamma_3}{10^2} + \ldots$, ganz gleich, ob er ein unendlicher Dezimalbruch ist oder abbricht, zwischen 0 und 1 liegt (die Grenze 1 ausgeschlossen), hat auch ξ einen negativen oder nicht negativen Wert, je nachdem $G < 1$ oder $G \geqq 1$ ist.

Wir weisen noch nach, daß es keine zwei ungleichen reellen Zahlen ξ gibt, für die $\alpha^{\xi} = G$ wird. Angenommen, es gäbe zwei ungleiche reelle Zahlen ξ und ξ', für die $\alpha^{\xi} = G$ und $\alpha^{\xi'} = G$ wäre. Wäre $\xi \neq \xi'$, so müßte eine der zwei Zahlen größer als die andere sein; es sei $\xi < \xi'$. Alsdann bestände für die hier vorliegende Annahme $\alpha > 1$ nach (IVa) auf Seite 204 die Ungleichung $\alpha^{\xi} < \alpha^{\xi'}$; es könnten also nicht α^{ξ} und $\alpha^{\xi'}$ beide gleich G sein. Hiermit ist bewiesen, daß keine zu der oben konstruierten Zahl ξ ungleiche existiert, für die $\alpha^{\xi} = G$ ist.

(B). Der Fall $0 < \alpha < 1$ läßt sich auf (A) zurückführen. Setzt man $\beta = \frac{1}{\alpha}$, so ist $\beta > 1$; alsdann gibt es, wie unter (A) gezeigt, eine reelle Zahl ξ

[1] Wir sondern bei dem eingeschlagenen Beweisverfahren deswegen γ_1 ab, weil γ_1 auch eine negative ganze Zahl sein kann.

und keine zu ihr ungleiche, für die $\beta^\xi = \frac{1}{G}$ wird. Aus $\left(\frac{1}{\alpha}\right)^\xi = \frac{1}{G}$ folgt $\alpha^\xi = G$. Für $G > 1$ ist $\frac{1}{G} < 1$ und daher in $\beta^\xi = \frac{1}{G}$ nach (A) $\xi < 0$; für $0 < G < 1$ ist $\frac{1}{G} > 1$ und daher in $\beta^\xi = \frac{1}{G}$ nach (A) $\xi > 0$. Für $G = 1$ wird ebenso wie in (A) $\xi = 0$. Hiermit ist der Fall $0 < \alpha < 1$ völlig erledigt.

Die reelle Zahl ξ, welche durch $\alpha^\xi = G$ bei gegebenen positiven Zahlen α und G ($\alpha \neq 1$) eindeutig bestimmt ist, heißt der **Logarithmus** von G **für die Basis** α **und wird mit** $\overset{\alpha}{\log} G$ **bezeichnet.** Wir können nach Satz I aussagen:

Zu jeder positiven Zahl G **gibt es für jede positive Basis** α, **die ungleich 1 ist, einen eindeutig bestimmten reellen Logarithmus. Für** $\alpha > 1$ **ist** $\overset{\alpha}{\log} G \geqq 0$ **oder** $\leqq 0$, **je nachdem** $G \geqq 1$ **oder** $0 < G \leqq 1$ **ist; für** $0 < \alpha < 1$ **ist** $\overset{\alpha}{\log} G \geqq 0$ **oder** $\leqq 0$, **je nachdem** $0 < G \leqq 1$ **oder** $G \geqq 1$ **ist.**

Daß die Basis $\alpha = 1$ ist, muß deswegen ausgeschlossen werden, weil jede Potenz von 1 gleich 1 ist, also die Gleichung $1^x = G$, falls $G \neq 1$ ist, niemals durch eine reelle Zahl x erfüllt werden kann.

Die Potenz und der Logarithmus hängen miteinander durch die zwei Gleichungen $\alpha^\xi = G$ und $\xi = \overset{\alpha}{\log} G$ zusammen, von denen jede die andere nach sich zieht. Hieraus ergibt sich:

(2) $$\alpha^{\overset{\alpha}{\log} G} = G,$$

(3) $$\xi = \overset{\alpha}{\log}\, \alpha^\xi.$$

Setzt man in (3) $\xi = 1$ bzw. $\xi = 0$, so ergibt sich $1 = \overset{\alpha}{\log}\, \alpha$ bzw. $0 = \overset{\alpha}{\log}\, 1$.

In der Gleichung $\xi = \overset{\alpha}{\log} G$ heißt G **der Numerus von** ξ **für die Basis** α. Hält man α unveränderlich fest und läßt G alle positiven Werte durchlaufen, so sagt man: die Zahlen $\overset{\alpha}{\log} G$ bilden ein **Logarithmensystem mit der Basis** α.

G und G_1 seien irgend zwei positive Zahlen; aus ihnen bilde man in demselben Logarithmensystem mit der Basis α:

(4) $$\overset{\alpha}{\log} G = \xi \quad \text{und} \quad (4') \ \overset{\alpha}{\log} G_1 = \xi_1,$$

d. h.

(5) $$\alpha^\xi = G \quad \text{und} \quad (5') \quad \alpha^{\xi_1} = G_1.$$

Durch Multiplikation von (5) und (5′) folgt

$$G \cdot G_1 = \alpha^\xi \cdot \alpha^{\xi_1} = \alpha^{\xi + \xi_1} \quad \text{oder} \quad \xi + \xi_1 = \overset{\alpha}{\log}(G \cdot G_1).$$

Da nach (4) und (4′) $\xi + \xi_1 = \overset{\alpha}{\log} G + \overset{\alpha}{\log} G_1$ ist, so hat man:

(6) $$\overset{\alpha}{\log}(G \cdot G_1) = \overset{\alpha}{\log} G + \overset{\alpha}{\log} G_1.$$

Aus (5) und (5') folgt durch Division:

$$\frac{G}{G_1} = \frac{\alpha^{\xi}}{\alpha^{\xi_1}} = \alpha^{\xi - \xi_1} \qquad \text{oder} \qquad \overset{\alpha}{\log}\left(\frac{G}{G_1}\right) = \xi - \xi_1 .$$

Nun ist nach (4) und (4') $\xi - \xi_1 = \overset{\alpha}{\log} G - \overset{\alpha}{\log} G_1$; folglich wird:

$$(7) \qquad \overset{\alpha}{\log}\left(\frac{G}{G_1}\right) = \overset{\alpha}{\log} G - \overset{\alpha}{\log} G_1 .$$

η bedeute eine beliebige reelle Zahl; aus (5) ergibt sich $(\alpha^{\xi})^{\eta} = G^{\eta}$ oder $\alpha^{\xi\eta} = G^{\eta}$. Diese Relation läßt sich auch schreiben $\overset{\alpha}{\log} G^{\eta} = \xi\eta$. Nun ist nach (4) $\xi = \overset{\alpha}{\log} G$. Mithin hat man

$$(8) \qquad \overset{\alpha}{\log} G^{\eta} = \eta \overset{\alpha}{\log} G.$$

Ihrer Wichtigkeit wegen fassen wir den Inhalt der Gleichungen (6), (7) und (8) zu folgendem Satz zusammen:

Satz II. Der Logarithmus eines Produktes ist gleich der Summe der Logarithmen der Faktoren; der Logarithmus eines Quotienten ist gleich dem Logarithmus des Zählers vermindert um den Logarithmus des Nenners; der Logarithmus einer Potenz ist gleich dem Produkt aus dem Exponenten und dem Logarithmus der Basis. Dabei wird vorausgesetzt, daß alle Logarithmen für die nämliche Basis zu nehmen sind.

Wir geben noch die Formel für den Übergang von einem Logarithmensystem mit der Basis α zu einem solchen mit der Basis β.

In einem Logarithmensystem für die Basis β sei

$$(9) \qquad \overset{\beta}{\log} G = \tau, \quad \text{also} \quad \beta^{\tau} = G.$$

Mithin ist $\overset{\alpha}{\log} \beta^{\tau} = \overset{\alpha}{\log} G$ oder nach (8) $\tau \overset{\alpha}{\log} \beta = \overset{\alpha}{\log} G$. Unter Beachtung von (9) erhält man $\overset{\beta}{\log} G \cdot \overset{\alpha}{\log} \beta = \overset{\alpha}{\log} G$. Folglich ist

$$(10) \qquad \overset{\beta}{\log} G = \frac{\overset{\alpha}{\log} G}{\overset{\alpha}{\log} \beta}.$$

Die letzte Formel besagt: Man findet die Logarithmen für die Basis β, indem man diejenigen für die Basis α mit $\frac{1}{\overset{\alpha}{\log}\beta}$ multipliziert. Es genügt also, für eine einzige Basis α ein Logarithmensystem zu berechnen.

Wir knüpfen hieran die Herleitung von Ungleichungen:

Satz III. Sind ξ_1 und ξ_2 zwei beliebige positive Zahlen, $\xi_1 < \xi_2$, so ist $\overset{\alpha}{\log} \xi_1 < \overset{\alpha}{\log} \xi_2$, wenn $\alpha > 1$, und $\overset{\alpha}{\log} \xi_1 > \overset{\alpha}{\log} \xi_2$, wenn $0 < \alpha < 1$.

Aus $0 < \xi_1 < \xi_2$ folgt $\frac{\xi_2}{\xi_1} > 1$. Demnach ist

$$\overset{\alpha}{\log} \xi_2 - \overset{\alpha}{\log} \xi_1 = \overset{\alpha}{\log}\left(\frac{\xi_2}{\xi_1}\right) > 0 \quad \text{oder} \quad < 0,$$

je nachdem $\alpha > 1$ oder $0 < \alpha < 1$ ist, wie beim Beweise von Satz I bereits gezeigt wurde. Durch Addition von $\overset{\alpha}{\log}\,\xi_1$ zu der gefundenen Ungleichung ergibt sich das in Satz III ausgesprochene Resultat.

Satz III kann man auch so ausdrücken: Wächst x beständig und nimmt hierbei nur positive Werte an, so wächst oder fällt $\overset{\alpha}{\log}\,x$ beständig, je nachdem $\alpha > 1$, oder $0 < \alpha < 1$ ist.

Der Beweis des Satzes I enthält eine elementare Berechnungsmethode für $\overset{\alpha}{\log}\,G$, auf die wir noch eingehen wollen. Wir nehmen wie dort unter (A) an, daß stets $\alpha > 1$ ist.

Man lege sich eine Tafel an, in die man einträgt: erstens die ganzen positiven und negativen Potenzen von α, also

(I) $$\ldots,\ \alpha^{-2},\ \alpha^{-1},\ \alpha^0,\ \alpha^1,\ \alpha^2,\ \ldots,$$

zweitens die Potenzen von $\alpha^{\frac{1}{10}}$ von der 0-ten bis zur 9-ten, also

(II) $$\alpha^{\frac{0}{10}} = 1,\quad \alpha^{\frac{1}{10}},\quad \alpha^{\frac{2}{10}},\quad \ldots,\quad \alpha^{\frac{9}{10}},$$

drittens die Potenzen von $\alpha^{\frac{1}{100}}$ von der 0-ten bis zur 9-ten, also

(III) $$\alpha^{\frac{0}{100}} = 1,\quad \alpha^{\frac{1}{100}},\quad \alpha^{\frac{2}{100}},\quad \ldots,\quad \alpha^{\frac{9}{100}},$$

usw.

Nun soll $\alpha^{\xi} = G$ sein, wobei $\xi = \gamma_1 + \frac{\gamma_2}{10} + \frac{\gamma_3}{10^2} + \ldots$ ist. Die ganze Zahl γ_1, die positiv, null oder negativ sein kann, heißt die Charakteristik oder Kennziffer von $\xi = \overset{\alpha}{\log}\,G$. Der positive echte Bruch

$$\frac{\gamma_2}{10} + \frac{\gamma_3}{10^2} + \frac{\gamma_4}{10^3} + \ldots,$$

der im Falle $\xi = \gamma_1$ den Wert Null hat, heißt die Mantisse von $\xi = \overset{\alpha}{\log}\,G$.

Um ξ zu finden, bestimme man zuerst aus (I) die Charakteristik von $\overset{\alpha}{\log}\,G$, d. h. die ganze Zahl γ_1, die durch die Ungleichungen

(11) $$\alpha^{\gamma_1} \leqq G < \alpha^{\gamma_1+1}$$

festgelegt wird. Wenn $\alpha^{\gamma_1} \neq G$ ist, so suche man aus (II) die nächst niedrige Potenz von $\alpha^{\frac{1}{10}}$, die unterhalb $\frac{G}{\alpha^{\gamma_1}}$ liegt oder eventuell gleich $\frac{G}{\alpha^{\gamma_1}}$ ist. Man bestimme also γ_2 derart, daß

(11_1) $$\alpha^{\frac{\gamma_2}{10}} \leqq \frac{G}{\alpha^{\gamma_1}} < \alpha^{\frac{\gamma_2}{10}+\frac{1}{10}}$$

ist. Zur Bestimmung von γ_3 verfahre man ebenso mit $\dfrac{G}{\alpha^{\gamma_1}\cdot\alpha^{\frac{\gamma_2}{10}}}$ in bezug auf die in (III) verzeichneten Werte, so daß

$$(11_2) \qquad \alpha^{\frac{\gamma_3}{100}} \leqq \frac{G}{\alpha^{\gamma_1} \cdot \alpha^{\frac{\gamma_2}{10}}} < \alpha^{\frac{\gamma_3}{100} + \frac{1}{100}}$$

ist. Dieses Verfahren setze man zur Bestimmung von $\gamma_4, \gamma_5, \ldots$ fort.

Die dargelegte Methode zur Bestimmung von ξ läßt sich so modifizieren, daß die Wurzelziehungen $\alpha^{\frac{1}{10}}$, $\alpha^{\frac{1}{100}}$, $\alpha^{\frac{1}{1000}}$ usw. nicht erforderlich sind. Aus den Ungleichungen (11_1), (11_2) usw. folgt:

$$(11_1') \qquad \alpha^{\gamma_2} \leqq \left(\frac{G}{\alpha^{\gamma_1}}\right)^{10} < \alpha^{\gamma_2+1}$$

$$(11_2') \qquad \alpha^{\gamma_3} \leqq \left(\frac{G}{\alpha^{\gamma_1}}\right)^{100} \cdot \frac{1}{\alpha^{10\gamma_2}} < \alpha^{\gamma_3+1}$$

usw.

Man setze

$$(12) \qquad G_1 = \left(\frac{G}{\alpha^{\gamma_1}}\right)^{10}, \quad G_2 = \left(\frac{G_1}{\alpha^{\gamma_2}}\right)^{10}, \quad G_3 = \left(\frac{G_2}{\alpha^{\gamma_3}}\right)^{10}, \quad \ldots$$

Alsdann lassen sich die Ungleichungen $(11_1')$, $(11_2')$ usw. so schreiben:

$$(13_1) \qquad \alpha^{\gamma_2} \leqq G_1 < \alpha^{\gamma_2+1},$$

$$(13_2) \qquad \alpha^{\gamma_3} \leqq G_2 < \alpha^{\gamma_3+1}$$

usw.

Um ξ zu finden, ist erstens γ_1 aus (11) zu bestimmen; dann berechnet man G_1 aus (12), hierauf bestimmt man γ_2 aus (13_1); alsdann berechnet man G_2 aus (12) und findet γ_3 aus (13_2) usw.

Wir wollen nach der letzten Methode $\overset{10}{\log}\, 2$ auf drei Dezimalen berechnen. Es ist $G = 2$, $\alpha = 10$. Die Ungleichung $10^{\gamma_1} \leqq 2 < 10^{\gamma_1+1}$ liefert $\gamma_1 = 0$. Mithin wird

$$G_1 = \left(\frac{2}{10^0}\right)^{10} = 2^{10} = 1024\,.$$

Die Ungleichung $10^{\gamma_2} \leqq 1024 < 10^{\gamma_2+1}$ liefert $\gamma_2 = 3$. Folglich wird

$$G_2 = \left(\frac{1024}{10^3}\right)^{10} = 1{,}024^{10} = 1{,}26\ldots$$

Die Ungleichung $10^{\gamma_3} \leqq 1{,}26\ldots < 10^{\gamma_3+1}$ ergibt $\gamma_3 = 0$. Folglich wird

$$G_3 = \left(\frac{1{,}26\ldots}{10^0}\right)^{10} = (1{,}26\ldots)^{10}.$$

Es genügt zu schätzen, daß $(1{,}26\ldots)^{10}$ größer als 10 und kleiner als 100 ist, um aus der Ungleichung $10^{\gamma_4} \leqq G_3 < 10^{\gamma_4+1}$ die Zahl $\gamma_4 = 1$ zu finden. Mithin ist $\overset{10}{\log}\, 2 = 0{,}301\ldots$

Anstatt beim Beweise des Satzes I die Dezimalteilung zu verwenden, kann man auch systematische Brüche mit beliebiger Grundzahl $f > 1$ verwenden. Bedient man sich der dyadischen Brüche, d. h. der systematischen Brüche mit der Grundzahl $f = 2$, so hat man die gesuchte Lösung ξ der Gleichung $\alpha^\xi = G$ in der Form

$$\xi = \gamma_1 + \frac{\delta_2}{2} + \frac{\delta_3}{2^2} + \frac{\delta_4}{2^3} + \dots$$

darzustellen. Hierbei ist γ_1 wie oben die Charakteristik von $\xi = \overset{\alpha}{\log} G$, also aus der Ungleichung (11) mit Hilfe der Tabelle (I) zu bestimmen. Die Zahlen $\delta_2, \delta_3, \dots$ nehmen nur einen der zwei Werte 0 oder 1 an. An die Stelle von (II) tritt jetzt

$$\text{(II')} \qquad \alpha^{\frac{0}{2}} = 1, \quad \alpha^{\frac{1}{2}},$$

ebenso für (III)

$$\text{(III')} \qquad \alpha^{\frac{0}{4}} = 1, \quad \alpha^{\frac{1}{4}},$$

und so geht es fort.

Zur Bestimmung von $\delta_2, \delta_3, \dots$ dienen die Ungleichungen:

$$(14_1) \qquad \alpha^{\frac{\delta_2}{2}} \leqq \frac{G}{\alpha^{\gamma_1}} < \alpha^{\frac{\delta_2}{2} + \frac{1}{2}},$$

$$(14_2) \qquad \alpha^{\frac{\delta_3}{4}} \leqq \frac{G}{\alpha^{\gamma_1} \cdot \alpha^{\frac{\delta_2}{2}}} < \alpha^{\frac{\delta_3}{4} + \frac{1}{4}},$$

$$(14_3) \qquad \alpha^{\frac{\delta_4}{8}} \leqq \frac{G}{\alpha^{\gamma_1} \cdot \alpha^{\frac{\delta_2}{2}} \cdot \alpha^{\frac{\delta_3}{4}}} < \alpha^{\frac{\delta_4}{8} + \frac{1}{8}} \quad \text{usw.}$$

Da

$$\alpha^{\frac{1}{2}} = \sqrt{\alpha}, \quad \alpha^{\frac{1}{4}} = \sqrt{\alpha^{\frac{1}{2}}}, \quad \alpha^{\frac{1}{8}} = \sqrt{\alpha^{\frac{1}{4}}}, \quad \dots,$$

so kann man $\xi = \overset{\alpha}{\log} G$ durch sukzessives Ausziehen von Quadratwurzeln finden.

Wir lassen noch eine Tabelle der $\frac{1}{2^n}$-ten Potenzen von $\alpha = 10$ folgen.[1]

---

[1] Die Tabelle sowie das Beispiel sind entlehnt aus F. CALLET, Tables portatives de logarithmes, Paris 1795 (Tirage 1890), p. 12—15; a. a. O. geht die Tabelle bis $10^{\frac{1}{2^{60}}}$ und enthält 30 Dezimalstellen; sie ist hier auf 10 Dezimalstellen verkürzt, so daß alle Zahlen der Spalte 2 zu klein sind. Will man eine Kürzung mit Korrektion vornehmen, d. h. die letzte Dezimalstelle um 1 erhöhen, wenn ihr 5 oder eine größere Zahl als elfte Dezimalstelle folgt, so sind alle in Spalte 2 des Textes mit einem Strich versehenen Zahlen in der letzten Dezimalstelle um 1 zu erhöhen.

1	2	3
Werte von n	Werte von $10^{\frac{1}{2^n}}$	$\frac{1}{2^n} = {}^{10}\log 10^{\frac{1}{2^n}}$
1	3,16227 76601′	0,5
2	1,77827 94100	0,25
3	1,33352 14321′	0,125
4	1,15478 19846′	0,0625
5	1,07460 78283	0,03125
6	1,03663 29284	0,01562 5
7	1,01815 17217	0,00781 25
8	1,00903 50448	0,00390 625
9	1,00450 73642′	0,00195 3125
10	1,00225 11482′	0,00097 65625
11	1,00112 49413′	0,00048 82812 5
12	1,00056 23126	0,00024 41406 25
13	1,00028 11167′	0,00012 20703 125
14	1,00014 05485	0,00006 10351 5625
15	1,00007 02717′	0,00003 05175 78125
16	1,00003 51352′	0,00001 52587 89062 5
17	1,00001 75674′	0,00000 76293 94531 25
18	1,00000 87837	0,00000 38146 97265 625
19	1,00000 43918	0,00000 19073 48632 8125
20	1,00000 21959	0,00000 09536 74316 40625

Als Beispiel soll ${}^{10}\log 11$ bestimmt werden. Erst findet man aus der Ungleichung $10^{\gamma_1} < 11 < 10^{\gamma_1 + 1}$ den Wert von γ_1 als 1. Zur Bestimmung von $\delta_2, \delta_3, \ldots$ dienen alsdann die Ungleichungen (14_1), (14_2), ... Die wirkliche Berechnung gestaltet sich folgendermaßen: Der erste Quotient $\frac{G}{\alpha^{\gamma_1}} = \frac{11}{10^1} = 1{,}1$ liegt zwischen $10^{\frac{1}{2^5}}$ und $10^{\frac{1}{2^4}}$, wie aus Spalte 2 der obigen Tabelle hervorgeht. Da $10^{\frac{1}{2^5}} < 1{,}1 < 10^{\frac{1}{2^5}+\frac{1}{2^5}}$ ist, so hat man $\delta_2 = 0$, $\delta_3 = 0$, $\delta_4 = 0$, $\delta_5 = 0$, $\delta_6 = 1$. Die Division von 1,1 durch $10^{\frac{1}{2^5}}$ gibt 1,023629245. Dieser Quotient liegt zwischen $10^{\frac{1}{2^7}}$ und $10^{\frac{1}{2^6}}$. Die Division dieses zweiten Quotienten durch $10^{\frac{1}{2^7}}$ gibt einen dritten Quotienten, der, wie aus der zweiten Spalte der Tabelle hervorgeht, zwischen $10^{\frac{1}{2^9}}$ und $10^{\frac{1}{2^8}}$ liegt. Der dritte bis achte Quotient sind dann der Reihe nach durch $10^{\frac{1}{2^9}}$, $10^{\frac{1}{2^{12}}}$, $10^{\frac{1}{2^{13}}}$, $10^{\frac{1}{2^{17}}}$, $10^{\frac{1}{2^{19}}}$, $10^{\frac{1}{2^{20}}}$ zu dividieren. Man erhält also

$$10^{1+\frac{1}{2^5}+\frac{1}{2^7}+\frac{1}{2^9}+\frac{1}{2^{12}}+\frac{1}{2^{13}}+\frac{1}{2^{17}}+\frac{1}{2^{19}}+\frac{1}{2^{20}}+\cdots} = 11\,.$$

Mithin ist

$$\xi = \overset{10}{\log} 11 = 1 + \frac{1}{2^5}+\frac{1}{2^7}+\frac{1}{2^9}+\frac{1}{2^{12}}+\frac{1}{2^{13}}+\frac{1}{2^{17}}+\frac{1}{2^{19}}+\frac{1}{2^{20}}+\ldots = 1{,}04139\ldots,$$

wie man aus Spalte 3 findet.

Anstatt Quadratwurzeln auszuziehen, kann man zur Bestimmung der Zahlen δ_2, δ_3, ... auch sukzessiv in die zweite Potenz erheben. Man setze

$$H_1 = \left(\frac{G}{\alpha^{\gamma_1}}\right)^2, \quad H_2 = \left(\frac{H_1}{\alpha^{\delta_2}}\right)^2, \quad H_3 = \left(\frac{H_2}{\alpha^{\delta_3}}\right)^2, \quad \ldots$$

Alsdann gehen die Ungleichungen (14_1), (14_2) ... über in:

$$(15_1) \qquad \alpha^{\delta_2} \leqq H_1 < \alpha^{\delta_2+1},$$

$$(15_2) \qquad \alpha^{\delta_3} \leqq H_2 < \alpha^{\delta_3+1},$$

$$(15_3) \qquad \alpha^{\delta_4} \leqq H_3 < \alpha^{\delta_4+1}, \quad \text{usw.}$$

Um $\overset{\alpha}{\log} G$ zu finden, hat man erst γ_1 zu bestimmen, dann H_1; hierauf liefert (15_1) die ganze Zahl δ_2 gleich 0 oder 1, dann bildet man H_2 und bestimmt δ_3 aus (15_2) usw.

Anstatt $\xi = \overset{a}{\log} G$ in Form eines Dezimalbruches oder eines dyadischen Bruches auszudrücken, kann man ξ auch mit Hilfe der Theorie der Kettenbrüche finden. Man bestimme zuerst wie bisher γ_1 aus der Ungleichung (11). Ist $\xi \neq \gamma_1$, so setze man $\xi = \gamma_1 + \xi_0$ und entwickle den positiven echten Bruch ξ_0 in den Kettenbruch $0 + \frac{1|}{|p_2} + \frac{1|}{|p_3} + \ldots$ Man bezeichne die Folgewerte von ξ_0 mit ξ_1, ξ_2, ... (vgl. S. 117), so daß $\xi_{n-1} = p_n + \frac{1}{\xi_n}$ $(n = 1, 2, \ldots)$, $p_1 = 0$ ist.

Aus $\alpha^{\gamma_1 + \frac{1}{\xi_1}} = G$ folgt

$$(16) \qquad \alpha = \left(\frac{G}{\alpha^{\gamma_1}}\right)^{\xi_1} = \left(\frac{G}{\alpha^{\gamma_1}}\right)^{p_2+\frac{1}{\xi_2}}.$$

Mithin ist p_2 die ganze positive Zahl, die durch die Ungleichung:

$$(17_1) \qquad G_1^{p_2} \leqq \alpha < G_1^{p_2+1}$$

festgelegt wird, wenn man $G_1 = \frac{G}{\alpha^{\gamma_1}}$ setzt. Aus (16) folgt $\left(\frac{\alpha}{G_1^{p_2}}\right)^{\xi_2} = G_1$. Mithin wird die ganze Zahl p_3 durch die Ungleichung

$$(17_2) \qquad G_2^{p_3} \leqq G_1 < G_2^{p_3+1}$$

festgelegt, wenn man $\frac{\alpha}{G_1^{p_2}} = G_2$ setzt. Auf diese Weise geht es weiter.

Es möge noch $\overset{10}{\log} 2$ als Beispiel behandelt werden. Es ist $10^{0+\frac{1}{\xi_1}} = 2$, also $10 = 2^{\xi_1}$. Da $2^3 = 8$, $2^4 = 16$, so ergibt sich $\xi_1 = 3 + \frac{1}{\xi_2}\cdot$ Aus der Gleichung $10 = 2^{3+\frac{1}{\xi_2}}$ folgt $\left(\frac{10}{2^3}\right)^{\xi_2} = 2$ oder $1{,}25^{\xi_2} = 2$. Da $1{,}25^3 = 1{,}953125$ und $1{,}25^4 = 2{,}44140625$ ist, sieht man, daß ξ_2 zwischen 3 und 4 liegt. Man setzt $\xi_2 = 3 + \frac{1}{\xi_3}\cdot$ Die Fortsetzung dieses Verfahrens liefert

$$\xi_3 = 9 + \frac{1}{\xi_4}, \quad \xi_4 = 2 + \frac{1}{\xi_5}, \quad \xi_5 = 2 + \frac{1}{\xi_6}\cdot$$

Daher wird

$$\overset{10}{\log} 2 = 0 + \frac{1|}{|3} + \frac{1|}{|3} + \frac{1|}{|9} + \frac{1|}{|2} + \frac{1|}{|2} + \ldots$$

Die Näherungsbrüche sind

$$\frac{1}{3} = 0{,}33\ldots, \quad \frac{3}{10} = 0{,}3, \quad \frac{28}{93} = 0{,}30107\ldots, \quad \frac{59}{196} = 0{,}30102\ldots,$$

$$\frac{146}{485} = 0{,}3010309\ldots$$

Hieraus folgt, daß $\overset{10}{\log} 2$ zwischen 0,30102 und 0,301031 liegt. Da

$$\frac{1}{485^2} = \frac{1}{235225} = 0{,}0000042\ldots,$$

so ist $\overset{10}{\log} 2$ größer als 0,301026 . . . (Satz IV auf Seite 112). Mithin ist in eine fünfstellige Logarithmentafel $\overset{10}{\log} 2 = 0{,}30103$ einzutragen.[1]

Für die Berechnung der Logarithmen verweist schon Neper, der mit Bürgi die Ehre teilt, Erfinder der Logarithmen zu sein, in dem Appendix seiner Mirifici Logarithmorum canonis constructio (erschienen 1620 nach Nepers Tode) pag. 38 auf die folgende Methode hin, die in fortgesetzter Bildung geometrischer Mittel besteht. a_1 und a_2 seien irgend zwei positive Zahlen; es sei $a_1 < a_2$. Wir bilden $a_3 = \sqrt{a_1 \cdot a_2}$. Man bezeichnet a_3 als geometrisches Mittel oder geometrische Proportionale zwischen a_1 und a_2. Da $a_1 < a_2$, so ist $a_1^2 < a_1 \cdot a_2 < a_2^2$ und mithin $a_1 < \sqrt{a_1 \cdot a_2} < a_2$ oder $a_1 < a_3 < a_2$.

Ist $b_1 = \overset{a}{\log} a_1$, $b_2 = \overset{a}{\log} a_2$, so ist

$$\frac{b_1 + b_2}{2} = \overset{a}{\log} \sqrt{a_1\, a_2} = \overset{a}{\log} a_3\,.$$

Wir haben also den Satz:

Das arithmetische Mittel der Logarithmen zweier Zahlen ist gleich dem Logarithmus des geometrischen Mittels der zwei Zahlen.

---

[1] Zur Entscheidung der Frage, ob bei der obigen Kürzung mit Korrektion (vgl. die Anmerkung auf Seite 221) die letzte Ziffer von 0,30103 gegen eine sechsstellige Logarithmentafel eine Erhöhung um 1 in der letzten Ziffer erfahren hat oder nicht, müßte man die im Texte befindliche Rechnung noch weiter führen.

ξ sei irgend eine zwischen a_1 und a_2 gelegene Zahl, also $a_1 < \xi < a_2$. Man bilde das geometrische Mittel a_3 zwischen a_1 und a_2; im allgemeinen ist ξ nicht gleich a_3. Je nachdem ξ zwischen a_1 und a_3 oder a_2 und a_3 liegt, bilde man das geometrische Mittel zwischen a_1 und a_3 oder a_2 und a_3. Durch fortgesetztes Bilden solcher geometrischer Mittel wird man der Zahl ξ immer näher und näher kommen. Zur Bildung von $\overset{10}{\log} 5$ verfährt Euler in seiner 1748 erschienenen Introductio in analysin infinitorum, pag. 76 auf folgende Weise: Er wählt $a_1 = 1$, $a_2 = 10$ und bildet:

$$\begin{aligned}
a_1 &= 1{,}000000 & \overset{10}{\log} a_1 &= 0{,}000000\,,\\
a_2 &= 10{,}000000 & \overset{10}{\log} a_2 &= 1{,}000000\,,\\
a_3 &= \sqrt{a_1 \cdot a_2} = 3{,}162277 & \overset{10}{\log} a_3 &= 0{,}500000\,,\\
a_4 &= \sqrt{a_2 \cdot a_3} = 5{,}623413 & \overset{10}{\log} a_4 &= 0{,}750000\,,\\
a_5 &= \sqrt{a_3 \cdot a_4} = 4{,}216964 & \overset{10}{\log} a_5 &= 0{,}625000\,,\\
a_6 &= \sqrt{a_4 \cdot a_5} = 4{,}869674 & \overset{10}{\log} a_6 &= 0{,}687500\,,\\
a_7 &= \sqrt{a_4 \cdot a_6} = 5{,}232991 & \overset{10}{\log} a_7 &= 0{,}718750\,.
\end{aligned}$$

Euler bildet dann weiter

$$\begin{aligned}
a_8 &= \sqrt{a_6 \cdot a_7}\,, & a_9 &= \sqrt{a_6 \cdot a_8}\,, & a_{10} &= \sqrt{a_8 \cdot a_9}\,, & a_{11} &= \sqrt{a_9 \cdot a_{10}}\,,\\
a_{12} &= \sqrt{a_{10} \cdot a_{11}}\,, & a_{13} &= \sqrt{a_{10} \cdot a_{12}}\,, & a_{14} &= \sqrt{a_{10} \cdot a_{13}}\,, & a_{15} &= \sqrt{a_{13} \cdot a_{14}}\,,\\
a_{16} &= \sqrt{a_{14} \cdot a_{15}}\,, & a_{17} &= \sqrt{a_{14} \cdot a_{16}}\,, & a_{18} &= \sqrt{a_{14} \cdot a_{17}}\,, & a_{19} &= \sqrt{a_{14} \cdot a_{18}}\,,\\
a_{20} &= \sqrt{a_{14} \cdot a_{19}}\,, & a_{21} &= \sqrt{a_{19} \cdot a_{20}}\,, & a_{22} &= \sqrt{a_{20} \cdot a_{21}}\,, & a_{23} &= \sqrt{a_{20} \cdot a_{22}}\,.
\end{aligned}$$

Er findet

$$a_{22} = 4{,}999997,\quad a_{23} = 5{,}00003 \quad\text{und}\quad \overset{10}{\log} a_{22} = 0{,}6989697,\ \overset{10}{\log} a_{23} = 0{,}6989702\,.$$

Als geometrisches Mittel zwischen a_{22} und a_{23} ergibt sich

$$a_{24} = \sqrt{a_{22} \cdot a_{23}} = 5{,}00000$$

und als $\overset{10}{\log} a_{24} = \overset{10}{\log} 5 = \frac{1}{2}(0{,}6989697 + 0{,}6989702) = 0{,}6989700$.

Eine beliebige positive Zahl läßt sich stets in die Form $10^n \cdot \xi$ bringen, so daß $1 \leqq \xi < 10$ und n eine ganze positive oder negative Zahl oder Null ist. Da

$$\overset{10}{\log}(10^n \xi) = n + \overset{10}{\log} \xi \tag{18}$$

ist, so genügt es immer, den Logarithmus einer Zahl zwischen 1 und 10 aufzusuchen; hierbei kann man stets wie oben $a_1 = 1$, $a_2 = 10$ als Ausgangszahlen wählen. Bei dieser Wahl sind die durch Bilden geometrischer Mittel gewonnenen Zahlen a_i $(i = 2, 3, \ldots)$ Produkte von Zahlen der Form $10^{\frac{1}{2^k}}$, und ihre Logarithmen Summen von Zahlen der Form $\frac{1}{2^k}$ $(k = 0, 1, 2, \ldots)$.

Solche Zahlen sind in der auf Seite 222 gegebenen Tabelle enthalten. Mithin ist die zuletzt geschilderte Methode praktisch nicht von der früher behandelten verschieden.

Die konsequente Auffassung des Logarithmus als Umkehrung der Potenz verdankt man EULERS „Introductio in analysin infinitorum" (1748). Bei den Erfindern der Logarithmen, dem Schweizer JOBST BÜRGI (1552—1632) und dem Schotten JOHN NEPER (1550—1617), erscheinen eine arithmetische und eine geometrische Folge einander zugeordnet. In BÜRGIS „Arithmetische und geometrische Progreß-Tabuln" (veröffentlicht 1620, jedoch wohl 1610 fertig berechnet) lautet die geometrische Folge, deren Glieder er als schwarze Zahlen bezeichnet:

$$10^8, \quad 10^8\left(1+\frac{1}{10^4}\right), \quad 10^8\left(1+\frac{1}{10^4}\right)^2, \quad \ldots, \quad 10^8\left(1+\frac{1}{10^4}\right)^n, \quad \ldots;$$

die entsprechende arithmetische Folge, deren Glieder er die roten Zahlen nennt und auch rot drucken ließ, lautet:

$$0, \quad 10\cdot 1, \quad 10\cdot 2, \ldots, \quad 10\cdot n, \ldots$$

Dividiert man die Glieder der geometrischen Folge durch 10^8 und die der arithmetischen Folge durch 10^5, so entsprechen den Zahlen $\left(1+\frac{1}{10^4}\right)^n = \alpha^{\frac{n}{10^4}}$ der geometrischen Folge die Zahlen $\frac{n}{10^4}$ der arithmetischen Folge, wenn man unter α die Zahl $\left(1+\frac{1}{10^4}\right)^{10^4}$ versteht. Die Zahlen $0, \frac{1}{10^4}, \frac{2}{10^4}, \ldots, \frac{n}{10^4}, \ldots$ kann man also als Logarithmen der Zahlen $1, \alpha^{\frac{1}{10^4}}, \alpha^{\frac{2}{10^4}}, \ldots, \alpha^{\frac{n}{10^4}}, \ldots$ in dem Logarithmensystem mit der Basis $\alpha = \left(1+\frac{1}{10^4}\right)^{10^4}$ auffassen.

Bei NEPER in seiner „Mirifici logarithmorum canonis descriptio" (1614 erschienen) hat die geometrische Folge Glieder der Form $10^7\left(1-\frac{1}{10^7}\right)^n$ und eine entsprechende Zahl der arithmetischen Folge lautet n. Dividiert man die Glieder beider Folgen durch 10^7, so entsprechen sich die Zahlen $\left(\left(1-\frac{1}{10^7}\right)^{10^7}\right)^{\frac{n}{10^7}}$ und $\frac{n}{10^7}$ oder, wenn man $\beta = \left(1-\frac{1}{10^7}\right)^{10^7}$ setzt, die Zahlen $\beta^{\frac{n}{10^7}}$ und $\frac{n}{10^7}$. Die Zahlen $\frac{n}{10^7}$ sind demnach die Logarithmen der Zahlen $\beta^{\frac{n}{10^7}}$ in einem Logarithmensystem der Basis $\beta = \left(1-\frac{1}{10^7}\right)^{10^7}$.

Die Zahl

$$\alpha = \left(1+\frac{1}{10^4}\right)^{10^4} = 2{,}7181\ldots$$

stimmt mit der im nächsten Paragraphen behandelten Zahl $e = 2{,}71828\ldots$, die wir durch die dort mit (11) numerierten Ungleichungen

$$\left(1+\frac{1}{n}\right)^n < e < \left(1-\frac{1}{n}\right)^{-n} \quad (n = 2, 3, 4, \ldots)$$

festlegen, in den drei ersten Dezimalen überein; die Zahl

$$\beta = \left(1 - \frac{1}{10^7}\right)^{10^7} = \frac{1}{\left(1 - \frac{1}{10^7}\right)^{-10^7}}$$

kommt der Zahl $\frac{1}{e}$ sehr nahe.

Den Erfindern der Logarithmen war der Begriff der Basis ursprünglich fremd. Ihre arithmethische und geometrische Folge konnte aber dem gleichen Zwecke wie unsere Logarithmentafel dienen, nämlich der Erleichterung der numerischen Rechnung, vor allem der Rückführung von Multiplikationen und Divisionen auf Additionen und Subtraktionen. Die Zahlen einer arithmetischen und geometrischen Folge seien in ihrer Zuordnung tabuliert:

$$(19) \qquad \ldots, \; -3d, \; -2d, \; -d, \; 0, \; d, \; 2d, \; 3d, \; \ldots,$$

$$(20) \qquad \ldots, \; \gamma^{-3}, \; \gamma^{-2}, \; \gamma^{-1}, \; 1, \; \gamma^1, \; \gamma^2, \; \gamma^3, \; \ldots;$$

dabei sei d eine kleine positive Zahl und γ eine Zahl, die nahe bei 1 liegt $\left(\text{Bürgi } d = \frac{1}{10^4}, \gamma = \left(1 + \frac{1}{10^4}\right); \text{ Neper } d = \frac{1}{10^7}, \gamma = \left(1 - \frac{1}{10^7}\right)\right)$. Alsdann tritt jede Zahl mit einer gewissen Annäherung in der Folge (19) und, wenn sie positiv ist, auch in der Folge (20) auf. Hat man zwei positive Zahlen ξ_1 und ξ_2 zu multiplizieren, so bestimme man ihre Plätze in (20), d. h. die zwei benachbarten Zahlen γ^{k_1} und γ^{k_1+1} bzw. γ^{k_2} und γ^{k_2+1}, zwischen denen ξ_1 und ξ_2 liegen. Alsdann suche man mittels sogenannter Interpolation, wie diese auch bei dem Aufsuchen von Logarithmen in einer Logarithmentafel verwendet wird, die den Zahlen ξ_1 und ξ_2 entsprechenden Zahlen der Folge (19). Anstatt ξ_1 und ξ_2 zu multiplizieren, bilde man die Summe der Zahlen von (19); die dieser Summe entsprechende Zahl aus (20) ist das Produkt $\xi_1 \cdot \xi_2$.

In falscher Weise bezeichnet man die Logarithmen für die Basis e als „Nepersche Logarithmen",[1] treffender wäre noch die Bezeichnung „Bürgische Logarithmen". Des Namens „Logarithmus" (Logos arithmos, Verhältniszahl) bediente sich Neper schon in seiner ersten Publikation. Neper wollte noch in Verbindung mit Henry Briggs (1556—1630) Logarithmen berechnen, bei denen 10 die Basis des Logarithmensystems ist. Aus dem Nachlaß seines Vaters gab Robert Neper 1620 unter Mitwirkung von Briggs „Mirifici logarithmorum canonis constructio" heraus, wo Methoden zur Berechnung von Logarithmen beschrieben werden. In dem Appendix, der auch von Neper stammt, wird die Bildung von Logarithmen besprochen, bei denen der Logarithmus von 1 gleich 0 und der von 10 gleich 10^{10} gesetzt ist. Diese Festsetzung stimmt im Prinzip mit $\overset{10}{\log} 10 = 1$ überein; die Multiplikation mit 10^{10} geschieht nämlich, um die Berechnung auf 10 Dezimalen durchzuführen und das Komma der Dezimalbrüche zu vermeiden. Noch im Todesjahre Nepers (1617) veröffentlichte Briggs Logarithmen der ersten 1000 Zahlen für die Basis 10. Im Jahre 1624 publizierte Briggs in seiner „Arithmetica logarithmica" die dekadischen Logarithmen

[1] Lagrange, Leçons élémentaires sur les math., données à l'école normale en 1795, Oeuvres 7, p. 195, Paris 1877, bemerkt bereits, daß Nepers Logarithmen sich auf eine von $\frac{1}{e}$ nicht sehr verschiedene Zahl als Basis beziehen.

aller Zahlen von 1 bis 20000 und von 90000 bis 100000 auf 14 Dezimalen. Die Logarithmen für die Basis 10 heißen dekadische, gemeine oder Briggssche Logarithmen, während man die für die Basis e als natürliche oder Nepersche bezeichnet. Die bei Briggs fehlenden 70000 Logarithmen wurden von dem holländischen Buchhändler Adrian Vlacq berechnet. Sein 1628 veröffentlichtes Werk nannte er mit Rücksicht auf seinen Vorgänger Briggs bescheiden „Arithmetica logarithmica", editio secunda. Es liefert zuerst eine vollständige Logarithmentafel aller Zahlen von 1 bis 100000 auf 10 Dezimalen für die Basis 10. Daß die Zahl 10 als Basis eines Logarithmensystems besonders geeignet ist, hat nur in der dezimalen Schreibweise unseres Zahlensystems seinen Grund. Aus Formel (18) folgt: Der dekadische Logarithmus eines unechten Dezimalbruches hat eine Charakteristik, die um 1 kleiner ist als die Anzahl der vor dem Komma befindlichen Ziffern. Für den dekadischen Logarithmus eines echten Dezimalbruches ist die Charakteristik negativ und besteht aus so viel Einheiten, wie Nullen vor der ersten geltenden Ziffer stehen; die Null vor dem Komma ist bei den Nullen mitzuzählen. Man schreibt unter Hervorhebung der Charakteristik und Mantisse beispielsweise $\overset{10}{\log} 0{,}002 = -3 + 0{,}30103$, nicht $-2{,}69897$, oder, um Raum zu sparen, $\bar{7}{,}30103$, d. h. $7{,}30103 - 10$.

Wir bemerken noch, daß die Theorie der unendlichen Reihen (vgl. Kapitel V) einfachere Mittel zur Berechnung der Logarithmen gibt, als wir sie hier vorführten.[1]

Zum Schluß seien noch kurz die Additions- und Subtraktionslogarithmen erwähnt. Ihr Zweck ist, die Berechnung von $\overset{10}{\log}(a \pm b)$ zu erleichtern, wenn man $\overset{10}{\log} a$ und $\overset{10}{\log} b$ kennt. Am einfachsten wird dies durch eine von T. Wittstein (fünfstellige log.-trigon. Tafeln, Hannover, 1859) angegebene Anordnung geleistet. Diese verzeichnet für jede positive Zahl A die zugehörige Zahl B, die durch $B = \overset{10}{\log}(1 + 10^A)$ bestimmt wird. Alsdann ist, wenn $a > b$:

$$\overset{10}{\log}(a + b) = \overset{10}{\log} b + B = \overset{10}{\log} a + (B - A),$$

wobei $A = \overset{10}{\log} a - \overset{10}{\log} b$ und B die zu $A = \overset{10}{\log} a - \overset{10}{\log} b$ zugehörige Zahl bedeutet; denn man hat

$$\overset{10}{\log}(a + b) = \overset{10}{\log} b + \overset{10}{\log}\left(1 + \frac{a}{b}\right) = \overset{10}{\log} b + \overset{10}{\log}\left(1 + 10^{\overset{10}{\log} a - \overset{10}{\log} b}\right).$$

Ferner hat man, wenn $a > b$:

$$\overset{10}{\log}(a - b) = \overset{10}{\log} b + A = \overset{10}{\log} a - (B - A),$$

[1] Für die Geschichte der Logarithmen vgl. Rudolf Wolf, Handbuch der Astronomie, Zürich 1890, Bd. 1, S. 68; M. Cantor, Geschichte der Mathematik, Bd. 2, 2. Aufl. S. 725, Leipzig 1899; A. v. Braunmühl, Vorlesungen über Geschichte der Trigonometrie, 2. Teil, Leipzig 1903, S. 1; J. Tropfke, Geschichte der Elementarmathematik, Bd. 2, Leipzig 1903, S. 141; R. Mehmke, Enzyklopädie d. math. Wiss. I, 985, besonders die französische Bearbeitung von M. d'Ocagne in der Encyclopédie des sciences math. I, 23, vol. 4, p. 284; J. Lüroth, Vorlesungen über numerisches Rechnen, Leipzig 1900.

wobei A diejenige Zahl ist, die in der Tabelle die Zahl $B = \overset{10}{\log} a - \overset{10}{\log} b$ zur zugehörigen Zahl besitzt; denn man hat

$$\overset{10}{\log}(a-b) = \overset{10}{\log} b + \overset{10}{\log}\left(\frac{a}{b}-1\right),$$

und aus $A = \overset{10}{\log}\left(10^B - 1\right)$ ergibt sich für $B = \overset{10}{\log} a - \overset{10}{\log} b$, $A = \overset{10}{\log}\left(\frac{a}{b}-1\right)$. Die Erfindung der Additions- und Subtraktionslogarithmen geht auf den Physiker Leonelli zurück, dessen Idee dann von C. F. Gauss (Ges. Werke III, S. 244) aufgenommen wurde; daher die häufig auftretende falsche Bezeichnung „Gausssche Logarithmen."

§ 6.

Elementare Einführung der Exponentialfunktion für die Basis e und des natürlichen Logarithmus.

Wir wollen in diesem Paragraphen eine direkte elementare Einführung der Exponentialfunktion für die Basis e und des natürlichen Logarithmus geben.[1]

Wir beginnen mit zwei einfachen Ungleichungen, die wir im folgenden benützen. α und β seien irgend zwei positive Zahlen, von denen $\alpha > \beta$ sei. n bedeute irgend eine ganze positive Zahl, die $\geqq 2$ sein soll. Durch Ausmultiplizieren überzeugt man sich davon, daß

$$\alpha^n - \beta^n = (\alpha-\beta)(\alpha^{n-1} + \beta\alpha^{n-2} + \beta^2\alpha^{n-3} + \ldots + \beta^{n-1}). \tag{1}$$

Ersetzt man rechter Hand in der aus n Summanden bestehenden Klammer die positive Zahl β durch die größere α, so erhält man

$$\alpha^n - \beta^n < (\alpha-\beta)\cdot n\alpha^{n-1} \quad \text{oder} \quad \beta^n > \alpha^n - (\alpha-\beta)\cdot n\alpha^{n-1}; \tag{2}$$

mithin ist

$$\beta^n > \alpha^{n-1}\left(\alpha - n(\alpha-\beta)\right). \tag{2'}$$

Setzt man auf der rechten Seite von (1) für α die kleinere Zahl β, so erhält man

$$\alpha^n - \beta^n > (\alpha-\beta)n\beta^{n-1} \quad \text{oder} \quad \alpha^n > \beta^n + (\alpha-\beta)n\beta^{n-1}. \tag{3}$$

Mithin wird

$$\alpha^n > \beta^{n-1}\left(\beta + n(\alpha-\beta)\right). \tag{3'}$$

Die Ungleichungen (2') und (3') ergeben sich übrigens auch aus Hilfssatz II auf S. 193, je nachdem man in ihm $1 + h = \frac{\beta}{\alpha}$ oder $\frac{\alpha}{\beta}$ setzt.

Satz I. Man bilde die zwei Folgen

$$\left(1+\frac{x}{1}\right)^1,\quad \left(1+\frac{x}{2}\right)^2,\quad \left(1+\frac{x}{3}\right)^3,\quad \ldots,\quad \left(1+\frac{x}{n}\right)^n,\quad \ldots, \tag{4}$$

$$\left(1-\frac{x}{1}\right)^{-1},\quad \left(1-\frac{x}{2}\right)^{-2},\quad \left(1-\frac{x}{3}\right)^{-3},\quad \ldots,\quad \left(1-\frac{x}{n}\right)^{-n},\quad \ldots, \tag{5}$$

[1] Wegen der Anregung hierzu vgl. A. Hurwitz, Math. Ann. 70, 33 (1911).

bei denen x irgend eine reelle Zahl bedeute, und lasse in diesen Folgen, wenn die ersten Glieder etwa keine positive Basen besitzen sollten, diese und die darüber bzw. darunter stehenden Glieder einfach fort.[1] Alsdann sind die zwei Folgen (4) und (5) für jeden reellen Wert von x zwei zusammengehörige Definitionsfolgen und definieren mithin eine Zahl

$$\begin{pmatrix} \left(1+\frac{x}{n}\right)^n \\ \left(1-\frac{x}{n}\right)^{-n} \end{pmatrix}.$$

g sei im folgenden irgend eine positive, n eine ganze positive Zahl, die $\geqq 2$ ist. Alsdann ist

$$1+\frac{g}{n-1} > 1+\frac{g}{n}.$$

Man kann daher in der Ungleichung (2')

$$\alpha = 1+\frac{g}{n-1}, \quad \beta = 1+\frac{g}{n},$$

also $\alpha - \beta = \frac{g}{n(n-1)}$ wählen und erhält

(6) $$\left(1+\frac{g}{n}\right)^n > \left(1+\frac{g}{n-1}\right)^{n-1}.$$

Da g positiv ist, so hat man

$$1-\frac{g}{n} > 1-\frac{g}{n-1}.$$

Damit $1-\frac{g}{n}$ positiv ausfällt und die Ungleichung (3') benützt werden darf, setzen wir voraus, daß die ganze positive Zahl n von jetzt an nicht nur $\geqq 2$, sondern auch stets größer als g gewählt werden soll. Setzt man in der Ungleichung (3')

$$\alpha = 1-\frac{g}{n}, \quad \beta = 1-\frac{g}{n-1},$$

also $\alpha - \beta = \frac{g}{n(n-1)}$, so wird

$$\left(1-\frac{g}{n}\right)^n > \left(1-\frac{g}{n-1}\right)^{n-1}$$

und mithin

(7) $$\left(1-\frac{g}{n-1}\right)^{-(n-1)} > \left(1-\frac{g}{n}\right)^{-n}.$$

Aus den Ungleichungen (6) und (7) ergibt sich: Bildet man mit Hilfe irgend einer positiven Zahl g die zwei Folgen

[1] D. h. wir beginnen die Folgen erst mit $\left(1+\frac{x}{n}\right)^n$ bzw. $\left(1-\frac{x}{n}\right)^{-n}$, wobei $n > |x|$ ist.

(4′) $$\left(1+\frac{g}{1}\right)^1, \quad \left(1+\frac{g}{2}\right)^2, \quad \left(1+\frac{g}{3}\right)^3, \quad \ldots,$$

(5′) $$\left(1-\frac{g}{1}\right)^{-1}, \quad \left(1-\frac{g}{2}\right)^{-2}, \quad \left(1-\frac{g}{3}\right)^{-3}, \quad \ldots,$$

von denen die zweite mit den Gliedern mit positiver Basis anzufangen ist und in der ersten der Symmetrie wegen die über den fortzulassenden Gliedern stehenden zu streichen sind, so ist (4′) eine aufsteigende, (5′) eine absteigende Folge positiver Zahlen.

Wir wollen weiter zeigen, daß (4′) und (5′) auch die Bedingungen B_3) und B_4) auf S. 150 und 151, die für zwei zusammengehörige Definitionsfolgen erforderlich sind, erfüllen. Es ist

$$\left(1+\frac{g}{n}\right)\cdot\left(1-\frac{g}{n}\right) = 1 - \frac{g^2}{n^2} < 1,$$

also

$$\left(1+\frac{g}{n}\right)^n\cdot\left(1-\frac{g}{n}\right)^n < 1,$$

und mithin

(8) $$\left(1+\frac{g}{n}\right)^n < \left(1-\frac{g}{n}\right)^{-n}.$$

Die Ungleichung (8) besagt, daß die Folgen (4′) und (5′) der Bedingung B_3) genügen. Um zu zeigen, daß die Folgen (4′) und (5′) auch die Bedingung B_4) erfüllen, ist zu zeigen, daß, wenn ε eine beliebig gegebene positive Zahl ist, man stets eine ganze positive Zahl k so finden kann, daß

$$\left(1-\frac{g}{k+\sigma}\right)^{-(k+\sigma)} - \left(1+\frac{g}{k+\sigma}\right)^{k+\sigma} < \varepsilon$$

wird ($\sigma = 0, 1, 2, \ldots$). Es ist

$$\left(1-\frac{g}{k+\sigma}\right)^{-(k+\sigma)} - \left(1+\frac{g}{k+\sigma}\right)^{k+\sigma}$$

$$=\left(1-\frac{g}{k+\sigma}\right)^{-(k+\sigma)}\left[1-\left(1-\frac{g}{k+\sigma}\right)^{k+\sigma}\cdot\left(1+\frac{g}{k+\sigma}\right)^{k+\sigma}\right] < G\left[1-\left(1-\frac{g^2}{(k+\sigma)^2}\right)^{k+\sigma}\right],$$

wobei G das erste Glied der absteigenden Folge (5′) bedeutet. Wählt man in der Ungleichung (2) $\alpha = 1$, $\beta = 1 - \frac{g^2}{(k+\sigma)^2}$ und $n = k + \sigma$, so wird

$$1-\left(1-\frac{g^2}{(k+\sigma)^2}\right)^{k+\sigma} < \frac{g^2}{k+\sigma}.$$

Da $\frac{1}{k+\sigma} \leqq \frac{1}{k}$ ist, so erhält man

$$\left(1-\frac{g}{k+\sigma}\right)^{-(k+\sigma)} - \left(1+\frac{g}{k+\sigma}\right)^{k+\sigma} < \frac{G g^2}{k}.$$

Wählt man die ganze positive Zahl $k > \frac{G g^2}{\varepsilon}$, so wird

$$\left(1-\frac{g}{k+\sigma}\right)^{-(k+\sigma)} - \left(1+\frac{g}{k+\sigma}\right)^{k+\sigma} < \varepsilon.$$

Diese Ungleichung besagt, daß die Folgen (4') und (5') auch die Bedingung B_4) erfüllen und daher eine Zahl $\left(\begin{array}{c}\left(1+\frac{g}{n}\right)^n \\ \left(1-\frac{g}{n}\right)^{-n}\end{array}\right)$ definieren. Hiermit ist zunächst Satz I für positives $x = g$ bewiesen. Wir können nunmehr nach Seite 78 auch die zu $\left(\begin{array}{c}\left(1+\frac{g}{n}\right)^n \\ \left(1-\frac{g}{n}\right)^{-n}\end{array}\right)$ reziproke Zahl bilden. Diese lautet $\left(\begin{array}{c}\left(1-\frac{g}{n}\right)^n \\ \left(1+\frac{g}{n}\right)^{-n}\end{array}\right)$. Hieraus geht hervor, daß für negatives $x = -g$ die Folgen (4) und (5) ebenfalls eine Zahl definieren. Der Fall $x = 0$ liefert in (4) und (5) durchgehend die Zahl 1, so daß die durch (4) und (5) für $x = 0$ dargestellte Zahl den Wert 1 hat. Hiermit ist Satz I völlig bewiesen.

Wir betrachten die Folgen (4) und (5) speziell für $x = 1$. In diesem Fall ist in (5) $\left(1-\frac{1}{1}\right)^{-1}$ als Glied mit nicht positiver Basis zu streichen, und man hat die zwei Folgen:

(9) $$\left(1+\frac{1}{2}\right)^2, \quad \left(1+\frac{1}{3}\right)^3, \quad \ldots, \quad \left(1+\frac{1}{n}\right)^n, \quad \ldots$$

(10) $$\left(1-\frac{1}{2}\right)^{-2}, \quad \left(1-\frac{1}{3}\right)^{-3}, \quad \ldots, \quad \left(1-\frac{1}{n}\right)^{-n}, \ldots$$

Die durch die zwei Folgen (9) und (10) definierte Zahl bezeichnet man allgemein nach EULERS[1] Vorgang mit dem Buchstaben e.

Aus der Definition der Zahl e durch die zwei Folgen (9) und (10) ergeben sich nach Satz I auf Seite 82 die fundamentalen Ungleichungen

(11) $$\left(1+\frac{1}{n}\right)^n < e < \left(1-\frac{1}{n}\right)^{-n} \qquad (n = 2, 3, 4, \ldots).$$

Beachtet man, daß

$$\left(1+\frac{1}{1}\right)^1 < \left(1+\frac{1}{2}\right)^2$$

und ferner, daß

$$\left(1-\frac{1}{n}\right)^{-n} = \left(\frac{n}{n-1}\right)^n = \left(1+\frac{1}{n-1}\right)^n,$$

so erhält man aus (11) die Ungleichungen:

(12) $$\left(1+\frac{1}{n-1}\right)^{n-1} < e < \left(1+\frac{1}{n-1}\right)^n \qquad (n = 2, 3, 4, \ldots).$$

Da (9) und (10) zwei zusammengehörige Definitionsfolgen sind, so trifft dies auch für die folgenden zwei Folgen zu:

---

[1] EULER, Comment. Petropol. 7 (1740 gedruckt); vgl. Bibliotheca math. (3) **2**, 442 (1901).

(13) $\left(1+\frac{1}{1}\right)^1, \left(1+\frac{1}{2}\right)^2, \left(1+\frac{1}{3}\right)^3, \ldots, \left(1+\frac{1}{n}\right)^n, \ldots,$

(14) $\left(1+\frac{1}{1}\right)^2, \left(1+\frac{1}{2}\right)^3, \left(1+\frac{1}{3}\right)^4, \ldots, \left(1+\frac{1}{n}\right)^{n+1}, \ldots$

Die erste dieser Folgen haben wir aus (9) nur durch Vorsetzen des Gliedes $\left(1+\frac{1}{1}\right)^1$, das kleiner als alle Zahlen dieser aufsteigenden Folge ist, abgeleitet und die zweite Folge ist wegen der Gleichung

$$\left(1-\frac{1}{n}\right)^{-n} = \left(1+\frac{1}{n-1}\right)^n$$

mit (10) identisch. (Der Leser beweise sich zur Übung auch direkt, daß (13) und (14) zwei zusammengehörige Definitionsfolgen sind.)

Infolge der Ungleichungen (12) hat nach Satz II auf Seite 82 die durch die Folgen (13) und (14) bestimmte Zahl denselben Wert e, wie die durch die zwei Folgen (9) und (10) bestimmte Zahl. Die Zahl e ist also auch durch die zwei zusammengehörigen Definitionsfolgen (13) und (14) bestimmt.

Aus den Ungleichungen (11) oder (12) kann man e mit beliebiger Genauigkeit berechnen. Wählt man in (12) z. B. $n = 26$, so ist $1{,}04^{25} < e < 1{,}04^{26}$. Diese Ungleichung besagt: Die Zahl e ist größer als die Summe, zu der die zu 4% ausgeliehene Einheit mit Zinseszins in 25 Jahren anwächst, aber kleiner als das Kapital, das unter den gleichen Bedingungen aus der Einheit in 26 Jahren entsteht.[1] Aus einer Zinseszinstafel[2] entnimmt man $2{,}665 < e < 2{,}772$. Für $n = 101$, also 1% Verzinsung, ist $1{,}01^{100} = 2{,}704$ und $1{,}01^{101} = 2{,}732$, also $2{,}704 < e < 2{,}732$. Eine bequemere Berechnung von e liefert die Theorie der unendlichen Reihen (vgl. Kap. V). Es ist $e = 2{,}718281828459\ldots$[3] Wir beweisen nunmehr

Satz II. Die durch die zwei Folgen (4) und (5) dargestellte Zahl

$$\left(\begin{array}{c}\left(1+\frac{x}{n}\right)^n \\ \left(1-\frac{x}{n}\right)^{-n}\end{array}\right)$$

hat den Wert e^x. Sie ist also die x^{te} Potenz der Zahl e. Man bezeichnet e^x, wenn x alle reellen Zahlen durchläuft, als Exponentialfunktion für die Basis e.

g sei irgend eine positive Zahl, n eine ganze positive Zahl. Wir wollen zunächst zeigen, daß für positive $x = g$ die Zahl

$$\left(\begin{array}{c}\left(1+\frac{g}{n}\right)^n \\ \left(1-\frac{g}{n}\right)^{-n}\end{array}\right)$$

[1] Vgl. z. B. LOEWY, Versicherungsmathematik, 2. Aufl., Sammlung GÖSCHEN, Leipzig 1910, Seite 23.

[2] Z. B. H. MURAI, Zinseszinsen-, Einlagen-, Renten- und Amortisationstabellen, Budapest 1897.

[3] Man hat die Zahl e auf 225 Dezimalen berechnet. Vgl. L'intermédiaire des mathématiciens 7 (1900), S. 53, sowie Jahrbuch über die Fortschritte der Math. 1893/94, S. 736.

gleich e^g wird. Damit $1 - \frac{g}{n}$ positiv ausfällt, sind nur solche n zu betrachten, die $> g$ sind. Zu jeder ganzen positiven Zahl n, die $> g$ ist, bestimmen wir eine ganze positive Zahl m_n von der Art, daß

$$m_n < \frac{n}{g} \leqq m_n + 1 \tag{15}$$

ist. Da die Zahl m_n von der Beschaffenheit der Zahl n abhängt, haben wir ihr den Index n beigefügt.

Aus der Ungleichung (15) folgt:

$$\frac{1}{m_n + 1} \leqq \frac{g}{n} < \frac{1}{m_n}. \tag{16}$$

Mithin ist

$$1 + \frac{g}{n} < 1 + \frac{1}{m_n}$$

und folglich

$$\left(1 + \frac{g}{n}\right)^n < \left(1 + \frac{1}{m_n}\right)^n.$$

Nun ist nach (15) $n \leqq (m_n + 1)g$ und daher

$$\left(1 + \frac{1}{m_n}\right)^n \leqq \left(1 + \frac{1}{m_n}\right)^{(m_n+1)g}.$$

Folglich wird

$$\left(1 + \frac{g}{n}\right)^n < \left(1 + \frac{1}{m_n}\right)^{(m_n+1)g}. \tag{17}$$

Aus (16) folgert man

$$1 - \frac{g}{n} \leqq 1 - \frac{1}{m_n + 1}$$

und daher

$$\left(1 - \frac{g}{n}\right)^n \leqq \left(1 - \frac{1}{m_n + 1}\right)^n.$$

Nun ist nach (15) $m_n \cdot g < n$ und daher nach (IVb) auf Seite 213

$$\left(1 - \frac{1}{m_n + 1}\right)^n < \left(1 - \frac{1}{m_n + 1}\right)^{m_n g}.$$

Folglich wird

$$\left(1 - \frac{g}{n}\right)^n < \left(1 - \frac{1}{m_n + 1}\right)^{m_n g}$$

oder durch Übergang zu den reziproken Zahlen

$$\left(1 - \frac{1}{m_n + 1}\right)^{-m_n g} < \left(1 - \frac{g}{n}\right)^{-n}. \tag{18}$$

Da

$$\left(1 - \frac{1}{m_n + 1}\right)^{-m_n g} = \left(\frac{m_n}{m_n + 1}\right)^{-m_n g} = \left(\frac{m_n + 1}{m_n}\right)^{m_n g} = \left(1 + \frac{1}{m_n}\right)^{m_n g},$$

so verwandelt sich (18) in

$$\left(1 + \frac{1}{m_n}\right)^{m_n g} < \left(1 - \frac{g}{n}\right)^{-n}. \tag{19}$$

Aus den Ungleichungen (17) und (19) wird sich uns das gewünschte Resultat leicht ergeben.

Wir betrachten die Zahl e; sie war durch die Folgen (13) und (14) definiert als

$$\begin{pmatrix} \left(1+\frac{1}{n}\right)^n \\ \left(1+\frac{1}{n}\right)^{n+1} \end{pmatrix} \qquad (n = 1, 2, 3, \ldots).$$

Nach der am Schluß des § 4 gemachten Bemerkung auf Seite 214 ergibt sich hieraus

$$(20) \qquad e^g = \begin{pmatrix} \left(1+\frac{1}{n}\right)^{ng} \\ \left(1+\frac{1}{n}\right)^{(n+1)g} \end{pmatrix} \qquad (n = 1, 2, 3, \ldots).$$

Wir wollen auf der rechten Seite der Gleichung (20) die Zahl n nicht die Werte 1, 2, ... durchlaufen lassen, sondern die ganzen Zahlen m_n, wie sie sich aus (15) ergeben, wenn man in (15) n der Reihe nach alle ganzzahligen Werte, die $> g$ sind, durchlaufen läßt. Dies ist erlaubt; denn hierdurch werden in den rechter Hand der Formel (20) stehenden zwei Definitionsfolgen nur entweder gewisse Glieder mehrfach wiederholt oder gewisse Glieder gestrichen, wodurch der Wert einer durch zwei Definitionsfolgen definierten Zahl sich nicht ändert. Wir können demnach e^g auch so schreiben:

$$(21) \qquad e^g = \begin{pmatrix} \left(1+\frac{1}{m_n}\right)^{m_n g} \\ \left(1+\frac{1}{m_n}\right)^{(m_n+1)g} \end{pmatrix}.$$

Nach der Gleichheitsdefinition auf Seite 151 besagen die Ungleichungen (17) und (19), daß die durch (21) gegebene Zahl und die Zahl $\begin{pmatrix} \left(1+\frac{g}{n}\right)^n \\ \left(1-\frac{g}{n}\right)^{-n} \end{pmatrix}$ gleich sind. Man hat also

$$e^g = \begin{pmatrix} \left(1+\frac{g}{n}\right)^n \\ \left(1-\frac{g}{n}\right)^{-n} \end{pmatrix}.$$

Hiermit ist Satz II für positive Werte $x = g$ bewiesen.

Wir bilden nach der zuletzt hingeschriebenen Gleichung die zu e^g reziproke Zahl $\frac{1}{e^g}$. Diese wird nach Seite 78 gleich

$$\begin{pmatrix} \left(1-\frac{g}{n}\right)^n \\ \left(1+\frac{g}{n}\right)^{-n} \end{pmatrix}.$$

Da $e^{-g} = \frac{1}{e^g}$, so hat man

(22)
$$e^{-g} = \begin{pmatrix} \left(1 - \frac{g}{n}\right)^n \\ \left(1 + \frac{g}{n}\right)^{-n} \end{pmatrix}.$$

Die Zahl

$$\begin{pmatrix} \left(1 + \frac{x}{n}\right)^n \\ \left(1 - \frac{x}{n}\right)^{-n} \end{pmatrix}$$

geht für negative $x = - g$ in die rechte Seite von (22) über. Mithin ist der Satz II auch für negative $x = - g$ bewiesen. Im Fall $x = 0$ schließlich wird e^x gleich 1 und auch die zwei Folgen $\left(1 + \frac{x}{n}\right)^n$ und $\left(1 - \frac{x}{n}\right)^{-n}$ stellen die Zahl 1 dar. Aus dem soeben bewiesenen Satz II und dem Satz I auf Seite 82 entnehmen wir noch die wichtigen Ungleichungen:

(23)
$$\left(1 + \frac{x}{n}\right)^n < e^x < \left(1 - \frac{x}{n}\right)^{-n},$$

bei denen n jeden ganzzahligen positiven Wert $> |x|$ annehmen darf und x eine beliebige reelle Zahl bedeutet.

Wir wenden uns nun zu

Satz III. Bildet man die zwei Folgen:

(24)
$$\left(1 - \frac{1}{x}\right), \quad 2\left(1 - \frac{1}{\sqrt{x}}\right), \quad 3\left(1 - \frac{1}{\sqrt[3]{x}}\right), \quad \ldots, \quad n\left(1 - \frac{1}{\sqrt[n]{x}}\right), \quad \ldots$$

und

(25)
$$(x - 1), \quad 2\left(\sqrt{x} - 1\right), \quad 3\left(\sqrt[3]{x} - 1\right), \quad \ldots, \quad n\left(\sqrt[n]{x} - 1\right), \quad \ldots,$$

bei denen x irgend eine positive Zahl bedeutet, so sind dies zwei zusammengehörige Definitionsfolgen. Bezeichnen wir die von ihnen definierte Zahl

$$\begin{pmatrix} n\left(1 - \frac{1}{\sqrt[n]{x}}\right) \\ n\left(\sqrt[n]{x} - 1\right) \end{pmatrix}$$

mit y, so hat diese die Eigenschaft, daß $e^y = x$ ist.

Die Zahl y, die durch $e^y = x$ definiert war, nannten wir den natürlichen Logarithmus von x, also $y = \overset{e}{\log} x$. Wir haben den Satz III so formuliert, daß wir die Bezeichnung Logarithmus vermieden haben, und wir werden auch den Beweis von Satz III ohne Voraussetzung von Kenntnissen über Logarithmen führen. Satz III liefert uns daher eine neue Definition und einen einfachen Zugang zu den natürlichen Logarithmen.

p bedeute im folgenden eine beliebige positive Zahl, die einen Wert > 1 hat; n bezeichne eine ganze positive Zahl, die $\geqq 2$ ist. Alsdann ist $p^{\frac{1}{n(n-1)}} > 1$. Wir benützen die Ungleichung (3′) und wählen in ihr $\alpha = 1$, $\beta = p^{-\frac{1}{n(n-1)}}$. Dann erhält man

$$1 > p^{-\frac{1}{n}}\left(p^{-\frac{1}{n(n-1)}} + n\left(1 - p^{-\frac{1}{n(n-1)}}\right)\right).$$

Da

$$p^{-\frac{1}{n}} \cdot p^{-\frac{1}{n(n-1)}} = p^{-\frac{1}{n-1}}$$

ist, so ergibt sich

$$1 > p^{-\frac{1}{n-1}} + n\left(p^{-\frac{1}{n}} - p^{-\frac{1}{n-1}}\right)$$

oder, indem man rechts und links $n - 1$ zuaddiert

$$\text{(26)} \qquad n\left(1 - p^{-\frac{1}{n}}\right) > (n-1)\left(1 - p^{-\frac{1}{n-1}}\right).$$

Setzt man in der Ungleichung (2′) $\alpha = p^{\frac{1}{n(n-1)}}$, $\beta = 1$, so ergibt sich

$$1 > p^{\frac{1}{n}}\left(p^{\frac{1}{n(n-1)}} - n\left(p^{\frac{1}{n(n-1)}} - 1\right)\right)$$

oder, da

$$p^{\frac{1}{n}} \cdot p^{\frac{1}{n(n-1)}} = p^{\frac{1}{n-1}}$$

ist,

$$1 > p^{\frac{1}{n-1}} - n\left(p^{\frac{1}{n-1}} - p^{\frac{1}{n}}\right).$$

Addiert man zu der letzten Ungleichung rechts und links $-n$, so findet man:

$$\text{(27)} \qquad (n-1)\left(p^{\frac{1}{n-1}} - 1\right) > n\left(p^{\frac{1}{n}} - 1\right).$$

Die Ungleichungen (26) und (27) belehren uns, daß für $p > 1$ die zwei Folgen

$$\text{(24′)} \qquad \left(1 - \frac{1}{p}\right), \quad 2\left(1 - \frac{1}{\sqrt{p}}\right), \quad 3\left(1 - \frac{1}{\sqrt[3]{p}}\right), \quad \ldots, \quad n\left(1 - \frac{1}{\sqrt[n]{p}}\right), \quad \ldots,$$

$$\text{(25′)} \qquad (p - 1), \quad 2\left(\sqrt{p} - 1\right), \quad 3\left(\sqrt[3]{p} - 1\right), \quad \ldots, \quad n\left(\sqrt[n]{p} - 1\right), \quad \ldots$$

aufsteigend bzw. absteigend sind.

Nun ist

$$n\left(\sqrt[n]{p}-1\right)=\sqrt[n]{p}\left[n\left(1-\frac{1}{\sqrt[n]{p}}\right)\right]. \tag{28}$$

Da wegen $p > 1$ auch $\sqrt[n]{p} > 1$ ist, so geht (28) über in

$$n\left(\sqrt[n]{p}-1\right)>n\left(1-\frac{1}{\sqrt[n]{p}}\right). \tag{29}$$

Hiermit ist gezeigt, daß die zwei Folgen (24′) und (25′) die für zwei zusammengehörige Definitionsfolgen erforderliche Bedingung B_3) auf Seite 150 erfüllen. Um darzutun, daß unsere Folgen (24′) und (25′) auch die noch weiter erforderliche Bedingung B_4) erfüllen, ist nachzuweisen, daß man für jede beliebig vorgegebene positive Zahl ε stets eine ganze positive Zahl k so finden kann, daß

$$(k+\sigma)\left(\sqrt[k+\sigma]{p}-1\right)-(k+\sigma)\left(1-\frac{1}{\sqrt[k+\sigma]{p}}\right)<\varepsilon$$

wird ($\sigma = 0, 1, 2, 3, \ldots$). Die zu untersuchende Differenz

$$(k+\sigma)\left(\sqrt[k+\sigma]{p}-1\right)-(k+\sigma)\left(1-\frac{1}{\sqrt[k+\sigma]{p}}\right)=\left(\sqrt[k+\sigma]{p}-1\right)\cdot(k+\sigma)\left(1-\frac{1}{\sqrt[k+\sigma]{p}}\right)$$

wird nach (29)

$$<\left(\sqrt[k+\sigma]{p}-1\right)\cdot(k+\sigma)\left(\sqrt[k+\sigma]{p}-1\right).$$

Nun ist die in (25′) gegebene Folge absteigend, demnach

$$(k+\sigma)\left(\sqrt[k+\sigma]{p}-1\right)<p-1$$

und die zu untersuchende Differenz $<\left(\sqrt[k+\sigma]{p}-1\right)(p-1)$. Da weiter nach (IV a) auf Seite 204 $\sqrt[k+\sigma]{p} \leqq \sqrt[k]{p}$ ist, so hat man zunächst das Resultat, daß die fragliche Differenz $<\left(\sqrt[k]{p}-1\right)(p-1)$ ausfällt. Nach Satz V auf Seite 204 kann man eine ganze positive Zahl k so finden, daß $p^{\frac{1}{k}} < 1 + \frac{\varepsilon}{p-1}$ wird; man hat in Satz V für das dortige ε die positive Zahl $\frac{\varepsilon}{p-1}$ zu nehmen. Wählt man k derartig, so wird die zu untersuchende Differenz $< \varepsilon$. Mithin erfüllen die Folgen (24′) und (25′) auch die vierte für zwei zusammengehörige Definitionsfolgen erforderliche Bedingung B_4) und definieren daher eine Zahl. Diese Zahl, die uns zunächst unbekannt ist, bezeichnen wir mit y. Wir bilden nunmehr nach Satz II die Zahl

$$e^{y}=\left(\begin{array}{c}\left(1+\frac{y}{n}\right)^{n}\\ \left(1-\frac{y}{n}\right)^{-n}\end{array}\right).$$

Da y die durch die Folgen (24') und (25') definierte Zahl sein soll, so wird nach Satz I auf Seite 82

$$n\left(1-\frac{1}{\sqrt[n]{p}}\right) < y < n\left(\sqrt[n]{p}-1\right).$$

Hieraus folgt

$$1-\frac{y}{n} < \frac{1}{\sqrt[n]{p}} \quad \text{und} \quad 1+\frac{y}{n} < \sqrt[n]{p}.$$

Erhebt man diese zwei Ungleichungen in die n-te Potenz, so wird

$$\left(1-\frac{y}{n}\right)^n < \frac{1}{p} \quad \text{und} \quad \left(1+\frac{y}{n}\right)^n < p.$$

Mithin ist

$$\left(1+\frac{y}{n}\right)^n < p < \left(1-\frac{y}{n}\right)^{-n}.$$

Diese Ungleichungen besagen aber nach Satz II auf Seite 82, daß die Zahl $\left(\begin{matrix}\left(1+\frac{y}{n}\right)^n \\ \left(1-\frac{y}{n}\right)^{-n}\end{matrix}\right) = p$ ist. Wir haben also $e^y = p$. Die Gleichung $e^y = p$ wird demnach bei gegebenem p befriedigt durch

$$y = \left(\begin{matrix} n\left(1-\frac{1}{\sqrt[n]{p}}\right) \\ n\left(\sqrt[n]{p}-1\right)\end{matrix}\right).$$

Daß es nur eine reelle Zahl y geben kann, für die $e^y = p$ ist, ist auf Seite 216 gezeigt. Diese Zahl hatten wir mit $y = \overset{e}{\log} p$ bezeichnet. Mithin hat die durch die Folgen (24') und (25') definierte Zahl den Wert $\overset{e}{\log} p$.

Nunmehr sei q irgend eine positive Zahl < 1. Wir bilden uns $\frac{1}{q}$; da $\frac{1}{q} > 1$ ist, können wir in (24') und (25') für p die Zahl $\frac{1}{q}$ setzen und erhalten auf diese Weise als Lösung von $e^x = \frac{1}{q}$

$$x = \overset{e}{\log}\left(\frac{1}{q}\right) = \left(\begin{matrix} n\left(1-\sqrt[n]{q}\right) \\ n\left(\frac{1}{\sqrt[n]{q}}-1\right)\end{matrix}\right) = -\left(\begin{matrix} n\left(1-\frac{1}{\sqrt[n]{q}}\right) \\ n\left(\sqrt[n]{q}-1\right)\end{matrix}\right) \tag{30}$$

(vgl. die Vorschrift zur Bildung der entgegengesetzten Zahl auf Seite 76). Aus $e^x = \frac{1}{q}$ folgt die Gleichung $e^{-x} = q$, deren Lösung mit $-x = \overset{e}{\log} q$ zu bezeichnen ist. Hieraus ergibt sich nach (30)

$$\overset{e}{\log} q = -\overset{e}{\log} \frac{1}{q}$$

oder, wenn man für $\overset{e}{\log} \frac{1}{q}$ seinen Wert nach (30) einsetzt,

$$\text{(30')} \qquad \overset{e}{\log} q = \begin{pmatrix} n\left(1-\dfrac{1}{\sqrt[n]{q}}\right) \\ n\left(\sqrt[n]{q}-1\right) \end{pmatrix}.$$

Die Folgen (24) und (25) gehen für positive Zahlen $x = p$, die > 1 sind, in die Folgen (24′) und (25′) und für positive Zahlen $x = q$, die < 1 sind, in die Folgen auf der rechten Seite der Formel (30′) über. Für $x = 1$ ist $\overset{e}{\log} 1 = 0$ und die Folgen (24) und (25) stellen ebenfalls die Zahl 0 dar. Hiermit ist Satz III bewiesen.

Aus dem soeben bewiesenen Satz III und Satz I auf Seite 82 folgt das Bestehen der wichtigen Ungleichungen

$$\text{(31)} \qquad n\left(1-\frac{1}{\sqrt[n]{x}}\right) < \overset{e}{\log} x < n\left(\sqrt[n]{x}-1\right) \qquad (n = 1, 2, 3, \ldots),$$

wobei x jeden reellen Wert mit Ausnahme von 1 annehmen darf. Für $x = 1$ würde das Gleichheitszeichen treten.

Die Ungleichungen (31) gestatten, allerdings in nicht sehr bequemer Weise, $\overset{e}{\log} x$ mit beliebiger Genauigkeit zu berechnen. In der Formel (31) und den Folgen (24) und (25) kann man n, anstatt es alle ganzzahligen positiven Werte annehmen zu lassen, auf die Potenzen 2^m $(m = 1, 2, \ldots)$ beschränken. Man kann demnach $\overset{e}{\log} x$ auch als die durch

$$\begin{pmatrix} 2^m\left(1-\dfrac{1}{x^{\frac{1}{2^m}}}\right) \\ 2^m\left(x^{\frac{1}{2^m}}-1\right) \end{pmatrix}$$

gegebene Zahl definieren. Beachtet man, daß

$$x - 1 = \left(x^{\frac{1}{2}}+1\right)\left(x^{\frac{1}{2}}-1\right) = \left(x^{\frac{1}{2}}+1\right)\left(x^{\frac{1}{4}}+1\right)\left(x^{\frac{1}{4}}-1\right) \quad \text{usw.},$$

also

$$\text{(32)} \qquad x^{\frac{1}{2^m}} - 1 = \frac{x-1}{\left(x^{\frac{1}{2}}+1\right)\left(x^{\frac{1}{4}}+1\right)\cdots\left(x^{\frac{1}{2^m}}+1\right)}$$

ist, so erscheint $\overset{e}{\log} x$ definiert durch die zwei zusammengehörigen Definitionsfolgen, deren allgemeine Glieder lauten[1]

[1] Vgl. SEIDEL, Journ. f. d. r. u. ang. Math. 73, 278 (1871).

(33) $$\frac{1-\frac{1}{x}}{\frac{1}{2}\left(x^{-\frac{1}{2}}+1\right)\frac{1}{2}\left(x^{-\frac{1}{4}}+1\right)\frac{1}{2}\left(x^{-\frac{1}{8}}+1\right)\ldots\frac{1}{2}\left(x^{-\frac{1}{2^m}}+1\right)}$$

und

(34) $$\frac{x-1}{\frac{1}{2}\left(x^{\frac{1}{2}}+1\right)\frac{1}{2}\left(x^{\frac{1}{4}}+1\right)\frac{1}{2}\left(x^{\frac{1}{8}}+1\right)\ldots\frac{1}{2}\left(x^{\frac{1}{2^m}}+1\right)}$$

$(m = 1, 2, 3, \ldots)$. Da $x^{\frac{1}{2^m}} = \left(x^{\frac{1}{2^{m-1}}}\right)^{\frac{1}{2}}$ ist, so kann man $\overset{e}{\log} x$ durch alleiniges Ziehen von Quadratwurzeln finden.

Die Folgen (24) und (25) führen auf den natürlichen Logarithmus. Will man die Logarithmen für die Basis β finden, wobei β irgend eine zu 1 ungleiche positive Zahl bedeutet, so ist nach Formel (10) auf Seite 218

$$\overset{\beta}{\log} x = \frac{\overset{e}{\log} x}{\overset{e}{\log} \beta};$$

man hat also $\overset{e}{\log} x$ mit der Zahl $M = \frac{1}{\overset{e}{\log}\beta}$ zu multiplizieren. Die Zahl M heißt der Modul des Logarithmensystems mit der Basis β. Der Modul des dekadischen Logarithmensystems ($\beta = 10$) ist, worauf wir noch in Kapitel V zurückkommen,

$$M = \frac{1}{\overset{e}{\log} 10} = \overset{10}{\log} e = 0{,}434294481903251\ldots$$

§ 7.

Das arithmetisch-geometrische Mittel und verwandte Algorithmen. Die Kreismessung.

Zum Schlusse dieses Kapitels wollen wir noch kurz einige Probleme behandeln, bei denen sich der Zahlbegriff ebenso wie im vorigen Paragraphen unmittelbar in Form der Seite 150 gegebenen Definition darbietet.

Aus irgend zwei positiven Zahlen a und b, von denen $a < b$ sei, soll das arithmetische Mittel $\frac{a+b}{2}$ und das geometrische Mittel $\sqrt{a\,b}$ gebildet werden. Da nach Voraussetzung $a < b$ ist, werden sämtliche Zahlen

$$a - \sqrt{a\,b}, \quad \sqrt{a\,b} - \frac{a+b}{2} = -\frac{(\sqrt{a}-\sqrt{b})^2}{2}, \quad \frac{a+b}{2} - b$$

negativ; man hat daher die Ungleichungen:

(1) $$a < \sqrt{a\,b} < \frac{a+b}{2} < b.$$

Aus den Zahlen a und b leiten wir der Reihe nach die folgenden Zahlen ab:

$$a_1 = a, \qquad a_1' = b,$$

$$a_2 = \sqrt{a_1 \cdot a_1'}, \qquad a_2' = \frac{a_1 + a_1'}{2},$$

$$a_3 = \sqrt{a_2 \cdot a_2'}, \qquad a_3' = \frac{a_2 + a_2'}{2},$$

$$a_4 = \sqrt{a_3 \cdot a_3'}, \qquad a_4' = \frac{a_3 + a_3'}{2},$$

$$\ldots\ldots\ldots\ldots\ldots$$

Aus den Ungleichungen (1) schließt man, daß die Zahlen $a_1, a_2, \ldots$ eine aufsteigende, die Zahlen $a_1', a_2', \ldots$ eine absteigende Folge bilden und $a_n < a_n'$ ($n = 1, 2, 3 \ldots$) ist. Ferner hat man

$$a_n' - a_n = \frac{a_{n-1} + a_{n-1}' - 2\sqrt{a_{n-1}\, a_{n-1}'}}{2} = \frac{(\sqrt{a_{n-1}'} - \sqrt{a_{n-1}})^2}{2}$$

oder

$$\frac{a_n' - a_n}{a_{n-1}' - a_{n-1}} = \frac{\sqrt{a_{n-1}'} - \sqrt{a_{n-1}}}{2(\sqrt{a_{n-1}'} + \sqrt{a_{n-1}})}.$$

Mithin wird

$$\frac{a_n' - a_n}{a_{n-1}' - a_{n-1}} < \frac{1}{2}$$

oder

$$a_n' - a_n < \frac{1}{2}(a_{n-1}' - a_{n-1}).$$

Durch wiederholte Anwendung dieser Ungleichung ergibt sich

$$a_n' - a_n < \frac{1}{2^{n-1}}(a_1' - a_1).$$

Hieraus folgt, daß $\binom{a_n}{a_n'}$ eine Zahl definiert, da alle vier für zwei zusammengehörige Definitionsfolgen erforderlichen Bedingungen B_1) bis B_4) auf Seite 150 erfüllt sind. Die Zahl $\binom{a_n}{a_n'}$ heißt das arithmetisch-geometrische Mittel[1] zwischen den zwei Zahlen a und b und wird gewöhnlich mit $M(a, b)$ bezeichnet.

Unter dem harmonischen Mittel[2] zwischen zwei positiven Zahlen a

---

[1] Die Einführung dieser Zahl stammt von LAGRANGE (Oeuvres II, p. 267). Besonders eingehend hat sich GAUSS mit ihr beschäftigt. Vgl. hierzu die von KLEIN und BRENDEL gesammelten „Materialien für eine wissenschaftliche Biographie von GAUSS": Heft II (Fragmente zur Theorie des arithmetisch-geometrischen Mittels) und Heft III (Arbeiten zur Funktionentheorie) von L. SCHLESINGER, Nachrichten der Gesellsch. der Wiss. zu Göttingen, math.-phys. Klasse 1912.

[2] Diese Bezeichnung stammt aus der Musik. Für $a = \frac{2}{3}$, $b = 1$ wird $h = \frac{4}{5}$. Die Saitenlängen, die den Grundton, die Quinte und die große Terz liefern, verhalten sich wie $1 : \frac{2}{3} : \frac{4}{5}$. Diese drei Töne setzen den harmonischen Grundakkord zusammen.

und b versteht man die Zahl $h = \frac{2ab}{a+b}$. Ist $a < b$, so gelten die Ungleichungen: $a < h < \sqrt{ab} < b$; denn für

$$a - h = \frac{(a-b)}{a+b}a, \quad h - \sqrt{ab} = -\frac{\sqrt{ab}(\sqrt{a}-\sqrt{b})^2}{a+b}, \quad \sqrt{ab} - b$$

ergeben sich ausnahmslos negative Werte. Der Leser beweise:

Bildet man aus zwei positiven Zahlen a und b $(a < b)$ die zwei Folgen:

$$\begin{aligned} a_1 &= a, & a_1' &= b, \\ a_2 &= \frac{2a_1 a_1'}{a_1 + a_1'}, & a_2' &= \sqrt{a_1 a_1'}, \\ a_3 &= \frac{2a_2 a_2'}{a_2 + a_2'}, & a_3' &= \sqrt{a_2 a_2'}, \\ a_4 &= \frac{2a_3 a_3'}{a_3 + a_3'}, & a_4' &= \sqrt{a_3 a_3'}, \\ & \ldots\ldots\ldots\ldots, \end{aligned}$$

so erfüllen a_n und a_n' $(n = 1, 2, \ldots)$ alle vier für zwei zusammengehörige Definitionsfolgen erforderlichen Bedingungen und definieren eine Zahl $\binom{a_n}{a_n'}$. Diese heißt das harmonisch-geometrische Mittel zwischen a und b und ist gleich dem reziproken Wert des arithmetisch-geometrischen Mittels zwischen $\frac{1}{b}$ und $\frac{1}{a}$, also gleich

$$\frac{1}{M\left(\frac{1}{b}, \frac{1}{a}\right)} = \frac{a \cdot b}{a \cdot b \cdot M\left(\frac{1}{b}, \frac{1}{a}\right)} = \frac{a \cdot b}{M(a, b)}.$$

Ferner beweise man: Bildet man aus zwei positiven Zahlen a und b $(a<b)$ die zwei Folgen:

$$\begin{aligned} a_1 &= a, & a_1' &= b, \\ a_2 &= \frac{2a_1 a_1'}{a_1 + a_1'}, & a_2' &= \frac{a_1 + a_1'}{2}, \\ a_3 &= \frac{2a_2 a_2'}{a_2 + a_2'}, & a_3' &= \frac{a_2 + a_2'}{2}, \\ & \ldots\ldots\ldots\ldots, \end{aligned}$$

so erfüllen a_n und a_n' $(n = 1, 2, \ldots)$ alle vier für zwei zusammengehörige Definitionsfolgen erforderlichen Bedingungen und definieren eine Zahl $\binom{a_n}{a_n'}$. Diese heißt das harmonisch-arithmetische Mittel zwischen a und b.

Wir behandeln noch den folgenden für die Kreismessung wichtigen Algorithmus, der zu einer elementaren Definition der Zahl π führt. i_1 und J_1 seien zunächst irgend zwei positive Zahlen, von denen $i_1 < J_1$ sei. Aus i_1 und J_1 bilde man die zwei Folgen:

$$i_2 = \sqrt{i_1 J_1}\,, \qquad J_2 = \frac{2 i_2 J_1}{i_2 + J_1}\,,$$

$$i_3 = \sqrt{i_2 J_2}\,, \qquad J_3 = \frac{2 i_3 J_2}{i_3 + J_2}\,,$$

$$\ldots\ldots\ldots\ldots\,,$$

$$i_n = \sqrt{i_{n-1} J_{n-1}}\,, \qquad J_n = \frac{2 i_n J_{n-1}}{i_n + J_{n-1}}\,,$$

$$i_{n+1} = \sqrt{i_n J_n}\,, \qquad J_{n+1} = \frac{2 i_{n+1} J_n}{i_{n+1} + J_n}\,,$$

$$\ldots\ldots\ldots\ldots\ldots\ldots$$

Alsdann hat man in i_n und J_n ($n = 1, 2, \ldots$) zwei zusammengehörige Definitionsfolgen; denn sie erfüllen die vier hierfür erforderlichen Bedingungen B_1) bis B_4) auf Seite 150. Es bestehen nämlich die für B_1) bis B_3) erforderlichen Ungleichungen:

$$i_n < i_{n+1} < J_{n+1} < J_n \quad \text{oder} \quad i_n < \sqrt{i_n J_n} < \frac{2 J_n \sqrt{i_n J_n}}{\sqrt{i_n J_n} + J_n} < J_n\,,$$

da die Größen

$$i_n - \sqrt{i_n J_n}\,, \qquad \sqrt{i_n J_n} - \frac{2 J_n \sqrt{i_n J_n}}{\sqrt{i_n J_n} + J_n} = \frac{\sqrt{i_n J_n}\,(\sqrt{i_n J_n} - J_n)}{\sqrt{i_n J_n} + J_n}\,,$$

$$\frac{2 J_n \sqrt{i_n J_n}}{\sqrt{i_n J_n} + J_n} - J_n = \frac{(\sqrt{i_n J_n} - J_n)\, J_n}{\sqrt{i_n J_n} + J_n}$$

sämtlich negativ ausfallen; denn es ist $i_n < J_n$ ($n = 1, 2, \ldots$). Zum Beweise der letzten Relation nehmen wir an, daß die zwei Ungleichungen

(1) $i_n < J_n$ und (2) $i_{n+1} < J_n$

bereits für eine ganze positive Zahl $n = k$ bewiesen seien; daß sie für $n = 1$ gültig sind, ist unmittelbar ersichtlich. Aus $i_{k+1} < J_k$ und $J_{k+1} = \frac{2 i_{k+1} \cdot J_k}{i_{k+1} + J_k}$ folgt $J_{k+1} > \frac{2 i_{k+1} J_k}{2 J_k}$, d. h. $J_{k+1} > i_{k+1}$. Ferner ergibt sich aus der soeben bewiesenen Ungleichung $i_{k+1} < J_{k+1}$ und $i_{k+2} = \sqrt{i_{k+1} \cdot J_{k+1}}$, daß $i_{k+2} < J_{k+1}$. Gelten also die Ungleichungen (1) und (2) für $n = k$, so gelten sie auch für $n = k + 1$ und daher infolge des Schlusses von k auf $k + 1$ auch für jedes ganzzahlige positive n.

Ferner ist

$$J_n - i_n = \frac{2 i_n J_{n-1}}{i_n + J_{n-1}} - i_n = \frac{i_n (J_{n-1} - i_n)}{J_{n-1} + i_n} < \frac{i_n (J_{n-1} - i_{n-1})}{J_{n-1} + i_n}$$

und, da $J_{n-1} > i_n$, so hat man

$$J_n - i_n < \frac{i_n}{2 i_n} (J_{n-1} - i_{n-1})\,,$$

also

$$J_n - i_n < \frac{1}{2} (J_{n-1} - i_{n-1})\,,$$

und durch wiederholte Anwendung der letzten Ungleichung

$$J_n - i_n < \frac{1}{2^{n-1}} (J_1 - i_1).$$

Mithin definiert $\binom{i_n}{J_n}$ eine Zahl.

Es gilt nun folgender geometrischer Satz: Beschreibt man einem Kreise reguläre Polygone ein und um, und wird der Flächeninhalt des regulären einbeschriebenen $2^{n-1} \cdot m$-Eckes mit i_n und der des regulären umbeschriebenen $2^{n-1} \cdot m$-Eckes mit J_n bezeichnet ($n = 1, 2, 3, \ldots$), wobei m eine beliebig gewählte, feste positive Zahl bedeutet, so ist[1]

$$i_n = \sqrt{i_{n-1} J_{n-1}} \quad \text{und}$$

$$J_n = \frac{2 i_n J_{n-1}}{i_n + J_{n-1}} \quad (n = 2, 3, \ldots).$$

Die Werte i_n und J_n sind offenbar von der Wahl der zwei Ausgangspolygone abhängig, d. h. von dem Werte, den man der Zahl m beilegt. Wählt man nun für m irgend zwei verschiedene Werte m' und m'' und bedeuten dementsprechend i_n', J_n' die Flächeninhalte regulärer $2^{n-1} \cdot m'$-Ecke, i_n'', J_n'' die Flächeninhalte regulärer $2^{n-1} \cdot m''$-Ecke, so ist $i_n' < J_n''$, $i_n'' < J_n'$, da jedes dem Kreise einbeschriebene Polygon kleineren Flächeninhalt als ein umbeschriebenes Polygon hat. Mithin sind die Zahlen $\binom{i_n'}{J_n'}$ und $\binom{i_n''}{J_n''}$ nach der Gleichheitsdefinition auf Seite 151 gleich. Wir haben also den

Satz: Bedeuten i_n und J_n die Flächeninhalte irgend welcher dem Kreise einbeschriebener bzw. umbeschriebener regulärer $2^{n-1} \cdot m$-Ecke, so ist die Zahl $F = \binom{i_n}{J_n}$ von der Wahl des m unabhängig.

Man definiert als Flächeninhalt des Kreises die Zahl F. Da nach Satz I auf Seite 82 $i_n < F < J_n$ ist, so hat F die Eigenschaft, daß der Flächeninhalt jedes dem Kreise einbeschriebenen regulären Polygons kleiner, jedes umbeschriebenen regulären Polygons größer als F ist. Hierzu kommt noch folgendes: Ist ε eine beliebig klein gewählte positive Zahl, so kann man nach B_4) auf Seite 151, da $\binom{i_n}{J_n}$ eine Zahl ist, stets eine ganze positive Zahl k finden, so daß $J_{k+\sigma} - i_{k+\sigma} < \varepsilon$ für alle $\sigma = 0, 1, 2, \ldots$ wird. Um so mehr wird demnach, da $i_n < F < J_n$ ist, $F - i_{k+\sigma} < \varepsilon$, also $i_{k+\sigma} > F - \varepsilon$, und $J_{k+\sigma} - F < \varepsilon$, also $J_{k+\sigma} < F + \varepsilon$. Hieraus ergibt sich:

1. Alle dem Kreise einbeschriebenen regulären Polygone haben kleineren Flächeninhalt als die dem Kreise als Flächeninhalt zugeschriebene Zahl F.

2. Ist ε eine beliebige positive Zahl, so kann man dem Kreise stets reguläre Polygone einbeschreiben, deren Flächeninhalte größer als $F - \varepsilon$ sind.

---

[1] Diese Methode der Berechnung des Kreisinhaltes geht auf den Engländer GREGORY (1638—1675) zurück. Vgl. J. TROPFKE, Geschichte der Elementar-Mathematik, Bd. II, S. 125, Leipzig 1903, ferner R. BALTZER, Elemente der Math., 3. Aufl., Bd. II, Leipzig 1870, S. 95, wo man auch den im Text zitierten geometrischen Satz bewiesen findet.

1'. Alle dem Kreise umbeschriebenen regulären Polygone haben größeren Flächeninhalt als die dem Kreise als Flächeninhalt zugeschriebene Zahl F.

2'. Ist ε eine beliebige positive Zahl, so kann man dem Kreise stets reguläre Polygone umbeschreiben, deren Flächeninhalte kleiner als $F + \varepsilon$ sind.

Die Berechnung von F geschieht am bequemsten, indem man $m = 4$ wählt. Alsdann ist für i_1 der Flächeninhalt des dem Kreise einbeschriebenen Quadrates zu setzen, der gleich $2r^2$ ist, und für J_1 der Flächeninhalt des dem Kreise umbeschriebenen Quadrates, der gleich $4r^2$ ist, wobei r den Kreisradius bedeutet. Man findet also die dem Kreise als Flächeninhalt zugeordnete Zahl F, indem man in $\begin{pmatrix} i_n \\ J_n \end{pmatrix}$ für die Ausgangszahlen i_1 und J_1 die Werte $2r^2$ bzw. $4r^2$ wählt. Nun läßt sich bei dieser Wahl aus allen Zahlen i_n und J_n der Faktor r^2 herausnehmen, und man erhält $F = r^2 \begin{pmatrix} i_n \\ J_n \end{pmatrix}$, wobei für die Bildung der i_n und J_n nunmehr $i_1 = 2$, $J_1 = 4$ als Ausgangswerte zu nehmen sind. Die so definierte Zahl $\begin{pmatrix} i_n \\ J_n \end{pmatrix}$, die aus den Ausgangswerten $i_1 = 2$, $J_1 = 4$ zu berechnen ist, bezeichnet man mit π. Der Flächeninhalt des Kreises ist also $r^2\pi$. Die Ungleichungen $i_n < \pi < J_n$ $(n = 1, 2, 3, \ldots)$ erlauben, die Zahl π mit beliebiger Genauigkeit zu bestimmen.

Betrachtet man die Umfänge u_n und U_n der dem Kreise einbeschriebenen bzw. umbeschriebenen regulären $2^{n-1} \cdot m$-Ecke, so bestimmt $\begin{pmatrix} u_n \\ U_n \end{pmatrix}$ eine Zahl K,[1] die von dem Werte m unabhängig ist. Als Länge des Kreisumfanges definiert man diese Zahl K. Für das Verhältnis der Umfänge u_n und U_n zu der Zahl K kann man die analogen Betrachtungen anstellen, wie sie oben für das Verhältnis von i_n und J_n zu F durchgeführt wurden. Was den Zusammenhang zwischen F und K betrifft, so beweist man $K = 2r\pi$. Ausgehend von den Kreisumfängen hat auf derartigem Wege Archimedes die Zahl π gefunden.

Fünftes Kapitel.

Grenze und unendliche Reihe.

§ 1.

Obere und untere Grenze einer Zahlenmenge.

Im folgenden werden wir uns mit Systemen reeller Zahlen beschäftigen, die durch ihre Aufzählung, Bildung oder durch gewisse Eigenschaften so charakterisiert sind, daß stets entschieden werden kann, ob eine vorgelegte Zahl zu dem

[1] Den Beweis hierfür wird der Leser etwa nach Weber-Wellstein, Enzyklopädie der Elementar-Mathematik, Bd. 2, S. 264 u. 269, Leipzig 1905, leicht erbringen können.

definierten System gehört oder nicht gehört. Ein derartig abgegrenztes System heißt eine Zahlenmenge oder eine lineare Punktmenge.[1] Je nachdem eine Menge eine endliche oder eine unendliche Anzahl von Zahlen umfaßt, heißt sie eine endliche oder eine unendliche Zahlenmenge. Als Beispiel einer unendlichen Zahlenmenge führen wir die Menge aller Zahlen an, die zwischen zwei reellen Zahlen g und G ($g < G$), die Grenzen eingeschlossen, liegen. Sie bilden das Intervall $[g, G]$; die dem Intervall angehörigen Zahlen x sind charakterisiert durch $g \leqq x \leqq G$.

Eine endliche Anzahl reeller Zahlen hat stets ein Maximum, d. h. unter ihnen befindet sich eine Zahl, die entweder größer oder jedenfalls nicht kleiner als alle anderen ist. Das Entsprechende gilt betreffs des Minimums. Bei einer unendlichen Zahlenmenge kann es zunächst eintreten, daß man zu jeder beliebig gewählten, der Menge nicht notwendig angehörigen positiven Zahl A wenigstens eine Zahl aus der Menge (und daher unendlich viele) finden kann, die $> A$ sind. In diesem Fall heißt die Menge nach oben unbeschränkt oder nach oben unendlich. (Beispiele: Die Gesamtheit aller reellen Zahlen; die Zahlen $1\frac{1}{2}, 2\frac{1}{3}, 3\frac{1}{4}, 4\frac{1}{5}, \ldots$; die Zahlen der Form 2^n, wobei n alle ganzzahligen positiven Werte durchläuft.) Jede andere Zahlenmenge heißt nach oben beschränkt. Das Kriterium für eine nach oben beschränkte Zahlenmenge $\mathfrak{T}$ ist, daß für sie wenigstens eine reelle Zahl A und daher unendlich viele, nämlich alle, die größer als A sind, existieren, so daß alle Zahlen von $\mathfrak{T}$ kleiner als A sind.

Eine nach oben beschränkte Zahlenmenge braucht nicht stets ein Maximum zu besitzen. Z. B. bilden die Zahlen $\frac{1}{2}, \frac{2}{3}, \frac{3}{4}, \frac{4}{5}, \ldots, \frac{n-1}{n}, \ldots$ oder alle Zahlen des Innern des Intervalls $[g, G]$, d. h. alle Zahlen x, für die $g < x < G$ ist, nach oben beschränkte Zahlenmengen, für die 1 und alle größeren Zahlen bzw. G und alle größeren Zahlen obere Schranken sind, ohne daß die angeführten Mengen unter ihren Werten ein Maximum haben. Wir beweisen nun folgenden

Satz I. Ist $\mathfrak{T}$ irgend eine nach oben beschränkte Menge reeller Zahlen, so existiert stets eine Zahl G und keine ihr ungleiche mit folgenden zwei Eigenschaften:

1. Jede Zahl aus $\mathfrak{T}$ ist $\leqq G$.

2. Für jede beliebig gewählte positive Zahl ε enthält das Intervall $[G - \varepsilon, G]$ stets wenigstens eine Zahl T aus $\mathfrak{T}$, so daß $G - \varepsilon < T \leqq G$ ist.

Diese Zahl G heißt die obere Grenze der Menge $\mathfrak{T}$[2]. Die Zahl G kann $\mathfrak{T}$ angehören, braucht es aber nicht. Sie gehört dann und nur dann der Menge $\mathfrak{T}$ an, wenn $\mathfrak{T}$ unter seinen Zahlen ein Maximum aufweist. Hat nämlich $\mathfrak{T}$ unter seinen Werten ein Maximum, so erfüllt dieses offenbar die Bedingungen 1. und 2. und muß nach der Aussage des

[1] Die letzte Bezeichnung hat ihren Grund darin, daß man sich alle der Menge angehörigen Zahlen auf einer Geraden nach Wahl eines Null- und Einheitspunktes durch Punkte darstellen kann. Dem Leser wird empfohlen, sich die im Text besprochenen Tatsachen geometrisch zu veranschaulichen.

[2] Ein Beispiel für eine obere Grenze ist nach den mit 1. und 2. numerierten Sätzen auf Seite 245 das Verhalten der Zahl F, die den Flächeninhalt des Kreises definiert, zu der Gesamtheit aller Zahlen, die die Flächeninhalte aller dem Kreise einbeschriebenen regulären Polygone angeben.

Satzes I gleich G sein. Weiß man umgekehrt, daß G der Menge angehört, so ist infolge der Bedingung 1. keine Zahl aus $\mathfrak{T}$ größer als diese Zahl G aus $\mathfrak{T}$, d. h. G ist das Maximum von $\mathfrak{T}$.

Zum Beweise des Satzes I greifen wir irgend eine Zahl F aus $\mathfrak{T}$ heraus und wählen eine beliebige rationale Zahl $r_1 < F$ und eine weitere beliebige rationale Zahl $r_1' > A$; dabei bedeute A irgend eine Zahl, die größer als alle Zahlen von $\mathfrak{T}$ ist. Da $\mathfrak{T}$ voraussetzungsgemäß nach oben beschränkt ist, gibt es wenigstens eine Zahl A der gewünschten Eigenschaft. Wir betrachten nunmehr das Intervall $[r_1, r_1']$. Dieses enthält wenigstens eine Zahl aus $\mathfrak{T}$ (nämlich mindestens F) und ferner ist keine Zahl aus $\mathfrak{T}$ größer als r_1', da $r_1' > A$ ist. Bildet man das arithmetische Mittel $\frac{r_1 + r_1'}{2}$, so ist $r_1 < \frac{r_1 + r_1'}{2} < r_1'$. In dem Intervall $\left[\frac{r_1 + r_1'}{2}, r_1'\right]$, das ebenso wie die folgenden Intervalle mit Einschluß seiner Grenzen zu nehmen ist, können sich Zahlen aus $\mathfrak{T}$ befinden oder nicht befinden. Liegt in dem Intervall $\left[\frac{r_1 + r_1'}{2}, r_1'\right]$ wenigstens eine Zahl aus $\mathfrak{T}$, so setzen wir $r_2 = \frac{r_1 + r_1'}{2}$, $r_2' = r_1'$, sonst setzen wir $r_2 = r_1$, $r_2' = \frac{r_1 + r_1'}{2}$. Da das Intervall $[r_1, r_1']$ wenigstens eine Zahl aus $\mathfrak{T}$ enthält, so muß auch das Intervall $[r_2, r_2']$ seiner Wahl nach mindestens eine Zahl aus $\mathfrak{T}$ enthalten, und ferner ist keine Zahl aus $\mathfrak{T}$ größer als r_2'. Infolge unserer Definitionen ist $r_2 \geqq r_1$, $r_2' \leqq r_1'$, $r_2' > r_2$. Das Intervall $[r_2, r_2']$ ist halb so groß wie das von $[r_1, r_1']$, also $r_2' - r_2 = \frac{r_1' - r_1}{2}$.

Mit den Zahlen r_2 und r_2' operieren wir in der gleichen Weise, wie wir es mit r_1 und r_1' taten. Enthält das Intervall $\left[\frac{r_2 + r_2'}{2}, r_2'\right]$ wenigstens eine Zahl aus $\mathfrak{T}$, so setzen wir $r_3 = \frac{r_2 + r_2'}{2}$, $r_3' = r_2'$. Enthält aber das Intervall $\left[\frac{r_2 + r_2'}{2}, r_2'\right]$ keine Zahl aus $\mathfrak{T}$, so gilt das Gegenteil für die andere Hälfte des Intervalls, und wir setzen $r_3 = r_2$, $r_3' = \frac{r_2 + r_2'}{2}$. Das neue Intervall $[r_3, r_3']$ enthält ebenso wie das frühere $[r_2, r_2']$ wenigstens eine Zahl aus $\mathfrak{T}$, und keine Zahl von $\mathfrak{T}$ ist größer als r_3'. Infolge unserer Definitionen ist $r_3 \geqq r_2$, $r_3' \leqq r_2'$, $r_3' > r_3$, und das Intervall $[r_3, r_3']$ ist halb so groß wie das Intervall $[r_2, r_2']$, also

$$r_3' - r_3 = \frac{r_2' - r_2}{2} = \frac{r_1' - r_1}{2^2}.$$

Operiert man in gleicher Weise mit dem Intervall $[r_3, r_3']$ und fährt derart fort, so gewinnt man zwei unendliche Folgen rationaler Zahlen

$$r_1, \quad r_2, \quad r_3, \quad \ldots,$$

$$r_1', \quad r_2', \quad r_3', \quad \ldots$$

Diese weisen die vier charakteristischen Bedingungen für zwei zusammengehörige Definitionsfolgen auf (vgl. S. 62); denn es ist:

B₁) $$r_1 \leqq r_2 \leqq r_3 \leqq r_4 \leqq \ldots,$$

B₂) $$r_1' \geqq r_2' \geqq r_3' \geqq r_4' \geqq \ldots,$$

B₃) $$r_n' > r_n,$$

B₄) $$r_n' - r_n = \frac{r_{n-1}' - r_{n-1}}{2} = \ldots = \frac{r_1' - r_1}{2^{n-1}}.$$

Wir können daher eine reelle Zahl G definieren, indem wir setzen $G = \binom{r_n}{r_n'}$. Nach seiner Konstruktion enthält das Intervall $[r_n, r_n']$ mindestens eine Zahl aus $\mathfrak{T}$, und es ist keine Zahl aus $\mathfrak{T}$ größer als r_n' ($n = 1, 2, \ldots$).

Wir wollen nun zeigen, daß keine Zahl aus $\mathfrak{T}$ größer als $G = \binom{r_n}{r_n'}$ ist. Angenommen, es gäbe eine Zahl Z aus $\mathfrak{T}$, so daß $Z > G$ wäre. Alsdann müßte es, wenn man $Z = \binom{x_n}{x_n'}$ durch zwei zusammengehörige Definitionsfolgen darstellt, nach Satz VIII auf Seite 81 eine ganze positive Zahl g geben, so daß $x_g > r_g'$ wäre. Nach Satz I auf Seite 82 ist $x_n \leqq Z \leqq x_n'$ ($n = 1, 2, \ldots$). Mithin würde aus $Z \geqq x_g$ und $x_g > r_g'$ die Ungleichung $Z > r_g'$ folgen. Diese kann aber nicht bestehen, da keine der Zahlen aus $\mathfrak{T}$ größer als irgend eine der Zahlen r_n' sein kann. Mithin ist gezeigt, daß die Zahl G die erste in Satz I ausgesprochene Eigenschaft besitzt.

Um nachzuweisen, daß G auch die zweite in Satz I angegebene Eigenschaft besitzt, betrachten wir irgend eine beliebige positive Zahl ε. Aus der Ungleichung $G - \varepsilon < G$ folgt, da $G = \binom{r_n}{r_n'}$ ist, daß unter den rationalen Zahlen r_n sich eine Zahl r_g auffinden lassen muß, für die $G - \varepsilon < r_g$ ist (Satz VIII auf Seite 81). In dem Intervall $[r_g, r_g']$ existiert stets wenigstens eine Zahl aus $\mathfrak{T}$. Da aber, wie gezeigt, keine Zahl aus $\mathfrak{T}$ größer als G sein kann und $G \leqq r_g'$ ist, so muß sich auch in dem Intervall $[r_g, G]$[1] mindestens eine Zahl T aus $\mathfrak{T}$ befinden. Es ist also $r_g \leqq T \leqq G$. Nun ist $G - \varepsilon < r_g$, folglich hat man $G - \varepsilon < T \leqq G$. Hiermit ist bewiesen, daß G auch die zweite im Satz I verlangte Beschaffenheit hat.

Ehe wir zeigen, daß eine nach oben beschränkte Menge $\mathfrak{T}$ keine zwei ungleichen oberen Grenzen hat, beweisen wir als

Satz II. Ist G obere Grenze einer nach oben beschränkten Menge $\mathfrak{T}$ und ist A irgend eine Zahl von der Art, daß alle Zahlen von $\mathfrak{T}$ gleich oder kleiner als A sind, so ist stets $G \leqq A$, d. h. unter allen Zahlen, die von keiner Zahl aus $\mathfrak{T}$ überschritten werden (zu ihnen gehört nach 1. in Satz I die Zahl G), ist die obere Grenze G die kleinste Zahl.

Angenommen, es wäre $A < G$, so könnte man die positive Zahl $\varepsilon = G - A$ bilden. Nun gehört nach der Aussage 2. in Satz I zu jedem positiven ε eine Zahl T in $\mathfrak{T}$, so daß $G - \varepsilon < T \leqq G$ ist. Bei der Wahl $\varepsilon = G - A$ hätte man also $A < T \leqq G$. Die Ungleichung $A < T$ würde aber der Voraussetzung

[1] Falls $r_g = G$ ist, so ist unter dem Intervall $[r_g, G]$ die Zahl G selbst zu verstehen.

widersprechen, daß A von keiner Zahl aus $\mathfrak{T}$ überschritten werden soll. Mithin kann nicht $A < G$ sein; es muß also $G \leqq A$ sein, wie es Satz II besagt.

Aus Satz II folgt unmittelbar, daß für jede nach oben beschränkte Zahlenmenge keine zwei ungleichen oberen Grenzen G und G' existieren können. Würden nämlich zwei ungleiche obere Grenzen G und G' existieren, so würden beide nach der Aussage 1. des Satzes I die in Satz II über die Zahl A gemachte Voraussetzung befriedigen; man hätte also, da G und G' beide obere Grenzen sein sollen, $G' \leqq G$ und $G \leqq G'$. Mithin muß $G = G'$ sein.

Um sich auch für die nach oben unbeschränkten Mengen des Begriffes der oberen Grenze bedienen zu können, führt man ein neues Symbol $+\infty$ (gelesen „plus unendlich") ein. Dieses Symbol wird von uns nicht wie von manchen Autoren als Zahl betrachtet werden. Wenn wir von einer Zahl sprechen, wollen wir hierunter niemals das Symbol $+\infty$ verstehen; daher soll mit ihm auch nicht gerechnet werden. Das Symbol $+\infty$ soll zu den Zahlen nur durch die Relation $<$ mittels folgender Definition in Beziehung gesetzt werden: Jede reelle Zahl soll als kleiner als $+\infty$ gelten. Kraft dieser Definition verhalten sich die Zahlen einer jeden nach oben unbeschränkten Menge und auch nur einer solchen zu $+\infty$ folgendermaßen:

1. Jede Zahl aus $\mathfrak{T}$ ist $< +\infty$.

2. Für jede beliebige Zahl A enthält das Intervall von A bis $+\infty$ wenigstens eine Zahl T aus $\mathfrak{T}$, so daß $A < T < +\infty$ ist. Da also das Symbol $+\infty$ für die nach oben unbeschränkten Mengen ähnliche Eigenschaften hat wie die Zahl G des Satzes I für die nach oben beschränkten Mengen, schreibt man den nach oben unbeschränkten Mengen das Symbol $+\infty$ als ihre obere Grenze zu; hierdurch wird erzielt, daß man ausnahmslos von einer oberen Grenze einer jeden Menge reeller Zahlen reden kann.

Analoge Definitionen gelten für die nach unten unbeschränkten und für die nach unten beschränkten Mengen reeller Zahlen. Eine Menge reeller Zahlen heißt nach unten unbeschränkt oder nach unten unendlich, wenn man zu jeder beliebig gewählten Zahl A wenigstens eine Zahl aus der Menge (und daher unendlich viele solche) finden kann, die $< A$ sind. (Beispiele: Die Gesamtheit aller reellen Zahlen; die Zahlen $-1\frac{1}{2}$, $-2\frac{1}{3}$, $-3\frac{1}{4}$, $-4\frac{1}{5}$, ...; die Zahlen der Form $(-2)^n$, wobei n alle ganzen positiven Zahlen durchläuft.) Eine Zahlenmenge heißt nach unten beschränkt, wenn man wenigstens eine Zahl A und daher unendlich viele, nämlich alle, die kleiner als A sind, finden kann, so daß alle Zahlen von $\mathfrak{T}$ größer als A sind. Eine nach unten beschränkte Zahlenmenge braucht nicht stets ein Minimum zu besitzen, wie z. B. die Zahlenmenge $\frac{1}{2}$, $\frac{1}{3}$, $\frac{1}{4}$, ... zeigt.

In genau gleicher Weise wie die Sätze I und II beweist man für nach unten beschränkte Zahlenmengen durch Vertauschung von $<$ mit $>$:

Satz I'. Ist $\mathfrak{T}$ irgend eine nach unten beschränkte Menge reeller Zahlen, so existiert stets eine reelle Zahl g und keine ihr ungleiche, mit folgenden zwei Eigenschaften:

1. Jede Zahl aus $\mathfrak{T}$ ist $\geqq g$.

2. Für jede beliebig gewählte positive Zahl ε enthält das Intervall $[g, g+\varepsilon]$ stets wenigstens eine Zahl T aus $\mathfrak{T}$, so daß $g \leqq T < g + \varepsilon$.

Diese Zahl g heißt die untere Grenze der Menge $\mathfrak{T}$.[1] Sie gehört dann und nur dann der Menge $\mathfrak{T}$ an, wenn $\mathfrak{T}$ unter seinen Zahlen ein Minimum aufweist.

Satz II'. Ist g die untere Grenze einer nach unten beschränkten Zahlenmenge $\mathfrak{T}$, so ist g die größte von allen denjenigen Zahlen A, unter die keine Zahl der Menge $\mathfrak{T}$ heruntersinkt.

Um auch den nach unten unbeschränkten Mengen reeller Zahlen eine untere Grenze zuweisen zu können, führt man ein neues Symbol $-\infty$ (gelesen „minus unendlich") ein. Dieses soll ebenso wie $+\infty$ nicht als Zahl gelten. Es soll zu den Zahlen nur durch die Relation $<$ mittels folgender Definition in Beziehung gesetzt werden: Jede reelle Zahl soll als größer als $-\infty$ gelten. Kraft dieser Definition verhalten sich die Zahlen einer jeden nach unten unbeschränkten Menge $\mathfrak{T}$ reeller Zahlen und auch nur einer solchen zu $-\infty$ folgendermaßen:

1. Jede Zahl aus $\mathfrak{T}$ ist $> -\infty$.

2. Für jede beliebige Zahl A enthält das Intervall von $-\infty$ bis A wenigstens eine Zahl T aus $\mathfrak{T}$, so daß $-\infty < T < A$ ist. Da das Symbol $-\infty$ für die nach unten unbeschränkten Mengen ähnliche Eigenschaften hat wie die Zahl g des Satzes I', schreibt man den nach unten unbeschränkten Mengen das Symbol $-\infty$ als ihre untere Grenze zu. Nunmehr kann man von der unteren Grenze einer jeden Menge reeller Zahlen sprechen.

Wir können durch Zusammenfassen des Voraufgehenden formulieren:

Satz III. Jede Menge reeller Zahlen besitzt eine obere und eine untere Grenze. Dies sind zwei eindeutig bestimmte Zahlen, außer in dem Falle, daß es sich um eine nach oben bzw. nach unten unbeschränkte Menge handelt; alsdann ist die obere Grenze das Symbol $+\infty$ bzw. die untere Grenze das Symbol $-\infty$.

Beispiele: $\mathfrak{T}$ sei die Gesamtheit aller positiven echten Brüche. Obere Grenze 1, untere Grenze 0. Die Menge hat weder Maximum, noch Minimum, da 1 und 0 der Menge nicht angehören.

$\mathfrak{T}$ sei die Menge aller Zahlen der Form $\frac{1}{n}$ ($n = 1, 2, 3, \ldots$). Untere Grenze 0, obere Grenze 1; letztere ist gleichzeitig Maximum.

Die Menge $\mathfrak{T}$ bestehe aus den Zahlen $1, \frac{1}{2}, 2, \frac{1}{3}, 3, \frac{1}{4}, \ldots$ Obere Grenze $+\infty$, untere Grenze 0.

Die Menge bestehe aus den Zahlen $-1, -2, -3, \ldots$ Obere Grenze -1, untere Grenze $-\infty$.

Mit Rücksicht auf weitere Betrachtungen leiten wir ab

Satz IV. Sind $\mathfrak{T}_1$ und $\mathfrak{T}_2$ irgend zwei Mengen reeller Zahlen und ist jede Zahl aus $\mathfrak{T}_1$ kleiner als jede Zahl aus $\mathfrak{T}_2$, so hat $\mathfrak{T}_1$ eine Zahl G_1 zur oberen Grenze und $\mathfrak{T}_2$ eine Zahl g_2 zur unteren Grenze, so daß $G_1 \leqq g_2$ ist.

Die Zahlen von $\mathfrak{T}_2$ sind nach Voraussetzung obere Schranken für die von $\mathfrak{T}_1$. Mithin ist $\mathfrak{T}_1$ eine nach oben beschränkte Menge und hat nach Satz I eine Zahl G_1 zur oberen Grenze. Da die Zahlen von $\mathfrak{T}_1$ nach Voraus-

---

[1] Ein Beispiel hierfür ist nach den mit 1.' und 2.' numerierten Sätzen auf Seite 246 das Verhalten der Zahl F, des Flächeninhaltes des Kreises, zu den Inhalten aller dem Kreise umbeschriebenen regulären Polygone.

setzung untere Schranken für die von $\mathfrak{T}_2$ sind, so ist $\mathfrak{T}_2$ eine nach unten beschränkte Menge und hat daher nach Satz I' eine Zahl g_2 zur unteren Grenze. Angenommen, es wäre $g_2 < G_1$, so müßte es eine Zahl a_1 in $\mathfrak{T}_1$ geben, für die die Ungleichung $g_2 < a_1 \leqq G_1$ bestehen würde; denn sonst würde g_2 von keiner Zahl aus $\mathfrak{T}_1$ überschritten und $\mathfrak{T}_1$ hätte nach Satz II die Zahl g_2 oder eine kleinere Zahl, also nicht G_1, zur oberen Grenze. Wäre $g_2 < a_1$, so müßte $\mathfrak{T}_2$ eine Zahl a_2 enthalten, für die $g_2 < a_2 \leqq a_1$ wäre; denn gäbe es keine solche Zahl, so wäre die Zahl a_1, die größer als g_2 ist, oder eine noch größere Zahl untere Grenze von $\mathfrak{T}_2$. Die Relation $a_2 \leqq a_1$ würde im Widerspruch mit unserer Voraussetzung stehen, wonach jede Zahl aus $\mathfrak{T}_1$ kleiner als jede Zahl aus $\mathfrak{T}_2$ ist. Mithin ist die Annahme widerlegt, daß $g_2 < G_1$ ist. Es muß also $G_1 \leqq g_2$ sein.

§ 2.

Begriff des Schnittes. Gattung von Objekten, die als Zahlen verwendet werden können.[1]

Wird eine beliebige Menge $\mathfrak{T}$ reeller Zahlen durch irgend eine Vorschrift in zwei Teilmengen $\mathfrak{T}_1$ und $\mathfrak{T}_2$ eingeteilt, so daß jedes dieser Teilsysteme mindestens eine Zahl aus $\mathfrak{T}$ enthält, jede Zahl aus $\mathfrak{T}$ einem und auch nur einem dieser Teilsysteme angehört und jede Zahl aus $\mathfrak{T}_1$ kleiner als jede Zahl aus $\mathfrak{T}_2$ ist, so heißt eine solche Einteilung nach Dedekind ein Schnitt der Zahlenmenge $\mathfrak{T}$. Zu seiner Charakterisierung verwendet man das Zeichen $(\mathfrak{T}_1/\mathfrak{T}_2)$. Die Menge $\mathfrak{T}_1$ heißt das Anfangsstück, die Menge $\mathfrak{T}_2$ der Rest.

Bei einer Zahlenmenge $\mathfrak{T}$ sind offenbar vier Arten von Schnitten $(\mathfrak{T}_1/\mathfrak{T}_2)$ möglich, die eine vollständige Disjunktion bilden, so daß stets einer und auch nur einer der vier Fälle statthat:

1. $\mathfrak{T}_1$ hat eine letzte, $\mathfrak{T}_2$ hat eine erste Zahl.
2. $\mathfrak{T}_1$ hat eine letzte, $\mathfrak{T}_2$ hat keine erste Zahl.
3. $\mathfrak{T}_1$ hat keine letzte, $\mathfrak{T}_2$ hat eine erste Zahl.
4. $\mathfrak{T}_1$ hat keine letzte, $\mathfrak{T}_2$ hat keine erste Zahl.

Die erste Gattung Schnitte nennt man sprunghaft, die zweite und dritte stetig, die vierte lückenhaft. Beispiele für die zweite und dritte Gattung gibt Satz I, für die vierte Satz II dieses Paragraphen. Als Beispiel eines sprunghaften Schnittes führen wir die Gesamtheit aller ganzen Zahlen an; $\mathfrak{T}_1$ umfasse alle ganzen Zahlen < 1, $\mathfrak{T}_2$ alle ganzen Zahlen $\geqq 1$. Hier hat $\mathfrak{T}_1$ eine letzte Zahl, nämlich 0, und $\mathfrak{T}_2$ eine erste Zahl, nämlich 1. Der Leser beweise sich zur Übung die unmittelbar aus der Definition folgende Tatsache: Eine überall dichte Menge (vgl. Seite 58) kann keine sprunghaften Schnitte besitzen.

Wir beweisen als

Satz I. Wird die Gesamtheit P der reellen Zahlen durch irgend eine Vorschrift in zwei Teilsysteme P_1 und P_2 zerlegt, so daß jedes Teilsystem mindestens eine Zahl aus P enthält, jede Zahl einem dieser Teilsysteme angehört und jede Zahl aus P_1 kleiner als jede Zahl aus P_2 ist, so existiert eine Zahl ϱ und keine

[1] Der Inhalt dieses Paragraphen wird im folgenden nicht benützt.

ihr ungleiche, welche die Zahlen von P_1 und P_2 derart trennt, daß jede Zahl, die $< \varrho$ ist, zu P_1 und jede Zahl, die $> \varrho$ ist, zu P_2 gehört. Da jede reelle Zahl entweder P_1 oder P_2 angehören muß, so ist die Zahl ϱ selbst entweder die größte Zahl aus P_1 oder die kleinste Zahl aus P_2.

Satz I läßt sich kurz so aussprechen: Jeder Schnitt in der Gesamtheit der reellen Zahlen ist ein stetiger Schnitt.

Da jede Zahl aus P_1 kleiner als jede Zahl aus P_2 ist, existiert nach Satz IV auf Seite 251 für P_1 eine obere Grenze G_1 und für P_2 eine untere Grenze g_2, und es ist $G_1 \leqq g_2$. Angenommen, es wäre $G_1 < g_2$; dann gäbe es nach Satz I auf Seite 148 Zahlen x, die zwischen G_1 und g_2 liegen würden, für die also $G_1 < x < g_2$ wäre. Solche Zahlen x könnten, da sie größer als die obere Grenze G_1 von P_1 wären, nicht P_1 angehören, und, da sie kleiner als die untere Grenze g_2 von P_2 wären, auch nicht P_2 angehören. Da jede reelle Zahl entweder P_1 oder P_2 zugehören muß, kann also nicht $G_1 < g_2$ sein; es muß also $G_1 = g_2$ sein. Die Zahl $G_1 = g_2$ hat die von der Zahl ϱ im Satz I ausgesagten Eigenschaften und ist daher die gesuchte Zahl.

Anders als im System aller reellen Zahlen liegen die Verhältnisse, wenn man Schnitte im System aller rationalen Zahlen betrachtet. $(\mathfrak{R}_1/\mathfrak{R}_2)$ bedeute einen Schnitt im System aller rationalen Zahlen. Genau ebenso wie bei Satz I zeigt man, indem an die Stelle von P_1 und P_2 die Systeme $\mathfrak{R}_1$ und $\mathfrak{R}_2$ treten, die Existenz einer Zahl ϱ, die $\mathfrak{R}_1$ und $\mathfrak{R}_2$ trennt; denn die beim Beweise des Satzes I verwendeten Zahlen x lassen sich stets rational wählen und jede rationale Zahl soll nach Vorschrift entweder $\mathfrak{R}_1$ oder $\mathfrak{R}_2$ angehören. Da die Zahlenmengen $\mathfrak{R}_1$ und $\mathfrak{R}_2$ nicht alle reellen, sondern bloß alle rationalen Zahlen umfassen, so wird die Trennungszahl ϱ nur dann, wenn sie rational ist, entweder die größte Zahl von $\mathfrak{R}_1$ oder die kleinste Zahl von $\mathfrak{R}_2$ sein. Ist ϱ hingegen irrational, so gehört ϱ weder $\mathfrak{R}_1$ noch $\mathfrak{R}_2$ an. Wir gelangen demnach zu folgendem

Satz II. Zu jedem Schnitt $(\mathfrak{R}_1/\mathfrak{R}_2)$ im System der rationalen Zahlen existiert eine Zahl ϱ und keine ihr ungleiche, welche die Zahlen von $\mathfrak{R}_1$ und $\mathfrak{R}_2$ derart trennt, daß jede Zahl, die $< \varrho$ ist, zu $\mathfrak{R}_1$ und jede Zahl, die $> \varrho$ ist, zu $\mathfrak{R}_2$ gehört. Die Zahl ϱ ist die obere Grenze für die Zahlen von $\mathfrak{R}_1$ und die untere Grenze für die von $\mathfrak{R}_2$. Ist ϱ eine rationale Zahl, so ist ϱ entweder die größte Zahl von $\mathfrak{R}_1$ oder die kleinste Zahl von $\mathfrak{R}_2$. (Stetiger Schnitt.) Ist die Zahl ϱ hingegen irrational, so gehört sie weder $\mathfrak{R}_1$ noch $\mathfrak{R}_2$ an. (Lückenhafter Schnitt.)

Der Satz ist umkehrbar und ergibt alsdann

Satz II'. Jede reelle Zahl ϱ bringt einen Schnitt $(\mathfrak{R}_1/\mathfrak{R}_2)$ im System aller rationalen Zahlen hervor, bei dem die Zahl ϱ die obere Grenze für das Anfangsstück $\mathfrak{R}_1$ und die untere Grenze für den Rest $\mathfrak{R}_2$ bildet. Man erhält einen solchen Schnitt $(\mathfrak{R}_1/\mathfrak{R}_2)$, indem man in $\mathfrak{R}_1$ alle rationalen Zahlen, die $< \varrho$ sind, aufnimmt, dagegen alle rationalen Zahlen, die $> \varrho$ sind, zu $\mathfrak{R}_2$ rechnet. Ist ϱ selbst rational, so ist ϱ nach Belieben als größte Zahl in $\mathfrak{R}_1$ oder als kleinste Zahl in $\mathfrak{R}_2$ aufzunehmen.

Durch die Sätze II und II' ist jedem Schnitte $(\mathfrak{R}_1/\mathfrak{R}_2)$ im System der rationalen Zahlen eindeutig eine Zahl ϱ und jede ihr gleiche als die den

Schnitt $(\mathfrak{R}_1/\mathfrak{R}_2)$ erzeugende Zahl zugeordnet; umgekehrt kann jede Zahl ϱ und jede ihr gleiche als erzeugende Zahl eines einzigen Schnittes oder, wenn sie rational ist, zweier Schnitte $(\mathfrak{R}_1/\mathfrak{R}_2)$ im System der rationalen Zahlen verwendet werden. Z. B. erzeugt die Zahl 3 zwei Schnitte im System der rationalen Zahlen, die man durch folgende Definitionen erhält: $\mathfrak{R}_1$ enthalte die Zahl 3 und alle kleineren rationalen Zahlen, $\mathfrak{R}_2$ enthalte alle rationalen Zahlen, die größer als 3 sind, oder $\mathfrak{R}_2$ enthalte die Zahl 3 und alle größeren rationalen Zahlen, $\mathfrak{R}_1$ enthalte alle rationalen Zahlen, die kleiner als 3 sind. Hingegen erzeugt die irrationale Zahl $\sqrt{3}$ nur einen Schnitt im System der rationalen Zahlen, den man erhält, wenn man in $\mathfrak{R}_1$ alle negativen rationalen Zahlen, die Zahl 0 und alle positiven rationalen Zahlen, deren Quadrat kleiner als 3 ist, aufnimmt und zu $\mathfrak{R}_2$ alle positiven rationalen Zahlen, deren Quadrat größer als 3 ist, rechnet.

Um die Zweideutigkeit zu beseitigen, daß jeder rationalen Zahl zwei Schnitte im System der rationalen Zahlen entsprechen, empfiehlt es sich, den Schnitt für das System der rationalen Zahlen auf folgende Weise zu modifizieren: Ist $(\mathfrak{R}_1/\mathfrak{R}_2)$ ein Schnitt im System der rationalen Zahlen und hat $\mathfrak{R}_1$ eine größte oder $\mathfrak{R}_2$ eine kleinste Zahl, so soll diese gestrichen werden. Auf diese Weise erscheint der Schnitt im System der rationalen Zahlen, wenn er durch eine rationale Zahl ϱ erzeugt wird, als eine Einteilung aller rationalen Zahlen mit Ausnahme einer einzigen, nämlich der erzeugenden Zahl ϱ. Wenn in diesem Paragraphen von jetzt an von einem Schnitt gesprochen wird, meinen wir ausnahmslos erstens einen solchen im System der rationalen Zahlen und zweitens, wenn er durch eine rationale Zahl erzeugt ist, einen durch Ausscheidung dieser modifizierten Schnitt. Infolge unserer Modifikation des Schnittes ergibt sich aus Satz II und II' folgender

Satz III. Gleichen Zahlen entspricht ein und auch nur ein einziger Schnitt und umgekehrt gehört zu jedem Schnitt eine reelle Zahl und die ihr gleichen.

Zwischen den Schnitten einerseits und den Klassen gleicher Zahlen andererseits findet also eine eindeutig umkehrbare Beziehung statt.

Zur näheren Untersuchung des Zusammenhanges zwischen einem Schnitt $(\mathfrak{R}_1/\mathfrak{R}_2)$ und der ihn erzeugenden Zahl ϱ denken wir uns die Zahl ϱ auf alle möglichen Arten durch zwei zusammengehörige Definitionsfolgen ausnahmslos rationaler Zahlen r_n, r_n' $(n = 1, 2, \ldots)$ in der Form $\varrho = \begin{pmatrix} r_n \\ r_n' \end{pmatrix}$ dargestellt. Für alle diese Darstellungen setzen wir voraus, daß weder eine der Zahlen r_n noch eine der Zahlen r_n' $(n = 1, 2, \ldots)$ gleich ϱ sei. Nach Satz I auf Seite 82 ist alsdann (unter Ausschluß des Gleichheitszeichens) $r_n < \varrho < r_n'$. Diese Ungleichung besagt, daß jede Zahl r_n eine solche aus $\mathfrak{R}_1$, jede Zahl r_n' eine solche aus $\mathfrak{R}_2$ ist.

Umgekehrt kann man, wenn r und r' irgend zwei Zahlen aus $\mathfrak{R}_1$ bzw. $\mathfrak{R}_2$ sind, stets r als eine Zahl in einer aufsteigenden, r' als eine solche in einer absteigenden Definitionsfolge der Trennungszahl ϱ verwenden. Um dies zu zeigen, verstehen wir unter ε die kleinere der zwei positiven Zahlen $\varrho - r$ und $r' - \varrho$, so daß $\varrho - r \geqq \varepsilon$, $r' - \varrho \geqq \varepsilon$ ist. Nach der Bedingung B_4) auf Seite 62 gibt es zu jedem positiven ε stets wenigstens eine ganze positive Zahl k, so daß $r_k' - r_k < \varepsilon$ ist. Da $r_k < \varrho < r_k'$, so ist $r_k' - \varrho < \varepsilon$ und $\varrho - r_k < \varepsilon$.

Nun sollte $s \leqq r' - \varrho$, $s \leqq \varrho - r$ sein. Hieraus folgt $r_k' - \varrho < r' - \varrho$ und $\varrho - r_k < \varrho - r$; mithin ergibt sich $r < r_k$ und $r' > r_k'$. Folglich ist $r, r_k, r_{k+1}, r_{k+2}, \ldots$ eine aufsteigende, $r', r_k', r_{k+1}', r_{k+2}', \ldots$ eine absteigende Folge. Nach Satz I auf Seite 73 ist

$$\varrho = \begin{pmatrix} r_k, & r_{k+1}, & r_{k+2}, & \ldots \\ r_k', & r_{k+1}', & r_{k+2}', & \ldots \end{pmatrix} = \begin{pmatrix} r, & r_k, & r_{k+1}, & r_{k+2}, & \ldots \\ r', & r_k', & r_{k+1}', & r_{k+2}', & \ldots \end{pmatrix}.$$

Hiermit ist gezeigt, daß r einer aufsteigenden und r' einer absteigenden Definitionsfolge für ϱ zuerteilt werden können. Wir haben also das Resultat:

Bei dem durch die Zahl $\varrho = \begin{pmatrix} r_n \\ r_n' \end{pmatrix}$ $(r_n < \varrho < r_n',\ n = 1, 2, \ldots)$ erzeugten Schnitt $(\mathfrak{R}_1/\mathfrak{R}_2)$ ist $\mathfrak{R}_1$ die Gesamtheit aller rationalen Zahlen r_n aus jeder möglichen aufsteigenden und $\mathfrak{R}_2$ die Gesamtheit aller rationalen Zahlen r_n' aus jeder möglichen absteigenden Definitionsfolge, durch welche die Zahl ϱ definiert wird; $\mathfrak{R}_1$ und $\mathfrak{R}_2$ enthalten keine anderen Zahlen als die genannten.

Hieraus folgt zunächst leicht

Satz IV. Sind $(\mathfrak{A}/\mathfrak{A}')$ und $(\mathfrak{B}/\mathfrak{B}')$ zwei Schnitte, α und β die sie erzeugenden Zahlen, so ist dann und nur dann $\alpha > \beta$, wenn sich wenigstens eine $\mathfrak{A}$ angehörige rationale Zahl a und eine weitere $\mathfrak{B}'$ angehörige rationale Zahl b' finden lassen, so daß $a > b'$ ist.

Beweis durch Satz VIII auf Seite 81.

Definition 1. Sind $\mathfrak{A}$ und $\mathfrak{B}$ irgend zwei Zahlenmengen, so soll $\mathfrak{A} + \mathfrak{B}$ die Zahlenmenge bedeuten, deren Zahlen aus der Summe jeder Zahl aus $\mathfrak{A}$ und jeder Zahl aus $\mathfrak{B}$ bestehen. $-\mathfrak{A}$ soll diejenige Zahlenmenge bedeuten, die aus den entgegengesetzten Zahlen von $\mathfrak{A}$ besteht.

Alsdann gelten folgende Theoreme:

Satz V. $(\mathfrak{A}/\mathfrak{A}')$ und $(\mathfrak{B}/\mathfrak{B}')$ seien zwei Schnitte, α und β die sie erzeugenden Zahlen. Alsdann ist $(\mathfrak{A} + \mathfrak{B}/\mathfrak{A}' + \mathfrak{B}')$ stets auch ein Schnitt im System der rationalen Zahlen; er wird durch $\alpha + \beta$ erzeugt.

Beweis aus der Definition von $\alpha + \beta = \begin{pmatrix} a_n + b_n \\ a_n' + b_n' \end{pmatrix}$ auf Seite 68 und der Bemerkung, daß erstens $a_n + b_n$ stets dem Anfangsstück, $a_n' + b_n'$ dem Rest des Schnittes angehören, der durch $\alpha + \beta$ erzeugt ist, und zweitens jede Zahl des Anfangsstückes und des Restes des durch $\alpha + \beta$ erzeugten Schnittes sich in die Form $a_n + b_n$ bzw. $a_n' + b_n'$ bringen lassen. Zum Beweise der letzten Aussage bedeute c irgend eine Zahl des Anfangsstückes, d eine solche des Restes von dem durch $\alpha + \beta$ erzeugten Schnitt, so daß $c < \alpha + \beta$, $d > \alpha + \beta$ oder $c - \alpha < \beta$, $d - \alpha > \beta$ ist. Wir wählen irgend zwei Zahlen b und b', was nach Satz I (Seite 148) stets möglich ist, so daß $c - \alpha < b < \beta$, $d - \alpha > b' > \beta$. Infolge der zwei letzten Ungleichungen gehört b der Menge $\mathfrak{B}$, b' der Menge $\mathfrak{B}'$ an. Nun ist $c - b < \alpha$, $d - b' > \alpha$. Setzt man $c - b = a$, $d - b' = a'$, so gehört die Zahl a wegen $a < \alpha$ der Menge $\mathfrak{A}$ und a' wegen $a' > \alpha$ der Menge $\mathfrak{A}'$ an, und da $c = a + b$, $d = a' + b'$ ist, so hat man das gewünschte Resultat. Mithin erzeugt $\alpha + \beta$ den Schnitt $(\mathfrak{A} + \mathfrak{B}/\mathfrak{A}' + \mathfrak{B}')$.

Satz VI. Ist $(\mathfrak{A}/\mathfrak{A}')$ irgend ein Schnitt, α die ihn erzeugende Zahl, so ist $(-\mathfrak{A}'/-\mathfrak{A})$ ebenfalls ein Schnitt, und zwar wird er durch $-\alpha$ erzeugt. Dieser Schnitt soll mit $-(\mathfrak{A}/\mathfrak{A}')$ bezeichnet werden.

Beweis von Satz VI aus der Bildung von $-\alpha = \begin{pmatrix} -a_n' \\ -a_n \end{pmatrix}$.

Ist $(\mathfrak{A}/\mathfrak{A}')$ irgend ein Schnitt im System der rationalen Zahlen, so sind drei Fälle möglich, die eine vollständige Disjunktion bilden:

a) $\mathfrak{A}$ enthält negative und positive rationale Zahlen, $\mathfrak{A}'$ enthält ausnahmslos positive rationale Zahlen.

b) $\mathfrak{A}$ enthält keine positiven rationalen Zahlen, $\mathfrak{A}'$ enthält keine negativen rationalen Zahlen. Es gibt nur einen einzigen solchen Schnitt.

c) $\mathfrak{A}$ enthält keine positiven rationalen Zahlen, $\mathfrak{A}'$ enthält mindestens eine negative rationale Zahl und demnach alle positiven rationalen Zahlen.

Definition 2. Im Falle a) soll ein Schnitt positiv, im Falle b) Nullschnitt, im Falle c) negativ heißen.

Diese Bezeichnungen wurden gewählt, weil folgender leicht zu beweisender Satz gilt: Je nachdem man Schnitte der Gattung a), b) oder c) hat, ist die den Schnitt erzeugende Zahl positiv, Null oder negativ.

Ist $(\mathfrak{A}/\mathfrak{A}')$ irgend ein Schnitt im System der rationalen Zahlen, so kann man, abgesehen vom Falle b), aus ihm stets eindeutig einen Schnitt im System der positiven rationalen Zahlen ableiten, den wir den zugehörigen absoluten Schnitt nennen und mit $(^+\mathfrak{A}/^+\mathfrak{A}')$ bezeichnen. Wir definieren ihn durch die folgende

Definition 3. Hat man einen positiven Schnitt $(\mathfrak{A}/\mathfrak{A}')$ (Fall a)), so lasse man aus $\mathfrak{A}$ alle negativen rationalen Zahlen und die 0 fort, so daß $^+\mathfrak{A}$ nur aus den positiven Zahlen von $\mathfrak{A}$, $^+\mathfrak{A}'$ aus allen Zahlen von $\mathfrak{A}'$ besteht. Hat man einen negativen Schnitt $(\mathfrak{A}/\mathfrak{A}')$ (Fall c)), so bilde man zunächst den Schnitt $-(\mathfrak{A}/\mathfrak{A}')=(-\mathfrak{A}'/-\mathfrak{A})$; alsdann enthält $-\mathfrak{A}'$ wenigstens eine positive Zahl und $(-\mathfrak{A}'/-\mathfrak{A})$ ist ein positiver Schnitt. Läßt man bei ihm aus $-\mathfrak{A}'$ alle negativen rationalen Zahlen und die Zahl 0 fort, so erhält man den absoluten Schnitt $(^+\mathfrak{A}/^+\mathfrak{A}')$ für den Fall c); er besteht aus den positiven Zahlen von $-\mathfrak{A}'$, die das Anfangsstück $^+\mathfrak{A}$ bilden, und allen Zahlen von $-\mathfrak{A}$, die den Rest $^+\mathfrak{A}'$ bilden.

Man beweist leicht folgenden Lehrsatz: Erzeugt die Zahl α den Schnitt $(\mathfrak{A}/\mathfrak{A}')$, so wird der zugehörige absolute Schnitt $(^+\mathfrak{A}/^+\mathfrak{A}')$ durch den absoluten Betrag von α erzeugt.

Definition 4. Sind $^+\mathfrak{A}$ und $^+\mathfrak{B}$ irgend zwei Zahlenmengen, die beide nur aus positiven Zahlen bestehen, so soll unter $^+\mathfrak{A} \cdot {}^+\mathfrak{B}$ eine Zahlenmenge verstanden werden, deren Zahlen aus dem Produkt einer jeden Zahl von $^+\mathfrak{A}$ in jede Zahl von $^+\mathfrak{B}$ bestehen.

Satz VII. Sind $(^+\mathfrak{A}/^+\mathfrak{A}')$ und $(^+\mathfrak{B}/^+\mathfrak{B}')$ zwei absolute Schnitte, die den Zahlen $|\alpha|$ und $|\beta|$ entsprechen, so ist auch $(^+\mathfrak{A}\cdot{}^+\mathfrak{B}/^+\mathfrak{A}'\cdot{}^+\mathfrak{B}')$ ein absoluter Schnitt; dieser entspricht der Zahl $|\alpha|\cdot|\beta|$.

Beweis ähnlich wie Satz V mittels der Definition der Multiplikation zweier reeller positiver Zahlen auf Seite 68.

Satz VIII. $(\mathfrak{A}/\mathfrak{A}')$ und $(\mathfrak{B}/\mathfrak{B}')$ seien irgend zwei positive oder negative Schnitte, α und β die sie erzeugenden Zahlen, $(^+\mathfrak{A}/^+\mathfrak{A}')$ und $(^+\mathfrak{B}/^+\mathfrak{B}')$ die zugehörigen absoluten Schnitte. Aus letzteren sei der Schnitt $({}^+\mathfrak{A}\cdot{}^+\mathfrak{B}/{}^+\mathfrak{A}'\cdot{}^+\mathfrak{B}')$ gebildet und zu einem Schnitt $(\mathfrak{C}/{}^+\mathfrak{A}'\cdot{}^+\mathfrak{B}')$ im System aller rationalen Zahlen ergänzt, indem man in $\mathfrak{C}$ außer den in ${}^+\mathfrak{A}\cdot{}^+\mathfrak{B}$ enthaltenen positiven rationalen Zahlen noch die Null sowie alle negativen rationalen Zahlen aufnimmt. Alsdann entspricht der Zahl $\alpha\cdot\beta$ der Schnitt $(\mathfrak{C}/{}^+\mathfrak{A}'\cdot{}^+\mathfrak{B}')$ oder $-(\mathfrak{C}/{}^+\mathfrak{A}'\cdot{}^+\mathfrak{B}') = \left(-({}^+\mathfrak{A}'\cdot{}^+\mathfrak{B}')/-\mathfrak{C}\right)$, je nachdem die Schnitte $(\mathfrak{A}/\mathfrak{A}')$ und $(\mathfrak{B}/\mathfrak{B}')$ in bezug auf ihre Einteilung in positive und negative gleichartig oder ungleichartig sind.

Beweis aus Satz VII und Multiplikationsregel auf Seite 84.

Die Sätze III, IV, V und VIII führen dazu, die Schnitte selbst als Objekte aufzufassen und für sie die Begriffe $=$, $<$, $+$ und $\cdot$ zu definieren. Dies geschieht durch folgende vier Definitionen:

I. Zwei Schnitte sollen dann und nur dann gleich heißen, wenn sie identisch sind.

II. Von zwei Schnitten $(\mathfrak{A}/\mathfrak{A}')$ und $(\mathfrak{B}/\mathfrak{B}')$ soll dann und nur dann $(\mathfrak{A}/\mathfrak{A}')$ größer als $(\mathfrak{B}/\mathfrak{B}')$ heißen, $(\mathfrak{A}/\mathfrak{A}') > (\mathfrak{B}/\mathfrak{B}')$, wenn sich wenigstens eine $\mathfrak{A}$ angehörige rationale Zahl a und eine $\mathfrak{B}'$ angehörige rationale Zahl b' finden lassen, so daß $a > b'$ ist.

III. Sind $(\mathfrak{A}/\mathfrak{A}')$ und $(\mathfrak{B}/\mathfrak{B}')$ irgend zwei Schnitte, so soll unter ihrer Summe $(\mathfrak{A}/\mathfrak{A}') + (\mathfrak{B}/\mathfrak{B}')$ der Schnitt $(\mathfrak{A}+\mathfrak{B}/\mathfrak{A}'+\mathfrak{B}')$ verstanden werden.

IV. Unter dem Produkt $(\mathfrak{A}/\mathfrak{A}')\cdot(\mathfrak{B}/\mathfrak{B}')$ der Schnitte $(\mathfrak{A}/\mathfrak{A}')$ und $(\mathfrak{B}/\mathfrak{B}')$ soll der in Satz VIII erklärte Schnitt $(\mathfrak{C}/{}^+\mathfrak{A}'\cdot{}^+\mathfrak{B}')$ oder $-(\mathfrak{C}/{}^+\mathfrak{A}'\cdot{}^+\mathfrak{B}')$ verstanden werden, je nachdem $(\mathfrak{A}/\mathfrak{A}')$ und $(\mathfrak{B}/\mathfrak{B}')$ in bezug auf ihre Einteilung in positive und negative Schnitte gleichartig oder ungleichartig sind. Ist einer der zwei Schnitte $(\mathfrak{A}/\mathfrak{A}')$ und $(\mathfrak{B}/\mathfrak{B}')$ der Nullschnitt, so soll als ihr Produkt $(\mathfrak{A}/\mathfrak{A}')\cdot(\mathfrak{B}/\mathfrak{B}')$ der Nullschnitt gelten.

Wir haben durch das Voraufgehende neben den von uns in Kapitel II, § 1 definierten Zahlen eine neue Gattung von Objekten eingeführt, nämlich die Schnitte im System aller rationalen Zahlen. Für jede dieser zwei Gattungen haben wir zwei Relationen $=$, $<$ und zwei Operationen $+$ und $\cdot$ definiert. Unsere Sätze III, IV, V und VIII besagen, daß die Gesamtheit der Objekte der einen Gattung denen der anderen eindeutig umkehrbar, ähnlich in bezug auf $<$ und isomorph in bezug auf $+$ und $\cdot$ zugeordnet werden kann. Hiermit ist gezeigt, daß die Schnitte im System aller rationalen Zahlen und die Gesamtheit der von uns definierten reellen Zahlen sich in bezug auf die Zeichen $=$, $<$, $+$ und $\cdot$ gleichwertig vertreten können; denn jeder auf den Zeichen $=$, $<$, $+$ und $\cdot$ beruhende Satz für die eine Gattung von Objekten kann in einen entsprechenden für die andere Gattung übertragen werden. Ob man sich der einen Gattung von Objekten oder der anderen zur Formulierung der mathematischen Sätze bedienen will, ist Sache des Geschmackes. Bei uns sind die in Kapitel II, § 1 eingeführten Zahlen das Primäre, und es wurde bewiesen, daß jedem Schnitt im System der rationalen Zahlen eine reelle Zahl entspricht. Dedekind führt umgekehrt nach den rationalen Zahlen die Schnitte im System der rationalen Zahlen als das Primäre ein, und nennt also einen Schnitt $(\mathfrak{A}/\mathfrak{A}')$ eine Zahl. Die in diesem Paragraphen gegebenen Definitionen I bis IV liefern ihm die Grundlage für die Vergleichung und das Rechnen mit seinen Zahlen, wobei noch festgesetzt wird, daß die Schnitte, die durch eine rationale Zahl erzeugt werden, gleichwertig für die ihnen entsprechenden rationalen Zahlen eintreten sollen. Der Beweis für die Zulässigkeit dieser Festsetzung liegt darin, daß die durch die rationalen Zahlen erzeugten Schnitte den ihnen zugeordneten rationalen Zahlen eindeutig umkehrbar, in bezug auf die Relation $<$ ähnlich und in bezug auf die Operationen $+$ und $\cdot$ isomorph entsprechen, so daß über die rationalen Zahlen in bezug auf $=$, $<$, $+$ und $\cdot$ keine anderen Aussagen als über die von ihnen erzeugten Schnitte gemacht werden können. Von DEDEKINDS Standpunkt aus ist ein durch zwei zusammengehörige Definitionsfolgen eingeführtes Gebilde $\binom{a_n}{a_n'}$, wie wir es im Kapitel II, § 1 definierten, keine Zahl, sondern mit einem anderen Namen zu belegen. Mathematische Sätze sind nach unserem und DEDEKINDS Standpunkt gewissermaßen Formulierungen derselben Tatsachen in zwei verschiedenen Sprachen, nämlich von unserem Standpunkte aus sind es Sätze über unsere Zahlen, von DEDEKINDS solche über seine Zahlen, d. h. über Schnitte in unserem Sinne.

Die Schnitte im System der rationalen Zahlen bilden, da sie die reellen Zahlen in bezug auf $=$, $<$, $+$ und $\cdot$ gleichwertig vertreten können, ebenso wie diese einen Körper $\mathfrak{K}^\times$, dessen Elemente den 6 Ungleichheitspostulaten genügen und der alle mit den Postulaten verträglichen Elemente umfaßt, wie dies am Schluß von Kapitel III, § 5 ausgeführt wurde.

Wir weisen noch kurz, dem Leser die nähere Ausführung überlassend, auf eine weitere Gattung von Objekten hin, die ebenfalls unsere Zahlen gleichwertig in bezug auf $=$, $<$, $+$ und $\cdot$ vertreten können; es ist dies die Gesamtheit aller nach oben beschränkten Zahlenmengen, die nur aus rationalen Zahlen bestehen und keine größte Zahl enthalten.[1] Wenn bis zum Schluß dieses Paragraphen von Zahlenmengen die Rede ist, sind solche gemeint. $\mathfrak{A}$ und $\mathfrak{B}$ seien zwei derartige Zahlenmengen. Jede von ihnen besitzt, da sie nach oben beschränkt ist, nach Satz I auf Seite 247 als obere Grenze eine Zahl α bzw. β; da $\mathfrak{A}$ und $\mathfrak{B}$ nach Voraussetzung keine größten Zahlen enthalten sollen, gehört α nicht $\mathfrak{A}$ und β nicht $\mathfrak{B}$ an. Befindet sich nun in $\mathfrak{A}$ wenigstens eine rationale Zahl r, die größer als alle rationalen Zahlen von $\mathfrak{B}$ ist, so ist die Zahl r nicht kleiner als die obere Grenze β von $\mathfrak{B}$. Da $\mathfrak{A}$ kein Maximum besitzen soll, ist die obere Grenze α von $\mathfrak{A}$ größer als alle in $\mathfrak{A}$ enthaltenen Zahlen, also auch größer als r. Aus $r \geqq \beta$ und $\alpha > r$ folgt $\alpha > \beta$.

Ist hingegen keine rationale Zahl r von $\mathfrak{A}$ größer als alle rationalen Zahlen von $\mathfrak{B}$ und keine rationale Zahl r' von $\mathfrak{B}$ größer als alle rationalen Zahlen r von $\mathfrak{A}$, so ist $\alpha = \beta$. Diese Überlegungen führen dazu, jede nach oben beschränkte Menge $\mathfrak{A}$ rationaler Zahlen ohne Maximum wie ein einzelnes Objekt aufzufassen und mit $[\mathfrak{A}]$ zu bezeichnen. Diese neuen Objekte entsprechen eindeutig umkehrbar und ähnlich der Gesamtheit der reellen Zahlen (nämlich jedes Objekt der oberen Grenze der von ihm umfaßten Zahlen), wenn man gleiche Objekte bzw. gleiche Zahlen nicht als verschieden ansieht, und wenn man definiert:

I. Zwei Objekte $[\mathfrak{A}]$ und $[\mathfrak{B}]$ sollen dann und nur dann gleich heißen, wenn keine rationale Zahl der Zahlenmenge $\mathfrak{A}$ größer als

[1] Vgl. hierzu PEANO, Formulario mathematico, editio V, Torino 1905, S. 105.

alle rationalen Zahlen von $\mathfrak{B}$ und keine rationale Zahl der Zahlenmenge $\mathfrak{B}$ größer als alle rationalen Zahlen von $\mathfrak{A}$ ist.

II. Von zwei Objekten $[\mathfrak{A}]$ und $[\mathfrak{B}]$ soll $[\mathfrak{A}]$ größer als $[\mathfrak{B}]$ heißen, wenn es in der Zahlenmenge $\mathfrak{A}$ wenigstens eine Zahl gibt, die größer als alle Zahlen von $\mathfrak{B}$ ist.

Mittels folgender Definition werden unsere Objekte den Zahlen in bezug auf die Addition isomorph zugeordnet:

III. Sind $[\mathfrak{A}]$ und $[\mathfrak{B}]$ zwei Objekte, so soll unter ihrer Summe $[\mathfrak{A}] + [\mathfrak{B}]$ das Objekt $[\mathfrak{A} + \mathfrak{B}]$ verstanden werden. (Die Zahlenmenge $\mathfrak{A} + \mathfrak{B}$ ist durch die Definition 1 auf Seite 255 erklärt.)

Aus Satz I auf Seite 247 läßt sich nämlich durch indirekten Beweis leicht herleiten: Sind $\mathfrak{A}$ und $\mathfrak{B}$ irgend zwei Zahlenmengen mit den oberen Grenzen α und β, so hat $\mathfrak{A} + \mathfrak{B}$ die obere Grenze $\alpha + \beta$.

Um für die neuen Objekte auch eine zu der Multiplikation isomorphe Operation zu gewinnen, zeigt man zunächst, daß zu jeder Zahlenmenge $\mathfrak{A}$ sich wenigstens eine zweite Menge $\mathfrak{A}'$ von unendlich vielen ungleichen rationalen Zahlen bestimmen läßt,[1] die folgende zwei Eigenschaften besitzt:

1. Jede rationale Zahl aus $\mathfrak{A}'$ ist größer als alle rationalen Zahlen von $\mathfrak{A}$.

2. Zu jeder positiven Zahl ε lassen sich stets zwei Zahlen a und a' in $\mathfrak{A}$ bzw. $\mathfrak{A}'$ finden derart, daß $a' - a < \varepsilon$ ist.

Sollte $\mathfrak{A}'$ ein Minimum haben, so streiche man dieses. Ist α die obere Grenze von $\mathfrak{A}$, so beweist man, daß $\mathfrak{A}'$ die Zahl α zur unteren Grenze hat; die Zahl α gehört entweder (nämlich wenn α irrational ist) von selbst nicht $\mathfrak{A}'$ an oder wir haben sie aus $\mathfrak{A}'$ beseitigt. Bildet man aus $\mathfrak{A}'$ die Zahlenmenge $-\mathfrak{A}'$ (die Zahlenmenge $-\mathfrak{A}'$ ist erklärt in Definition 1 auf Seite 255), so soll das zu der Menge $-\mathfrak{A}'$ zugehörige Objekt mit $-[\mathfrak{A}]$ bezeichnet werden. Dieses hat $-\alpha$ zur oberen Grenze, wobei $-\alpha$ nicht der Menge $-\mathfrak{A}'$ angehört. Sehen wir von dem Ausnahmefall ab, daß man die zwei Mengen $\mathfrak{A}$ und $-\mathfrak{A}'$ zusammenfallen lassen kann, was nur für $\alpha = 0$ möglich ist, so enthält eine und auch nur eine der zwei Mengen $\mathfrak{A}$ und $-\mathfrak{A}'$ positive Zahlen. Streicht man aus der Menge mit positiven Zahlen alle nicht positiven Zahlen, so soll die entstehende Menge mit $^{+}\mathfrak{A}$ bezeichnet werden und die absolute Menge heißen (vgl. die Definition 3 auf Seite 256). Man beweist, daß $^{+}\mathfrak{A}$ als obere Grenze den absoluten Betrag von α hat. Ferner beweist man:

Sind $^{+}\mathfrak{A}$ und $^{+}\mathfrak{B}$ irgend zwei Zahlenmengen mit ausnahmslos positiven Zahlen, so hat die Zahlenmenge $^{+}\mathfrak{A} \cdot {}^{+}\mathfrak{B}$ als obere Grenze das Produkt der oberen Grenzen von $^{+}\mathfrak{A}$ und $^{+}\mathfrak{B}$.

Wir führen noch für $[\mathfrak{A}]$ in dem Ausnahmefall, daß man $\mathfrak{A}$ und $-\mathfrak{A}'$ zusammenfallen lassen kann, die Bezeichnung Nullobjekt ein. Nach Definition I ergibt sich alsdann, daß alle Nullobjekte gleich sind.

Die Multiplikation der Objekte $[\mathfrak{A}]$ und $[\mathfrak{B}]$ geschieht nun durch die Definition:

IV. Unter dem Produkt $[\mathfrak{A}] \cdot [\mathfrak{B}]$ der Objekte $[\mathfrak{A}]$ und $[\mathfrak{B}]$ soll das Objekt $[{}^{+}\mathfrak{A} \cdot {}^{+}\mathfrak{B}]$ verstanden werden, wenn die Mengen $\mathfrak{A}$ und $\mathfrak{B}$ beide wenigstens eine positive oder beide keine einzige positive Zahl enthalten, sonst das Objekt $-[{}^{+}\mathfrak{A} \cdot {}^{+}\mathfrak{B}]$. Ist in dem Produkt $[\mathfrak{A}] \cdot [\mathfrak{B}]$ eines der zu multiplizierenden Objekte ein Nullobjekt,

[1] Eine solche Menge bildet z. B. die Gesamtheit aller rationalen Zahlen, die größer als alle Zahlen von $\mathfrak{A}$ sind, oder ein Anfangsstück dieser Zahlenmenge.

d. h. ist entweder $+\mathfrak{A}$ oder $+\mathfrak{B}$ von uns nicht definiert, so soll unter dem Produkt $[\mathfrak{A}]\cdot[\mathfrak{B}]$ ein Nullobjekt verstanden werden.

An Stelle unserer Zahlen oder der DEDEKINDschen Schnitte kann man nach Einführung der rationalen Zahlen zur Erweiterung des Zahlenbegriffes auch die Objekte $[\mathfrak{A}]$ gleichwertig benützen[1], für sie die Begriffe $=$, $<$, $+$ und $\cdot$ durch die obigen Definitionen erklären und alsdann die mathematischen Sätze als Aussagen über die Objekte $[\mathfrak{A}]$ und das Rechnen mit ihnen ansehen. Von den Objekten $[\mathfrak{A}]$ beweist man, daß sie eine ausgezeichnete Gattung von Objekten $[\mathfrak{A}_1]$ unter sich enthalten, zu deren jedem eine rationale Zahl α von der Art existiert, daß α größer als alle Zahlen von $\mathfrak{A}_1$ ist und daß zu jeder rationalen Zahl s, die kleiner als α ist, in $\mathfrak{A}_1$ wenigstens eine rationale Zahl r existiert, für die $s < r < \alpha$ ist (Mengen $\mathfrak{A}_1$ mit rationaler oberer Grenze α). Diese ausgezeichneten Objekte $[\mathfrak{A}_1]$ erweisen sich den ihnen entsprechenden rationalen Zahlen α eindeutig umkehrbar zugeordnet, wenn man gleiche Objekte bzw. gleiche rationale Zahlen nicht als verschieden ansieht; das Entsprechen zwischen den Objekten $[\mathfrak{A}_1]$ und den zugeordneten rationalen Zahlen ist ähnlich in bezug auf $<$ und isomorph in bezug auf $+$ und $\cdot$, so daß die ausgezeichnete Gattung von Objekten $[\mathfrak{A}_1]$ gleichwertig das System der rationalen Zahlen vertreten kann.

§ 3.

Häufungsstelle. Limes superior und Limes inferior.

Definition I. Hat man irgend eine unendliche Menge $\mathfrak{T}$ reeller Zahlen, so heißt die Zahl h eine Häufungsstelle der Menge $\mathfrak{T}$, wenn für jede beliebig gewählte positive Zahl ε sich unendlich viele Zahlen T in der Menge finden lassen, die der Ungleichung $h - \varepsilon < T < h + \varepsilon$ genügen.

Eine Häufungsstelle h kann der Menge angehören, braucht es aber nicht. Nach der gegebenen Definition ist h auch in dem Fall als Häufungsstelle anzusehen, wenn h unendlich häufig in der Menge $\mathfrak{T}$ auftritt.

Wir beweisen als

Satz I den sogenanten Satz von BOLZANO-WEIERSTRASS. Jede unendliche Menge $\mathfrak{T}$ reeller Zahlen, die sowohl nach oben wie nach unten beschränkt ist, besitzt wenigstens eine Häufungsstelle.

Da die vorgelegte unendliche Menge $\mathfrak{T}$ reeller Zahlen nach oben wie nach unten beschränkt ist, existieren zwei reelle Zahlen a und b $(a < b)$, so daß alle Zahlen von $\mathfrak{T}$ im Intervall von a bis b liegen. Man bestimme irgend eine rationale Zahl $r_1 \leqq a$ und eine weitere $r_1' \geqq b$, so daß alle Zahlen von $\mathfrak{T}$ im Intervall $[r_1, r_1']$ liegen. Alsdann bilde man das arithmetische Mittel $\frac{r_1 + r_1'}{2}$. Da $\mathfrak{T}$ unendlich viele Zahlen enthält und diese sämtlich zwischen r_1 und r_1' liegen, so kann nicht sowohl das Intervall $\left[r_1, \frac{r_1 + r_1'}{2}\right]$ als auch das Intervall $\left[\frac{r_1 + r_1'}{2}, r_1'\right]$ nur eine endliche Anzahl von Zahlen aus $\mathfrak{T}$ enthalten. Wenigstens eines dieser Intervalle muß demnach unendlich viele

[1] Zur Definition der Objekte $[\mathfrak{A}]$ braucht man nur rationale Zahlen, wenn man ihr nach oben Beschränktsein durch Existenz einer rationalen Zahl erklärt, die größer als alle Zahlen der Menge ist.

Zahlen aus $\mathfrak{T}$ enthalten. Umfassen beide Intervalle unendlich viele Zahlen aus $\mathfrak{T}$, so kann man eines von ihnen beliebig auswählen; sonst ist dasjenige zu nehmen, das unendlich viele Zahlen enthält. Das ausgewählte Intervall soll das „bevorzugte" Intervall heißen; seine Grenzen sollen mit r_2 und r_2' bezeichnet werden. Nach der Art der Herleitung ist

$$\text{entweder } r_2 = r_1, \quad r_2' = \frac{r_1 + r_1'}{2} \quad \text{oder } r_2 = \frac{r_1 + r_1'}{2}, \quad r_2' = r_1'.$$

Das neue Intervall $[r_2, r_2']$, das nur halb so groß wie das alte ist, enthält ebenfalls unendlich viele Zahlen aus $\mathfrak{T}$. Wir halbieren das Intervall $[r_2, r_2']$ und wählen als „bevorzugtes" Intervall $[r_3, r_3']$ ein solches, in dem wieder unendlich viele Zahlen aus $\mathfrak{T}$ liegen. Fährt man derart fort (vgl. das gleiche Verfahren auf Seite 248), so gewinnt man zwei unendliche Folgen rationaler Zahlen:

$$r_1, \; r_2, \; r_3, \; \ldots,$$
$$r_1', \; r_2', \; r_3', \; \ldots$$

Diese weisen die vier charakteristischen Bedingungen B_1) bis B_4) für zwei zusammengehörige Definitionsfolgen auf (vgl. Seite 62). Man kann daher eine reelle Zahl h definieren, indem man setzt $h = \binom{r_n}{r_n'}$. Zum Nachweise, daß diese Zahl h eine Häufungsstelle der Menge $\mathfrak{T}$ ist, wählen wir eine beliebige positive Zahl ε. Zu jeder solchen Zahl ε läßt sich eine ganze positive Zahl k bestimmen, so daß $r_k' - r_k < \varepsilon$ ist. Nun ist nach Satz I auf Seite 82 $r_k \leqq h \leqq r_k'$. Aus $h \leqq r_k'$ und $-\varepsilon < r_k - r_k'$ folgt durch Addition $h - \varepsilon < r_k$. Ebenso ergibt sich durch Addition von $r_k \leqq h$ und $r_k' - r_k < \varepsilon$, daß $r_k' < h + \varepsilon$. Da in dem „bevorzugten" Intervall $[r_k, r_k']$ unendlich viele Zahlen aus $\mathfrak{T}$ liegen, so gilt das nämliche von dem Intervall von $h - \varepsilon$ bis $h + \varepsilon$, das die Zahlen des ersten Intervalles umfaßt. Mithin ist die Zahl h eine Häufungsstelle von $\mathfrak{T}$; hiermit ist der Bolzano-Weierstrasssche Satz bewiesen.

Definition II. Hat man irgend eine nach oben unbeschränkte Menge $\mathfrak{T}$ reeller Zahlen, so soll für eine solche und auch nur für eine solche Menge $+\infty$ als Häufungsstelle angesehen werden. Diese Definition ist eine natürliche Erweiterung des in der Definition I eingeführten Begriffes „Häufungsstelle"; denn bei einer nach oben unbeschränkten Menge lassen sich zu jeder beliebig gewählten Zahl A eine und folglich unendlich viele Zahlen T aus $\mathfrak{T}$ finden, die größer als A sind; für sie ist also $A < T < +\infty$.

Ebenso soll für jede nach unten unbeschränkte Zahlenmenge und auch nur für eine solche Menge $-\infty$ als Häufungsstelle angesehen werden.

Infolge der in Definition II gegebenen Festsetzungen hat nunmehr jede unendliche Menge reeller Zahlen wenigstens eine Häufungsstelle.

Unter den nach oben unbeschränkten Mengen reeller Zahlen verdienen besondere Beachtung diejenigen, bei denen $+\infty$ die einzige Häufungsstelle ist. Von solchen Mengen sagt man, daß sie nach $+\infty$ divergieren. Charakteristisch für die nach $+\infty$ divergierenden unendlichen Mengen $\mathfrak{T}$ ist, daß es, wenn A eine beliebige reelle Zahl ist, in $\mathfrak{T}$ nur eine endliche Anzahl von Zahlen gibt, die kleiner als A sind. Enthielte nämlich die unendliche Menge $\mathfrak{T}$ unendlich viele Zahlen, die kleiner als irgend eine Zahl A sind, so wäre $\mathfrak{T}$ entweder nach unten unbeschränkt und hätte demnach noch $-\infty$ zu einer Häufungsstelle oder das System der unendlich vielen Zahlen, die kleiner als A sind, würde für $\mathfrak{T}$ nach Satz I außer $+\infty$ noch wenigstens eine Zahl als Häufungsstelle ergeben.

Ebenso sagt man von einer unendlichen Menge $\mathfrak{T}$ reeller Zahlen, bei der $-\infty$ die einzige Häufungsstelle ist, daß sie nach $-\infty$ divergiert. Charakteristisch für die nach $-\infty$ divergierenden unendlichen Mengen $\mathfrak{T}$ ist, daß es für jede reelle Zahl A nur eine endliche Anzahl von Zahlen in $\mathfrak{T}$ gibt, die größer als A sind.

Betrachtet man die Häufungsstellen einer unendlichen Menge $\mathfrak{T}$ reeller Zahlen, so sind dies wieder reelle Zahlen oder die Symbole $+\infty$ und $-\infty$. Unter der ersten abgeleiteten Menge $\mathfrak{T}_1$ von $\mathfrak{T}$ versteht man die Gesamtheit der reellen Zahlen, die Häufungsstellen von $\mathfrak{T}$ sind, also den Inbegriff der Häufungsstellen von $\mathfrak{T}$ unter Ausschluß der Symbole $+\infty$ und $-\infty$.

Wir beweisen die Existenz einer größten Häufungsstelle durch

Satz II. Jede unendliche Menge reeller Zahlen, die nach oben beschränkt ist, divergiert nach $-\infty$ oder hat eine Zahl zur größten Häufungsstelle.

Da die vorgelegte Menge $\mathfrak{T}$ nach oben beschränkt sein soll, ist bei ihr $+\infty$ nicht Häufungsstelle. Die Menge $\mathfrak{T}$ kann nun $-\infty$ als einzige Häufungsstelle besitzen (z. B. die Menge $-1, -2, -3, \ldots$); alsdann divergiert $\mathfrak{T}$ auf Grund der oben gegebenen Definition nach $-\infty$. Ist dies nicht der Fall, so hat die Menge $\mathfrak{T}$ wenigstens eine Zahl zur Häufungsstelle und besitzt folglich eine erste abgeleitete Menge $\mathfrak{T}_1$. Da $\mathfrak{T}$ nach oben beschränkt ist, trifft dies auch für $\mathfrak{T}_1$ zu. Daher besitzen die Zahlen von $\mathfrak{T}_1$ nach Satz I auf Seite 247 eine Zahl J zur oberen Grenze. Angenommen, diese Zahl J würde der Menge $\mathfrak{T}_1$ nicht angehören, so wäre J keine Häufungsstelle von $\mathfrak{T}$; denn $\mathfrak{T}_1$ sollte alle Zahlen, die Häufungsstellen von $\mathfrak{T}$ sind, enthalten. Wäre nun J keine Häufungsstelle von $\mathfrak{T}$, so könnte man nach der für eine Häufungsstelle gegebenen Definition eine positive Zahl ε finden, so daß sich im Intervall von $J-\varepsilon$ bis $J+\varepsilon$ höchstens eine endliche Anzahl von Zahlen der Menge $\mathfrak{T}$ befindet; dann würde das Intervall von $J-\varepsilon$ bis $J+\varepsilon$ keine Häufungsstelle von $\mathfrak{T}$, also keine Zahl aus $\mathfrak{T}_1$ enthalten. Damit aber J obere Grenze von $\mathfrak{T}_1$ sein kann, muß es in $\mathfrak{T}_1$ wenigstens eine Zahl geben, die zwischen $J-\varepsilon$ und $J+\varepsilon$ liegt (vgl. Satz I, Aussage (2) auf Seite 247). Folglich ist die gemachte Annahme falsch; es muß also J der Menge $\mathfrak{T}_1$ angehören, d. h. J ist Häufungsstelle von $\mathfrak{T}$. Da J die obere Grenze von $\mathfrak{T}_1$ ist, ist keine der Zahlen von $\mathfrak{T}_1$ größer als J. Da ferner J der Menge $\mathfrak{T}_1$ angehört, ist J das Maximum der Zahlen von $\mathfrak{T}_1$, d. h. $\mathfrak{T}$ besitzt J zur größten Häufungsstelle.

Satz III. Jede unendliche Menge reeller Zahlen besitzt eine größte Häufungsstelle. Diese ist bei nach oben unbeschränkten Zahlenmengen und nur bei solchen das Symbol $+\infty$, bei nach $-\infty$ divergierenden das Symbol $-\infty$, sonst eine Zahl J. Letztere hat die folgenden zwei Eigenschaften:

(1) Ist ε irgend eine beliebige positive Zahl, so ist höchstens eine endliche Anzahl von Zahlen aus $\mathfrak{T}$ größer als $J+\varepsilon$.

(2) Im Intervall von $J-\varepsilon$ bis $J+\varepsilon$ liegen stets unendlich viele Zahlen aus $\mathfrak{T}$.

Die Eigenschaften (1) und (2) sind für die Zahl J charakteristisch, d. h. weiß man von einer Zahl, daß sie in bezug auf eine Zahlenmenge $\mathfrak{T}$ die Eigenschaften (1) und (2) besitzt, so ist sie gleich der Zahl J.

Zunächst soll gezeigt werden, daß, wenn $\mathfrak{T}$ als größte Häufungsstelle eine Zahl J besitzt, diese die Eigenschaften (1) und (2) aufweist. Daß J die Bedingung (2) erfüllt, ist unmittelbar klar; denn nach Definition ist J Häufungsstelle von $\mathfrak{T}$, und für eine solche ist die Bedingung (2) charakteristisch. Um zu zeigen, daß J auch die Bedingung (1) erfüllt, wählen wir irgend eine reelle Zahl, die größer als $J + \varepsilon$ und als alle Zahlen der Menge $\mathfrak{T}$ ist. Eine solche Zahl a gibt es, da $\mathfrak{T}$ sonst eine nach oben unbeschränkte Menge wäre und gegen die Voraussetzung keine Zahl J zur größten Häufungsstelle hätte. Die Menge $\mathfrak{T}$ kann nun im Intervall von $J + \varepsilon$ bis a nicht unendlich viele Zahlen besitzen; denn sonst hätte sie nach Satz I in diesem Intervall eine Häufungsstelle, und die Zahl J wäre entgegen ihrer Definition nicht die größte Häufungsstelle von $\mathfrak{T}$. Hiermit ist gezeigt, daß J auch die Eigenschaft (1) besitzt.

Zum Beweise, daß die Eigenschaften (1) und (2) die Zahl J aus allen zu ihr ungleichen Zahlen eindeutig hervorheben, beachte man folgendes: Ist J irgend eine Zahl, die der Bedingung (2) genügt, so ist J eine Häufungsstelle von $\mathfrak{T}$. Um noch zu zeigen, daß die Bedingung (1) die Zahl J als größte Häufungsstelle charakterisiert, nehmen wir an, daß $\mathfrak{T}$ außer J noch irgend eine Häufungsstelle $J_1 > J$ besäße. Alsdann würden, da J_1 Häufungsstelle von $\mathfrak{T}$ sein soll, für jedes beliebige positive ε unendlich viele Zahlen aus $\mathfrak{T}$ im Intervall von $J_1 - \varepsilon$ bis $J_1 + \varepsilon$ liegen. Wählt man $\varepsilon = \frac{J_1 - J}{2}$, so würde das Intervall von $J_1 - \frac{J_1 - J}{2} = J + \frac{J_1 - J}{2}$ bis $J_1 + \frac{J_1 - J}{2}$ unendlich viele Zahlen aus $\mathfrak{T}$ enthalten. Es würde also unendlich viele Zahlen aus $\mathfrak{T}$ geben, die bei der Wahl von $\varepsilon = \frac{J_1 - J}{2}$ größer als $J + \varepsilon$ wären. Da diese Tatsache der Bedingung (1) widersprechen würde, kann nicht $J_1 > J$ sein. Eine durch die Bedingungen (1) und (2) festgelegte Zahl ist also die größte Häufungsstelle von $\mathfrak{T}$, und hiermit ist gezeigt, daß die Bedingungen (1) und (2) nicht durch zwei ungleiche Zahlen erfüllbar sind.

Sollte $\mathfrak{T}$ keine Zahl J zur größten Häufungsstelle haben, so kann $\mathfrak{T}$ entweder nach oben unbeschränkt sein und demnach $+\infty$ zur größten Häufungsstelle haben oder, wenn auch dies nicht der Fall ist, $-\infty$ zur einzigen Häufungsstelle besitzen. In letzterem Fall divergiert $\mathfrak{T}$ nach $-\infty$. Hiermit ist Satz III bewiesen.

Definition III. Unter dem „limes superior $\mathfrak{T}$" einer unendlichen Menge $\mathfrak{T}$ reeller Zahlen versteht man ihre größte Häufungsstelle. Man bezeichnet den limes superior $\mathfrak{T}$ mit „$\overline{\lim}\, \mathfrak{T}$." Nach Satz III ist $\overline{\lim}\, \mathfrak{T} = +\infty$ oder gleich $-\infty$ oder gleich einer Zahl J, je nach der Beschaffenheit von $\mathfrak{T}$.

Durch analoge Betrachtungen weist man für eine Menge $\mathfrak{T}$ eine kleinste Häufungsstelle nach und erhält

Satz III'. Jede unendliche Menge $\mathfrak{T}$ reeller Zahlen besitzt eine kleinste Häufungsstelle. Diese ist bei nach unten unbeschränkten Mengen und nur bei solchen das Symbol $-\infty$, bei nach $+\infty$ divergierenden das Symbol $+\infty$, sonst eine Zahl i. Letztere hat die folgenden zwei Eigenschaften:

($\bar{1}$). Ist ε irgend eine beliebige positive Zahl, so ist höchstens eine endliche Anzahl von Zahlen aus $\mathfrak{T}$ kleiner als $i - \varepsilon$.

($\bar{2}$). Im Intervall von $i - \varepsilon$ bis $i + \varepsilon$ liegen stets unendlich viele Zahlen aus $\mathfrak{T}$.

Die Eigenschaften ($\bar{1}$) und ($\bar{2}$) sind für die Zahl i charakteristisch, d. h. weiß man von einer Zahl, daß sie in bezug auf die Zahlenmenge $\mathfrak{T}$ die Eigenschaften ($\bar{1}$) und ($\bar{2}$) besitzt, so ist sie gleich der Zahl i.

Definition III'. Unter dem „limes inferior $\mathfrak{T}$" einer unendlichen Menge $\mathfrak{T}$ reeller Zahlen versteht man ihre kleinste Häufungsstelle. Man bezeichnet den limes inferior $\mathfrak{T}$ mit „$\underline{\lim}\, \mathfrak{T}$." Nach Satz III' ist $\underline{\lim}\, \mathfrak{T} = -\infty$ oder gleich $+\infty$ oder gleich einer Zahl i, je nach der Beschaffenheit von $\mathfrak{T}$.

Da nach den Definitionen III und III' $\overline{\lim}\, \mathfrak{T}$ die größte, $\underline{\lim}\, \mathfrak{T}$ die kleinste Häufungsstelle bedeutet, ist stets

$$\overline{\lim}\, \mathfrak{T} \geqq \underline{\lim}\, \mathfrak{T}\,. \tag{3}$$

Ehe wir weiter allgemeine Betrachtungen anstellen, beschäftigen wir uns mit einer besonderen Menge und beweisen für sie den uns später nützlichen

Satz IV. Ist $p_1, p_2, p_3, \ldots$ irgend eine Folge[1] von nur positiven Zahlen und bildet man aus ihnen die zwei weiteren Folgen

$$\frac{p_2}{p_1},\ \frac{p_3}{p_2},\ \ldots,\ \frac{p_{n+1}}{p_n},\ \ldots \tag{I}$$

$$p_1,\ \sqrt[2]{p_2},\ \sqrt[3]{p_3},\ \ldots,\ \sqrt[n]{p_n},\ \ldots, \tag{II}$$

so ist

$$\overline{\lim}\, \frac{p_{n+1}}{p_n} \geqq \overline{\lim}\, \sqrt[n]{p_n} \geqq \underline{\lim}\, \sqrt[n]{p_n} \geqq \underline{\lim}\, \frac{p_{n+1}}{p_n}\,. \tag{4}$$

Sei J_1 der limes superior der Folge (I), J_2 der limes superior der Folge (II), so ist zunächst zu beweisen, daß $J_1 \geqq J_2$. Angenommen, es wäre $J_1 < J_2$. Alsdann könnte man eine positive[2] Zahl L bestimmen, so daß $J_1 < L < J_2$ und eine weitere M, so daß $J_1 < M < L < J_2$. (Satz I auf Seite 148.) Da J_1 die größte Häufungsstelle der Menge (I) sein sollte, so kann höchstens eine endliche Anzahl von Zahlen von (I) größer als M sein (Satz III, Aussage (1) für $\varepsilon = M - J_1$). Es muß also eine ganze positive Zahl k geben, so daß mit ihr beginnend

$$\frac{p_{k+1}}{p_k} < M,\quad \frac{p_{k+2}}{p_{k+1}} < M,\quad \frac{p_{k+3}}{p_{k+2}} < M,\quad \ldots$$

Multipliziert man die σ ersten dieser Ungleichungen, so erhält man $\frac{p_{k+\sigma}}{p_k} < M^{\sigma}$, wobei σ jede der Zahlen 1, 2, 3, ... bedeutet. Aus der letzten Ungleichung folgt (Satz IIIa, Seite 204), daß

$$\sqrt[k+\sigma]{p_{k+\sigma}} < M \left(\frac{p_k}{M^k}\right)^{\frac{1}{k+\sigma}} \quad \text{oder} \quad \sqrt[k+\sigma]{p_{k+\sigma}} < M \cdot A^{\frac{1}{k+\sigma}},$$

[1] d. h. eine Zahlenmenge mit numerierten Individuen, also eine nicht nur abzählbare, sondern eine wirklich abgezählte Menge.

[2] J_1 und J_2 können weder das Symbol $-\infty$ noch negative Zahlen sein, da (I) und (II) nur positive Zahlen enthalten.

wenn $A = \frac{p_k}{M^k}$ gesetzt wird. Da $\frac{L}{M} > 1$, so kann man (Satz V, Seite 204) eine derartige ganze positive Zahl k' bestimmen, daß $A^x < \frac{L}{M}$ für alle x, die zwischen $-\frac{1}{k'}$ und $+\frac{1}{k'}$ liegen. Ist g die größere der zwei Zahlen k und k' und wählt man für $k + \sigma$ die Werte $g + 1$, $g + 2$, ..., so erhält man

$$\sqrt[g+\sigma]{p_{g+\sigma}} < M \cdot A^{\frac{1}{g+\sigma}} \quad (\sigma = 1, 2, \ldots).$$

Da $\frac{1}{g+\sigma}$ zwischen 0 und $\frac{1}{k'}$ liegt, so ist $A^{\frac{1}{g+\sigma}} < \frac{L}{M}$ und mithin $\sqrt[g+\sigma]{p_{g+\sigma}} < L$. Diese Ungleichungen würden besagen, daß höchstens eine endliche Anzahl, nämlich die g ersten Zahlen der Folge (II) größer als L sein können, wobei $L < J_2$ ist. Mithin wäre (Satz III, Aussage (2) für $\varepsilon = J_2 - L$, wenn J_2 eine Zahl ist, und Definition II des Symboles $+\infty$ als Häufungsstelle, wenn für J_2 das Symbol $+\infty$ tritt), im Widerspruch mit der Voraussetzung, J_2 nicht der limes superior der Folge (II). Unsere Annahme ist also unmöglich; es ist mithin $J_1 \geqq J_2$, d. h. $\overline{\lim}\, \frac{p_{n+1}}{p_n} \geqq \overline{\lim}\, \sqrt[n]{p_n}$.

In genau der nämlichen Weise zeigt man, daß $i_2 \geqq i_1$, wenn i_1 der limes inferior von (I), i_2[1] der von (II) ist: angenommen, es wäre $i_2 < i_1$, so könnte man zwei positive Zahlen l und m derart bestimmen, daß $i_2 < l < m < i_1$. Ist i_1 der limes inferior von (I), so gibt es eine ganze positive Zahl k (Satz III', Aussage ($\overline{1}$) für $\varepsilon = i_1 - m$, wenn i_1 eine Zahl ist, und Definition II des Symboles $+\infty$ als Häufungsstelle, wenn für i_1 das Symbol $+\infty$ tritt), daß

$$\frac{p_{k+1}}{p_k} > m, \quad \frac{p_{k+2}}{p_{k+1}} > m, \quad \frac{p_{k+3}}{p_{k+2}} > m, \quad \ldots$$

Durch Multiplikation der σ ersten Ungleichungen erhält man

$$\frac{p_{k+\sigma}}{p_k} > m^\sigma \quad \text{oder} \quad \sqrt[k+\sigma]{p_{k+\sigma}} > m \cdot a^{\frac{1}{k+\sigma}},$$

wenn $a = \frac{p_k}{m^k}$ gesetzt wird. Da $\frac{l}{m} < 1$, so kann man (Satz V, Seite 204) eine derartige ganze positive Zahl k' bestimmen, daß $a^x > \frac{l}{m}$ für alle x, die zwischen $-\frac{1}{k'}$ und $+\frac{1}{k'}$ liegen. Ist g die größere der zwei Zahlen k und k', so hat man

$$a^{\frac{1}{g+\sigma}} > \frac{l}{m} \quad \text{und} \quad \sqrt[g+\sigma]{p_{g+\sigma}} > m \cdot a^{\frac{1}{g+\sigma}};$$

hieraus erhält man $\sqrt[g+\sigma]{p_{g+\sigma}} > l$ $(\sigma = 1, 2, 3, \ldots)$. Diese Ungleichungen würden besagen, daß höchstens eine endliche Anzahl, nämlich die g ersten

[1] Von i_1 und i_2 gilt gleiches, wie in der vorigen Anmerkung von J_1 und J_2 gesagt wurde.

Zahlen der Folge (II) kleiner als l sein können, wobei $l > i_2$ ist. Mithin wäre i_2 (Satz III', Aussage $(\bar{2})$ für $\varepsilon = l - i_2$) im Widerspruch mit der Voraussetzung nicht der limes inferior der Folge (II). Da die gemachte Annahme unmöglich ist, muß also $i_2 \geqq i_1$ sein, d. h. $\underline{\lim} \sqrt[n]{p_n} \geqq \underline{\lim} \frac{p_{n+1}}{p_n}$.

Beachtet man noch die Ungleichung (3), so sind schließlich sämtliche in (4) enthaltene Ungleichungen bewiesen.

Wir wenden uns wieder irgend welchen Mengen reeller Zahlen zu. Die Mengen $\mathfrak{T}$ mit ausschließlich ungleichen Zahlen (oder die Mengen, bei denen gleiche Zahlen als nicht verschieden gelten,) werden nach der Art ihres Verhaltens zu der ersten abgeleiteten Menge $\mathfrak{T}_1$ unterschieden. Eine unendliche Menge $\mathfrak{T}$ mit ausschließlich ungleichen Zahlen heißt:

a) isoliert, wenn keine ihrer Zahlen Häufungsstelle ist. (Beispiele: Die Menge $\frac{1}{2}, \frac{1}{4}, \frac{1}{8}, \ldots$ oder die Menge $1, 2, 3, \ldots$). $\mathfrak{T}_1$ enthält keine Zahlen aus $\mathfrak{T}$ oder existiert überhaupt nicht.

b) abgeschlossen, wenn alle Zahlen, die Häufungsstellen der Menge sind, ihr angehören. (Beispiele: Die unter a) betrachtete Zahlenmenge $\frac{1}{2}, \frac{1}{4}, \frac{1}{8}, \ldots$ unter Beifügung von 0. Die unter a) angegebene Menge $1, 2, 3, \ldots$ in unveränderter Weise.) $\mathfrak{T}_1$ enthält keine anderen Zahlen als solche aus $\mathfrak{T}$.

c) in sich dicht, wenn jede Zahl der Menge eine Häufungsstelle von ihr ist. (Beispiele: Die rationalen Zahlen jedes Intervalls mit oder ohne Einschluß der Grenzen.) Alle Zahlen von $\mathfrak{T}$ gehören $\mathfrak{T}_1$ an.

d) perfekt, wenn die Menge zugleich abgeschlossen und in sich dicht ist. (Beispiel: Die reellen Zahlen jedes Intervalles mit Einschluß der Grenzen; bei Ausschluß der Grenzen ist diese Menge nur in sich dicht.) Die Zahlen von $\mathfrak{T}$ sind mit denen von $\mathfrak{T}_1$ identisch. Wir hatten schon früher (Seite 58) den Begriff der überall dichten Menge kennen gelernt. Eine Menge heißt überall dicht, wenn zwischen zwei Zahlen der Menge stets wenigstens eine weitere der Menge angehörige Zahl liegt. Eine überall dichte Menge bilden z. B. die rationalen Zahlen jedes Intervalles. Eine Menge kann sehr wohl in sich dicht, sogar perfekt sein, ohne deswegen überall dicht sein zu müssen. Z. B. bilden alle Zahlen des Intervalles von 1 bis 4, die Grenzen eingeschlossen, wenn man alle zwischen 2 und 3 gelegenen Zahlen fortläßt, die Zahlen 2 und 3 selbst aber beibehält, eine perfekte, nicht überall dichte Menge. — Eine Menge, die in bezug auf kein noch so kleines Intervall überall dicht ist, heißt nirgends dicht; bei ihr kann man aus jedem Intervall von a bis b ein kleineres herausheben, das frei von Zahlen der Menge ist. Anders ausgedrückt: Eine Menge heißt nirgends dicht, wenn sich zu jedem Paar Zahlen a, b $(a < b)$ stets ein weiteres Zahlenpaar a_1, b_1 finden läßt, so daß $a < a_1 < b_1 < b$ und zwischen a_1 und b_1 keine der Menge angehörige Zahl liegt. Eine perfekte, aber nirgends dichte Menge wird von allen Zahlen des Intervalles von 0 bis 1 gebildet, die sich als systematische Brüche mit der Grundzahl 3 (vgl. Seite 102) ohne Verwendung der Ziffer 1 schreiben lassen, also in der Form $\frac{\delta_1}{3} + \frac{\delta_2}{3^2} + \frac{\delta_3}{3^3} + \ldots$, wobei die δ_i nur die Werte 0 und 2 annehmen.[1] Der Beweis soll nur skizziert werden. Man teile die Einheits-

[1] Der Leser zeichne sich in großem Maßstabe eine Strecke von der Länge 1 und markiere die jeweils fortzulassenden Intervalle; dann wird er sich von den im

strecke in drei gleiche Teile und lasse alle Punkte fort, deren Abszissen zwischen $\frac{1}{3}$ und $\frac{2}{3}$ liegen. Die Grenzen des ausgeschalteten Intervalles, nämlich $\frac{1}{3} = \frac{0}{3} + \frac{2}{3^2} + \frac{2}{3^3} + \frac{2}{3^4} + \ldots$ und $\frac{2}{3}$, sind Zahlen des beizubehaltenden Typus. Dann teile man jedes der Intervalle von 0 bis $\frac{1}{3}$ und $\frac{2}{3}$ bis 1 in drei gleiche Teile und lasse die zwischen $\frac{1}{9}$ und $\frac{2}{9}$ sowie die zwischen $\frac{2}{3} + \frac{1}{9}$ und $\frac{2}{3} + \frac{2}{9}$ befindlichen Zahlen fort. Die Grenzen $\frac{1}{9} = \frac{2}{3^3} + \frac{2}{3^4} + \frac{2}{3^5} + \ldots$ und $\frac{2}{9}$ sowie $\frac{2}{3} + \frac{1}{9} = \frac{2}{3} + \frac{2}{3^3} + \frac{2}{3^4} + \frac{2}{3^5} + \ldots$ und $\frac{2}{3} + \frac{2}{9}$ sind beizubehaltende Zahlen. Alsdann operiere man mit den Intervallen von 0 bis $\frac{1}{9}$, $\frac{2}{9}$ bis $\frac{1}{3}$, $\frac{2}{3}$ bis $\frac{2}{3} + \frac{1}{9}$, $\frac{2}{3} + \frac{2}{9}$ bis 1 mittels Dreiteilung und Fortlassung der jeweiligen mittleren Intervalle in der gleichen Weise und führe dieses Verfahren weiter. Die erhaltene Menge ist perfekt, aber nirgends dicht.

§ 4.
Konvergente Folgen.

Bei einer unendlichen Menge $\mathfrak{T}$ reeller Zahlen sind nach dem vorigen Paragraphen folgende sechs Fälle möglich, die eine vollständige Disjunktion bilden:

(I) $\qquad \underline{\lim}\, \mathfrak{T} = -\infty, \qquad \overline{\lim}\, \mathfrak{T} = +\infty.$

(II) $\qquad \underline{\lim}\, \mathfrak{T} = -\infty, \qquad \overline{\lim}\, \mathfrak{T} = J.$

(III) $\qquad \underline{\lim}\, \mathfrak{T} = -\infty, \qquad \overline{\lim}\, \mathfrak{T} = -\infty$ ($\mathfrak{T}$ divergiert nach $-\infty$).

(IV) $\qquad \underline{\lim}\, \mathfrak{T} = i, \qquad \overline{\lim}\, \mathfrak{T} = +\infty.$

(V) $\qquad \underline{\lim}\, \mathfrak{T} = i, \qquad \overline{\lim}\, \mathfrak{T} = J.$

(VI) $\qquad \underline{\lim}\, \mathfrak{T} = +\infty, \qquad \overline{\lim}\, \mathfrak{T} = +\infty$ ($\mathfrak{T}$ divergiert nach $+\infty$).

In den Fällen I bis III hat man nach unten unbeschränkte Mengen, in den Fällen I, IV und VI nach oben unbeschränkte Mengen.

Text gemachten Angaben leicht überzeugen. Ausführliche Behandlung des Beispieles bei R. BAIRE, Leçons sur les fonctions discontinues, Paris 1905, p. 54. Die Idee solcher Teilungen geht zurück auf H. J. S. SMITH, Proc. London Math. Soc. (1) **6** (1875), 147 = Collected math. papers **2**, 94 (1894). Vgl. auch G. CANTOR, Math. Annalen **21**, 590 (1883). — Einige neuere Darstellungen der Mengenlehre: A. SCHÖNFLIES, Die Entwicklung der Lehre von den Punktmannigfaltigkeiten, Leipzig 1900 und 1908, Umarbeitung gemeinsam mit H. HAHN 1913. W. H. and G. C. YOUNG, The theory of sets of points, Cambridge 1906. H. HAHN in PASCALs Repertorium der höheren Math. I_1, S. 17ff., 2. Auflage, Leipzig 1910. G. HESSENBERG im Taschenbuch für Math. u. Physiker, Leipzig, Jahrgang 1913, S. 69.

Beispiele:

(I). Alle reellen Zahlen; die Menge $1, -1, 2, -2, \ldots$

(II). Alle Zahlen, die kleiner als irgend eine reelle Zahl J sind; die Menge $-1, +1, -2, \frac{1}{2}, -3, \frac{1}{3}, \ldots$, für die $J = 0$ ist.

(III). Die Menge $-1, -2, -3, \ldots$

(IV). Alle Zahlen, die größer als irgend eine reelle Zahl i sind; die Menge $1, \frac{1}{2}, 2, \frac{1}{3}, 3, \frac{1}{4}, \ldots$, für die $i = 0$ ist.

(V). Alle Zahlen eines Intervalls $[i, J]$ mit oder ohne Einschluß der Grenzen; die Menge $1 + \frac{1}{2^n}, 2 + \frac{1}{3^n}$ $(n = 1, 2, 3, \ldots)$, für die $i = 1$, $J = 2$ ist.

(VI). Die Menge $1, 2, 3, \ldots$

Die obigen für jede unendliche Menge $\mathfrak{T}$ reeller Zahlen gültigen Resultate lassen sich im besondern auf jede unendliche Folge reeller Zahlen anwenden:

(1) $$s_1, \quad s_2, \quad s_3, \quad \ldots,$$

d. h. eine abzählbare Menge, die abgezählt mit numerierten Individuen vorliegt. Für diesen Zweck ist folgende Definition von fundamentaler Bedeutung:

Definition I. Eine Folge (1) reeller Zahlen heißt konvergent, wenn eine Zahl ϱ existiert, so daß sich zu **jeder** beliebigen positiven Zahl ε eine ganze positive Zahl k finden läßt (k hängt von ε ab), derart, daß die Ungleichungen:

(2) $$|s_{k+\sigma} - \varrho| < \varepsilon$$

bestehen, wobei σ alle Werte $0, 1, 2, \ldots$ annimmt. Von der Zahl ϱ sagt man: sie ist die Grenze oder der Grenzwert, dem sich die Folge $s_1, s_2, s_3, \ldots$ nähert. Wenn eine Folge $s_1, s_2, \ldots$ nach einer Grenze ϱ konvergiert, so schreibt man (in Abkürzung von limes) $\lim\limits_{n=\infty} s_n = \varrho$ oder häufig auch bloß $\lim s_n = \varrho$.

Die Gleichung $\lim s_n = \varrho$ besagt zweierlei: erstens, daß die Folge $s_1, s_2, \ldots$ konvergiert und zweitens, daß die Zahl ϱ die Grenze ist, nach der die Folge konvergiert. Die Bezeichnung $\lim s_n$ ist nach ihrer Definition nur bei solchen Folgen zu verwenden, für die nachgewiesen ist, daß sie eine Grenze besitzen. Ob eine Folge eine Grenze hat, hängt von den Zahlen ab, die die Folge bilden, und ist in jedem einzelnen Fall besonders zu untersuchen.

Nach der Ungleichung (2) liegt $s_{k+\sigma} - \varrho$ im Intervall von $-\varepsilon$ bis $+\varepsilon$; mithin ist die Ungleichnng (2) auch damit gleichbedeutend, daß alle $s_{k+\sigma}$ $(\sigma = 0, 1, 2, \ldots)$ in das Intervall von $\varrho - \varepsilon$ bis $\varrho + \varepsilon$ fallen müssen; daher ist die Ungleichung (2) auch ersetzbar durch

(3) $$\varrho - \varepsilon < s_{k+\sigma} < \varrho + \varepsilon.$$

Ehe wir weiter gehen, geben wir noch ein Beispiel:

Ist $|q| < 1$, so konvergiert die geometrische Folge:

(*) $q, q^2, q^3, \ldots$ und zwar nach 0, also $\lim q^n = 0$.

Ist nämlich ε eine beliebig vorgegebene positive Zahl, so kann man, da $\frac{1}{|q|} > 1$ ist, stets eine ganze positive Zahl k finden, so daß $\left(\frac{1}{|q|}\right)^{k+\sigma} > \frac{1}{\varepsilon}$

ist. ($\sigma = 0, 1, 2, \ldots$) (Hilfssatz III auf Seite 193). Mithin ist $|q|^{k+\sigma} < \varepsilon$ oder $q^{k+\sigma}$ liegt zwischen $0 - \varepsilon$ und $0 + \varepsilon$. Folglich ist entsprechend der Relation (3) $\lim q^n = 0$, wenn $|q| < 1$. — Ist $q = 1$, so geht die Folge (*) über in 1, 1, 1, ... und hat offenbar 1 zur Grenze. — Für $|q| > 1$ kann man $|q|^n$ durch entsprechend große Wahl der ganzen positiven Zahl n größer machen als jede beliebig vorgegebene positive Zahl (Hilfssatz III auf Seite 193), so daß in diesem Fall die Folge $q, q^2, q^3, \ldots$ nicht konvergieren kann. Ebenso hat sie für $q = -1$, wo die Zahlen abwechselnd $-1, +1, -1, +1, \ldots$ lauten, keine Grenze. Daß die Folge (*) für $|q| > 1$ und $q = -1$ nicht konvergiert, ergibt sich übrigens auch unmittelbar aus den Sätzen I und II, zu deren Beweis wir uns nunmehr wenden.

Wir beweisen:

Satz I. Eine Folge $s_1, s_2, \ldots$ reeller Zahlen ist dann und nur dann konvergent, wenn für sie $\underline{\lim}\, s_n$ und $\overline{\lim}\, s_n$ Zahlen sind (Fall V) und außerdem übereinstimmen. Der Grenzwert ϱ, nach dem die Folge konvergiert, ist $\varrho = \underline{\lim}\, s_n = \overline{\lim}\, s_n$ und wird dann mit $\lim s_n$ bezeichnet. (In der Bezeichnung des vorigen Paragraphen ist $J = i = \varrho$.)

Hat man eine konvergente Folge (1), so gibt es nach der Ungleichung (3) eine Zahl ϱ von der Beschaffenheit, daß, wenn ε eine beliebige positive Zahl ist, höchstens eine endliche Anzahl von Zahlen der Folge (1) (nämlich solche aus der Reihe $s_1, s_2, \ldots, s_k$) größer als $\varrho + \varepsilon$ sind, während unendlich viele im Intervall von $\varrho - \varepsilon$ bis $\varrho + \varepsilon$ liegen. Die Zahl ϱ weist daher die charakteristischen Eigenschaften (1) und (2) der in Satz III (Seite 262) mit J bezeichneten Zahl auf. Mithin ist $\varrho = J = \overline{\lim}\, s_n$.

Ebenso hat die Zahl ϱ die charakteristischen Eigenschaften ($\bar{1}$) und ($\bar{2}$) der in Satz III' auf Seite 263 mit i bezeichneten Zahl; denn höchstens eine endliche Anzahl von Zahlen der Folge (1) ist kleiner als $\varrho - \varepsilon$, während im Intervall von $\varrho - \varepsilon$ bis $\varrho + \varepsilon$ unendlich viele Zahlen der Folge liegen. Mithin ist $\varrho = i = \underline{\lim}\, s_n$.

Sei nun umgekehrt für eine Folge (1) $\overline{\lim}\, s_n = \underline{\lim}\, s_n$ gleich einer Zahl. Alsdann ist in der Bezeichnung des vorigen Paragraphen $i = J$. Bedeutet ε irgend eine positive Zahl, so gibt es nach (1) in Satz III auf Seite 262 höchstens eine endliche Anzahl von Zahlen der Folge (1), die größer als $J + \varepsilon = i + \varepsilon$ sind, und ferner gibt es nach ($\bar{1}$) in Satz III' höchstens eine endliche Anzahl von Zahlen der Folge (1), die kleiner als $i - \varepsilon$ sind. Mithin muß eine letzte ganze Zahl k existieren, von der an die Zahlen der Folge (1) nicht mehr außerhalb des Intervalls von $i - \varepsilon$ bis $i + \varepsilon$ fallen können. Es ist also

$$i - \varepsilon < s_{k+\sigma} < i + \varepsilon \quad (\sigma = 0, 1, 2, \ldots),$$

d. h. aber $|s_{k+\sigma} - i| < \varepsilon$ oder die Folge (1) hat die Zahl i als Grenze. Mithin ist bewiesen, daß, wenn $\underline{\lim}\, s_n = \overline{\lim}\, s_n$ gleich einer Zahl ist, dies für die Konvergenz einer Folge ausreicht.

Auf Grund von Satz I ergibt sich aus der Gleichheit von i und J, da i und J die kleinste und größte Häufungsstelle sind:

Satz II. Eine Folge (1) ist dann und nur dann konvergent, wenn sie bloß eine einzige Häufungsstelle besitzt und diese eine Zahl ist.

Wir leiten nunmehr das sogenannte **allgemeine Konvergenzprinzip für eine unendliche Folge reeller Zahlen** ab. Hierunter versteht man folgenden

Satz III. Damit eine Folge $s_1, s_2, \ldots$ reeller Zahlen konvergiert, ist notwendig und hinreichend, daß zu **jeder** positiven Zahl ε sich eine ganze positive Zahl l finden läßt derart, daß für alle ganzen Zahlen l_1, l_2, die den Ungleichungen $l_1 \geqq l$, $l_2 \geqq l$ genügen,

$$|s_{l_1} - s_{l_2}| < \varepsilon \tag{4}$$

ist.

Wir zeigen zuerst, daß bei jeder konvergenten Folge die Bedingung (4) zutrifft. Sei ε eine willkürlich vorgegebene Zahl, so kann auch $\frac{\varepsilon}{2}$ als solche angesehen werden. Ist dann $s_1, s_2, \ldots$ eine Folge, die nach ϱ konvergiert, so müssen von einem gewissen s_l an alle Zahlen $s_l, s_{l+1}, s_{l+2}, \ldots$ in das Intervall von $\varrho - \frac{\varepsilon}{2}$ bis $\varrho + \frac{\varepsilon}{2}$ fallen. Sind also l_1 und l_2 irgend zwei Zahlen, die gleich oder größer als l sind, so hat man

$$\varrho - \frac{\varepsilon}{2} < s_{l_1} < \varrho + \frac{\varepsilon}{2} \quad \text{und} \quad \varrho - \frac{\varepsilon}{2} < s_{l_2} < \varrho + \frac{\varepsilon}{2}$$

oder gleichwertig

$$|s_{l_1} - \varrho| < \frac{\varepsilon}{2} \quad \text{und} \quad |s_{l_2} - \varrho| < \frac{\varepsilon}{2}. \tag{5}$$

Nun ist nach der Ungleichung (3) auf Seite 83

$$|s_{l_1} - s_{l_2}| \leqq |s_{l_1} - \varrho| + |\varrho - s_{l_2}|$$

oder nach (5) $< \frac{\varepsilon}{2} + \frac{\varepsilon}{2}$. Hiermit ist gezeigt, daß für jede Folge, die konvergiert, das Bestehen der Ungleichung (4) eine notwendige Bedingung ist.

Umgekehrt sei von einer gegebenen Folge $s_1, s_2, \ldots$ bekannt, daß sich zu jeder positiven Zahl ε eine ganze Zahl l finden läßt, so daß die Ungleichung (4) besteht. Nach ihr liegen alle Zahlen s_{l_1} zwischen $s_{l_2} - \varepsilon$ und $s_{l_2} + \varepsilon$; dabei ist $l_1 \geqq l$ und $l_2 \geqq l$. Wählen wir $l_1 = l + \sigma$ und $l_2 = l$, wobei σ alle Werte $1, 2, 3, \ldots$ durchläuft, so liegen alle $s_{l+\sigma}$ zwischen $s_l - \varepsilon$ und $s_l + \varepsilon$. Ist nun g die kleinste, G die größte der $l + 1$ Zahlen $s_1, s_2, \ldots, s_{l-1}, s_l - \varepsilon, s_l + \varepsilon$, so liegen alle Zahlen der Folge $s_1, s_2, \ldots$ im Intervall von g bis G. Die Folge ist daher nach oben wie nach unten beschränkt und hat zum limes superior wie zum limes inferior Zahlen, nicht etwa die Symbole $+\infty$ oder $-\infty$. Es ist also $\underline{\lim}\, s_n = i$, $\overline{\lim}\, s_n = J$. Alsdann liegen, wenn ε eine beliebige positive Zahl bedeutet, in jedem der zwei Intervalle von $i - \varepsilon$ bis $i + \varepsilon$ und $J - \varepsilon$ bis $J + \varepsilon$, da i und J Häufungsstellen sind, unendlich viele Zahlen der Folge $s_1, s_2, \ldots$, also auch solche, die auf s_l folgen. Sei $s_{l'}$ eine im Intervall von $i - \varepsilon$ bis $i + \varepsilon$ gelegene Zahl und $s_{l''}$ eine im Intervall von $J - \varepsilon$ bis $J + \varepsilon$ befindliche Zahl, wobei $l' > l$ und $l'' > l$ ist. Dann hat man $|i - s_{l'}| < \varepsilon$ und $|J - s_{l''}| < \varepsilon$. Da jede der Zahlen l' und l'' größer als l ist, besteht nach (4) die Ungleichung $|s_{l'} - s_{l''}| < \varepsilon$. Nun hat man nach der Ungleichung (3) auf Seite 83:

$$|i - J| \leqq |i - s_{l'}| + |s_{l'} - s_{l''}| + |s_{l''} - J|$$

oder

$$|i - J| < \varepsilon + \varepsilon + \varepsilon.$$

Angenommen, die zwei Zahlen i und J wären ungleich, so wäre $|i - J|$ eine positive Zahl, und man könnte $\varepsilon = \frac{|i - J|}{3}$ wählen. Hierdurch würde man die Ungleichung $|i - J| < |i - J|$ erhalten, die unmöglich ist. Mithin muß $i = J$ sein, und die Folge $s_1, s_2, \ldots$ ist nach Satz I konvergent.

Setzt man $l_2 = l_1 + \sigma$, so geht die für die Konvergenz einer Folge charakteristische Ungleichung (4) über in:

$$(4') \qquad |s_{l_1+\sigma} - s_{l_1}| < \varepsilon \quad (\sigma = 1, 2, \ldots),$$

wobei $l_1 \geqq l$. Als Spezialfall ist in (4') enthalten:

$$(4'') \qquad |s_{l+\sigma} - s_l| < \varepsilon \quad (\sigma = 1, 2, \ldots).$$

Wir wollen noch zeigen, daß es für die Konvergenz einer Folge $s_1, s_2, \ldots$ auch ausreicht, wenn man zu jeder positiven Zahl ε eine ganze positive Zahl l finden kann, so daß die Ungleichung (4'') besteht. Trifft dies zu, so muß, wenn δ eine beliebige positive Zahl ist, auch zu δ wie zu jeder positiven Zahl eine gewisse ganze positive Zahl l existieren, so daß

$$(5) \qquad |s_{l+\sigma} - s_l| < \delta$$

ist. Seien l_1 und l_2 irgend zwei positive Zahlen $\geqq l$, so ist nach (5)

$$|s_{l_1} - s_l| < \delta \quad \text{und} \quad |s_{l_2} - s_l| < \delta.$$

Hieraus folgt:

$$|s_{l_1} - s_{l_2}| \leqq |s_{l_1} - s_l| + |s_l - s_{l_2}| < 2\delta.$$

Wählt man $\delta = \frac{\varepsilon}{2}$, so hat man die für die Konvergenz charakteristische Ungleichung (4). Wir können demnach auch statt des Satzes III folgenden Satz formulieren:

Satz III'. Eine Folge $s_1, s_2, \ldots$ reeller Zahlen ist dann und nur dann konvergent, wenn sich zu **jeder** positiven Zahl ε eine ganze positive Zahl l finden läßt, so daß für alle $\sigma = 1, 2, 3, \ldots$

$$(4'') \qquad |s_{l+\sigma} - s_l| < \varepsilon$$

ist.

Folgende Sätze über konvergente Folgen ergeben sich fast unmittelbar aus der Definition:

1. Konvergiert eine Folge $s_1, s_2, \ldots$ nach einer Zahl ϱ, so bleibt diese Tatsache auch noch bestehen, wenn man eine endliche Anzahl von Zahlen zu der Folge hinzufügt oder von ihr fortnimmt[1] oder in beliebiger Weise abändert. Da ja nur eine Abänderung von endlich vielen Zahlen der Folge stattgefunden hat, fallen auch bei der neuen Folge, abgesehen von einer endlichen Anzahl, alle Zahlen in das Intervall von $\varrho - \varepsilon$ bis $\varrho + \varepsilon$, wobei ε eine beliebige positive Zahl ist. Dies ist aber nach der Definition die charakteristische Bedingung dafür, daß die Folge nach ϱ konvergiert.

[1] Es ist sogar zulässig, unendlich viele Zahlen der Folge zu streichen, vorausgesetzt, daß nur unendlich viele übrig bleiben.

Aus 1 folgt im besonderen $\lim_{n=\infty} s_n = \lim_{n=\infty} s_{p+n}$, wobei p irgend eine feste ganze positive Zahl bedeutet.

2. Bei einer konvergenten Folge $s_1, s_2, \ldots$, die nach einer positiven (negativen) Zahl konvergiert, müssen von einer gewissen Stelle k an alle Zahlen $s_{k+\sigma}$ ($\sigma = 0, 1, 2, \ldots$) ausnahmslos positiv (negativ) sein.

Konvergiert die Folge $s_1, s_2, \ldots$ nach der Zahl ϱ, so müssen, wenn ε eine beliebige positive Zahl ist, nach Definition von einer gewissen Stelle k an alle Zahlen $s_{k+\sigma}$ ($\sigma = 0, 1, 2, \ldots$) der Folge in das Intervall von $\varrho - \varepsilon$ bis $\varrho + \varepsilon$ fallen. Ist ϱ positiv, so wähle man $\varepsilon = \frac{\varrho}{2}$; ist ϱ negativ, so wähle man $\varepsilon = -\frac{\varrho}{2}$. Die sich für diese Wahl von ε ergebenden Intervalle $\left[\frac{\varrho}{2}, \frac{3\varrho}{2}\right]$ bzw. $\left[\frac{3\varrho}{2}, \frac{\varrho}{2}\right]$, in welche die Zahlen $s_{k+\sigma}$ ($\sigma = 0, 1, 2, \ldots$) fallen, umfassen alsdann nur positive bzw. nur negative Zahlen. Hiermit ist die Aussage 2. bewiesen.

3. Eine Folge $s_1, s_2, \ldots$ konvergiert dann und nur dann nach Null, wenn sich zu jeder positiven Zahl ε eine ganze positive Zahl k so finden läßt, daß $|s_{k+\sigma}| < \varepsilon$ für alle $\sigma = 0, 1, 2, \ldots$ (Dies folgt unmittelbar für $\varrho = 0$ aus der Ungleichung (2)). Nach dem voraufgehenden Satz 2 ist eine nach 0 konvergierende Folge die einzige konvergente Folge, die Zahlen verschiedenen Vorzeichens in jeweils unendlicher Anzahl enthalten kann (jedoch nicht enthalten muß).

Aus 2. und 3. folgt unmittelbar: Ist $\lim s_n = \varrho$, so ist $\lim |s_n| = |\varrho|$. Aus der Existenz von $\lim |s_n|$ kann aber nicht geschlossen werden, daß $\lim s_n$ existiert (vgl. die geometrische Folge für $q = -1$).

4. Sind $s_1, s_2, \ldots$ und $t_1, t_2, \ldots$ zwei Folgen reeller Zahlen, die nach der gleichen Grenze ϱ konvergieren, und ist stets $s_n \leqq v_n \leqq t_n$ ($n = 1, 2, 3, \ldots$), so konvergiert die Folge $v_1, v_2, \ldots$ nach derselben Grenze ϱ.

Ist nämlich ε eine beliebige positive Zahl, so gibt es für die zwei Folgen $s_1, s_2, \ldots$ und $t_1, t_2, \ldots$, da sie nach ϱ konvergieren, zwei ganze positive Zahlen k_1 und k_2, so daß alle Zahlen $s_{k_1+\sigma}$ bzw. $t_{k_2+\sigma}$ ($\sigma = 0, 1, 2, \ldots$) in das Intervall von $\varrho - \varepsilon$ bis $\varrho + \varepsilon$ fallen. Ist k die größere der zwei Zahlen k_1 und k_2, so liegen auch alle Zahlen $s_{k+\sigma}$ und $t_{k+\sigma}$ ($\sigma = 0, 1, 2, \ldots$) in dem Intervall von $\varrho - \varepsilon$ bis $\varrho + \varepsilon$ und folglich wegen der Ungleichung $s_n \leqq v_n \leqq t_n$ auch die Zahlen $v_{k+\sigma}$ ($\sigma = 0, 1, 2, \ldots$). Das heißt aber: $\lim v_n$ existiert und ist gleich ϱ.

5. Hat man irgend zwei Folgen $s_1, s_2, \ldots$ und $t_1, t_2, \ldots$ reeller Zahlen, die nach derselben Grenze ϱ konvergieren, so konvergiert auch jede unendliche Folge, die nur Zahlen aus diesen zwei Folgen enthält, und zwar nach der gleichen Grenze ϱ.

Da von jeder der zwei Folgen nur eine endliche Anzahl von Zahlen außerhalb des Intervalls von $\varrho - \varepsilon$ bis $\varrho + \varepsilon$ liegt, trifft dies auch für die neue Folge zu. Hiermit ist der Beweis geliefert, daß die neue Folge ebenfalls ϱ zur Grenze hat.

Die Konvergenz einer unendlichen Folge ist immer etwas besonderes; denn bei einer unendlichen Folge können ebenso wie bei beliebigen Mengen reeller Zahlen alle sechs zu Anfang des Paragraphen aufgezählten Möglichkeiten eintreten.

Von einer Folge $s_1, s_2, \ldots$ reeller Zahlen sagt man, daß sie nach $-\infty$ oder $+\infty$ divergiert oder eigentlich divergent ist, wenn für sie $\underline{\lim}\, s_n = \overline{\lim}\, s_n = -\infty$ bzw. $\underline{\lim}\, s_n = \overline{\lim}\, s_n = +\infty$ ist. (Fall III bzw. Fall VI der Aufzählung zu Beginn des Paragraphen.) Bei eigentlich divergenten Folgen schreibt man $\lim s_n = +\infty$ bzw. $\lim s_n = -\infty$. Die Bezeichnung $\lim s_n$ hat also durch diese letzte Festsetzung eine solche Erweiterung erfahren, daß sie stets dann zur Verwendung gelangt, wenn $\overline{\lim}\, s_n = \underline{\lim}\, s_n$, ganz gleich, ob der Wert eine Zahl (vgl. Satz I) oder $+\infty$ oder $-\infty$ ist. Ist $\lim s_n$ gleich einer Zahl, so spricht man von einem eigentlichen Grenzwert, bei $\lim s_n = +\infty$ oder gleich $-\infty$ von uneigentlichen Grenzwerten. Für letztere gilt:

Es bedeutet $\lim s_n = +\infty$ (vgl. Seite 261 unten), daß man zu jeder reellen Zahl A eine ganze positive Zahl k finden kann, so daß $s_{k+\sigma} > A$ $(\sigma = 1, 2, \ldots)$. Ähnlich $\lim s_n = -\infty$ (vgl. Seite 262 oben), daß man zu jeder reellen Zahl A eine ganze positive Zahl k finden kann, so daß $s_{k+\sigma} < A$ $(\sigma = 1, 2, \ldots)$.

Lehrsatz: Jede der Relationen $\lim s_n = +\infty$ bzw. $\lim s_n = -\infty$ zieht, wenn $s_1, s_2, \ldots$ irgend eine Folge von zu Null ungleichen[1], reellen Zahlen bedeutet, $\lim \left(\frac{1}{s_n}\right) = 0$ nach sich. Wir beschränken uns darauf zu beweisen, daß aus $\lim s_n = -\infty$ sich $\lim \left(\frac{1}{s_n}\right) = 0$ ergibt. Ist nämlich ε eine beliebige positive Zahl, so existiert wegen $\lim s_n = -\infty$ auch zu $-\frac{1}{\varepsilon}$ wie zu jeder reellen Zahl eine ganze positive Zahl k, so daß

$$s_{k+\sigma} < -\frac{1}{\varepsilon} \quad (\sigma = 1, 2, \ldots).$$

Hieraus folgt

$$|s_{k+\sigma}| > \frac{1}{\varepsilon} \quad \text{oder} \quad \left|\frac{1}{s_{k+\sigma}}\right| < \varepsilon,$$

d. h. $\lim \left(\frac{1}{s_n}\right) = 0$.

Hingegen kann umgekehrt aus $\lim s_n = 0$ nur geschlossen werden, was dem Leser überlassen bleibe, daß, wenn $s_1, s_2, \ldots$ irgend eine Folge zu Null ungleicher, reeller Zahlen bedeutet, $\lim \left|\frac{1}{s_n}\right| = +\infty$ ist. Z. B. ist $\frac{1}{2}, -\frac{1}{4}, \frac{1}{8}, -\frac{1}{16}, \ldots$ eine nach Null konvergierende Folge, während die Folge $2, -4, 8, -16, \ldots$ die zwei Häufungsstellen $+\infty$ und $-\infty$ besitzt.

Von einer Folge sagt man, daß sie oszilliert, wenn für sie $\underline{\lim}\, s_n \neq \overline{\lim}\, s_n$ ist. Eigentlich divergente und oszillierende Folgen bezeichnet man gemeinsam als divergente Folgen.

[1] Die Annahme $s_n \neq 0$ wird eingeführt, damit die Division durch s_n gestattet ist.

Beispiele für konvergente Folgen:

(1) $1\frac{1}{2}, 2\frac{1}{2}, 1\frac{3}{4}, 2\frac{1}{4}, 1\frac{4}{5}, 2\frac{1}{5}, 1\frac{5}{6}, 2\frac{1}{6}, 1\frac{6}{7}, 2\frac{1}{7}, \ldots$; $\lim s_n = 2$.

(2) 0,3; 0,33; 0,333; ...; $\lim s_n = \frac{1}{3}$.

(3) $\frac{1}{2}, -\frac{1}{4}, \frac{1}{8}, -\frac{1}{16}, \ldots$; $\lim s_n = 0$.

(4) $a, a, a, \ldots$; $\lim s_n = a$.

Beispiele für eigentlich divergente Folgen:

(1) $2, 2^2, 2^3, \ldots$; $\lim s_n = +\infty$.

(2) $-1\frac{1}{2}, -2\frac{1}{3}, -3\frac{1}{4}, -4\frac{1}{5}, \ldots$; $\lim s_n = -\infty$.

Beispiele für oszillierende Folgen:

(1) $1\frac{1}{2}, 2\frac{1}{3}, 1\frac{1}{4}, 2\frac{1}{9}, 1\frac{1}{8}, 2\frac{1}{27}, \ldots$; $\underline{\lim}\, s_n = 1$, $\overline{\lim}\, s_n = 2$.

(2) $a, b, a, b, a, b, \ldots$ $(a < b)$; $\underline{\lim}\, s_n = a$, $\overline{\lim}\, s_n = b$.

(3) $1, \frac{1}{2}, 2, \frac{1}{3}, 3, \frac{1}{4}, \ldots$; $\underline{\lim}\, s_n = 0$, $\overline{\lim}\, s_n = +\infty$.

(4) $2, -2^2, 2^3, -2^4, \ldots$; $\underline{\lim}\, s_n = -\infty$, $\overline{\lim}\, s_n = +\infty$.

Wir behandeln noch die **aufsteigenden** und **absteigenden Folgen**. Eine Folge reeller Zahlen $s_1, s_2, \ldots$, für die $s_1 \leqq s_2 \leqq s_3 \leqq \ldots$ ist, heißt **aufsteigend** (oder schärfer: niemals abnehmend).

Wir beweisen

Satz IV. Hat man irgend eine aufsteigende Folge reeller Zahlen $s_1, s_2, \ldots$ und bleiben alle ihre Zahlen kleiner als eine Zahl M (also $s_n < M$ für jedes $n = 1, 2, \ldots$), so ist die Zahlenfolge konvergent. Die Grenze, nach der die Folge konvergiert, ist in diesem Fall ihre obere Grenze (im Sinne des Satzes I auf Seite 247).[1]

Da die Zahlen s_n nach oben beschränkt sind, haben sie nach Satz I auf Seite 247 eine obere Grenze G, so daß für jedes $n = 1, 2, \ldots$ die Zahlen $s_n \leqq G$ sind, und, wenn ε irgend eine beliebige positive Zahl bedeutet, wenigstens eine der Zahlen s_n in das Intervall von $G - \varepsilon$ bis G fällt. Ist s_k eine in das Intervall von $G - \varepsilon$ bis G fallende Zahl unserer Folge, so liegen auch alle auf s_k folgenden Zahlen unserer Folge in dem Intervall von $G - \varepsilon$ bis G, weil sie erstens nach Voraussetzung nicht kleiner als s_k und zweitens $\leqq G$ sind, man hat also $G - \varepsilon < s_{k+\sigma} \leqq G$, wobei $\sigma = 0, 1, 2, \ldots$ Die erhaltenen Ungleichungen besagen, daß unsere Folge die Zahl G zur Grenze hat.

Entsprechend beweist man für **absteigende** (oder schärfer: niemals zunehmende) **Folgen**, d. h. Folgen, bei denen $s_1 \geqq s_2 \geqq s_3 \geqq \ldots$ ist, den

Satz V. Hat man irgend eine absteigende Folge $s_1, s_2, \ldots$ reeller Zahlen und bleiben alle ihre Zahlen größer als eine Zahl M (also $s_n > M$ für jedes $n = 1, 2, \ldots$), so ist die Zahlenfolge konvergent. Die Grenze, nach der die Folge konvergiert, ist in diesem Falle ihre untere Grenze (im Sinne des Satzes I' auf Seite 250).[2]

---

[1] Im allgemeinen sind bei einer konvergenten Folge die Grenze und die obere Grenze zwei ungleiche Zahlen, z. B. ist bei der konvergenten Folge $2 - \frac{1}{2}, 2 + \frac{1}{3}, 2 - \frac{1}{4}, 2 + \frac{1}{5}, \ldots$ die Zahl 2 die Grenze, die Zahl $2\frac{1}{3}$ die obere Grenze. Zur Vermeidung von Verwechslungen bezeichnen manche Autoren daher die obere Grenze als **kleinste obere Schranke**.

[2] Im allgemeinen sind bei einer konvergenten Folge ihre Grenze und ihre untere Grenze zwei ungleiche Zahlen; in dem Beispiel der letzten Anmerkung ist $2 - \frac{1}{2}$ die untere Grenze. Zur Vermeidung von Verwechslungen bezeichnen manche Autoren die untere Grenze als **größte untere Schranke**.

Wir verwenden Satz V zur Einführung der sogenannten EULERschen Konstanten. Wir betrachten die Folge:

$$s_1 = 1 - \overset{e}{\log} 1\,, \quad s_2 = 1 + \frac{1}{2} - \overset{e}{\log} 2\,, \quad s_3 = 1 + \frac{1}{2} + \frac{1}{3} - \overset{e}{\log} 3\,, \quad \ldots,$$

$$s_n = 1 + \frac{1}{2} + \frac{1}{3} + \ldots + \frac{1}{n} - \overset{e}{\log} n, \quad \ldots$$

Für diese Folge ist

$$(6) \qquad s_{n+1} - s_n = \frac{1}{n+1} - \overset{e}{\log}\left(\frac{n+1}{n}\right).$$

Nach Ungleichung (31) auf Seite 240 hat man:

$$1 - \frac{n}{n+1} < \overset{e}{\log}\left(\frac{n+1}{n}\right) < \frac{n+1}{n} - 1\,,$$

also

$$(7) \qquad \frac{1}{n+1} < \overset{e}{\log}\left(\frac{n+1}{n}\right) < \frac{1}{n}.$$

Aus (7) ergibt sich, daß

$$\frac{1}{n+1} - \overset{e}{\log}\left(\frac{n+1}{n}\right)$$

negativ ist, also nach (6) auch gleiches für $s_{n+1} - s_n$ stattfindet. Die Folge s_1, s_2, ... ist daher eine abnehmende Folge. Nun ist aber

$$(8)\ s_n = \left(\frac{1}{1} - \overset{e}{\log}\frac{2}{1}\right) + \left(\frac{1}{2} - \overset{e}{\log}\frac{3}{2}\right) + \ldots + \left(\frac{1}{n} - \overset{e}{\log}\frac{n+1}{n}\right) + \overset{e}{\log}\frac{n+1}{n};$$

denn man hat:

$$\left(\overset{e}{\log}\frac{2}{1} + \overset{e}{\log}\frac{3}{2} + \ldots + \overset{e}{\log}\frac{n+1}{n}\right) - \overset{e}{\log}\frac{n+1}{n} = \overset{e}{\log}(n+1) - \overset{e}{\log}\frac{n+1}{n} = \overset{e}{\log} n.$$

Da nach (7) $\frac{1}{n} - \overset{e}{\log}\left(\frac{n+1}{n}\right)$ stets positiv ist, findet nach (8) gleiches auch für s_n statt, und die zu untersuchende Folge enthält nur positive Zahlen. Man hat also eine absteigende Folge wie im Satz V vor sich, deren Zahlen sämtlich > 0 sind. Mithin existiert für unsere Folge eine Grenze, die mit C bezeichnet wird. Es ist

$$C = \lim\left(1 + \frac{1}{2} + \frac{1}{3} + \ldots + \frac{1}{n} - \overset{e}{\log} n\right).$$

Die Zahl C bezeichnet man als EULERsche Konstante. Uns genügt die Kenntnis ihrer Existenz. Man hat $C = 0{,}57721\,56649\,01532\ldots$ auf 260 Dezimalen berechnet.[1]

---

[1] ADAMS, Proceedings of the Royal Society of London **27**, 88 (1878). Die Geschichte der EULERschen Konstanten bei GLAISHER, Messenger of mathematics I, 25—30 (1872) und II, 64 (1873). Angaben über die EULERsche Konstante bei BRUNEL in der Enzyklopädie der math. Wiss. II, S. 171.

Im Kapitel II war jede Zahl $\alpha = \binom{a_n}{a_n'}$ durch zwei zusammengehörige Folgen definiert, so daß die Zahlen a_n eine aufsteigende, die Zahlen a_n' eine absteigende Folge bilden. Ist ε eine beliebig vorgegebene positive Zahl, so konnte man stets eine ganze positive Zahl k finden, daß die Ungleichung (vgl. B_4) auf Seite 151) $a'_{k+\sigma} - a_{k+\sigma} < \varepsilon$ für $\sigma = 0, 1, 2, \ldots$ bestand. Aus B_4) und der Ungleichung $a_{k+\sigma} \leqq \alpha \leqq a'_{k+\sigma}$ (Satz I auf Seite 82) folgt durch Addition $a'_{k+\sigma} < \alpha + \varepsilon$ und $\alpha - \varepsilon < a_{k+\sigma}$. Mithin hat man $\alpha \leqq a'_{k+\sigma} < \alpha + \varepsilon$ und $\alpha - \varepsilon < a_{k+\sigma} \leqq \alpha$. Alle auf a_k folgenden Zahlen $a_{k+\sigma}$ und alle auf a_k' folgenden Zahlen $a'_{k+\sigma}$ fallen demnach in die Intervalle von $\alpha - \varepsilon$ bis α bzw. α bis $\alpha + \varepsilon$. Mithin hat man:

Satz VI. Ist irgend eine reelle Zahl $\alpha = \binom{a_n}{a_n'}$ durch zwei zusammengehörige Definitionsfolgen rationaler oder irrationaler Zahlen dargestellt, so hat sowohl die aufsteigende als auch die absteigende Definitionsfolge die Zahl α zur Grenze.

Aus Satz VI und der Bemerkung 5 auf Seite 272 folgt:

Die Zahl α des Satzes VI ist auch die Grenze jeder unendlichen Folge, die sich aus beliebigen Zahlen der aufsteigenden und absteigenden Definitionsfolge zusammensetzt.

Im voraufgehenden Satz ist im besonderen enthalten:

Jeder unendliche Dezimalbruch (vgl. Definition auf Seite 85) ist die Grenze jeder unendlichen Folge, die man aus beliebigen ihn definierenden endlichen Dezimalbrüchen bildet. Jeder unendliche Kettenbruch (vgl. Definition auf Seite 110) ist die Grenze jeder unendlichen Folge, die man aus beliebigen seiner Näherungsbrüche bilden kann.

Wir leiten noch folgenden Satz von Cauchy[1] ab:

Ist $p_1, p_2, \ldots$ irgend eine Folge positiver Zahlen und existiert $\lim \frac{p_{n+1}}{p_n}$ (mit einem endlichen Zahlenwert oder gleich $+\infty$), so existiert auch $\lim \sqrt[n]{p_n}$, und es ist $\lim \sqrt[n]{p_n} = \lim \frac{p_{n+1}}{p_n}$.

Existiert $\lim \frac{p_{n+1}}{p_n}$, so ist

$$\lim \frac{p_{n+1}}{p_n} = \overline{\lim}\, \frac{p_{n+1}}{p_n} = \underline{\lim}\, \frac{p_{n+1}}{p_n}.$$

Nun ist nach Satz IV (Seite 264)

$$\overline{\lim}\, \frac{p_{n+1}}{p_n} \geqq \overline{\lim}\, \sqrt[n]{p_n} \geqq \underline{\lim}\, \sqrt[n]{p_n} \geqq \underline{\lim}\, \frac{p_{n+1}}{p_n}.$$

Hieraus folgt, daß $\overline{\lim}\, \sqrt[n]{p_n} = \underline{\lim}\, \sqrt[n]{p_n} = \lim \frac{p_{n+1}}{p_n}$, d. h. es existiert $\lim \sqrt[n]{p_n}$, und es ist $\lim \sqrt[n]{p_n} = \lim \frac{p_{n+1}}{p_n}$.

---

[1] Cauchy, Analyse algébrique (1821), Cap. II, § 3 = Oeuvres (2) 3, p. 63, Paris 1897.

Aus dem CAUCHYschen Satz ergibt sich: Da die Folge $1, 2, \ldots, n, \ldots$ $\lim \frac{n+1}{n} = 1$ liefert, ist $\lim \sqrt[n]{n} = 1$. Ebenso erhält man aus den Folgen $\log 1, \log 2, \ldots, \log n, \ldots$ bzw. $1, 1 \cdot 2, 1 \cdot 2 \cdot 3, \ldots, 1 \cdot 2 \cdot 3 \ldots n, \ldots$, da

$$\lim \frac{\log(n+1)}{\log n} = \lim \frac{\log n + \log\left(1+\frac{1}{n}\right)}{\log n} = \lim \left\{1 + \frac{\log\left(1+\frac{1}{n}\right)}{\log n}\right\} = 1$$

und

$$\lim \frac{1 \cdot 2 \cdot 3 \ldots n \cdot (n+1)}{1 \cdot 2 \cdot 3 \ldots n} = \lim (n+1) = +\infty,$$

die wichtigen Beziehungen $\lim \sqrt[n]{\log n} = 1$ und $\lim \sqrt[n]{1 \cdot 2 \cdot 3 \ldots n} = +\infty$. Die letzte Relation sprechen wir so aus: Ist c irgend eine positive Zahl, so kann man stets eine ganze positive Zahl n finden, daß für alle ganzzahligen $N > n$ der Ausdruck $1 \cdot 2 \cdot 3 \ldots N > c^N$ ist.

Während aus der Existenz von $\lim \frac{p_{n+1}}{p_n}$ die Existenz von $\lim \sqrt[n]{p_n}$ gefolgert werden kann, gilt das Umgekehrte nicht, wie die Folge: $a, b, a, b, a, b, \ldots$ zeigt, bei der a und b irgend welche ungleiche positive Zahlen bedeuten. Für sie ist $\lim \sqrt[n]{p_n} = 1$ (vgl. Satz V, Seite 214 oder Hilfssatz II auf Seite 288), während die Zahlen $\frac{p_{n+1}}{p_n}$ abwechselnd die Werte $\frac{b}{a}$ oder $\frac{a}{b}$ annehmen.

§ 5.

Die vier Fundamentaloperationen bei Grenzwerten und die regulären Folgen als Zahlen. Die Irrationalzahl nach WEIERSTRASS.

Satz I. Konvergieren die zwei Folgen $x_1, x_2, \ldots$ und $y_1, y_2, \ldots$ reeller Zahlen nach den Grenzen ξ und η, so konvergieren auch die zwei Zahlenfolgen

$$x_1 + y_1, \quad x_2 + y_2, \quad \ldots$$

und

$$x_1 - y_1, \quad x_2 - y_2, \quad \ldots,$$

und zwar nach $\xi + \eta$ bzw. $\xi - \eta$. Es ist also $\lim x_n + \lim y_n = \lim (x_n + y_n)$[1] und $\lim x_n - \lim y_n = \lim (x_n - y_n)$. Die Summe der Grenzwerte ist gleich dem Grenzwert der Summe der Summanden, und die Differenz der Grenzwerte ist gleich dem Grenzwert der Differenz von Minuend und Subtrahend.

Ist δ irgend eine positive Zahl, so müssen sich nach Definition I auf Seite 268, da $\lim x_n = \xi$ und $\lim y_n = \eta$ ist, zwei ganze positive Zahlen k_1 und k_2 so bestimmen lassen, daß die Ungleichungen:

[1] Eine solche Gleichung besagt zweierlei: erstens gibt sie an, daß für die Folge $x_1 + y_1, x_2 + y_2, \ldots$ überhaupt eine Grenze existiert und zweitens bestimmt sie den Wert von $\lim (x_n + y_n)$, nämlich gleich $\lim x_n + \lim y_n$. Unter Umständen ist schon die Erkenntnis der Existenz eines Grenzwertes, auch ohne daß man ihn bestimmen kann, wertvoll.

$$|x_{k_1+\sigma} - \xi| < \delta \quad (\sigma = 0, 1, 2, \ldots)$$

und

$$|y_{k_2+\sigma} - \eta| < \delta \quad (\sigma = 0, 1, 2, \ldots)$$

bestehen. Sei k die größere der zwei Zahlen k_1 und k_2, so ist gewiß

(1) $$|x_{k+\sigma} - \xi| < \delta,$$

(2) $$|y_{k+\sigma} - \eta| < \delta.$$

Nun ist nach der Ungleichung (3) auf Seite 83:

$$|x_{k+\sigma} + y_{k+\sigma} - (\xi + \eta)| \leqq |x_{k+\sigma} - \xi| + |y_{k+\sigma} - \eta|,$$

woraus sich nach (1) und (2) ergibt

(3) $$|x_{k+\sigma} + y_{k+\sigma} - (\xi + \eta)| < 2\delta.$$

Ebenso ist nach derselben Ungleichung (3) auf Seite 83

$$|x_{k+\sigma} - y_{k+\sigma} - (\xi - \eta)| \leqq |x_{k+\sigma} - \xi| + |y_{k+\sigma} - \eta|,$$

woraus nach (1) und (2) folgt

(4) $$|x_{k+\sigma} - y_{k+\sigma} - (\xi - \eta)| < 2\delta.$$

Wählt man das bisher willkürlich gelassene $\delta = \frac{\varepsilon}{2}$, wobei ε eine beliebige positive Zahl ist, so besagen die Ungleichungen (3) und (4), daß die Zahlenfolgen $x_n + y_n$ bzw. $x_n - y_n$ ($n = 1, 2, 3, \ldots$) nach $\xi + \eta$ bzw. $\xi - \eta$ konvergieren, was bewiesen werden sollte.

Satz II. Konvergieren die zwei Folgen $x_1, x_2, \ldots$ und $y_1, y_2, \ldots$ reeller Zahlen nach den Grenzen ξ und η, so konvergiert auch die Zahlenfolge $x_1 \cdot y_1$, $x_2 \cdot y_2, \ldots$, und zwar nach $\xi \cdot \eta$. Es ist also $\lim x_n \cdot \lim y_n = \lim (x_n \cdot y_n)$. Das Produkt der Grenzwerte ist gleich dem Grenzwert des Produktes der Faktoren.

Bedeutet δ wie bei Satz I eine beliebige positive Zahl, so kann man eine ganze positive Zahl k bestimmen, für welche die Ungleichungen (1) und (2) bestehen. Nun ist

$$\begin{aligned} |x_{k+\sigma} \cdot y_{k+\sigma} - \xi \cdot \eta| &= |x_{k+\sigma}(y_{k+\sigma} - \eta) + \eta\,(x_{k+\sigma} - \xi)| \\ &\leqq |x_{k+\sigma}| \cdot |y_{k+\sigma} - \eta| + |\eta| \cdot |x_{k+\sigma} - \xi| \quad \text{(Relationen (3) und (5) auf Seite 83),} \\ &< |x_{k+\sigma}| \cdot \delta + |\eta| \cdot \delta \quad \text{(Ungleichungen (1) u. (2)).} \end{aligned}$$

Ferner ist nach Ungleichung (3) auf Seite 83 und der obigen Ungleichung (1):

$$|x_{k+\sigma}| = |x_{k+\sigma} - \xi + \xi| \leqq |x_{k+\sigma} - \xi| + |\xi| < \delta + |\xi|.$$

Mithin hat man

$$|x_{k+\sigma} \cdot y_{k+\sigma} - \xi \cdot \eta| < (\delta + |\xi|)\,\delta + |\eta| \cdot \delta < (\delta + |\xi| + |\eta|) \cdot \delta.$$

In dieser Ungleichung wählen wir δ kleiner als die kleinere der zwei Zahlen 1 und $\frac{\varepsilon}{1 + |\xi| + |\eta|}$, wobei ε eine beliebige positive Zahl bedeutet.

Alsdann erhält man zunächst, da $\delta < 1$ sein soll,

$$|x_{k+\sigma} \cdot y_{k+\sigma} - \xi \cdot \eta| < (1 + |\xi| + |\eta|) \cdot \delta$$

und ferner, da $\delta < \frac{\varepsilon}{1 + |\xi| + |\eta|}$ ist,

$$(5) \qquad |x_{k+\sigma} \cdot y_{k+\sigma} - \xi \cdot \eta| < \varepsilon .$$

Die Ungleichung (5) besagt, daß die Folge $x_1 \cdot y_1$, $x_2 \cdot y_2$, ... nach der Zahl $\xi \cdot \eta$ konvergiert.

Aus Satz II ergibt sich als Korollar: Konvergiert die Folge x_1, x_2, ... reeller Zahlen nach der Grenze ξ und multipliziert man alle ihre Zahlen mit der gleichen Zahl c, so konvergiert die Folge cx_1, cx_2, ... nach der Grenze $c \cdot \xi$. Dieses Resultat folgt unmittelbar aus Satz II, da die aus den gleichen Zahlen c bestehende Folge c, c, ... die Grenze c hat.

Hilfssatz. Konvergiert eine Folge y_1, y_2, ... reeller Zahlen nach der Grenze η, und ist η sowie jede der Zahlen y_1, y_2, ... ungleich Null, so konvergiert auch die Zahlenfolge $\frac{1}{y_1}$, $\frac{1}{y_2}$, ..., und zwar nach der Grenze $\frac{1}{\eta}$. Es ist also $\lim \frac{1}{y_n} = \frac{1}{\lim y_n}$.

Bedeutet δ irgend eine positive Zahl, so kann man eine ganze positive Zahl k derart bestimmen, daß die Ungleichung:

$$(2) \qquad |y_{k+\sigma} - \eta| < \delta$$

besteht. Da η und alle $y_n (n = 1, 2, \ldots)$ ungleich 0 sind, kann man

$$\left|\frac{1}{y_{k+\sigma}} - \frac{1}{\eta}\right| = \left|\frac{\eta - y_{k+\sigma}}{\eta \cdot y_{k+\sigma}}\right|$$

bilden und hat nach (2) die Ungleichung

$$(6) \qquad \left|\frac{1}{y_{k+\sigma}} - \frac{1}{\eta}\right| < \frac{\delta}{|\eta \cdot y_{k+\sigma}|} .$$

Nun ist nach der Ungleichung (3) auf Seite 83 und der obigen Ungleichung (2)

$$|\eta| = |\eta - y_{k+\sigma} + y_{k+\sigma}| \leqq |\eta - y_{k+\sigma}| + |y_{k+\sigma}| < \delta + |y_{k+\sigma}| .$$

Hieraus ergibt sich, wenn man die positive Zahl $\delta < \left|\frac{\eta}{2}\right|$ wählt, was wegen $\eta \neq 0$ möglich ist,

$$|\eta| < \left|\frac{\eta}{2}\right| + |y_{k+\sigma}| \quad \text{oder} \quad |y_{k+\sigma}| > \left|\frac{\eta}{2}\right| .$$

Mithin hat man $\frac{1}{|y_{k+\sigma}|} < \frac{2}{|\eta|}$ oder aus (6) die Ungleichung

$$(7) \qquad \left|\frac{1}{y_{k+\sigma}} - \frac{1}{\eta}\right| < \frac{2\delta}{|\eta|^2} .$$

ε bedeute eine beliebige positive Zahl. Wir wählen alsdann δ, das bereits kleiner als $\left|\frac{\eta}{2}\right|$ war, auch noch kleiner als $\frac{\varepsilon}{2}|\eta|^2$. Hierdurch geht die Ungleichung (7) über in

(8) $$\left|\frac{1}{y_{k+\sigma}} - \frac{1}{\eta}\right| < \varepsilon$$

und besagt, daß die Zahlenfolge $\frac{1}{y_1}, \frac{1}{y_2}, \ldots$ nach $\frac{1}{\eta}$ konvergiert.

Satz III. Konvergieren die zwei Folgen $x_1, x_2, \ldots$ und $y_1, y_2, \ldots$ reeller Zahlen nach den Grenzen ξ und η, und ist jede der Zahlen $y_1, y_2, \ldots$ ebenso wie η ungleich 0, so konvergiert auch die Zahlenfolge $\frac{x_1}{y_1}, \frac{x_2}{y_2}, \ldots$, und zwar nach $\frac{\xi}{\eta}$. Es ist also $\frac{\lim x_n}{\lim y_n} = \lim\left(\frac{x_n}{y_n}\right)$. Der Quotient der Grenzwerte ist gleich dem Grenzwert des Quotienten von Divisor und Dividendus.

Nach dem Hilfssatze ist $\frac{1}{\lim y_n} = \lim\left(\frac{1}{y_n}\right)$ und daher

$$\frac{\lim x_n}{\lim y_n} = \lim x_n \cdot \frac{1}{\lim y_n} = \lim x_n \cdot \lim\left(\frac{1}{y_n}\right) = \lim\left(\frac{x_n}{y_n}\right) \quad \text{(Satz II)}.$$

Hiermit ist das zu beweisende Resultat gewonnen.

Aus den voraufgehenden Sätzen ergeben sich, wenn τ und ξ reelle Zahlen bedeuten, folgende Korollare:

1. Existiert $\lim(x_n \pm y_n) = \tau$ und $\lim x_n = \xi$, so existiert auch $\lim y_n = \pm\tau \mp \xi$. (Folgerung aus Satz I.)

2. Existiert $\lim(x_n \cdot y_n) = \tau$ und $\lim x_n = \xi$ ($\xi \neq 0$, $x_n \neq 0$), so existiert auch $\lim y_n = \frac{\tau}{\xi}$. (Folgerung aus Satz III.)

3. Existiert $\lim\left(\frac{x_n}{y_n}\right) = \tau$ ($\tau \neq 0$, $y_n \neq 0$, $x_n \neq 0$) und $\lim x_n = \xi$, so existiert auch $\lim y_n = \frac{\xi}{\tau}$. (Folgerung aus Satz III.)

Satz IV. Konvergieren die zwei Folgen $x_1, x_2, \ldots$ und $y_1, y_2, \ldots$ und enthält die Folge $x_1 - y_1, x_2 - y_2, \ldots$ von einer gewissen Stelle an nur positive Zahlen, so konvergiert die Folge $x_1, x_2, \ldots$ stets nach einer größeren Zahl als die Folge $y_1, y_2, \ldots$, ausgenommen den Fall, daß die Folge $x_n - y_n$ nach Null konvergiert.

Nach Satz I ist $\lim x_n - \lim y_n = \lim(x_n - y_n)$. Mithin existiert $\lim(x_n - y_n)$. Da die Folge $x_n - y_n$ von einer gewissen Stelle an nur positive Zahlen enthalten soll und voraussetzungsgemäß nicht nach 0 konvergiert, ist $\lim(x_n - y_n)$ positiv (vgl. Bemerkung 2 auf Seite 272). Nun ist nach Satz I $\lim y_n + \lim(x_n - y_n) = \lim x_n$; hieraus folgt, da $\lim(x_n - y_n) > 0$ ist, daß $\lim x_n > \lim y_n$.

Aus den Sätzen über die Multiplikation und Division von Grenzwerten folgt der sogenannte Satz der Stetigkeit von der Potenz x^m, nämlich

Satz V. Ist $\lim x_n = x$, so ist, wenn m eine ganze positive oder negative Zahl bedeutet, $x^m = (\lim x_n)^m = \lim x_n^m$. In Worten: Konvergiert irgend eine Folge reeller Zahlen $x_1, x_2, \ldots$ nach der Zahl x, so konvergiert die Folge $x_1{}^m, x_2{}^m, \ldots$ nach x^m.[1]

Der zu beweisende Satz ist für $m = 1$ richtig. Nimmt man seine Gültigkeit für irgend eine Zahl k an, so folgt aus $(\lim x_n)^k = \lim (x_n^k)$, daß $(\lim x_n)^{k+1} = \lim (x_n^k) \cdot \lim x_n = \lim x_n^{k+1}$ (Satz II auf Seite 278). Gilt also die zu beweisende Relation für irgend eine Zahl k, so trifft sie auch für die folgende $k + 1$ zu. Mithin ist die Richtigkeit von $(\lim x_n)^m = \lim (x_n{}^m)$ für alle ganzzahligen positiven m bewiesen.

Es sei nun $m = -m'$, wobei m' eine positive ganze Zahl ist. Nach dem Hilfssatz ist $(\lim x_n)^{-1} = \lim x_n^{-1}$; hieraus folgt durch Erheben in die m'^{te} Potenz $(\lim x_n)^{-m'} = (\lim x_n^{-1})^{m'}$ oder nach dem bereits bewiesenen Resultat $\lim x_n^{-m'}$. Die Gleichung $(\lim x_n)^{-m'} = \lim (x_n^{-m'})$ zeigt die Richtigkeit unseres Satzes für negative ganzzahlige m.

Satz V ist nur ein Spezialfall des folgenden allgemeinen Satzes:

Satz VI. $\alpha, \beta, \gamma, \ldots, \lambda$ seien eine endliche Anzahl reeller Zahlen, $\alpha_n, \beta_n, \gamma_n, \ldots, \lambda_n$ $(n = 1, 2, \ldots)$ Folgen reeller Zahlen, für die $\lim \alpha_n = \alpha$, $\lim \beta_n = \beta$, $\lim \gamma_n = \gamma$, $\ldots$, $\lim \lambda_n = \lambda$ sei. Bedeutet $R(\alpha, \beta, \gamma, \ldots, \lambda)$ irgend einen aus $\alpha, \beta, \gamma, \ldots, \lambda$ durch rationale Operationen gebildeten Ausdruck, so hat die Folge

$$R(\alpha_1, \beta_1, \gamma_1, \ldots, \lambda_1), \quad R(\alpha_2, \beta_2, \gamma_2, \ldots, \lambda_2), \ldots, \quad R(\alpha_n, \beta_n, \gamma_n, \ldots, \lambda_n), \ldots$$

eine Grenze, und zwar konvergiert sie nach $R(\alpha, \beta, \gamma, \ldots, \lambda)$. Es ist also

$$\begin{aligned} R(\alpha, \beta, \gamma, \ldots, \lambda) &= R(\lim \alpha_n, \lim \beta_n, \lim \gamma_n, \ldots, \lim \lambda_n) \\ &= \lim R(\alpha_n, \beta_n, \gamma_n, \ldots, \lambda_n). \end{aligned}$$

Dabei ist vorauszusetzen, daß $\alpha, \beta, \gamma, \ldots, \lambda, \alpha_n, \beta_n, \gamma_n, \ldots, \lambda_n$ $(n = 1, 2, \ldots)$ solche Zahlen sind, für die kein bei der Bildung von

$$R(\alpha, \beta, \gamma, \ldots, \lambda), \quad R(\alpha_n, \beta_n, \gamma_n, \ldots, \lambda_n) \quad (n = 1, 2, \ldots)$$

auftretender Nenner verschwindet.

Zur Berechnung des rationalen Ausdruckes $R(\alpha, \beta, \gamma, \ldots, \lambda)$ möge es erforderlich sein, p Fundamentaloperationen im Sinne der Seite 154 gegebenen Definition auf $\alpha, \beta, \gamma, \ldots, \lambda$ auszuführen. Dann ergibt sich $R(\alpha, \beta, \gamma, \ldots, \lambda)$, indem man zunächst höchstens zwei der Zahlen $\alpha, \beta, \gamma, \ldots, \lambda$ einer Fundamentaloperation unterwirft, auf diese Weise $\tau = R_1(\alpha, \beta, \gamma, \ldots, \lambda)$[2] bildet, und alsdann auf $\alpha, \beta, \gamma, \ldots, \lambda, \tau$ nur noch $p - 1$ Fundamentaloperationen ausführt. Es sei also

$$R(\alpha, \beta, \gamma, \ldots, \lambda) = R_{p-1}(\alpha, \beta, \gamma, \ldots, \tau),$$

wobei zur Bildung von R_{p-1} nur $p - 1$ Fundamentaloperationen erforderlich sind. Wir nehmen Satz VI für alle rationalen Ausdrücke, zu deren Bildung

[1] Für negatives m ist vorauszusetzen, daß weder x noch eine der Zahlen $x_1, x_2, \ldots$ verschwinden darf; sonst würde eine der Potenzen x^m bzw. $x_n{}^m$ $(n = 1, 2, \ldots)$ ihren Sinn verlieren.

[2] $R_1(\alpha, \beta, \gamma, \ldots, \lambda)$ ist entweder $\varrho + \sigma$ oder $-\varrho$ oder $\varrho \cdot \sigma$ oder $\frac{1}{\varrho}$, wobei ϱ und σ zwei Zahlen aus der Reihe $\alpha, \beta, \gamma, \ldots, \lambda$ bedeuten.

weniger als p Fundamentaloperationen erforderlich sind, als bewiesen an; falls nur eine einzige Fundamentaloperation erforderlich ist, gilt er ja, wie die Sätze I, II und der Hilfssatz besagen. Wir zeigen nunmehr die Richtigkeit unseres Theorems für alle rationalen Ausdrücke $R(\alpha, \beta, \gamma, \ldots, \lambda)$, zu deren Bildung p Fundamentaloperationen erforderlich sind, und haben alsdann infolge des Satzes der vollständigen Induktion das Theorem VI bewiesen. Setzt man $\tau_n = R_1(\alpha_n, \beta_n, \gamma_n, \ldots, \lambda_n)$, so ist, da unser Satz für eine Fundamentaloperation gilt,

$$\tau = R_1(\alpha, \beta, \gamma, \ldots, \lambda) = R_1(\lim \alpha_n, \lim \beta_n, \lim \gamma_n, \ldots, \lim \lambda_n)$$
$$= \lim R_1(\alpha_n, \beta_n, \gamma_n, \ldots, \lambda_n) = \lim \tau_n.$$

Da der zu beweisende Satz nach Annahme auch für $p-1$ Fundamentaloperationen gelten soll, so hat man

$$R(\alpha, \beta, \gamma, \ldots, \lambda) = R_{p-1}(\alpha, \beta, \gamma, \ldots, \lambda, \tau)$$
$$= R_{p-1}(\lim \alpha_n, \lim \beta_n, \lim \gamma_n, \ldots, \lim \lambda_n, \lim \tau_n) = \lim R_{p-1}(\alpha_n, \beta_n, \gamma_n, \ldots, \lambda_n, \tau_n);$$

der letzte Ausdruck läßt sich aber auch in der Form $\lim R(\alpha_n, \beta_n, \gamma_n, \ldots, \lambda_n)$ schreiben. Hiermit ist Satz VI bewiesen.

Wir leiten noch den Satz von der **Differentiation** von x^m ab, wobei m irgend eine ganze positive oder negative Zahl sein soll. Hierunter versteht man folgenden

Satz VII. **Ist $\lim h_n = 0$, so ist für ganzzahliges m, wenn $h_n \neq 0$ $(n = 1, 2, \ldots)$,**

$$\lim \frac{(x + h_n)^m - x^m}{h_n} = m x^{m-1}.$$

In Worten: Konvergiert irgend eine Folge $h_1, h_2, \ldots$ reeller Zahlen, von denen keine gleich Null ist, nach Null und bedeutet x eine beliebige reelle Zahl, m eine ganze positive oder negative Zahl oder Null, so konvergiert die Folge

$$\frac{(x + h_1)^m - x^m}{h_1}, \quad \frac{(x + h_2)^m - x^m}{h_2}, \quad \ldots, \quad \frac{(x + h_n)^m - x^m}{h_n}, \quad \ldots$$

nach $m x^{m-1}$. Für die Werte $m \leqq 1$ ist vorauszusetzen, daß x eine zu Null ungleiche Zahl und ferner für $m \leqq 0$, daß keine der Zahlen h_n $(n = 1, 2, \ldots)$ gleich $-x$ ist.[1]

Für $m = 0$ sind alle Zahlen der zu untersuchenden Folge gleich Null; für $m = 0$ ist ebenso $m \cdot x^{m-1} = 0$ und auch definiert, da voraussetzungsgemäß $x \neq 0$ ist. Für $m = 1$ sind alle Zahlen der Folge gleich 1; den nämlichen Wert hat auch $m \cdot x^{m-1} = 1 \cdot x^0$ und ist auch stets definiert, da für $m = 1$ die Zahl $x \neq 0$ sein sollte.[2] Für $m = -1$ lautet die Folge $-\dfrac{1}{x(x + h_n)}$ $(n = 1, 2, \ldots)$

[1] Die Voraussetzungen werden eingeführt, weil h_n $(n = 1, 2, \ldots)$ im Nenner auftritt und die Potenzen der Zahl 0 nur für positive Exponenten definiert sind, also für $m \leqq 0$ und $x + h_n = 0$ die Ausdrücke $(x + h_n)^m$ keine Bedeutung haben und für $m \leqq +1$ und $x = 0$ ebenso x^{m-1}.

[2] Für $m = 1$, $x = 0$ konvergiert die Folge zwar nach 1, jedoch ist $1 \cdot 0^0$ nicht definiert.

und konvergiert nach $-\frac{1}{x^2}$; denn es ist $\lim \frac{1}{x+h_n} = \frac{1}{x}$. In den behandelten Fällen ist die Richtigkeit des Satzes VII evident.

Für $|m| \neq 1$ beweisen wir Satz VII mit Hilfe folgender Formel: Wird unter p eine ganze positive Zahl > 1 verstanden, so ist

$$(9) \qquad \frac{\alpha^p - \beta^p}{\alpha - \beta} = \alpha^{p-1} + \alpha^{p-2} \cdot \beta + \alpha^{p-3} \cdot \beta^2 + \ldots + \beta^{p-1}.$$

Ist m positiv, so setze man in (9) $p = m$, $\alpha = x + h_n$ $(n = 1, 2, \ldots)$, $\beta = x$ und erhält:

$$(10) \qquad \frac{(x+h_n)^m - x^m}{h_n} = (x+h_n)^{m-1} + (x+h_n)^{m-2} \cdot x + (x+h_n)^{m-3} \cdot x^2 + \ldots + x^{m-1}.$$

Nun folgt aus $\lim h_n = 0$, daß $\lim (x + h_n) = x$; daher besteht nach Satz V für jedes ganzzahlige positive oder negative λ die Relation $\lim (x+h_n)^\lambda = x^\lambda$. Hieraus ergibt sich durch Multiplikation mit x^μ, daß

$$(11) \qquad \lim (x+h_n)^\lambda \cdot x^\mu = x^{\lambda+\mu}.$$

Wählt man $\lambda = m - i$, $\mu = i - 1$, wobei i jede der Zahlen $1, 2, \ldots, m$ bedeutet, so sieht man, daß jeder Summand auf der rechten Seite von (10) nach x^{m-1} konvergiert, daher die aus m Summanden bestehende Summe nach $m x^{m-1}$ (Satz I).

Ist m eine negative ganze Zahl, so setze man in (9) $p = -m$, $\alpha = (x+h_n)^{-1}$, $\beta = x^{-1}$ und erhält

$$\frac{(x+h_n)^m - x^m}{\frac{1}{x+h_n} - \frac{1}{x}} = (x+h_n)^{m+1} + (x+h_n)^{m+2} \cdot x^{-1} + (x+h_n)^{m+3} \cdot x^{-2} + \ldots$$
$$+ (x+h_n)^{-1} \cdot x^{m+2} + x^{m+1}$$

oder

$$(12) \qquad \frac{(x+h_n)^m - x^m}{h_n} = -\{(x+h_n)^m \cdot x^{-1} + (x+h_n)^{m+1} \cdot x^{-2} + (x+h_n)^{m+2} \cdot x^{-3} + \ldots$$
$$+ (x+h_n)^{-2} \cdot x^{m+1} + (x+h_n)^{-1} \cdot x^m\}.$$

Wählt man in (11) $\lambda = m + i$, $\mu = -i - 1$, wobei i jede der Zahlen $0, 1, 2, \ldots, -m-1$ bedeutet, so konvergiert auf der rechten Seite von (12) jeder Summand nach x^{m-1} und die ganze rechte Seite, die aus $-m$ Summanden besteht, nach $-(-m) \cdot x^{m-1} = m \cdot x^{m-1}$. Hiermit ist bewiesen, daß jede Folge, deren Zahlen $\frac{(x+h_n)^m - x^m}{h_n}$ $(n = 1, 2, \ldots)$ lauten, falls $\lim h_n = 0$, nach $m x^{m-1}$ konvergiert.

Die nach einer Grenze konvergierenden Folgen führen noch auf eine weitere Gattung von Objekten, die ebenso wie die Dedekindschen Schnitte oder die am Schlusse des § 2 dieses Kapitels behandelten Objekte unsere Zahlen gleichwertig in bezug auf $=$, $<$, $+$ und $\cdot$ vertreten können.

$s_1, s_2, \ldots$ sei irgend eine Folge rationaler Zahlen; existiert zu jedem positivem ε[1] eine ganze positive Zahl l derart, daß $|s_{l+\sigma} - s_l| < \varepsilon$ $(\sigma = 1, 2, \ldots)$,

[1] Es genügt, daß die Ungleichung $|s_{l+\sigma} - s_l| < \varepsilon'$ für alle positiven rationalen Zahlen ε' erfüllt ist; denn zu jeder positiven irrationalen Zahl ε läßt sich eine rationale Zahl ε' finden, so daß $0 < \varepsilon' < \varepsilon$ (Satz I auf Seite 148) ist und mithin aus $|s_{l+\sigma} - s_l| < \varepsilon'$ auch $|s_{l+\sigma} - s_l| < \varepsilon$ folgt. Die Definition der regulären Folgen setzt also bloß die Kenntnis der rationalen Zahlen voraus.

so soll eine solche Folge wie ein einzelnes Objekt angesehen und mit (s_n) bezeichnet werden; wir nennen sie alsdann eine reguläre Folge.

Will man die regulären Folgen miteinander vergleichen und additiv und multiplikativ verknüpfen, so sind für sie als neue Objekte die Begriffe $=$, $<$, $+$ und $\cdot$ in besonderer Weise zu erklären. Zu diesem Zweck empfiehlt es sich, zunächst den Hilfsbegriff der Nullfolge zu definieren:

Eine Folge $\delta_1, \delta_2, \ldots$ rationaler Zahlen soll eine Nullfolge heißen, wenn sich zu jeder positiven rationalen Zahl ε eine ganze positive Zahl l finden läßt, so daß für jedes $\sigma = 0, 1, 2, \ldots$ stets $|\delta_{l+\sigma}| < \varepsilon$ ist.

Jede reguläre Folge ist nach Satz III' auf Seite 271 konvergent, und es entspricht ihr daher eine Zahl, nämlich ihre Grenze. Umgekehrt läßt sich jede Zahl α als Grenze einer regulären Folge auffassen, z. B. als Grenze der aufsteigenden Definitionsfolge $a_1, a_2, \ldots$, wenn α durch zwei zusammengehörige Definitionsfolgen rationaler Zahlen in der Form $\alpha = \begin{pmatrix} a_n \\ a_n' \end{pmatrix}$ gegeben ist. Diese Zuordnung zwischen den reellen Zahlen und den regulären Folgen wird eindeutig umkehrbar, wenn man gleiche Zahlen einerseits, gleiche reguläre Folgen andererseits als nicht verschieden ansieht und die Gleichheit von regulären Folgen auf folgende Weise definiert:

I. Zwei reguläre Folgen (s_n) und (t_n) sollen dann und nur dann gleich heißen, wenn die Folge $s_1 - t_1, s_2 - t_2, \ldots$ eine Nullfolge ist.

Konvergieren nämlich (s_n) und (t_n) nach gleichen Grenzen, d. h. sind den zwei regulären Folgen (s_n) und (t_n) gleiche Zahlen zugeordnet, so folgt aus $\lim s_n = \lim t_n$, daß $0 = \lim s_n - \lim t_n = \lim (s_n - t_n)$ (Satz I) ist. Die Relation $\lim (s_n - t_n) = 0$ besagt aber, daß $s_1 - t_1, s_2 - t_2, \ldots$ eine Nullfolge ist oder nach Definition I $(s_n) = (t_n)$. Ist umgekehrt $s_1 - t_1, s_2 - t_2, \ldots$ eine Nullfolge, d. h. sind die regulären Folgen (s_n) und (t_n) gleich, so hat man $\lim (s_n - t_n) = 0$. Nun ist nach Satz I $\lim (s_n - t_n) + \lim t_n = \lim s_n$ oder, da $\lim (s_n - t_n) = 0$, so ergibt sich, daß $\lim t_n = \lim s_n$, d. h. den regulären Folgen (s_n) und (t_n) entsprechen gleiche Zahlen. Hiermit ist gezeigt, daß die Zuordnung zwischen den Klassen gleicher Zahlen und den Klassen gleicher regulärer Folgen eine eindeutig umkehrbare ist.

Für die regulären Folgen führen wir die Begriffe $<$, $+$ und $\cdot$ durch folgende Definitionen ein:

II. Von zwei regulären Folgen (s_n) und (t_n) soll $(s_n) > (t_n)$ heißen, wenn die Folge $s_1 - t_1, s_2 - t_2, \ldots$ keine Nullfolge ist und von einer gewissen Stelle an nur positive Zahlen enthält.

III. Unter der Summe zweier regulärer Folgen (s_n) und (t_n) soll die reguläre Folge $(s_n + t_n)$ verstanden werden.

IV. Unter dem Produkt zweier regulärer Folgen (s_n) und (t_n) soll die reguläre Folge $(s_n \cdot t_n)$ verstanden werden.

Durch die Definitionen II bis IV wird die Zuordnung zwischen den reellen Zahlen und den regulären Folgen in bezug auf die Relation $<$ ähnlich und in bezug auf die Operationen $+$ und $\cdot$ isomorph. Dies ergibt sich unmittelbar aus den Lehrsätzen IV, I und II, da jede reguläre Folge konvergiert.

Die regulären Folgen können demnach unsere Zahlen in bezug auf $=$, $<$, $+$ und $\cdot$ gleichwertig vertreten. Dabei entsprechen im besonderen einer rationalen Zahl r die reguläre Folge $r, r, \ldots$ und alle zu dieser nach Definition I gleichen regulären Folgen. Da die regulären Folgen unsere Zahlen gleichwertig vertreten können, so hätte man auch, anders als es von uns in Kapitel II, § 1 geschah, die regulären Folgen benützen können, um das System der rationalen Zahlen zu dem aller reellen Zahlen zu erweitern. Auf diese Weise verfährt G. Cantor; wenn er von einer Zahl spricht, meint er eine reguläre Folge. Wie also für Dedekind (vgl. Seite 257) die Schnitte statt der von uns im Kapitel II, § 1 auf Seite 63 definierten Zahlen das Primäre sind, so für Cantor die regulären Folgen.[1] Er führt sie daher unmittelbar nach den rationalen Zahlen ein und legt ihnen, nicht unseren Zahlen, den Namen „Zahl" bei. I—IV sind bei Cantor die Definitionen für die Gleichheit, das Größersein, die Addition und die Multiplikation der von ihm als Zahlen bezeichneten Gebilde. Seine Zahlen können unsere Zahlen gleichwertig vertreten und bilden daher ebenso wie diese einen Körper $\mathfrak{K}^{\times}$ im Sinne des Kapitels III, § 5 (Seite 186). Für Cantor sind die mathematischen Sätze solche über reguläre Folgen.

Noch ein kurzer Hinweis auf die Begründung der Theorie der Irrationalzahlen durch Weierstrass: Ist $p_1, p_2, p_3, \ldots$ eine Folge ausnahmslos positiver rationaler Zahlen, für die sich eine rationale Zahl M finden läßt, so daß alle sogenannten Partialsummen $s_n = p_1 + p_2 + \ldots + p_n$ $(n = 1, 2, \ldots)$ kleiner als M sind, so kann man auch für solche Folgen p_n die Begriffe „Gleichheit", „Größersein", „Addition" und „Multiplikation" definieren und erhält in diesen Folgen gleichwertige Vertreter der Gesamtheit unserer positiven Zahlen. Solchen Gebilden, nicht unseren Zahlen legt Weierstrass den Namen „Zahl" bei und stellt sie als Definition der positiven reellen Zahl an die Spitze, wohingegen bei uns zu beweisen ist und auch noch bewiesen wird (Satz I, § 8, Seite 305), daß jeder Folge p_n $(n = 1, 2, \ldots)$ eine positive Zahl S, nämlich $S = \lim s_n$, in dem von uns definierten Sinne entspricht. Nennt man eine Folge von positiven Zahlen $p_1, p_2, p_3, \ldots$, wie wir sie soeben erklärten, eine Weierstrasssche Folge, so sind für solche, um sie unseren positiven Zahlen eindeutig umkehrbar und in bezug auf die Relation $<$ ähnlich zuzuordnen, die Gleichheit und das Größersein auf folgende Weise zu definieren: Zwei Weierstrasssche Folgen oder positive Zahlen im Sinne von Weierstrass sollen dann und nur dann gleich heißen, wenn man keine Partialsumme s_k der einen finden kann, die größer als alle Partialsummen s_n' $(n = 1, 2, \ldots)$ der anderen ist, und ebenso keine Partialsumme s_l' existiert, die größer als alle Partialsummen s_n $(n = 1, 2, \ldots)$ ist. Von zwei ungleichen Weierstrassschen Folgen heißt diejenige die größere, für die man eine Partialsumme finden kann, die größer als alle Partialsummen der anderen Folge ist.[2] — Definition der Addition und Multiplikation auf Grund der Sätze VII und X im § 7 (Seite 302 und 303).

---

[1] Gleiches gilt für Méray, der die regulären Folgen unter dem Namen „Varianten" zur Grundlage seiner Theorie des Irrationalen gemacht hat. Literaturangaben auf Seite 63.

[2] Die Analogie dieser Definitionen mit den Definitionen I und II auf Seite 258 und 259 ist darin begründet, daß durch die Partialsummen s_n $(n = 1, 2, \ldots)$ ein besonderes Objekt $[\mathfrak{A}]$ bestimmt wird, wie ein solches allgemein Seite 258, Zeile 7 von unten definiert wurde.

§ 6.
Grenzwerte für den natürlichen Logarithmus und die Exponentialfunktion.

Hilfssatz I. Konvergiert eine Folge $h_1, h_2, \ldots$ reeller Zahlen, von denen keine gleich Null sei, nach Null und ist stets $1 + h_n > 0$[1] ($n = 1, 2, \ldots$), so konvergiert die Folge:

$$\frac{\overset{e}{\log}(1 + h_1)}{h_1}, \quad \frac{\overset{e}{\log}(1 + h_2)}{h_2}, \ldots, \tag{1}$$

und zwar nach 1. Es ist also

$$\lim \frac{\overset{e}{\log}(1 + h_n)}{h_n} = 1,$$

wenn $\lim h_n = 0$.

Nach der Ungleichung (31) auf Seite 240 ist:

$$1 - \frac{1}{1 + h_n} < \overset{e}{\log}(1 + h_n) < 1 + h_n - 1$$

oder

$$\frac{h_n}{1 + h_n} < \overset{e}{\log}(1 + h_n) < h_n .$$

Hieraus folgt, daß für positives h_n:

$$\frac{1}{1 + h_n} < \frac{\overset{e}{\log}(1 + h_n)}{h_n} < 1$$

und für negatives h_n:

$$\frac{1}{1 + h_n} > \frac{\overset{e}{\log}(1 + h_n)}{h_n} > 1$$

ist. Da $\lim h_n = 0$, so ist $\lim (1 + h_n) = 1$ und folglich $\lim \frac{1}{1 + h_n} = 1$. Da $\frac{\overset{e}{\log}(1 + h_n)}{h_n}$ für alle $n = 1, 2, 3, \ldots$ stets zwischen $\frac{1}{1 + h_n}$ und 1 bzw. 1 und $\frac{1}{1 + h_n}$ liegt, so muß nach Bemerkung 4 auf Seite 272 auch $\lim \frac{\overset{e}{\log}(1 + h_n)}{h_n}$ existieren und den Wert 1 haben. Der Hilfssatz I läßt sich zu dem folgenden grundlegenden Satz erweitern, von dem man sagt, daß er die Differentiation des Logarithmus lehre, nämlich

Satz I. Ist $\lim h_n = 0$, $h_n \neq 0$, $x + h_n > 0$ und $x \neq 0$[2] ($n = 1, 2, \ldots$) so ist

$$\lim \frac{\overset{e}{\log}(x + h_n) - \overset{e}{\log} x}{h_n} = \frac{1}{x}.$$

[1] Die Bedingungen werden deswegen eingeführt, weil durch h_n dividiert wird und $\log(1 + h_n)$ nur für $1 + h_n > 0$ definiert ist.

[2] Die Voraussetzungen werden deswegen eingeführt, weil durch h_n und x dividiert wird und $\overset{e}{\log}(x + h_n)$ nur für $x + h_n > 0$ definiert ist.

In Worten: Konvergiert irgend eine Folge $h_1, h_2, \ldots$ reeller Zahlen, von denen keine gleich Null ist, nach Null, bedeutet x irgend eine zu Null ungleiche Zahl und ist stets $x + h_n > 0$ $(n = 1, 2, \ldots)$, so konvergiert die Folge

$$(2) \qquad \frac{\overset{e}{\log}(x + h_1) - \overset{e}{\log} x}{h_1}, \quad \frac{\overset{e}{\log}(x + h_2) - \overset{e}{\log} x}{h_2}, \ldots$$

nach $\frac{1}{x}$.[1]

Aus $\lim h_n = 0$ folgt $\lim (x + h_n) = x$. Da nach Voraussetzung $x \neq 0$ und $x + h_n > 0$ ist, kann $\lim (x + h_n)$ nicht nach einer negativen Zahl x konvergieren (vgl. die Bemerkung 2 auf Seite 272); infolgedessen ist x positiv und die Existenz von $\overset{e}{\log} x$ gesichert.

Wir setzen $h_n' = \frac{h_n}{x}$. Da nach Voraussetzung $\lim h_n = 0$, so ist auch $\lim h_n' = 0$. Ferner ist $1 + h_n' = 1 + \frac{h_n}{x} = \frac{1}{x}(x + h_n)$ als Produkt positiver Faktoren positiv. Mithin kann man, da ebenso wie h_n auch noch $h_n' = \frac{h_n}{x}$ ungleich Null ist, den Hilfssatz I anwenden; nach ihm ist

$$\lim \frac{\overset{e}{\log}(1 + h_n')}{h_n'} = 1.$$

Hieraus folgt, indem man die Glieder der Folge $\frac{\overset{e}{\log}(1 + h_n')}{h_n'}$ mit $\frac{1}{x}$ multipliziert, daß

$$\lim \frac{\overset{e}{\log}(1 + h_n')}{h_n' \cdot x} = \frac{1}{x}$$

ist. Ersetzt man h_n' durch seinen Wert $\frac{h_n}{x}$, so hat man

$$\lim \frac{\overset{e}{\log}\left(\frac{x + h_n}{x}\right)}{h_n} = \frac{1}{x},$$

d. h.

$$\lim \frac{\overset{e}{\log}(x + h_n) - \overset{e}{\log} x}{h_n} = \frac{1}{x}.$$

Aus Satz I ergibt sich unmittelbar der sogenannte Satz von der Stetigkeit des Logarithmus, worunter zu verstehen ist:

Satz II. Ist $\lim x_n = x$, so ist $\overset{e}{\log} x = \overset{e}{\log}(\lim x_n) = \lim \overset{e}{\log} x_n$, wenn $x \neq 0$ und $x_n > 0$ $(n = 1, 2, \ldots)$. In Worten: Konvergiert irgend eine Folge $x_1, x_2, \ldots$ von ausnahmslos positiven Zahlen nach der Grenze x, die ungleich 0 ist, so konvergiert die Folge $\overset{e}{\log} x_1, \overset{e}{\log} x_2, \ldots$, und zwar nach der Grenze $\overset{e}{\log} x$.

[1] Für $x = 1$ erhält man den Hilfssatz I.

Für diejenigen Zahlen x_n, die gleich x sind, ist $\overset{e}{\log} x_n = \overset{e}{\log} x$; wir brauchen daher bei Untersuchung der Folge $\overset{e}{\log} x_1$, $\overset{e}{\log} x_2$, ... nur solche x_n zu berücksichtigen, bei denen die Differenz $x_n - x \neq 0$ ist.

Setzt man $x_n - x = h_n$, so folgt aus $\lim x_n = x$, daß $\lim h_n = 0$. Da ferner $h_n \neq 0$ und nach Voraussetzung $x_n = x + h_n > 0$ sowie $x \neq 0$ ist, kann man den Satz I anwenden und hat

$$\lim \frac{\overset{e}{\log}(x + h_n) - \overset{e}{\log} x}{h_n} = \frac{1}{x}.$$

Multipliziert man mit $\lim h_n = 0$, so erhält man (Satz II auf Seite 278)

$$\lim \left[\overset{e}{\log}(x + h_n) - \overset{e}{\log} x\right] = 0$$

oder durch Addition von $\lim \overset{e}{\log} x = \overset{e}{\log} x$ die Relation

$$\lim \overset{e}{\log}(x + h_n) = \overset{e}{\log} x, \quad \text{d. h.} \quad \lim \overset{e}{\log} x_n = \overset{e}{\log} x.$$

Hilfssatz II. Konvergiert irgend eine Folge $h_1, h_2, \ldots$ reeller Zahlen nach der Grenze Null und ist α eine beliebige positive Zahl, so konvergiert die Folge $\alpha^{h_1}, \alpha^{h_2}, \ldots$, und zwar nach der Grenze 1.

Ist ε irgend eine beliebige positive Zahl, so kann man eine ganze positive Zahl m finden (Satz V auf Seite 214), daß für alle Zahlen x, die zwischen $-\frac{1}{m}$ und $+\frac{1}{m}$ liegen, die Ungleichung

$$1 - \varepsilon < \alpha^x < 1 + \varepsilon \tag{3}$$

besteht. Da die Folge $h_1, h_2, \ldots$ nach 0 konvergiert, gibt es nach der Definition der Grenze eine ganze positive Zahl k, so daß alle $h_{k+\sigma}$ $(\sigma = 0, 1, 2, \ldots)$ in das Intervall von $-\frac{1}{m}$ bis $+\frac{1}{m}$ fallen. Mithin gehören die Zahlen $h_{k+\sigma}$ zu denjenigen, für welche die Ungleichung (3) besteht, so daß

$$1 - \varepsilon < \alpha^{h_{k+\sigma}} < 1 + \varepsilon \quad \text{oder} \quad |1 - \alpha^{h_{k+\sigma}}| < \varepsilon. \tag{4}$$

Die letzte Ungleichung besagt, daß unsere Folge $\alpha^{h_1}, \alpha^{h_2}, \ldots$ die Zahl 1 zur Grenze hat.

Aus dem Hilfssatz II ergibt sich unmittelbar der sogenannte Satz von der Stetigkeit der Exponentialfunktion, nämlich:

Satz III. Ist $\lim x_n = x$ und α eine beliebige positive Zahl, so ist $\alpha^x = \alpha^{\lim x_n} = \lim \alpha^{x_n}$. In Worten: Konvergiert irgend eine Folge $x_1, x_2, \ldots$ reeller Zahlen nach der Grenze x und ist α eine beliebige positive Zahl, so konvergiert die Folge $\alpha^{x_1}, \alpha^{x_2}, \ldots$, und zwar nach der Grenze α^x.

Da $\lim x_n = x$, so konvergiert die Folge $x_1 - x, x_2 - x, \ldots$ nach Null, und es ist nach dem voraufgehenden Hilfssatz $\lim \alpha^{x_n - x} = 1$. Hieraus folgt durch Multiplikation mit α^x nach dem Korollar zum Satz II auf Seite 279

$$\lim \alpha^{x_n - x} \cdot \alpha^x = \alpha^x \quad \text{oder} \quad \lim \alpha^{x_n} = \alpha^x.$$

Hilfssatz III. Konvergiert irgend eine Folge $h_1, h_2, \ldots$ reeller Zahlen, von denen keine gleich Null sei, nach Null, und bedeutet α irgend eine positive Zahl, so konvergiert die Folge

(5) $$\frac{\alpha^{h_1}-1}{h_1}, \quad \frac{\alpha^{h_2}-1}{h_2}, \ldots$$

nach $\overset{e}{\log}\,\alpha$. Es läßt sich also $\overset{e}{\log}\,\alpha$ definieren durch

$$\overset{e}{\log}\,\alpha = \lim \frac{\alpha^{h_n}-1}{h_n},$$

wobei $\lim h_n = 0$.

Für $\alpha = 1$ ist der Hilfssatz unmittelbar evident; dieser Fall kann daher beim Beweise ausgeschlossen werden.

Setzt man $\mu_n = \alpha^{h_n} - 1$, also $\alpha^{h_n} = 1 + \mu_n$, so ist $1 + \mu_n > 0$. Ferner ergibt sich aus $\mu_n = \alpha^{h_n} - 1$, da keine der Zahlen h_n gleich Null und $\alpha \neq 1$, daß $\mu_n \neq 0$, also $1 + \mu_n \neq 1$ und demnach $\overset{e}{\log}(1 + \mu_n) \neq 0$ ist. Logarithmiert man nun $\alpha^{h_n} = 1 + \mu_n$, so wird $h_n \overset{e}{\log}\,\alpha = \overset{e}{\log}(\mu_n + 1)$. Mithin hat man

(6) $$\frac{\alpha^{h_n}-1}{h_n} = \frac{\mu_n \overset{e}{\log}\,\alpha}{\overset{e}{\log}(\mu_n+1)}.$$

Da sich aus $\mu_n = \alpha^{h_n} - 1$ nach dem Hilfssatz II $\lim \mu_n = 0$ ergibt, ferner, wie gezeigt, $\mu_n \neq 0$, $1 + \mu_n > 0$ ist, muß nach dem Hilfssatz I

$$\lim \frac{\overset{e}{\log}(1+\mu_n)}{\mu_n} = 1$$

werden oder durch Übergang zu den reziproken Werten, der wegen $\overset{e}{\log}(1 + \mu_n) \neq 0$ erlaubt ist,

$$\lim \frac{\mu_n}{\overset{e}{\log}(1+\mu_n)} = 1.$$

Hieraus folgt (Korollar zum Satz II auf Seite 279)

$$\lim \frac{\mu_n \overset{e}{\log}\,\alpha}{\overset{e}{\log}(1+\mu_n)} = \overset{e}{\log}\,\alpha$$

oder nach (6), wie bewiesen werden sollte, $\overset{e}{\log}\,\alpha = \lim \dfrac{\alpha^{h_n}-1}{h_n}$.

Der Hilfssatz III läßt sich zu dem folgenden grundlegenden Satz erweitern, von dem man sagt, daß er die Differentiation der Exponentialfunktion α^x lehre, nämlich

Satz IV. Ist $\lim h_n = 0$, α eine beliebige positive Zahl und $h_n \neq 0$ $(n = 1, 2, \ldots)$, so ist

$$\lim \frac{\alpha^{x+h_n} - \alpha^x}{h_n} = \alpha^x \cdot \overset{e}{\log}\,\alpha.$$

In Worten: Konvergiert irgend eine Folge $h_1, h_2, \ldots$ reeller Zahlen, von denen keine gleich Null ist, nach Null, und bedeutet α irgend eine positive Zahl, x eine beliebige reelle Zahl, so konvergiert die Folge

(7) $$\frac{\alpha^{x+h_1}-\alpha^x}{h_1}, \quad \frac{\alpha^{x+h_2}-\alpha^x}{h_2}, \quad \frac{\alpha^{x+h_3}-\alpha^x}{h_3}, \ldots$$

nach $\alpha^x \overset{e}{\log} \alpha$.[1]

Der Satz IV ergibt sich unmittelbar aus Hilfssatz III; man braucht nur die Glieder der Folge (5) mit α^x zu multiplizieren und das Korollar zum Satz II auf Seite 279 zu beachten.

Für $\alpha = e$, die Basis der natürlichen Logarithmen, wird Satz IV besonders einfach. Man erhält:

(7′) $$\lim \frac{e^{x+h_n}-e^x}{h_n} = e^x \text{ für } \lim h_n = 0 .$$

Satz V. Konvergieren irgend zwei Folgen $x_1, x_2, \ldots$ und $y_1, y_2, \ldots$ beliebiger reeller Zahlen nach den Grenzen x bzw. y, und ist x ebenso wie alle Zahlen x_n $(n = 1, 2, \ldots)$ positiv, so konvergiert auch die Folge

(8) $$x_1^{y_1}, \quad x_2^{y_2}, \quad \ldots,$$

und zwar nach der Grenze x^y. Es folgt also aus $\lim x_n = x$, $\lim y_n = y$, wenn $x > 0$, $x_n > 0$ $(n = 1, 2, \ldots)$, daß $\lim x_n^{y_n} = x^y = (\lim x_n)^{\lim y_n}$. Den Inhalt dieses Satzes drückt man auch so aus: die allgemeine Potenz x^y ist, aufgefaßt in ihrer Abhängigkeit sowohl von x als auch von y, stetig.

Setzt man $u_n = y_n \cdot \overset{e}{\log} x_n$, so wird, da $x_n = e^{\overset{e}{\log} x_n}$ ist,

$$x_n^{y_n} = e^{y_n \cdot \overset{e}{\log} x_n} = e^{u_n}.$$

Da $\lim x_n = x$, folgt aus dem Satz II von der Stetigkeit des Logarithmus, daß $\lim \overset{e}{\log} x_n = \overset{e}{\log} x$. Da ferner nach Voraussetzung $\lim y_n = y$, so hat man $\lim \left(y_n \cdot \overset{e}{\log} x_n\right) = y \overset{e}{\log} x$ (Satz II auf Seite 278). Es ist also $\lim u_n = y \overset{e}{\log} x$. Hieraus folgt nach Satz III von der Stetigkeit der Exponentialfunktion, daß $\lim e^{u_n} = e^{y \overset{e}{\log} x}$ oder $\lim x_n^{y_n} = x^y$.

Wir wollen uns noch mit der Definition von e^x und $\overset{e}{\log} x$ beschäftigen. Wir beweisen

Satz VI. Ist für irgend eine Folge $h_1, h_2, \ldots$ reeller Zahlen, von denen keine gleich Null sei, $\lim \frac{1}{h_n} = 0$, und bedeutet x irgend eine reelle Zahl, für die stets $1 + \frac{x}{h_n} > 0$ $(n = 1, 2, \ldots)$ ist, so konvergiert die Folge

[1] Für $x = 0$ ergibt sich Hilfssatz III.

$$(9) \qquad \left(1+\frac{x}{h_1}\right)^{h_1}, \quad \left(1+\frac{x}{h_2}\right)^{h_2}, \quad \ldots,$$

und zwar nach e^x. Es läßt sich also e^x definieren durch

$$\lim \left(1+\frac{x}{h_n}\right)^{h_n} = e^x,$$

wenn $\lim \frac{1}{h_n} = 0$. Die Bedingung $\lim \frac{1}{h_n} = 0$ läßt sich auch gleichwertig $\lim |h_n| = +\infty$ schreiben.

Für $x = 0$ haben alle Zahlen der Folge (9) den Wert 1; da auch $e^0 = 1$ ist, gilt der Satz für $x = 0$. Man kann daher im folgenden $x \neq 0$ voraussetzen. Bildet man dann $t_n = \frac{x}{h_n}$, so ist $t_n \neq 0$, und man darf durch t_n dividieren.

Nun hat man

$$\left(1+\frac{x}{h_n}\right)^{h_n} = e^{\overset{e}{\log}\left(1+\frac{x}{h_n}\right)^{h_n}} = e^{h_n \overset{e}{\log}\left(1+\frac{x}{h_n}\right)} = e^{x_n},$$

wenn man

$$(10) \qquad x_n = h_n \overset{e}{\log}\left(1+\frac{x}{h_n}\right) = x\,\frac{\overset{e}{\log}(1+t_n)}{t_n}$$

setzt, wobei $t_n = \frac{x}{h_n}$. Für $\lim \frac{1}{h_n} = 0$ ist $\lim t_n = 0$; daher wird nach Hilfssatz I $\lim \frac{\overset{e}{\log}(1+t_n)}{t_n} = 1$ und folglich nach (10) weiter $\lim x_n = x$. Infolge des Satzes III von der Stetigkeit von e^x folgt aus $\lim x_n = x$, daß $\lim e^{x_n} = e^x$, d. h., wie bewiesen werden sollte, $\lim \left(1+\frac{x}{h_n}\right)^{h_n} = e^x$. Die einfache Herleitung des Satzes VI beruht, abgesehen von Satz III, vor allem auf dem Hilfssatz I oder dem einfachsten Fall der auf Seite 240 bewiesenen Ungleichung (31)

$$1 - \frac{1}{x} < \overset{e}{\log} x < x - 1.$$

Den Inhalt des Satzes VI hat Jacob Bernoulli[1] bereits auf folgende Weise zur Zinseszinsrechnung in Beziehung gesetzt: Die Summe 1 sei verzinslich ausgeliehen. Für jedes k-tel Jahr sei für die Einheit die Summe $\frac{i}{k}$ an Zinsen zu zahlen; der Zins soll stets sofort zu dem Kapital zugeschlagen werden. Alsdann wächst die Einheit in einem Jahre mit ihren Zinsen zu dem Endkapital $\left(1+\frac{i}{k}\right)^k$ an. Die Zahl k soll größer und größer werden, d. h. sie soll eine Zahlenfolge durchlaufen, deren reziproke Werte nach Null konvergieren, also $\lim \frac{1}{k} = 0$. Alsdann ist nach dem zuletzt bewiesenen Satz VI $\lim \left(1+\frac{i}{k}\right)^k = e^i$. Die Zahl e^i gibt also die Summe an, zu

[1] Jacob Bernoulli, Acta eruditorum (1690) = Opera I, Genf 1744, p. 429.

der die Einheit mit Zinseszins bei „Augenblicksverzinsung“ anwächst, wenn mit einem Zinsfuß von 100 i Prozent gerechnet wird.[1]

Ist das Geld nicht ein Jahr, sondern t Jahre ausgeliehen und findet ebenfalls Augenblicksverzinsung statt, so ist $\lim\left(1+\frac{i}{k}\right)^{kt}$ zu betrachten: Nun ist $\lim\left(1+\frac{i}{k}\right)^{kt} = \lim\left(1+\frac{it}{l}\right)^{l}$, wenn $l = kt$ gesetzt wird. Wenn $\lim\frac{1}{k} = 0$, so wird auch $\lim\frac{1}{l} = 0$, und man hat $\lim\left(1+\frac{it}{l}\right) = e^{it}$. In t Jahren wächst die Einheit mit Zinseszins bei Augenblicksverzinsung, wenn mit einem Zinsfuß von 100 i Prozent für das Jahr gerechnet wird, zu e^{it} an.

Zur weiteren Untersuchung von e^x und $\overset{e}{\log}\, x$ ist zunächst eine Hilfsbetrachtung nötig. Für alle zu 1 ungleichen positiven Zahlen x besteht die Gleichung:

$$(11)\qquad \frac{x^{\frac{1}{2^n}} - 1}{x - 1} = \frac{1}{\left(x^{\frac{1}{2}} + 1\right)\left(x^{\frac{1}{4}} + 1\right)\cdots\left(x^{\frac{1}{2^n}} + 1\right)}.$$

(Vgl. (32) auf Seite 240), bei der n jede ganze positive Zahl bedeutet. Sind x_1 und x_2 irgend zwei positive, zu 1 ungleiche Zahlen und ist $x_1 > x_2$, so hat man (Satz III, Seite 213):

$$x_1^{\frac{1}{2^k}} > x_2^{\frac{1}{2^k}}, \text{ also } \frac{1}{x_2^{\frac{1}{2^k}} + 1} > \frac{1}{x_1^{\frac{1}{2^k}} + 1}.$$

Aus dieser Ungleichung folgt, wie die rechte Seite von (11) zeigt, daß

$$\frac{x_2^{\frac{1}{2^n}} - 1}{x_2 - 1} > \frac{x_1^{\frac{1}{2^n}} - 1}{x_1 - 1}$$

ist. Mithin wird auch

$$(12)\qquad 2^n\frac{x_2^{\frac{1}{2^n}} - 1}{x_2 - 1} > 2^n\frac{x_1^{\frac{1}{2^n}} - 1}{x_1 - 1}.$$

Nun ist nach Hilfssatz III für jede positive Zahl x, wenn man $h_n = \frac{1}{2^n}$ wählt,

$$\lim_{n=\infty} 2^n\left(x^{\frac{1}{2^n}} - 1\right) = \overset{e}{\log}\, x$$

oder, wenn $x \neq 1$,

$$\frac{\overset{e}{\log}\, x}{x - 1} = \lim_{n=\infty}\frac{2^n\left(x^{\frac{1}{2^n}} - 1\right)}{x - 1}.$$

---

[1] Bei 4 % Verzinzung ist $i = 0{,}04$. Bei halbjährlicher Zinszahlung ($k = 2$) ist für die Einheit jedes halbe Jahr 0,02 an Zins zu zahlen.

Nach (12) sind die Zahlen $\frac{2^n\left(x_2^{\frac{1}{2^n}}-1\right)}{x_2-1}$ $(n = 1, 2, \ldots)$ der nach $\frac{\overset{e}{\log} x_2}{x_2-1}$ konvergierenden Folge stets größer als die entsprechenden Zahlen $\frac{2^n\left(x_1^{\frac{1}{2^n}}-1\right)}{x_1-1}$ $(n = 1, 2, \ldots)$ der nach $\frac{\overset{e}{\log} x_1}{x_1-1}$ konvergierenden Folge. Mithin hat man

$$\frac{\overset{e}{\log} x_2}{x_2-1} > \frac{\overset{e}{\log} x_1}{x_1-1}, \tag{13}$$

wenn $x_1 > x_2 > 0$ $(x_1 \neq 1,\ x_2 \neq 1)$.

Die Zahlen der Form $\frac{2^n\left(x^{\frac{1}{2^n}}-1\right)}{x-1}$ $(n = 1, 2, \ldots)$ sind für positive x (wie sie hier nur in Frage kommen, damit die Potenz $x^{\frac{1}{2^n}}$ und $\overset{e}{\log} x$ einen Sinn haben) stets positiv. Man kann demnach den Inhalt der Ungleichung (13) auf folgende Weise ausdrücken:

$\frac{\overset{e}{\log} x}{x-1}$ ist für alle positiven x $(x \neq 1)$ positiv und nimmt, wenn x wachsend positive Werte durchläuft, beständig ab.[1]

Aus der Ungleichung (13) leiten wir noch folgende weitere Ungleichung ab: Sind α und β irgend zwei Zahlen, $\alpha > \beta$, und ist x irgend eine positive Zahl $(\neq 1)$, so besteht die Relation:

$$\frac{1}{\alpha}(x^\alpha - 1) > \frac{1}{\beta}(x^\beta - 1). \tag{14}$$

Man erhält sie auf folgende Weise: Aus $\alpha > \beta$ folgt, wenn $x > 1$ ist, $x^\alpha > x^\beta$, und, wenn $0 < x < 1$, $x^\beta > x^\alpha$ (Satz IV, Seite 213). Daher ist, wie sich aus (13) ergibt:

$$\frac{\overset{e}{\log} x^\beta}{x^\beta - 1} > \frac{\overset{e}{\log} x^\alpha}{x^\alpha - 1} \quad \text{für } x > 1 \tag{15}$$

und

$$\frac{\overset{e}{\log} x^\alpha}{x^\alpha - 1} > \frac{\overset{e}{\log} x^\beta}{x^\beta - 1} \quad \text{für } 0 < x < 1. \tag{15'}$$

Da die rechten und linken Seiten von (15) und (15') positiv sind, erhält man durch Übergang zu den reziproken Werten:

$$\frac{x^\alpha - 1}{\overset{e}{\log} x^\alpha} > \frac{x^\beta - 1}{\overset{e}{\log} x^\beta} \quad \text{für } x > 1 \tag{16}$$

und

$$\frac{x^\beta - 1}{\overset{e}{\log} x^\beta} > \frac{x^\alpha - 1}{\overset{e}{\log} x^\alpha} \quad \text{für } 0 < x < 1. \tag{16'}$$

---

[1] Vgl. die Seite 229 zitierte Arbeit a. a. O. Seite 38.

Je nachdem $x > 1$ oder $0 < x < 1$, ist $\overset{e}{\log} x$ positiv oder negativ. Da $\overset{e}{\log} x^\beta = \beta \overset{e}{\log} x$ und ebenso $\overset{e}{\log} x^\alpha = \alpha \overset{e}{\log} x$, ergibt sich, wenn man (16) und (16′) mit $\overset{e}{\log} x$ multipliziert, daß die Ungleichung (14) für alle positiven $x\,(x \neq 1)$, unabhängig davon, ob x kleiner oder größer als 1 ist, in gleicher Weise besteht.

Aus Ungleichung (14) beweisen wir

Satz VII. Ist $k_1, k_2, \ldots$ eine aufsteigende Folge beliebiger positiver Zahlen ($k_1 < k_2 < k_3 \ldots$), für die $\lim \frac{1}{k_n} = 0$ ist, und bildet man, wenn x irgend eine positive Zahl ist, die zwei Folgen:

$$(17)\qquad k_1\left(1 - x^{-\frac{1}{k_1}}\right),\quad k_2\left(1 - x^{-\frac{1}{k_2}}\right),\ \ldots,$$

$$(18)\qquad k_1\left(x^{\frac{1}{k_1}} - 1\right),\quad k_2\left(x^{\frac{1}{k_2}} - 1\right),\ \ldots,$$

so sind dies zwei zusammengehörige Definitionsfolgen. Die von ihnen definierte Zahl $\left(\begin{matrix} k_n\left(1 - x^{-\frac{1}{k_n}}\right) \\ k_n\left(x^{\frac{1}{k_n}} - 1\right)\end{matrix}\right)$ ist gleich $\overset{e}{\log} x$. Da die k_n positive Zahlen sein sollen, ist die Bedingung $\lim \frac{1}{k_n} = 0$ gleichwertig mit $\lim k_n = +\infty$.

Da nach Voraussetzung von den positiven Zahlen k_n $(n = 1, 2, \ldots)$ stets $k_n < k_{n+1}$, also $\frac{1}{k_{n+1}} < \frac{1}{k_n}$ ist, kann man in (14) $\alpha = \frac{1}{k_n}$, $\beta = \frac{1}{k_{n+1}}$ bzw. $\alpha = -\frac{1}{k_{n+1}}$, $\beta = -\frac{1}{k_n}$ wählen und erhält alsdann, wenn x irgend eine zu 1 ungleiche positive Zahl bedeutet,

$$(19)\qquad k_n\left(x^{\frac{1}{k_n}} - 1\right) > k_{n+1}\left(x^{\frac{1}{k_{n+1}}} - 1\right),$$

$$(20)\qquad -k_{n+1}\left(x^{-\frac{1}{k_{n+1}}} - 1\right) > -k_n\left(x^{-\frac{1}{k_n}} - 1\right).$$

Die Ungleichungen (20) und (19) besagen, daß die Folgen (17) und (18) aufsteigend bzw. absteigend sind. Es ist ferner

$$(21)\qquad k_n\left(x^{\frac{1}{k_n}} - 1\right) = x^{\frac{1}{k_n}}\left[k_n\left(1 - x^{-\frac{1}{k_n}}\right)\right].$$

Für $x > 1$ ist $k_n\left(1 - x^{-\frac{1}{k_n}}\right)$ positiv und $x^{\frac{1}{k_n}} > 1$. Für $0 < x < 1$ ist $k_n\left(1 - x^{-\frac{1}{k_n}}\right)$ negativ und $0 < x^{\frac{1}{k_n}} < 1$. Auf Grund dieser Angaben folgt aus (21), daß für alle positiven $x\,(\neq 1)$

$$k_n\left(x^{\frac{1}{k_n}} - 1\right) > k_n\left(1 - x^{-\frac{1}{k_n}}\right).$$

Mithin erfüllen die Folgen (17) und (18) die Bedingungen B_1) bis B_3) auf Seite 150 für zwei zusammengehörige Definitionsfolgen. Wie Hilfssatz III besagt, konvergiert jede der zwei Folgen (17) und (18) nach $\overset{e}{\log} x$. Hieraus ergibt sich, daß die Folgen (17) und (18) auch die Bedingung B_4) erfüllen und demnach zwei zusammengehörige Definitionsfolgen sind, welche die Zahl $\overset{e}{\log} x$ definieren. Dieses Resultat bleibt auch für das beim Beweise ausgeschlossene $x = 1$ gültig, hierfür ist $\overset{e}{\log} 1 = 0$, und die Folgen (17) und (18) bestehen ausnahmslos aus der Zahl 0.

Für $k_1 = 1$, $k_2 = 2, \ldots, k_n = n, \ldots$ ergibt sich aus Satz VII das spezielle bereits auf Seite 236 als Satz III abgeleitete Resultat.

In ähnlicher Weise wie $\overset{e}{\log} x$ durch Satz VII läßt sich e^x definieren durch

Satz VIII. Ist $k_1, k_2, \ldots$ eine aufsteigende Folge beliebiger positiver Zahlen ($k_1 < k_2 < k_3 \ldots$), für die $\lim \frac{1}{k_n} = 0$ ist, und bildet man, wenn x irgend eine reelle Zahl ist, die zwei Folgen:

$$(22) \qquad \left(1 + \frac{x}{k_1}\right)^{k_1}, \quad \left(1 + \frac{x}{k_2}\right)^{k_2}, \quad \left(1 + \frac{x}{k_3}\right)^{k_3}, \ldots,$$

$$(23) \qquad \left(1 - \frac{x}{k_1}\right)^{-k_1}, \quad \left(1 - \frac{x}{k_2}\right)^{-k_2}, \quad \left(1 - \frac{x}{k_3}\right)^{-k_3}, \ldots,[1]$$

so sind dies zwei zusammengehörige Definitionsfolgen. Die von ihnen definierte Zahl ist gleich e^x.

Zum Beweise benötigt man folgende Ungleichung, deren Ableitung wir sogleich geben: Bedeuten α, β und x irgend drei reelle, zu Null ungleiche Zahlen und ist $1 + \alpha x > 0$ und $1 + \beta x > 0$, so ist stets, wenn $\alpha > \beta$ ist,

$$(24) \qquad (1 + \beta x)^{\frac{1}{\beta}} > (1 + \alpha x)^{\frac{1}{\alpha}}.$$

Ist $x > 0$, so folgt aus $\alpha > \beta$, daß $\alpha x > \beta x$. Man kann alsdann in der Ungleichung (13) $x_2 = 1 + \beta x$ und $x_1 = 1 + \alpha x$ setzen und erhält

$$\frac{\overset{e}{\log}(1 + \beta x)}{\beta x} > \frac{\overset{e}{\log}(1 + \alpha x)}{\alpha x}$$

oder durch Multiplikation mit dem als positiv vorausgesetzten x:

$$(25) \qquad \frac{\overset{e}{\log}(1 + \beta x)}{\beta} > \frac{\overset{e}{\log}(1 + \alpha x)}{\alpha}.$$

Ist $x < 0$, so folgt aus $\alpha > \beta$, daß $\alpha x < \beta x$ ist. Man erhält alsdann aus (13), wenn man $x_1 = 1 + \beta x$, $x_2 = 1 + \alpha x$ wählt,

$$\frac{\overset{e}{\log}(1 + \alpha x)}{\alpha x} > \frac{\overset{e}{\log}(1 + \beta x)}{\beta x}.$$

[1] Sollten die ersten Glieder der Folgen (22) und (23) etwa negative Basen enthalten, so sind diese Glieder und die darüber bzw. darunter stehenden einfach fortzulassen.

Durch Multiplikation mit der nunmehr als negativ vorausgesetzten Zahl x gelangt man ebenfalls zu der Ungleichung (25), so daß diese in gleicher Weise sowohl für positive als auch für negative x gilt. Aus (25) folgt nach (IVa) in Satz IV auf Seite 213

$$e^{\frac{1}{\beta}\overset{e}{\log}(1+\beta x)} > e^{\frac{1}{\alpha}\overset{e}{\log}(1+\alpha x)},$$

mithin

$$e^{\overset{e}{\log}(1+\beta x)^{\frac{1}{\beta}}} > e^{\overset{e}{\log}(1+\alpha x)^{\frac{1}{\alpha}}}$$

oder die Ungleichung (24), wie bewiesen werden sollte.

Wählt man in (24) $\alpha = \frac{1}{k_n}$, $\beta = \frac{1}{k_{n+1}}$ bzw. $\alpha = -\frac{1}{k_{n+1}}$, $\beta = -\frac{1}{k_n}$, so sieht man, daß die Folge (22) aufsteigend, die Folge (23) absteigend ist. Daß jede Zahl von (23) größer als die darüber stehende von (22) ist, folgt aus

$$\left(1+\frac{x}{k_n}\right)^{k_n}\cdot\left(1-\frac{x}{k_n}\right)^{k_n} = \left(1-\frac{x^2}{k_n^2}\right)^{k_n} < 1,$$

wenn wie bisher beim Beweise $x \neq 0$ ist und die Anmerkung 1 der voraufgehenden Seite berücksichtigt wird, nach der $k_n > |x|$ sein muß. Nach Satz VI konvergiert jede der zwei Folgen (22) und (23) nach e^x. Hieraus folgt, daß die Folgen (22) und (23) die Bedingungen B_1) bis B_4) erfüllen und mithin eine Zahl darstellen; diese ist, da die Folgen nach e^x konvergieren, die Zahl e^x.[1]

Für $k_1 = 1$, $k_2 = 2$, ..., $k_n = n$, ... erhält man aus Satz VIII das spezielle bereits auf Seite 233 als Satz II abgeleitete Resultat.

Wir machen noch über uneigentliche Grenzwerte für den natürlichen Logarithmus und die Exponentialfunktion folgende Angaben:

Ist für irgend eine Folge reeller Zahlen h_1, h_2, ... $\lim h_n = +\infty$ bzw. $\lim h_n = -\infty$, so existieren $\lim \alpha^{h_n} = +\infty$ bzw. $\lim \alpha^{h_n} = 0$, wenn $\alpha > 1$, und $\lim \alpha^{h_n} = 0$ bzw. $\lim \alpha^{h_n} = +\infty$, wenn $0 < \alpha < 1$. Ist für irgend eine Folge reeller positiver Zahlen h_1, h_2, ... $\lim h_n = +\infty$ bzw. $\lim h_n = 0$, so existieren $\lim \overset{e}{\log} h_n = +\infty$ bzw. $\lim \overset{e}{\log} h_n = -\infty$.

Es wird genügen zu beweisen, daß für positive h_n aus $\lim h_n = 0$ die Relation $\lim \overset{e}{\log} h_n = -\infty$ folgt. Sei A eine beliebige reelle Zahl, so bestimme man $\xi = e^A$; da $\lim h_n = 0$, gibt es eine ganze positive Zahl k, so daß $h_{k+\sigma}$ kleiner als die positive Zahl ξ wird, also $h_{k+\sigma} < \xi$ ($\sigma = 1, 2, \ldots$). Mithin ist (Satz III, Seite 218) $\overset{e}{\log} h_{k+\sigma} < \overset{e}{\log} \xi$, d. h. $\overset{e}{\log} h_{k+\sigma} < A$. Die letzte Ungleichung besagt (Seite 273), daß $\lim \overset{e}{\log} h_n = -\infty$ ist.

§ 7.

Unendliche Reihen.

a_1, a_2, a_3, ... sei irgend eine Folge von unendlich vielen reellen Zahlen. Bildet man aus ihnen zunächst rein formal

(1) $$a_1 + a_2 + a_3 + \ldots,$$

[1] Satz VIII bleibt auch für den beim Beweis ausgeschlossenen Wert $x = 0$ gültig; für $x = 0$ sind alle Zahlen der Folgen (22) und (23) gleich 1, und es ist auch $e^0 = 1$.

so heißt dieser Ausdruck eine unendliche Reihe. Die Zahlen $a_1, a_2, a_3, \ldots$ heißen die Glieder der Reihe. Da zur Bildung von (1) unendlich viele Summanden verwendet werden sollen, bisher aber nur die Addition einer endlichen Anzahl von Summanden studiert wurde, ist zunächst die prinzipielle Frage zu stellen: Was soll unter einem Ausdruck der Form (1) verstanden werden? Ein solcher ist zunächst ein Symbol, das gestattet, folgende Summen aus endlich vielen Summanden zu bilden:

$$(2)\qquad \begin{cases} s_1 = a_1, \quad s_2 = a_1 + a_2, \quad s_3 = a_1 + a_2 + a_3, \ldots, \\ s_n = a_1 + a_2 + \ldots + a_n, \quad \ldots \end{cases}$$

Die Zahlen $s_1, s_2, \ldots$ heißen die Partialsummen der unendlichen Reihe (1).

Definition: Konvergiert die Folge $s_1, s_2, \ldots$ nach einer Zahl S, so daß also $\lim s_n = S$ existiert, so heißt die unendliche Reihe (1) konvergent und die Zahl S, nach der ihre Partialsummen $s_1, s_2, s_3 \ldots$ konvergieren, die Summe der Reihe. Alsdann schreibt man

$$(3)\qquad S = a_1 + a_2 + a_3 + \ldots$$

Da hier das Wort „Summe“ in einer neuen Bedeutung gebraucht wird, darf man die für Summen aus endlich vielen Summanden gültigen Sätze nicht ohne weiteres auf die neuen Summen übertragen. (Vgl. die Bemerkung zu Satz VI dieses Paragraphen, sowie Satz IV im § 9.)

Eine Reihe, die nicht konvergiert, heißt divergent. Divergenten Reihen wird keine Zahl als ihre Summe zugeordnet werden. Eigentlich sollte man daher bei ihnen auch nicht die Schreibweise (1) verwenden; doch geschieht dies allgemein. Je nach dem Verhalten der Folge $s_1, s_2, \ldots$ werden die divergenten Reihen in eigentlich divergente und oszillierende Reihen eingeteilt, nämlich: Divergiert die Folge $s_1, s_2, \ldots$ nach $+\infty$ bzw. $-\infty$, so sagt man von der Reihe (1), daß sie nach $+\infty$ bzw. $-\infty$ divergiere und nennt sie eigentlich divergent (vgl. Seite 273). Ist $\underline{\lim}\, s_n \neq \overline{\lim}\, s_n$, so heißt die Reihe (1) oszillierend; alsdann sagt man, sie schwanke zwischen den Unbestimmtheitsgrenzen i und J, bzw. i und $+\infty$, $-\infty$ und J, $-\infty$ und $+\infty$ (vgl. Seite 267).

Ehe wir uns allgemein mit den unendlichen Reihen beschäftigen, schalten wir eine Bemerkung über unendliche Dezimalbrüche ein. Ein unendlicher Dezimalbruch

$$(4)\qquad \gamma + \frac{\gamma_1}{10} + \frac{\gamma_2}{10^2} + \frac{\gamma_3}{10^3} + \ldots$$

war uns bisher nur eine abgekürzte Bezeichnung für eine Zahl $\begin{pmatrix} c_n \\ c_n' \end{pmatrix}$, die durch die zwei zusammengehörigen Definitionsfolgen

$$c_n = \gamma + \frac{\gamma_1}{10} + \frac{\gamma_2}{10^2} + \ldots + \frac{\gamma_{n-1}}{10^{n-1}}, \quad c_n' = c_n + \frac{1}{10^{n-1}} \; (n = 1, 2, 3, \ldots)$$

definiert ist (vgl. Seite 85). Auf Grund der neuen Definition kann der Ausdruck (4) nunmehr auch als unendliche Reihe mit den Partialsummen $c_n \, (n = 1, 2, 3, \ldots)$ aufgefaßt werden. Für jede Zahl $\alpha = \begin{pmatrix} c_n \\ c_n' \end{pmatrix}$ ist $\lim c_n = \alpha$.

Mithin läßt sich jeder unendliche Dezimalbruch auch als Summe der durch ihn gegebenen unendlichen Reihe ansehen.

Wir wenden uns wieder zu den allgemeinen Reihen (1). Aus der Definition der Konvergenz (Seite 268) folgt, daß, wenn (1) eine konvergente Reihe ist und ε eine beliebige positive Zahl bedeutet, man stets eine ganze positive Zahl k derart finden kann, daß $|s_{k+\sigma} - S| < \varepsilon$ ist, wobei $\sigma = 0, 1, 2, \ldots$ ist; es liegt also $s_{k+\sigma}$ für alle $\sigma = 0, 1, 2, \ldots$ beständig zwischen $S - \varepsilon$ und $S + \varepsilon$. Mithin ergibt sich: Für jede konvergente Reihe (1) läßt sich zu jeder beliebig vorgegebenen positiven Zahl ε eine ganze positive Zahl k finden, so daß die Summe s_k der k ersten Reihenglieder den Wert der Reihe mit einem Fehler darstellt, der einen kleineren absoluten Betrag als ε hat.

Für die Konvergenz der Folge $s_1, s_2, \ldots$ ist notwendig und hinreichend, daß sich zu jeder positiven Zahl ε eine ganze positive Zahl l bestimmen läßt, so daß für alle $l_1 \geqq l$ die Ungleichung $|s_{l_1+\sigma} - s_{l_1}| < \varepsilon$ besteht (Ungleichung (4') auf Seite 271). Ersetzt man in dieser Ungleichung die Partialsummen durch ihre Werte nach (2), so erhält man folgenden fundamentalen

Satz I. Notwendig und hinreichend für die Konvergenz der unendlichen Reihe:

$$a_1 + a_2 + a_3 + \ldots \tag{1}$$

ist, daß sich zu jedem positiven ε eine ganze positive Zahl l finden läßt, so daß für alle $l_1 \geqq l$ und alle $\sigma = 1, 2, 3, \ldots$ stets

$$|a_{l_1+1} + a_{l_1+2} + \ldots + a_{l_1+\sigma}| < \varepsilon \tag{5}$$

ist.

Nach Satz III' auf Seite 271 läßt sich die notwendige und hinreichende Bedingung für die Konvergenz einer Reihe auch in der folgenden, nur scheinbar weniger fordernden Fassung aussprechen:

Satz I'. Eine Reihe (1) ist dann und nur dann konvergent, wenn sich zu jedem positiven ε eine ganze positive Zahl l finden läßt, so daß

$$|a_{l+1} + a_{l+2} + \ldots + a_{l+\sigma}| < \varepsilon \tag{5'}$$

ist für alle $\sigma = 1, 2, 3, \ldots$

Wählt man in (5) $\sigma = 1$, so ergibt sich als notwendige Bedingung dafür, daß die Reihe (1) konvergent ist, $|a_{l_1+1}| < \varepsilon$ für alle $l_1 \geqq l$, d. h. zu jedem positiven ε muß sich eine Zahl l finden lassen, so daß $|a_{l+1}|, |a_{l+2}|, \ldots$ sämtlich kleiner als ε sind, also $\lim a_n = 0$. Wir behaupten: Für die Konvergenz einer Reihe ist $\lim a_n = 0$ eine notwendige, aber keine ausreichende Bedingung.[1] Um noch die letzte Aussage zu beweisen, betrachten wir die harmonische Reihe, d. h. die Reihe

$$1 + \frac{1}{2} + \frac{1}{3} + \frac{1}{4} + \ldots$$

Für diese ist $\lim a_n = \lim \frac{1}{n} = 0$, und trotzdem ist die Reihe divergent. Bildet man nämlich die dem Werte $n = 2^m$ entsprechende Partialsumme

[1] Dies war bereits Jacob Bernoulli (1689) bekannt, Opera I, 394, Genf 1744, vgl. die deutsche Ausgabe von G. Kowalewski in Ostwalds Klassikern der exakten Wiss. Nr. 171, S. 19.

$$s_n = 1 + \frac{1}{2} + \left(\frac{1}{3} + \frac{1}{4}\right) + \left(\frac{1}{5} + \frac{1}{6} + \frac{1}{7} + \frac{1}{8}\right) + \dots$$
$$+ \left(\frac{1}{2^{m-1}+1} + \frac{1}{2^{m-1}+2} + \dots + \frac{1}{2^m}\right),$$

und ersetzt in jeder Klammer jedes Glied durch das letzte, also das kleinste in der Klammer befindliche Glied, so wird:

$$s_n > 1 + \frac{1}{2} + \left(\frac{1}{4} + \frac{1}{4}\right) + \left(\frac{1}{8} + \frac{1}{8} + \frac{1}{8} + \frac{1}{8}\right) + \dots + \left(\frac{1}{2^m} + \frac{1}{2^m} \dots + \frac{1}{2^m}\right)$$

oder $s_n > 1 + \frac{m}{2}$, da jede Klammer die Summe $\frac{1}{2}$ liefert. Mit wachsendem m wird $1 + \frac{m}{2}$ beliebig groß; daher wächst s_n über jeden noch so großen Betrag. Die harmonische Reihe divergiert mithin nach $+\infty$.

Satz II. Eine unendliche Reihe bleibt konvergent oder divergent, wenn man eine endliche Anzahl ihrer Glieder abändert.

Sollen in einer Reihe (1) $a_1 + a_2 + a_3 + \dots$ nur endlich viele Glieder abgeändert werden, so muß notwendig ein letztes a_l abgeändert werden. Die Reihe mit den abgeänderten Gliedern möge lauten:

(6) $$a_1' + a_2' + \dots + a_l' + a_{l+1} + a_{l+2} + \dots$$

Bezeichnet man die Partialsummen von (6) mit $s_1', s_2', \dots$ und setzt $s_l' - s_l = c$, so wird

$$s_{l+\sigma}' = s_l' + a_{l+1} + a_{l+2} + a_{l+3} + \dots + a_{l+\sigma}$$
$$= s_l + c + a_{l+1} + a_{l+2} + \dots + a_{l+\sigma} = s_{l+\sigma} + c. \quad (\sigma = 1, 2, \dots)$$

Konvergieren die Partialsummen $s_1, s_2, \dots$ von (1) nach S, so konvergieren die von (6) nach $S + c$. Konvergieren umgekehrt die Partialsummen $s_1', s_2', \dots$ von (6) nach S', so folgt aus $s_{l+\sigma} = s_{l+\sigma}' - c$ $(\sigma = 1, 2, \dots)$, daß die Partialsummen $s_1, s_2, \dots$ nach $S' - c$ konvergieren.

Als Korollar zum Satz II ergibt sich: Läßt man in einer unendlichen Reihe eine endliche Anzahl Glieder fort, so bleibt sie konvergent oder divergent. Man kann das Streichen von endlich vielen Gliedern der Reihe einfach als eine Abänderung von endlich vielen Gliedern von (1) in Null ansehen.

Bildet man aus einer Reihe (1) die neue Reihe $R_n = a_{n+1} + a_{n+2} + \dots$, so heißt diese ein Rest der Reihe (1). R_n hängt von der Wahl des n ab. Da sich R_n durch Streichen der ersten n Reihenglieder ergibt, so ist in dem Korollar zu Satz II im besonderen enthalten: Je nachdem irgend ein Rest einer Reihe konvergiert oder divergiert, ist die Reihe selbst konvergent oder divergent.

Ist (1) eine konvergente Reihe mit der Summe S, so haben die aus (1) abgeleiteten Reihen $R_1, R_2, R_3, \dots$ die Summen $S - s_1, S - s_2, S - s_3, \dots$; denn ihre Partialsummen sind um $s_1, s_2, s_3, \dots$ kleiner als diejenigen von (1). Aus

(7) $$R_n = S - s_n \quad \text{und} \quad S = \lim s_n$$

folgt $\lim R_n = 0$. Wir haben demnach

Satz III. Bei jeder konvergenten Reihe ist $\lim R_n = 0$.

Von größter Wichtigkeit für die Theorie der unendlichen Reihen ist die folgende Definition: Eine Reihe (1) $a_1 + a_2 + a_3 + \dots$ heißt absolut konvergent, wenn die aus den absoluten Beträgen der einzelnen Glieder gebildete Reihe

$$(1') \qquad |a_1| + |a_2| + |a_3| + \dots$$

konvergiert. Eine konvergente Reihe mit ausnahmslos positiven Gliedern ist nach der gegebenen Definition auch als absolut konvergent zu bezeichnen. Hingegen kann eine Reihe mit sowohl positiven als auch negativen Gliedern konvergieren, ohne deswegen absolut konvergent sein zu müssen (vgl. § 9). Hingegen gilt

Satz IV. Jede absolut konvergente Reihe ist konvergent.

Ist ε eine beliebige positive Zahl, so folgt, da die Reihe (1') voraussetzungsgemäß konvergieren soll, nach Satz I' die Existenz einer Zahl l derart, daß

$$\big||a_{l+1}| + |a_{l+2}| + \dots + |a_{l+\sigma}|\big| < \varepsilon$$

oder, was das Gleiche ist,

$$(8) \qquad |a_{l+1}| + |a_{l+2}| + \dots + |a_{l+\sigma}| < \varepsilon$$

für alle $\sigma = 1, 2, \dots$ Nun ist

$$|a_{l+1} + a_{l+2} + \dots + a_{l+\sigma}| \leqq |a_{l+1}| + |a_{l+2}| + \dots + |a_{l+\sigma}|$$

und also nach (8)

$$|a_{l+1} + a_{l+2} + \dots + a_{l+\sigma}| < \varepsilon.$$

Die letzte Ungleichung besagt nach Satz I', daß die Reihe (1) konvergiert.

Bedeuten r und q beliebige reelle Zahlen (r und $q \neq 0$), so heißt die Reihe:

$$(9) \qquad r + rq + rq^2 + \dots$$

eine unendliche geometrische Reihe oder einfach eine geometrische Reihe mit dem Anfangsgliede r und dem Quotienten q. Ihre Partialsummen

$$s_n = r + rq + rq^2 + \dots + rq^{n-1} \quad (n = 1, 2, \dots)$$

bezeichnet man als endliche oder abbrechende geometrische Reihen. Es ist

$$s_n = r + rq + rq^2 + \dots + rq^{n-1},$$
$$s_n \cdot q = \quad rq + rq^2 + \dots + rq^{n-1} + rq^n,$$

also, wie durch Subtraktion folgt,

$$s_n(1 - q) = r - rq^n$$

oder unter der Voraussetzung $q \neq 1$ (für $q = 1$ ist $s_n = nr$)

$$(10) \qquad s_n = \frac{r(1 - q^n)}{1 - q} = \frac{r}{1 - q} - \frac{rq^n}{1 - q}.$$

Ist $|q| > 1$, so kann man zu jeder beliebigen positiven Zahl G eine ganze positive Zahl k so finden, daß $|q|^{k+\sigma} > \frac{G}{|r|}$ (Hilfssatz III auf Seite 193), also $|q|^{k+\sigma} \cdot |r| > G$ ist ($\sigma = 0, 1, 2, \dots$). Bei einer unendlichen geometrischen Reihe mit $|q| > 1$ ist mithin die für die Konvergenz einer unendlichen Reihe notwendige Bedingung $\lim (rq^n) = 0$ nicht erfüllt. Auch für $q = +1$ bzw.

$q = -1$ trifft diese nicht zu, wie die sich ergebenden Reihen $r + r + r + \ldots$ bzw. $r - r + r - r + \ldots$ zeigen; von diesen divergiert die erste nach $+\infty$ bzw. $-\infty$, je nachdem r positiv oder negativ ist, während die zweite infolge ihrer abwechselnden Partialsummen r und 0 eine oszillierende Reihe ist.

Anders liegen die Verhältnisse für $|q| < 1$. Alsdann ist $\frac{1}{|q|} > 1$, und man kann nach Hilfssatz III auf Seite 193 zu jeder beliebig vorgegebenen positiven Zahl ε eine ganze positive Zahl k so finden, daß

(11) $$\left(\frac{1}{|q|}\right)^{k+\sigma} > \frac{1}{\varepsilon}\frac{|r|}{(1-q)};$$ [1]

dabei ist k nur größer zu wählen, als die nächste oberhalb

$$\frac{\frac{1}{\varepsilon}\frac{|r|}{(1-q)} - 1}{\frac{1}{|q|} - 1} = \frac{|r|\cdot|q| - \varepsilon(1-q)|q|}{\varepsilon(1-q)(1-|q|)}$$

gelegene ganze positive Zahl. Aus (11) folgt

(12) $$\frac{|r|\cdot|q|^{k+\sigma}}{1-q} < \varepsilon.$$

Aus (10) und (12) ergibt sich, daß, wenn k nach der obigen Angabe gewählt ist,

(13) $$\left|s_{k+\sigma} - \frac{r}{1-q}\right| < \varepsilon \quad \text{für alle } \sigma = 0, 1, 2, \ldots$$

Die Ungleichung (13) besagt, daß für $|q| < 1$ die geometrische Reihe nach $\frac{r}{1-q}$ konvergiert; dabei enthält der gegebene Beweis zugleich eine Bestimmung von k bei vorgegebenem ε. Sonst hätte man sich einfach darauf berufen können, daß für $|q| < 1$ stets $\lim q^n = 0$, also $\frac{r}{1-q}\cdot \lim q^n = \lim \frac{r q^n}{1-q} = 0$ und folglich nach (10) $\lim s_n = \frac{r}{1-q}$ wird. Wenn die geometrische Reihe für irgend ein Wertepaar r, q konvergiert, so tut sie es auch für $|r|$ und $|q|$. Hieraus folgt, daß die geometrische Reihe, wenn sie konvergiert, absolut konvergent ist. Wir haben daher

Satz V. Die geometrische Reihe $r + rq + rq^2 + \ldots$, bei der r und q irgend welche zu Null ungleiche Zahlen bedeuten, konvergiert dann und nur dann, wenn $|q| < 1$ ist. Alsdann ist sie stets absolut konvergent. Ihre Summe ist $\frac{r}{1-q}$.[2]

---

[1] $1 - q$ ist wegen $|q| < 1$ positiv.

[2] Die erste unendliche Reihe hat Archimedes addiert; es war die sich für $q = \frac{1}{4}$, $r = 1$ ergebende geometrische Reihe, auf die er bei der Quadratur der Parabel kam. Archimedis Opera, ed. Heiberg, vol. II, p. 346ff., Satz XXIII und XXIV, Leipzig 1881. Die allgemeine Formel des Textes für die Summation einer geometrischen Reihe hat erst Vieta (1593) in Variorum de rebus math. responsorum, liber VIII, Cap. XVII. Die eingehende Beschäftigung mit unendlichen Reihen datiert seit der Entdeckung der logarithmischen Reihe durch Nicolaus Mercator in seiner Logarithmotechnia (1668).

Satz VI. Konvergiert die Reihe

$$a_1 + a_2 + a_3 + \dots$$

nach S, so behält sie ihre Summe, wenn man die Reihenglieder gruppenweise zusammenfaßt, ohne dabei ihre Reihenfolge zu ändern; es ist also auch

$$S = (a_1 + a_2 + \dots + a_{k_1}) + (a_{k_1+1} + a_{k_1+2} + \dots + a_{k_2}) + (a_{k_2+1} + \dots + a_{k_3}) + \dots$$

Die Partialsummen der neuen Reihe

$$(a_1 + a_2 + \dots + a_{k_1}) + (a_{k_1+1} + a_{k_1+2} + \dots + a_{k_2}) + (a_{k_2+1} + \dots + a_{k_3}) + \dots$$

lauten $s_{k_1}, s_{k_2}, s_{k_3}, \dots$ und haben wegen $\lim s_n = S$ ebenfalls die Grenze S.

Dem Satz VI fügen wir die wichtige Bemerkung bei: Hat man eine konvergente Reihe, so darf man nach Satz VI etwaige Klammern zwar zufügen, aber nicht beliebig entfernen, z. B. ist die Reihe

$$(1 - 1) + (1 - 1) + (1 - 1) + \dots$$

konvergent und hat die Summe 0, da alle ihre Partialsummen die Summe 0 besitzen; hingegen konvergiert, wie bereits oben gezeigt, die Reihe $1 - 1 + 1 - 1 + 1 - 1 + \dots$ nicht.

Während man nach der gemachten Bemerkung zwar im allgemeinen Klammern nicht weglasen darf, gilt trotzdem folgender Hilfssatz, den wir auch noch später verwenden:

Hat man irgend eine konvergente Reihe, so kann man bei ihr Klammern, die nur Glieder desselben Vorzeichens enthalten, fortlassen, ohne hierdurch die Summe der Reihe zu verändern.

Seien $s_1, s_2, \dots$ die Partialsummen der ursprünglichen Reihe mit Klammern, so werden bei Auflösen der Klammern zwischen zwei Partialsummen s_n und s_{n+1} neue eingeschoben; die Werte dieser liegen, da ja nur Klammern mit ausnahmslos positiven oder ausnahmslos negativen Gliedern aufgelöst werden, zwischen s_n und s_{n+1}. Konvergieren nun die Partialsummen $s_1, s_2, \dots$ der ursprünglichen Reihe nach C, d. h. liegen, wenn ε eine beliebig vorgegebene positive Zahl ist, mit einem gewissen s_k beginnend, alle $s_{k+\sigma}$ ($\sigma = 0, 1, 2, \dots$) zwischen $C - \varepsilon$ und $C + \varepsilon$, so trifft dies auch für alle auf s_k folgenden Partialsummen der Reihe mit aufgelösten Klammern zu, so daß auch die Reihe mit aufgelösten Klammern die Summe C hat.

Satz VII (Addition zweier Reihen). Sind $a_1 + a_2 + \dots$ und $b_1 + b_2 + \dots$ zwei konvergente Reihen mit den Summen S und T, so ist auch

$$a_1 + b_1 + a_2 + b_2 + a_3 + b_3 + \dots \tag{14}$$

eine konvergente Reihe, und zwar hat sie die Summe $S + T$.

Seien $s_n = a_1 + a_2 + \dots + a_n$ und $t_n = b_1 + b_2 + \dots + b_n$ die Partialsummen der gegebenen Reihen, so hat die Reihe (14) die $(2n)^{\text{te}}$ Partialsumme $s_n + t_n$. Da $S + T = \lim s_n + \lim t_n = \lim (s_n + t_n)$, so konvergieren die $(2n)^{\text{ten}}$ Partialsummen nach $S + T$. Die $(2n - 1)^{\text{ten}}$ Partialsummen von (14) haben den Wert $s_n + t_n - b_n$; da $\lim b_n = 0$, so konvergieren die $(2n - 1)^{\text{ten}}$ Partialsummen von (14) ebenfalls nach $S + T$. Mithin ist die Summe von (14) gleich $S + T$.

Satz VIII. Eine konvergente Reihe wird mit einer Zahl c multipliziert, indem man jedes ihrer Glieder mit c multipliziert.

Die Reihe $ca_1 + ca_2 + ca_3 + \dots$ hat nämlich offenbar c mal so große Partialsummen als die Reihe

$$a_1 + a_2 + a_3 + \dots$$

Aus Satz VII und VIII folgt, wenn man $c = -1$ wählt,

Satz IX (Subtraktion zweier Reihen). Sind $a_1 + a_2 + \dots$ und $b_1 + b_2 + \dots$ zwei konvergente Reihen mit den Summen S und T, so ist auch

$$a_1 - b_1 + a_2 - b_2 + a_3 - b_3 \dots$$

eine konvergente Reihe, und zwar hat sie die Summe $S - T$.

Satz X (Multiplikation zweier Reihen).

$$a_1 + a_2 + \dots \tag{15$_1$}$$

sei eine absolut konvergente Reihe,

$$b_1 + b_2 + \dots \tag{15$_2$}$$

sei eine konvergente Reihe[1]; die erste Reihe habe die Summe S, die zweite die Summe T. Bildet man

$$w_n = a_1 b_n + a_2 b_{n-1} + \dots + a_n b_1, \tag{16}$$

so ist die Reihe

$$w_1 + w_2 + w_3 + \dots \tag{15$_3$}$$

konvergent und hat die Summe $S \cdot T$.

Wir betrachten die Partialsummen der Reihe (15$_3$)

$$\left\{\begin{aligned} w_1 + w_2 + \dots + w_n &= a_1 b_1 + a_1 b_2 + a_2 b_1 + \dots + a_1 b_n + a_2 b_{n-1} + \dots + a_n b_1 \\ &= a_1 (b_1 + b_2 + \dots + b_n) + a_2 (b_1 + b_2 + \dots + b_{n-1}) + \dots + a_n b_1 . \end{aligned}\right. \tag{17}$$

Führt man die Reste

$$R_k' = b_{k+1} + b_{k+2} + \dots \qquad (k = 1, 2, \dots) \tag{18}$$

der Reihe $T = b_1 + b_2 + \dots$ ein, so ergibt sich aus (17), da

$$R_k' = T - (b_1 + b_2 + \dots + b_k)$$

wird:

$$\left\{\begin{aligned} w_1 + w_2 + \dots + w_n &= a_1 (T - R_n') + a_2 (T - R_{n-1}') + \dots + a_n (T - R_1') \\ &= (a_1 + a_2 + \dots + a_n) T - \lambda_n , \end{aligned}\right. \tag{19}$$

wobei

$$\lambda_n = a_1 R_n' + a_2 R_{n-1}' + \dots + a_n R_1'. \tag{20}$$

Aus (20) folgt:

$$|\lambda_n| \leqq |a_1| \cdot |R_n'| + |a_2| \cdot |R_{n-1}'| + \dots + |a_n| \cdot |R_1'|. \tag{21}$$

Infolge der Konvergenz der Reihe $b_1 + b_2 + \dots$ gilt für ihre Reste $\lim R_n' = 0$. Mithin kann man eine positive Zahl C bestimmen, so daß

$$|R_n'| < C \quad \text{für alle} \quad n = 1, 2, 3, \dots \tag{22}$$

[1] Für die Reihe (15$_2$) wird nur Konvergenz, nicht absolute Konvergenz vorausgesetzt.

Nach Voraussetzung soll die Reihe $a_1 + a_2 + \dots$ absolut konvergieren, d. h. auch die Reihe

(23) $$|a_1| + |a_2| + |a_3| + \dots$$

ist konvergent; die letzte Reihe habe die Summe A. Infolge der Konvergenz der Reihe (23) kann man, wenn ε eine beliebige positive Zahl bedeutet, nach Satz I' stets eine ganze positive Zahl k_1 finden, daß für alle $\sigma = 1, 2, 3, \dots$ die Ungleichung

$$\Big| |a_{k_1+1}| + |a_{k_1+2}| + \dots + |a_{k_1+\sigma}| \Big| < \frac{\varepsilon}{A + C}$$

stattfindet oder, was dasselbe ist,

(24) $$|a_{k_1+1}| + |a_{k_1+2}| + \dots + |a_{k_1+\sigma}| < \frac{\varepsilon}{A + C}.$$

Wegen $\lim R_n' = 0$ läßt sich eine ganze positive Zahl k_2 finden, so daß

(25) $$|R'_{k_2+\sigma}| < \frac{\varepsilon}{A + C} \quad \text{für alle} \quad \sigma = 1, 2, \dots$$

Wir wählen in (21) $n = k + \tau$, wobei $k = k_1 + k_2$ und τ die Werte $1, 2, 3, \dots$ durchläuft; alsdann wird

$$|\lambda_{k+\tau}| \leqq |a_1| \cdot |R'_{k_1+k_2+\tau}| + |a_2| \cdot |R'_{k_1+k_2+\tau-1}| + \dots + |a_{k_1}| \cdot |R'_{k_2+\tau+1}|$$
$$+ |a_{k_1+1}| \cdot |R'_{k_2+\tau}| + \dots + |a_{k_1+k_2+\tau}| \cdot |R_1'|.$$

Nach (25) sind die Größen $|R'_{k_2+\tau+1}|, |R'_{k_2+\tau+2}|, \dots |R'_{k_1+k_2+\tau}|$ kleiner als $\frac{\varepsilon}{A + C}$. Daher wird

$$|\lambda_{k+\tau}| < |a_1| \cdot \frac{\varepsilon}{A + C} + |a_2| \cdot \frac{\varepsilon}{A + C} + \dots + |a_{k_1}| \cdot \frac{\varepsilon}{A + C}$$
$$+ |a_{k_1+1}| \cdot |R'_{k_2+\tau}| + \dots + |a_{k_1+k_2+\tau}| \cdot |R_1'|.$$

Hieraus ergibt sich infolge der Ungleichungen (22):

$$|\lambda_{k+\tau}| < \frac{\varepsilon}{A + C} \{|a_1| + |a_2| + \dots + |a_{k_1}|\} + |a_{k_1+1}| \cdot C + |a_{k_1+2}| \cdot C + \dots$$
$$+ |a_{k_1+k_2+\tau}| \cdot C.$$

Da die Reihe $A = |a_1| + |a_2| + \dots$ nur positive Glieder hat, ist

$$|a_1| + |a_2| + \dots + |a_{k_1}| < A,$$

und man erhält

$$|\lambda_{k+\tau}| < \frac{\varepsilon}{A + C} \cdot A + C\{|a_{k_1+1}| + |a_{k_1+2}| + \dots + |a_{k_1+k_2+\tau}|\}.$$

Nach (24) ist der Faktor von C kleiner als $\frac{\varepsilon}{A + C}$. Mithin wird

$$|\lambda_{k+\tau}| < \frac{\varepsilon}{A + C} \cdot A + C \cdot \frac{\varepsilon}{A + C}$$

oder

$$|\lambda_{k+\tau}| < \varepsilon \quad \text{für} \quad \tau = 1, 2, \dots,$$

d. h. $\lim \lambda_n = 0$.

Setzt man $s_n = a_1 + a_2 + \ldots + a_n$, so ist, da die Reihe ($15_1$) $a_1 + a_2 + \ldots$ die Summe S hat, $\lim s_n = S$ und folglich

$$S \cdot T = (\lim s_n) \cdot T = \lim (s_n \cdot T) = \lim (a_1 + a_2 + \ldots + a_n) T.$$

Beachtet man, daß nach (19)

$$w_1 + w_2 + \ldots + w_n = (a_1 + a_2 + \ldots + a_n) T - \lambda_n$$

und ferner $\lim \lambda_n = 0$ war, so folgt, daß die Partialsummen $w_1 + w_2 + \ldots + w_n$ nach der Grenze $S \cdot T$ konvergieren. Hiermit ist unser Satz bewiesen.

Der Leser beweise: Sind (15_1) und (15_2) beide absolut konvergente Reihen, so trifft dies auch für die Reihe (15_3) und ebenso für die durch Addition gewonnene Reihe (14) zu.

Läßt man die Voraussetzung fallen, daß wenigstens eine der zwei konvergenten Reihen (15_1) und (15_2), die in Satz X vorkommen, absolut konvergent ist, so braucht die Reihe (15_3) überhaupt nicht mehr zu konvergieren; alsdann stellt (15_3) gewiß nicht das Produkt der zwei Reihen (15_1) und (15_2) dar. Als Beispiel hierfür wählt Cauchy[1] in (15_1) und (15_2) die gleiche Reihe

$$1 - \frac{1}{\sqrt{2}} + \frac{1}{\sqrt{3}} - \frac{1}{\sqrt{4}} \ldots,$$

die nach dem Leibnizschen Satze (vgl. S. 321) konvergiert. Als (15_3) ergibt sich dann eine Reihe, bei der das allgemeine Glied w_n den absoluten Betrag

$$(26) \qquad |w_n| = \frac{1}{\sqrt{n}} + \frac{1}{\sqrt{2(n-1)}} + \frac{1}{\sqrt{3(n-2)}} + \ldots + \frac{1}{\sqrt{n}}$$

hat. Nun ist $\sqrt{k(n-k+1)} \leqq \frac{1}{2}(n+1)$* — das geometrische Mittel ist nicht größer als das arithmetische (vgl. Seite 241) — und daher jedes Glied auf der rechten Seite von (26) mindestens gleich $\frac{2}{n+1}$. Da auf der rechten Seite von (26) n Summanden stehen, ist $|w_n| \geqq \frac{2n}{n+1}$ oder $|w_n| \geqq 1$. Mithin ist $\lim w_n$ nicht gleich 0, und die Reihe $w_1 + w_2 + \ldots$ konvergiert nach Seite 298 nicht.

§ 8.

Unendliche Reihen mit positiven Gliedern und Potenzreihen.

Satz I. Eine Reihe $p_1 + p_2 + \ldots$ mit nur positiven Gliedern ist entweder konvergent oder sie divergiert nach $+\infty$. (Sie kann also nie oszillieren.)

---

[1] Cauchy, Analyse algébrique, Paris 1821, Cap. VI, § 3 = Oeuvres (2) **3**, p. 134, Paris 1897. Cauchy hat den Multiplikationssatz unter der Voraussetzung, daß die zwei zu multiplizierenden Reihen absolut konvergieren; die Erweiterung des Textes stammt von Mertens, Journ. f. d. r. u. ang. Math. **79**, 182 (1875). Der obige Beweis im Prinzip nach Jensen, Nouv. Corr. math. **5** (1879), 430. Man kann auch beweisen, daß, wenn alle drei Reihen (15_1), (15_2) und (15_3) konvergieren, die letztere stets die Summe $S \cdot T$ hat. (Abel, Journ. f. d. r. u. ang. Math. **1**, 317 (1826), deutsche Ausgabe von Wangerin in Ostwalds Klassikern der exakten Wiss. Nr. 71, S. 9.)

* Das Gleichheitszeichen gilt nur für den Fall $k = n - k + 1$.

Da alle Reihenglieder p_n nach Voraussetzung positiv sind, folgt aus der Gleichung $s_n = s_{n-1} + p_n$ $(n = 2, 3, \ldots)$, daß $s_n > s_{n-1}$ ist. Entweder läßt sich nun eine Zahl M finden, so daß alle Partialsummen s_n der Reihe kleiner als M sind oder es gibt keine solche Zahl M. Im ersten Fall existiert nach Satz IV auf Seite 274 eine Zahl S, so daß $\lim s_n = S$, d. h. die Reihe konvergiert nach S. Im zweiten Fall wachsen die Partialsummen über jeden noch so großen Betrag hinaus, so daß $\lim s_n = +\infty$.

Satz II. Ist

$$p_1 + p_2 + \ldots \tag{1}$$

eine Reihe mit nur positiven Gliedern,

$$P_1 + P_2 + \ldots \tag{2}$$

eine konvergente Reihe von der Art, daß

$$P_n \geqq p_n \quad (n = 1, 2, \ldots) \tag{3}$$

ist, so ist auch die Reihe (1) konvergent. Die Reihe (2) heißt eine Majorante von (1).

Infolge der Ungleichungen (3) hat die Reihe (2) größere Partialsummen als (1). Da die Reihe (2) konvergiert, wachsen ihre Partialsummen nicht über jeden noch so großen Betrag; folglich gilt für die Partialsummen von (1) das Gleiche. Mithin kann die Reihe (1) nicht nach $+\infty$ divergieren und ist nach Satz I konvergent.

Aus Satz II folgt unmittelbar

Satz III. Ist $p_1 + p_2 + \ldots$ eine divergente Reihe mit positiven Gliedern und $P_1 + P_2 + \ldots$ eine Reihe von der Art, daß $P_n \geqq p_n$ $(n = 1, 2, \ldots)$, so ist auch die Reihe $P_1 + P_2 + \ldots$ divergent.

Wäre nämlich die Reihe $P_1 + P_2 + \ldots$ konvergent, so müßte nach Satz II auch Gleiches für $p_1 + p_2 + \ldots$ zutreffen; dies würde aber der Voraussetzung widersprechen.

Als Beispiel zu den Sätzen II und III betrachten wir die Reihe:

$$\frac{1}{1^\lambda} + \frac{1}{2^\lambda} + \frac{1}{3^\lambda} + \ldots, \tag{4}$$

wobei λ irgend eine reelle Zahl bedeutet. Für $\lambda = 1$ ist die Reihe als die harmonische Reihe (vgl. Seite 298) divergent. Ist $\lambda < 1$, so ist $n^\lambda < n$ $(n=2, 3, \ldots)$ und daher $\frac{1}{n} < \frac{1}{n^\lambda}$. Mithin sind für $\lambda < 1$ die Glieder der Reihe (4) vom zweiten an größer als die der harmonischen Reihe; daher divergiert die Reihe (4) nach Satz III auch für alle Zahlen $\lambda < 1$.

Ist $\lambda > 1$, so betrachen wir statt der Reihe (4) folgende aus ihr durch Zusammenfassen der Reihenglieder entstehende Reihe (4')

$$\left\{\begin{aligned} &\frac{1}{1^\lambda} + \left(\frac{1}{2^\lambda} + \frac{1}{3^\lambda}\right) + \left(\frac{1}{4^\lambda} + \frac{1}{5^\lambda} + \frac{1}{6^\lambda} + \frac{1}{7^\lambda}\right) \\ &\qquad + \left(\frac{1}{8^\lambda} + \frac{1}{9^\lambda} + \ldots + \frac{1}{15^\lambda}\right) + \ldots \end{aligned}\right. \tag{4'}$$

Ersetzt man in jeder Klammer jedes Glied durch das erste Klammerglied, so vergrößert man die Reihenglieder und erhält die Reihe:

$$(4'') \quad \frac{1}{1^\lambda} + \left(\frac{1}{2^\lambda} + \frac{1}{2^\lambda}\right) + \left(\frac{1}{4^\lambda} + \frac{1}{4^\lambda} + \frac{1}{4^\lambda} + \frac{1}{4^\lambda}\right) + \left(\frac{1}{8^\lambda} + \ldots + \frac{1}{8^\lambda}\right) + \ldots$$

oder

$$\frac{1}{1^\lambda} + \frac{2}{2^\lambda} + \frac{4}{4^\lambda} + \frac{8}{8^\lambda} + \frac{16}{16^\lambda} + \ldots = 1 + \frac{1}{2^{\lambda-1}} + \frac{1}{2^{2\lambda-2}} + \frac{1}{2^{3\lambda-3}} + \frac{1}{2^{4\lambda-4}} + \ldots$$

Für $\lambda > 1$ ist $\frac{1}{2^{\lambda-1}}$ kleiner als 1 und daher die Reihe (4″) als geometrische Reihe mit dem Quotienten $\frac{1}{2^{\lambda-1}}$ konvergent. Da (4″) eine Majorante von (4′) ist, so ist die Reihe (4′) für $\lambda > 1$ nach Satz II konvergent. Da man in der Reihe (4′) nach dem Hilfssatz auf Seite 302 die Klammern fortlassen darf, ist die Reihe (4) konvergent, wenn $\lambda > 1$ ist.

Satz IV. Ist (1) $p_1 + p_2 + \ldots$ eine Reihe mit nur positiven Gliedern und bildet man die Folge positiver Zahlen

$$(5) \qquad p_1,\ \sqrt[2]{p_2},\ \sqrt[3]{p_3},\ \ldots,\ \sqrt[n]{p_n},\ \ldots,$$

so ist die Reihe (1) konvergent, wenn es einen echten Bruch L gibt, so daß die Zahlen der Folge (5) von einer bestimmten Stelle an stets kleiner als L sind, also

$$(6) \qquad \sqrt[k+\sigma]{p_{k+\sigma}} < L \quad (\sigma = 1, 2, \ldots).$$

Sind in der Folge (5) unendlich viele Zahlen $\geqq 1$, so ist die Reihe (1) divergent.

Zum Beweise des ersten Teiles des Satzes IV betrachten wir die sich aus (6) ergebenden Ungleichungen

$$(7) \qquad p_{k+\sigma} < L^{k+\sigma} \quad (\sigma = 1, 2, \ldots).$$

Da $0 < L < 1$, konvergiert die geometrische Reihe

$$(8) \qquad L^{k+1} + L^{k+2} + \ldots = \frac{L^{k+1}}{1-L}.$$

Infolge der Ungleichungen (7) ist (8) eine Majorante von

$$(9) \qquad p_{k+1} + p_{k+2} + \ldots$$

Mithin konvergiert nach Satz II die Reihe (9) und daher auch die Reihe (1), von der (9) ein Rest ist. Hiermit ist der erste Teil des Satzes IV bewiesen. Sind hingegen unendlich viele Zahlen der Folge (5) $\geqq 1$, so gibt es auch in der Folge p_n ($n = 1, 2, \ldots$), deren Zahlen die n^{ten} Potenzen von $\sqrt[n]{p_n}$ sind, unendlich viele Zahlen, die $\geqq 1$ sind; mithin ist nicht $\lim p_n = 0$, und die Reihe (1) muß divergieren.

Unter Verwendung des limes superior kann man Satz IV auch folgendermaßen fassen:

Satz IV'. Ist (1) $p_1 + p_2 + \ldots$ eine Reihe mit nur positiven Gliedern und bildet man den limes superior der Folge positiver Zahlen

$$(5)\qquad p_1,\ \sqrt[2]{p_2},\ \sqrt[3]{p_3},\ \ldots,\ \sqrt[n]{p_n},\ \ldots,$$

so ist die Reihe (1) konvergent, wenn $\overline{\lim}\,\sqrt[n]{p_n} < 1$, dagegen divergent, wenn $\overline{\lim}\,\sqrt[n]{p_n} > 1$ ist. Ist $\overline{\lim}\,\sqrt[n]{p_n} = 1$, so kann die Reihe (1) entweder konvergieren oder divergieren; sie divergiert für $\overline{\lim}\,\sqrt[n]{p_n} = 1$ sicher, wenn unendlich viele Zahlen der Reihe (1) $\geqq 1$ sind.

Zur Herleitung von Satz IV' betrachten wir zunächst den Fall $\overline{\lim}\,\sqrt[n]{p_n} < 1$. Wir setzen $\overline{\lim}\,\sqrt[n]{p_n} = J$, wobei $0 \leqq J < 1$ ist. Alsdann kann man eine positive Zahl L wählen, so daß $J < L < 1$ (Satz I, Seite 148). Da J die größte Häufungsstelle der Folge (5) ist, kann höchstens eine endliche Anzahl von Zahlen der Folge (5) größer oder gleich L sein (Satz III, Aussage (1) für $\varepsilon = L - J$, Seite 262). Sei $\sqrt[k]{p_k}$ die letzte dieser Zahlen, so ist $\sqrt[k+\sigma]{p_{k+\sigma}} < L\ (\sigma = 1, 2, \ldots)$. Mithin ist, da L ein echter Bruch ist, die Reihe (1) nach Satz IV konvergent.

Ist $\overline{\lim}\,\sqrt[n]{p_n} = J$, wobei $J > 1$, so betrachte man irgend eine Zahl L, die der Ungleichung $J > L > 1$ genügt. Jede solche Zahl L wird von unendlich vielen Zahlen der Folge (5) überschritten; denn sonst wäre J überhaupt nicht Häufungsstelle von (5). (Satz III, Aussage (2) für $\varepsilon = J - L$, Seite 262, wenn J eine Zahl ist bzw. Definition II (Seite 261), wenn $+\infty$ für J tritt.) Da in der Folge (5) unendlich viele Zahlen > 1 sind, ist die Reihe (1) nach Satz IV divergent.[1]

Nach Satz IV kann für $\overline{\lim}\,\sqrt[n]{p_n} = 1$ ein Zweifel über den Reihencharakter nur dann bestehen, wenn die Folge (5) bloß eine endliche Anzahl von Zahlen besitzt, die $\geqq 1$ sind.[2] Daß in diesem Fall die Reihe (1) sowohl konvergieren als auch divergieren kann, zeigen die zwei Reihen $1 + \frac{1}{2} + \frac{1}{3} + \ldots$ (divergent) und $1 + \frac{1}{2^\lambda} + \frac{1}{3^\lambda} + \ldots$ ($\lambda > 1$, konvergent); für sie ist

$$\lim \sqrt[n]{\frac{1}{n}} = 1 \text{ und } \lim \sqrt[n]{\frac{1}{n^\lambda}} = \lim \left(\sqrt[n]{\frac{1}{n}}\right)^\lambda = \left(\lim \sqrt[n]{\frac{1}{n}}\right)^\lambda \text{(vgl. Satz V, S. 290)} = 1,$$

da $\lim \sqrt[n]{n} = 1$ (vgl. Seite 277).

---

[1] Wir vermerken noch, um uns später darauf zu berufen, daß, wie beim Beweise von Satz IV gezeigt wurde, in diesem Fall nicht einmal $\lim p_n = 0$ ist.

[2] Ist nur eine endliche Anzahl von Zahlen der Folge (5) $\geqq 1$, so sind von einer gewissen Stelle g an alle Zahlen von (5) kleiner als 1; es ist also

$$(*)\qquad \sqrt[g+\sigma]{p_{g+\sigma}} < 1 \quad (\sigma = 1, 2, \ldots).$$

Wir können demnach sagen, daß das Kriterium des Satzes IV uns bei einer Reihe mit positiven Gliedern nur dann im Stiche läßt, wenn die Ungleichungen (*) bestehen, ohne daß es möglich ist, einen bestimmten echten Bruch L zu finden, so daß von einer gewissen Stelle $k \geqq g$ an die Ungleichungen (6) auf Seite 307 bestehen.

Die in Satz IV und IV′ abgeleiteten Konvergenzkriterien, die von CAUCHY[1] stammen, bezeichnet man als Konvergenzkriterien erster Art. Hierunter versteht man solche, bei denen der aus den Reihengliedern gebildete Ausdruck nur das allgemeine Glied p_n enthält. Kriterien zweiter Art nennt man solche, die in den aus den Reihengliedern zu bildenden Ausdrücken das Verhältnis $\frac{p_{n+1}}{p_n}$ zweier aufeinander folgender Glieder enthalten. Wir leiten nunmehr ein Konvergenzkriterium zweiter Art ab, das wir zunächst so formulieren:

Satz V. Ist (1) $p_1 + p_2 + \ldots$ eine Reihe mit nur positiven Gliedern und bildet man die Folge

$$\frac{p_2}{p_1}, \quad \frac{p_3}{p_2}, \quad \ldots, \quad \frac{p_{n+1}}{p_n}, \quad \ldots, \tag{10}$$

so ist die Reihe (1) konvergent, wenn es einen echten Bruch L gibt, so daß die Zahlen der Folge (10) von einer bestimmten Stelle an stets kleiner als L sind, also

$$\frac{p_{k+\sigma}}{p_{k+\sigma-1}} < L \quad (\sigma = 1, 2, \ldots). \tag{11}$$

Sind die Zahlen der Folge (10) von einer bestimmten Stelle an ausnahmslos gleich oder größer als 1, d. h. gibt es eine ganze positive Zahl k von der Art, daß

$$\frac{p_{k+\sigma}}{p_{k+\sigma-1}} \geqq 1 \quad (\sigma = 1, 2, \ldots), \tag{12}$$

so ist die Reihe (1) divergent.[2]

Zum Beweise des ersten Teiles des Satzes V multiplizieren wir die ersten σ der Ungleichungen (11), also

$$\frac{p_{k+1}}{p_k} < L, \quad \frac{p_{k+2}}{p_{k+1}} < L, \quad \ldots, \quad \frac{p_{k+\sigma}}{p_{k+\sigma-1}} < L$$

miteinander und erhalten $\frac{p_{k+\sigma}}{p_k} < L^\sigma$ oder

$$p_{k+\sigma} < p_k \cdot L^\sigma \quad (\sigma = 1, 2, \ldots). \tag{11'}$$

Infolge der Ungleichungen (11′) ist die geometrische Reihe

$$p_k L + p_k L^2 + p_k L^3 + \ldots \tag{13}$$

eine Majorante von

$$p_{k+1} + p_{k+2} + p_{k+3} + \ldots \tag{14}$$

---

[1] CAUCHY, Analyse algébrique, Cap. VI, § 2 = Oeuvres (2) **3**, p. 121.

[2] Für die Divergenz genügt es nicht, wie bei Satz IV vorauszusetzen, daß unendlich viele Zahlen der Folge (10) $\geqq 1$ sind; alsdann kann nämlich die Reihe (1) noch konvergieren. Dies zeigt die als Summe zweier geometrischer Reihen konvergente Reihe $q + q_1 + q^2 + q_1^2 + q^3 + q_1^3 + \ldots$, für die $0 < q < 1$, $0 < q_1 < 1$ und $q_1 > q$ sein soll. Bei ihr sind die nach (10) zu bildenden Quotienten abwechselnd > 1 und < 1, also trotz der Konvergenz sind unendlich viele Zahlen der Folge (10) > 1.

Da (13) als geometrische Reihe wegen $0 < L < 1$ konvergiert, ist auch die Reihe (14) nach Satz II konvergent, und daher auch die Reihe (1), von der (14) ein Rest ist.

Ist hingegen

$$(12) \qquad \frac{p_{k+\sigma}}{p_{k+\sigma-1}} \geqq 1 \quad (\sigma = 1, 2, 3, \ldots),$$

so folgt durch Multiplikation der σ ersten Ungleichungen

$$\frac{p_{k+\sigma}}{p_k} \geqq 1 \quad \text{oder} \quad p_{k+\sigma} \geqq p_k.$$

Mithin hat die Reihe (14) $p_{k+1} + p_{k+2} + \ldots$ mindestens ebenso große Glieder wie die Reihe $p_k + p_k + p_k \ldots$; da letztere Reihe divergiert, so findet gleiches für die Reihe (14) und daher auch für (1) statt.

Unter gleichzeitiger Verwendung des limes superior und des limes inferior kann man den Satz V auch folgendermaßen fassen:

Satz V′. Ist (1) $p_1 + p_2 + \ldots$ eine Reihe mit nur positiven Gliedern und bildet man die Folge:

$$(10) \qquad \frac{p_2}{p_1}, \ \frac{p_3}{p_2}, \ \ldots, \ \frac{p_{n+1}}{p_n}, \ \ldots,$$

so ist die Reihe (1) konvergent, wenn $\overline{\lim} \frac{p_{n+1}}{p_n} < 1$, dagegen divergent, wenn $\underline{\lim} \frac{p_{n+1}}{p_n} > 1$ ist.

Zur Herleitung des Satzes V′ betrachten wir zuerst den Fall $\overline{\lim} \frac{p_{n+1}}{p_n} < 1$. Wir setzen $\overline{\lim} \frac{p_{n+1}}{p_n} = J$, wobei $0 \leqq J < 1$ ist. Alsdann kann man nach Satz I auf Seite 148 eine Zahl L so bestimmen, daß $J < L < 1$ ist. Da J die größte Häufungsstelle von (10) ist, kann nur eine endliche Anzahl von Zahlen der Folge (10) größer oder gleich L sein (Satz III, Aussage (1) für $\varepsilon = L - J$ auf Seite 262). Sei $\frac{p_k}{p_{k-1}}$ die letzte dieser Zahlen, so sind $\frac{p_{k+1}}{p_k}, \frac{p_{k+2}}{p_{k+1}}, \ldots$ kleiner als L. Da $L < 1$, so ist die Reihe (1) nach Satz V konvergent.

Ist $\underline{\lim} \frac{p_{n+1}}{p_n} > 1$, so setzen wir $\underline{\lim} \frac{p_{n+1}}{p_n} = i$, wobei $i > 1$. Nach Satz I auf Seite 148 kann man eine Zahl l finden, daß $i > l > 1$ ist. Da i die kleinste Häufungsstelle von (10) ist, kann nur eine endliche Anzahl von Zahlen der Folge (10) kleiner oder gleich l sein (Satz III′, Aussage $(\overline{1})$ auf Seite 263 für $\varepsilon = i - l$, wenn i eine Zahl ist bzw. Seite 261 unten, wenn $+\infty$ für i als kleinste Häufungsstelle tritt). Sei $\frac{p_k}{p_{k-1}}$ die letzte dieser Zahlen, so ist

$$\frac{p_{k+1}}{p_k} > l, \quad \frac{p_{k+2}}{p_{k+1}} > l, \quad \ldots,$$

wobei $l > 1$ ist. Mithin divergiert die Reihe (1) nach Satz V.

Das Konvergenzkriterium des Satzes V′ läßt uns im Stich, wenn gleichzeitig $\overline{\lim} \frac{p_{n+1}}{p_n} \geqq 1$ und $\underline{\lim} \frac{p_{n+1}}{p_n} \leqq 1$ ist. Über das Verhältnis der in den Sätzen IV′ und V′ gegebenen Kriterien zueinander ist zu bemerken: Jedesmal, wenn das Kriterium des Satzes V′ über die Konvergenz oder Divergenz einer Reihe (1) entscheidet, tut dies auch das Kriterium des Satzes IV′, so daß letzteres das weitergehende ist.

Für eine Folge $p_1, p_2, \ldots$ von nur positiven Zahlen ist nämlich nach Satz IV auf Seite 264

$$\overline{\lim}\,\frac{p_{n+1}}{p_n} \geqq \overline{\lim}\,\sqrt[n]{p_n} \geqq \underline{\lim}\,\sqrt[n]{p_n} \geqq \underline{\lim}\,\frac{p_{n+1}}{p_n}.$$

Ist also eine Reihe (1) aus dem Grunde konvergent, weil für sie $\overline{\lim}\,\frac{p_{n+1}}{p_n} < 1$ ist, so ist für sie $\overline{\lim}\,\sqrt[n]{p_n} < 1$, d. h. es ist für sie auch das Konvergenzkriterium des Satzes IV′ erfüllt. Ist hingegen eine Reihe (1) aus dem Grunde divergent, da für sie $\underline{\lim}\,\frac{p_{n+1}}{p_n} > 1$ ist, so ist für sie auch $\overline{\lim}\,\sqrt[n]{p_n} > 1$, d. h. es ist das in Satz IV′ angegebene Divergenzkriterium erfüllt.

Um noch zu zeigen, daß das Kriterium des Satzes IV′ unter Umständen über den Reihencharakter entscheidet, während das des Satzes V′ versagt, betrachten wir die Reihe

$$q + q_1^2 + q^3 + q_1^4 + q^5 + q_1^6 + \ldots \quad (0 < q < 1;\ 0 < q_1 < 1).$$

Für sie ist $\overline{\lim}\,\sqrt[n]{p_n} = q$ oder q_1, je nachdem q oder q_1 die größere Zahl ist. Die Reihe ist also nach Satz IV′ konvergent. Da $\frac{p_{n+1}}{p_n}$ entweder den Wert $\left(\frac{q_1}{q}\right)^m \cdot q_1$ oder $\left(\frac{q}{q_1}\right)^m \cdot q$ hat, so ist, wie sich aus dem Hilfssatz III auf Seite 193 ergibt,

$$\overline{\lim}\,\frac{p_{n+1}}{p_n} = +\infty, \quad \underline{\lim}\,\frac{p_{n+1}}{p_n} = 0.$$

Das Kriterium des Satzes V′ liefert also keine Entscheidung.

Wir bemerken noch, daß für die Anwendungen das Kriterium des Satzes V′ oft bequemer als das des Satzes IV′ ist.

Existiert für die Folge (10) eine Grenze — dies ist natürlich etwas Besonderes, kommt aber in den Anwendungen häufig vor —, ist also

$$\lim \frac{p_{n+1}}{p_n} = \overline{\lim}\,\frac{p_{n+1}}{p_n} = \underline{\lim}\,\frac{p_{n+1}}{p_n},$$

so nimmt das Kriterium des Satzes V′ die Form an: Bildet man für die Reihe (1) $p_1 + p_2 + \ldots$ mit ausnahmslos positiven Gliedern die Folge

$$(10) \qquad \frac{p_2}{p_1},\ \frac{p_3}{p_2},\ \ldots,\ \frac{p_{n+1}}{p_n},\ \ldots$$

und existiert für diese $\lim \frac{p_{n+1}}{p_n}$, so ist die Reihe (1) konvergent, wenn $\lim \frac{p_{n+1}}{p_n} < 1$, hingegen divergent, wenn $\lim \frac{p_{n+1}}{p_n} > 1$. Ebenso ergibt sich aus Satz IV′, wenn für die Folge $p_1, \sqrt{p_2}, \sqrt[3]{p_3}, \ldots$ der Grenzwert $\lim \sqrt[n]{p_n}$ existiert, daß die Reihe (1) konvergiert für $\lim \sqrt[n]{p_n} < 1$ und divergiert für $\lim \sqrt[n]{p_n} > 1$. Erinnert sei noch, daß aus der Existenz von $\lim \frac{p_{n+1}}{p_n}$ die Existenz von $\lim \sqrt[n]{p_n}$ folgt, eine Aussage, die jedoch nicht umkehrbar ist (Seite 277).

Wir wollen den Satz IV′ auf eine sehr wichtige Gattung von Reihen anwenden, nämlich auf die Reihen der Form:

(15) $$a_0 + a_1 x + a_2 x^2 + a_3 x^3 + \ldots + a_n x^n + \ldots,$$

wobei $a_0, a_1, a_2, \ldots$ beliebige, fest gegebene reelle Zahlen bedeuten und x irgend eine reelle Zahl sei. Solche Reihen heißen Potenzreihen von x. Wir fragen nach den Werten von x, für welche die Reihe (15) bei gegebenen, konstanten Werten $a_0, a_1, a_2, \ldots$ konvergiert. Soll (15) konvergieren, so muß das Gleiche auch für die Reihe

(16) $$a_1 x + a_2 x^2 + a_3 x^3 + \ldots$$

stattfinden. Anstatt der Reihe (16) betrachten wir die Reihe der absoluten Beträge:

(16′) $$|a_1| \cdot |x| + |a_2| \cdot |x|^2 + |a_3| \cdot |x|^3 + \ldots$$

Nach Satz IV′ divergiert die Reihe (16′), die nur positive Glieder hat, wenn

(17) $$\overline{\lim} \sqrt[n]{|a_n| \cdot |x|^n} = \overline{\lim} |x| \cdot \sqrt[n]{|a_n|} > 1$$

ist. In diesem Fall konvergiert (vgl. die Anmerkung auf Seite 308) die Folge $|x|^n \cdot |a_n|$ $(n = 1, 2, 3, \ldots)$ nicht nach Null und mithin auch nicht die Folge $a_n \cdot x^n$ $(n = 1, 2, \ldots)$. Da die Reihenglieder nicht nach Null konvergieren, ist die Reihe (16) und demnach auch (15) divergent, wenn die Ungleichung (17) stattfindet.

Wir betrachten die Häufungsstellen der Folge

(18) $$|a_1|, \quad \sqrt{|a_2|}, \quad \sqrt[3]{|a_3|}, \quad \ldots, \quad \sqrt[n]{|a_n|}, \quad \ldots;$$

aus ihnen ergeben sich die Häufungsstellen der Folge

(18′) $$|a_1| \cdot |x|, \quad \sqrt{|a_2|} \cdot |x|, \quad \sqrt[3]{|a_3|} \cdot |x|, \quad \ldots, \quad \sqrt[n]{|a_n|} \cdot |x|, \quad \ldots$$

durch Multiplikation mit $|x|$. Ist demnach H die größte Häufungsstelle von (18), also $H = \overline{\lim} \sqrt[n]{|a_n|}$, so ist, wenn H eine Zahl ist, $H \cdot |x|$ die größte Häufungsstelle von (18′), also $\overline{\lim} |x| \cdot \sqrt[n]{|a_n|} = |x| \cdot H$.

Ist $H = +\infty$, was als erster Fall untersucht werden soll, so hat auch die Folge (18′) für jeden reellen Wert des x außer $x = 0$ das Symbol $+\infty$ zur größten Häufungsstelle, also $\lim |x| \cdot \sqrt[n]{|a_n|} = +\infty$. Mithin ist die Ungleichung (17) erfüllt. Ist also $H = +\infty$, so divergiert die Reihe (15) für alle $x \neq 0$; für $x = 0$ wird die Reihe (15) gleich a_0. Ist zweitens H gleich einer zu 0 ungleichen Zahl, so ist die Ungleichung (17) erfüllt für alle Werte des x, die der Bedingung $|x| > \frac{1}{H}$ genügen, d. h. im Falle, daß H eine zu 0 ungleiche Zahl ist, divergiert die Reihe (17) für alle $|x| > \frac{1}{H}$. Ist schließlich drittens $H = 0$, so wird die Ungleichung (17) von keiner Zahl x erfüllt.

Nach Satz IV′ konvergiert die Reihe (16′), wenn

$$\overline{\lim}\, \sqrt[n]{|a_n||x|^n} = \overline{\lim}\, |x| \cdot \sqrt[n]{|a_n|} = |x| \cdot H < 1 \tag{17'}$$

ist. Da (16′) die aus den absoluten Beträgen der Glieder von (16) gebildete Reihe ist, so sind, wenn (16′) konvergiert, (16) und daher auch (15) absolut konvergente Reihen. Bei der Untersuchung der Konvergenz sind nun für H wieder drei Fälle zu betrachten. Ist erstens $H = +\infty$, so kann die Reihe (15), wie wir bereits sahen, nur für $x = 0$ konvergieren. Ist zweitens H gleich einer zu 0 ungleichen Zahl, so wird die Ungleichung (17′) erfüllt, d. h. die Reihe (15) konvergiert, wenn man für x alle Werte nimmt, für die $|x| < \frac{1}{H}$ ist. Ist drittens $H = 0$, so ist die Ungleichung (17′) für alle reellen Zahlen x erfüllt, d. h. die Reihe (15) konvergiert für jeden Wert von x.

Wir erhalten daher folgenden von Cauchy[1] stammenden

Satz VI. Ist

$$a_0 + a_1 x + a_2 x^2 + a_3 x^3 + \ldots \tag{15}$$

eine Potenzreihe von x und bedeutet H die größte Häufungsstelle der Folge

$$|a_1|, \quad \sqrt{|a_2|}, \quad \sqrt[3]{|a_3|}, \quad \ldots, \quad \sqrt[n]{|a_n|}, \quad \ldots, \tag{18}$$

also $\overline{\lim}\, \sqrt[n]{|a_n|} = H$, so ist die Reihe (18) für jeden reellen Wert des x absolut konvergent, wenn $H = 0$ ist.[2] Sie ist für jeden reellen Wert des x, ausgenommen $x = 0$, divergent, wenn $H = +\infty$ ist. Ist H eine zu 0 ungleiche Zahl, so ist die Reihe (15) absolut konvergent für alle reellen Werte des x, die der Ungleichung $|x| < \frac{1}{H}$ genügen; hingegen divergiert die Reihe (15) für alle $|x| > \frac{1}{H}$. Für die zwei Werte $x = \pm H$ bleibt die Konvergenz oder Divergenz unentschieden. Im ersten Fall ($H = 0$) sagt man, die Reihe habe einen unendlich großen Konvergenzradius oder sei beständig konvergent, im zweiten Fall ($H = +\infty$) sie habe den Konvergenzradius 0, im dritten Fall (H eine zu 0 ungleiche Zahl) sie habe den Konvergenzradius $\frac{1}{H}$.

---

[1] Cauchy, Analyse algébrique, Cap. VI, § 4 = Oeuvres (2) **3**, p. 136.

[2] Ist $H = 0$, so konvergiert die Folge (18) übrigens nach 0; es ist also alsdann $\lim \sqrt[n]{|a_n|} = 0$. Denn der limes inferior von (18) kann wegen der positiven Glieder von (18) nicht negativ sein, und für jede Menge $\mathfrak{T}$ ist $\underline{\lim}\, \mathfrak{T} \leqq \overline{\lim}\, \mathfrak{T}$. Ist nun $H = \overline{\lim}\, \sqrt[n]{|a_n|} = 0$, so ist auch $\underline{\lim}\, \sqrt[n]{|a_n|} = 0$, d. h. (Satz I auf Seite 269) es existiert $\lim \sqrt[n]{|a_n|} = 0$.

Zur Bestimmung von H ist folgende Bemerkung oft sehr nützlich: Hat bei der Potenzreihe:

(15) $$a_0 + a_1 x + a_2 x^2 + a_3 x^3 + \dots$$

das Verhältnis $\left|\frac{a_{n+1}}{a_n}\right|$ einen bestimmten Grenzwert, existiert also $\lim\left|\frac{a_{n+1}}{a_n}\right|$, so ist $H = \lim\left|\frac{a_{n+1}}{a_n}\right|$.

Existiert nämlich für die Folge

$$|a_1|, \quad |a_2|, \quad |a_3|, \quad \dots$$

$\lim\left|\frac{a_{n+1}}{a_n}\right| = \lim\frac{|a_{n+1}|}{|a_n|}$, so existiert auch $\lim\sqrt[n]{|a_n|} = \lim\frac{|a_{n+1}|}{|a_n|}$ (vgl. Seite 276). Existiert $\lim\sqrt[n]{|a_n|}$, so bedeutet dies, daß $\overline{\lim}\sqrt[n]{|a_n|} = \lim\sqrt[n]{|a_n|}$. Mithin wird in dem zu untersuchenden Fall $H = \overline{\lim}\sqrt[n]{|a_n|} = \lim\left|\frac{a_{n+1}}{a_n}\right|$. Auf Grund des letzten Theorems sollen drei sehr wichtige Reihen untersucht werden:

1. Die Exponentialreihe. Hierunter versteht man die Reihe:

$$1 + \frac{x}{1} + \frac{x^2}{2!} + \frac{x^3}{3!} + \dots + \frac{x^n}{n!} + \dots,$$

wobei $n! = 1 \cdot 2 \cdot 3 \dots n$ ist. Man hat

$$a_n = \frac{1}{n!}, \qquad a_{n+1} = \frac{1}{(n+1)!},$$

folglich

$$\frac{a_{n+1}}{a_n} = \frac{1}{n+1} \quad \text{und} \quad \lim\left|\frac{a_{n+1}}{a_n}\right| = \lim\frac{1}{n+1} = 0.$$

Mithin ist $H = 0$. Die Reihe konvergiert absolut für alle reellen Werte des x.

2. Die binomische Reihe. Hierunter versteht man die Reihe

$$1 + \binom{m}{1} \cdot x + \binom{m}{2} \cdot x^2 + \binom{m}{3} \cdot x^3 + \dots + \binom{m}{n} \cdot x^n + \dots,$$

wobei

$$\binom{m}{n} = \frac{m \cdot (m-1) \cdot (m-2) \dots (m-n+1)}{1 \cdot 2 \cdot 3 \dots n}$$

und m eine beliebige reelle Zahl bedeutet, die jedoch nicht gleich 0 oder ganzzahlig positiv sein soll.[1] Man hat

---

[1] Die Voraussetzung des Textes wird deswegen eingeführt, weil für $m = 0$ oder ganzzahliges positives m die Zahlen $\binom{m}{m+1} = \frac{m(m-1)(m-2)\dots(m-m)}{1 \cdot 2 \cdot 3 \dots m+1}$, $\binom{m}{m+2} = \binom{m}{m+1} \cdot \frac{m-(m+1)}{m+2}$, $\binom{m}{m+3}$, ... verschwinden, die Reihe also abbricht.

$$a_n = \binom{m}{n}, \quad a_{n+1} = \binom{m}{n+1} = \frac{m(m-1)(m-2)\ldots(m-n+1)(m-n)}{1\cdot 2\cdot 3\ldots n\cdot(n+1)}$$
$$= \binom{m}{n}\cdot\frac{m-n}{n+1},$$

folglich

$$\frac{a_{n+1}}{a_n} = \frac{m-n}{n+1} \quad \text{und} \quad \lim\left|\frac{a_{n+1}}{a_n}\right| = \lim\left|\frac{\frac{m}{n}-1}{1+\frac{1}{n}}\right|.$$

Da $\lim\limits_{n=\infty}\left|\frac{m}{n}-1\right| = 1$ und $\lim\left(1+\frac{1}{n}\right) = 1$, so existiert $\lim\left|\frac{a_{n+1}}{a_n}\right| = 1$. Man hat $H = 1$ und $\frac{1}{H} = 1$. Die Reihe konvergiert absolut für alle x, bei denen $|x| < 1$ ist; sie hat also den Konvergenzradius 1. Weiteres im § 12.

3. Die logarithmische Reihe. Hierunter versteht man die Reihe

$$\frac{x}{1} - \frac{x^2}{2} + \frac{x^3}{3} - \frac{x^4}{4}\ldots$$

Man hat

$$a_n = \frac{(-1)^{n-1}}{n}, \quad a_{n+1} = \frac{(-1)^n}{n+1}$$

und daher

$$\lim\left|\frac{a_{n+1}}{a_n}\right| = \lim\left|\frac{-n}{n+1}\right| = \lim\left|\frac{1}{1+\frac{1}{n}}\right| = 1,$$

also $H = 1$ und $\frac{1}{H} = 1$. Die Reihe konvergiert absolut für alle reellen Zahlen x, bei denen $|x| < 1$; sie hat also den Konvergenzradius 1. Weiteres im § 13.

Ebenfalls auf Grund des letzten Theorems untersucht man die sogenannte hypergeometrische Reihe

$$F(\alpha, \beta, \gamma, x) = 1 + \frac{\alpha\cdot\beta}{1\cdot\gamma}x + \frac{\alpha\cdot(\alpha+1)\cdot\beta\cdot(\beta+1)}{1\cdot 2\cdot\gamma\cdot(\gamma+1)}x^2$$
$$+ \frac{\alpha\cdot(\alpha+1)\cdot(\alpha+2)\cdot\beta\cdot(\beta+1)\cdot(\beta+2)}{1\cdot 2\cdot 3\cdot\gamma\cdot(\gamma+1)\cdot(\gamma+2)}x^3 + \ldots$$
$$+ \frac{\alpha\cdot(\alpha+1)\ldots(\alpha+n-1)\cdot\beta\cdot(\beta+1)\ldots(\beta+n-1)}{1\cdot 2\ldots n\cdot\gamma\cdot(\gamma+1)\ldots(\gamma+n-1)}\cdot x^n + \ldots$$

bei der α, β, γ irgend welche gegebene reelle Zahlen bedeuten, von denen jedoch keine gleich 0 oder ganzzahlig negativ sein soll. Für die Reihe ist

$$\frac{a_{n+1}}{a_n} = \frac{(\alpha+n)\cdot(\beta+n)}{(n+1)\cdot(\gamma+n)},$$

also

$$\lim\left|\frac{a_{n+1}}{a_n}\right| = \lim\left|\frac{\left(\frac{\alpha}{n}+1\right)\cdot\left(\frac{\beta}{n}+1\right)}{\left(1+\frac{1}{n}\right)\cdot\left(\frac{\gamma}{n}+1\right)}\right| = 1.$$

Die hypergeometrische Reihe hat 1 zum Konvergenzradius. Sehr viele Reihen sind Spezialfälle oder Grenzfälle der hypergeometrischen Reihe (vgl. GAUSS, Gesammelte Werke III, S. 127); so lassen sich die binomische Reihe als $F(-m, \gamma, \gamma, -x)$ und die logarithmische Reihe als $x \cdot F(1, 1, 2, -x)$ schreiben.

Der Leser beweise:

Für die Reihe

$$1 + x + 1 \cdot 2 \cdot x^2 + 1 \cdot 2 \cdot 3 \cdot x^3 + \ldots + 1 \cdot 2 \cdot 3 \ldots n \cdot x^n + \ldots$$

ist $H = +\infty$. Die Reihe konvergiert also nur für $x = 0$.

Für die Reihen

$$\frac{x}{1} - \frac{x^3}{3!} + \frac{x^5}{5!} - \frac{x^7}{7!} \ldots \quad \text{und} \quad 1 - \frac{x^2}{2!} + \frac{x^4}{4!} - \frac{x^6}{6!} \ldots$$

ist $H = 0$. Die Reihen konvergieren also für alle reellen x absolut.

Aus Satz VI ergibt sich unmittelbar: Weiß man von einer Potenzreihe (15), daß sie für irgend eine Zahl x_0 konvergiert, so ist sie für alle Zahlen x, die der Ungleichung $|x| < |x_0|$ genügen, absolut konvergent. Weiß man von einer Potenzreihe (15), daß sie für eine Zahl x_0 divergiert oder nicht absolut konvergiert, so divergiert sie für alle Zahlen x, die der Ungleichung $|x| > |x_0|$ genügen.

§ 9.

Absolute und relative Konvergenz unendlicher Reihen.

Jede Reihe, die nur positive Glieder enthält, ist nach Definition (vgl. Seite 300), wenn sie konvergiert, absolut konvergent. Gleiches trifft für die Reihen mit ausnahmslos negativen Gliedern zu, da sie durch Multiplikation aller Reihenglieder mit -1 in Reihen mit positiven Gliedern übergehen.[1]

Wir betrachten eine Reihe, die sowohl positive als auch negative Glieder enthält. Sie sei unter Hervorhebung ihrer positiven und negativen Glieder in der Form

$$(1) \quad \begin{cases} p_1 + p_2 + \ldots + p_{k_1} - n_1 - n_2 - \ldots - n_{l_1} + p_{k_1+1} + p_{k_1+2} + \ldots \\ \qquad + p_{k_1+k_2} - n_{l_1+1} - n_{l_1+2} \ldots - n_{l_1+l_2} + p_{k_1+k_2+1} + \ldots \end{cases}$$

geschrieben, wobei alle Zahlen p_k und n_k $(k = 1, 2, \ldots)$ positiv sein sollen.[2] Durch Trennung der positiven und negativen Glieder bilden wir aus der Reihe (1) folgende zwei Reihen mit ausschließlich positiven Gliedern:

$$(2) \quad p_1 + p_2 + \ldots + p_{k_1} + p_{k_1+1} + p_{k_1+2} + \ldots + p_{k_1+k_2} + p_{k_1+k_2+1} + \ldots$$

$$(3) \quad n_1 + n_2 + \ldots + n_{l_1} + n_{l_1+1} + n_{l_1+2} + \ldots + n_{l_1+l_2} + n_{l_1+l_2+1} + \ldots$$

[1] Eine Reihe mit ausnahmslos negativen Gliedern, die nicht konvergiert, divergiert nach $-\infty$, kann also niemals oszillieren.

[2] Sollte die Reihe (1) mit einem negativen Gliede statt mit einem positiven beginnen, so wäre mit der Reihe

$$-n_1 - n_2 \ldots - n_{l_1} + p_1 + p_2 + \ldots + p_{k_1} - n_{l_1+1} \ldots$$

in genau analoger Weise wie im Text zu operieren.

Letztere haben offenbar denselben Charakter wie die zwei Reihen:

$$(2')\quad \begin{cases} p_1 + p_2 + \dots p_{k_1} + \underbrace{0 + 0 + \dots + 0}_{l_1 \text{ Nullen}} + p_{k_1+1} + \dots + p_{k_1+k_2} \\ \qquad + \underbrace{0 + 0 + \dots + 0}_{l_2 \text{ Nullen}} + p_{k_1+k_2+1} + \dots \end{cases}$$

$$(3')\quad \begin{cases} \underbrace{0 + 0 + \dots + 0}_{k_1 \text{ Nullen}} + n_1 + n_2 + \dots + n_{l_1} + \underbrace{0 + \dots + 0}_{k_2 \text{ Nullen}} \\ \qquad + n_{l_1+1} + \dots + n_{l_1+l_2} + \underbrace{0 + \dots}_{k_3 \text{ Nullen}} \end{cases}$$

(2) und (3) seien zwei konvergente Reihen mit den Summen P und N. Alsdann folgt nach Satz IX auf Seite 303 durch Subtraktion von (2′) und (3′), daß die Reihe (1) die Summe $P - N$ hat. Ferner ergibt sich durch Addition von (2′) und (3′) nach Satz VII auf Seite 302, daß die Reihe

$$(4)\quad p_1 + p_2 + \dots p_{k_1} + n_1 + n_2 + \dots n_{l_1} + p_{k_1+1} + \dots + p_{k_1+k_2} + n_{l_1+1} + \dots,$$

d. h. die Reihe aus den absoluten Beträgen der Glieder von (1), konvergiert und die Summe $P + N$ besitzt. Die Konvergenz der Reihen (2) und (3) hat also die absolute Konvergenz der Reihe (1) zur Folge.

Ist umgekehrt bekannt, daß die Reihe (1) absolut konvergiert, d. h. daß auch die Reihe (4) konvergiert, so müssen auch die Reihen (2) und (3) konvergieren; denn es sind Reihen mit positiven Gliedern, deren Partialsummen kleiner als die Summe der Reihe (4) bleiben.

Mithin hat man

Satz I.[1] Notwendig und hinreichend, damit eine Reihe absolut konvergiert, ist, daß die Reihe ihrer positiven Glieder für sich und die Reihe ihrer negativen Glieder für sich konvergieren. Ist P die Summe der Reihe der positiven Glieder, N die Summe der Reihe der negativen Glieder, wenn man von ihren Vorzeichen absieht, so hat die ursprüngliche Reihe (1) die Summe $P - N$.

Satz II. Ist nur eine der zwei Reihen (2) oder (3) konvergent, so kann die Reihe (1) niemals konvergieren; vielmehr divergiert sie nach $+\infty$ oder $-\infty$, je nachdem (2) oder (3) divergiert.

Ist nämlich C eine beliebige positive Zahl, so werden, wenn (3) eine konvergente Reihe mit der Summe N ist und (2) divergiert, die Partialsummen der Reihe (2) von gewisser Stelle an ausnahmslos $> C + N$. Dann hat die Reihe (1) von gewisser Stelle an Partialsummen, die $> C$ sind, d. h. die Reihe (1) divergiert nach $+\infty$. — Ist hingegen die Reihe (2) konvergent und hat sie die Summe P, während die Reihe (3) divergent ist, so werden die Partialsummen von (3) von gewisser Stelle an $> C + P$ und demnach die von (1) von gewisser Stelle an $< -C$, d. h. die Reihe (1) divergiert nach $-\infty$.

Hingegen kann eine Reihe (1) noch konvergieren (muß es aber nicht), wenn die zwei Reihen (2) und (3) beide divergieren. In diesem Fall ist die Reihe (4) divergent, und die Reihe (1) ist dann dem Satze I entsprechend keine

[1] Satz I und II bleiben natürlich auch gültig, wenn eine der konvergenten Reihen eine endliche Reihe ist.

absolut konvergente Reihe. Konvergente Reihen, die nicht absolut konvergent sind, heißen **relativ konvergente Reihen.**

Wir erhalten demnach

Satz III. Eine konvergente Reihe (1) ist dann und nur dann eine relativ konvergente Reihe, wenn sowohl die aus den positiven Gliedern gebildete Reihe (2) als auch die aus den negativen Gliedern gebildete Reihe (3) divergieren.

Soll die Reihe (1) konvergieren, so ist hierfür (vgl. Seite 298) eine notwendige Bedingung, daß die aus den Reihengliedern bestehende Folge

(5) $$p_1, p_2, \ldots, p_{k_1}, n_1, n_2, \ldots, n_{l_1}, p_{k_1+1}, p_{k_1+2}, \ldots, p_{k_1+k_2}, n_{l_1+1}, \ldots$$

nach Null konvergiert.

Nach dieser Vorbemerkung wenden wir uns zum Beweise des folgenden Riemannschen[1] Satzes:

Satz IV. Eine unendliche Reihe (1), bei der sowohl die aus den positiven Gliedern gebildete Reihe (2) als auch die aus den negativen Gliedern gebildete Reihe (3) divergieren, während die Reihenglieder von (1) nach 0 konvergieren, kann durch geeignete Anordnung ihrer Glieder jede beliebig vorgegebene Zahl als Summe erhalten und sogar auch nicht konvergent gemacht werden.

C sei eine beliebige positive Zahl. Um aus (1) eine Reihe mit der Summe C zu erhalten, summiere man zunächst soviel Glieder der Reihe (2) in der Reihenfolge, wie sie in (2) stehen, bis ihre Summe, die mit P_1 bezeichnet werden soll, eben C überschreitet (dies ist möglich, da die Reihe (2) nach $+\infty$ divergieren soll); dann füge man soviel Glieder aus (3) mit negativen Vorzeichen in der Reihenfolge, wie sie in (3) auftreten, bei, bis die Summe $P_1 - N_1$ eben unter C heruntersinkt (dies ist möglich, da die Reihe (3) nach $+\infty$ divergieren soll); dann addiere man wieder Glieder aus (2) zu, bis die Summe $P_1 - N_1 + P_2$ eben über C steigt, dann nehme man wieder Glieder aus (3) mit negativen Zeichen, bis die Summe $P_1 - N_1 + P_2 - N_2$ eben unter C heruntersinkt und so fahre man ins Unendliche fort. Es sei also

(6_1) $$P_1 = p_1 + p_2 + \ldots + p_{r_1},$$

wobei

(7_1) $$P_1 > C, \quad P_1 - p_{r_1} \leqq C;$$

(6_2) $$N_1 = n_1 + n_2 + \ldots + n_{t_1},$$

wobei

(7_2) $$P_1 - N_1 < C, \quad P_1 - N_1 + n_{t_1} \geqq C,$$

(6_3) $$P_2 = p_{r_1+1} + p_{r_1+2} + \ldots + p_{r_1+r_2},$$

wobei

(7_3) $$P_1 - N_1 + P_2 > C, \quad P_1 - N_1 + P_2 - p_{r_1+r_2} \leqq C,$$

(6_4) $$N_2 = n_{t_1+1} + n_{t_1+2} + \ldots + n_{t_1+t_2},$$

(7_4) $$P_1 - N_1 + P_2 - N_2 < C, \quad P_1 - N_1 + P_2 - N_2 + n_{t_1+t_2} \geqq C,$$

usw.

---

[1] B. Riemann, Gesammelte Werke, 2. Aufl. Leipzig 1892, S. 235.

Die Ungleichungen (7_1), (7_2), (7_3), (7_4) usw. lassen sich auch schreiben

$$0 < P_1 - C \leqq p_{r_1}, \quad 0 > P_1 - N_1 - C \geqq - n_{t_1},$$

$$0 < P_1 - N_1 + P_2 - C \leqq p_{r_1+r_2}, \quad 0 > P_1 - N_1 + P_2 - N_2 - C \geqq - n_{t_1+t_2}$$

usw. oder in der Form

$$(8) \quad \begin{cases} |P_1 - C| \leqq p_{r_1}, \quad |P_1 - N_1 - C| \leqq n_{t_1}, \quad |P_1 - N_1 + P_2 - C| \leqq p_{r_1+r_2}, \\ |P_1 - N_1 + P_2 - N_2 - C| \leqq n_{t_1+t_2}, \ \ldots \end{cases}$$

Da die Folge (5) voraussetzungsgemäß nach Null konvergiert, konvergieren die Partialsummen der unendlichen Reihe

$$(9) \qquad P_1 - N_1 + P_2 - N_2 + P_3 - N_3 + \ldots$$

auf Grund der Ungleichungen (8) nach C, d. h. die mit (9) übereinstimmende unendliche Reihe

$$(10) \quad \begin{cases} (p_1 + p_2 + \ldots + p_{r_1}) - (n_1 + n_2 + \ldots + n_{t_1}) + (p_{r_1+1} + p_{r_1+2} + \ldots + p_{r_1+r_2}) \\ - (n_{t_1+1} + \ldots + n_{t_1+t_2}) + (p_{r_1+r_2+1} + \ldots \end{cases}$$

besitzt die Summe C. Es ist nur noch zu zeigen, daß man bei der Reihe (10) die Klammern auch fortlassen kann, also die Reihe

$$(11) \quad \begin{cases} p_1 + p_2 + \ldots + p_{r_1} - n_1 - n_2 - \ldots - n_{t_1} + p_{r_1+1} + p_{r_1+2} + \ldots \\ + p_{r_1+r_2} - n_{t_1+1} \ldots \end{cases}$$

ebenfalls die Summe C besitzt. Dies ergibt sich aus dem Hilfssatz auf Seite 302.

Durch das Voraufgehende ist gezeigt, daß man unter den in Satz IV angegebenen Voraussetzungen aus der Reihe (1) durch bloße Umordnung der Reihenglieder eine Reihe mit beliebig vorgegebener positiver Summe C bilden kann. Will man durch Umordnung der in (1) befindlichen Reihenglieder eine Reihe mit der Summe $-C$ ableiten, so nimmt man zunächst aus (3) soviel Glieder mit negativen Vorzeichen, bis ihre Summe eben unter $-C$ heruntersinkt, dann addiert man soviel Glieder aus (2), bis der Wert der Summe eben über $-C$ steigt, dann nimmt man wieder Glieder aus (3) mit negativen Vorzeichen, bis die Summe eben unter $-C$ heruntersinkt, dann wieder Glieder aus (2), bis die Summe eben über $-C$ steigt, usw.

Um durch Umstellung der Reihenglieder aus (1) eine oszillierende Reihe zu gewinnen, kann man etwa so verfahren: Man nehme aus (2) positive Glieder, bis die Summe dieser eben über $+C$ steigt, dann soviel Glieder aus (3) mit negativen Vorzeichen, bis die Summe eben unter $-C$ heruntersinkt, dann wieder aus (2) positive Glieder, bis die Summe eben über $+C$ steigt, dann wieder Glieder aus (3) mit negativen Zeichen, bis die Summe eben unter $-C$ heruntersinkt usw. Auf diese Weise gewinnt man eine oszillierende Reihe.

Auf folgende Weise kann man aus (1) eine nach $+\infty$ divergierende Reihe erhalten: Man wähle irgend eine beliebige Folge positiver Zahlen C_1, C_2, C_3, ..., die nach $+\infty$ divergieren. Man addiere dann soviel Glieder aus (2), bis ihre Summe eben über C_1 steigt, dann nehme man soviel Glieder aus (3) mit negativen Vorzeichen, bis die Summe eben unter C_1 sinkt, dann wieder soviel positive Glieder aus (2), bis die Summe eben über C_2 steigt, dann soviel

Glieder mit negativen Zeichen aus (3), bis die Summe eben unter C_2 heruntersinkt, usw.[1] Auf diese Weise erhält man aus (1) eine nach $+\infty$ divergierende Reihe, deren Glieder mit denen der Reihe (1) bis auf die Anordnung übereinstimmen. — In ähnlicher Weise kann man bei Zugrundelegung einer beliebigen Folge negativer Zahlen $-C_1$, $-C_2$, ..., die nach $-\infty$ divergieren sollen, aus (1) eine nach $-\infty$ divergierende Reihe ableiten.

Während die relativ konvergenten Reihen durch bloße Umordnung der Reihenglieder in konvergente Reihen mit veränderter Summe, oszillierende oder eigentlich divergente Reihen verwandelt werden können, gilt für absolut konvergente Reihen

Satz V. Wie auch immer die Glieder einer absolut konvergenten Reihe umgeordnet werden, so behält die Reihe ihre Summe unverändert bei.

Wir beweisen zuerst, daß Satz V für jede konvergente Reihe

$$a_1 + a_2 + a_3 + \dots \tag{12}$$

mit ausnahmslos positiven Gliedern zutrifft. Es sei

$$a_1' + a_2' + a_3' + \dots \tag{13}$$

irgend eine durch Umordnung aus (12) hervorgegangene Reihe, d. h. beide Reihen sollen jede Zahl gleich oft enthalten. Betrachtet man irgend eine der Partialsummen

$$s_n' = a_1' + a_2' + \dots + a_n'$$

der Reihe (13), so sind a_1', a_2', ..., a_n' auch Glieder der Reihe (12). Das Glied mit höchstem Index aus (12), das unter den Zahlen a_1', a_2' ..., a_n' auftritt, sei a_λ. Bildet man die Partialsumme $s_\lambda = a_1 + a_2 + \dots + a_\lambda$ der Reihe (12), so enthält diese alle Glieder von s_n', und da s_λ nur positive Glieder besitzt, so ergibt sich $s_\lambda \geqq s_n'$. Hat die Reihe (12) die Summe S, so muß, da wir eine Reihe mit positiven Gliedern haben, $S > s_\lambda$ und folglich $S > s_n'$ sein. Da alle Partialsummen s_n' $(n = 1, 2, \dots)$ der Reihe (13) kleiner als S sind und (13) nur positive Glieder enthält, muß (13) eine konvergente Reihe sein, und ihre Summe S' kann die Zahl S nicht überschreiten; es ist also $S \geqq S'$. Nachdem die Konvergenz der Reihe (13) gezeigt ist, kann man (12) durch Umordnung der Glieder von (13) entstanden denken, die zwei Reihen (12) und (13) ihre Rolle vertauschen lassen und schließen, daß $S' \geqq S$ sein muß. Mithin ergibt sich $S = S'$, d. h. eine konvergente Reihe mit ausnahmslos positiven Gliedern ändert bei anderer Anordnung der Reihenglieder nicht ihre Summe. Gleiches gilt mithin auch für die Reihen mit ausnahmslos negativen Gliedern, da diese durch Multiplikation aller Glieder mit -1 in Reihen mit ausnahmslos positiven Gliedern übergehen.

Hat man schließlich eine absolut konvergente Reihe (1) mit positiven wie negativen Gliedern, so war ihre Summe nach Satz I gleich $P - N$. Bei einer Umordnung der Reihenglieder von (1) werden zwar die Reihen (2) und (3) ebenfalls umgeordnet, ändern aber als Reihen mit positiven Gliedern, wie soeben bewiesen, nicht ihre Summen P und N, also behält auch die Reihe (1) ihre Summe $P - N$ bei. Hiermit ist Satz V bewiesen.

---

[1] In den Ungleichungen (7_1) und (7_2) tritt also C_1 für C, in den Ungleichungen (7_3) und (7_4) C_2 für C usw.

Infolge der zwei zuletzt bewiesenen Sätze bezeichnet man die absolut konvergenten Reihen auch als unbedingt konvergente Reihen, d. h. als solche, die unabhängig von der Art der Anordnung ihrer Glieder konvergieren, die relativ konvergenten Reihen als bedingt konvergente Reihen, d. h. als solche, deren Konvergenz von der Reihenfolge der Glieder abhängt.

Eine Reihe, deren Glieder abwechselnd positiv und negativ sind, heißt alternierend. Für eine solche gilt der

Satz von Leibniz[1]: Ist

$$p_1 - p_2 + p_3 - p_4 + p_5 - p_6 \dots \tag{14}$$

eine alternierende Reihe ($p_1, p_2, \dots$ sind also ausnahmslos positive Zahlen) und nehmen die Zahlen $p_1, p_2, \dots$ beständig ab (also $p_1 > p_2 > p_3 > \dots$), so konvergiert die Reihe, wenn nur noch die Bedingung $\lim p_n = 0$ erfüllt ist.

Ist l irgend eine ganze positive Zahl, so läßt sich der Ausdruck

$$p_{l+1} - p_{l+2} + p_{l+3} - p_{l+4} + \dots + (-1)^{\sigma-1} \cdot p_{l+\sigma} \tag{15}$$

in den zwei Formen

$$(p_{l+1} - p_{l+2}) + (p_{l+3} - p_{l+4}) + (p_{l+5} - p_{l+6}) + \dots \tag{16}$$

und

$$p_{l+1} - (p_{l+2} - p_{l+3}) - (p_{l+4} - p_{l+5}) - \dots \tag{17}$$

schreiben, wobei, je nachdem σ gerade oder ungerade ist, (16) mit $p_{l+\sigma-1} - p_{l+\sigma}$ oder $+p_{l+\sigma}$, und (17) mit $-p_{l+\sigma}$ oder $-(p_{l+\sigma-1} - p_{l+\sigma})$ endet. Da $p_1 > p_2 > \dots$, so folgt aus (16), daß der Ausdruck (15) als Summe positiver Terme positiv und aus (17), daß er $< p_{l+1}$ ist. Mithin wird

$$\left\{ \begin{aligned} &\left|(-1)^l p_{l+1} + (-1)^{l+1} p_{l+2} + \dots + (-1)^{l+\sigma-1} p_{l+\sigma}\right| \\ &\qquad = p_{l+1} - p_{l+2} + \dots + (-1)^{\sigma-1} \cdot p_{l+\sigma} < p_{l+1}. \end{aligned} \right. \tag{18}$$

Bedeutet ε irgend eine positive Zahl, so kann man, da $\lim p_n = 0$ ist, eine ganze positive Zahl l so bestimmen, daß $|p_{l+1}| < \varepsilon$ wird, d. h. nach (18)

$$\left|(-1)^l p_{l+1} + (-1)^{l+1} p_{l+2} + \dots + (-1)^{l+\sigma-1} p_{l+\sigma}\right| < \varepsilon,$$

wobei σ jede der Zahlen 1, 2, 3, ... bedeutet. Folglich ist die zu untersuchende Reihe nach Satz I' auf Seite 298 konvergent.

Bezeichnet man die Reste der zu untersuchenden Reihe (14) mit

$$R_l = (-1)^l p_{l+1} + (-1)^{l+1} p_{l+2} + \dots \quad (l = 1, 2, \dots), \tag{19}$$

so läßt sich $(-1)^l R_l$, da man bei einer konvergenten Reihe Klammern beliebig einschieben darf, in den zwei Formen

$$\begin{aligned} (-1)^l R_l &= (p_{l+1} - p_{l+2}) + (p_{l+3} - p_{l+4}) + \dots \\ &= p_{l+1} - (p_{l+2} - p_{l+3}) - (p_{l+4} - p_{l+5}) \dots \end{aligned}$$

[1] Leibniz, math. Schriften, herausgegeben von Gerhardt, Halle, Bd. 3 (1856), S. 926 und 4 (1859), S. 273.

schreiben; hieraus folgt

$$0 < (-1)^l R_l < p_{l+1}$$

oder

$$(-1)^l R_l = \vartheta \cdot p_{l+1},$$

wobei ϑ eine positive, zwischen 0 und 1 gelegene Zahl bedeutet.

Die alternierende Reihe (14) hat eine Summe

$$p_1 - p_2 + p_3 \ldots (-1)^{l-1} p_l + (-1)^l \cdot \vartheta \cdot p_{l+1},$$

wobei $0 < \vartheta < 1$. Die Summe der Reihe (14) ist also stets größer als eine ihrer Partialsummen mit einer geraden Anzahl von Gliedern und kleiner als eine solche mit einer ungeraden Zahl von Gliedern, und der Rest $R_l = (-1)^l p_{l+1} + (-1)^{l+1} p_{l+2} + \ldots$ ist, absolut genommen, kleiner als sein erstes Glied.

Nach dem Leibnizschen Satze konvergiert z. B. die alternierende Reihe

$$(20) \qquad 1 - \frac{1}{2} + \frac{1}{3} - \frac{1}{4} + \frac{1}{5} - \frac{1}{6} \ldots$$

Bezeichnet man ihre Summe, von der noch im § 13 gezeigt werden wird, daß sie gleich $\overset{e}{\log} 2$ ist, mit S und bildet aus ihr

$$\frac{S}{2} = \frac{1}{2} - \frac{1}{4} + \frac{1}{6} - \frac{1}{8} \ldots$$

oder durch Einschieben von Nullen

$$(21) \qquad \frac{S}{2} = 0 + \frac{1}{2} + 0 - \frac{1}{4} + 0 + \frac{1}{6} \ldots,$$

so erhält man durch Addition von (20) und (21)

$$\frac{3S}{2} = (0+1) + \left(\frac{1}{2} - \frac{1}{2}\right) + \left(0 + \frac{1}{3}\right) + \left(-\frac{1}{4} - \frac{1}{4}\right) + \left(0 + \frac{1}{5}\right) + \left(\frac{1}{6} - \frac{1}{6}\right) \ldots$$

$$= 1 + \frac{1}{3} - \frac{1}{2} + \frac{1}{5} + \frac{1}{7} - \frac{1}{4} \ldots$$

Da die Reihe (20) durch Umordnung ihrer Glieder die Summe geändert hat, ist (20) nur eine bedingt konvergente Reihe. Mithin muß die Reihe der absoluten Beträge von (20) divergieren; dies tut sie tatsächlich als harmonische Reihe.

Nach dem Leibnizschen Satz konvergiert auch die Reihe

$$\frac{1}{1^\lambda} - \frac{1}{2^\lambda} + \frac{1}{3^\lambda} - \frac{1}{4^\lambda} + \frac{1}{5^\lambda} - \frac{1}{6^\lambda} \ldots,$$

wobei $\lambda > 1$. Diese Reihe ist nach Seite 307 oben absolut konvergent.

Wir schließen diesen Paragraphen mit folgendem Satz: Ist $a_1 + a_2 + \ldots$ eine absolut konvergente Reihe, sind $\varepsilon_1, \varepsilon_2, \ldots$ beliebige Zahlen, für die man eine positive Zahl P finden kann, so daß jede der Zahlen $\varepsilon_1, \varepsilon_2, \ldots$ einen absoluten Betrag besitzt, der kleiner als P ist, so ist $\varepsilon_1 a_1 + \varepsilon_2 a_2 + \ldots$ eine absolut konvergente Reihe; denn die Reihe $|\varepsilon_1| \cdot |a_1| + |\varepsilon_2| \cdot |a_2| + \ldots$ hat die konvergente Reihe $P|a_1| + P|a_2| + P|a_3| + \ldots$ zur Majorante.

§ 10.

Elemente der Kombinatorik und der binomische Satz für ganze positive Exponenten.

Sind $x_1, x_2, \ldots, x_n$ irgend n verschiedene Dinge, so heißt jede Zusammenstellung, die man erhält, wenn man von den n Dingen k $(1 \leqq k \leqq n)$ verschiedene herausgreift, eine **Kombination der n Dinge zur k^{ten} Klasse oder zu k.** Bei einer solchen Kombination kann man die k Dinge in verschiedener Reihenfolge hingeschrieben denken. Gelten auch solche Kombinationen als verschieden, welche sich auf die nämlichen k Dinge beziehen und diese nur in verschiedener Reihenfolge enthalten, so spricht man von **Kombinationen mit Beachtung der Reihenfolge** oder **Variationen.** Die Anzahl aller Variationen von n Dingen zur k^{ten} Klasse soll mit $V(n, k)$ bezeichnet werden. Die Variationen von n Dingen zur ersten Klasse bestehen ersichtlich aus den n Dingen $x_1, x_2, \ldots, x_n$ selbst, so daß $V(n, 1) = n$ ist. Fügt man jeder der n Variationen erster Klasse noch eines der fehlenden $(n-1)$ Dinge der Reihe nach am Schluß bei, so erhält man die Variationen zweiter Klasse

$$\text{(A)} \qquad \begin{cases} x_1 x_2, & x_1 x_3, & \ldots, & x_1 x_n, \\ x_2 x_1, & x_2 x_3, & \ldots, & x_2 x_n, \\ \vdots & & & \\ x_n x_1, & x_n x_2, & \ldots, & x_n x_{n-1}; \end{cases}$$

ersichtlich ist $V(n, 2) = n(n-1)$.

Fügt man jeder Variation zweiter Klasse noch eines der ihr fehlenden $(n-2)$ Dinge der Reihe nach am Schlusse bei, so erhält man alle Variationen dritter Klasse:

$$\text{(B)} \qquad \begin{cases} x_1 x_2 x_3, & x_1 x_2 x_4, & \ldots, & x_1 x_2 x_n, \\ x_1 x_3 x_2, & x_1 x_3 x_4, & \ldots, & x_1 x_3 x_n, \\ x_1 x_4 x_2, & x_1 x_4 x_3, & \ldots, & x_1 x_4 x_n, \\ \vdots & & & \\ x_n x_1 x_2, & x_n x_1 x_3, & \ldots, & x_n x_1 x_{n-1}, \\ x_n x_2 x_1, & x_n x_2 x_3, & \ldots, & x_n x_2 x_{n-1}, \\ \vdots & & & \\ x_n x_{n-1} x_1, & x_n x_{n-1} x_2, & \ldots, & x_n x_{n-1} x_{n-2}. \end{cases}$$

Offenbar erhält man alle $V(n, \nu + 1)$ Variationen von n Dingen $x_1, x_2, \ldots, x_n$ zur $(\nu + 1)^{\text{ten}}$ Klasse, indem man zuerst alle $V(n, \nu)$ Variationen der n Dinge zur ν^{ten} Klasse bildet und einer jeden dieser $V(n, \nu)$ Variationen noch eines der nicht in ihr enthaltenen $(n - \nu)$ Dinge von den Dingen $x_1, x_2, \ldots, x_n$ der Reihe nach am Schluß beifügt. Es ist also

$$V(n, \nu + 1) = V(n, \nu) \cdot (n - \nu). \tag{1}$$

Da

$$V(n, 1) = n, \tag{2}$$

so ergibt sich durch wiederholte Anwendung der Formel (1) die Formel

$$
(3)\quad \begin{cases} V(n, k) = V(n, k-1)\cdot(n-k+1) = V(n, k-2)\cdot(n-k+2)\cdot(n-k+1) \\ \quad = V(n, 2)\cdot(n-2)\cdot(n-3)\ldots(n-k+2)\cdot(n-k+1) \\ \quad = V(n, 1)\cdot(n-1)\cdot(n-2)\ldots(n-k+2)\cdot(n-k+1) \\ \quad = n\cdot(n-1)\cdot(n-2)\ldots(n-k+1). \end{cases}
$$

Die Anzahl $V(n, k)$ der Variationen von n Dingen zur k^{ten} Klasse ist $n(n-1)(n-2)\ldots(n-k+1)$.[1]

Besonders wichtig ist die Anzahl $V(n, n)$ der Variationen von n Dingen zur n^{ten} Klasse. Es ist $V(n, n) = n\cdot(n-1)\cdot(n-2)\ldots 2\cdot 1$; $V(1, 1) = 1$. Man definiert: Unter $n!$ (gelesen n Fakultät) soll das Produkt der n ersten Zahlen und unter $1!$ die Zahl 1 verstanden werden. Für später führen wir noch das Symbol $0!$ ein; dieses soll gleich 1 sein.

Jede Variation von n verschiedenen Dingen zur n^{ten} Klasse, d. h. jede mögliche Anordnung von n verschiedenen Dingen, bezeichnet man auch als eine Permutation. Da $V(n, n) = n!$, so kann man folgenden Satz aussprechen: Die Anzahl der verschiedenen Permutationen, d. h. die Anzahl der Arten, auf die man n Dinge in alle möglichen verschiedenen Reihenfolgen bringen kann, ist $n!$.

Die $n!$ Permutationen der n Dinge $x_1, x_2, \ldots, x_n$ lauten

$$
x_1 x_2 \ldots x_n, \quad x_1 x_2 \ldots x_{n-2} x_n x_{n-1}, \quad x_1 x_2 \ldots x_{n-1} x_{n-2} x_n,
$$
$$
x_1 x_2 \ldots x_{n-1} x_n x_{n-2}, \quad \ldots, \quad x_n x_{n-1} x_{n-2} \ldots x_2 x_1.
$$
[2]

Der Leser schreibe sich alle Permutationen von 2, 3 und 4 Dingen hin.

Bei Verwendung des Symbols $n!$ wird

$$
(4)\quad \begin{cases} V(n, k) = n\cdot(n-1)\ldots(n-k+1) \\ = \dfrac{n\cdot(n-1)\cdot(n-2)\ldots(n-k+1)\cdot(n-k)\ldots 2\cdot 1}{(n-k)\cdot(n-k-1)\ldots 2\cdot 1} = \dfrac{n!}{(n-k)!} \quad (1 \leqq k \leqq n). \end{cases}
$$

---

[1] Da unser Alphabet 25 Buchstaben besitzt, ist $25\cdot 24\cdot 23\ldots(26-k)$ die Anzahl aller möglichen k-buchstabigen Verbindungen, die aus k ungleichen Buchstaben bestehen.

[2] Wir haben die $n!$ Permutationen ebenso wie die Schemata (A) und (B) „lexikographisch" (wie die Worte eines Lexikons) oder besser „arithmographisch" geordnet. Liest man die Indizes der x fortlaufend als eine k-stellige Zahl, so steht jede Kombination $x_{\alpha_1} x_{\alpha_2} \ldots x_{\alpha_k}$, zu der eine kleinere Zahl $\alpha_1 \alpha_2 \ldots \alpha_k$ gehört, vor jeder Kombination $x_{\beta_1} x_{\beta_2} \ldots x_{\beta_k}$, zu der eine größere Zahl $\beta_1 \beta_2 \ldots \beta_k$ gehört. Anders ausgedrückt: Die Kombination $x_{\alpha_1} x_{\alpha_2} \ldots x_{\alpha_k}$ geht der Kombination $x_{\beta_1} x_{\beta_2} \ldots x_{\beta_k}$ voraus, wenn die erste unter den Differenzen $\beta_1 - \alpha_1, \beta_2 - \alpha_2, \ldots, \beta_k - \alpha_k$, die nicht verschwindet, positiv ist.

Hat man n Dinge $x_1, x_2, \ldots, x_n$, so ist bei der lexikographischen Anordnung der Variationen k^{ter} Klasse ohne Wiederholung, wie wir die bisher betrachteten Variationen nennen werden, $x_1 x_2 \ldots x_k$ als erste Anordnung hinzuschreiben; folgendes Prinzip liefert alsdann aus irgend einer Anordnung $x_{\alpha_1} x_{\alpha_2} \ldots x_{\alpha_k}$ die ihr unmittelbar folgende: Man bestimme in $x_{\alpha_1} x_{\alpha_2} \ldots x_{\alpha_k}$ das von rechts aus erste Ding, das niedrigeren Index als ein hinter ihm stehendes oder nicht verwendetes Ding hat, ersetze dieses Ding durch das nächst höhere der hinter ihm stehenden oder in der Anordnung nicht auftretenden Dinge, während die voraufgehenden Dinge ungeändert bleiben, und füge hierauf die ersten der Dinge $x_1, x_2, \ldots, x_k$, soweit diese noch nicht benützt sind, in ihrer natürlichen Reihenfolge bei, bis die Anordnung k Dinge enthält. Z. B. folgt bei den Variationen der Ziffern 1 bis 9 zu drei ohne Wiederholung auf die Zahl 897 die Zahl 912.

Werden n verschiedene Dinge zu k kombiniert und gelten hierbei nur solche Kombinationen als verschieden, die nicht aus denselben k Dingen bestehen, so spricht man von Kombinationen von n Dingen zur k^{ten} Klasse ohne Beachtung der Reihenfolge. Diese Kombinationen heißen auch Kombinationen schlechtweg ohne Zusatz. Ihre Anzahl sei mit $C(n, k)$ bezeichnet. Hat man alle Kombinationen $C(n, k)$ von n Elementen zur k^{ten} Klasse aufgestellt, so erhält man hieraus alle Variationen der n Elemente zur k^{ten} Klasse, indem man in jeder dieser Kombinationen die k in ihr enthaltenen Dinge auf jede Art permutiert. (Man bezeichnet die Variationen daher als permutierte Kombinationen.) Da man k Dinge auf $k!$ Arten permutieren kann, so ergibt sich

$$V(n, k) = k! \cdot C(n, k) \tag{5}$$

oder nach (3)

$$C(n, k) = \frac{V(n, k)}{k!} = \frac{n(n-1)(n-2)\ldots(n-k+1)}{1\cdot 2\cdot 3\ldots k}.\text{[1]} \tag{6}$$

Ist n irgend eine Zahl und k eine beliebige ganze positive Zahl, so bedient man sich des Symbols[2]

$$\binom{n}{k} = \frac{n(n-1)(n-2)\ldots(n-k+1)}{1\cdot 2\cdot 3\ldots k} \tag{7}$$

(gelesen n über k). Für spätere Zwecke definieren wir noch $\binom{n}{0} = 1$.

Unter Verwendung des Symbols $\binom{n}{k}$ haben wir den Satz: Man kann n Dinge auf $\binom{n}{k} = \frac{n(n-1)\cdot(n-2)\ldots(n-k+1)}{1\cdot 2\cdot 3\ldots k}$ Arten zu k $(1 \leqq k \leqq n)$ kombinieren.

Bisher wurden nur solche Kombinationen bzw. Variationen k^{ter} Klasse untersucht, bei denen in jeder Kombination bzw. Variation die k Dinge alle untereinander verschieden sein mußten. Wir betrachten noch Kombinationen von n verschiedenen Dingen $x_1, x_2, \ldots, x_n$ zu k bei unbeschränkt zulässiger Wiederholung der Dinge, so daß jede Kombination bzw. Variation nur Dinge $x_1, x_2, \ldots, x_n$ enthält, aber eventuell dieselben Dinge auch mehrfach. Solche Kombinationen bzw. Variationen bezeichnet man als Kombinationen bzw. Variationen mit Wiederholung, die früheren zum Unterschied von ihnen als solche ohne Wiederholung. Bei Kombinationen und Variationen von n Dingen $x_1, x_2, \ldots, x_n$ zur k^{ten} Klasse mit Wiederholung kann, da jedes Ding auch mehrfach auftreten darf, die Zahl k beliebige ganzzahlige positive Werte annehmen, sie braucht also nicht durch $1 \leqq k \leqq n$ beschränkt zu werden.

---

[1] $C(n, k)$ ist die Anzahl aller verschiedenen Zusammenstellungen von k Kugeln, die jemand aus einem Spiel mit n ungleichen Kugeln erhalten kann. Auf $\binom{n}{2}$ Arten erklingen die Gläser, wenn von n Zechern jeder mit jedem anstößt.

[2] Bei der Definition des Symbols $\binom{n}{k}$ braucht die Zahl n im Gegensatz zu k keiner Beschränkung unterworfen zu werden.

Die Anzahl der Variationen von n Elementen zur k^{ten} Klasse mit Wiederholung sei mit $V(n, k, w)$ bezeichnet. Offenbar erhält man alle $V(n, \nu + 1, w)$ Variationen mit Wiederholung von n Dingen $x_1, x_2, \ldots, x_n$, indem man zuerst alle $V(n, \nu, w)$ Variationen der n Dinge zur ν^{ten} Klasse mit Wiederholung bildet und einer jeden dieser $V(n, \nu, w)$ Variationen jedes der n Dinge $x_1, x_2, \ldots, x_n$ beifügt. Mithin ist

$$(8) \qquad V(n, \nu + 1, w) = n \cdot V(n, \nu, w).$$

Nun ist $V(n, 1, w) = n$; denn die Variationen von n Dingen zur ersten Klasse mit Wiederholung sind ebenso wie diejenigen ohne Wiederholung die Dinge selbst. Aus (8) erhält man durch wiederholte Anwendung:

$$(9) \quad V(n, k, w) = n \cdot V(n, k-1, w) = n^2 V(n, k-2, w) = n^{k-1} \cdot V(n, 1, w) = n^k.$$

Wir haben also den Satz: Die Anzahl aller Variationen von n Dingen zur k^{ten} Klasse mit Wiederholung ist n^k.

Die n^2 Variationen von n Dingen zur zweiten Klasse mit Wiederholung lauten:

$$\begin{array}{lllll} x_1 x_1, & x_1 x_2, & x_1 x_3, & \ldots, & x_1 x_n, \\ x_2 x_1, & x_2 x_2, & x_2 x_3, & \ldots, & x_2 x_n, \\ \vdots & & & & \\ x_n x_1, & x_n x_2, & x_n x_3, & \ldots, & x_n x_n; \end{array}$$

zur dritten Klasse:

$$\begin{array}{llll} x_1 x_1 x_1, & x_1 x_1 x_2, & \ldots, & x_1 x_1 x_n, \\ x_1 x_2 x_1, & x_1 x_2 x_2, & \ldots, & x_1 x_2 x_n, \\ x_1 x_3 x_1, & x_1 x_3 x_2, & \ldots, & x_1 x_3 x_n, \\ \vdots & & & \\ x_1 x_n x_1, & x_1 x_n x_2, & \ldots, & x_1 x_n x_n, \\ \vdots & & & \\ x_n x_1 x_1, & x_n x_1 x_2, & \ldots, & x_n x_1 x_n, \\ \vdots & & & \\ x_n x_n x_1, & x_n x_n x_2, & \ldots, & x_n x_n x_n. \end{array}$$[1]

Zur Bestimmung der Anzahl $C(n, k, w)$ aller Kombinationen mit Wiederholung von n Dingen zur k^{ten} Klasse verfahren wir so: (×) $x_{\alpha_1} x_{\alpha_2} \ldots x_{\alpha_k}$ sei eine der $C(n, k, w)$ Kombinationen mit Wiederholung der n Dinge $x_1, x_2, \ldots, x_n$, so daß also $\alpha_1, \alpha_2, \ldots, \alpha_k$ irgend welche, nicht not-

[1] Die Schemata sind wieder „lexikographisch" oder „arithmographisch" angeordnet. Hat man n Dinge $x_1, x_2, \ldots, x_n$, so ist bei der lexikographischen Anordnung der Variationen k^{ter} Klasse mit Wiederholung $x_1 x_1 \ldots x_1$ als erste Anordnung hinzuschreiben. Folgendes Prinzip liefert alsdann aus irgend einer Anordnung $x_{\alpha_1} x_{\alpha_2} \ldots x_{\alpha_k}$ die ihr unmittelbar folgende: Man bestimme in $x_{\alpha_1} x_{\alpha_2} \ldots x_{\alpha_k}$ das von rechts aus erste Ding, das ungleich x_n ist, erhöhe seinen Index um 1, während die voraufgehenden Dinge ungeändert bleiben und füge alsdann soviel mal x_1 bei, bis die Anordnung k Dinge enthält. — Da unser Alphabet 25 Buchstaben besitzt, ist 25^k die Zahl aller möglichen k-buchstabigen Verbindungen, die man bilden kann, wenn in den Verbindungen der nämliche Buchstabe auch wiederholt stehen darf.

wendig ungleiche Zahlen aus der Reihe $1, 2, \ldots, n$ bedeuten. Da bei den Kombinationen die Reihenfolge der Dinge keine Rolle spielt, denken wir uns bei jeder Kombination $(^{\times})$ die Dinge möglichst gut angeordnet, also derart, daß $\alpha_1 \leqq \alpha_2 \leqq \alpha_3 \ldots \leqq \alpha_k$ ist. Aus jeder Kombination $(^{\times})$ leiten wir eine neue $(^{\times\times})$ $x_{\alpha_1+0}\, x_{\alpha_2+1} \ldots x_{\alpha_k+k-1}$ ab, indem wir zu den Indizes der Reihe nach die Zahlen $0, 1, 2, \ldots, k-1$ addieren. Die Dinge jeder Kombination $(^{\times\times})$ haben alsdann ungleiche Indizes und zwar sind dies Zahlen aus der Reihe $1, 2, \ldots, n+k-1$, so daß die Kombinationen $(^{\times\times})$ solche k^{ter} Klasse ohne Wiederholung der $n+k-1$ Dinge $x_1, x_2, \ldots, x_{n+k-1}$ sind. Zwei verschiedenen Kombinationen $(^{\times})$, d. h. solchen, die nicht in allen Dingen übereinstimmen, entsprechen offenbar auch zwei verschiedene Kombinationen $(^{\times\times})$. Aus dieser Zuordnung ergibt sich, daß die Zahl $C(n+k-1, k)$ der Kombinationen von $n+k-1$ Dingen zur k^{ten} Klasse ohne Wiederholung mindestens gleich der Zahl der Kombinationen von n Dingen zur k^{ten} Klasse mit Wiederholung sein muß; mithin hat man die Relation

$$C(n, k, w) \leqq C(n+k-1, k). \tag{10}$$

Ist umgekehrt $(\overline{^{\times\times}})$ $x_{\beta_1}\, x_{\beta_2} \ldots x_{\beta_k}$ eine der $C(n+k-1, k)$ Kombinationen k^{ter} Klasse ohne Wiederholung der $n+k-1$ Dinge $x_1, x_2, \ldots, x_{n+k-1}$ und denkt man sich in jeder Kombination $(\overline{^{\times\times}})$ die Dinge möglichst gut geordnet, so ist, da es sich um Kombinationen ohne Wiederholung handelt, $\beta_1 < \beta_2 < \beta_3 < \ldots < \beta_k$ und folglich $\beta_i \geqq i$. Jeder Kombination $(\overline{^{\times\times}})$ kann man nun eine Kombination $(\overline{^{\times}})$ $x_{\beta_1-0}\, x_{\beta_2-1}\, x_{\beta_3-2} \ldots x_{\beta_k-(k-1)}$ zuordnen, indem man die Indizes der Reihe nach um $0, 1, 2, \ldots, k-1$ erniedrigt. Die Kombinationen $(\overline{^{\times}})$ sind solche k^{ter} Klasse mit Wiederholung der Dinge $x_1, x_2, \ldots, x_n$. Da zwei verschiedenen Kombinationen $(\overline{^{\times\times}})$ stets auch zwei verschiedene Kombinationen $(\overline{^{\times}})$ entsprechen, ergibt sich, daß die Anzahl der Kombinationen von n Dingen zur k^{ten} Klasse mit Wiederholung

$$C(n, k, w) \geqq C(n+k-1, k) \tag{11}$$

sein muß.

Aus (10) und (11) folgt

$$C(n, k, w) = C(n+k-1, k)$$

oder nach (6) und (7)

$$C(n, k, w) = \binom{n+k-1}{k}.\text{[1]} \tag{12}$$

Die Anzahl der Kombinationen von n Dingen zur k^{ten} Klasse mit Wiederholung ist $\binom{n+k-1}{k}$.

Wir beweisen weiter folgenden Satz:

Die Anzahl aller verschiedenen Permutationen von n Dingen, unter denen die einzelnen Dinge in der Vielfachheit $\delta_1, \delta_2, \ldots, \delta_l$ auftreten ($\delta_1 + \delta_2 + \ldots + \delta_l = n$), ist

$$\frac{n!}{\delta_1! \cdot \delta_2! \ldots \delta_l!} = \frac{(\delta_1 + \delta_2 + \ldots + \delta_l)!}{\delta_1! \cdot \delta_2! \ldots \delta_l!}.$$

---

[1] Die Idee dieses Beweises bei SCHERK, Journ. f. d. r. u. ang. Math. **11**, 226 (1834), auch FÖRSTEMANN, ebenda **13**, 237 (1835).

Die gesuchte Anzahl von Permutationen sei x. Ersetzt man zunächst die δ_1 untereinander gleichen Dinge durch δ_1 ungleiche, so lassen sich aus jeder einzelnen der x Permutationen $\delta_1!$ weitere ableiten, nämlich soviel wie es Permutationen von δ_1 verschiedenen Dingen gibt, mithin aus den x Permutationen $x \cdot \delta_1!$. Ersetzt man dann weiter jedes der δ_2 untereinander gleichen Dinge durch δ_2 ungleiche, so lassen sich aus jeder der $x \cdot \delta_1!$ Permutationen $\delta_2!$ weitere ableiten, indem man die δ_2 Dinge permutiert, also insgesamt $x \cdot \delta_1! \cdot \delta_2!$. Fährt man derart fort, so erhält man $x \cdot \delta_1! \cdot \delta_2! \ldots \delta_l!$ Permutationen. Da sich n ungleiche Dinge auf $n!$ Arten permutieren lassen, hat man

$$n! = x \cdot \delta_1! \cdot \delta_2! \ldots \delta_l! \quad \text{oder} \quad x = \frac{n!}{\delta_1! \cdot \delta_2! \ldots \delta_l!},$$

wie bewiesen werden sollte.

Auf weitere Fragen über Kombinationen führt folgender Satz:

Das Produkt der n Faktoren ersten Grades in x:

$$(x + x_1) \cdot (x + x_2) \ldots (x + x_n),$$

wobei $x, x_1, x_2, \ldots, x_n$ irgend welche Größen sind, ist gleich

$$x^n + S_1^{(n)} x^{n-1} + S_2^{(n)} x^{n-2} + \ldots + S_k^{(n)} x^{n-k} + \ldots + S_n^{(n)},$$

wobei

$$S_1^{(n)} = x_1 + x_2 + \ldots + x_n,$$

$$S_2^{(n)} = \sum x_1 x_2 = x_1 x_2 + x_1 x_3 + \ldots + x_1 x_n + x_2 x_3 + \ldots + x_{n-1} x_n,$$

$$S_3^{(n)} = \sum x_1 x_2 x_3 = x_1 x_2 x_3 + x_1 x_2 x_4 + \ldots + x_{n-2} x_{n-1} x_n,$$

$$\vdots$$

$$S_k^{(n)} = \sum x_1 x_2 \ldots x_k = x_1 x_2 x_3 \ldots x_k + x_1 x_2 \ldots x_{k-1} x_{k+1} + \ldots + x_{n-k+1} \ldots x_{n-1} x_n,$$

$$\vdots$$

$$S_n^{(n)} = x_1 x_2 \ldots x_n$$

ist. $S_k^{(n)}$ ist die Summe aller möglichen Produkte von je k verschiedenen der Größen $x_1, x_2, \ldots, x_n$; diese Summe haben wir abgekürzt mit $\sum x_1 x_2 \ldots x_k$ bezeichnet. Da n Größen $x_1, x_2, \ldots, x_n$ verwendet wurden, haben wir allen S den oberen Index n beigefügt.

Der Satz ist für die kleinsten Werte von n, nämlich $n = 2$ und $n = 3$, richtig, wie die direkte Ausführung der Multiplikation zeigt. Es ist

$$(x + x_1) \cdot (x + x_2) = x^2 + (x_1 + x_2) x + x_1 x_2,$$

$$(x + x_1) \cdot (x + x_2) \cdot (x + x_3) = x^3 + (x_1 + x_2 + x_3) x^2 + (x_1 x_2 + x_1 x_3 + x_2 x_3) x + x_1 x_2 x_3.$$

Um die Allgemeingültigkeit zu zeigen, wenden wir den Schluß von ν auf $\nu + 1$ an. Wir nehmen die Richtigkeit der Gleichung:

$$(x + x_1) \cdot (x + x_2) \ldots (x + x_\nu) = x^\nu + S_1^{(\nu)} x^{\nu-1} + S_2^{(\nu)} x^{\nu-2} + \ldots + S_k^{(\nu)} x^{\nu-k} + \ldots + S_\nu^{(\nu)}$$

an, bei der die Größen $S_1^{(\nu)}, S_2^{(\nu)}, \ldots, S_\nu^{(\nu)}$ die obige Bedeutung haben, nur daß das Produkt aus ν anstatt aus n Faktoren gebildet wurde. Multipliziert man rechts und links mit $z + x_{\nu+1}$ und ordnet nach fallenden Potenzen von z, so erhält man:

$$(13)\quad \begin{cases} (z+x_1)\cdot(z+x_2)\ldots(z+x_\nu)\cdot(z+x_{\nu+1}) = z^{\nu+1} + \left(S_1^{(\nu)} + x_{\nu+1}\right) z^\nu \\ \quad + \left(S_2^{(\nu)} + S_1^{(\nu)} x_{\nu+1}\right) z^{\nu-1} + \left(S_3^{(\nu)} + S_2^{(\nu)} x_{\nu+1}\right) z^{\nu-2} + \ldots \\ \quad + \left(S_k^{(\nu)} + S_{k-1}^{(\nu)} x_{\nu+1}\right) z^{\nu-k+1} + \ldots + \left(S_\nu^{(\nu)} + S_{\nu-1}^{(\nu)} x_{\nu+1}\right) z \\ \quad + S_\nu^{(\nu)} x_{\nu-1}\,. \end{cases}$$

Bei dem Faktor $S_k^{(\nu)} + S_{k-1}^{(\nu)} x_{\nu+1}$ von $z^{\nu-k+1}$ in der Gleichung (13) sind $S_k^{(\nu)}$ bzw. $S_{k-1}^{(\nu)}$ die Summen aller Produkte von k bzw. $k-1$ verschiedenen der ν Größen $x_1, x_2, \ldots, x_\nu$ und demnach $S_k^{(\nu)} + S_{k-1}^{(\nu)} x_{\nu+1}$ die Summe aller Produkte von k verschiedenen der $\nu + 1$ Größen $x_1, x_2, \ldots, x_{\nu+1}$; denn $S_k^{(\nu)}$ enthält alle Produkte von k verschiedenen der ν Größen $x_1, x_2, \ldots, x_\nu$ und $S_{k-1}^{(\nu)} \cdot x_{\nu+1}$ liefert alle diejenigen Produkte von k verschiedenen der Größen $x_1, x_2, \ldots, x_{\nu+1}$, bei denen $x_{\nu+1}$ auftritt. Mithin kann

$$(14)\qquad S_k^{(\nu)} + S_{k-1}^{(\nu)} \cdot x_{\nu+1} = S_k^{(\nu+1)}$$

gesetzt werden, und die Gleichung (13) zeigt, daß, wenn unser Satz für irgend ein Produkt von ν Faktoren gültig ist, er auch noch für ein solches mit einer um eins höheren Anzahl $\nu + 1$ richtig ist. Das Theorem gilt, wie gezeigt, für $\nu = 2$, $\nu = 3$; mithin ist es nach dem Satz der vollständigen Induktion allgemein richtig.

Wir fragen noch nach der Gliederzahl in der Summe $S_k^{(n)} = \sum x_1 x_2 \ldots x_k$. Offenbar ist diese gleich der Zahl, die angibt, auf wieviel Arten man aus n Größen $x_1, x_2, \ldots, x_n$ auf verschiedene Weisen k herausgreifen kann, d. h. gleich der Zahl der Kombinationen von n Dingen zur k^{ten} Klasse ohne Wiederholung. Mithin hat man:

Die Größen

$$S_k^{(n)} = \sum x_1 x_2 \ldots x_k = x_1 x_2 \ldots x_k + x_1 x_2 \ldots x_{k-1} x_{k+1} + \ldots + x_{n-k+1} x_{n-k+2} \ldots x_n$$

sind Summen von $\binom{n}{k}$ Summanden.

Setzt man in dem vorigen Satz alle Größen $x_1, x_2, \ldots, x_n$ gleich einer und derselben Größe h, so geht $S_k^{(n)}$ in eine Summe von $\binom{n}{k}$ gleichen Summanden h^k über, wird also gleich $\binom{n}{k} \cdot h^k$; hieraus folgt die wichtige Formel

$$(15)\quad (z+h)^n = z^n + \binom{n}{1} z^{n-1} h + \binom{n}{2} z^{n-2} h^2 + \ldots + \binom{n}{k} z^{n-k} h^k + \ldots + \binom{n}{n} h^n.$$

Diese bezeichnet man als den binomischen Satz für ganze positive Exponenten. Die Zahlen

$$(16)\qquad \binom{n}{k} = \frac{n(n-1)(n-2)\ldots(n-k+1)}{1\cdot 2\cdot 3\ldots k}$$

führen daher auch den Namen „Binomialkoeffizienten“. Diese Bezeichnung verwendet man auch, wenn n nicht ganzzahlig ist.

Ist nicht nur k, sondern auch n eine ganze positive Zahl, so ist $1 \cdot 2 \cdot 3 \ldots (n-k)$ für $1 \leqq k < n$ ein Produkt ganzer positiver Zahlen, und man kann (16) auch schreiben:

$$\binom{n}{k} = \frac{n \cdot (n-1) \cdot (n-2) \ldots (n-k+1) \cdot (n-k) \cdot (n-k-1) \ldots 2 \cdot 1}{1 \cdot 2 \cdot 3 \ldots k \cdot (n-k) \cdot (n-k-1) \ldots 2 \cdot 1} = \frac{n!}{k!\,(n-k)!}.$$

Da $0! = 1$ und $\binom{n}{0} = 1$ definiert waren, so ist bei ganzzahligem positivem n die Formel

$$\binom{n}{k} = \frac{n!}{k!\,(n-k)!} \tag{17}$$

auch noch für $k = 0$ und $k = n$ gültig, also für alle ganzen Zahlen k, die der Ungleichung $0 \leqq k \leqq n$ genügen.

Unter Verwendung der Gleichung (17) kann man dem binomischen Satz für ganze positive Exponenten die Form geben:

$$(z+h)^n = \sum_{k=0}^{k=n} \frac{n!}{k!\,(n-k)!} z^{n-k} \cdot h^k, \tag{18}$$

wobei das rechts stehende Summenzeichen bedeutet, daß man die Summe aller Glieder bilden soll, die aus dem unter ihm stehenden Ausdruck erhalten werden, wenn man k die Werte $0, 1, 2, \ldots, n$ beilegt.

Bildet man nach (17) für ganzzahliges positives n den Ausdruck $\binom{n}{n-k}$, so wird

$$\binom{n}{n-k} = \frac{n!}{(n-k)!\,k!} = \binom{n}{k}.$$

In der Formel (15) des binomischen Lehrsatzes haben also rechter Hand die gleich weit von den Enden abstehenden Glieder jeweils gleiche Zahlenkoeffizienten.

Wir wollen noch einen weiteren Beweis für den binomischen Satz geben. Zu dem Zweck leiten wir zunächst die wichtige Relation

$$\binom{n+1}{k} = \binom{n}{k} + \binom{n}{k-1} \tag{19}$$[1]

ab, bei der n eine beliebige Zahl ohne Beschränkung und k irgend eine ganze Zahl $\geqq 1$ bedeutet.

---

[1] Für den besonderen Fall eines ganzzahligen positiven n, wie er weiter im Text nur benötigt wird, folgt die Richtigkeit der Gleichung (19) auch aus der Gleichung (14):

$$S_k^{(\nu+1)} = S_k^{(\nu)} + S_{k-1}^{(\nu)} \cdot x_{\nu+1},$$

da $S_k^{(\nu+1)}$ eine Summe von $\binom{\nu+1}{k}$, $S_k^{(\nu)}$ und $S_{k-1}^{(\nu)}$ Summen von $\binom{\nu}{k}$ bzw. $\binom{\nu}{k-1}$ Gliedern sind.

Es ist

$$\binom{n}{k} + \binom{n}{k-1} = \frac{n(n-1)(n-2)\dots(n-k+2)\cdot(n-k+1)}{1\cdot 2\cdot 3\dots(k-1)\cdot k}$$

$$+ \frac{n(n-1)(n-2)\dots(n-k+2)}{1\cdot 2\cdot 3\dots(k-1)}{}^{1} = \frac{n(n-1)(n-2)\dots(n-k+2)}{1\cdot 2\cdot 3\dots(k-1)\cdot k}[n-k+1+k]$$

$$= \frac{(n+1)n(n-1)\dots(n-k+2)}{1\cdot 2\cdot 3\dots k} = \binom{n+1}{k}.$$

Aus der Gleichung (19) ergibt sich der binomische Satz

$$(15)\qquad (x+h)^n = \binom{n}{0}x^n + \binom{n}{1}x^{n-1}h + \dots + \binom{n}{k}x^{n-k}h^k + \dots + \binom{n}{n}h^n$$

auf folgende Weise: Die Gleichung (15) ist für $n = 1$, $n = 2$, $n = 3$ richtig, wie man sich durch Ausrechnen überzeugt. Wir nehmen ihre Gültigkeit für irgend eine ganze positive Zahl ν an. Es sei also

$$(x+h)^\nu = \binom{\nu}{0}x^\nu + \binom{\nu}{1}x^{\nu-1}\cdot h + \dots + \binom{\nu}{k-1}x^{\nu-k+1}\cdot h^{k-1}$$
$$+ \binom{\nu}{k}x^{\nu-k}\cdot h^k + \dots + \binom{\nu}{\nu}h^\nu;$$

hieraus folgt durch Multiplikation mit $(x + h)$, daß $(x + h)^{\nu+1} =$

$$\binom{\nu}{0}x^{\nu+1} + \binom{\nu}{1}x^\nu h + \binom{\nu}{2}x^{\nu-1}h^2 + \dots + \binom{\nu}{k}x^{\nu-k+1}h^k + \dots + \binom{\nu}{\nu}h^\nu x$$
$$+ \binom{\nu}{0}x^\nu h + \binom{\nu}{1}x^{\nu-1}h^2 + \dots + \binom{\nu}{k-1}x^{\nu-k+1}h^k + \dots + \binom{\nu}{\nu-1}h^\nu x$$
$$+ \binom{\nu}{\nu}h^{\nu+1}$$

oder nach (19) sowie unter Beachtung der Relationen $\binom{\nu}{0} = 1 = \binom{\nu+1}{0}$ und $\binom{\nu}{\nu} = 1 = \binom{\nu+1}{\nu+1}$:

$$(x+h)^{\nu+1} = \binom{\nu+1}{0}x^{\nu+1} + \binom{\nu+1}{1}x^\nu h + \binom{\nu+1}{2}x^{\nu-1}h^2 + \dots$$
$$+ \binom{\nu+1}{k}x^{\nu-k+1}h^k + \dots + \binom{\nu+1}{\nu}x\,h^\nu + \binom{\nu+1}{\nu+1}h^{\nu+1}.$$

Ist die Gleichung (15) also für $n = \nu$ richtig, so trifft sie auch für $n = \nu + 1$ zu. Da (15) für $n = 1$ richtig ist, trifft (15) nach dem Satz der vollständigen

---

[1] Für $k = 1$ ist $\binom{n}{0} = 1$, und man hat

$$\binom{n}{1} + \binom{n}{0} = n + 1 = \binom{n+1}{1}.$$

Induktion für jeden ganzzahligen Wert n zu; hierdurch ist der binomische Satz wiederum bewiesen.

Für ganzzahlige positive n enthält die oben abgeleitete Gleichung

$$\binom{n+1}{k} = \binom{n}{k-1} + \binom{n}{k} \tag{19}$$

die Eigenschaft des sogenannten „PASCALschen[1] oder arithmetischen Dreiecks". Hierunter versteht man das folgende Schema

$$\begin{array}{ccccccccccc} &&&&& 1 &&&&& \\ &&&& 1 && 1 &&&& \\ &&& 1 && 2 && 1 &&& \\ && 1 && 3 && 3 && 1 && \\ & 1 && 4 && 6 && 4 && 1 & \\ 1 && 5 && 10 && 10 && 5 && 1 \\ \cdot & \cdot & \cdot & \cdot & \cdot & \cdot & \cdot & \cdot & \cdot & \cdot & \cdot, \end{array}$$

bei dem die Zahlen einer jeden Zeile durch Addition der beiden in der vorhergehenden Zeile schräg links und schräg rechts über ihnen stehenden erhalten werden. Die Zahlen der $(n + 1)^{\text{ten}}$ Horizontalreihe sind die Binomialkoeffizienten der Entwicklung von $(x + h)^n$.

Setzt man $\sum_\lambda = 1^\lambda + 2^\lambda + 3^\lambda + \ldots + k^\lambda$, so ergibt sich aus dem binomischen Satz, wenn man in

$$(x+1)^{n+1} = x^{n+1} + \binom{n+1}{1} x^n + \binom{n+1}{2} x^{n-1} + \binom{n+1}{3} x^{n-2} + \ldots + \binom{n+1}{n+1} x^0$$

der Reihe nach $x = 1, 2, \ldots, k$ setzt und addiert:

$$(k+1)^{n+1} = 1 + \binom{n+1}{1} \sum\nolimits_n + \binom{n+1}{2} \sum\nolimits_{n-1} + \binom{n+1}{3} \sum\nolimits_{n-2} + \ldots + \binom{n+1}{n+1} \sum\nolimits_0$$

oder

$$\sum\nolimits_n = \frac{1}{n+1}\left[(k+1)^{n+1} - 1 - \binom{n+1}{2} \sum\nolimits_{n-1} - \binom{n+1}{3} \sum\nolimits_{n-2} - \ldots - \binom{n+1}{n+1} \sum\nolimits_0\right].$$

Da $\sum_0 = k$ ist, berechnet man aus der angegebenen Formel der Reihe nach die Summe der ersten, zweiten, dritten usw. Potenzen der ersten k ganzen positiven Zahlen.[2] Es wird

---

[1] Genannt nach BL. PASCAL, Traité du triangle arithmétique, gedruckt 1665 nach dem Tode PASCALS.

[2] Allgemein läßt sich $\sum_n$ darstellen durch die BERNOULLIschen Zahlen. Sie sind eingeführt im zweiten Teil, Kap. III von JACOB BERNOULLIS Ars conjectandi (1713 nach seinem Tode erschienen). Deutsche Ausgabe dieses für kombinatorische Fragen überhaupt bedeutsamen und noch heute lesenswerten Buches von HAUSSNER in OSTWALDS Klassikern der exakten Wiss. Nr. 107 u. 108. Über die Summe der n^{ten} Potenzen der ersten k ganzen Zahlen vgl. die Darstellungen bei E. LUCAS, Théorie des nombres, Paris 1891, p. 224, P. BACHMANN, niedere Zahlentheorie, 2. Teil, Leipzig 1910, S. 16, weitergehend die Abhandlung von G. FROBENIUS, Sitzungsber. der Preußischen Akad. der Wiss., Jahrgang 1910, 809.

$$\sum\nolimits_1 = \frac{1}{2}[(k+1)^2 - 1 - k] = \frac{k(k+1)}{2},$$

$$\sum\nolimits_2 = \frac{1}{3}\left[(k+1)^3 - 1 - 3\frac{k(k+1)}{2} - k\right] = \frac{1}{6}k(k+1)(2k+1),$$

$$\sum\nolimits_3 = \frac{1}{4}\left[(k+1)^4 - 1 - \frac{6}{6}k(k+1)(2k+1) - \frac{4k(k+1)}{2} - k\right]$$

$$= \frac{1}{4}k^2(k+1)^2 = \left(\sum\nolimits_1\right)^2.$$

Man kann den binomischen Satz auch in der Form

$$(20) \qquad (x+h)^n = \sum \frac{n!}{k_1!\,k_2!} x^{k_1} \cdot h^{k_2}$$

schreiben, wobei die Zahlen k_1 und k_2 in der Summe rechter Hand alle ganzzahligen, nicht negativen Werte durchlaufen, die der Relation $k_1 + k_2 = n$ genügen. In dieser Form erweitern wir den binomischen Satz leicht zu dem sogenannten polynomischen Satz. Hierunter versteht man die Formel für die positive ganzzahlige n^{te} Potenz eines Ausdruckes von irgend l Summanden $x_1, x_2, \ldots, x_l$, nämlich

$$(21) \qquad (x_1 + x_2 + \ldots + x_l)^n = \sum \frac{n!}{k_1!\,k_2!\ldots k_l!} x_1^{k_1} \cdot x_2^{k_2} \ldots x_l^{k_l},$$

wobei in der Summe rechter Hand die Zahlen $k_1, k_2, \ldots, k_l$ alle ganzzahligen, nicht negativen Werte durchlaufen, die der Gleichung

$$(22) \qquad n = k_1 + k_2 + \ldots + k_l$$

genügen. Den Beweis des polynomischen Satzes führen wir durch das Verfahren der vollständigen Induktion. Wir nehmen die Gültigkeit des polynomischen Satzes für eine Summe von $l-1$ Summanden an und zeigen, daß er dann auch noch für l Summanden gilt. Es sei also, wenn t eine beliebige ganze positive Zahl bedeutet,

$$(23) \qquad (x_1 + x_2 + \ldots + x_{l-1})^t = \sum \frac{t!}{k_1!\,k_2!\ldots k_{l-1}!} x_1^{k_1} \cdot x_2^{k_2} \ldots x_{l-1}^{k_{l-1}},$$

wobei die Zahlen $k_1, k_2, \ldots, k_{l-1}$ alle ganzzahligen, nicht negativen Werte durchlaufen, die der Gleichung

$$(24) \qquad t = k_1 + k_2 \ldots + k_{l-1}$$

genügen. Nun ist nach dem binomischen Satz:

$$(25) \qquad (\mu + x_l)^n = \sum \frac{n!}{t!\,k_l!} \mu^t \cdot x_l^{k_l},$$

wobei t und k_l alle ganzzahligen, nicht negativen Werte durchlaufen, die der Gleichung

$$(26) \qquad n = t + k_l$$

genügen. Ersetzt man in (25) μ durch $x_1 + x_2 + \ldots + x_{l-1}$, so erhält man nach (23) eine Summe von Gliedern der Form

$$\frac{n!}{k_1! \cdot k_2! \ldots k_l!} x_1^{k_1} \cdot x_2^{k_2} \ldots x_l^{k_l};$$

hierbei durchlaufen nach den Gleichungen (24) und (26) $k_1, k_2, \ldots, k_l$ alle nicht negativen ganzen Zahlen, die der Gleichung

$$n = k_1 + k_2 + \ldots + k_l \tag{27}$$

genügen. Gilt der polynomische Satz für $l-1$ Summanden, so gilt er also auch für l Summanden; da der binomische Satz bereits bewiesen ist, gilt der polynomische Satz für 2 Summanden, also für 3, 4 usw. Hiermit ist er allgemein bewiesen.

Um alle ganzzahligen, nicht negativen Lösungen der Gleichung (27) zu finden, kann man zuerst k_1 alle Werte $n, n-1, \ldots 2, 1, 0$ durchlaufen lassen und $k_2, k_3, \ldots, k_l$ als alle zugehörigen ganzzahligen, nicht negativen Lösungen von $k_2 + k_3 + \ldots + k_l = n - k_1$ bestimmen.

Bei der Entwicklung von $(x_1 + x_2 + x_3 + x_4 + x_5)^4$ treten z. B. Glieder der folgenden fünf Typen auf:

$$x_1^4, \quad x_1^3 x_2, \quad x_1^2 x_2^2, \quad x_1^2 x_2 x_3, \quad x_1 x_2 x_3 x_4$$

mit den Faktoren 1, 4, 6, 12, 24.

§ 11.

Die Exponentialreihe und die Berechnung der Zahl *e*.

In diesem Paragraphen soll die Reihe

$$1 + \frac{x}{1} + \frac{x^2}{2!} + \frac{x^3}{3!} + \ldots, \tag{1}$$

bei der x irgend eine reelle Zahl bedeutet, studiert werden. Diese Reihe ist, wie auf Seite 314 bewiesen, für jeden reellen Wert des x absolut konvergent; ihre Summe soll mit $E(x)$ bezeichnet werden. Wir vermerken für das Folgende, daß für $x = 0$ nach (1)

$$E(0) = 1 \tag{2}$$

wird. Sind x_1 und x_2 irgend zwei reelle Zahlen, so kann man, da die zwei Reihen

$$E(x_1) = 1 + \frac{x_1}{1} + \frac{x_1^2}{2!} + \frac{x_1^3}{3!} + \ldots,$$

$$E(x_2) = 1 + \frac{x_2}{1} + \frac{x_2^2}{2!} + \frac{x_2^3}{3!} + \ldots$$

absolut konvergieren, den Multiplikationssatz für Reihen (Seite 303) anwenden und erhält:

$$(3) \quad \left\{ \begin{aligned} E(x_1) \cdot E(x_2) = 1 &+ \left(\frac{x_1}{1} + \frac{x_2}{1}\right) + \left(\frac{x_1^2}{2!} + x_1 \cdot x_2 + \frac{x_2^2}{2!}\right) + \ldots \\ &+ \left(\frac{x_1^n}{n!} + \frac{x_1^{n-1}}{(n-1)!} \cdot \frac{x_2}{1} + \frac{x_1^{n-2}}{(n-2)!} \cdot \frac{x_2^2}{2!} + \ldots \right. \\ &\left. + \frac{x_1^{n-k}}{(n-k)!} \cdot \frac{x_2^k}{k!} + \ldots + \frac{x_2^n}{n!}\right) + \ldots \end{aligned} \right.$$

Nach dem binomischen Satz für ganze positive Exponenten n, der im vorigen Paragraphen bewiesen wurde, ist für jedes ganzzahlige positive n:

$$(x_1 + x_2)^n = x_1^n + \binom{n}{1} x_1^{n-1} \cdot x_2 + \binom{n}{2} x_1^{n-2} \cdot x_2^2 + \dots$$
$$+ \binom{n}{k} x_1^{n-k} \cdot x_2^k + \dots + x_2^n,$$

wobei

$$\binom{n}{k} = \frac{n!}{(n-k)!\,k!}.$$

Mithin folgt aus (3), daß

$$E(x_1) \cdot E(x_2) = 1 + (x_1 + x_2) + \frac{(x_1+x_2)^2}{2!} + \dots + \frac{(x_1+x_2)^n}{n!} + \dots = E(x_1 + x_2).$$

Durch wiederholte Anwendung der soeben abgeleiteten Gleichung erhält man, wenn $x_1, x_2, \dots x_n$ irgend n reelle Zahlen bedeuten:

$$(4)\quad \begin{cases} E(x_1) \cdot E(x_2) \dots E(x_{n-2}) \cdot E(x_{n-1}) \cdot E(x_n) = E(x_1) \cdot E(x_2) \dots E(x_{n-2}) \cdot E(x_{n-1} + x_n) \\ \quad = E(x_1) \cdot E(x_2) \dots E(x_{n-3}) \cdot E(x_{n-2} + x_{n-1} + x_n) = \dots \\ \quad = E(x_1) \cdot E(x_2 + x_3 + \dots + x_n) = E(x_1 + x_2 + \dots + x_n). \end{cases}$$

Wählt man $x_1 = x_2 = \dots = x_n = \frac{x}{n}$, so ergibt sich aus (4), daß

$$(5)\qquad \left(E\left(\frac{x}{n}\right)\right)^n = E\left(\frac{x}{n} + \frac{x}{n} + \dots + \frac{x}{n}\right) = E(x).$$

Sei g irgend eine positive Zahl, n eine ganze positive Zahl, die $> g$ sei, so ist die konvergente geometrische Reihe

$$(6)\qquad \left(1 - \frac{g}{n}\right)^{-1} = 1 + \frac{g}{n} + \frac{g^2}{n^2} + \frac{g^3}{n^3} + \frac{g^4}{n^4} + \dots$$

eine Majorante von

$$(7)\qquad E\left(\frac{g}{n}\right) = 1 + \frac{g}{n} + \frac{g^2}{2!\,n^2} + \frac{g^3}{3!\,n^3} + \frac{g^4}{4!\,n^4} + \dots,$$

denn die Reihe (6) hat vom dritten Gliede an größere Glieder als die Reihe (7). Da in (7) zu $1 + \frac{g}{n}$ nur noch weitere positive Glieder hinzutreten, ist

$$1 + \frac{g}{n} < E\left(\frac{g}{n}\right),$$

und man hat

$$(8)\qquad 1 + \frac{g}{n} < E\left(\frac{g}{n}\right) < \left(1 - \frac{g}{n}\right)^{-1}.$$

Aus (8) folgt durch Erheben in die n^{te} Potenz

$$(9)\qquad \left(1 + \frac{g}{n}\right)^n < \left(E\left(\frac{g}{n}\right)\right)^n < \left(1 - \frac{g}{n}\right)^{-n}.$$

Da nach (5) $\left(E\left(\frac{g}{n}\right)\right)^n = E(g)$ ist, so hat man

$$(10)\qquad \left(1 + \frac{g}{n}\right)^n < E(g) < \left(1 - \frac{g}{n}\right)^{-n}.$$

Nun war die Zahl e^g definiert durch die zwei Definitionsfolgen $\begin{pmatrix}\left(1+\frac{g}{n}\right)^n \\ \left(1-\frac{g}{n}\right)^{-n}\end{pmatrix}$ (vgl. Seite 233). Mithin folgt aus der Ungleichung (10) nach Satz II auf Seite 82, daß die Zahl e^g für positive g mit $E(g)$ übereinstimmt, also $E(g) = e^g$.

Nach (4) ist $E(g) \cdot E(-g) = E(g-g) = E(0)$. Da $E(g) = e^g$ und $E(0) = 1$ war, so wird $e^g \cdot E(-g) = 1$ oder $E(-g) = \frac{1}{e^g} = e^{-g}$. Hiermit ist gezeigt, daß die Reihe (1) für alle positiven und negativen Werte von x gleich e^x wird. Aus diesem Grunde führt die Reihe (1) den Namen „Exponentialreihe“. Gefunden wurde sie von Newton[1] durch Umkehrung der logarithmischen Reihe.

Aus (1) ergibt sich für $x = 1$, daß

$$e = 1 + \frac{1}{1} + \frac{1}{2!} + \frac{1}{3!} + \dots \tag{11}$$

Diese Reihe ist für die numerische Berechnung von e sehr bequem. Schreibt man

$$e = 1 + \frac{1}{1} + \frac{1}{2!} + \frac{1}{3!} + \dots + \frac{1}{n!} + F, \tag{12}$$

so ist die geometrische Reihe

$$\begin{cases} \frac{1}{(n+1)!} + \frac{1}{(n+1)!\,(n+1)} + \frac{1}{(n+1)!\,(n+1)^2} + \frac{1}{(n+1)!\,(n+1)^3} + \dots \\ = \frac{1}{(n+1)!} \frac{1}{1 - \frac{1}{n+1}} = \frac{n+1}{(n+1)!\,n} = \frac{1}{n!} \cdot \frac{1}{n} \end{cases} \tag{13}$$

eine Majorante von

$$F = \frac{1}{(n+1)!} + \frac{1}{(n+2)!} + \frac{1}{(n+3)!} + \frac{1}{(n+4)!} + \dots,$$

da

$$\frac{1}{n+i} < \frac{1}{n+1} \quad (i = 2, 3, 4 \dots).$$

Mithin ist

$$F < \frac{1}{n!} \cdot \frac{1}{n}. \tag{14}$$

Wählt man z. B. $n = 11$, so wird nach (12)

$$e > 1 + 1 + \frac{1}{2!} + \frac{1}{3!} + \frac{1}{4!} + \dots + \frac{1}{11!}.$$

---

[1] Newton, de analysi per aequationes numero terminorum infinitas, vor 1669 geschrieben, Opuscula I, 20, ed. Castillioneus 1744.

Nun ist

$$
\begin{aligned}
1 + 1 + \frac{1}{2} &= 2{,}50000\ 00000 \ldots \\
\frac{1}{3!} &= 0{,}16666\ 66666 \ldots \\
\frac{1}{4!} &= 0{,}04166\ 66666 \ldots \\
\frac{1}{5!} &= 0{,}00833\ 33333 \ldots \\
\frac{1}{6!} &= 0{,}00138\ 88888 \ldots \\
\frac{1}{7!} &= 0{,}00019\ 84126 \ldots \\
\frac{1}{8!} &= 0{,}00002\ 48015 \ldots \\
\frac{1}{9!} &= 0{,}00000\ 27557 \ldots \\
\frac{1}{10!} &= 0{,}00000\ 02755 \ldots \\
\frac{1}{11!} &= 0{,}00000\ 00250 \ldots \\
\hline
& \ 2{,}71828\ 18256 \ldots,
\end{aligned}
$$

also $e > 2{,}71828\ 18256$.

Der bei Berechnung von e vernachlässigte Rest ist für $n = 11$ nach (14) kleiner als $\frac{1}{11!} \cdot \frac{1}{11}$ oder kleiner als $\frac{3}{10^9}$. Ferner sind für die Berechnung von e im obigen Schema 9 Zahlen zu klein; sie werden zu groß, wenn man jede von ihnen in der letzten Dezimale um 1 erhöht. Dies liefert den Betrag $\frac{9}{10^{10}}$. Mithin ist e kleiner als $2{,}71828\,18256 + \frac{39}{10^{10}}$. Aus

$$e > 2{,}71828\,18256 \quad \text{und} \quad e < 2{,}71828\,18295$$

erhält man auf 8 Dezimalen richtig $e = 2{,}71828\,182\ldots$ (vgl. Seite 233).

Es soll noch bewiesen werden, daß e **keine rationale Zahl** ist. Multipliziert man die Gleichung (12) mit $n!$, so wird

$$(15) \quad n!\,e - n! - n! - (3 \cdot 4 \ldots n) - (4 \cdot 5 \ldots n) - (5 \cdot 6 \ldots n) - \ldots - n - 1 = n! \cdot F.$$

Angenommen, die Zahl e wäre gleich einer rationalen Zahl, also von der Form $\frac{a}{b}$, wobei a und b teilerfremde ganze positive Zahlen bedeuten. Alsdann könnte man die ganze positive Zahl n, die beliebig ist, größer als b wählen; infolge dieser Wahl würde $n!$ den Faktor b enthalten und $n! \cdot e = n! \cdot \frac{a}{b}$ würde ganzzahlig sein. Dann würde aus (15) folgen, daß $n! \cdot F$ eine ganze Zahl ist, da linker Hand nur ganze Zahlen stehen. Die positive Zahl $n! \cdot F$

ist aber nach (14) kleiner als $\frac{1}{n}$, sie kann also nicht ganzzahlig sein. Mithin ist die Annahme widerlegt, daß e gleich einer rationalen Zahl $\frac{a}{b}$ ist.

In ähnlicher Weise wie e läßt sich die Potenz e^g von e für jede reelle positive Zahl g mittels der Majorante

$$1 + \frac{g}{1} + \frac{g^2}{2!} + \frac{g^3}{3!} + \dots + \frac{g^n}{n!} + \frac{g^{n+1}}{(n+1)!}\left(1 + \frac{g}{n+1} + \frac{g^2}{(n+1)^2} + \dots\right)$$

$$= 1 + \frac{g}{1} + \frac{g^2}{2!} + \frac{g^3}{3!} + \dots + \frac{g^n}{n!} + \frac{g^{n+1}}{(n+1)!} \cdot \frac{1}{1 - \frac{g}{n+1}}$$

numerisch berechnen; hierbei ist $n + 1 > g$ zu wählen, damit die benützte geometrische Reihe konvergiert. Es ist

$$e^g = 1 + \frac{g}{1} + \frac{g^2}{2!} + \dots + \frac{g^n}{n!} + F_1,$$

wobei

$$0 < F_1 < \frac{g^{n+1}}{(n+1)!\left(1 - \frac{g}{n+1}\right)}.$$

§ 12.

Der binomische Satz für beliebige Exponenten.

Wir beginnen mit der Herleitung einer sehr wichtigen Relation für die auf Seite 329 definierten Binomialkoeffizienten. Sind μ und ν beliebige Zahlen, n eine ganze positive Zahl, so gilt die Gleichung

$$(1)\qquad \binom{\mu+\nu}{n} = \binom{\mu}{n}\cdot\binom{\nu}{0} + \binom{\mu}{n-1}\cdot\binom{\nu}{1} + \binom{\mu}{n-2}\cdot\binom{\nu}{2} + \dots + \binom{\mu}{0}\cdot\binom{\nu}{n}.$$

Zum Beweise betrachten wir:

$$(2)\qquad \begin{cases} (\mu+\nu-n+1)\cdot\binom{\mu}{n-k-1}\cdot\binom{\nu}{k} = (\mu-n+k+1)\cdot\binom{\mu}{n-k-1}\cdot\binom{\nu}{k} \\ \qquad\qquad + (\nu-k)\cdot\binom{\mu}{n-k-1}\cdot\binom{\nu}{k}, \end{cases}$$

wobei k jede der Zahlen $0, 1, 2, \dots, n-1$ bedeuten kann. Da, wie unmittelbar aus der Definition folgt,

$$\binom{\mu}{n-k} = \binom{\mu}{n-k-1}\cdot\frac{\mu-n+k+1}{n-k} \quad \text{und} \quad \binom{\nu}{k+1} = \binom{\nu}{k}\cdot\frac{\nu-k}{k+1}$$

ist, so ergibt sich aus (2), daß

$$(3)\qquad \begin{cases} (\mu+\nu-n+1)\cdot\binom{\mu}{n-k-1}\cdot\binom{\nu}{k} = (n-k)\cdot\binom{\mu}{n-k}\cdot\binom{\nu}{k} \\ \qquad\qquad + (k+1)\cdot\binom{\mu}{n-k-1}\cdot\binom{\nu}{k+1}. \end{cases}$$

Setzt man in (3) für k der Reihe nach die Zahlen $0, 1, 2, \ldots, n-1$ ein und summiert, so erhält man

$$(4)\quad \begin{cases} (\mu+\nu-n+1)\cdot\left[\binom{\mu}{n-1}\cdot\binom{\nu}{0}+\binom{\mu}{n-2}\cdot\binom{\nu}{1}+\ldots+\binom{\mu}{0}\cdot\binom{\nu}{n-1}\right] \\ \quad = n\cdot\left[\binom{\mu}{n}\cdot\binom{\nu}{0}+\binom{\mu}{n-1}\cdot\binom{\nu}{1}+\binom{\mu}{n-2}\cdot\binom{\nu}{2}+\ldots+\binom{\mu}{0}\cdot\binom{\nu}{n}\right]. \end{cases}$$

Definiert man

$$(5)\quad t_i = \binom{\mu}{i}\cdot\binom{\nu}{0}+\binom{\mu}{i-1}\cdot\binom{\nu}{1}+\binom{\mu}{i-2}\cdot\binom{\nu}{2}+\ldots+\binom{\mu}{0}\cdot\binom{\nu}{i},$$

wobei i jeden der Werte $n, n-1, \ldots, 1$ annehmen soll, so geht (4) über in

$$(\mu+\nu-n+1)\cdot t_{n-1} = n\cdot t_n$$

oder

$$t_n = \frac{\mu+\nu-n+1}{n}\cdot t_{n-1}.$$

In gleicher Weise ergibt sich

$$t_{n-1} = \frac{\mu+\nu-n+2}{n-1}\cdot t_{n-2},\quad t_{n-2} = \frac{\mu+\nu-n+3}{n-2}\cdot t_{n-3},\quad \ldots,$$

$$t_2 = \frac{\mu+\nu-1}{2}\cdot t_1;$$

mithin wird

$$(6)\quad t_n = \frac{(\mu+\nu-n+1)\cdot(\mu+\nu-n+2)\ldots(\mu+\nu-1)}{n\cdot(n-1)\ldots 2}\cdot t_1.$$

Nach (5) ist

$$t_1 = \binom{\mu}{1}\cdot\binom{\nu}{0}+\binom{\mu}{0}\cdot\binom{\nu}{1} = \mu+\nu.$$

Folglich geht (6) über in

$$t_n = \frac{(\mu+\nu-n+1)\cdot(\mu+\nu-n+2)\ldots(\mu+\nu-1)\cdot(\mu+\nu)}{n\cdot(n-1)\ldots 2\cdot 1} = \binom{\mu+\nu}{n}.$$

Ersetzt man in der letzten Gleichung t_n nach (5) durch seinen Wert, so hat man die zu beweisende Relation (1). Die Gleichung (1) bezeichnet man als das **Additionstheorem der Binomialkoeffizienten.**

Das Additionstheorem der Binomialkoeffizienten benützen wir zur Untersuchung der binomischen Reihe

$$(7)\quad 1+\binom{m}{1}x+\binom{m}{2}x^2+\binom{m}{3}x^3+\ldots,$$

wobei x irgend eine feste reelle Zahl bedeutet, die im folgenden zunächst ausnahmslos der Bedingung $|x| < 1$ genügen soll; m kann alle reellen Zahlen durchlaufen. Durch die Voraussetzung, daß $|x| < 1$ sein soll, wird die absolute Konvergenz der Reihe (7), wenn sie ins Unendliche läuft, gesichert (vgl. Seite 314). Da die Reihe (7) in ihrer Abhängigkeit von m bei festem x studiert werden soll, bezeichnen wir sie abgekürzt mit $\varphi(m)$. Aus (7) folgt, daß im besonderen

(8) $$\varphi(0) = 1$$

ist. μ und ν seien irgend zwei reelle Zahlen; mit ihnen bilden wir

(9) $$\varphi(\mu) = 1 + \binom{\mu}{1} x + \binom{\mu}{2} x^2 + \binom{\mu}{3} x^3 + \ldots,$$

(10) $$\varphi(\nu) = 1 + \binom{\nu}{1} x + \binom{\nu}{2} x^2 + \binom{\nu}{3} x^3 + \ldots$$

Infolge der absoluten Konvergenz der zwei Reihen kann man den Multiplikationssatz für unendliche Reihen (vgl. Seite 303) anwenden und erhält:

$$\varphi(\mu) \cdot \varphi(\nu) = 1 + \left[\binom{\mu}{1} + \binom{\nu}{1}\right] \cdot x + \left[\binom{\mu}{2} + \binom{\mu}{1}\binom{\nu}{1} + \binom{\nu}{2}\right] \cdot x^2$$
$$+ \left[\binom{\mu}{3} + \binom{\mu}{2}\binom{\nu}{1} + \binom{\mu}{1}\binom{\nu}{2} + \binom{\nu}{3}\right] \cdot x^3 + \ldots$$

oder infolge der Gleichung (1)

$$\varphi(\mu) \cdot \varphi(\nu) = 1 + \binom{\mu + \nu}{1} x + \binom{\mu + \nu}{2} x^2 + \binom{\mu + \nu}{3} x^3 + \ldots$$

Mithin hat man die für das folgende fundamentale Gleichung:

(11) $$\varphi(\mu) \cdot \varphi(\nu) = \varphi(\mu + \nu).$$

Ehe wir auf die Gleichung (11) eingehen, studieren wir die Reihe (7), und zwar zuerst für positive Zahlen x und m. Liegt m zwischen den zwei ganzen Zahlen g und $g + 1$, also $g < m \leqq g + 1$, so sind die Reihenglieder von (7) bis zu dem Gliede

$$x^{g+1} \binom{m}{g+1} = x^{g+1} \frac{m(m-1) \cdot (m-2) \ldots (m-g)}{1 \cdot 2 \cdot 3 \ldots g+1},$$

dieses eingeschlossen, positiv, hierauf abwechselnd negativ und positiv.[1] Fassen wir immer ein negatives Glied, das wir in der Form $\binom{m}{h+1} \cdot x^{h+1}$ annehmen wollen, mit dem ihm voraufgehenden positiven $\binom{m}{h} \cdot x^h$ zusammen, so erhält man

(12) $$\binom{m}{h} \cdot x^h \left[1 + \frac{m-h}{h+1} \cdot x\right] = \binom{m}{h} \cdot x^h \left[1 - x + \frac{m+1}{h+1} x\right].$$

Da $\binom{m}{h} x^h$ voraussetzungsgemäß positiv ist und $\left(1 - x + \frac{m+1}{h+1} x\right)$ für positive Zahlen $x < 1$ unter der Voraussetzung eines positiven m ebenfalls positiv ausfällt, ist der Ausdruck (12) positiv. Für positives x und positives m läßt sich demnach die Reihe (7) aus der Zahl 1 und positiven Termen zusammensetzen; ihre Summe ist daher größer als 1.

[1] Ist $m = g + 1$, so bricht die Reihe (7) mit $\binom{m}{g+1} \cdot x^{g+1}$ ab.

Ebenso ist die Summe der Reihe (7) größer als 1, wenn gleichzeitig x und m negativ sind; denn setzt man $m = -m'$, $x = -x'$ (m' und x' positiv), so folgen auf die Zahl 1 Glieder des Typus

$$(-x')^h \frac{(-m')(-m'-1)\dots(-m'-h+1)}{1\cdot 2\cdot 3\dots h}$$

$$= x'^h \cdot \frac{m'(m'+1)(m'+2)\dots(m'+h-1)}{1\cdot 2\cdot 3\dots h},$$

die ersichtlich ausnahmslos positiv sind. Da ferner nach (11) und (8)

$$\varphi(m')\cdot\varphi(-m') = \varphi(0) = 1$$

oder

(13)
$$\varphi(m') = \frac{1}{\varphi(-m')}$$

und, wie soeben nachgewiesen wurde, für negatives x immer $\varphi(-m') > 1$ ist, so folgt aus (13), daß für negatives x, wenn m gleich irgend einer positiven Zahl m' ist, die Summe der Reihe (7) positiv und zwar kleiner als 1 ausfällt. Zusammenfassend sprechen wir das Resultat aus:

(A). Die Reihe (7) hat für positives m eine positive Summe; diese ist größer oder kleiner als 1, je nachdem x positiv oder negativ ist.

Wir weisen ferner nach:

(B) Durchläuft m eine Reihe zunehmender positiver Zahlen, so wächst oder fällt die Summe der Reihe (7) bei festem x, je nachdem x positiv oder negativ ist.

Seien m_1 und m_2 irgend zwei positive Zahlen, von denen $m_1 > m_2$ ist, so besteht nach (11) die Gleichung

(14)
$$\varphi(m_1) = \varphi(m_1 - m_2)\cdot\varphi(m_2).$$

Da $m_1 - m_2$ positiv ist, wird nach (A) $\varphi(m_1 - m_2)$ größer oder kleiner als 1, je nachdem x positiv oder negativ ist. Hiernach folgt aus (14), daß für positives x die Ungleichung $\varphi(m_1) > \varphi(m_2)$ und für negatives x die Ungleichung $\varphi(m_1) < \varphi(m_2)$ besteht; mithin ist die Aussage (B) bewiesen.

Aus der Gleichung (11) und den unter (A) und (B) gemachten Aussagen läßt sich die Summe der Reihe (7) für jedes reelle m und jedes reelle x, für das $|x| < 1$ ist, leicht finden. Bedeuten p und q ganze positive Zahlen, so erhält man durch wiederholte Anwendung der Gleichung (11):

$$\varphi\left(\frac{p}{q}\right)\cdot\varphi\left(\frac{p}{q}\right)\dots\varphi\left(\frac{p}{q}\right)\ (q\ \text{Faktoren}) = \varphi\left(\frac{p}{q}+\frac{p}{q}+\dots+\frac{p}{q}\right)$$

$$= \varphi\left(q\cdot\frac{p}{q}\right) = \varphi(p)$$

oder

(15)
$$\left[\varphi\left(\frac{p}{q}\right)\right]^q = \varphi(p).$$

Ferner ist nach (11)

$$\varphi(1)\,\varphi(1)\dots\varphi(1)\ (p\ \text{Faktoren}) = \varphi(1+1+\dots+1) = \varphi(p) \quad \text{oder} \quad \varphi(p) = \varphi(1)^p.$$

Da der sich aus (7) für $m = 1$ ergebende Ausdruck $\varphi(1)$ abbricht und den Wert $1 + x$ hat, wird $\varphi(p) = (1 + x)^p$ oder nach (15):

(16) $$\left[\varphi\left(\frac{p}{q}\right)\right]^q = (1 + x)^p.$$ [1]

Da $\varphi\left(\frac{p}{q}\right)$ nach (A) eine positive Zahl ist, folgt aus (16) (vgl. Seite 194), daß $\varphi\left(\frac{p}{q}\right)$ die positive q^{te} Wurzel aus $(1 + x)^p$ sein muß, also

(17) $$\varphi\left(\frac{p}{q}\right) = (1 + x)^{\frac{p}{q}}.$$

Durch die Gleichung (17) ist der Wert der Reihe (7) zunächst für alle positiven rationalen Zahlen $m = \frac{p}{q}$ bestimmt. Nunmehr sei m gleich irgend einer positiven irrationalen Zahl α. Diese denken wir uns in der Form $\alpha = \begin{pmatrix} a_n \\ a_n' \end{pmatrix}$ durch zwei zusammengehörige Definitionsfolgen mit ausnahmslos positiven rationalen Zahlen a_n und a_n' $(n = 1, 2, \ldots)$ gegeben. Da

$$a_n < \alpha < a_n' \quad (n = 1, 2, \ldots)$$

(vgl. Satz I auf Seite 82), so ist nach unserer Aussage (B)

(18) $$\varphi(a_n) < \varphi(\alpha) < \varphi(a_n') \text{ für positives } x$$

und

(18′) $$\varphi(a_n) > \varphi(\alpha) > \varphi(a_n') \text{ für negatives } x.$$

Die Zahlen a_n und a_n' sind ausnahmslos positive rationale Zahlen; mithin ist nach (17) $\varphi(a_n) = (1 + x)^{a_n}$, $\varphi(a_n') = (1 + x)^{a_n'}$ und aus (18) und (18′) ergeben sich die Ungleichungen

(19) $$(1 + x)^{a_n} < \varphi(\alpha) < (1 + x)^{a_n'} \text{ für positives } x,$$

(19′) $$(1 + x)^{a_n} > \varphi(\alpha) > (1 + x)^{a_n'} \text{ für negatives } x.$$

Für positives x ist $1 + x > 1$ und daher wird $(1 + x)^\alpha$ (vgl. (A) auf Seite 211) durch die zwei zusammengehörigen Definitionsfolgen $(1 + x)^{a_n}$ und $(1 + x)^{a_n'}$ $(n = 1, 2, \ldots)$ in der Form $(1 + x)^\alpha = \begin{pmatrix} (1 + x)^{a_n} \\ (1 + x)^{a_n'} \end{pmatrix}$ gegeben. Für negatives x ist, da x voraussetzungsgemäß zwischen 0 und -1 gelegen sein soll, $0 < 1 + x < 1$ und daher wird $(1 + x)^\alpha$ durch die zwei zusammengehörigen Definitionsfolgen $(1 + x)^{a_n'}$ und $(1 + x)^{a_n}$ $(n = 1, 2, \ldots)$ in der Form

[1] Für $q = 1$ ergibt (16) $\varphi(p) = (1 + x)^p$, d. i. der binomische Satz für ganzzahlige positive Exponenten p. Im Fall einer ganzen positiven Zahl p ist zur Herleitung der Gleichung (11) und der aus ihr folgenden (16) die Beschränkung $|x| < 1$ des Textes nicht nötig, da dann die Reihe (7) als abbrechende, also endliche Reihe, für jeden Wert von x konvergiert, so daß die Betrachtungen des Textes den binomischen Satz für ganze positive Exponenten nochmals in voller Allgemeinheit wie im § 10 beweisen.

$(1+x)^\alpha = \begin{pmatrix} (1+x)^{a_n'} \\ (1+x)^{a_n} \end{pmatrix}$ gegeben (vgl. (B) auf Seite 211). Hiernach folgt auf Grund von Satz II auf Seite 82 aus den Ungleichungen (19) und (19'), daß sowohl für positives als auch für negatives x, natürlich immer unter der Voraussetzung $|x| < 1$, stets $\varphi(\alpha) = (1+x)^\alpha$ ist. Hiermit ist gezeigt, daß für alle reellen positiven Zahlen m die Summe der Reihe (7) gleich $(1+x)^m$ ist.

Ist $m = -m'$, wobei m' irgend eine positive Zahl bedeutet, so ist nach (13)

$$\varphi(-m') = \frac{1}{\varphi(m')}.$$

Da für positives m', wie soeben bewiesen wurde, $\varphi(m') = (1+x)^{m'}$ ist, wird

$$\varphi(-m') = \frac{1}{(1+x)^{m'}} = (1+x)^{-m'}.$$

Mithin ist die Summe unserer Reihe auch für negative m gleich $(1+x)^m$ Wir haben daher das wichtige Resultat:

Ist m irgend eine reelle Zahl und x eine zwischen den Grenzen -1 und $+1$ gelegene Zahl, so ist die Reihe

$$1 + \binom{m}{1}x + \binom{m}{2}x^2 + \binom{m}{3}x^3 + \ldots$$

gleich der m^{ten} Potenz von $1+x$, also gleich $(1+x)^m$. Infolge dieser Eigenschaft führt sie den Namen binomische oder Binomialreihe.[1]

Ist $|x| > 1$, so divergiert die Reihe (7), ausgenommen den Fall, daß m eine ganze positive Zahl oder Null ist, wodurch die Reihe abbricht. Die Reihe (7) ist daher nur noch für $x = +1$ und $x = -1$ zu studieren. Zu diesem Zweck leiten wir zunächst folgenden Hilfssatz ab:

Die Folge $\left|\binom{m}{1}\right|, \left|\binom{m}{2}\right|, \left|\binom{m}{3}\right|, \ldots$ konvergiert nach 0, wenn $m > -1$ ist, und divergiert nach $+\infty$, wenn $m < -1$ ist. Für $m = -1$ haben alle Zahlen der Folge den Wert $+1$.

Ist $m > -1$, so ist $m = -1 + p$, wobei p eine positive Zahl bedeutet. Für $m = -1 + p$ wird

$$\binom{m}{n} = (-1)^n \cdot \frac{(1-p)\cdot(2-p)\ldots(n-p)}{1\cdot 2\ldots n}$$

$$= (-1)^n \cdot \left(1 - \frac{p}{1}\right)\cdot\left(1 - \frac{p}{2}\right)\cdot\left(1 - \frac{p}{3}\right)\ldots\left(1 - \frac{p}{n}\right).$$

Die positive Zahl p liege zwischen den zwei ganzen Zahlen l und $l+1$, so daß $l < p < l+1$.[2] Nun ist

---

[1] Die binomische Entwicklung für ganzzahlige positive Exponenten findet sich bereits 1544 bei MICHAEL STIFEL, noch früher bei arabischen Schriftstellern, für beliebige reelle Exponenten ist sie eine der bedeutendsten Leistungen von NEWTON, vgl. Brief an OLDEMBURG vom 24. Oktober 1676, in den Seite 336 zitierten Opuscula I, 328.

[2] Für $p = l + 1$ wird $m = l$ und daher $\binom{m}{l+1} = \binom{m}{l+2} = \ldots 0$, wodurch die Aussage des Textes bewiesen ist.

$$\binom{m}{l} = (-1)^l \cdot \left(1-\frac{p}{1}\right) \cdot \left(1-\frac{p}{2}\right) \cdots \left(1-\frac{p}{l}\right),$$

für $l = 0$ ist $\binom{m}{0} = 1$ zu nehmen. Alsdann wird

$$(20) \qquad \binom{m}{n} = \binom{m}{l} \cdot (-1)^{n-l}\left(1-\frac{p}{l+1}\right)\left(1-\frac{p}{l+2}\right)\cdots\left(1-\frac{p}{n}\right) \quad \text{für } n > l.$$ [1]

Da $\frac{p}{l+1}, \frac{p}{l+2}, \ldots, \frac{p}{n}$ positive echte Brüche sind, ist

$$1-\frac{p^2}{(l+i)^2} = \left(1-\frac{p}{l+i}\right)\left(1+\frac{p}{l+i}\right) < 1$$

oder

$$1 - \frac{p}{l+i} < \frac{1}{1+\frac{p}{l+i}} \qquad (i = 1, 2, \ldots, n-l).$$

Mithin wird

$$(21) \qquad \left|\binom{m}{n}\right| < \frac{\left|\binom{m}{l}\right|}{\left(1+\frac{p}{l+1}\right)\left(1+\frac{p}{l+2}\right)\cdots\left(1+\frac{p}{n}\right)}.$$

Da das Produkt $\left(1+\frac{p}{l+1}\right)\left(1+\frac{p}{l+2}\right)\cdots\left(1+\frac{p}{n}\right)$ ausnahmslos positive Bestandteile enthält, ist offenbar

$$\left(1+\frac{p}{l+1}\right)\left(1+\frac{p}{l+2}\right)\cdots\left(1+\frac{p}{n}\right) > 1 + \frac{p}{l+1} + \frac{p}{l+2} + \cdots + \frac{p}{n}$$

oder nach (21)

$$\left|\binom{m}{n}\right| < \frac{\left|\binom{m}{l}\right|}{1 + p\left(\frac{1}{l+1} + \frac{1}{l+2} + \cdots + \frac{1}{n}\right)}.$$

Da die harmonische Reihe (vgl. Seite 298) divergiert, kann die Summe

$$\frac{1}{l+1} + \frac{1}{l+2} + \cdots + \frac{1}{n}$$

---

[1] Wir vermerken noch für das Folgende, daß die Glieder der Folge $\binom{m}{l}$,

$$\binom{m}{l+1} = -\binom{m}{l} \cdot \left(1-\frac{p}{l+1}\right), \quad \binom{m}{l+2} = \binom{m}{l} \cdot \left(1-\frac{p}{l+1}\right) \cdot \left(1-\frac{p}{l+2}\right),$$

$$\binom{m}{l+3} = -\binom{m}{l} \cdot \left(1-\frac{p}{l+1}\right) \cdot \left(1-\frac{p}{l+2}\right) \cdot \left(1-\frac{p}{l+3}\right) \cdots$$

abwechselnde Vorzeichen haben und ihre absoluten Beträge abnehmen, da $1 - \frac{p}{l+1}$, $1-\frac{p}{l+2}, \ldots$ positive echte Brüche sind.

durch genügend große Wahl von n beliebig groß gemacht werden; mithin wird $\left|\binom{m}{n}\right|$, wenn $m > -1$, wie wir voraussetzten, mit wachsendem n kleiner als jede noch so klein vorgegebene positive Zahl, d. h. es existiert $\lim\limits_{n=\infty}\left|\binom{m}{n}\right| = 0$.

Ist $m < -1$, so setzen wir $m = -1 - p$, wobei p eine positive Zahl bedeutet. Für $m = -1 - p$ ist

$$\binom{m}{n} = (-1)^n \frac{(1+p)(2+p)\ldots(n+p)}{1\cdot 2\ldots n}$$

und daher

$$\left|\binom{m}{n}\right| = \left(1+\frac{p}{1}\right)\left(1+\frac{p}{2}\right)\cdots\left(1+\frac{p}{n}\right).$$

Das Produkt rechter Hand, das aus ausnahmslos positiven Größen gebildet ist, ist größer als $1 + \frac{p}{1} + \frac{p}{2} + \ldots + \frac{p}{n}$, also

$$\left|\binom{m}{n}\right| > 1 + p\left(\frac{1}{1} + \frac{1}{2} + \ldots + \frac{1}{n}\right).$$

Da die harmonische Reihe divergiert, kann man $1 + \frac{1}{2} + \frac{1}{3} + \ldots + \frac{1}{n}$ durch genügend große Wahl von n größer als jede noch so große positive Zahl machen. Mithin wächst $\left|\binom{m}{n}\right|$ mit wachsendem n, wenn $m = -1 - p$, also $m < -1$ ist, über jeden noch so großen positiven Betrag und divergiert nach $+\infty$.

Mittels des soeben bewiesenen Hilfssatzes läßt sich die binomische Reihe für $x = -1$ leicht behandeln. Für $x = -1$ lautet sie

$$1 - \binom{m}{1} + \binom{m}{2} - \binom{m}{3} + \binom{m}{4} \cdots \tag{22}$$

Setzt man

$$s_1 = 1, \quad s_{n+1} = 1 - \binom{m}{1} + \binom{m}{2} + \ldots + (-1)^n\binom{m}{n}, \tag{23}$$

wobei $n = 1, 2, 3, \ldots$, so sind dies die Partialsummen der Reihe (22). Wählt man in der Gleichung (1), dem Additionstheorem der Binomialkoeffizienten, $\mu = -1$, $\nu = m$, so wird, da $\binom{-1}{k} = (-1)^k$,

$$\left\{\begin{aligned}\binom{m-1}{n} &= (-1)^n + (-1)^{n-1}\binom{m}{1} + (-1)^{n-2}\binom{m}{2} + \ldots + \binom{m}{n}\\ &= (-1)^n\left[1 - \binom{m}{1} + \binom{m}{2} - \binom{m}{3}\ldots(-1)^n\binom{m}{n}\right]\end{aligned}\right. \tag{24}$$

und schließlich ergibt sich aus (23), daß

$$s_{n+1} = (-1)^n\binom{m-1}{n}. \tag{25}$$

Mithin wird

$$|s_{n+1}| = \left|\binom{m-1}{n}\right|. \tag{26}$$

Ist m gleich einer negativen Zahl $-p$, also $m-1=-1-p$, so divergieren nach (26), da $m-1<-1$, wie der letzte Hilfssatz besagt, die absoluten Beträge $|s_{n+1}|$ der Partialsummen der Reihe (22) nach $+\infty$; wenn also m eine negative Zahl ist, ist die binomische Reihe für $x=-1$ nicht konvergent.

Ist hingegen m gleich einer positiven Zahl p, also $m-1=-1+p$, so folgt aus unserem Hilfssatz und aus der Gleichung (26), da $m-1>-1$, daß $\lim|s_{n+1}|=0$, also auch $\lim s_{n+1}=0$, d. h. die Partialsummen der Reihe (22) konvergieren nach Null; die Reihe selbst hat folglich die Summe 0. Für $x=-1$ und $m=p$ wird auch $(1+x)^m=(1-1)^p=0^p$ Null, da bei positivem Exponenten p unter 0^p die Zahl 0 zu verstehen ist. Für positives m ist also die binomische Reihe auch in dem Grenzfall $x=-1$ gleich der m^{ten} Potenz von $1+x$. Mithin hat man:

Für $x=-1$ konvergiert die binomische Reihe, wenn $m>0$ ist, sie besitzt alsdann die Summe Null und stellt also $(1+x)^m$ dar. Für $m<0$ ist die binomische Reihe für $x=-1$ nicht konvergent.[1]

Für $x=+1$ lautet die binomische Reihe

$$(27)\qquad 1+\binom{m}{1}+\binom{m}{2}+\binom{m}{3}+\ldots$$

Da die absoluten Beträge der Reihenglieder, wie der Hilfssatz besagt, für $m<-1$ nach $+\infty$ divergieren, kann die Reihe (27) für $m<-1$ nicht konvergieren. Ebenso konvergiert sie auch nicht für $m=-1$, wo sie $1-1+1-1+\ldots$ lautet.

Wir untersuchen nunmehr die Reihe (27) für $m>-1$, also $m=-1+p$, wobei p wieder eine positive Zahl bedeutet. Den Fall, daß p gleich einer ganzen positiven Zahl ist, können wir außer Acht lassen, da dann die Reihe (27) abbricht. Ist $l<p<l+1$, wobei l eine ganze Zahl bedeutet, so haben, wie beim Beweise des Hilfssatzes (vgl. die Anmerkung auf Seite 344) gezeigt, die Reihenglieder von (27) mit dem Gliede $\binom{m}{l}$ beginnend abwechselnde Vorzeichen, nehmen ihrem Betrage nach ab, und es ist $\lim\limits_{n=\infty}\binom{m}{n}=0$. Mithin ist die Reihe (27) nach dem Leibnizschen Satze (Seite 321) konvergent. Wir weisen nunmehr nach, daß die Reihe (27) für $m>0$ ebenso wie die Reihe (22) absolut konvergent ist. Da für $m>0$ die zwei Reihen (22) und (27) konvergieren, ergibt sich durch ihre Addition bzw. Subtraktion, daß die zwei Reihen

$$(28)\qquad 1+\binom{m}{2}+\binom{m}{4}+\binom{m}{6}+\ldots$$

und

$$(29)\qquad \binom{m}{1}+\binom{m}{3}+\binom{m}{5}+\ldots$$

konvergieren. Da die Reihenglieder von (27) von gewisser Stelle an abwechselnde Vorzeichen haben, enthält von gewisser Stelle an die eine der zwei

[1] Für $m=0$ besteht die binomische Reihe nur aus der Zahl 1, ist also als konvergent zu bezeichnen. $(1+x)^0$ würde für $x=-1$ der von uns nicht definierte Ausdruck 0^0 sein (vgl. Seite 191).

Reihen (28) und (29) ausschließlich positive, die andere ausschließlich negative Glieder. Mithin gehen die zwei Reihen

$$(28')\qquad 1+\left|\binom{m}{2}\right|+\left|\binom{m}{4}\right|+\left|\binom{m}{6}\right|+\cdots,$$

$$(29')\qquad \left|\binom{m}{1}\right|+\left|\binom{m}{3}\right|+\left|\binom{m}{5}\right|+\cdots$$

aus (28) und (29) hervor, nachdem man die eine Reihe mit -1 multipliziert und außerdem höchstens eine endliche Anzahl von negativen Gliedern in positive verwandelt hat. Da (28) und (29) konvergente Reihen sind, trifft dies auch für (28') und (29') zu und folglich für ihre Summe

$$(30)\qquad 1+\left|\binom{m}{1}\right|+\left|\binom{m}{2}\right|+\left|\binom{m}{3}\right|+\left|\binom{m}{4}\right|+\cdots,$$

d. h. die Reihen (22) und (27) sind für $m > 0$ absolut konvergente Reihen. Für $m = 0$ reduzieren sie sich auf 1. Für $-1 < m < 0$ ist die Reihe (27) zwar noch konvergent, aber nicht absolut konvergent. Letzteres ergibt sich folgendermaßen: Wäre die Reihe (27) für $-1 < m < 0$ absolut konvergent, so würde aus der hierzu erforderlichen Konvergenz von (30) auch die Konvergenz der Reihe (22)

$$1-\binom{m}{1}+\binom{m}{2}-\binom{m}{3}+\binom{m}{4}-\binom{m}{5}\cdots$$

folgen; von dieser war aber bewiesen, daß sie für alle negativen m nicht konvergiert.

Es soll noch die Summe der Reihe (27) für die Fälle, in denen sie konvergiert, bestimmt werden. Wir bezeichnen die Reihe (27) mit $\psi(m)$. Ist nun μ irgend eine Zahl > 0 und ν irgend eine Zahl > -1, so kann man, da $\psi(\mu)$ absolut konvergiert[1], auf das Produkt $\psi(\mu)\cdot\psi(\nu)$ der zwei konvergenten Reihen den Multiplikationssatz für Reihen anwenden und erhält analog zu der Gleichung (11) die Gleichung

$$(11')\qquad \psi(\mu)\cdot\psi(\nu) = \psi(\mu+\nu)\,.$$

Daß der Ausdruck $\psi(m)$ für positives m positiv und zwar größer als 1 ist, sowie mit wachsendem m wächst, ergibt sich aus denselben Betrachtungen, wie sie zu den Beweisen von (A) und (B) auf Seite 340, 341 angewandt wurden, wenn man statt $|x| < 1$ die Zahl $x = 1$ wählt. Da schließlich $\psi(1) = 1 + 1 = 2$, erhält man nach der Gleichung (11') durch genau das gleiche Beweisverfahren wie oben (Seite 341, 342), wenn man dort φ durch ψ ersetzt, für $m > 0$ den Wert von $\psi(m) = 2^m$.

Wählt man in (11') $\mu = m'$, $\nu = -m'$, wobei $0 < m' < 1$, so hat man $\psi(m')\cdot\psi(-m') = \psi(0) = 1$. Für positives m' war bereits bewiesen, daß $\psi(m') = 2^{m'}$ ist. Folglich wird $\psi(-m') = \frac{1}{2^{m'}} = 2^{-m'}$. Zusammenfassend können wir folgendes Resultat angeben:

[1] Diese Tatsache ist für den Beweis wesentlich (vgl. Seite 303 und 305).

Für $x = +1$ hat die binomische Reihe, wenn m irgend eine Zahl bedeutet, die > -1 ist, den Wert 2^m, stellt also $(1+x)^m$ dar. Im Falle $x = +1$ ist die binomische Reihe für $m \geqq 0$ absolut konvergent, für $0 > m > -1$ bloß relativ konvergent, für $m \leqq -1$ nicht konvergent.

Es soll noch gezeigt werden, wie sich die binomische Reihe zur numerischen Berechnung von Ausdrücken der Form $(1+x)^m$ benützen läßt, wobei $|x| < 1$ sei.

Wir setzen:

$$(31)\qquad (1+x)^m = 1 + \binom{m}{1}x + \binom{m}{2}x^2 + \dots + \binom{m}{n-1}x^{n-1} + R_n;$$

$$(32)\qquad \begin{cases} R_n = \binom{m}{n}x^n + \binom{m}{n}\frac{m-n}{n+1}x^{n+1} + \binom{m}{n}\frac{m-n}{n+1}\cdot\frac{m-n-1}{n+2}x^{n+2} + \dots \\ \quad = \binom{m}{n}x^n\Big[1 - \frac{n-m}{n+1}x + \frac{(n-m)(n-m+1)}{(n+1)(n+2)}x^2 \\ \qquad - \frac{(n-m)(n-m+1)(n-m+2)}{(n+1)(n+2)(n+3)}x^3 \dots\Big] \end{cases}$$

oder

$$(33)\qquad R_n = \binom{m}{n}\cdot x^n \cdot K,$$

wobei

$$(34)\qquad K = 1 - \lambda_1 x + \lambda_1\lambda_2 x^2 - \lambda_1\lambda_2\lambda_3 x^3 \dots + (-1)^n \lambda_1\lambda_2\dots\lambda_n x^n + \dots$$

und

$$(35)\qquad \lambda_t = \frac{n-m+t-1}{n+t} \quad (t = 1, 2, \dots).$$

Wir unterscheiden zwei Fälle, je nachdem $m > -1$ oder $m < -1$ ist; der Fall $m = -1$, der auf eine geometrische Reihe führt, kann bei Seite gelassen werden.

α) Es sei $m > -1$, also $m + 1 > 0$. Sind n und t irgend welche ganze positive Zahlen, so ist $\frac{m+1}{n+t}$ positiv und nimmt bei festem m und n mit wachsendem t ab; daher ist der durch (35) definierte Ausdruck $\lambda_t = 1 - \frac{m+1}{n+t}$ erstens kleiner als 1 und zweitens mit wachsendem t zunehmend, also $\lambda_1 < \lambda_2 < \lambda_3 < \dots$

Im Falle α) wähle man die ganze positive Zahl $n > m$, also $n - m > 0$. Alsdann wird $\lambda_1 = \frac{n-m}{n+1}$ positiv und folglich auch alle λ_t, da diese Größen mit wachsendem t zunehmen. Zusammenfassend sprechen wir aus: **Ist $m > -1$, so wähle man für n irgend eine ganze positive Zahl $> m$, alsdann ist stets $0 < \lambda_t < 1$ $(t = 1, 2, \dots)$ und $\lambda_1 < \lambda_2 < \lambda_3 < \dots$**

β) Es sei $m < -1$, also $-m-1 > 0$. Alsdann ist für irgend welche ganze positive Zahlen n und t der Ausdruck $\frac{-m-1}{n+t}$ positiv und mithin die durch (35) definierte Größe $\lambda_t = 1 + \frac{-m-1}{n+t}$ stets größer als 1 und, da $\frac{-m-1}{n+t}$ bei festem m und n mit wachsendem t abnimmt, so tut λ_t das Gleiche. Man hat also $\lambda_1 > \lambda_2 > \lambda_3 > \dots > 1$.

Wir beschränken uns im Falle β) auf solche x, die der Ungleichung $|x| < 1$ genügen — für andere x konvergiert die binomische Reihe im Falle β) überhaupt nicht. Für n wähle man im Falle β) eine ganze positive Zahl von der Art, daß

(36) $$\frac{n-m}{n+1}|x| < 1,$$

also

(37) $$n > \frac{-m|x|-1}{1-|x|}.$$

Die Ungleichung (36) läßt sich auch $\lambda_1|x| < 1$ schreiben, da ferner, wie bereits bewiesen, $\ldots < \lambda_3 < \lambda_2 < \lambda_1$, so hat man $\ldots < \lambda_3|x| < \lambda_2|x| < \lambda_1|x| < 1$. Zusammenfassend sprechen wir aus: Ist $m < -1$ und x eine so beschaffene Zahl, daß $|x| < 1$, so wähle man eine ganze positive Zahl $n > \frac{-m|x|-1}{1-|x|}$; alsdann ist stets

$$0 < \lambda_t|x| < 1 \quad \text{und} \quad \lambda_1|x| > \lambda_2|x| > \lambda_3|x| > \ldots$$

(I) x sei eine positive Zahl < 1. Alsdann gelten sowohl im Falle α) als auch im Falle β) die Ungleichungen $0 < \lambda_t x < 1$ $(t = 1, 2, \ldots)$.[1] Daher enthalten, wenn man die konvergente Reihe K in der Form schreibt:

$$K = (1 - \lambda_1 x) + (\lambda_1\lambda_2 x^2 - \lambda_1\lambda_2\lambda_3 x^3) + (\lambda_1\lambda_2\lambda_3\lambda_4 x^4 - \lambda_1\lambda_2\lambda_3\lambda_4\lambda_5 x^5) + \ldots$$

bzw.

$$K = 1 - (\lambda_1 x - \lambda_1\lambda_2 x^2) - (\lambda_1\lambda_2\lambda_3 x^3 - \lambda_1\lambda_2\lambda_3\lambda_4 x^4)\ldots,$$

die Klammern nur positive Glieder. Mithin wird

(38) $$0 < 1 - \lambda_1 x < K < 1$$

(auch aus dem Leibnizschen Satz auf Seite 322 zu folgern, da K im Falle (I) eine alternierende Reihe mit abnehmenden Gliedern ist). Durch die Ungleichung (38) ist die Größe K für positive x geschätzt.

(II) x sei eine negative Zahl $-x'$, wobei x' positiv und < 1 sein soll. Alsdann geht (34) über in die Reihe mit positiven Gliedern

(39) $$K = 1 + \lambda_1 x' + \lambda_1\lambda_2 x'^2 + \lambda_1\lambda_2\lambda_3 x'^3 + \ldots$$

Im Falle α) ist $0 < \lambda_t < 1$ $(t = 1, 2, \ldots)$. Mithin wird

$$1 + \lambda_1 x' + \lambda_1 x'^2 + \lambda_1 x'^3 + \lambda_1 x'^4 + \ldots = 1 + \lambda_1 x'(1 + x' + x'^2 + \ldots) = 1 + \frac{\lambda_1 x'}{1-x'}$$

eine Majorante von K, so daß $K < \frac{1 + (\lambda_1 - 1)x'}{1-x'}$. Weiter ist im Falle α) $\lambda_1 < \lambda_2 < \lambda_3 < \ldots$ Mithin ist das durch (39) definierte K eine Majorante für

$$1 + \lambda_1 x' + \lambda_1^2 x'^2 + \lambda_1^3 x'^3 + \ldots$$

Letztere Reihe ist, da die positive Zahl $\lambda_1 x' < 1$, eine geometrische Reihe mit der Summe $\frac{1}{1-\lambda_1 x'}$. Mithin hat man

(40) $$1 < \frac{1}{1-\lambda_1 x'} < K < \frac{1 + (\lambda_1 - 1)x'}{1-x'} \quad (\lambda_1 < 1).$$

---

[1] Im Falle α) konvergiert die binomische Reihe noch für $x = +1$; im Falle α) bestand aber die Ungleichung $\lambda_t < 1$, so daß auch für $x = +1$ die Ungleichung $\lambda_t x < 1$ des Textes zutrifft und demnach, wenn $m > -1$, die Ungleichung (38) sogar noch für $x = +1$ gilt.

Eine weniger scharfe Schätzung erhält man für die rechte Seite von (40), wenn man λ_1 durch die zu große Zahl 1 ersetzt, in $\frac{1}{1-x'}$.

Im Falle β) ist $\lambda_t > 1$ $(t = 1, 2, \ldots)$. Mithin ist die durch (39) für K gegebene Reihe eine Majorante der geometrischen Reihe

$$1 + \lambda_1 x' + \lambda_1 x'^2 + \lambda_1 x'^3 + \ldots = \frac{1 + (\lambda_1 - 1) x'}{1 - x'};$$

folglich ist

$$1 < \frac{1 + (\lambda_1 - 1) x'}{1 - x'} < K.$$

Bildet man die geometrische Reihe

(41) $$1 + \lambda_1 x' + \lambda_1^2 x'^2 + \lambda_1^3 x'^3 + \ldots,$$

so ist diese, da die positive Zahl $\lambda_1 x' < 1$ ist, konvergent und hat die Summe $\frac{1}{1 - \lambda_1 x'}$. Da im Falle β) $\lambda_1 > \lambda_2 > \lambda_3 \ldots$, so ist (41) eine Majorante der durch (39) definierten Reihe, also $K < \frac{1}{1 - \lambda_1 x'}$. Mithin hat man

(42) $$1 < \frac{1 + (\lambda_1 - 1) x'}{1 - x'} < K < \frac{1}{1 - \lambda_1 x'}.$$

Eine weniger scharfe Schätzung erhält man für die linke Seite von (42), wann man λ_1 durch die zu kleine Zahl 1 ersetzt, in $\frac{1}{1-x'}$.

Zusammenfassend kann man über die **Restabschätzung der binomischen Reihe** folgendes sagen:

Ist x irgend eine reelle Zahl, für die $|x| < 1$, und wählt man eine ganze positive Zahl n nach α) oder β), je nachdem $m > -1$ oder $m < -1$, so hat man

(31) $$(1 + x)^m = 1 + \binom{m}{1} x + \binom{m}{2} x^2 + \ldots + \binom{m}{n-1} x^{n-1} + R_n,$$

wobei

(33) $$R_n = \binom{m}{n} \cdot x^n \cdot K$$

und für positives x

(38) $$0 < 1 - \lambda_1 x < K < 1,$$ [1]

hingegen für negatives $x = -x'$

(40) $$1 < \frac{1}{1 - \lambda_1 x'} < K < \frac{1 + (\lambda_1 - 1) x'}{1 - x'}, \quad \text{wenn } m > -1,$$

und

(42) $$1 < \frac{1 + (\lambda_1 - 1) x'}{1 - x'} < K < \frac{1}{1 - \lambda_1 x'}, \quad \text{wenn } m < -1;$$

---

[1] Die Relationen (31), (33) und (38) behalten auch noch für $x = +1$ unverändert ihre Gültigkeit, wenn $m > -1$ ist; sie können also für $m > -1$ zur numerischen Berechnung von 2^m dienen.

es ist $\lambda_1 = \frac{n-m}{n+1}$. In (40) bzw. (42) kann man weniger scharf $K < \frac{1}{1-x'}$ bzw. $\frac{1}{1-x'} < K$ schätzen.

Die binomische Reihe läßt sich im besonderen auch zur Ausziehung der s^{ten} Wurzel aus einer positiven Zahl α benützen. Man wähle eine positive Zahl a der Art, daß a^s der Zahl α möglichst nahe kommt, jedenfalls $|\alpha - a^s| < a^s$ ist, also $\left|\frac{\alpha - a^s}{a^s}\right| < 1$. Setzt man $x = \frac{\alpha - a^s}{a^s}$, so ist $|x| < 1$, und man hat

$$\sqrt[s]{\alpha} = \sqrt[s]{a^s + \alpha - a^s} = a\sqrt[s]{1 + \frac{\alpha - a^s}{a^s}} = a(1+x)^{\frac{1}{s}}.$$

Auf $(1+x)^{\frac{1}{s}}$ kann man die zuletzt abgeleiteten Resultate anwenden. Da $m = \frac{1}{s} > 0$, liegt der Fall α) vor und die Zahl n ist gleich oder größer als 1 zu wählen. Auf Grund der Relationen (31), (33), (38) und (40) kann man folgendes Resultat aussprechen:

Ist α eine gegebene positive Zahl und a eine derartig gewählte positive Zahl, daß, wenn man $x = \frac{\alpha - a^s}{a^s}$ setzt, $|x| < 1$ ist, so wird

$$\sqrt[s]{\alpha} = a\left[1 + \binom{\frac{1}{s}}{1}x + \binom{\frac{1}{s}}{2}x^2 + \ldots + \binom{\frac{1}{s}}{n-1}x^{n-1} + R_n\right], \tag{43}$$

wobei

$$R_n = \binom{\frac{1}{s}}{n} x^n K \tag{44}$$

und

$$0 < 1 - \lambda_1 x < K < 1 \text{ für } 0 < x < 1,[1] \tag{45}$$

$$1 < \frac{1}{1 - \lambda_1|x|} < K < \frac{1 + (\lambda_1 - 1)|x|}{1 - |x|} \text{ für } 0 > x > -1. \tag{46}$$

Es ist $\lambda_1 = \frac{n - \frac{1}{s}}{n+1}$, und n kann jede der Zahlen 1, 2, 3, ... bedeuten.

Es soll $\sqrt{50}$ berechnet werden. Wir wählen $a^2 = 49$, also $\alpha - a^2 = 1$ und haben $x = \frac{1}{49}$ zu setzen, $\sqrt{50} = 7\left(1 + \frac{1}{49}\right)^{\frac{1}{2}}$.

Es wird

$$\sqrt{50} = 7\left(1 + \frac{1}{2}\cdot\frac{1}{49} - \frac{1}{2\cdot 4}\cdot\frac{1}{49^2} + \frac{1\cdot 3}{2\cdot 4\cdot 6}\cdot\frac{1}{49^3} - \frac{1\cdot 3\cdot 5}{2\cdot 4\cdot 6\cdot 8}\cdot\frac{1}{49^4} + R_5\right).$$

---

[1] Die Relationen (43), (44) und (45) behalten auch für $x = \frac{\alpha - a^s}{a^s} = 1$ ihre Gültigkeit bei.

Nun ist

$$1 = 1{,}00000\,00000\,0\,\ldots$$

$$\frac{1}{2}\cdot\frac{1}{49} = 0{,}01020\,40816\,3\,\ldots \qquad \frac{1}{2\cdot 4}\cdot\frac{1}{49^2} = 0{,}00005\,20616\,4\,\ldots$$

$$\frac{1\cdot 3}{2\cdot 4\cdot 6}\cdot\frac{1}{49^3} = 0{,}00000\,05312\,4\,\ldots \qquad \frac{1\cdot 3\cdot 5}{2\cdot 4\cdot 6\cdot 8}\cdot\frac{1}{49^4} = 0{,}00000\,00067\,7\,\ldots$$

$$+\,1{,}01020\,46128\,7\,\ldots \qquad -\,0{,}00005\,20684\,1\,\ldots$$

Mithin wird

$$7\cdot(1{,}01020\,461287 - 0{,}00005\,206843^{*} + R_5) < \sqrt{50}$$

und

$$\sqrt{50} < 7\cdot(1{,}01020\,461289^{*} - 0{,}00005\,206841 + R_5)$$

oder

$$7\cdot(1{,}01015\,254444 + R_5) < \sqrt{50} < 7\cdot(1{,}01015\,254448 + R_5).$$

Es ist

$$R_5 = \frac{1\cdot 3\cdot 5\cdot 7}{2\cdot 4\cdot 6\cdot 8\cdot 10}\cdot\frac{1}{49^5}K = 0{,}00000\,00000\,9\,\ldots K.$$

Da $\lambda_1 = \dfrac{5-\frac{1}{2}}{6} = \dfrac{3}{4}$, so wird nach (45)

$$1 - \frac{3}{4}\cdot\frac{1}{49} < K < 1 \quad \text{oder} \quad \frac{193}{196} < K < 1;$$

folglich

$$0{,}9 < K < 1 \quad \text{und mithin} \quad 0{,}00000\,00000\,8 < R_5 < 0{,}00000\,00001\,0.$$

Daher wird

$$7\,(1{,}01015\,254444 + 0{,}000000\,00000\,8) < \sqrt{50} < 7\,(1{,}01015\,254448 + 0{,}00000\,00001\,0)$$

oder

$$7\cdot 1{,}01015\,254452 < \sqrt{50} < 7\cdot 1{,}01015\,254458$$

oder

$$7{,}07106\,781164 < \sqrt{50} < 7{,}07106\,781206.$$

Mithin ist auf 8 Dezimalen genau

$$\sqrt{50} = 7{,}07\,106\,781\,\ldots$$

Wir berechnen noch

$$\sqrt{48} = \sqrt{49-1} = 7\left(1-\frac{1}{49}\right)^{\frac{1}{2}}$$

$$= 7\cdot\left(1-\frac{1}{2}\cdot\frac{1}{49} - \frac{1}{2\cdot 4}\cdot\frac{1}{49^2} - \frac{1\cdot 3}{2\cdot 4\cdot 6}\cdot\frac{1}{49^3} - \frac{1\cdot 3\cdot 5}{2\cdot 4\cdot 6\cdot 8}\cdot\frac{1}{49^4} + R_5\right).$$

Man erhält

$$7\cdot(1 - 0{,}01025\,668132^{1} + R_5) < \sqrt{48} < 7\cdot(1 - 0{,}01025\,668128 + R_5)$$

---

* Die Erhöhung um 2 in der letzten Dezimale fand deswegen statt, weil jede der zwei Zahlen, durch deren Addition die Zahl abgeleitet wurde, infolge der Verkürzung zu klein ist.

[1] Die Erhöhung um 4 in der letzten Dezimale fand deswegen statt, weil jede der vier Zahlen, durch deren Addition die Zahl abgeleitet wurde, infolge der Verkürzung zu klein sein kann. Der Leser beachte, daß bei der Berechnung von $\sqrt{50}$ dieselben Zahlen wie bei der von $\sqrt{48}$ zu verwenden sind.

oder

$$7\cdot(0{,}98974331868 + R_5) < \sqrt{48} < 7\cdot(0{,}98974331872 + R_5).$$

Nach (46) ist

$$\frac{1}{1-\frac{3}{4}\cdot\frac{1}{49}} < K < \frac{1-\frac{1}{4}\cdot\frac{1}{49}}{1-\frac{1}{49}}$$

oder

$$\frac{196}{193} < K < \frac{195}{192};$$

rechnet man mit

$$1 < K < 1{,}1,$$

so ist

$$R_5 = \frac{1\cdot3\cdot5\cdot7}{2\cdot4\cdot6\cdot8\cdot10}\left(-\frac{1}{49}\right)^5\cdot K = -\,0{,}000000000009\ldots K,$$

folglich

$$-\,0{,}00000000011 < R_5 < -\,0{,}000000000009.$$

Daher

$$7\cdot(0{,}98974331868 - 0{,}00000000011) < \sqrt{48} < 7\cdot(0{,}98974331872 - 0{,}000000000009)$$

oder

$$7\cdot 0{,}98974331857 < \sqrt{48} < 7\cdot 0{,}98974331863$$

oder

$$6{,}92820322997 < \sqrt{48} < 6{,}92820323041,$$

folglich ist auf 7 Dezimalen genau

$$\sqrt{48} = 6{,}9282032\ldots$$

Da der Rest

$$(44)\quad R_n = \binom{\frac{1}{s}}{n}x^n\cdot K = \frac{(-1)^{n-1}\cdot\frac{1}{s}\left(1-\frac{1}{s}\right)\left(2-\frac{1}{s}\right)\ldots\left(n-1-\frac{1}{s}\right)x^n K}{1\cdot2\cdot3\ldots n}$$

bei positivem x positiv oder negativ ist, je nachdem n eine ungerade Zahl $2r+1$ oder eine gerade Zahl $2r$ ist, bei negativem x hingegen immer negativ ist, ergeben sich für $|x| < 1$ aus der Gleichung (43) folgende Ungleichungen:

$$(47)\quad \begin{cases} a\left[1+\binom{\frac{1}{s}}{1}x+\binom{\frac{1}{s}}{2}x^2+\ldots+\binom{\frac{1}{s}}{2r}x^{2r}\right] < \sqrt[s]{\alpha} \\ \qquad < a\left[1+\binom{\frac{1}{s}}{1}x+\binom{\frac{1}{s}}{2}x^2+\ldots+\binom{\frac{1}{s}}{2r-1}x^{2r-1}\right] \\ \qquad (r = 1, 2, \ldots)\ \text{für}\ x = \frac{\alpha - a^s}{a^s} > 0. \end{cases}$$

Dagegen ist

$$(48)\quad \begin{cases} \sqrt[s]{\alpha} < a\left[1+\binom{\frac{1}{s}}{1}x+\binom{\frac{1}{s}}{2}x^2+\ldots+\binom{\frac{1}{s}}{n-1}x^{n-1}\right] \\ \qquad (n = 1, 2, 3, \ldots)\ \text{für}\ x = \frac{\alpha - a^s}{a^s} < 0. \end{cases}$$

In (47) und (48) ist für $r = 1$ bzw. $n = 2$ die Ungleichung enthalten:

$$\sqrt[s]{\alpha} < a + \frac{a \cdot x}{s}$$

oder

(49) $$\sqrt[s]{\alpha} < a + \frac{\alpha - a^s}{s \cdot a^{s-1}}.$$

Wie wir von früher wissen (vgl. Seite 196 und 197), gilt die Ungleichung (49) für jedes positive a, wenn $\alpha \neq a^s$ ist, auch ohne daß die Beschränkung $\left|\frac{\alpha - a^s}{a^s}\right| < 1$ erforderlich wäre.

Für die Ausziehung der s^{ten} Wurzel aus α ist folgende Bemerkung nützlich: Auch für ganzzahliges α wählt man die willkürliche positive Zahl a häufig besser nicht ganzzahlig, sondern $a = \frac{A}{\lambda}$, wobei A und λ irgend zwei ganze positive Zahlen bedeuten, und der absolute Betrag von $\xi = \frac{\lambda^s \alpha - A^s}{A^s}$ ein möglichst kleiner positiver echter Bruch ist. Je kleiner man sich $|\xi|$ schaffen kann, desto günstiger ist es für die numerische Berechnung! Dann entwickle man

$$\sqrt[s]{\alpha} = \frac{1}{\lambda}\sqrt[s]{\lambda^s \alpha} = \frac{1}{\lambda}\sqrt[s]{A^s + (\lambda^s \alpha - A^s)} = \frac{A}{\lambda}\left[1 + \binom{\frac{1}{s}}{1}\xi + \binom{\frac{1}{s}}{2}\xi^2 + \ldots\right].$$

Z. B. $\sqrt{2} = \frac{1}{5}\sqrt{25 \cdot 2} = \frac{1}{5}\sqrt{49 + 1} = \frac{7}{5}\left(1 + \frac{1}{49}\right)^{\frac{1}{2}}.$

Die sich durch diese Entwicklung ergebende Reihe konvergiert besser als diejenige, die man durch die Entwicklung

$$\sqrt{2} = (1 + 1)^{\frac{1}{2}} = 1 + \frac{1}{2} - \frac{1}{2 \cdot 4} + \frac{1 \cdot 3}{2 \cdot 4 \cdot 6} - \frac{1 \cdot 3 \cdot 5}{2 \cdot 4 \cdot 6 \cdot 8} \ldots$$

erhält.

Der Leser berechne:

$$\sqrt[3]{2} = \frac{1}{4}\sqrt[3]{64 \cdot 2} = \frac{1}{4}\sqrt[3]{125 + 3} = \frac{5}{4}\left(1 + \frac{3}{125}\right)^{\frac{1}{3}}.$$

§ 13.

Die logarithmische Reihe und weiteres über die numerische Berechnung von Logarithmen.

Bedeutet g irgend eine zwischen 0 und 1 gelegene Zahl $0 \leqq g < 1$, und bildet man mit der positiven Zahl $1 - g$ den Ausdruck $\overset{e}{\log}(1 - g)$, so wird dieser nach dem Satz III auf Seite 236 durch zwei zusammengehörige Definitionsfolgen dargestellt in der Form:

$$\begin{pmatrix} n\left(1-(1-g)^{-\frac{1}{n}}\right) \\ n\left((1-g)^{\frac{1}{n}}-1\right) \end{pmatrix} \qquad (n = 1, 2, 3, \ldots).$$

Hieraus folgt (vgl. Seite 76), daß

$$(1) \qquad -\overset{e}{\log}(1-g) = \begin{pmatrix} n\left(1-(1-g)^{\frac{1}{n}}\right) \\ n\left((1-g)^{-\frac{1}{n}}-1\right) \end{pmatrix}.$$

Da $|g| < 1$, hat man nach dem binomischen Satze:

$$(1-g)^{\frac{1}{n}} = 1 - \frac{\frac{1}{n}\cdot g}{1} - \frac{\frac{1}{n}\left(1-\frac{1}{n}\right)\cdot g^2}{1\cdot 2} - \frac{\frac{1}{n}\left(1-\frac{1}{n}\right)\left(2-\frac{1}{n}\right)\cdot g^3}{1\cdot 2\cdot 3} - \frac{\frac{1}{n}\left(1-\frac{1}{n}\right)\left(2-\frac{1}{n}\right)\left(3-\frac{1}{n}\right)\cdot g^4}{1\cdot 2\cdot 3\cdot 4} + \ldots$$

$$(1-g)^{-\frac{1}{n}} = 1 + \frac{\frac{1}{n}\cdot g}{1} + \frac{\frac{1}{n}\left(1+\frac{1}{n}\right)\cdot g^2}{1\cdot 2} + \frac{\frac{1}{n}\left(1+\frac{1}{n}\right)\left(2+\frac{1}{n}\right)\cdot g^3}{1\cdot 2\cdot 3} + \frac{\frac{1}{n}\left(1+\frac{1}{n}\right)\left(2+\frac{1}{n}\right)\left(3+\frac{1}{n}\right)\cdot g^4}{1\cdot 2\cdot 3\cdot 4} + \ldots$$

und mithin

$$(2) \qquad n\left(1-(1-g)^{\frac{1}{n}}\right) = \frac{g}{1} + \frac{1-\frac{1}{n}}{2}g^2 + \frac{\left(1-\frac{1}{n}\right)\left(1-\frac{1}{2n}\right)}{3}g^3 + \frac{\left(1-\frac{1}{n}\right)\left(1-\frac{1}{2n}\right)\left(1-\frac{1}{3n}\right)}{4}g^4 + \ldots,$$

$$(3) \qquad n\left((1-g)^{-\frac{1}{n}}-1\right) = \frac{g}{1} + \frac{1+\frac{1}{n}}{2}g^2 + \frac{\left(1+\frac{1}{n}\right)\left(1+\frac{1}{2n}\right)}{3}g^3 + \frac{\left(1+\frac{1}{n}\right)\left(1+\frac{1}{2n}\right)\left(1+\frac{1}{3n}\right)}{4}g^4 + \ldots$$

Wir betrachten die Reihe

$$(4) \qquad \frac{g}{1} + \frac{g^2}{2} + \frac{g^3}{3} + \ldots$$

Da für $n = 1, 2, 3, \ldots$ die Zahlen $1 - \frac{1}{n}, 1 - \frac{1}{2n}, 1 - \frac{1}{3n}, \ldots$ zwischen 0 und 1 liegen und die Zahlen $1 + \frac{1}{n}, 1 + \frac{1}{2n}, 1 + \frac{1}{3n}, \ldots$ größer als 1 sind, ist (4) eine Majorante der Reihe (2), und (3) eine solche von (4). Hieraus ergeben sich die Ungleichungen:

$$n\left(\left(1 - (1-g)\right)^{\frac{1}{n}}\right) < \frac{g}{1} + \frac{g^2}{2} + \frac{g^3}{3} + \ldots < n\left((1-g)^{-\frac{1}{n}} - 1\right)$$

$$(n = 1, 2, 3, \ldots).$$

Aus der Gleichung (1) und dem zuletzt abgeleiteten System von Ungleichungen folgt nach Satz II auf Seite 82, daß

(5) $$-\overset{e}{\log}(1-g) = \frac{g}{1} + \frac{g^2}{2} + \frac{g^3}{3} + \ldots$$

oder

(6) $$\overset{e}{\log}(1-g) = -\frac{g}{1} - \frac{g^2}{2} - \frac{g^3}{3} + \ldots$$

Wir betrachten noch

(7) $$\overset{e}{\log}(1+g) = \overset{e}{\log}\frac{1-g^2}{1-g} = \overset{e}{\log}(1-g^2) - \overset{e}{\log}(1-g).$$

Da, wenn $0 \leqq g < 1$ ist, auch $0 \leqq g^2 < 1$ wird, ergibt sich aus (6), daß

$$\overset{e}{\log}(1-g^2) = -\frac{g^2}{1} - \frac{g^4}{2} - \frac{g^6}{3} \ldots$$

ist. Diese Reihe kann man auch schreiben

(8) $$\overset{e}{\log}(1-g^2) = 0 - \frac{g^2}{1} + 0 - \frac{g^4}{2} + 0 - \frac{g^6}{3} + 0 - \frac{g^8}{4} \ldots$$

Durch Addition der rechts in (5) und (8) stehenden Reihen erhält man nach (7) die Reihenentwicklung

$$\overset{e}{\log}(1+g) = \frac{g}{1} + 0 + \frac{g^2}{2} - \frac{g^2}{1} + \frac{g^3}{3} + 0 + \frac{g^4}{4} - \frac{g^4}{2} + \ldots$$

Da man die Glieder einer konvergenten Reihe beliebig in Klammern zusammenfassen kann, wird

$$\overset{e}{\log}(1+g) = \left(\frac{g}{1} + 0\right) + \left(\frac{g^2}{2} - \frac{g^2}{1}\right) + \left(\frac{g^3}{3} + 0\right) + \left(\frac{g^4}{4} - \frac{g^4}{2}\right)$$
$$+ \left(\frac{g^5}{5} + 0\right) + \left(\frac{g^6}{6} - \frac{g^6}{3}\right) + \ldots$$

oder

(9) $$\overset{e}{\log}(1+g) = \frac{g}{1} - \frac{g^2}{2} + \frac{g^3}{3} - \frac{g^4}{4} + \frac{g^5}{5} - \frac{g^6}{6} \ldots$$

Die in (9) und (6) vorliegenden Reihenentwicklungen gehen beide aus der Reihe

(10) $$\frac{x}{1} - \frac{x^2}{2} + \frac{x^3}{3} - \frac{x^4}{4} \cdots$$

hervor, je nachdem für x eine positive Zahl g oder eine negative Zahl $-g$ gesetzt wird, wobei $0 \leqq g < 1$ ist. Zusammenfassend können wir sagen:

Die Reihe (10) $\frac{x}{1} - \frac{x^2}{2} + \frac{x^3}{3} - \frac{x^4}{4} \cdots$ ist für jede reelle Zahl x, die zwischen -1 und $+1$ liegt $(-1 < x < 1)$, gleich $\overset{e}{\log}(1 + x)$. Daher führt sie den Namen „logarithmische Reihe."[1] Für $|x| < 1$ ist sie absolut konvergent, für $|x| > 1$ divergent (vgl. Seite 315).

Für $x = -1$ ist die Reihe (10) divergent, da sie aus der harmonischen Reihe durch Multiplikation der Reihenglieder mit -1 hervorgeht. Es soll noch gezeigt werden, daß die Reihe (10) für $x = +1$ relativ konvergent ist und die Summe $\overset{e}{\log} 2$ hat.

Für $x = 1$ geht (10) über in

(11) $$\frac{1}{1} - \frac{1}{2} + \frac{1}{3} - \frac{1}{4} + \ldots;$$

diese Reihe ist (vgl. Seite 322) relativ konvergent. Zur Bestimmung der Summe S der Reihe (11) betrachten wir ihre $2n^{\text{ten}}$ Partialsummen

$$s_{2n} = 1 - \frac{1}{2} + \frac{1}{3} \cdots - \frac{1}{2n} \qquad (n = 1, 2, \ldots).$$

Infolge der Konvergenz der Reihe (11) hat man

(12) $$S = \lim s_{2n}.$$

Nun läßt sich s_{2n} auch schreiben

$$s_{2n} = 1 + \frac{1}{2} + \frac{1}{3} + \ldots + \frac{1}{2n} - 2\left(\frac{1}{2} + \frac{1}{4} + \ldots + \frac{1}{2n}\right)$$

$$= 1 + \frac{1}{2} + \frac{1}{3} + \ldots + \frac{1}{2n} - \left(1 + \frac{1}{2} + \ldots + \frac{1}{n}\right).$$

Definiert man

$$f_n = 1 + \frac{1}{2} + \ldots + \frac{1}{n} - \overset{e}{\log} n \qquad (n = 1, 2, \ldots),$$

so wird

$$s_{2n} = f_{2n} + \overset{e}{\log}(2n) - (f_n + \overset{e}{\log} n),$$

also

(13) $$s_{2n} = f_{2n} - f_n + \overset{e}{\log} 2.$$

Von der Folge f_n $(n = 1, 2, \ldots)$ war bewiesen (vgl. Seite 275), daß sie konvergent ist, also ist $\lim f_{2n} = \lim f_n$ und mithin $\lim (f_{2n} - f_n) = 0$. Aus (13)

[1] Über ihre Erfindung vgl. Seite 301.

folgt $\lim s_{2n} = \lim (f_{2n} - f_n) + \overset{e}{\log} 2$ oder $\lim s_{2n} = \overset{e}{\log} 2$ oder nach (12) $S = \overset{e}{\log} 2$, d. h. die Reihe (11) hat den Wert $\overset{e}{\log} 2$.

Da für $|x| < 1$

$$\overset{e}{\log}(1 + x) = \frac{x}{1} - \frac{x^2}{2} + \frac{x^3}{3} - \frac{x^4}{4} \cdots$$

und demnach

$$\overset{e}{\log}(1 - x) = -\frac{x}{1} - \frac{x^2}{2} - \frac{x^3}{3} - \frac{x^4}{4} \cdots,$$

so folgt durch Subtraktion

$$\overset{e}{\log}\frac{1+x}{1-x} = 2\left(\frac{x}{1} + \frac{x^3}{3} + \frac{x^5}{5} + \cdots\right). \tag{14}$$

Durch Umformen der in (14) gewonnenen Reihe gelangt man zu Reihen, die man bequem zur Berechnung von Logarithmentafeln verwenden kann. p und q seien beliebige positive Zahlen; alsdann ist

$$\frac{p-q}{p+q} = 1 - \frac{2}{\frac{p}{q} + 1}$$

zwischen 0 und 1 gelegen, die Grenzen ausgeschlossen, wenn $\frac{p}{q} > 1$ ist, und zwischen -1 und 0, die Grenze -1 ausgeschlossen, wenn $0 < \frac{p}{q} \leqq 1$. Man kann daher in (14) $x = \frac{p-q}{p+q}$, d. h. $\frac{1+x}{1-x} = \frac{p}{q}$ wählen. Hierdurch erhält man aus (14) die für das folgende grundlegende Reihe:

$$\overset{e}{\log}\left(\frac{p}{q}\right) = 2\left[\frac{p-q}{p+q} + \frac{1}{3}\left(\frac{p-q}{p+q}\right)^3 + \frac{1}{5}\left(\frac{p-q}{p+q}\right)^5 + \cdots\right], \tag{15}$$

bei der p und q beliebige positive Zahlen bedeuten. Um in (15) eine Reihe mit positiven Gliedern zu haben, nehmen wir für das folgende an, daß stets $p > q$ ist.

Bricht man die auf der rechten Seite von (15) stehende unendliche Reihe nach ihrem ν^{ten} Gliede ab, so ist der fortgelassene Teil

$$\left\{\begin{aligned} F = 2\Bigg[&\frac{1}{2\nu+1}\left(\frac{p-q}{p+q}\right)^{2\nu+1} + \frac{1}{2\nu+3}\left(\frac{p-q}{p+q}\right)^{2\nu+3} \\ &+ \frac{1}{2\nu+5}\left(\frac{p-q}{p+q}\right)^{2\nu+5} + \cdots\Bigg]\end{aligned}\right. \tag{16}$$

kleiner als die Summe der geometrischen Reihe

$$\left\{\begin{aligned} &2\left[\frac{1}{2\nu+1}\left(\frac{p-q}{p+q}\right)^{2\nu+1} + \frac{1}{2\nu+1}\left(\frac{p-q}{p+q}\right)^{2\nu+3}\right. \\ &\left. + \frac{1}{2\nu+1}\left(\frac{p-q}{p+q}\right)^{2\nu+5} + \cdots\right] = \frac{2}{2\nu+1}\left(\frac{p-q}{p+q}\right)^{2\nu+1} \cdot \frac{1}{1 - \left(\frac{p-q}{p+q}\right)^2} \\ &= \frac{2}{2\nu+1} \cdot \left(\frac{p-q}{p+q}\right)^{2\nu+1} \cdot \frac{(p+q)^2}{4pq} = \frac{(p-q)^{2\nu+1}}{(2\nu+1) \cdot 2p \cdot q \cdot (p+q)^{2\nu-1}},\end{aligned}\right. \tag{17}$$

also

(18) $$F < \frac{(p-q)^{2\nu+1}}{(2\nu+1)\cdot 2p\cdot q\cdot (p+q)^{2\nu-1}}.$$

Bedeutet N eine beliebige ganze positive Zahl und wählt man $p = N + 1$, $q = N$, so ergibt sich aus (15), da $\overset{e}{\log}\frac{N+1}{N} = \overset{e}{\log}(N+1) - \overset{e}{\log} N$ ist, daß

(19) $$\overset{e}{\log}(N+1) = \overset{e}{\log} N + 2\left[\frac{1}{2N+1} + \frac{1}{3\cdot(2N+1)^3} + \frac{1}{5\cdot(2N+1)^5} + \ldots\right].$$

Bricht man die rechter Hand stehende unendliche Reihe nach ihrem ν^{ten} Gliede ab, so ist der begangene Fehler nach (18) kleiner als

(20) $$\frac{1}{(2\nu+1)\cdot 2N\cdot(N+1)\cdot(2N+1)^{2\nu-1}}.$$

Mittels der Formel (19) kann man den natürlichen Logarithmus jeder Zahl finden, wenn man denjenigen der ihr voraufgehenden kennt. Für $N = 1$ erhält man aus (19), da $\overset{e}{\log} 1 = 0$ ist:

$$\overset{e}{\log} 2 = 2\left[\frac{1}{3} + \frac{1}{3}\cdot\frac{1}{3^3} + \frac{1}{5}\cdot\frac{1}{3^5} + \frac{1}{7}\cdot\frac{1}{3^7} + \ldots\right].$$

Bricht man die unendliche Reihe nach dem 9. Gliede ab, addiert man also:

$\frac{2}{3} = 0{,}66666\,66666\ldots$	$\frac{2}{9}\cdot\frac{1}{3^9} = 0{,}00001\,12900\ldots$
$\frac{2}{3}\cdot\frac{1}{3^3} = 0{,}02469\,13580\ldots$	$\frac{2}{11}\cdot\frac{1}{3^{11}} = 0{,}00000\,10263\ldots$
$\frac{2}{5}\cdot\frac{1}{3^5} = 0{,}00164\,60905\ldots$	$\frac{2}{13}\cdot\frac{1}{3^{13}} = 0{,}00000\,00964\ldots$
$\frac{2}{7}\cdot\frac{1}{3^7} = 0{,}00013\,06421\ldots$	$\frac{2}{15}\cdot\frac{1}{3^{15}} = 0{,}00000\,00092\ldots$

$$\frac{2}{17}\cdot\frac{1}{3^{17}} = 0{,}00000\,00009\ldots,$$

so erhält man 0,69314 71800, also $\overset{e}{\log} 2 > 0{,}69314\,71800$. Der bei Berechnung von $\overset{e}{\log} 2$ vernachlässigte Rest ist nach (20) kleiner als $\frac{1}{19}\cdot\frac{1}{4}\cdot\frac{1}{3^{17}}$ oder kleiner als $\frac{2}{10^{10}}$. Für die Berechnung von $\overset{e}{\log} 2$ sind ferner sämtliche 9 Zahlen des obigen Schemas zu klein, erhöht man jede von ihnen in der letzten Dezimale um 1, so werden sie zu groß. Eine solche Erhöhung ergibt den Betrag von $\frac{9}{10^{10}}$. Mithin ist

$$\overset{e}{\log} 2 < 0{,}69314\,71800 + \frac{11}{10^{10}}.$$

Aus $\overset{e}{\log} 2 > 0{,}69314\,71800$ und $\overset{e}{\log} 2 < 0{,}69314\,71811$ folgt $\overset{e}{\log} 2 = 0{,}69314\,718\ldots$ auf 8 Dezimalen genau.

Statt der Reihe (19) bedient man sich zur Berechnung der Logarithmen oft noch stärker konvergenter Reihen. Wählt man in (15)

$$p = N^3 - 3N + 2 = (N+2)(N-1)^2, \qquad q = N^3 - 3N - 2 = (N-2)(N+1)^2,$$

wobei N eine beliebige ganze positive Zahl sein soll, so wird $p + q = 2\,(N^3 - 3N)$, $p - q = 4$ und aus (15) ergibt sich:

$$\overset{e}{\log} \frac{N^3 - 3N + 2}{N^3 - 3N - 2} = 2\left[\frac{2}{N^3 - 3N} + \frac{1}{3}\frac{2^3}{(N^3 - 3N)^3} + \frac{1}{5}\frac{2^5}{(N^3 - 3N)^5} + \ldots\right]$$

oder, da

$$\overset{e}{\log} \frac{N^3 - 3N + 2}{N^3 - 3N - 2} = \overset{e}{\log}(N+2)\cdot(N-1)^2 - \overset{e}{\log}(N-2)(N+1)^2$$

$$= \overset{e}{\log}(N+2) + 2\overset{e}{\log}(N-1) - \overset{e}{\log}(N-2) - 2\overset{e}{\log}(N+1),$$

$$(21)\quad \begin{cases} \overset{e}{\log}(N+2) = \overset{e}{\log}(N-2) + 2\overset{e}{\log}(N+1) - 2\overset{e}{\log}(N-1) \\ \qquad + 2\left[\dfrac{2}{N^3 - 3N} + \dfrac{1}{3}\cdot\dfrac{2^3}{(N^3 - 3N)^3} + \dfrac{1}{5}\dfrac{2^5}{(N^3 - 3N)^5} + \ldots\right]. \end{cases}$$

Bricht man die auf der rechten Seite von (21) stehende unendliche Reihe nach ihrem ν^{ten} Gliede ab, so ist der begangene Fehler nach (18) kleiner als

$$\frac{4^{2\nu+1}}{(2\nu+1)\cdot 2\,(N^2-4)(N^2-1)^2\, 2^{2\nu-1}\,(N^3 - 3N)^{2\nu-1}}$$

$$= \frac{2^{2\nu+2}}{(2\nu+1)\cdot(N^2-4)\cdot(N^2-1)^2\cdot(N^3 - 3N)^{2\nu-1}}.$$

Wählt man $N = 3$, so erhält man aus (21):

$$\overset{e}{\log} 5 = 2\overset{e}{\log} 2 + 2\left[\frac{2}{18} + \frac{1}{3}\cdot\frac{2^3}{18^3} + \frac{1}{5}\cdot\frac{2^5}{18^5} + \frac{1}{7}\cdot\frac{2^7}{18^7} + \ldots\right].$$

Bricht man die unendliche Reihe nach dem 4. Gliede ab, addiert man also

$$\frac{2}{9} = 0{,}22222\,22222\ldots, \qquad \frac{2}{5}\cdot\frac{1}{9^5} = 0{,}00000\,67740\ldots,$$

$$\frac{2}{3}\cdot\frac{1}{9^3} = 0{,}00091\,44947\ldots, \qquad \frac{2}{7}\cdot\frac{1}{9^7} = 0{,}00000\,00597\ldots,$$

so erhält man $0{,}22314\,35506$; mithin ist

$$\overset{e}{\log} 5 > 2\cdot\overset{e}{\log} 2 + 0{,}22314\,35506 \quad\text{oder}\quad \overset{e}{\log} 5 > 2\cdot 0{,}69314\,71800 + 0{,}22314\,35506,$$

also $\overset{e}{\log} 5 > 1{,}60943\,79106$.

Der bei der Berechnung von $\overset{e}{\log} 5$ vernachlässigte Reihenrest ist

$$< \frac{2^{10}}{9 \cdot 5 \cdot 8^2 \cdot 18^7}, \quad \text{d. h.} \quad < \frac{6}{10^{10}} \cdot$$

Die Erhöhung der letzten Dezimalen der vier Zahlen, die wir oben addierten, würde den Betrag $\frac{4}{10^{10}}$ liefern. Nach der für $\overset{e}{\log} 2$ durchgeführten Berechnung ist $2 \cdot \overset{e}{\log} 2 < 2 \cdot 0{,}6931471811$, so daß hierfür eine Erhöhung um $\frac{22}{10^{10}}$ gegen den zu kleinen Wert $2 \cdot 0{,}6931471800$ zu berücksichtigen wäre. Mithin ist

$$\overset{e}{\log} 5 < 1{,}6094379106 + \frac{32}{10^{10}} \cdot$$

Aus $\overset{e}{\log} 5 > 1{,}6094379106$ und $\overset{e}{\log} 5 < 1{,}6094379138$ folgt auf 8 Dezimalen genau $\overset{e}{\log} 5 = 1{,}60943791 \ldots$

Wählt man $p = 2 \cdot 5 = 10$, $q = 3^2 = 9$ bzw. $p = 5^2 = 25$, $q = 2^3 \cdot 3 = 24$, bzw. $p = 3^4 = 81$, $q = 2^4 \cdot 5 = 80$ — in allen drei Fällen ist $p - q = 1$ und p und q enthalten nur die Primzahlen 2, 3 und 5 als Faktoren —, so ergibt sich aus (15)

$$\text{(a)} \quad \overset{e}{\log} \frac{10}{9} = \overset{e}{\log} 5 + \overset{e}{\log} 2 - 2 \overset{e}{\log} 3 = 2 \left[\frac{1}{19} + \frac{1}{3} \left(\frac{1}{19} \right)^3 + \frac{1}{5} \left(\frac{1}{19} \right)^5 + \ldots \right],$$

$$\text{(b)} \quad \overset{e}{\log} \frac{25}{24} = 2 \overset{e}{\log} 5 - 3 \overset{e}{\log} 2 - \overset{e}{\log} 3 = 2 \left[\frac{1}{49} + \frac{1}{3} \left(\frac{1}{49} \right)^3 + \frac{1}{5} \left(\frac{1}{49} \right)^5 + \ldots \right],$$

$$\text{(c)} \quad \overset{e}{\log} \frac{81}{80} = 4 \overset{e}{\log} 3 - 4 \overset{e}{\log} 2 - \overset{e}{\log} 5 = 2 \left[\frac{1}{161} + \frac{1}{3} \left(\frac{1}{161} \right)^3 + \frac{1}{5} \left(\frac{1}{161} \right)^5 + \ldots \right].$$

Durch Auflösen der drei Gleichungen erhält man

$$\text{(a')} \quad \overset{e}{\log} 2 = 7 \overset{e}{\log} \frac{10}{9} - 2 \overset{e}{\log} \frac{25}{24} + 3 \overset{e}{\log} \frac{81}{80},$$

$$\text{(b')} \quad \overset{e}{\log} 3 = 11 \overset{e}{\log} \frac{10}{9} - 3 \overset{e}{\log} \frac{25}{24} + 5 \overset{e}{\log} \frac{81}{80},$$

$$\text{(c')} \quad \overset{e}{\log} 5 = 16 \overset{e}{\log} \frac{10}{9} - 4 \overset{e}{\log} \frac{25}{24} + 7 \overset{e}{\log} \frac{81}{80} \cdot$$

Aus den gut konvergenten Reihen auf der rechten Seite von (a), (b) und (c) bestimmte ADAMS[1] mittels der Gleichungen (a'), (b') und (c') $\overset{e}{\log} 2$, $\overset{e}{\log} 3$ und $\overset{e}{\log} 5$ auf 260 Dezimalen und schließlich auf ebensoviel Dezimalen den Modul $M = \frac{1}{\overset{e}{\log} 10}$ der dekadischen Logarithmen aus $\overset{e}{\log} 10 = \overset{e}{\log} 2 + \overset{e}{\log} 5$ (vgl. Seite 241).

[1] ADAMS, Proceedings of the Royal Society of London, **27**, 88 (1878).

Für die dekadischen Logarithmen ist nach der Übergangsformel von einem Logarithmensystem zu einem anderen (vgl. Seite 241)

$$\overset{10}{\log}\left(\frac{p}{q}\right) = M \overset{e}{\log}\left(\frac{p}{q}\right);$$

folglich ergibt sich aus (15) die grundlegende Formel:

$$(23)\quad \overset{10}{\log}\left(\frac{p}{q}\right) = 2M\left[\frac{p-q}{p+q} + \frac{1}{3}\left(\frac{p-q}{p+q}\right)^3 + \frac{1}{5}\left(\frac{p-q}{p+q}\right)^5 + \ldots\right],$$

wobei $M = \dfrac{1}{\overset{e}{\log} 10} = 0{,}43429\,44819\,03251\ldots$ der Modul des dekadischen Logarithmensystems ist. Behält man in der Reihe auf der rechten Seite von (23) nur ν Glieder bei, so ist der fortgelassene Rest nach (18) bei Berücksichtigung des hinzutretenden Faktors M kleiner als

$$(*)\quad \frac{M(p-q)^{2\nu+1}}{(2\nu+1)\cdot 2pq\cdot(p+q)^{2\nu-1}}.$$

Bedeutet N eine ganze positive Zahl und wählt man in (23) $p = N + 1$, $q = N$, so erhält man zur Berechnung von $\overset{10}{\log}(N+1)$, wenn man $\overset{10}{\log} N$ kennt:

$$(24)\quad \overset{10}{\log}(N+1) = \overset{10}{\log} N + 2M\left[\frac{1}{2N+1} + \frac{1}{3\cdot(2N+1)^3} + \frac{1}{5\cdot(2N+1)^5} + \ldots\right].$$

Wie wenig Glieder man zur numerischen Berechnung bei Verwendung von (24) benötigt, geht aus folgendem hervor: Bricht man die auf der rechten Seite von (24) stehende unendliche Reihe nach ihrem ersten Gliede ab, so ist der vernachlässigte Rest nach (*) ($\nu = 1$, $p = N + 1$, $q = N$) kleiner als

$$\frac{M}{3\cdot 2\cdot N\cdot(N+1)\cdot(2N+1)}.$$

Ist N irgend eine i-ziffrige Zahl, also $10^{i-1} \leqq N < 10^i$, so wird, da $M < 0{,}4343$, der vernachlässigte Rest

$$< \frac{0{,}4343}{6\cdot 10^{i-1}\cdot(10^{i-1}+1)\cdot(2\cdot 10^{i-1}+1)} \quad \text{oder} \quad < \frac{0{,}4343}{6\cdot 10^{i-1}\cdot 10^{i-1}\cdot 2\cdot 10^{i-1}}$$

oder

$$< \frac{0{,}037}{10^{3i-3}}.$$

Hieraus ergibt sich die Ungleichung

$$(25)\quad \overset{10}{\log} N + \frac{2M}{2N+1} < \overset{10}{\log}(N+1) < \overset{10}{\log} N + \frac{2M}{2N+1} + \frac{37}{10^{3i}}.$$

Für beispielsweise $N = 1000$ wird $\overset{10}{\log} 1001$ durch den Ausdruck

$$\overset{10}{\log} 1000 + \frac{2M}{2001} = 3 + \frac{2M}{2001}$$

bis auf einen Fehler geliefert, der $< \dfrac{37}{10^{12}}$ ist.

Setzt man in der Formel (23) $p = N^2$, $q = N^2 - 1$, so erhält man

$$\overset{10}{\log}\left(\frac{N^2}{N^2-1}\right) = 2\overset{10}{\log} N - \overset{10}{\log}(N+1) - \overset{10}{\log}(N-1)$$

$$= 2M\left[\frac{1}{2N^2-1} + \frac{1}{3(2N^2-1)^3} + \frac{1}{5(2N^2-1)^5} + \dots\right]$$

und demnach

$$(26)\quad \begin{cases} \overset{10}{\log} N = \frac{1}{2}\left[\overset{10}{\log}(N+1) + \overset{10}{\log}(N-1)\right] \\ \qquad + M\left[\frac{1}{2N^2-1} + \frac{1}{3(2N^2-1)^3} + \dots\right]. \end{cases}$$

Wählt man in (26) zuerst $N = 2$ und dann $N = 3$, so berechnet man aus den zwei sich ergebenden Gleichungen, da $\overset{10}{\log} 4 = 2\overset{10}{\log} 2$ ist:

$$\overset{10}{\log} 2 = 2M\left\{2\left[\frac{1}{7} + \frac{1}{3}\cdot\frac{1}{7^3} + \frac{1}{5}\cdot\frac{1}{7^5} + \dots\right] + \left[\frac{1}{17} + \frac{1}{3}\cdot\frac{1}{17^3} + \dots\right]\right\},$$

$$\overset{10}{\log} 3 = 2M\left\{3\left[\frac{1}{7} + \frac{1}{3}\cdot\frac{1}{7^3} + \frac{1}{5}\cdot\frac{1}{7^5} + \dots\right] + 2\left[\frac{1}{17} + \frac{1}{3}\cdot\frac{1}{17^3} + \dots\right]\right\}.$$

Da der Logarithmus eines Produktes gleich der Summe der Logarithmen der Faktoren ist, genügt es, um eine vollständige Logarithmentafel zu erhalten, sukzessiv die Logarithmen aller Primzahlen zu bestimmen. Ist N eine ungerade Primzahl, so sind $N+1$ und $N-1$ als gerade Zahlen durch 2 teilbar. Mithin kann man

$$\overset{10}{\log}(N+1) = \overset{10}{\log} 2 + \overset{10}{\log}\left(\frac{N+1}{2}\right) \quad \text{und} \quad \overset{10}{\log}(N-1) = \overset{10}{\log} 2 + \overset{10}{\log}\left(\frac{N-1}{2}\right)$$

durch $\overset{10}{\log} 2$, $\overset{10}{\log}\frac{N+1}{2}$ und $\overset{10}{\log}\frac{N-1}{2}$ finden. $\overset{10}{\text{Log}} N$ bestimmt sich alsdann durch die Formel (26) aus den bereits bekannten Logarithmen kleinerer Zahlen. Die Formel (26) wurde unter anderen bei der Berechnung der großen, nie veröffentlichten sogenannten „Tables du Cadastre“[1] am Ausgang des 18. Jahrhunderts und der Vegaschen Tafeln[2] verwendet.

Wir machen noch einige Bemerkungen über den Gebrauch von Logarithmentafeln, insbesondere über die Interpolation oder das Einschieben. Eine m-stellige Logarithmentafel verzeichnet für eine Reihe sukzessiv aufeinander folgender ganzer positiver Zahlen ihre mit Korrektion gekürzten Logarithmen auf m Dezimalen, d. h. solche den Zahlen zugeordnete Werte, die sich von den Logarithmen der betreffenden Zahlen um höchstens $\frac{1}{2}\cdot\frac{1}{10^m}$ unterscheiden. Ist ξ irgend eine positive Zahl, so soll ihr auf m Stellen

[1] Vgl. Lefort, Description des grandes tables logarithmiques et trigonométriques, calculées au bureau du cadastre, Annales de l'observatoire impérial de Paris 4 (1858), Supplément, S. 130.

[2] G. v. Vega, logarithmisch-trigonometrische Tafeln, 3. Aufl. Leipzig 1812, Einleitung S. XV.

mit Korrektion gekürzter Logarithmus, wie man ihn in der Logarithmentafel verzeichnet findet, mit $\overset{10}{\log}{}^{\times} \xi$ bezeichnet werden; es ist also

$$\overset{10}{\log} \xi - \frac{1}{2} \cdot \frac{1}{10^m} < \overset{10}{\log}{}^{\times} \xi \leqq \overset{10}{\log} \xi + \frac{1}{2} \cdot \frac{1}{10^m},$$

so daß

$$\left| \overset{10}{\log} \xi - \overset{10}{\log}{}^{\times} \xi \right| \leqq \frac{1}{2} \cdot \frac{1}{10^m}. \tag{27}$$

Alsdann gilt folgender Satz:

Ist $G = N + h$, wobei N irgend eine ganze positive Zahl > 1 und h einen positiven echten Bruch bedeutet, und bildet man, wie man sagt, durch lineare Interpolation den Ausdruck

$$J = \overset{10}{\log}{}^{\times} N + h \left(\overset{10}{\log}{}^{\times} (N+1) - \overset{10}{\log}{}^{\times} N \right), \tag{28}$$

so unterscheidet sich J von $\overset{10}{\log} G = \overset{10}{\log} (N + h)$ um weniger als $\frac{1}{2} \cdot \frac{1}{10^m} + \frac{0,0543}{N^2}$; es ist also

$$\left| \overset{10}{\log} (N + h) - J \right| < \frac{1}{2} \cdot \frac{1}{10^m} + \frac{0,0543}{N^2}. \tag{29}$$

Zum Beweise bilden wir

$$R = \overset{10}{\log} (N + h) - J = \overset{10}{\log} (N + h) - \overset{10}{\log}{}^{\times} N - h \left(\overset{10}{\log}{}^{\times} (N+1) - \overset{10}{\log}{}^{\times} N \right). \tag{30}$$

Setzt man

$$s = \overset{10}{\log}{}^{\times} N - \overset{10}{\log} N, \qquad s' = \overset{10}{\log}{}^{\times} (N+1) - \overset{10}{\log} (N+1), \tag{31}$$

so bestehen nach (27) die Ungleichungen

$$|s| \leqq \frac{1}{2} \cdot \frac{1}{10^m}, \qquad |s'| \leqq \frac{1}{2} \cdot \frac{1}{10^m}. \tag{32}$$

Infolge von (31) geht (30) über in

$$R = \overset{10}{\log} (N + h) - \overset{10}{\log} N - s - h \left[\overset{10}{\log} (N+1) + s' - \overset{10}{\log} N - s \right]$$

oder

$$R = \overset{10}{\log} \left(1 + \frac{h}{N} \right) - h \overset{10}{\log} \left(1 + \frac{1}{N} \right) - s(1 - h) - s' h. \tag{33}$$

Da $\frac{h}{N}$ und $\frac{1}{N}$ positive echte Brüche sind, wird, wie sich aus der Entwicklung der logarithmischen Reihe (10) ergibt,

$$\overset{10}{\log} \left(1 + \frac{h}{N} \right) = M \left(\frac{h}{N} - \frac{h^2}{2N^2} + \frac{h^3}{3N^3} - \frac{h^4}{4N^4} \cdots \right),$$

$$\overset{10}{\log} \left(1 + \frac{1}{N} \right) = M \left(\frac{1}{N} - \frac{1}{2N^2} + \frac{1}{3N^3} - \frac{1}{4N^4} \cdots \right),$$

wobei der Faktor M hinzutritt, da es sich um Logarithmen für die Basis 10 handelt. Multipliziert man die zweite dieser Reihen mit h und subtrahiert sie von der ersten, so erhält man nach (33)

$$(34)\qquad R = M\left[\frac{h-h^2}{2N^2} - \frac{h-h^3}{3N^3} + \frac{h-h^4}{4N^4}\cdots\right] - \varepsilon(1-h) - \varepsilon' h\,.$$

Da $0 < h < 1$, nimmt

$$\frac{1-h^k}{1-h^{k-1}} = h + \frac{1-h}{1-h^{k-1}} = h + \frac{1}{1+h+h^2+\ldots h^{k-2}}\,{}^{1},$$

wenn k irgend eine ganze positive Zahl $\geqq 2$ bedeutet, einen kleineren Wert als 2 an, und, da $N \geqq 2$, ist $\frac{1-h^k}{1-h^{k-1}}\cdot\frac{1}{N}$ ein echter Bruch, folglich auch

$$\frac{k}{k+1}\cdot\frac{h-h^{k+1}}{h-h^k}\cdot\frac{N^k}{N^{k+1}} < 1\,.$$

Mithin ist

$$\frac{h-h^{k+1}}{(k+1)\cdot N^{k+1}} < \frac{h-h^k}{k\cdot N^k}.$$

Die auf der rechten Seite von (34) als Faktor von M auftretende Reihe ist also eine alternierende Reihe mit abnehmenden Gliedern und hat als solche nach dem Leibnizschen Satze (vgl. Seite 322) eine Summe, die $< \frac{h-h^2}{2N^2}$ ist. Mithin ergibt sich aus (34) bei Beachtung der Ungleichung (3) auf Seite 83:

$$(35)\qquad |R| < M\frac{h-h^2}{2N^2} + |\varepsilon|\cdot|1-h| + |\varepsilon'|\cdot|h|.$$

Da $|\varepsilon| < \frac{1}{2}\cdot\frac{1}{10^m}$ und $|\varepsilon'| < \frac{1}{2}\cdot\frac{1}{10^m}$ und ferner $h - h^2 = h(1-h)$ stets kleiner als $\frac{1}{4}$ ist, wenn h einen positiven echten Bruch bedeutet, so folgt aus (35) die Ungleichung

$$(36)\qquad |R| < \frac{M}{8N^2} + \frac{1}{2}\cdot\frac{1}{10^m}\{|1-h| + |h|\}.$$

Für den positiven echten Bruch h ist $|1-h| = 1-h$ und $|h| = h$; ferner ist $M < 0{,}4343$. Mithin wird

$$(37)\qquad \left\{\begin{aligned} &|R| < \frac{0{,}4343}{8N^2} + \frac{1}{2}\cdot\frac{1}{10^m}\\ &\text{oder}\\ &|R| < \frac{0{,}0543}{N^2} + \frac{1}{2}\cdot\frac{1}{10^m}.\end{aligned}\right.$$

Hiermit ist die Richtigkeit der Ungleichung (29) bewiesen.

---

[1] Für $k = 2$ hat man $h + 1$.

Wir legen uns noch die Frage vor: Wie groß muß die Zahl N gewählt werden, damit für irgend eine zwischen N und $N+1$ gelegene Zahl G der durch die Vorschrift (28) bestimmte Ausdruck J sich von $\overset{10}{\log}\, G$ höchstens um $\frac{1}{10^m}$ unterscheidet?

Damit $\frac{0{,}0543}{N^2} + \frac{1}{2}\cdot\frac{1}{10^m} < \frac{1}{10^m}$ wird, muß

$$N^2 > 10^m \cdot 0{,}1086 \tag{38}$$

sein. Ist m eine gerade Zahl $2k$, so wird die Ungleichung (38) erfüllt, wenn man $N \geqq 10^k$ wählt; ist m eine ungerade Zahl $2k+1$, so wird die Ungleichung (38) befriedigt, wenn man $N > 10^k \cdot \sqrt{1{,}086}$ oder $N \geqq 10^k \cdot 1{,}043$ wählt. Mithin hat man das Resultat:

Der durch Interpolation nach (28) bestimmte Ausdruck unterscheidet sich von $\overset{10}{\log}\, G$ um weniger als $\frac{1}{10^m}$[1], wenn für gerades m die Zahl $N \geqq 10^{\frac{m}{2}}$ und für ungerades m die Zahl $N \geqq 10^{\frac{m-1}{2}} \cdot 1{,}043$ ist.

Unsere Logarithmentafeln verzeichnen die mit Korrektion gekürzten Logarithmen aller $(i+1)$-ziffrigen ganzen Zahlen, d. h. aller ganzen Zahlen N, die der Ungleichung $10^i \leqq N < 10^{i+1}$ genügen, wobei i eine feste positive Zahl ist; z. B. tabuliert die Vegasche 7-stellige Logarithmentafel $\log^{\times} N$ für alle fünfziffrigen ganzen Zahlen. Sind die Logarithmen aller $(i+1)$-ziffrigen Zahlen tabuliert, und hat man den dekadischen Logarithmus irgend einer positiven Zahl ξ zu finden, so ist ξ durch Multiplikation mit 10^n, wobei n eine geeignete ganze positive oder negative Zahl oder Null ist, in die Form $10^n \xi = G$ zu bringen, wobei der ganzzahlige Bestandteil von G alsdann $(i+1)$ Ziffern enthält, also $10^i \leqq G < 10^{i+1}$. Aus $10^n \xi = G$ folgt, daß $\overset{10}{\log}\, \xi = -n + \overset{10}{\log}\, G$ ist. Um mittels einer m-stelligen Logarithmentafel nach (28) durch lineare Interpolation eine von $\overset{10}{\log}\, G$ höchstens um 1 in der m^{ten} Dezimale abweichende Zahl zu erhalten, muß die Logarithmentafel, je nachdem m gerade oder ungerade ist, die Logarithmen aller $\left(\frac{m}{2}+1\right)$- bzw. $\left(\frac{m-1}{2}+1\right)$-ziffrigen ganzen Zahlen, mit Korrektion auf m Dezimalen gekürzt, enthalten; für ungerades m ist zur Erzielung der gewünschten Genauigkeit noch eine Ergänzungstabelle beizufügen, welche die Logarithmen aller $\left(\frac{m-1}{2}+2\right)$-ziffrigen ganzen Zahlen zwischen $10^{\frac{m-1}{2}+1}$ und $10\,K$ enthält, wobei K die kleinste $\left(\frac{m-1}{2}+1\right)$-ziffrige ganze Zahl bedeutet, die der Un-

[1] Der durch Interpolation bestimmte Ausdruck (28) braucht nicht der mit Korrektion gekürzte $\overset{10}{\log^{\times}}\, G$ zu sein, da sich $\overset{10}{\log}\, G$ von (28) um mehr als $\frac{1}{2}\cdot\frac{1}{10^m}$ unterscheiden kann.

gleichung $K \geqq 1{,}043 \cdot 10^{\frac{m-1}{2}}$ genügt. Zur Erzielung der gewünschten Genauigkeit genügt also bei einer vierstelligen Logarithmentafel die Tabulierung der Logarithmen aller ganzen Zahlen von 100 bis 1000, bei einer fünfstelligen das nämliche unter Beifügung der Logarithmen der Zahlen von 1000 bis 1050. Entnimmt man z. B. einer fünfstelligen Logarithmentafel für dreiziffrige Zahlen die Werte $\overset{10}{\log}{}^{\times} 275 = 2{,}43933$, $\overset{10}{\log}{}^{\times} 276 = 2{,}44091$ und berechnet nach der Formel der linearen Interpolation

$$2{,}43933 + \frac{3}{10}(2{,}44091 - 2{,}43933) = 2{,}43933 + 3 \cdot 0{,}000158 = 2{,}439804\,,$$

so unterscheidet sich der in einer fünfstelligen Logarithmentafel, die die Logarithmen aller vierziffrigen Zahlen enthält, befindliche mit Korrektion gekürzte Logarithmus $\overset{10}{\log}{}^{\times} 2753$ von der berechneten Zahl 3,43980 höchstens um 1 in der letzten Dezimale, er kann also lauten 3,43979 oder 3,43980 oder 3,43981. In fünfstelligen Logarithmentafeln für vierziffrige Zahlen ist $\overset{10}{\log}{}^{\times} 2753 = 3{,}43981$ verzeichnet, d. h. $\overset{10}{\log}\, 2753$ liegt zwischen $3{,}43981 - \frac{1}{2 \cdot 10^5}$ und $3{,}43981 + \frac{1}{2 \cdot 10^5}$. Um sich bei einer siebenstelligen Logarithmentafel linearer Interpolation bedienen zu können, ist die bloße Tabulierung der Logarithmen aller vierziffrigen Zahlen nicht ausreichend, sondern mindestens eine Zusatztabelle für die Logarithmen aller ganzen Zahlen von 10000 bis 10430 erforderlich. Die Vegaschen siebenstelligen Logarithmentafeln enthalten weitergehend die Logarithmen sämtlicher fünfziffriger ganzer Zahlen analog wie die fünfstelligen Logarithmentafeln die Logarithmen aller vierziffrigen ganzen Zahlen.

Zur bequemeren Berechnung des Ausdruckes (28) findet man auf jeder Seite einer Logarithmentafel sogenannte Proportionaltäfelchen. Diese geben die auf der betreffenden Seite vorkommenden Tafeldifferenzen

$$D = \overset{10}{\log}{}^{\times}(N+1) - \overset{10}{\log}{}^{\times} N$$

an und ferner auch die Proportionalteile (Partes proportionales, P. p. bezeichnet)

$$\frac{D}{10},\ \frac{2D}{10},\ \frac{3D}{10},\ \ldots,\ \frac{9D}{10}.$$

Da h zumeist in Form eines Dezimalbruches gegeben ist, erleichtert dies die nach (28) bei der Interpolation auszuführende Berechnung.

Zehnstellige Logarithmentafeln, bei denen nicht die Logarithmen aller sechsziffrigen Zahlen verzeichnet sind, erfordern sogenannte quadratische Interpolation statt der linearen, so die Tafeln des Thesaurus von Vega[1], der nur für die fünfziffrigen Zahlen zehnstellige Logarithmen verzeichnet.

Die Lösung der umgekehrten Aufgabe, bei gegebenem Logarithmus den Numerus zu finden, läßt sich nach dem Voraufgehenden kurz behandeln. Sind

[1] G. von Vega, Thesaurus logarithmorum completus, Leipzig 1794, vgl. hierzu das oben Seite 228 zitierte Buch von Lüroth, S. 107.

in einer m-stelligen Logarithmentafel die Logarithmen aller $(i+1)$-ziffrigen ganzen Zahlen verzeichnet, und ist die Aufgabe gestellt, aus $\overset{10}{\log}\,\xi = \gamma$ bei gegebenem γ die Zahl ξ zu bestimmen, so suche man zunächst eine ganze Zahl n von der Art, daß, wenn man für die Zahl $G = 10^n \xi$ bildet: $\overset{10}{\log}\, G = n + \gamma$, der ganzzahlige Bestandteil von $\overset{10}{\log}\, G$ zwischen die zwei ganzen positiven Zahlen i und $i+1$ zu liegen kommt, also G selbst $(i+1)$-ziffrig wird.

Entnimmt man der Logarithmentafel zwei ganze Zahlen N und $N+1$, so daß $\overset{10}{\log}{}^{\times} N < \overset{10}{\log}\, G < \overset{10}{\log}{}^{\times}(N+1)$ ist und bildet

$$T = N + \frac{\overset{10}{\log}\, G - \overset{10}{\log}{}^{\times} N}{\overset{10}{\log}{}^{\times}(N+1) - \overset{10}{\log}{}^{\times} N},$$

so unterscheidet sich dieser Ausdruck von dem wirklichen Werte der gesuchten Zahl G um weniger als

$$\frac{\frac{1}{2}\cdot\frac{1}{10^m} + \frac{0{,}0543}{N^2}}{\overset{10}{\log}{}^{\times}(N+1) - \overset{10}{\log}{}^{\times} N};$$

es ist also

$$(39) \qquad |T - G| < \frac{\frac{1}{2}\cdot\frac{1}{10^m} + \frac{0{,}0543}{N^2}}{\overset{10}{\log}{}^{\times}(N+1) - \overset{10}{\log}{}^{\times} N}.$$

Bildet man nämlich

$$T - G = N + \frac{\overset{10}{\log}\, G - \overset{10}{\log}{}^{\times} N}{\overset{10}{\log}{}^{\times}(N+1) - \overset{10}{\log}{}^{\times} N} - G$$

$$= \frac{\overset{10}{\log}\, G - \left\{\overset{10}{\log}{}^{\times} N + (G - N)\left(\overset{10}{\log}{}^{\times}(N+1) - \overset{10}{\log}{}^{\times} N\right)\right\}}{\overset{10}{\log}{}^{\times}(N+1) - \overset{10}{\log}{}^{\times} N},$$

so ist der absolute Betrag des Zählers nach (28) und (29) kleiner als

$$\frac{1}{2}\cdot\frac{1}{10^m} + \frac{0{,}0543}{N^2},$$

womit die Ungleichung (39) bewiesen ist.

§ 14.

Unendliche Produkte.

In ähnlicher Weise wie Summen von unendlich vielen Summanden führt man auch Produkte von unendlich vielen Faktoren ein. $a_1, a_2, a_3, \ldots$ sei irgend eine unendliche Folge reeller Zahlen. Bildet man aus ihnen zunächst rein formal

$$(1) \qquad a_1 \cdot a_2 \cdot a_3 \ldots,$$

so heißt dieser Ausdruck ein **unendliches Produkt**. Aus einem solchen kann man folgende Produkte aus endlich vielen Faktoren ableiten:

(2) $P_1 = a_1, \quad P_2 = a_1 \cdot a_2, \quad P_3 = a_1 \cdot a_2 \cdot a_3, \ldots, \quad P_n = a_1 \cdot a_2 \ldots a_n, \ldots$

Die Zahlen $P_1, P_2, \ldots$ heißen die **Partialprodukte des unendlichen Produktes** (1).

Definition: Konvergiert die Folge $P_1, P_2, \ldots$ nach einer bestimmten, zu Null ungleichen Zahl P, so heißt das unendliche Produkt (1) konvergent und die Zahl P, nach der die Partialprodukte $P_1, P_2, \ldots$ konvergieren, der Wert des unendlichen Produktes (1).

Nach dieser Definition sind solche unendliche Produkte, bei denen sich die Partialprodukte $P_1, P_2, \ldots$ der Grenze Null nähern, nicht als konvergent zu bezeichnen; sonst würden anders wie bei Produkten einer endlichen Anzahl von Faktoren unter den konvergenten Produkten nicht nur solche zu behandeln sein, die den Wert Null haben, weil sie einen verschwindenden Faktor enthalten, sondern auch solche, die verschwinden, ohne einen verschwindenden Faktor zu besitzen; von letzterem Typus wäre z. B. das Produkt aus den reziproken Werten aller ganzen positiven Zahlen. Produkte, die nicht konvergieren, heißen **divergent**; zu ihnen gehören im besonderen auch diejenigen, für die $\lim P_n = 0$ ist. Divergente Produkte, die nicht den Wert Null haben, kann man ähnlich den unendlichen Reihen (vgl. Seite 297) in eigentlich divergente und oszillierende Produkte einteilen.

Für die Konvergenz der Folge $P_1, P_2, \ldots$ ist notwendig und hinreichend, daß sich zu jeder positiven Zahl ε eine ganze positive Zahl l finden läßt, so daß für alle ganzen Zahlen $l_1 \geqq l$ die Ungleichungen

(3) $$|P_{l_1+\sigma} - P_{l_1}| < \varepsilon \quad (\sigma = 1, 2, 3, \ldots)$$

bestehen (vgl. Ungleichungen (4') auf Seite 271). Ist $\lim P_n = P$, wobei $P \neq 0$ ist, so kann man eine ganze positive Zahl k derart bestimmen, daß

(4) $$|P_{k+\sigma}| > \frac{|P|}{2} \quad \text{für alle } \sigma = 0, 1, 2, \ldots$$

(vgl. den Beweis unter Absatz 2 auf Seite 272). Ist $P \neq 0$, so verschwindet keine der k Zahlen $|P_1|, |P_2|, \ldots, |P_{k-1}|, \frac{|P|}{2}$; denn für P ist es voraussetzungsgemäß ausgeschlossen und das Verschwinden einer der Zahlen P_1, $P_2, \ldots, P_{k-1}$ würde, da $P_n = a_n \cdot P_{n-1}$ ist, das Verschwinden aller Partialprodukte P_n für $n \geqq k$ und demnach, im Widerspruch mit der Voraussetzung, $\lim P_n = 0$ nach sich ziehen. Wählt man eine positive Zahl A, die nur der Bedingung unterworfen sein soll, kleiner als die kleinste der k positiven Zahlen $|P_1|, |P_2|, \ldots |P_{k-1}|, \frac{|P|}{2}$ zu sein, so ergibt sich bei Beachtung von (4) das System von Ungleichungen

(5) $$|P_\varrho| > A, \quad \text{wobei } \varrho = 1, 2, 3, \ldots$$

Umgekehrt schließt die Existenz irgend einer positiven Zahl A, für die die Ungleichungen (5) bestehen, aus, daß $\lim P_n = 0$ (vgl. Absatz 3 auf Seite 272). Mithin hat man:

Die notwendige und hinreichende Bedingung für die Konvergenz eines unendlichen Produktes (1) ist das Bestehen der Ungleichungen (3) und die gleichzeitige Existenz wenigstens einer positiven Zahl A, für welche die Ungleichungen (5) stattfinden.

Ehe wir uns allgemein mit unendlichen Produkten beschäftigen, schalten wir eine Bemerkung über die Darstellung von Logarithmen durch unendliche Produkte ein. Ist x irgend eine positive Zahl, so ist (vgl. Seite 241 (34), sowie Satz VI auf Seite 276)

$$\overset{e}{\log} x = \lim_{n=\infty} \frac{x-1}{\frac{x^{\frac{1}{2}}+1}{2} \cdot \frac{x^{\frac{1}{4}}+1}{2} \cdots \frac{x^{\frac{1}{2^n}}+1}{2}};$$

hieraus folgt unter der Voraussetzung $x \neq 1$, daß

$$\frac{\overset{e}{\log} x}{x-1} = \lim \frac{1}{\frac{x^{\frac{1}{2}}+1}{2} \cdot \frac{x^{\frac{1}{4}}+1}{2} \cdots \frac{x^{\frac{1}{2^n}}+1}{2}}$$

oder durch Übergang zu den reziproken Werten

(6) $$\lim \frac{x^{\frac{1}{2}}+1}{2} \cdot \frac{x^{\frac{1}{4}}+1}{2} \cdots \frac{x^{\frac{1}{2^n}}+1}{2} = \frac{x-1}{\overset{e}{\log} x}.$$

Mithin ist das unendliche Produkt

(7) $$\frac{x^{\frac{1}{2}}+1}{2} \cdot \frac{x^{\frac{1}{4}}+1}{2} \cdot \frac{x^{\frac{1}{8}}+1}{2} \cdots$$

für alle positiven Zahlen $x \neq 1$ konvergent, da seine Partialprodukte nach der zu Null ungleichen Grenze $\frac{x-1}{\overset{e}{\log} x}$ konvergieren; auch für $x = 1$ ist das Produkt (7) konvergent, und zwar hat es dann den Wert 1, da alle seine Faktoren gleich 1 sind. $\overset{e}{\log} x$ läßt sich also für alle positiven x mit Hilfe des unendlichen Produktes (7) darstellen in der Form

(8) $$\overset{e}{\log} x = \frac{x-1}{\frac{x^{\frac{1}{2}}+1}{2} \cdot \frac{x^{\frac{1}{4}}+1}{2} \cdot \frac{x^{\frac{1}{8}}+1}{2} \cdots}.$$

In analoger Weise zeigt man, daß sich $\overset{e}{\log} x$ auch darstellen läßt in der Form

(9) $$\overset{e}{\log} x = \frac{1-\frac{1}{x}}{\frac{x^{-\frac{1}{2}}+1}{2} \cdot \frac{x^{-\frac{1}{4}}+1}{2} \cdot \frac{x^{-\frac{1}{8}}+1}{2} \cdots},$$

wobei x jeden positiven Wert annehmen darf (vgl. Seite 241, Formel (33)).

Wir wenden uns wieder zu der allgemeinen Behandlung von unendlichen Produkten, für die (1) der symbolische Ausdruck ist. Wählt man in der Ungleichung (3) $\sigma = 1$, so erhält man als notwendige Bedingung für die Konvergenz eines unendlichen Produktes $|P_{l_1+1} - P_{l_1}| < \varepsilon$ oder, da $P_{l_1+1} = P_{l_1} \cdot a_{l_1+1}$ ist, $|P_{l_1}| \cdot |a_{l_1+1} - 1| < \varepsilon$. Hieraus folgt nach (5), daß $|a_{l_1+1} - 1| < \frac{\varepsilon}{A}$ für alle $l_1 \geqq l$. Da $\frac{\varepsilon}{A}$ ebenso wie ε jede beliebige positive Zahl bedeutet, besagen die letzten Ungleichungen, daß sich zu jeder positiven Zahl δ eine ganze positive Zahl l finden läßt derart, daß für $l_1 \geqq l$ stets $|a_{l_1+1} - 1| < \delta$, d. h. für die Konvergenz eines unendlichen Produktes ist $\lim (a_n - 1) = 0$ oder $\lim a_n = 1$ eine notwendige Bedingung. Daß diese Bedingung nicht ausreichend ist, wird sich aus dem folgenden ergeben (z. B. aus Satz III und der Tatsache, daß die harmonische Reihe divergiert).

Da für konvergente unendliche Produkte $a_1 \cdot a_2 \cdot a_3 \ldots$ stets $\lim a_n = 1$ sein muß, schreibt man gewöhnlich die Faktoren des unendlichen Produktes (1) in der Form $a_n = 1 + \mu_n$ $(n = 1, 2, \ldots)$, also das zu untersuchende Produkt selbst in der Gestalt

$$(1') \qquad (1 + \mu_1) \cdot (1 + \mu_2) \cdot (1 + \mu_3) \cdot (1 + \mu_4) \ldots,$$

wobei $\mu_1, \mu_2, \mu_3 \ldots$ beliebige reelle Zahlen bedeuten. Die für die Konvergenz des unendlichen Produktes (1′) abgeleitete notwendige Bedingung lautet alsdann $\lim \mu_n = 0$.

Nur aus dem Grunde, weil wir uns des folgenden einfachen Satzes mehrfach bedienen werden, formulieren wir ihn besonders als

Satz I. Die unendlichen Produkte

$$(1 + \mu_{k+1}) \cdot (1 + \mu_{k+2}) \cdot (1 + \mu_{k+3}) \ldots$$

und

$$(1 + \mu_1) \cdot (1 + \mu_2) \ldots (1 + \mu_k) \cdot (1 + \mu_{k+1}) \cdot (1 + \mu_{k+2}) \ldots,$$

von denen das zweite aus dem ersten durch Vorsetzen einer endlichen Anzahl von k Faktoren hervorgeht, sind, wenn keine der k Zahlen $\mu_1, \mu_2, \ldots, \mu_k$ gleich -1 ist, gleichzeitig konvergent oder nicht konvergent.

Das zweite Produkt unterscheidet sich von dem ersten nur um den endlichen Faktor $(1 + \mu_1) \cdot (1 + \mu_2) \ldots (1 + \mu_k)$, der nicht verschwindet, da keine der Zahlen $\mu_1, \mu_2, \ldots, \mu_k$ gleich -1 sein soll. Konvergiert daher das erste Produkt nach P', so konvergiert das zweite nach $P = P'(1 + \mu_1) \cdot (1 + \mu_2) \ldots (1 + \mu_k)$; ist umgekehrt bekannt, daß das zweite Produkt nach P konvergiert, so folgt, daß das erste nach $P' = \frac{P}{(1 + \mu_1) \cdot (1 + \mu_2) \ldots (1 + \mu_k)}$ konvergiert. Ist $P \neq 0$, so trifft es auch für P' zu und umgekehrt. Hiermit ist Satz I bewiesen.

Den weiteren Betrachtungen schicken wir die Ableitung des folgenden Hilfssatzes voraus:

Sind $\pi_1, \pi_2, \ldots, \pi_m$ positive echte Brüche, so besteht die Ungleichung:

$$(\mathrm{U}) \qquad (1 - \pi_1) \cdot (1 - \pi_2) \ldots (1 - \pi_m) > 1 - (\pi_1 + \pi_2 + \ldots + \pi_m).$$

Aus

$$(1 - \pi_1) \cdot (1 - \pi_2) = 1 - (\pi_1 + \pi_2) + \pi_1 \pi_2$$

folgt offenbar

$$(1 - \pi_1) \cdot (1 - \pi_2) > 1 - (\pi_1 + \pi_2),$$

d. h. die Ungleichung (U) ist gültig für $m = 2$. Nimmt man die Ungleichung (U) für irgend eine ganze positive Zahl k als erwiesen an, so erhält man aus

$$(1 - \pi_1)\cdot(1 - \pi_2)\dots(1 - \pi_k) > 1 - (\pi_1 + \pi_2 + \dots + \pi_k)$$

durch Multiplikation mit der positiven Zahl $(1 - \pi_{k+1})$ die Ungleichung

$$(1 - \pi_1)\cdot(1 - \pi_2)\dots(1 - \pi_k)\cdot(1 - \pi_{k+1}) > 1 - (\pi_1 + \pi_2 + \dots + \pi_k) - \pi_{k+1} + (\pi_1 + \pi_2 + \dots + \pi_k)\cdot\pi_{k+1}$$

oder um so mehr, wenn man rechter Hand einen positiven Bestandteil fortläßt,

$$(1 - \pi_1)\cdot(1 - \pi_2)\dots(1 - \pi_k)\cdot(1 - \pi_{k+1}) > 1 - (\pi_1 + \pi_2 + \dots + \pi_{k+1}),$$

d. h. die Ungleichung (U) gilt auch für die auf k folgende Zahl $k + 1$ und ist mithin durch das Verfahren der vollständigen Induktion allgemein bewiesen.

Satz II. Sind $p_1, p_2, \dots$ irgend welche positive Zahlen, so konvergieren die unendlichen Produkte

$$(1 - p_1)\cdot(1 - p_2)\dots \tag{10}$$

und

$$(1 + p_1)\cdot(1 + p_2)\dots, \tag{11}$$

wenn

$$p_1 + p_2 + \dots \tag{12}$$

eine konvergente Reihe ist; dabei ist für die Konvergenz des Produktes (10) jedoch noch vorauszusetzen, daß keine der Zahlen p_1, $p_2, \dots$ gleich 1 ist.

Wir wählen eine feste positive Zahl B, die kleiner als 1, sonst beliebig sein soll. Da die Reihe (12) konvergiert, muß sich eine ganze positive Zahl k finden lassen, so daß der Rest der Reihe (12)

$$R_k = p_{k+1} + p_{k+2} + \dots < B \tag{13}$$

ist (Satz III, Seite 300). Alsdann sind die positiven Zahlen $p_{k+1}, p_{k+2}, \dots$ echte Brüche. Setzt man

$$N_\sigma = (1 - p_{k+1})(1 - p_{k+2})\dots(1 - p_{k+\sigma}), \tag{14}$$

wobei σ die Werte 1, 2, 3, ... durchläuft, so ist offenbar

$$N_1 > N_2 > N_3 > \dots, \tag{15}$$

denn jede folgende Zahl geht aus der voraufgehenden durch Multiplikation mit einem positiven echten Bruch hervor. Nach der Ungleichung (U) ist

$$N_\sigma > 1 - (p_{k+1} + p_{k+2} + \dots + p_{k+\sigma})$$

oder nach (13) wird

$$N_\sigma > 1 - B \quad (\sigma = 1, 2, \dots), \tag{16}$$

wobei $1 - B$ ebenso wie B ein positiver echter Bruch ist. Infolge der Ungleichungen (15) und (16) konvergiert (Satz V, Seite 274) $\lim\limits_{n=\infty} N_n$ nach einer Zahl, die $\geqq 1 - B$, also ungleich Null ist. Folglich konvergiert auf Grund der Definition das unendliche Produkt

$$(1 - p_{k+1})\cdot(1 - p_{k+2})\dots \tag{17}$$

Da bei Untersuchung des unendlichen Produktes (10) nach Voraussetzung eine jede der Zahlen $p_n \neq 1$ ist, konvergiert dieses, wie bewiesen werden sollte, und zwar auf Grund von Satz I; denn es unterscheidet sich (10) von (17) nur um den nicht verschwindenden endlichen Faktor

$$(1 - p_1) \cdot (1 - p_2) \ldots (1 - p_k).$$

Behält man die obigen Bezeichnungen bei, so ist

$$1 - p_{k+\sigma}^2 = (1 - p_{k+\sigma}) \cdot (1 + p_{k+\sigma}) < 1,$$

da die Zahlen $p_{k+\sigma}$ $(\sigma = 1, 2, \ldots)$ positive echte Brüche sind. Mithin ist

$$(18) \qquad 1 + p_{k+\sigma} < \frac{1}{1 - p_{k+\sigma}} \qquad (\sigma = 1, 2, \ldots).$$

Definiert man

$$(19) \qquad M_\sigma = (1 + p_{k+1}) \cdot (1 + p_{k+2}) \ldots (1 + p_{k+\sigma}),$$

so ist offenbar

$$(20) \qquad M_1 < M_2 < M_3 < \ldots,$$

da jede dieser Zahlen aus der voraufgehenden durch Multiplikation mit einem Faktor, der > 1 ist, hervorgeht. Aus der Ungleichung (18) ergibt sich nach (14) und (19), daß $M_\sigma < \frac{1}{N_\sigma}$ oder nach (16), daß

$$(21) \qquad M_\sigma < \frac{1}{1 - B} \quad (\sigma = 1, 2, \ldots).$$

Auf Grund von Satz IV auf Seite 274 konvergiert $\lim_{n=\infty} M_n$ nach einer Zahl; diese ist ersichtlich $\neq 0$, da alle Faktoren, die bei der Bildung von M_n benützt werden, > 1 sind. Mithin ist das unendliche Produkt

$$(22) \qquad (1 + p_{k+1}) \cdot (1 + p_{k+2}) \ldots$$

auf Grund der Definition konvergent und folglich nach Satz I auch das unendliche Produkt (11), das sich von (22) nur um den endlichen positiven Faktor $(1 + p_1) \cdot (1 + p_2) \ldots (1 + p_k)$ unterscheidet.

Satz III. Sind $p_1, p_2, \ldots$ irgend welche positive Zahlen, so sind die unendlichen Produkte

$$(10) \qquad (1 - p_1) \cdot (1 - p_2) \ldots$$

und

$$(11) \qquad (1 + p_1) \cdot (1 + p_2) \ldots$$

nicht konvergent, wenn die Reihe

$$(12) \qquad p_1 + p_2 + p_3 + \ldots$$

divergiert. Das Produkt (11) divergiert alsdann nach $+\infty$. Sind die Zahlen $p_1, p_2, \ldots$ zudem von gewisser Stelle an ausnahmslos positive echte Brüche, so hat das Produkt (10) den Wert Null.

Offenbar besteht die Ungleichung

$$(23) \qquad (1 + p_1) \cdot (1 + p_2) \ldots (1 + p_n) > 1 + (p_1 + p_2 + \ldots + p_n),$$

wobei n jeden der Werte 2, 3, ... annehmen kann. Divergiert die Reihe (12), so wachsen die Partialprodukte von (11) auf Grund der Ungleichung (23) über jeden noch so großen Betrag hinaus, d. h. das unendliche Produkt (11) divergiert nach $+\infty$.

Wir wenden uns nunmehr zur Betrachtung des unendlichen Produktes (10) unter der Voraussetzung, daß die Reihe (12) divergiert. Enthält letztere unendlich viele Glieder p_n, die > 1 sind, so ist die für die Konvergenz eines unendlichen Produktes notwendige Bedingung $\lim p_n = 0$ nicht erfüllt (vgl. Bemerkung 3 auf Seite 272). Das Produkt (11) ist also in diesem Fall nicht konvergent. Es bleibt demnach nur noch zu untersuchen, daß die Reihe (12) divergiert und dabei nur endlich viele Glieder p_n aufweist, die > 1 sind. Dann müssen von einer gewissen Stelle k an $p_{k+1}, p_{k+2}, \ldots$ positive echte Brüche oder gleich 1 sein. Ist eine der Zahlen $p_{k+1}, p_{k+2}, \ldots$ gleich 1, so ist das Produkt (10) Null, also nicht konvergent. Sind nun $p_{k+1}, p_{k+2}, \ldots$ ausnahmslos positive echte Brüche, so besteht, wie aus (18) und (23) folgt, die Ungleichung

$$(24) \qquad (1-p_{k+1})\cdot(1-p_{k+2})\ldots(1-p_{k+\sigma}) < \frac{1}{1+(p_{k+1}+p_{k+2}+\ldots+p_{k+\sigma})}.$$

Da die Reihe (12) divergieren soll, trifft dies auch für ihren Rest

$$p_{k+1}+p_{k+2}+\ldots$$

zu. Folglich läßt sich die Summe $p_{k+1}+p_{k+2}+\ldots+p_{k+\sigma}$ durch genügend große Wahl von σ größer als jede noch so große positive Zahl machen. Mithin konvergieren nach (24) die Partialprodukte des unendlichen Produktes

$$(17) \qquad (1-p_{k+1})\cdot(1-p_{k+2})\cdot(1-p_{k+3})\ldots$$

nach Null. Gleiches trifft demnach auch für das unendliche Produkt $(1-p_1)\cdot(1-p_2)\ldots$ zu, das sich von (17) nur um den endlichen Faktor $(1-p_1)\cdot(1-p_2)\ldots(1-p_k)$ unterscheidet. Das unendliche Produkt (10) ist alsdann nicht konvergent, denn als nicht konvergent gelten auch solche unendliche Produkte, deren Partialprodukte nach Null konvergieren. Hiermit sind alle Aussagen des Satzes III bewiesen.

Als Anwendung des Satzes III schließen wir, daß die Reihe

$$\frac{x^{\frac{1}{2}}-1}{2}+\frac{x^{\frac{1}{4}}-1}{2}+\frac{x^{\frac{1}{8}}-1}{2}+\ldots$$

für alle positiven Zahlen x konvergiert; dies ergibt sich, wenn man das konvergente Produkt (7) für $x > 1$ in der Form

$$\left(1+\frac{x^{\frac{1}{2}}-1}{2}\right)\cdot\left(1+\frac{x^{\frac{1}{4}}-1}{2}\right)\cdot\left(1+\frac{x^{\frac{1}{8}}-1}{2}\right)\ldots$$

und für $0 < x < 1$ in der Form

$$\left(1-\frac{1-x^{\frac{1}{2}}}{2}\right)\cdot\left(1-\frac{1-x^{\frac{1}{4}}}{2}\right)\cdot\left(1-\frac{1-x^{\frac{1}{8}}}{2}\right)\ldots$$

schreibt.

Sind $\mu_1, \mu_2, \ldots$ beliebige reelle Zahlen, so kann ein unendliches Produkt

(1') $$(1 + \mu_1) \cdot (1 + \mu_2) \cdot (1 + \mu_3) \ldots,$$

das unendlich viele negative Faktoren enthält, niemals konvergieren, da alsdann nicht die Bedingung $\lim \mu_n = 0$ erfüllt ist. Mithin muß man bei konvergenten Produkten eine ganze positive Zahl k so bestimmen können, daß

$$0 < 1 + \mu_{k+\sigma} \quad \text{oder} \quad -1 < \mu_{k+\sigma} \quad (\sigma = 1, 2, \ldots).$$

In (1') können daher höchstens k Faktoren negativ sein. Wenn wir im folgenden unendliche Produkte von der Form

(25) $$(1 + \nu_1) \cdot (1 + \nu_2) \cdot (1 + \nu_3) \ldots$$

betrachten, bei denen ausnahmslos $\nu_n > -1$ sein soll, so ergibt sich aus ihnen jedes konvergente Produkt durch Vorsetzen einer endlichen Anzahl zu Null ungleicher Faktoren. Wir beweisen nunmehr folgenden Satz, durch den die Untersuchung irgend welcher unendlicher Produkte auf die von unendlichen Reihen zurückgeführt wird:

Satz IV. Ist

(25) $$(1 + \nu_1) \cdot (1 + \nu_2) \ldots$$

ein unendliches Produkt, bei dem jede der Zahlen $\nu_n > -1$ $(n = 1, 2, \ldots)$, so zieht die Konvergenz des unendlichen Produktes (25) die der unendlichen Reihe

(26) $$\overset{e}{\log}(1 + \nu_1) + \overset{e}{\log}(1 + \nu_2) + \ldots$$

nach sich und umgekehrt. Ebenso divergieren (25) und (26) gleichzeitig nach $+\infty$; ferner bedingen die Divergenz der Reihe (26) nach $-\infty$ und die Tatsache, daß das unendliche Produkt (25) den Wert Null hat, einander gegenseitig.

Bezeichnet man die Partialprodukte des unendlichen Produktes (25) mit Q_n, die Partialsummen der unendlichen Reihe (26) mit s_n, also

$$Q_n = (1 + \nu_1) \cdot (1 + \nu_2) \ldots (1 + \nu_n),$$

$$s_n = \overset{e}{\log}(1 + \nu_1) + \overset{e}{\log}(1 + \nu_2) + \ldots + \overset{e}{\log}(1 + \nu_n),$$

so ist $s_n = \overset{e}{\log} Q_n$ und $Q_n = e^{s_n}$. Ist die Reihe (26) konvergent, d. h. gibt es eine Zahl S von der Art, daß $S = \lim s_n$, so ist $\lim e^{s_n} = e^S$ (Satz III, Seite 288), und da $e^S \neq 0$, so sind die Bedingungen dafür erfüllt, daß das unendliche Produkt (25) konvergiert.

Existiert umgekehrt $\lim Q_n = Q$ und ist Q eine zu Null ungleiche Zahl, so kann man, da Q_n als Produkt von n positiven Faktoren selbst positiv ist, $\overset{e}{\log} Q_n$ bilden. Aus $\lim Q_n = Q$ folgt alsdann $\lim \overset{e}{\log} Q_n = \overset{e}{\log} Q$ (Satz II auf Seite 287), d. h. $\lim s_n = \overset{e}{\log} Q$. Folglich ist die Reihe (26) konvergent.

Ist $\lim s_n = +\infty$, so ist $\lim e^{s_n} = +\infty$ (vgl. Seite 296), d. h. es ist $\lim Q_n = +\infty$ oder das unendliche Produkt (25) divergiert nach $+\infty$. Umgekehrt folgt aus $\lim Q_n = +\infty$, daß $\lim \overset{e}{\log} Q_n = +\infty$ oder $\lim s_n = +\infty$, d. h. die unendliche Reihe (26) divergiert nach $+\infty$.

Ist $\lim s_n = -\infty$, so ist $\lim e^{s_n} = 0$ (vgl. Seite 296), d. h. es ist $\lim Q_n = 0$ oder das unendliche Produkt (25) hat den Wert Null. Ist umgekehrt bekannt, daß $\lim Q_n = 0$ ist, so folgt hieraus $\lim \overset{e}{\log}\, Q_n = -\infty$, d. h. es ist $\lim s_n = -\infty$ oder die Reihe (26) divergiert nach $-\infty$.

Hilfssatz I. Sind $p_1, p_2, \ldots$ irgend welche positive Zahlen, so konvergieren die zwei Reihen

$$p_1 + p_2 + \ldots \tag{12}$$

und

$$\overset{e}{\log}(1 + p_1) + \overset{e}{\log}(1 + p_2) + \ldots \tag{27}$$

gleichzeitig bzw. divergieren sie gleichzeitig nach $+\infty$.

Eine konvergente Reihe (12) bedingt nach Satz II ein konvergentes unendliches Produkt $(1 + p_1)\cdot(1 + p_2)\ldots$; dieses hat nach Satz IV eine konvergente Reihe (27) zur Folge. Hingegen entspricht einer divergenten Reihe (12) nach Satz III ein divergentes unendliches Produkt $(1 + p_1)\cdot(1 + p_2)\ldots$; dieses hat nach Satz IV eine divergente unendliche Reihe (27) zur Folge.

Hilfssatz II. Sind $p_1, p_2, \ldots$ irgend welche positive Zahlen, die sämtlich kleiner als 1 sind[1], so konvergieren die zwei Reihen

$$p_1 + p_2 + \ldots \tag{12}$$

und

$$\overset{e}{\log}(1 - p_1) + \overset{e}{\log}(1 - p_2) + \ldots \tag{27'}$$

gleichzeitig bzw. divergieren sie gleichzeitig, und zwar (12) nach $+\infty$ und (27′) nach $-\infty$.

Die Konvergenz der unendlichen Reihe (12) bedingt, da auch jede der Zahlen $p_n \neq 1$ ist, nach Satz II ein konvergentes unendliches Produkt $(1 - p_1)\cdot(1 - p_2)\ldots$ Dieses hat nach Satz IV eine konvergente Reihe (27′) zur Folge. Divergiert die Reihe (12) nach $+\infty$, so hat das unendliche Produkt $(1 - p_1)\cdot(1 - p_2)\ldots$ nach Satz III den Wert Null und folglich divergiert die Reihe (27′), wie Satz IV besagt, nach $-\infty$. Hiermit ist der Hilfssatz bewiesen.

Wie in Satz IV bedeute

$$(1 + \nu_1)\cdot(1 + \nu_2)\ldots \tag{25}$$

ein unendliches Produkt, bei dem $\nu_1, \nu_2, \ldots$ beliebige reelle Zahlen sind, die nur sämtlich > -1 sein sollen. Wir betrachten die Reihe

$$\nu_1 + \nu_2 + \ldots \tag{28}$$

und bezeichnen ihre positiven Glieder mit $p_1, p_2, \ldots$ und die absoluten Beträge ihrer negativen Glieder mit $n_1, n_2, \ldots$, so daß die Reihe (28) gleichwertig geschrieben werden kann

$$p_1 + p_2 + \ldots + p_{k_1} - n_1 - n_2 - \ldots - n_{l_1} + p_{k_1+1} + \ldots \tag{28'}$$

---

[1] Diese Voraussetzung wird eingeführt, damit $1 - p_n > 0$ ist und folglich $\overset{e}{\log}(1 - p_n)$ gebildet werden kann.

Aus (28') leiten wir die zwei Reihen

(29) $$p_1 + p_2 + \dots p_{k_1} + p_{k_1+1} + \dots$$

(30) $$n_1 + n_2 + \dots n_{l_1} + n_{l_1+1} + \dots$$

ab; hierbei sind infolge der über die Zahlen ν_i gemachten Voraussetzung die n_i $(i = 1, 2, \dots)$ positive echte Brüche.

Alsdann sind vier Fälle möglich:

α) Die Reihen (29) und (30) sind beide konvergent, d. h. die Reihe (28') oder die mit ihr identische Reihe (28) ist absolut konvergent.

β) Die Reihe (29) konvergiert, die Reihe (30) divergiert, d. h. die Reihe (28') oder die mit ihr identische Reihe (28) divergiert nach $-\infty$.

γ) Die Reihe (29) divergiert, die Reihe (30) konvergiert, d. h. die Reihe (28') oder die mit ihr identische Reihe (28) divergiert nach $+\infty$.

δ) Die Reihen (29) und (30) sind beide divergent. Für diesen Fall setzen wir noch voraus, daß die für die Konvergenz jedes unendlichen Produktes notwendige Bedingung $\lim \nu_n = 0$ erfüllt ist; alsdann kann man die Reihe (28) nach dem Riemannschen Satze (vgl. Seite 318) durch geeignete Anordnung ihrer Glieder bedingt konvergent mit beliebig vorgegebener Summe oder divergent oder oszillierend machen.

Ordnet man dem unendlichen Produkt (25) die unendliche Reihe

(31) $$\overset{e}{\log}(1 + \nu_1) + \overset{e}{\log}(1 + \nu_2) + \dots$$

oder die mit ihr identische Reihe

(31') $$\left\{\begin{aligned} &\overset{e}{\log}(1 + p_1) + \overset{e}{\log}(1 + p_2) + \dots + \overset{e}{\log}(1 + p_{k_1}) + \overset{e}{\log}(1 - n_1) \\ &\qquad + \overset{e}{\log}(1 - n_2) + \dots \end{aligned}\right.$$

zu, so erhält man aus (31') durch Trennung der positiven und negativen Glieder als Reihe der positiven Glieder

(32) $$\overset{e}{\log}(1 + p_1) + \overset{e}{\log}(1 + p_2) + \dots + \overset{e}{\log}(1 + p_{k_1}) + \overset{e}{\log}(1 + p_{k_1+1}) + \dots$$

und als Reihe der absoluten Beträge der negativen Glieder

(33) $$-\overset{e}{\log}(1 - n_1) - \overset{e}{\log}(1 - n_2) - \overset{e}{\log}(1 - n_3) - \dots;$$

denn $1 - n_i$ $(i = 1, 2, \dots)$ ist ein positiver echter Bruch, also $\overset{e}{\log}(1 - n_i)$ negativ.

Da nach den Hilfssätzen I und II die Reihen (29) und (32) bzw. (30) und (33) gleichzeitig konvergieren und divergieren, so verhalten sich die Reihen (31) bis (33) und das unendliche Produkt (25) in den Fällen α) bis δ) folgendermaßen:

α) Die Reihen (32) und (33) konvergieren beide, mithin ist die Reihe (31) absolut konvergent. Bezeichnet man die Summen der Reihen (32) und (33) mit S und N, so hat die Reihe (31) stets die Summe $S - N$ und zwar unabhängig von der Art, wie man die Reihenglieder anordnet. In diesem Fall hat nach Satz IV das unendliche Produkt (25) den Wert e^{S-N}, und zwar infolge der unbedingten Konvergenz der Reihe (31) unabhängig von der Reihenfolge seiner Faktoren.

β) Die Reihe (32) konvergiert, die Reihe (33) divergiert nach $+\infty$, folglich divergiert die Reihe (31) nach $-\infty$, und zwar unabhängig von der Art der Anordnung der Reihenglieder. Mithin hat das unendliche Produkt (25), unabhängig von der Reihenfolge seiner Faktoren, stets den Wert Null.

γ) Die Reihe (32) divergiert nach $+\infty$, die Reihe (33) konvergiert, folglich divergiert die Reihe (31) nach $+\infty$, und zwar unabhängig von der Art der Anordnung der Reihenglieder. Mithin divergiert das unendliche Produkt (25), unabhängig von der Reihenfolge seiner Faktoren, nach $+\infty$.

δ) Die beiden Reihen (32) und (33) divergieren nach $+\infty$. Da nach unserer Voraussetzung $\lim \nu_n = 0$ ist, hat man $\lim \overset{e}{\log}(1+\nu_n) = \overset{e}{\log} 1 = 0$, d. h. die Reihenglieder der zwei Reihen (32) und (33) konvergieren nach Null. Mithin sind für die zwei Reihen (32) und (33) die Voraussetzungen des Riemannschen Satzes erfüllt. Man kann daher die Reihenglieder der Reihe (31) so anordnen, daß die Reihe (31) konvergiert und dabei eine beliebig vorgegebene Zahl C zur Summe hat oder daß sie nach $+\infty$ oder nach $-\infty$ divergiert oder daß sie oszilliert. Mithin konvergiert das unendliche Produkt (25) bei der entsprechenden Anordnung seiner Faktoren, wie sie durch die Aufeinanderfolge der Reihenglieder in (31) bestimmt wird, nach der Zahl e^C oder divergiert nach $+\infty$ oder nimmt den Wert Null an oder oszilliert. Hierbei kann e^C jeden beliebig vorgegebenen positiven Wert bedeuten, da für C jede beliebige Zahl gewählt werden kann.

Irgend ein konvergentes Produkt unterscheidet sich von einem solchen der Form (25) nur durch Vorsetzen einer endlichen Anzahl von zu Null ungleichen Faktoren; hierdurch kommen bei der Reihe (28) bloß eine endliche Anzahl von Gliedern hinzu, so daß die aus (28) hervorgehende Reihe dann und nur dann absolut konvergent ist, wenn dies für (28) der Fall ist. Hieraus ergibt sich der folgende fundamentale

Satz V. Hat man irgend ein unendliches Produkt

$$(1') \qquad (1+\mu_1)\cdot(1+\mu_2)\cdot(1+\mu_3)\ldots,$$

von dem kein Faktor gleich Null ist, und konvergiert die Reihe

$$\mu_1 + \mu_2 + \mu_3 + \ldots$$

absolut, d. h. konvergiert auch die Reihe

$$(34) \qquad |\mu_1| + |\mu_2| + |\mu_3| + \ldots,$$

so ist das Produkt (1′) konvergent, und zwar hat es bei beliebiger Anordnung seiner Faktoren stets den nämlichen, zu Null ungleichen Wert (Fall α). Konvergiert das Produkt (1′), ohne daß die Reihe (34) konvergiert, so kann man durch veränderte Anordnung der Faktoren erzielen, daß das Produkt (1′) nach einem beliebigen Wert, dessen Vorzeichen entweder stets positiv oder stets negativ[1] ist, konvergiert oder daß es oszilliert oder nach $+\infty$ oder $-\infty$ divergiert[1] oder den Wert Null annimmt.

---

[1] Das Vorzeichen wird bestimmt durch die Anzahl der negativen Faktoren, die (1′) enthält.

Für die Theorie der unendlichen Produkte ist die folgende Definition sehr wichtig: Ein unendliches Produkt

(1') $$(1 + \mu_1)\cdot(1 + \mu_2)\ldots,$$

bei dem μ_n ($n = 1, 2, \ldots$) beliebige, jedoch zu -1 ungleiche Zahlen bedeuten, heißt absolut konvergent, wenn das unendliche Produkt

(1'') $$(1 + |\mu_1|)\cdot(1 + |\mu_2|)\ldots$$

konvergiert.

Zur Konvergenz des Produktes (1'') ist nach den Sätzen II und III die Konvergenz der Reihe (34) notwendig und hinreichend. Man kann daher auch folgende, mit der obigen gleichwertige Definition aussprechen: Ein unendliches Produkt (1'), bei dem kein Faktor verschwindet, heißt absolut konvergent, wenn die Reihe

(34) $$|\mu_1| + |\mu_2| + \ldots$$

konvergiert.

Aus Satz V folgt dann als

Satz VI. Jedes absolut konvergente unendliche Produkt ist konvergent.

Konvergente unendliche Produkte, die nicht absolut konvergieren, heißen relativ konvergent.

Aus der Divergenz der Reihen (32) und (33) im Falle δ) und der Tatsache, daß sich konvergente Produkte von solchen der Form (25) nur durch eine endliche Anzahl von nicht verschwindenden Faktoren unterscheiden können, folgt nach den Hilfssätzen I und II und Satz III

Satz VII. Ein konvergentes unendliches Produkt ist dann und nur dann relativ konvergent, wenn das Produkt seiner Faktoren, die > 1 sind, nach $+\infty$ divergiert und dasjenige seiner Faktoren, die $\leqq 1$ sind, den Wert Null annimmt, ohne einen verschwindenden Faktor zu besitzen.

Ebenso folgert man aus der Konvergenz der Reihen (32) und (33) im Falle α):

Satz VIII. Notwendig und hinreichend, damit ein unendliches Produkt, bei dem kein Faktor verschwindet, absolut konvergiert, ist, daß das Produkt aus den Faktoren, die > 1 sind, für sich konvergiert, und gleiches für das Produkt der Faktoren, die < 1 sind, gilt.

Unendliche Produkte, die bei jeder Anordnung ihrer Faktoren nach derselben zu Null ungleichen Zahl konvergieren, heißen unbedingt konvergente Produkte. Solche konvergente Produkte, deren Konvergenz von der Anordnung ihrer Faktoren abhängt, heißen bedingt konvergent.

Aus den Sätzen V und VI folgt: Absolut konvergente Produkte und nur solche sind unbedingt konvergent, relativ konvergente Produkte sind bedingt konvergent.

Die voraufgehenden Sätze wurden hier durch Überführung von unendlichen Produkten mittels Logarithmen in unendliche Reihen bewiesen. Spaltet man ein vorliegendes unendliches Produkt in die zwei Produkte Π_1 mit Faktoren, die ausnahmslos > 1 sind, und Π_2 mit Faktoren, die ausnahmslos < 1 sind, so kann man die Sätze V bis VIII, ohne die Kenntnis der Theorie der unendlichen Reihen vorauszusetzen, in einer ähnlichen Weise wie die Reihensätze im § 9 beweisen. Für die Reihen (2) und (3) auf Seite 316 treten die unendlichen Produkte Π_1 und Π_2, für welche die Sätze II und III dieses Paragraphen gelten; statt der im § 9 eingeschobenen Nullen wird man bei den Produkten Einser verwenden. Die Durchführung bleibe dem Leser überlassen. Hierbei wird ihm folgender Satz nützlich sein, der hier eine ähnliche Rolle spielt, wie Satz VII auf Seite 302 im § 9: Sind $a_1 \cdot a_2 \cdot a_3 \ldots$ und $b_1 \cdot b_2 \cdot b_3 \ldots$ irgend zwei konvergente unendliche Produkte, die nach Π_1 und Π_2 konvergieren, so ist auch $a_1 \cdot b_1 \cdot a_2 \cdot b_2 \cdot a_3 \cdot b_3 \ldots$ ein konvergentes unendliches Produkt, und zwar konvergiert es nach $\Pi_1 \cdot \Pi_2$.

Beispiel: Sind $x_1, x_2, \ldots$ irgend welche reelle Zahlen, deren absolute Beträge sämtlich kleiner als eine positive Zahl A sind, und bedeutet λ irgend eine reelle Zahl, die > 1 ist, so ist das unendliche Produkt

$$\left(1+\frac{x_1}{1}\right)\cdot\left(1+\frac{x_2}{2^\lambda}\right)\cdot\left(1+\frac{x_3}{3^\lambda}\right)\cdot\left(1+\frac{x_4}{4^\lambda}\right)\ldots$$

nach Satz V absolut konvergent, wenn nur $x_i \neq -i^\lambda$ $(i = 1, 2, \ldots)$ ist; denn die unendliche Reihe

$$\frac{|x_1|}{1}+\frac{|x_2|}{2^\lambda}+\frac{|x_3|}{3^\lambda}+\frac{|x_4|}{4^\lambda}+\ldots$$

konvergiert, da sie die für $\lambda > 1$ konvergente Reihe (vgl. Seite 307)

$$\frac{A}{1}+\frac{A}{2^\lambda}+\frac{A}{3^\lambda}+\frac{A}{4^\lambda}+\ldots$$

zur Majorante besitzt.

Den voraufgehenden Untersuchungen über unendliche Produkte fügen wir noch folgendes Cauchysches[1] Konvergenzkriterium bei:

Eine ausreichende Bedingung für die Konvergenz eines unendlichen Produktes

(1′) $$(1+\mu_1)\cdot(1+\mu_2)\ldots,$$

bei dem kein Faktor verschwindet, ist die gleichzeitige Konvergenz der zwei unendlichen Reihen

(35) $$\mu_1+\mu_2+\ldots$$

und

(36) $$\mu_1^2+\mu_2^2+\ldots$$

Aus der Konvergenz einer jeden der zwei Reihen (35) oder (36) folgt $\lim \mu_n = 0$. Mithin kann man eine ganze positive Zahl k so bestimmen, daß

$$-\frac{1}{2}<\mu_{k+\sigma}<\frac{1}{2}\quad(\sigma = 1, 2, \ldots),$$

also

(37) $$\frac{1}{2}<1+\mu_{k+\sigma}<\frac{3}{2}.$$

[1] Von Cauchy, Analyse algébrique, Note IX stammen die ersten allgemeinen Sätze über unendliche Produkte.

Nun ist nach der Ungleichung (31) auf Seite 240:

$$1 - \frac{1}{1 + \mu_{k+\sigma}} < \overset{e}{\log}(1 + \mu_{k+\sigma}) < \mu_{k+\sigma};$$

hieraus folgt:

$$0 < \mu_{k+\sigma} - \overset{e}{\log}(1 + \mu_{k+\sigma}) < \mu_{k+\sigma} - \left(1 - \frac{1}{1 + \mu_{k+\sigma}}\right)$$

oder

$$0 < \mu_{k+\sigma} - \overset{e}{\log}(1 + \mu_{k+\sigma}) < \frac{\mu_{k+\sigma}^2}{1 + \mu_{k+\sigma}}.$$

Bedeuten $\vartheta_{k+\sigma}$ ($\sigma = 1, 2, \ldots$) positive echte Brüche, so ist demnach

$$\mu_{k+\sigma} - \overset{e}{\log}(1 + \mu_{k+\sigma}) = \vartheta_{k+\sigma} \cdot \frac{\mu_{k+\sigma}^2}{1 + \mu_{k+\sigma}}$$

oder

(38) $$\overset{e}{\log}(1 + \mu_{k+\sigma}) = \mu_{k+\sigma} - \vartheta_{k+\sigma} \cdot \frac{\mu_{k+\sigma}^2}{1 + \mu_{k+\sigma}}.$$

Da $0 < \vartheta_{k+\sigma} < 1$ ist, folgt aus (37), daß

$$\vartheta_{k+\sigma} \cdot \frac{\mu_{k+\sigma}^2}{1 + \mu_{k+\sigma}} < 2 \cdot \mu_{k+\sigma}^2.$$

Die Reihe mit positiven Gliedern

(39) $$\vartheta_{k+1} \cdot \frac{\mu_{k+1}^2}{1 + \mu_{k+1}} + \vartheta_{k+2} \cdot \frac{\mu_{k+2}^2}{1 + \mu_{k+2}} + \ldots$$

hat demnach die nach (36) konvergente Reihe

$$2\mu_{k+1}^2 + 2\mu_{k+2}^2 + \ldots$$

zur Majorante. Aus der Konvergenz der Reihen (35) und (39) folgt mittels (38) (Satz IX auf Seite 303) die Konvergenz der Reihe

(40) $$\overset{e}{\log}(1 + \mu_{k+1}) + \overset{e}{\log}(1 + \mu_{k+2}) + \ldots$$

und mithin nach Satz IV die des unendlichen Produktes $(1 + \mu_{k+1}) \cdot (1 + \mu_{k+2}) \ldots$ Folglich ist auch das zu untersuchende Produkt (1′), bei dem nur noch der nicht verschwindende Faktor $(1 + \mu_1) \cdot (1 + \mu_2) \ldots (1 + \mu_k)$ hinzutritt, konvergent.[1]

Z. B. ist das unendliche Produkt

$$\frac{2}{1} \cdot \frac{2}{3} \cdot \frac{4}{3} \cdot \frac{4}{5} \cdots \frac{2n}{2n-1} \cdot \frac{2n}{2n+1} \cdots$$

konvergent, da die zwei Reihen

---

[1] Bei dem mitgeteilten Beweise wird nicht wie bei CAUCHY die logarithmische Reihenentwicklung auf Seite 357 als bekannt vorausgesetzt. Ein anderer elementarer Beweis bei A. PRINGSHEIM, Math. Annalen **44**, 413 (1894), siehe auch über die allgemeine Theorie der unendlichen Produkte ebenda **33**, 119 (1889) sowie Enzyklopädie d. math. Wiss. I, S. 111, französische Bearbeitung von J. MOLK in der Encyclopédie des sciences math. I, 270.

$$(41)\quad \begin{cases} & 1-\frac{1}{3}+\frac{1}{3}-\frac{1}{5}+\frac{1}{5}+\ldots=1 \\ \text{und (vgl. Seite 307)} & \\ & 1+\frac{1}{3^2}+\frac{1}{3^2}+\frac{1}{5^2}+\frac{1}{5^2}+\ldots \end{cases}$$

konvergieren; das unendliche Produkt ist jedoch ebenso wie die erste Reihe bei (41) nur bedingt konvergent.

Konvergiert die Reihe (36), während (35) divergiert, so divergiert, wie aus (38) folgt, die Reihe (40); folglich ist das unendliche Produkt (1′) nach Satz IV nicht konvergent. Man kann auch noch beweisen: Konvergiert die Reihe (35), während die Reihe (36) divergiert, so hat das unendliche Produkt (1′) den Wert Null. Sind beide Reihen (35) und (36) divergent, so ist für das Produkt (1′) sowohl Konvergenz als auch Divergenz möglich.

Zum Schluß des Paragraphen soll noch eine beliebige reelle positive Zahl N in die Form eines unendlichen Produktes gebracht werden, nämlich

$$(42)\qquad N=10^n\cdot\gamma\cdot\left(1+\frac{\gamma_1}{10}\right)\cdot\left(1+\frac{\gamma_2}{10^2}\right)\cdot\left(1+\frac{\gamma_3}{10^3}\right)\ldots,$$

wobei n eine ganze positive oder negative Zahl oder Null, γ eine der Zahlen 1, 2, ..., 9 ist und $\gamma_1, \gamma_2, \gamma_3, \ldots$ Ziffern der Reihe 0, 1, 2, ..., 9 bedeuten.

Jede positive Zahl N läßt sich zunächst in der Form $10^n\cdot\xi$ schreiben, so daß $1\leqq\xi<10$ und n eine ganze Zahl ist. Ist γ der ganzzahlige Bestandteil von ξ, so ist γ eine der Zahlen 1, 2, ..., 9 und aus $\gamma\leqq\xi<\gamma+1$ folgt, daß $1\leqq\frac{\xi}{\gamma}<2$ ist. Setzt man $\xi_1=\frac{\xi}{\gamma}$, so ist entweder $\xi_1=1$, also $N=10^n\cdot\gamma$, oder $1<\xi_1<2$, also $N=10^n\cdot\gamma\cdot\xi_1$. Im zweiten Fall schreibt sich die zwischen 1 und 2 gelegene Zahl ξ_1 als Dezimalbruch in der Form $\xi_1=1+\frac{\delta_{i_1}}{10^{i_1}}+\lambda_1$, wobei δ_{i_1} die erste nach dem Komma stehende gültige Ziffer des Dezimalbruches bedeutet, also $\delta_{i_1}\neq 0$, $\lambda_1<\frac{1}{10^{i_1}}\cdot$ Dividiert man ξ_1 durch $1+\frac{\delta_{i_1}}{10^{i_1}}$, so ergibt sich

$$1+\frac{\delta_{i_1}}{10^{i_1}}+\lambda_1=\left(1+\frac{\delta_{i_1}}{10^{i_1}}\right)\cdot(1+\mu_1);$$

hierbei ist $\lambda_1=\mu_1\cdot\left(1+\frac{\delta_{i_1}}{10^{i_1}}\right)$, also $\mu_1<\lambda_1$ und demnach $\mu_1<\frac{1}{10^{i_1}}\cdot$ Setzt man $\xi_2=1+\mu_1$, so wird $\xi_1=\left(1+\frac{\delta_{i_1}}{10^{i_1}}\right)\cdot\xi_2$, wobei ξ_2 entweder gleich 1 oder eine zwischen 1 und 2 gelegene Zahl bedeutet. In letzterem Fall ist $\xi_2=1+\frac{\delta_{i_2}}{10^{i_2}}+\lambda_2$, wobei $\delta_{i_2}\neq 0$, $\lambda_2<\frac{1}{10^{i_2}}$ und ferner, da $\mu_1<\frac{1}{10^{i_1}}$, noch $i_2>i_1$ ist. Führt man das nämliche Verfahren wie auf ξ_1 auch auf ξ_2 usw. aus, so erhält man N entweder als abbrechendes Produkt in der Form (42) oder es ergibt sich eine ins Unendliche verlaufende Entwicklung

$$10^n \cdot \gamma \cdot \left(1+\frac{\gamma_1}{10}\right) \cdot \left(1+\frac{\gamma_2}{10^2}\right) \cdot \left(1+\frac{\gamma_3}{10^3}\right) \ldots;$$

die veränderte Bezeichnung haben wir deswegen eingeführt, weil wir nicht nur gültige Ziffern, sondern auch Nullen hinschreiben wollen; es bedeuten also $\gamma_1, \gamma_2, \ldots$ Zahlen der Reihe $0, 1, 2, \ldots, 9$. Es wird

$$N = 10^n \cdot \gamma \cdot \left(1+\frac{\gamma_1}{10}\right) \cdot \left(1+\frac{\gamma_2}{10^2}\right) \ldots \left(1+\frac{\gamma_{k-1}}{10^{k-1}}\right) \cdot \eta_k, \tag{43}$$

wobei $\eta_k = 1 + \frac{\gamma_k}{10^k} + \sigma_k$ und $\sigma_k < \frac{1}{10^k}$ ist. Mithin hat man

$$1 \leqq \eta_k < 1 + \frac{1}{10^{k-1}}. \tag{44}$$

Hieraus folgt, daß $\lim\limits_{k=\infty} \eta_k = 1$ ist. Demnach konvergiert die Folge

$$\frac{1}{\eta_1} = \frac{10^n \cdot \gamma}{N}, \quad \frac{1}{\eta_2} = \frac{10^n \cdot \gamma \cdot \left(1+\frac{\gamma_1}{10}\right)}{N}, \quad \frac{1}{\eta_3} = \frac{10^n \cdot \gamma \cdot \left(1+\frac{\gamma_1}{10}\right) \cdot \left(1+\frac{\gamma_2}{10^2}\right)}{N}, \ldots$$

nach 1 und folglich die Partialprodukte

$$10^n \cdot \gamma, \quad 10^n \cdot \gamma \cdot \left(1+\frac{\gamma_1}{10}\right), \quad 10^n \cdot \gamma \cdot \left(1+\frac{\gamma_1}{10}\right) \cdot \left(1+\frac{\gamma_2}{10^2}\right), \ldots$$

des unendlichen Produktes $10^n \cdot \gamma \cdot \left(1+\frac{\gamma_1}{10}\right) \cdot \left(1+\frac{\gamma_2}{10^2}\right) \ldots$ nach N, so daß N in der Form (42) geschrieben werden kann.

Die Darstellung einer positiven Zahl N in der Form (42) läßt sich zur **numerischen Berechnung von Logarithmen** verwenden. Aus (42) folgt

$$\overset{10}{\log} N = n + \overset{10}{\log} \gamma + \overset{10}{\log}\left(1+\frac{\gamma_1}{10}\right) + \overset{10}{\log}\left(1+\frac{\gamma_2}{10^2}\right) + \ldots \tag{45}$$

Bricht man die auf der rechten Seite von (45) stehende unendliche Reihe nach ihrem $(k+1)$-ten Gliede ab, bildet man also

$$J = n + \overset{10}{\log} \gamma + \overset{10}{\log}\left(1+\frac{\gamma_1}{10}\right) + \overset{10}{\log}\left(1+\frac{\gamma_2}{10^2}\right) + \ldots + \overset{10}{\log}\left(1+\frac{\gamma_{k-1}}{10^{k-1}}\right), \tag{46}$$

so ist nach (43)

$$\overset{10}{\log} N = J + \overset{10}{\log} \eta_k,$$

wobei nach (44)

$$\overset{10}{\log} \eta_k < \overset{10}{\log}\left(1+\frac{1}{10^{k-1}}\right).$$

Nun hat man $\overset{10}{\log}\left(1+\frac{1}{10^{k-1}}\right) = M \cdot \overset{e}{\log}\left(1+\frac{1}{10^{k-1}}\right)$ (vgl. Seite 241) $< \frac{M}{10^{k-1}}$ (Ungleichung (31) auf Seite 240) $< \frac{1}{2 \cdot 10^{k-1}}$, da der Modul $M = 0{,}434\ldots$

der dekadischen Logarithmen $< \frac{1}{2}$ ist. Mithin erhält man schließlich zur Schätzung von $\overset{10}{\log} N$ die Ungleichung:

$$J < \overset{10}{\log} N < J + \frac{1}{2} \cdot \frac{1}{10^{k-1}}.$$

Zur Bestimmung von J sind nach (46) nur eine endliche Anzahl von Additionen erforderlich, wenn man eine abgekürzte Logarithmentafel besitzt, in der $\overset{10}{\log} \gamma$ und $\overset{10}{\log}\left(1 + \frac{\gamma}{10^r}\right)$ für die Werte $\gamma = 1, 2, \ldots, 9$ und $r = 1, 2, \ldots, k-1$ tabuliert sind. Diese Methode findet sich schon bei Briggs in seiner Arithmetica logarithmica (vgl. Seite 227), indem er $k = 10$ wählte und die Logarithmen der Zahlen 1, 2, ..., 9; 1,1, 1,2, ..., 1,9; 1,01, 1,02, ..., 1,09; 1,001, 1,002, ..., 1,009; ... $1 + \frac{9}{10^9}$ auf 15 Dezimalen tabulierte.[1]

Ergänzungen.

Zu Seite 16:

Die Anzahl oder Kardinalzahl bei einem endlichen System von Dingen.

Im Texte sind die ganzen positiven und negativen Zahlen einschließlich der Null nur als Ordnungszahlen, d. h. in ihrer Aufeinanderfolge oder Anordnung betrachtet. Es soll noch auf den Anzahlbegriff oder die Kardinalzahl eingegangen werden; dieser Begriff läßt sich aus dem der Ordinalzahl ableiten. Zu dem Zwecke schicken wir voraus: Hat man ein System Σ_1 von lauter ungleichen Dingen und ein zweites Σ_2 von ebenfalls ungleichen Dingen, so heißen diese einander eindeutig umkehrbar zugeordnet, wenn jedem Dinge von Σ_1 ein und auch nur ein Ding von Σ_2 entspricht und hierdurch umgekehrt jedem Dinge von Σ_2 ein und auch nur ein Ding von Σ_1 zugeordnet ist.

Wir beweisen

Satz I. Sind zwei Systeme Σ_1 und Σ_2 eindeutig umkehrbar einem dritten Σ zugeordnet, so ist hierdurch auch eine eindeutig umkehrbare Zuordnung von Σ_1 und Σ_2 bestimmt.

Ist a ein Element von Σ, so entspricht ihm wegen der Zuordnung von Σ und Σ_1 ein Element a_1 von Σ_1 und ferner wegen der Zuordnung von Σ und Σ_2 auch ein Element a_2 von Σ_2; hierdurch sind a_1 und a_2 einander zugeordnet. Durchläuft a alle Elemente von Σ, so durchläuft a_1 alle Elemente von Σ_1 und a_2 alle von Σ_2, d. h. Σ_1 und Σ_2 sind eindeutig umkehrbar zugeordnet.

Wir beweisen weiter:

Satz II. Das System 1, 2, ..., n läßt sich keinem Teilsystem von sich eindeutig umkehrbar zuordnen.

---

[1] Über zur Formel (42) ähnliche Darstellungen einer positiven Zahl als Produkt und ihre Verwertung als Hilfsmittel für die Berechnung von Logarithmen vgl. A. J. Ellis, Proceedings of the Royal Society of London **31**, 398 (1880/81), **32**, 377 (1881), ferner R. Mehmke, Seite 993, Mehmke-d'Ocagne, Seite 300, Lüroth, S. 123 an den oben Seite 228 zitierten Orten.

Der Satz ist für das System 1, 2, das nur 1 oder 2 zu Teilsystemen hat, evident; denn ordnet man 1 entweder 1 oder 2 zu, so hat 2 oder 1 keine zugeordnete Zahl; ebenso ist es, wenn man 2 als Teilsystem verwendet. Wir nehmen nun an, daß der Satz II für das System $1, 2, \ldots, k$ gilt, und wollen zeigen, daß er auch für das System $1, 2, \ldots, k+1$ richtig ist. Angenommen, dem System $1, 2, \ldots, k+1$ ließe sich eines seiner Teilsysteme eindeutig umkehrbar zuordnen, so wäre bei dieser Zuordnung erstens möglich, daß der Zahl $k+1$ die Zahl $k+1$ entspräche. In diesem Falle wäre den Zahlen $1, 2, \ldots, k$ nur ein Teil von ihnen zugeordnet; da dies nach Annahme unmöglich ist, kann die von uns als erster Fall angenommene Zuordnung nicht existieren. Es bleibt noch die zweite Möglichkeit zu untersuchen, daß dem System $1, 2, \ldots,$ $k+1$ ein Teil von sich eindeutig umkehrbar zugeordnet wäre und dabei der Zahl $k+1$ eine zu $k+1$ ungleiche Zahl k' entspräche. Hierbei sind zwei Unterfälle zu betrachten, entweder nämlich enthält das dem System $1, 2, \ldots,$ $k+1$ zugeordnete System die Zahl $k+1$ überhaupt nicht oder es enthält sie. Enthält das dem System $1, 2, \ldots, k+1$ zugeordnete System die Zahl $k+1$ nicht, so würde dem System $1, 2, \ldots, k$ ein Teil von sich eindeutig umkehrbar entsprechen, was nach Annahme unmöglich sein soll. Es ist also schließlich nur noch zu widerlegen, daß dem System $1, 2, \ldots, k+1$, das wir mit Σ_1 bezeichnen wollen, eines seiner Teilsysteme Σ entspricht, das $k+1$ enthält und dabei die Zahl $k+1$ aus Σ_1 als zugeordnete Zahl die Zahl $k' \neq k+1$ aus Σ hat. In diesem Fall ordne man Σ ein System Σ_2 auf folgende Weise zu: Jeder Zahl von Σ lasse man die nämliche Zahl entsprechen, nur $k+1$ von Σ ordne man k' und k' von Σ ordne man $k+1$ zu. Nach Satz I entspricht dem System Σ_1 nunmehr das System Σ_2 in eindeutig umkehrbarer Weise. Die Zuordnung von Σ_1 und Σ_2 wäre nun eine solche, bei der Σ_1 ein Teilsystem von sich entspricht und $k+1$ und $k+1$ einander zugeordnet sind. Dies ist bereits im ersten Fall als unmöglich nachgewiesen worden. Hiermit ist gezeigt, daß, wenn das System $1, 2, \ldots, k$ sich keinem seiner Teilsysteme eindeutig umkehrbar zuordnen läßt, das entsprechende für das System $1, 2, \ldots,$ $k+1$ gilt. Da sich das System 1, 2 keinem seiner Teilsysteme eindeutig umkehrbar zuordnen läßt, so folgt hieraus sukzessiv nach dem Satz der vollständigen Induktion das Gleiche für die Systeme 1, 2, 3 usw., schließlich für das System $1, 2, \ldots, n$.

Definition. Hat man ein System von Dingen und bezeichnet man eines derselben mit 1, ein anderes mit 2 und fährt so fort, so kann es sein, daß bei diesem Verfahren kein Ding des Systems ohne Nummer bleibt. Das System heißt alsdann endlich, die letzte zu seiner Numerierung verwendete Zahl heißt die Anzahl der in dem System enthaltenen oder der von dem System umfaßten Dinge oder die dem betreffenden endlichen System zugehörige Kardinalzahl. Die Numerierung der Dinge eines Systems kann in verschiedener Weise vorgenommen werden. Es gilt nun

Satz III. Wie auch immer die Dinge eines endlichen Systems numeriert werden, so gelangt man zu derselben letzten zu verwendenden Ordnungszahl.[1]

[1] E. Schroeder, Lehrbuch der Arithmetik und Algebra 1, Leipzig 1873, Seite 13 hat zuerst darauf hingewiesen, daß man die Unabhängigkeit des Anzahlbegriffes von der Art des Zählens beweisen muß.

Zum Beweise nehmen wir erstens an, daß bei der Numerierung der Dinge des Systems einmal die Zahl n, ein anderes Mal die Zahl n' als letzte Ordnungszahl auftreten würde. Da die Dinge des Systems alsdann eindeutig umkehrbar einerseits den Zahlen $1, 2, \ldots, n$, andererseits den Zahlen $1, 2, \ldots, n'$ entsprechen würden, so hätte man nach Satz I eine eindeutig umkehrbare Zuordnung der Zahlen $1, 2, \ldots, n$ zu den Zahlen $1, 2, \ldots, n'$. Die Annahme $n \neq n'$ würde nach Satz II einen Widerspruch ergeben; folglich muß $n = n'$ sein. Es ist noch zu widerlegen, daß man bei einer Numerierung der Dinge des Systems zu einer letzten Zahl n gelangt, bei einer zweiten Numerierung hingegen überhaupt zu keiner letzten Zahl kommt, d. h. hierbei das System unendlich findet. Angenommen, das geschilderte Verhältnis wäre möglich; alsdann betrachte man nur diejenigen Dinge des Systems, die bei der zweiten Numerierung die Zahlen $1, 2, \ldots, n$ tragen; bei der ersten Numerierung weisen sie, da es nicht alle Dinge des Systems sind, bloß einen Teil der Zahlen $1, 2, \ldots, n$ auf. Wenn wir nun die mit $1, 2, \ldots n$ numerierten Dinge der zweiten Numerierung betrachten, so haben wir nach Satz I eine eindeutig umkehrbare Zuordnung der Zahlen $1, 2, \ldots, n$ zu einem Teil von ihnen; dies ist nach Satz II unmöglich, und Satz III ist allgemein bewiesen.

Wir fügen noch folgende Definition bei: Von einem System ohne Elemente soll gesagt werden, daß es 0 Elemente umfaßt.

Wir beweisen nunmehr

Satz IV von der Addition der Anzahlen: Hat man zwei endliche Systeme $\mathfrak{A}$ und $\mathfrak{B}$ von Dingen ohne gemeinsame Elemente, welche die Anzahl von a bzw. b Dingen enthalten, so umfassen sie vereint $a + b$ Dinge.

Der Satz IV ist richtig, wenn $\mathfrak{B}$ kein Ding enthält. Denn durch das Hinzufügen von $\mathfrak{B}$ zu $\mathfrak{A}$ tritt zu den Dingen von $\mathfrak{A}$ kein Ding hinzu, so daß die letzte bei einer Numerierung der Dinge von $\mathfrak{A}$ und $\mathfrak{B}$ verwendete Ordnungszahl mit der bei der Abzählung von $\mathfrak{A}$ verwendeten a übereinstimmt. Nun ist, wie Seite 10 gezeigt, $a + 0 = a$, womit die Richtigkeit des Satzes in diesem speziellen Fall bewiesen ist. Um Satz IV allgemein zu beweisen, nehmen wir an, er sei richtig, wenn $\mathfrak{B}$ k Dinge enthält; es soll dann gezeigt werden, daß Satz IV noch gilt, wenn $\mathfrak{B}$ $k + 1$ Dinge umfaßt. Enthält $\mathfrak{B}$ $k + 1$ Dinge, so kann $\mathfrak{B}$ aufgefaßt werden als Zusammenfassung eines Systems $\mathfrak{B}_1$ von k Dingen und eines $\mathfrak{B}_2$ von einem Dinge. Hat man nämlich die Dinge von $\mathfrak{B}$ mit den Zahlen $1, 2, \ldots, k + 1$ numeriert, so kann man die Dinge mit den Nummern $1, 2, \ldots, k$ zu $\mathfrak{B}_1$ zusammenfassen und $\mathfrak{B}_2$ als aus dem Ding mit der Nummer $k + 1$ bestehend betrachten. Da der Anzahlbegriff nach Satz III unabhängig von der Art des Zählens ist, so kann man bei der Zusammenfassung der Dinge von $\mathfrak{A}$ und $\mathfrak{B}$ erst die Dinge von $\mathfrak{A}$, hierauf die von $\mathfrak{B}_1$ zählen und erhält die Anzahl $a + k$, da für k Dinge der Satz IV bereits als richtig angenommen wurde; das noch fehlende Ding von $\mathfrak{B}_2$ hat dann, da es auf das mit $a + k$ numerierte Ding folgt, die Nummer $(a + k) + 1 = a + (k + 1)$ (vgl. Seite 5 oder 9) zu erhalten. Die Systeme $\mathfrak{A}$ und $\mathfrak{B}$ zusammen umfassen daher die Anzahl von $a + (k + 1)$ Dingen. Gilt also der Satz IV, wenn $\mathfrak{B}$ k Dinge enthält, so gilt er auch, wenn $\mathfrak{B}$ $k + 1$ Dinge umfaßt. Hiermit ist Satz IV allgemein bewiesen.

Satz V. Hat man ein endliches System $\mathfrak{A}$ von a Dingen und läßt von ihnen $b \leqq a$ Dinge fort, so erhält man ein System von $a + \overleftarrow{b}$ Dingen, und zwar hat das neue System stets die gleiche Anzahl von Dingen, welche Dinge auch immer in der Anzahl b aus $\mathfrak{A}$ fortgelassen werden.

Ist es möglich, b Dinge eines endlichen Systems $\mathfrak{A}$ fortzulassen, d. h. nicht in die Numerierung einzubeziehen, so kann das übrigbleibende System nicht unendlich sein; denn sonst würde man, wenn man die Numerierung der Dinge von $\mathfrak{A}$ mit den stehenbleibenden Dingen beginnt, für $\mathfrak{A}$ im Gegensatz zur Voraussetzung finden, daß $\mathfrak{A}$ ein unendliches System ist. Angenommen, es ist möglich aus $\mathfrak{A}$ b Dinge fortzulassen, so denke ich mir $\mathfrak{A}$ aufgefaßt als Vereinigung des Systems der fortzulassenden Dinge und der übrigbleibenden Dinge $\mathfrak{Z}$. Die Anzahl des aus den fortzulassenden Dingen gebildeten Systems ist b; dem System $\mathfrak{Z}$ kommt, da es, wie gezeigt, ein endliches System ist, eine Anzahl z zu. Nun ist nach Satz IV $a = b + z$. Hieraus ergibt sich nach den für die Addition der ganzen Zahlen abgeleiteten Regeln eindeutig $z = a + \overleftarrow{b}$. Es ist nur noch die Frage zu erörtern, unter welchen Bedingungen man aus einem endlichen System $\mathfrak{A}$ von a Dingen deren b fortlassen kann. Hierzu ist notwendig und ausreichend, daß ich Dingen aus $\mathfrak{A}$ die Nummern $1, 2, \ldots, b$ beilegen kann, d. h. a muß eine der Zahlen der Folge b, $b + 1$, $b + 2, \ldots$ sein oder $a \geqq b$ (Definition auf Seite 55).

Wir denken uns *zwei Gattungen von Dingen*, die wir *positive* und *negative* nennen wollen. Dies soll zunächst eine bloße Bezeichnung sein. Wir betrachten ein System $\mathfrak{S}$ von a_1 positiven und a_2 negativen Dingen, d. h. zur Zählung der als positiv bezeichneten Dinge werden die Zahlen $1, 2, \ldots, a_1$, zur Numerierung der negativ genannten Dinge die Zahlen $1, 2, \ldots, a_2$ benötigt. Wir wollen auch $a_1 = 0$ bzw. $a_2 = 0$ bzw. gleichzeitig $a_1 = a_2 = 0$ zulassen, d. h. dem System fehlen positive, fehlen negative Dinge bzw. es ist leer. Einem solchen zweiteiligen System $\mathfrak{S}$ soll eine relative Anzahl $a' = a_1 + \overleftarrow{a_2}$ zugeordnet werden. Da die Zahlen a_1 und a_2 nach Satz III nicht von der Art der Zählung der positiven und negativen im Systeme $\mathfrak{S}$ befindlichen Dinge abhängen, ist dies auch für die dem zweiteiligen System zugeordnete Anzahl a' nicht der Fall. Bei der Untersuchung von a' sind zwei Fälle zu unterscheiden, je nachdem $a_1 \geqq a_2$ oder $a_1 < a_2$ ist. Im ersten Fall ist $a' = a_1 + \overleftarrow{a_2}$ positiv oder Null (vgl. Satz V). Im zweiten Fall ist $a_2 + \overleftarrow{a_1}$ eine positive Zahl, und man erhält $a' = a_1 + \overleftarrow{a_2} = \overleftarrow{a_2 + \overleftarrow{a_1}}$; denn es ist

$$\overleftarrow{a_2 + \overleftarrow{a_1}} + a_2 + \overleftarrow{a_1} = 0 \quad \text{und daher} \quad \overleftarrow{a_2 + \overleftarrow{a_1}} + a_2 + \overleftarrow{a_1} + a_1 + \overleftarrow{a_2} = 0 + a_1 + \overleftarrow{a_2},$$

woraus $\overleftarrow{a_2 + \overleftarrow{a_1}} = a_1 + \overleftarrow{a_2}$ folgt.

Wir haben daher das Resultat:

Je nachdem $a_1 \geqq a_2$ oder $a_1 < a_2$ ist, ist die relative Anzahl $a' = a_1 + \overleftarrow{a_2}$ eines Systems $\mathfrak{S}$ mit a_1 positiven und a_2 negativen Dingen gleich der positiven oder verschwindenden Zahl $a_1 + \overleftarrow{a_2}$ oder gleich der negativen Zahl $\overleftarrow{a_2 + \overleftarrow{a_1}}$.

Ist $a_1 \geqq a_2$, so ist die relative Anzahl $a' = a_1 + \overleftarrow{a_2}$ gleich der Anzahl der positiven Dinge von $\mathfrak{S}$, wenn man von ihnen so viele fortläßt, als die Anzahl der negativen Dinge von $\mathfrak{S}$ angibt, wie aus Satz V folgt. Ebenso ergibt sich aus Satz V, daß für $a_1 < a_2$ die relative Anzahl $a' = \overleftarrow{a_2 + \overleftarrow{a_1}}$ gleich der entgegengesetzten Zahl zu der Anzahl der negativen Dinge von $\mathfrak{S}$ ist, wenn man von ihnen so viele fortläßt, als die Anzahl der positiven Dinge von $\mathfrak{S}$ angibt.

Für die Dinge eines zweiteiligen Systems $\mathfrak{S}$ postulieren wir, daß man immer ein positives gegen ein negatives Ding fortlassen darf. Zweiteilige Systeme sollen also nur aus Dingen gebildet werden, die einen sie zerstörenden Gegensatz besitzen (z. B. einerseits jede Mark Einnahme, andererseits jede Mark Ausgabe, einerseits jeder Zentimeter Bewegung in der einen Richtung, andererseits jeder Zentimeter Bewegung in der anderen Richtung, einerseits positive elektrische Ladung, andererseits negative elektrische Ladung, hingegen nicht einerseits Birnen, andererseits Äpfel). Infolge des seinen Dingen auferlegten Postulats kann auf Grund von Satz V jedes zweiteilige System $\mathfrak{S}$ mit a_1 positiven und a_2 negativen Dingen sukzessiv so umgestaltet werden, daß es schließlich nur Dinge einer Gattung enthält, nämlich je nachdem $a_1 \geqq a_2$ oder $a_1 < a_2$, nur $a_1 + \overleftarrow{a_2}$ positive oder nur $a_2 + \overleftarrow{a_1}$ negative Dinge. Die gefundenen Anzahlen $a_1 + \overleftarrow{a_2}$ bzw. $a_2 + \overleftarrow{a_1}$ sind davon unabhängig, wie die Umgestaltung vorgenommen wird, d. h. welche der positiven bzw. negativen Dinge des Systems bei der Umgestaltung fortgelassen werden. Die relative Anzahl $a' = a_1 + \overleftarrow{a_2}$ eines zweiteiligen Systems bestimmt demnach, wenn $a_1 \geqq a_2$ ist, die Anzahl der positiven Dinge, und, wenn $a_1 < a_2$ ist, durch die ihr entgegengesetzte Zahl $a_2 + \overleftarrow{a_1}$ die Anzahl der negativen Dinge des Systems $\mathfrak{S}$ nach seiner Umgestaltung.

Zu Seite 19:

Die Multiplikation beliebiger ganzer Zahlen.

Seite 17 ist die Multiplikation der ganzen positiven Zahlen behandelt; sie wird alsdann auf Seite 42 mittels der Vorzeichenregel, wie dies später auf Seite 79 auch für die Irrationalzahlen geschieht, auf die Multiplikation aller ganzen Zahlen ausgedehnt. In der entsprechenden Weise wie auf Seite 9 die Addition aller ganzen positiven und negativen Zahlen einschließlich der Null hergeleitet wurde, läßt sich auch ihre Multiplikation durch die auf Seite 17 verwendeten Definitionsgleichungen:

(1) $$a \cdot 1 = a,$$

(2) $$a \cdot (b + 1) = a \cdot b + a,$$

bei denen a und b beliebige ganze Zahlen bedeuten sollen, erledigen, wenn man nur noch als Postulat beifügt, daß das Produkt irgend zweier ganzer Zahlen stets wieder eine ganze Zahl sein soll.[1]

[1] Dieses Postulat ist nur für den Fall, daß $b = 0$ oder gleich einer ganzen negativen Zahl ist, erforderlich und wird im Texte auch nur derart verwendet werden. — Die Erklärung der Addition und Multiplikation der ganzen *positiven* Zahlen durch die Gleichungen (1) und (2) auf Seite 9 bzw. Seite 17 (oder im Texte oben) geht auf H. Grassmann, Lehrbuch der Arithmetik (1861) zurück, vgl. seine gesammelten math. u. physikal. Werke, II_1, Leipzig 1904, S. 300ff. Daß diese zwei Gleichungen auch zur Behandlung der Addition und Multiplikation in der *vollständigen* Zahlenreihe ausreichen, scheint bisher nicht bemerkt worden zu sein.

Aus den Gleichungen (1) und (2) ergibt sich zunächst die Multiplikation irgend einer ganzen Zahl a mit einer ganzen positiven Zahl wie auf Seite 17 und erweist sich hierbei als wiederholte Addition.

Wir zeigen nunmehr, daß aus unseren Festsetzungen die Gleichung

$$a \cdot 0 = 0 \tag{3}$$

folgt. Nach (2) ist $a \cdot (0 + 1) = a \cdot 0 + a$ oder, da $0 + 1 = 1$ und ferner nach (1) $a \cdot 1 = a$ ist, $a = a \cdot 0 + a$. Ist a' die zu a entgegengesetzte Zahl, also

$$a + a' = 0\,, \tag{4}$$

so erhält man $a + a' = (a \cdot 0 + a) + a'$ oder $0 = (a \cdot 0 + a) + a'$. Da a und a' ganze Zahlen sind, und nach dem Postulat auch $a \cdot 0$ als solche anzusehen ist, kann man in der letzten Gleichung rechter Hand das bereits bewiesene assoziative Gesetz der Addition anwenden und erhält $0 = a \cdot 0 + (a + a')$ oder nach (4) $0 = a \cdot 0 + 0$. Da für die Addition ganzer Zahlen die Gleichung $a \cdot 0 + 0 = a \cdot 0$ gilt, so ergibt sich schließlich die zu beweisende Gleichung (3).

Da $b + \overleftarrow{1}$ ebenso wie b eine ganze Zahl ist, schließen wir aus (2), daß $a \cdot \left(\left[b + \overleftarrow{1}\right] + 1\right) = a \cdot \left[b + \overleftarrow{1}\right] + a$ ist, oder, da man nach den Gesetzen der Addition $\left[b + \overleftarrow{1}\right] + 1 = b$ hat, so wird $a \cdot b = a \cdot \left[b + \overleftarrow{1}\right] + a$. Ist a' die zu a entgegengesetzte Zahl, so folgt $a \cdot b + a' = \left(a \cdot \left[b + \overleftarrow{1}\right] + a\right) + a'$. Nun sind a und a' ganze Zahlen, und gleiches trifft nach dem Postulat für $a \cdot \left[b + \overleftarrow{1}\right]$ zu. Folglich darf man auf der rechten Seite der zuletzt hingeschriebenen Gleichung das assoziative Gesetz anwenden; hierdurch erhält man

$$a \cdot b + a' = a \cdot \left[b + \overleftarrow{1}\right] + (a + a')$$

oder nach (4)

$$a \cdot b + a' = a \cdot \left[b + \overleftarrow{1}\right] + 0\,.$$

Da $a \cdot \left[b + \overleftarrow{1}\right]$ eine ganze Zahl ist, wird nach den Gesetzen der Addition $a \cdot \left[b + \overleftarrow{1}\right] + 0 = a \cdot \left[b + \overleftarrow{1}\right]$, woraus sich die wichtige Gleichung ergibt:

$$a \cdot \left[b + \overleftarrow{1}\right] = a \cdot b + a'. \tag{5}$$

Für $b = 0$ folgt aus (5), daß $a \cdot \left[0 + \overleftarrow{1}\right] = a \cdot 0 + a'$ oder, da $0 + \overleftarrow{1} = \overleftarrow{1}$ und ferner nach (3) $a \cdot 0 = 0$ ist, daß

$$a \cdot \overleftarrow{1} = a'. \tag{6}$$

Die Gleichungen (5) und (6) zusammen ergeben die Relation

$$a \cdot \left[b + \overleftarrow{1}\right] = a \cdot b + a \cdot \overleftarrow{1}. \tag{7}$$

Die Formel (6) lehrt eine ganze Zahl a mit $\overleftarrow{1}$ multiplizieren; die Formel (7) leistet gleiches für die Multiplikation von a mit $b + \overleftarrow{1}$, wenn man a bereits mit b multiplizieren kann. Infolgedessen kann man a der Reihe nach mit jeder negativen ganzen Zahl multiplizieren; hiermit ist der Nachweis geliefert, daß die Gleichungen (1) und (2) vereint mit dem angegebenen Postulat ausreichen, um die Multiplikation aller ganzen Zahlen zu erledigen.

Nunmehr lassen sich die unter I. bis III. auf Seite 17 bis 19 angegebenen Gesetze auch als für die Multiplikation **aller** ganzen Zahlen gültig erweisen, wenn man jeden dort gegebenen Beweis, der sich des Schlusses von k auf $k+1$ bediente, noch durch den Nachweis ergänzt, daß der Satz, wenn er für die Zahl k gilt, auch noch für $k+\overleftarrow{1}$ zutrifft. Letzteres läßt sich mittels der Gleichung (7) ebenso zeigen, wie ersteres mittels (2) auf Seite 18—19 geschah, und kann daher dem Leser überlassen bleiben.

Zu Seite 75:

Es ist noch zu beweisen, wie dies auch Seite 54 für rationale Zahlen geschah, daß die Definitionen I und II auf Seite 74 und 75 so gefaßt sind, daß eine Zahl aus P niemals gleichzeitig positiv und negativ sein kann. Sei α eine positive, β eine negative Zahl, so kann man nach Satz III auf Seite 75 $\alpha = \begin{pmatrix} a_n \\ a_n' \end{pmatrix}$ schreiben, wobei die Zahlen a_n und a_n' ausnahmslos positiv sind, und nach Satz IV läßt sich $\beta = \begin{pmatrix} b_n \\ b_n' \end{pmatrix}$ schreiben, wobei die Zahlen b_n und b_n' ausnahmslos negativ sind. Soll nun $\alpha = \beta$ sein, so verlangt dies nach Definition I auf Seite 68, daß $a_n \leqq b_n'$ $(n = 1, 2, \ldots)$. Diese Ungleichungen widersprechen der Tatsache, daß die a_n positive, die b_n' negative rationale Zahlen sind.

Seite 236, Zeile 12 lies:

und x eine beliebige reelle Zahl bedeutet, die $\neq 0$ ist. Für $x = 0$ gilt das Gleichheitszeichen an Stelle von

$$\left(1+\frac{x}{n}\right)^n < e^x < \left(1-\frac{x}{n}\right)^{-n}.$$

Zu Seite 243.

Das **harmonisch-arithmetische Mittel** ergibt sich als Spezialfall aus dem in Satz II auf Seite 196 angewendeten Verfahren, wenn man dort $m = 2$, $\alpha = ab$ wählt. Mithin bestimmt es die Zahl $\sqrt{ab}$ und ist also das geometrische Mittel zwischen a und b.

Zu Seite 289:

Der Beweis des Hilfssatzes III, daß für $\lim h_n = 0$ stets $\lim \dfrac{\alpha^{h_n} - 1}{h_n} = \overset{e}{\log}\, \alpha$ ist, läßt sich auch so führen: Es ist $\alpha^{h_n} = e^{h_n \overset{e}{\log} \alpha} = e^{t_n}$, wenn man $t_n = h_n \overset{e}{\log}\, \alpha$ setzt. Da $\lim h_n = 0$, so ist auch $\lim t_n = 0$. Für alle Zahlen $0 < |t_n| < 1$ ist nach dem einfachsten Fall der Ungleichung (23) auf Seite 236:

$$1 + t_n < e^{t_n} < \frac{1}{1 - t_n}$$

und mithin

$$t_n < e^{t_n} - 1 < \frac{t_n}{1 - t_n}.$$

Demnach wird

$$1 < \frac{e^{t_n} - 1}{t_n} < \frac{1}{1 - t_n} \quad \text{für positive } t_n$$

und

$$1 > \frac{e^{t_n} - 1}{t_n} > \frac{1}{1 - t_n} \quad \text{für negative } t_n.$$

Hieraus folgt nach der Bemerkung 4 auf Seite 272, daß für $\lim t_n = 0$ stets $\lim \frac{e^{t_n} - 1}{t_n} = 1$ und demnach $\lim \frac{\alpha^{h_n} - 1}{h_n \overset{e}{\log} \alpha} = 1$ ist, d. h. $\lim \frac{\alpha^{h_n} - 1}{h_n} = \overset{e}{\log} \alpha$.

Zu § 6 des Kapitels IV, Seite 229—241:

Nochmalige elementare Einführung der Exponentialfunktion für die Basis e und des natürlichen Logarithmus.

Ist g eine positive Zahl und bildet man mit ihr die zwei Folgen

$$(1)\qquad \left(1+\frac{g}{1}\right),\quad \left(1+\frac{g}{2}\right)^2,\quad \left(1+\frac{g}{3}\right)^3,\ \ldots$$

$$(2)\qquad \left(1-\frac{g}{1}\right)^{-1},\quad \left(1-\frac{g}{2}\right)^{-2},\quad \left(1-\frac{g}{3}\right)^{-3},\quad \ldots,$$[1]

so können die auf Seite 230, 231 behandelten vier Eigenschaften, die (1) und (2) als zwei zusammengehörige Definitionsfolgen charakterisieren, auch ohne Rechnung durch die Lehre vom Zinseszins plausibel gemacht werden. Trotzdem man e^x sogar als Zinsfunktion bezeichnet hat (vgl. Seite 291), scheint folgende für didaktische Zwecke geeignete Einkleidung in der Literatur nicht vorzuliegen:

Eine Person A leihe die Summe 1 zinstragend aus, so daß sie für jedes n^{tel} Jahr postnumerando $\frac{g}{n}$ an Zinsen erhält. Wird der Zins stets sofort zinstragend zum Kapital zugeschlagen, so wächst die Einheit in einem Jahre mit ihren Zinsen zu dem Endkapital $\left(1+\frac{g}{n}\right)^n$ an. Je häufiger der Zinstermin ist, desto größer wird offenbar das Endkapital, das A zurückerhält. Dies besagt, daß (1) eine aufsteigende Folge ist.

Eine Person B leihe die Summe 1 zinstragend unter der Bedingung aus, daß ihr für jedes n^{tel} Jahr pränumerando von der Einheit $\frac{g}{n}$ an Zinsen zufließen sollen. Nach diesen Festsetzungen hat B für eine geliehene Summe von $1 - \frac{g}{n}$ nach einem n^{tel} Jahr die Summe 1 zurückzuerhalten. Bei B verzinst sich also die Summe $1 - \frac{g}{n}$ für das n^{tel} Jahr mit $\frac{g}{n}$, die Summe 1 demnach mit $\frac{\frac{g}{n}}{1-\frac{g}{n}}$. Leiht B die Einheit unter der Bedingung aus, daß ihm für jedes n^{tel} Jahr von der Einheit pränumerando $\frac{g}{n}$ an Zinsen zufließen und wird ferner bedungen, daß die Zinsen immer sofort zinstragend in der nämlichen Weise zum Kapital zuzuschlagen sind, so verfügt B am Ende des Jahres über das Kapital

[1] Sollten die ersten Glieder der Folge (2) etwa keine positiven Basen haben, so sind diese und die darüber stehenden Glieder einfach fortzulassen.

$$\left(1+\frac{\frac{g}{n}}{1-\frac{g}{n}}\right)^n = \left(\frac{1}{1-\frac{g}{n}}\right)^n = \left(1-\frac{g}{n}\right)^{-n},$$

wie es dem Zinssatz $\dfrac{\frac{g}{n}}{1-\frac{g}{n}}$ entspricht. Da B seine Zinsen immer vorweg verrechnet, so wird sein Endkapital größer werden, je kleiner n ist, d. h. (2) ist eine absteigende Folge. Es ist noch zu bemerken, daß offenbar $\frac{g}{n} < 1$ vorausgesetzt werden muß, damit B dem Schuldner überhaupt eine Summe ausleiht (vgl. die Anmerkung).

Für den Schuldner ist es günstiger, bei A zu leihen, der die Zinsen postnumerando verrechnet, als bei B, der sie pränumerando in Ansatz bringt. Dies besagt, daß $\left(1+\frac{g}{n}\right)^n < \left(1-\frac{g}{n}\right)^{-n}$ ist.

Wird n größer und größer, so bedeutet es für den Schuldner keinen wesentlichen Unterschied, ob die Zinsen $\frac{g}{n}$ postnumerando oder pränumerando zu verrechnen sind. Dies ist ein anderer Ausdruck für die Tatsache, daß man für ein beliebig vorgegebenes positives ε stets eine ganze positive Zahl k finden kann, so daß die Differenz der Endkapitalien

$$\left(1-\frac{g}{k+\sigma}\right)^{-(k+\sigma)} - \left(1+\frac{g}{k+\sigma}\right)^{k+\sigma}$$

kleiner als ε wird, wobei $\sigma = 0, 1, 2, \ldots$ Durch das Voraufgehende sind die auf Seite 230 und 231 bewiesenen Aussagen B_1) bis B_4) mittels der Zinseszinsrechnung plausibel gemacht. Demnach definiert $\left(\begin{matrix}\left(1+\frac{g}{n}\right)^n \\ \left(1-\frac{g}{n}\right)^{-n}\end{matrix}\right)$ eine bestimmte Zahl, die wir wegen ihrer Abhängigkeit von g mit $E(g)$ bezeichnen wollen. In der Sprache der Zinseszinsrechnung ausgedrückt: **Es gibt eine vom Zins g abhängige Zahl $E(g)$, der sich bei festem g und wachsendem n die aus der Einheit nach einem Jahre von A gewonnenen Endkapitalien $\left(1+\frac{g}{n}\right)^n$ aufsteigend und die von B erzielten $\left(1-\frac{g}{n}\right)^{-n}$ absteigend nähern.**

Es soll noch auf eine andere Art, als dies auf Seite 233 geschah, bewiesen werden, daß die Zahl $E(g) = \left(\begin{matrix}\left(1+\frac{g}{n}\right)^n \\ \left(1-\frac{g}{n}\right)^{-n}\end{matrix}\right)$ **die g^{te} Potenz von $E(1)$ ist, wobei $E(1) = \left(\begin{matrix}\left(1+\frac{1}{n}\right)^n \\ \left(1-\frac{1}{n}\right)^{-n}\end{matrix}\right)$ die auf Seite 232 mit e bezeichnete Zahl ist.**

Da für $g > 0$ alle Zahlen $\left(1+\frac{g}{n}\right)^n$ größer als 1 sind, folgt, daß $E(g) > 1$ ist.

g_1 und g_2 seien zwei beliebige positive Zahlen; alsdann ist[1]

$$E(g_1) = \begin{pmatrix} \left(1+\frac{g_1}{n}\right)^n \\ \left(1-\frac{g_1}{n}\right)^{-n} \end{pmatrix}, \tag{3}$$

$$E(g_2) = \begin{pmatrix} \left(1+\frac{g_2}{n}\right)^n \\ \left(1-\frac{g_2}{n}\right)^{-n} \end{pmatrix}. \tag{4}$$

Nach der Definition III der Multiplikation auf Seite 68 folgt hieraus:

$$E(g_1)\cdot E(g_2) = \begin{pmatrix} \left(1+\frac{g_1}{n}\right)^n \cdot \left(1+\frac{g_2}{n}\right)^n \\ \left(1-\frac{g_1}{n}\right)^{-n} \cdot \left(1-\frac{g_2}{n}\right)^{-n} \end{pmatrix} = \begin{pmatrix} \left(1+\frac{g_1+g_2}{n}+\frac{g_1\cdot g_2}{n^2}\right)^n \\ \left(1-\frac{g_1+g_2}{n}+\frac{g_1\cdot g_2}{n^2}\right)^{-n} \end{pmatrix}.$$

Demnach ist nach Satz I auf Seite 82

$$\left(1+\frac{g_1+g_2}{n}+\frac{g_1\cdot g_2}{n^2}\right)^n \leqq E(g_1)\cdot E(g_2) \leqq \left(1-\frac{g_1+g_2}{n}+\frac{g_1\cdot g_2}{n^2}\right)^{-n}. \tag{5}$$

Nun ist

$$1+\frac{g_1+g_2}{n} < 1+\frac{g_1+g_2}{n}+\frac{g_1\cdot g_2}{n^2}$$

und

$$1-\frac{g_1+g_2}{n} < 1-\frac{g_1+g_2}{n}+\frac{g_1\cdot g_2}{n^2};$$

hieraus folgt, daß

$$\left(1+\frac{g_1+g_2}{n}\right)^n < \left(1+\frac{g_1+g_2}{n}+\frac{g_1\cdot g_2}{n^2}\right)^n, \tag{6}$$

$$\left(1-\frac{g_1+g_2}{n}\right)^n < \left(1-\frac{g_1+g_2}{n}+\frac{g_1\cdot g_2}{n^2}\right)^n. \tag{7}$$

Aus (6) und (7) ergibt sich nach (5), daß

$$\left(1+\frac{g_1+g_2}{n}\right)^n < E(g_1)\cdot E(g_2) < \left(1-\frac{g_1+g_2}{n}\right)^{-n}.$$

Aus der letzten Relation folgt nach Satz II auf Seite 82, da nach Definition

$$E(g_1+g_2) = \begin{pmatrix} \left(1+\frac{g_1+g_2}{n}\right)^n \\ \left(1-\frac{g_1+g_2}{n}\right)^{-n} \end{pmatrix}$$

[1] Damit die Basen der im folgenden auftretenden Potenzen ausnahmslos positiv sind, soll n nur alle ganzzahligen Werte durchlaufen, die größer als $g_1 + g_2$ sind. Nach Satz I auf Seite 73 ist diese Annahme für die durch zwei zusammengehörige Definitionsfolgen definierten Zahlen $E(g_1)$, $E(g_2)$ und $E(g_1 + g_2)$ keine Beschränkung.

ist, daß die Gleichung

(8) $$E(g_1) \cdot E(g_2) = E(g_1 + g_2)$$

statthat.

Aus der Gleichung (8) ergibt sich der Wert der Zahl $E(g)$ für alle positiven g auf folgende Weise: Sind p und q ganze positive Zahlen, so erhält man durch wiederholte Anwendung von (8):

$$E\left(\frac{p}{q}\right) \cdot E\left(\frac{p}{q}\right) \dots E\left(\frac{p}{q}\right) \text{ (q Faktoren)} = E\left(\frac{p}{q} + \frac{p}{q} + \dots + \frac{p}{q}\right)$$

$$= E\left(q \cdot \frac{p}{q}\right) = E(p)$$

oder

(9) $$\left[E\left(\frac{p}{q}\right)\right]^q = E(p).$$

Ferner ist nach (8)

$$E(1) \cdot E(1) \dots E(1) \text{ (p Faktoren)} = E(1 + 1 + \dots + 1) = E(p)$$

oder

(10) $$[E(1)]^p = E(p).$$

Die Gleichungen (9) und (10) ergeben

(11) $$\left[E\left(\frac{p}{q}\right)\right]^q = E(1)^p.$$

Da $E(g)$ für alle positiven Zahlen g positiv ist, so ist $E\left(\frac{p}{q}\right)$ die positive q^{te} Wurzel aus $E(1)^p$, also

(12) $$E\left(\frac{p}{q}\right) = E(1)^{\frac{p}{q}}.$$

Nachdem durch die Gleichung (12) der Wert von $E(g)$ für alle positiven rationalen Zahlen $g = \frac{p}{q}$ bestimmt ist, zeigen wir, um $E(g)$ für positive irrationale Zahlen α zu erhalten, daß $E(g)$ mit wachsendem positivem g steigt. Seien g' und g'' irgend zwei positive Zahlen und $g' > g''$, so ist $g' - g'' > 0$, und man erhält aus (8)

(13) $$E(g') = E(g' - g'') \cdot E(g'').$$

Hieraus folgt, da $E(g)$ für alle positiven Zahlen g größer als 1 ist, daß

$$E(g') > E(g'').$$

Ist nun g gleich einer positiven irrationalen Zahl α, so kann man $\alpha = \begin{pmatrix} a_n \\ a_n' \end{pmatrix}$ durch zwei zusammengehörige Definitionsfolgen mit ausnahmslos positiven rationalen Zahlen a_n und a_n' ($n = 1, 2, \dots$) gegeben denken. Da $a_n < \alpha < a_n'$ (Satz I auf Seite 82) ist, so bestehen nach der zuletzt durchgeführten Betrachtung die Ungleichungen:

(14) $$E(a_n) < E(\alpha) < E(a_n').$$

Da a_n und a_n' positive rationale Zahlen sind, so hat man, wie bereits bewiesen,

$$E(a_n) = [E(1)]^{a_n}, \quad E(a_n') = [E(1)]^{a_n'}.$$

Hierdurch geht (14) über in

$$E(1)^{a_n} < E(\alpha) < E(1)^{a_n'}. \tag{15}$$

Da $E(1)$ wie alle Zahlen $E(g) > 1$ ist, ergibt sich nach der Gleichung (A) auf Seite 211, welche die Potenz definiert, daß

$$E(1)^{\alpha} = \begin{pmatrix} E(1)^{a_n} \\ E(1)^{a_n'} \end{pmatrix}.$$

Mithin folgt aus den Ungleichungen (15) nach Satz II auf Seite 82:

$$E(1)^{\alpha} = E(\alpha);$$

hierdurch ist auch der Wert von $E(g)$ für positive Irrationalzahlen gefunden. Da

$$E(1) = \begin{pmatrix} \left(1+\frac{1}{n}\right)^{n} \\ \left(1-\frac{1}{n}\right)^{-n} \end{pmatrix}$$

ist, und diese Zahl auf Seite 232 mit e bezeichnet war, so läßt sich die Gleichung $E(1)^g = E(g)$ auch schreiben

$$e^{g} = \begin{pmatrix} \left(1+\frac{g}{n}\right)^{n} \\ \left(1-\frac{g}{n}\right)^{-n} \end{pmatrix}. \tag{16}$$

Aus (16) folgt nach der Vorschrift für die Division (Seite 78), daß

$$\frac{1}{e^{g}} = \begin{pmatrix} \dfrac{1}{\left(1-\frac{g}{n}\right)^{-n}} \\ \dfrac{1}{\left(1+\frac{g}{n}\right)^{n}} \end{pmatrix}$$

oder

$$e^{-g} = \begin{pmatrix} \left(1-\frac{g}{n}\right)^{n} \\ \left(1+\frac{g}{n}\right)^{-n} \end{pmatrix}. \tag{17}$$

Die Gleichung (16) zeigt die Richtigkeit des zu beweisenden Satzes für positive $x = g$, die Gleichung (17) für negative $x = -g$. Hiermit ist Satz II auf Seite 233 nochmals bewiesen.

Bildet man mit einer positiven Zahl $p > 1$ die zwei auf Seite 237 untersuchten Folgen

(18) $(1-p^{-1}),\quad 2\left(1-p^{-\frac{1}{2}}\right),\quad 3\left(1-p^{-\frac{1}{3}}\right),\quad \ldots,$

(19) $(p-1),\quad 2\left(p^{\frac{1}{2}}-1\right),\quad 3\left(p^{\frac{1}{3}}-1\right),\quad \ldots,$

so kann man für diese in analoger Weise wie für die Folgen (1) und (2) das Erfülltsein der Bedingungen B_1) bis B_4) durch die Zinseszinsrechnung plausibel machen.

Eine Person A leihe die Einheit aus und bedinge sich für jedes n^{tel} Jahr einen Postnumerando-Zins von $\frac{x}{n}$ für die Summe 1. Wie groß muß x gewählt werden, damit A bei Zinseszins nach Verlauf eines Jahres die Summe p zurückerhält? Im Laufe eines Jahres wächst die Einheit zur Summe $\left(1+\frac{x}{n}\right)^n$ an, wenn jedes n^{tel} Jahr postnumerando die Summe $\frac{x}{n}$ an Zinsen zu zahlen ist und die Zinsen immer sofort zinstragend zum Kapital zugeschlagen werden. Soll $p=\left(1+\frac{x}{n}\right)^n$ sein, so muß der Zinssatz $x=n\left(p^{\frac{1}{n}}-1\right)$ gewählt werden. Je häufiger der Zinstermin ist, desto kleiner kann man offenbar den Zinssatz wählen, bei dem A die nämliche Summe p aus seinem Gelde herauswirtschaftet. Dies bedeutet, daß (19) eine absteigende Folge ist.

Eine Person B borgt jemandem die Summe 1 und bedingt sich für jedes n^{tel} Jahr einen Pränumerando-Zinssatz von $\frac{x'}{n}$ von der Einheit aus. Wie groß muß x' gewählt werden, damit B für die dem Schuldner übergebene Einheit nach Verlauf eines Jahres die Summe p zurückerhält, wenn mit einer Pränumerando-Verzinsung der Einheit von $\frac{x'}{n}$ für jedes n^{tel} Jahr zu rechnen ist und die Zinsen immer sofort unter den gleichen Bedingungen zu der ausgeliehenen Summe zugeschlagen werden? Da die Summe 1 bei den angegebenen Bedingungen mit ihren Zinsen nach einem Jahre zu dem Kapital $\left(1-\frac{x'}{n}\right)^{-n}$ angewachsen ist, so folgt aus $p=\left(1-\frac{x'}{n}\right)^{-n}$ daß der Zinssatz $x'=n\left(1-p^{-\frac{1}{n}}\right)$ sein muß. Da B seine Zinsen immer im voraus zufließen und von ihm wieder zinstragend angelegt werden, muß er sich, je häufiger der Zinstermin ist, einen desto größeren Zinssatz ausbedingen, damit er dieselbe Summe p aus seinem Gelde herauswirtschaftet. Dies bedeutet, daß die Folge (18) aufsteigt.

Um aus der Einheit nach Verlauf eines Jahres das gleiche Kapital p wie A zu haben, kann B, dem seine Zinsen pränumerando zufließen, offenbar einen kleineren Zinssatz ausbedingen als A; diese Tatsache besagt, daß

$$n\left(1-p^{-\frac{1}{n}}\right)<n\left(p^{\frac{1}{n}}-1\right)$$

ist.

Wird n größer und größer, so werden die Zinssätze, die bei einer Pränumerando- oder Postnumerando-Verzinsung zu zahlen sind und dasselbe Endkapital p erzeugen, sich nicht wesentlich voneinander unterscheiden. In anderer Ausdrucksweise besagt dies, daß für ein beliebig vorgegebenes positives ε stets eine ganze positive Zahl k gefunden werden kann, mit der beginnend die Differenz der Zinssätze $(k+\sigma)\left(p^{\frac{1}{k+\sigma}}-1\right)-(k+\sigma)\left(1-p^{-\frac{1}{k+\sigma}}\right)$ für alle Werte $\sigma = 0, 1, 2, \ldots$ kleiner als ε wird.

Mithin sind die auf Seite 237 und 238 bewiesenen Aussagen B_1) bis B_4) durch die Zinseszinsrechnung plausibel gemacht. Demnach definiert

$$\begin{pmatrix} n\left(1-p^{-\frac{1}{n}}\right) \\ n\left(p^{\frac{1}{n}}-1\right) \end{pmatrix} \tag{20}$$

eine bestimmte Zahl, die wir wegen ihrer Abhängigkeit von p mit $L(p)$ bezeichnen. In der Sprache der Zinseszinsrechnung ausgedrückt: Es gibt eine vom Kapital p abhängige Zahl $L(p)$, der sich bei festem p und wachsendem n die von B ausbedungenen Zinssätze $n\left(1-p^{-\frac{1}{n}}\right)$ aufsteigend und die von A geforderten $n\left(p^{\frac{1}{n}}-1\right)$ absteigend nähern.

Ist q irgend eine zwischen 0 und 1 gelegene Zahl, $0 < q < 1$, so ist $\frac{1}{q} > 1$ und folglich nach der Definition

$$L\left(\frac{1}{q}\right) = \begin{pmatrix} n\left(1-\left(\frac{1}{q}\right)^{-\frac{1}{n}}\right) \\ n\left(\left(\frac{1}{q}\right)^{\frac{1}{n}}-1\right) \end{pmatrix} = \begin{pmatrix} n\left(1-q^{\frac{1}{n}}\right) \\ n\left(q^{-\frac{1}{n}}-1\right) \end{pmatrix}.$$

Mithin wird nach Seite 76:

$$-L\left(\frac{1}{q}\right) = \begin{pmatrix} n\left(1-q^{-\frac{1}{n}}\right) \\ n\left(q^{\frac{1}{n}}-1\right) \end{pmatrix} \tag{21}$$

Bildet man mit irgend einer positiven Zahl x die zwei Folgen

$$(1-x^{-1}),\quad 2\left(1-x^{-\frac{1}{2}}\right),\quad 3\left(1-x^{-\frac{1}{3}}\right),\quad \ldots, \tag{22}$$

$$(x-1),\quad 2\left(x^{\frac{1}{2}}-1\right),\quad 3\left(x^{\frac{1}{3}}-1\right),\quad \ldots, \tag{23}$$

so sind dies, wie (20) für die Werte $x = p > 1$ und die rechte Seite von (21) für die Werte $x = q < 1$ zeigt, zwei zusammengehörige Definitionsfolgen. Für $x = 1$ definieren (22) und (23) die Zahl 0. Die für alle Werte $x > 0$ durch (22) und (23) definierte Zahl, die wir für $x = p$ schon oben mit $L(p)$ bezeichneten, soll allgemein $L(x)$ genannt werden.

Wir setzen $y = L(x)$ und wollen zeigen, daß sich zu jeder reellen Zahl y eine positive Zahl x finden läßt, nämlich $x = e^y$, welche die Gleichung

$$y = L(x) \tag{24}$$

erfüllt. Damit $y = \left(\begin{matrix} n\left(1 - x^{-\frac{1}{n}}\right) \\ n\left(x^{\frac{1}{n}} - 1\right) \end{matrix}\right)$ wird, müssen nach Seite 151 die Ungleichungen

$$y \leqq n\left(x^{\frac{1}{n}} - 1\right) \quad \text{und} \quad n\left(1 - x^{-\frac{1}{n}}\right) \leqq y$$

oder

$$1 + \frac{y}{n} \leqq x^{\frac{1}{n}} \quad \text{und} \quad 1 - \frac{y}{n} \leqq x^{-\frac{1}{n}} \quad (n = 1, 2, \ldots) \tag{25}$$

bestehen. Betrachten wir nur solche Werte von n, die größer als $|y|$ sind, so stehen auf den linken Seiten von (25) ausnahmslos positive Zahlen. Alsdann erhält man aus (25) die Relation:

$$\left(1 + \frac{y}{n}\right)^n \leqq x \leqq \left(1 - \frac{y}{n}\right)^{-n}. \tag{26}$$

Nun ist, wie oben gezeigt, $\left(\begin{matrix} \left(1 + \frac{y}{n}\right)^n \\ \left(1 - \frac{y}{n}\right)^{-n} \end{matrix}\right)$ eine Zahl, und zwar eine positive mit dem Werte e^y. Hieraus folgt auf Grund von Satz II auf Seite 82, daß $x = e^y$ ist. Mithin ist nach der auf Seite 217 für den Logarithmus gegebenen Definition $y = \overset{e}{\log}\, x$, und es ist die mit $L(x)$ bezeichnete Zahl als identisch mit dem natürlichen Logarithmus von x nachgewiesen. Hiermit ist Satz III auf Seite 236 nochmals bewiesen.

Der Leser bilde für irgend zwei Zahlen $x_1 > 0$ und $x_2 > 0$ nach den Definitionsfolgen (22) und (23) $\overset{e}{\log}\, x_1$, $\overset{e}{\log}\, x_2$ und $\overset{e}{\log}\, (x_1 x_2)$ und beweise aus den Definitionen auf Seite 68, daß

$$\overset{e}{\log}\, x_1 + \overset{e}{\log}\, x_2 = \overset{e}{\log}\, (x_1 x_2)$$

ist.